KB073666

기본서

PE
PROFESSIONAL ENGINEER

건축시공기술사

한솔아카데미

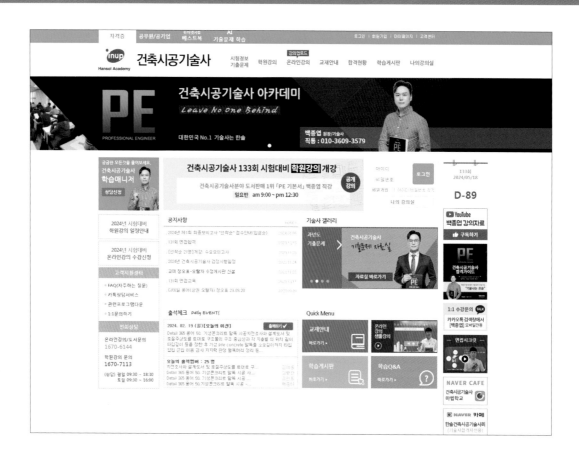

■ 홈페이지 주요메뉴

❶ 시험정보 · 기출문제
- 시험정보
- 시험준비요령
- 답안작성요령
- 기출문제

❷ 학원강의
- 학원강의 특징
- 강의일정
- 강사진

❸ 온라인강의
- 수강신청
- 강사진

❹ 교재안내
- 기본서 PE
- 스크린 PE
- Detail 용어설명 1000

❺ 합격현황
- 연도별 합격자현황
- 합격수기
- 합격 동영상수기

❻ 학습게시판
- 학습게시판
- 학습 Q&A
- 공지사항
- 정오표

❼ 나의강의실

기술사 학원강좌

학 원 강 좌

최단기간 코스

1. Study System(2006년~현재) 따라할 수 없는 스터디 노하우
2. 첨삭지도 System(서브노트 체크)-스터디 전담 Check

과 정 명	횟 수	수 강 료	특 성	비 고
정 규 반	8~10강	800,000	각 단원별 기본이론 원리위주의 학습 마법지에 의한 흐름파악	1년 4Cycle 개강
매주 1회씩 공개강의를 통해 청강 후 상담을 통한 등록진행 (실전반 청강불가)				
실전 테크닉반				
답안작성반	2강	200,000	답안작성 테크닉 고득점 노하우	1년 4회 개강
용어설명 모의고사+스터디 그룹	8~13강	1,200,000	핵심용어 설명	1년 3회 개강
			실전 Test 및 첨삭지도	
종합반(1년)	4 Cycle	2,000,000	정규반 4회+실전반 3회	1년 수강
실전반(1년)	4 Cycle	1,200,000	오후 실전반 3회	1년 수강

※ 종합반은 10주 과정을 기준으로 합니다. 10주 이후 나머지 기간은 서비스과정입니다. 두 과정은 1년을 기간으로 환불이 아니라 10주가 지나면 환불대상이 아닙니다. 부득이한 사정으로 중단할 경우 2년까지 유예기간을 드립니다.

추가선택(금액별도)					
1단계	신규적응 Study	1년	무료	첫 등록 후 기본부터 적응할 때 까지 Support	Study Group (단계별 선택)
2단계	Basic Study	1년	무료	첨삭지도	
3단계	All Pass Study	1년	200,000	고급스킬 첨삭지도	
수요 모의고사(고급반)		8강~10강	400,000	첨삭지도가 필요한 타학원생 주말모의고사에서 문제점 찾기	현수강생: 20만원 재수강: 20만원
최종 모의고사		1	40,000	400분 Full Time 실전시험	
All Pass반(연수원 합숙)		3박 4일	450,000	합격 시크릿	

※ DC 혜택			
재수강	1년 회원	재등록: 200만원→60만원	
	단과	50%(예: 용어설명 2회차 이후 30만원)	
15% 혜택(종합반 30만원)		수강생 소개, 한솔 기술사 동영상, 한솔건축기사, 건축사 수강생	교재비 별도
15% 혜택(종합반 30만원)		삼성물산, 현대건설, 대우건설, 현대엔지니어링, DL 이앤씨, GS건설, 포스코 이앤씨, 호반건설, 롯데건설, 한화건설, 현대엔지니어링, SK에코플랜트, 대방건설, 중흥토건, 제일건설, 한신공영, 포스코에이앤씨,	
10% 혜택(종합반 20만원)		삼우씨엠, 한글로벌, 희림 종합건축, 건원엔지니어링, 동일건축, 무영씨엠, 목양종합건축, 아이티엠, 정림건축, 영화키스톤 건축사사무소, 혜안까치종합	

동 영 상 강 좌

기 술 사 동영상강좌

❶ 건축시공기술사 강의 특징

1. Smart View (시각화 강의+판서축소에 의한 Key Point 강의)
2. 기본이론+실무위주+도식화 설명
3. 다양하고 차별화된 고득점 아이템 설명

❷ 각 단원별 Focus를 맞춘 차별화 강의

정규과정 (마법 기본서)	대 상	– 기술사 공부의 필수코스 – 전과정 정리가 필요한 분	
	내 용	– 공종별 Lay out 및 folder별 설명 – 흐름에 의한 Part별 Story전개 – 기본이론+실무+도식화 설명	PE 건축시공기술사

❸ 동영상강좌 신청방법

- **교육기간** : 신청한 날부터 6개월
- **교   재** : 한솔아카데미 발행 건축시공기술사 마법 기본서
- **수 강 료** : 전과목 수강 ▶ 500,000원 (시중교재 10% DC : 49,500원)

❹ 동영상강의 일정(정규과정)

단 원		주요내용
	오리엔테이션	공부방법 및 학습커리큘럼
1강	가설공사 및 건설기계	학습 Point, 일반사항, 공통가설공사, 직접가설공사, Tower Crane, Lift Car
2강	토공사	학습 Point, 지반공사, 토공, 물, 하자 및 계측관리
3강	기초공사	학습 Point, 기초유형, 기성 콘크리트 Pile, 현장타설 콘크리트 Pile, 기초의 안정
4강	철근콘크리트공사(Ⅰ)	학습 Point, 거푸집 공사, 철근공사
5강	철근콘크리트공사(Ⅱ)	학습 Point, 콘크리트 일반
6강	철근콘크리트공사(Ⅲ)	학습 Point, 특수콘크리트, 철근콘크리트 구조일반
7강	P·C공사	학습 Point, 일반사항, 공법분류, 시공, 복합화
8강	철골공사	학습 Point, 일반사항, 세우기, 접합, 부재 및 내화피복
9강	초고층 및 대공간 공사	학습 Point, 설계 및 구조, 시공계획, 대공간 구조, 공정관리
10강	Curtain Wall 공사	학습 Point, 일반사항, 공법분류, 시공, 하자
11강	마감 및 기타 공사(Ⅰ)	학습 Point, 쌓기공법, 붙임공법, 바름공법, 보호공법
12강	마감 및 기타 공사(Ⅱ)	학습 Point, 설치공사, 기타 및 특수재료, 실내환경
13강	건설사업관리(Ⅰ)	학습 Point, 건설산업과 건축생산, 생산의 합리화
14강	건설사업관리(Ⅱ)	학습 Point, 건설 공사계약, 건설 공사관리

동영상강좌 신청방법

인터넷 홈페이지(www.inup.co.kr)를 통하여 직접 신청 하시면 됩니다.

문의 ☎ (02) 575-6144~5 / FAX : (02) 529-1130

※ 한솔아카데미 학원강의 및 통신강의 기 수강회원께는 할인혜택을 드립니다.

- 예시: 설명하고자 하는 대상과 관계있는 실례를 보임으로써 전체의 의미를 분명하게 이해
- 비교와 대조: 성질이 다른 대상을 서로 비교·대조하여 그 특징 파악
- 분류: 대상을 일정한 기준에 따라 유형으로 구분
- 분석: 하나의 대상을 나누어 부분으로 이루어진 대상을 분석
- 평가: 방법과 방식으로 나누어 방안 제시
- 견해: 전제조건과 대안을 통하여 견해를 제시하는 것이 기술사 시험 입니다.

Professional Engineer와 Amateur Engineer의 가장 큰 차이점은 무엇일까요?
그것은 바로 공부하는 전략이 다르다는 점입니다.
Amateur는 전략의 중요성을 인식하지도 못합니다.
너무도 준비 없이 다급하게 수업만 듣기에 급급하기 마련입니다.

하지만 Pro는 그 전략의 중요성을 인식하고 있고
채점자를 휘어잡는 특별한 전략을 준비하는 사람입니다.

Amateur는 Scale에 감탄하고 Pro는 Detail에 더 경탄합니다.
큰 틀과 방향을 잡는 것이 Scale의 단계이며, 단계별 전개과정에 따른 Why(왜 해야만 하는가), What(무엇으로), How(어떻게) 기본원리에 따라 Scale안에 있는 각 단계별로 Part를 삽입하는 것이 Detail입니다.

이 책에는 건축시공을 한눈에 알 수 있게 각 공종의 Lay Out을 main screen으로 만들어 놓았고, 중요한 공법위주로 현장사진이 첨부되어 있으며, 무엇보다 건축용어의 유형을 구성 원리를 이용하여 건축학계 최초로 15가지의 유형분류체계를 수립하였다.

교재의 구성

- 흐름과 연관성을 기초로 건축 분류체계의 획기적인 정립
- 구성원리를 이용한 용어의 유형분류체계 수립
- 현장시공을 기초로 한 실무형 창작그림으로 main theme 설정
- 공종별 Key Point와 Lay Out 제시(main screen & sub screen)
- Part와 Process를 이용한 Item구성

21일 동안 원하는 행동을 계속하면 습관이 된다. - 맥스웰 말초

지식이 늘어나면 인생이 변한다.
당신은 변화된 멋진 인생을 맞을 준비가 되었는가?

건축시공기술사 백 종 엽

1. 기본정보

1. 개요

건축의 계획 및 설계에서 시공, 관리에 이르는 전 과정에 관한 공학적 지식과 기술, 그리고 풍부한 실무경험을 갖춘 전문 인력을 양성하고자 자격제도 제정

2. 수행직무

건축시공 분야에 관한 고도의 전문지식과 실무경험에 입각한 계획, 연구, 설계, 분석, 시험, 운영, 시공, 평가 또는 이에 관한 지도, 감리 등의 기술업무 수행

3. 실시기관

한국 산업인력공단(http://www.q-net.or.kr)

2. 진로 및 전망

1. 우대정보

공공기관 및 일반기업 채용 시 및 보수, 승진, 전보, 신분보장 등에 있어서 우대받을 수 있다.

2. 가산점

- 건축의 계획 6급 이하 기술공무원: 5% 가산점 부여
- 5급 이하 일반직: 필기시험의 7% 가산점 부여
- 공무원 채용시험 응시가점
- 감리: 감리단장 PQ 가점

3. 자격부여

- 감리전문회사 등록을 위한 감리원 자격 부여
- 유해·위험작업에 관한 교육기관으로 지정신청하기 위한 기술인력, 에너지절약전문기업 등록을 위한 기술인력 등으로 활동

4. 법원감정 기술사 전문가: 법원감정인 등재

법원의 판사를 보좌하는 역할을 수행함으로서 기술적 내용에 대하여 명확한 결과를 제출하여 법원 판결의 신뢰성을 높이고, 적정한 감정료로 공정하고 중립적인 입장에서 신속하게 감정 업무를 수행

- 공사비 감정, 하자감정, 설계감정 등

5. 기술사 사무소 및 안전진단기관의 자격

3. 기술사 응시자격

(1) 기사 자격을 취득한 후 응시하려는 종목이 속하는 직무분야(고용노동부령으로 정하는 유사 직무분야를 포함한다. 이하 "동일 및 유사 직무분야"라 한다)에서 4년 이상 실무에 종사한 사람

(2) 산업기사 자격을 취득한 후 응시하려는 종목이 속하는 동일 및 유사 직무분야에서 5년 이상 실무에 종사한 사람

(3) 기능사 자격을 취득한 후 응시하려는 종목이 속하는 동일 및 유사 직무분야에서 7년 이상 실무에 종사한 사람

(4) 응시하려는 종목과 관련된 학과로서 고용노동부장관이 정하는 학과(이하 "관련학과"라 한다)의 대학졸업자 등으로서 졸업 후 응시하려는 종목이 속하는 동일 및 유사 직무분야에서 6년 이상 실무에 종사한 사람

(5) 응시하려는 종목이 속하는 동일 및 유사직무분야의 다른 종목의 기술사 등급의 자격을 취득한 사람

(6) 3년제 전문대학 관련학과 졸업자 등으로서 졸업 후 응시하려는 종목이 속하는 동일 및 유사 직무분야에서 7년 이상 실무에 종사한 사람

(7) 2년제 전문대학 관련학과 졸업자 등으로서 졸업 후 응시하려는 종목이 속하는 동일 및 유사 직무분야에서 8년 이상 실무에 종사한 사람

(8) 국가기술자격의 종목별로 기사의 수준에 해당하는 교육훈련을 실시하는 기관 중 고용노동부령으로 정하는 교육훈련기관의 기술훈련과정(이하 "기사 수준 기술훈련과정"이라 한다) 이수자로서 이수 후 응시하려는 종목이 속하는 동일 및 유사 직무분야에서 6년 이상 실무에 종사한 사람

(9) 국가기술자격의 종목별로 산업기사의 수준에 해당하는 교육훈련을 실시하는 기관 중 고용노동부령으로 정하는 교육훈련기관의 기술훈련과정(이하 "산업기사 수준 기술훈련과정"이라 한다) 이수자로서 이수 후 동일 및 유사 직무분야에서 8년 이상 실무에 종사한 사람

(10) 응시하려는 종목이 속하는 동일 및 유사 직무분야에서 9년 이상 실무에 종사한 사람

(11) 외국에서 동일한 종목에 해당하는 자격을 취득한 사람

1. 시험위원 구성 및 자격기준

(1) 해당 직무분야의 박사학위 또는 기술사 자격이 있는 자
(2) 대학에서 해당 직무분야의 조교수 이상으로 2년 이상 재직한 자
(3) 전문대학에서 해당 직무분야의 부교수이상 재직한자
(4) 해당 직무분야의 석사학위가 있는 자로서 당해 기술과 관련된 분야에 5년 이상 종사한자
(5) 해당 직무분야의 학사학위가 있는 자로서 당해 기술과 관련된 분야에 10년 이상 종사한 자
(6) 상기조항에 해당하는 사람과 같은 수준 이상의 자격이 있다고 인정 되는 자

※ 건축시공기술사는 기존 3명에서 5명으로 충원하여 $\frac{1}{n}$로 출제
 단, 학원강의를 하고 있거나 수험서적(문제집)의 출간에 참여한 사람은 제외

2. 출제 방침

(1) 해당종목의 시험 과목별로 검정기준이 평가될 수 있도록 출제
(2) 산업현장 실무에 적정하고 해당종목을 대표할 수 있는 전형적이고 보편타당성 있는 문제
(3) 실무능력을 평가하는데 중점

※ 해당종목에 관한 고도의 전문지식과 실무경험에 입각한 계획, 설계, 연구, 분석, 시험, 운영, 시공, 평가 또는 이에 관한 지도, 감리 등의 기술업무를 행할 수 있는 능력의 유무에 관한 사항을 서술형, 단답형, 완결형 등의 주관식으로 출제하는 것임

3. 출제 Guide line

(1) 최근 사회적인 이슈가 되는 정책 및 신기술 신공법
(2) 학회지, 건설신문, 뉴스에서 다루는 중점사항
(3) 연구개발해야 할 분야
(4) 시방서
(5) 기출문제

4. 출제 방법

(1) 해당종목의 시험 종목 내에서 최근 3회차 문제 제외 출제
(2) 시험문제가 요구되는 난이도는 기술사 검정기준의 평균치 적용
(3) 1교시 약술형의 경우 한두개 정도의 어휘나 어구로 답하는 단답형 출제를 지양하고 간단히 약술할 수 있는 서술적 답안으로 출제
(4) 수험자의 입장에서 출제하되 출제자의 출제의도가 수험자에게 정확히 전달
(5) 국·한문을 혼용하되 필요한 경우 영문자로 표기
(6) 법규와 관련된 문제는 관련법규 전반의 개정여부를 확인 후 출제

5. 출제 용어

(1) 국정교과서에 사용되는 용어
(2) 교육 관련부처에서 제정한 과학기술 용어
(3) 과학기술단체 및 학회에서 제정한 용어
(4) 한국 산업규격에 규정한 용어
(5) 일상적으로 통용되는 용어 순으로 함
(6) 숫자: 아라비아 숫자
(7) 단위: SI단위를 원칙으로 함

6. 채점

❶ 교시별 배점

교시	유형	시간	출제문제		채점방식				합격기준
			시험지	답안지	배점	교시당	합계	채점	
1교시	악술형	100분	13문제	10문제 선택	10/6	100	300/180	A:60점 B:60점 C:60점	평균 60점
2교시		100분	6문제	4문제 선택	25/15	100	300/180	A:60점 B:60점 C:60점	평균 60점
3교시	서술형	100분	6문제	4문제 선택	25/15	100	300/180	A:60점 B:60점 C:60점	평균 60점
4교시		100분	6문제	4문제 선택	25/15	100	300/180	A:60점 B:60점 C:60점	평균 60점
합계		400분	31문제	22문제		1200		720점	60점

건축시공기술사 시험기본상식

❷ 답안지 작성 시 유의사항

(1) 답안지는 표지 및 연습지를 제외하고 총7매(14면)이며, 교부받는 즉시 매수, 페이지 순서 등 정상여부를 반드시 확인하고 1매라도 분리되거나 훼손하여서는 안 됩니다.

(2) 시행 회, 종목명, 수험번호, 성명을 정확하게 기재하여야 합니다.

(3) 수험자 인적사항 및 답안작성(계산식 포함)은 검정색 필기구만을 계속 사용하여야 합니다. (그 외 연필류·유색필기구·2가지 이상 색 혼합사용 등으로 작성한 답항은 0점 처리됩니다.)

(4) 답안정정 시에는 두 줄(=)을 긋고 다시 기재 가능하며, 수정테이프 사용 또한 가능합니다.

(5) 연습지에 기재한 내용은 채점하지 않으며, 답안지(연습지 포함)에 답안과 관련 없는 특수한 표시를 하거나 특정인임을 암시하는 경우 답안지 전체가 0점 처리됩니다.

(6) 답안작성 시 자(직선자, 곡선자, 템플릿 등)를 사용할 수 있습니다.

(7) 문제의 순서에 관계없이 답안을 작성하여도 되나 주어진 문제번호와 문제를 기재한 후 답안을 작성하고 전문용어는 원어로 기재하여도 무방합니다.

(8) 요구한 문제수 보다 많은 문제를 답하는 경우 기재 순으로 요구한 문제수 까지 채점하고 나머지 문제는 채점대상에서 제외됩니다.

(9) 답안 작성 시 답안지 양면의 페이지 순으로 작성하시기 바랍니다.

(10) 기 작성한 문항 전체를 삭제하고자 할 경우 반드시 해당 문항의 답안 전체에 대하여 명확하게 X표시(X표시 한 답안은 채점대상에서 제외) 하시기 바랍니다.

(11) 시험시간이 종료되면 즉시 답안작성을 멈춰야 하며, 종료시간 이후 계속 답안을 작성하거나 감독위원의 답안제출 지시에 불응할 때에는 채점대상에서 제외됩니다.

(12) 각 문제의 답안작성이 끝나면 "끝"이라고 쓰고 다음 문제는 두 줄을 띄워 기재하여야 하며 최종 답안작성이 끝나면 그 다음 줄에 "이하빈칸"이라고 써야 합니다.

❸ 채점대상

(1) 수험자의 답안원본의 인적사항이 제거된 비밀번호만 기재된 답안

(2) 1~4교시까지 전체답안을 제출한 수험자의 답안

(3) 특정기호 및 특정문자가 기입된 답안은 제외

(4) 유효응시자를 기준으로 전회 면접 불합격자들의 인원을 고려하여 답안의 Standard를 정하여 합격선을 정함

(5) 약술형의 경우 정확한 정의를 기본으로 1페이지를 기본으로 함

(6) 서술형의 경우 객관적 사실과 견해를 포함한 3페이지를 기본으로 함

건축시공기술사 현황 및 공부기간

❶ 자격보유

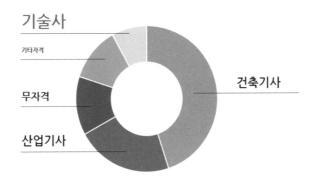

기술사
기타자격
무자격
산업기사
건축기사

❷ 공부기간 및 응시횟수

공부기간. 응시횟수도 중요하지만
얼마만큼. 어떻게 준비하느냐가 관건
하루 평균 3시간 공부기준

1~2회 응시	3~6회 응시	8~12회 응시
20%	**60%**	**20%**
1년미만	1~2년반	2 4년

❸ 기술사는 보험입니다

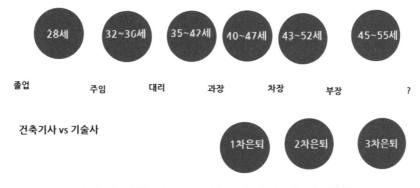

28세	32~36세	35~42세	40~47세	43~52세	45~55세
졸업	주임	대리	과장	차장	부장	?

건축기사 vs 기술사

1차은퇴   2차은퇴   3차은퇴

회사가 나를 필요로 하는 사람이 된다는것은?
건축인의 경쟁력은 무엇으로 말할 수 있는가?

답안작성 원칙과 기준 bible

1. 작성원칙 bible

❶ 기본원칙

1. 正確性 : 객관적 사실에 의한 원칙과 기준에 근거. 정확한 사전적 정의
2. 論理性 : 6하 원칙과 기승전결에 의한 형식과 짜임새 있는 내용설명
3. 專門性 : 체계적으로 원칙과 기준을 설명하고 상황에 맞는 전문용어 제시
4. 創意性 : 기존의 내용을 독창적이고, 유용한 것으로 응용하여 실무적이거나 경험적인 요소로 새로운 느낌을 제시
5. 一貫性 : 문장이나 내용이 서로 흐름에 의하여 긴밀하게 구성되도록 배열

❷ 6하 원칙 활용

1. When(계획~유지관리의 단계별 상황파악)
   • 전·중·후: 계획, 설계, 시공, 완료, 유지관리

2. Where(부위별 고려사항, 요구조건에 의한 조건파악)
   • 공장·현장, 지상·지하, 내부·외부, 노출·매립, 바닥·벽체, 구조물별·부위별, 도심지· 초고층

3. Who(대상별 역할파악)
   • 발주자, 설계자, 건축주, 시공자, 감독, 협력업체, 입주자

4. What(기능, 구조, 요인: 유형·구성요소별 Part파악)
   • 재료(Main, Sub)의 상·중·하+바탕의 내·외부+사람(기술, 공법, 기준)+기계(장비, 기구) +힘(중력, 횡력, 토압, 풍압, 수압, 지진)+환경(기후, 온도, 바람, 눈, 비, 서중, 한중)

5. How(방법, 방식, 방안별 Part와 단계파악)
   • 계획+시공(전·중·후)+완료(조사·선정·준비·계획)+(What항목의 전·중·후)+(관리·검사)
   • Plan → Do→ Check → Action
   • 공정관리, 품질관리, 원가관리, 안전관리, 환경관리

6. Why(구조, 기능, 미를 고려한 완성품 제시)
   • 구조, 기능, 미
   • 안전성, 경제성, 무공해성, 시공성
   • 부실과 하자

   ※ 답안을 작성할 시에는 공종의 우선순위와 시공순서의 흐름대로 작성
      (상황, 조건, 역할, 유형, 구성요소, Part, 단계, 중요Point)

1. 답안배치 Tip
   - 구성의 치밀성
   - 여백의 미 : 공간활용
   - 적절한 도형과 그림의 위치변경

2. 논리성
   - 단답형은 정확한 정의 기입
   - 단답형 대제목은 4개 정도가 적당하며 아이템을 나열하지 말고 포인트만 기입
   - 논술형은 기승전결의 적절한 배치
   - 6하 원칙 준수
   - 핵심 키워드를 강조
   - 전후 내용의 일치
   - 정확한 사실을 근거로 한 견해제시

3. 출제의도 반영
   - 답안작성은 출제자의 의도를 파악하는 것이다.
   - 문제의 핵심키워드를 맨 처음 도입부에 기술
   - 많이 쓰이고 있는 내용위주의 기술
   - 상위 키워드를 활용한 핵심단어 부각
   - 결론부에서의 출제자의 의도 포커스 표현

4. 응용력
   - 해당문제를 통한 연관공종 및 전·후 작업 응용
   - 시공 및 관리의 적설한 조화

5. 특화
   - 교과서적인 답안과 틀에 박힌 내용 탈피
   - 실무적인 내용 및 경험
   - 표현능력

6. 견해 제시력
   - 객관적인 내용을 기초로 자신의 의견을 기술
   - 대안제시, 발전발향
   - 뚜렷한 원칙, 문제점, 대책, 판단정도

❹ 공사관리 활용

1. 사전조사
- 설계도서, 계약조건, 입지조건, 대지, 공해, 기상, 관계법규

2. 공법선정
- 공기, 경제성, 안전성, 시공성, 친환경

3. Management
(1) 공정관리
- 공기단축, 시공속도, C.P관리, 공정Cycle, Mile Stone, 공정마찰

(2) 품질관리
- P.D.C.A, 품질기준, 수직·수평, Level, Size, 두께, 강도, 외관, 내구성

(3) 원가관리
- 실행, 원가절감, 경제성, 기성고, 원가구성, V.E, L.C.C

(4) 안전관리

(5) 환경관리
- 폐기물, 친환경, Zero Emission, Lean Construction

(6) 생산조달
- Just in time, S.C.M

(7) 정보관리: Data Base
- CIC, CACLS, CITIS, WBS, PMIS, RFID, BIM

(8) 통합관리
- C.M, P.M, EC화

(9) 하도급관리

(10) 기술력: 신공법

4. 7M
(1) Man: 노무, 조직, 대관업무, 하도급관리
(2) Material: 구매, 조달, 표준화, 건식화
(3) Money: 원가관리, 실행예산, 기성관리
(4) Machine: 기계화, 양중, 자동화, Robot
(5) Method: 공법선정, 신공법
(6) Memory: 정보, Data base, 기술력
(7) Mind: 경영관리, 운영

❶ 건축용어 마법지 : 유형별 단어 구성체계 – made by 백 종 엽

유형	단어 구성체계 및 대제목 분류			
	I	II	III	IV
1. 공법(작업, 방법) ※ 핵심원리, 구성원리	정의	이동, 양중, 고정, 조립, 접합, 부착, 설치, 세우기, 붙임, 쌓기(축조, 구축), 바름, 붙임, 보호, 뿜칠, 굴착, 천공, 삽입, 타설, 양생, 제거, 보강, 파괴, 해체		
		핵심원리 구성원리	시공 Process 요소기술 적용범위 특징, 종류	시공 시 유의사항 중점관리 사항 적용 시 고려사항
2. 시설물(설치, 형식, 기능) ※ 구성요소, 설치방법	정의	기능, 고정, 이음, 연결, 차단, 보호, 안전, 방지, 안내, 구축, 운반		
		설치구조 설치기준 설치방법	설치 Process 규격 · 형식 기능 · 용도	설치 시 유의사항 중점관리 사항
3. 자재(부재, 형태) ※ 구성요소	정의	설치, 기능, 역할, 구조, 형태, 가공, 이음, 틈, 고정, 부착, 접합, 조립, 두께, 비중, 단열, 변형, 강도, 강성, 경도, 연성, 인성, 취성, 탄성, 소성, 피로		
		제작원리 설치방법 구성요소 접합원리	제작 Process 설치 Process 기능 · 용도 특징	설치 시 유의사항 중점관리 사항
4. 기능(역할) ※ 구성요소, 요구조건	정의	연결, 차단, 억제, 보호, 유지, 개선, 보완, 전달, 분산, 침투, 형성, 지연, 구속, 막, 분해, 작용		
		구성요소 요구조건 적용조건	기능 · 용도 특징 · 적용성	시공 시 유의사항 개선사항 중점관리 사항
5. 재료(성질, 성분, 형상) ※ 함유량, 요구성능	정의	성질, 성분, 함유량, 비율, 형상, 크기, 중량, 비중, 농도, 밀도, 점도		
		Mechanism 영향인자 작용원리 요구성능	용도 · 효과 특성, 적용대상 관리기준	선정 시 유의사항 사용 시 유의사항 적용대상
6. 성능(구성, 용량, 향상) ※ 요구성능	정의	효율, 시간, 속노, 용량, 물리 회학적 안정성, 비중, 유동성, 부착성, 내풍성, 수밀성, 기밀성, 차음성, 단열, 안전성, 내구성, 내진성, 내열성, 내피로성, 내후성		
		Mechanism 영향요소 구성요소 요구성능	용도 · 효과 특성 · 비교 관리기준	고려사항 개선사항 유의사항 중점관리 사항
7. 시험(측정, 검사) Test, inspection ※ 검사, 확인, 판정	정의	지지, 인발, 오차, 기울기, 응력, 누수, 부착, 습기, 소음, 공기, 농도, 비중, 두께, 강도, 압축, 인장, 휨, 전단, 비율, 결함(하자, 손상, 부실)관련		
		시험방법 시험원리 시험기준 측정방법 측정원리 측정기준	시험항목 측정항목 시험 Process 종류, 용도	시험 시 유의사항 검사방법 판정기준 조치사항

유형	단어 구성체계 및 대제목 분류			
	I	II	III	IV
8. 현상(힘의 변화) 영향인자, Mechanism ※ 기능저해	중력, 풍력, 수압, 부력, 하중, 측압, 지진, 좌굴, 횡력, 크리프, 처짐, 변형, 응력, 저항, 상승, 쏠림, 파괴, 붕괴, 지연, 흐름, 변화			
	정의	Mechanism 영향인자 영향요소	문제점, 피해 특징 발생원인, 시기 발생과정	방지대책 중점관리 사항 복구대책 처리대책 조치사항
9. 현상(성질, 반응, 변화) 영향인자, Mechanism ※ 성능저해	성질, 반응, 변화, 수축, 팽창, 흡수, 분리, 감소, 건조, 부피, 부착, 증발, 증대, 물리화학적, 경화, 부식, 탄산화, 건조수축, 동해, 발열, 폭렬			
	정의	Mechanism 영향인자 영향요소 작용원리	문제점, 피해 특성, 효과 발생원인, 시기 발생과정	방지대책 중점관리 사항 저감방안 조치사항
10. 결함(하자, 손상, 부실) ※ 형태	표면, 내부, 형상(배부름, 터짐, 공극, 파손, 마모, 크기, 강도, 내구성, 열화, 부식, 수직도, Level, 두께, 비율			
	정의	Mechanism 영향인자 영향요소	문제점, 피해 발생형태 발생원인, 시기 발생과정 종류	방지기준 방지대책 중점관리 사항 복구대책 처리대책 조치사항
11. 시설, 기계, 장비, 기구 (성능, 제원) ※구성요소, System	구조, 기능, 제원, 용도(천공, 굴착, 측정, 양중, 제거, 해체, 조립, 접합, 운반, 설치)			
	정의	구성요소 구비조건 형식, 성능 제원	기능, 용도 특징	설치 시 유의사항 배치 시 유의사항 해체 시 유의사항 운용 시 유의사항
12. 구조(구성요소) ※ 구조원리	종류, 형태, 형식, 하중, 응력, 저항, 대응, 내력, 접합, 연결, 전달, 차단, 억제			
	정의	구조원리 구성요소	형태 형식 기준 종류	선정 시 유의사항 시공 시 유의사항 적용 시 고려사항
13. 기준, 지표, 지수, 제도 (System) ※ 구분과 범위	운영, 관리, 정보, 유형, 범위, 영역, 절차, 단계, 평가, 유형, 구축, 도입, 개선, 심사			
	정의	구분, 범위 Process 기준	평가항목 필요성, 문제점 방식, 비교 분류	적용방안 개선방안 발전방향 고려사항
14. 공사관리(공정, 품질, 원가, 안전, 정보, 생산) ※ 관리사항, 구성체계	운영, 관리, 정보, 유형, 범위, 영역, 절차, 단계, 평가, 유형, 구축, 도입, 개선, 심사, 표준			
	정의	개념, 구성체계 Process 영향요소 기본원칙	대상, 범위, 적용성 필요성, 특징, 종류 방식, 비교, 분류 기준, 목적, 용도	관리사항 고려사항 적용시 유의사항
15. 항목(조사, 검사, 계획) ※ 관리사항, 구분 범위	구분, 범위, 절차, 유형, 평가, 구축, 도입, 개선, 심사			
	정의	구분, 범위 계획 Process 처리절차 처리방법	조사항목 필요성 조사/검사방식 분류	검토사항 고려사항 유의사항 개선방안

Why (구조, 기능, 미, 목적, 결과물, 확인, 원인, 파악, 보강, 유지, 선정)
What (설계, 재료, 배합, 운반, 양중, 기후, 대상, 부재, 부위, 상태, 도구, 형식, 장소)
How (상태 · 성질변화, 공법, 시험, 기능, 성능, 공정, 품질, 원가, 안전, Level, 접합, 내구성)

서술형 15가지

1. 방법

2. 방식

3. 방안

4. 종류

5. 특징(장·단점), 비교설명

6. 필요성

7. 용노, 기준, 구성체계, 활용, 활성화

8. 목적 및 도입, 선정, 적용, 효과, 제도

9. 조사, 준비, 계획, 대상

10. 시험, 검사, 평가, 검토, 측정

11. 순서

12. 요구조건, 전제조건

13. 고려사항, 유의사항

14. 원인, 요인, 문제점, 피해, 발생, 영향, 하자, 붕괴

15. 방지대책, 복구대책, 대응방안, 개선방안, 처리방안, 조치방안, 관리방안, 해결방안, 품질확보, 절감방안, 저감방안, 협의사항, 운영방안, 대안

※ 건설 사업관리 전반의 내용과 약술형의 유형을 대입하여 현장경험에서 나올 수 있는 상황을 고려

❷ magic 단어

1. 제도: 부실시공 방지

   기술력, 경쟁력, 기술개발, 부실시공, 기간, 서류, 관리능력

   ※ 간소화, 기준 확립, 전문화, 공기단축, 원가절감, 품질확보

2. 공법/시공

   힘의 저항원리, 접합원리

   ※ 설계, 구조, 계획, 조립, 공기, 품질, 원가, 안전

3. 공통사항

   (1) 구조

   ① 강성, 안정성, 정밀도, 오차, 일체성, 장Span, 대공간, 층고

   ② 하중, 압축, 인장, 휨, 전단, 파괴, 변형

   ※ 저항, 대응

   (2) 설계

   ※ 단순화

   (3) 기능

   ※ System화, 공간활용(Span, 층고)

   (4) 재료 : 요구조건 및 요구성능

   ※ 제작, 성분, 기능, 크기, 두께, 강도

   (5) 시공

   ※ 수직수평, Level, 오차, 품질, 시공성

   (6) 운반

   ※ 제작, 운반, 양중, 야적

4. 관리

   • 공정(단축, 마찰, 갱신)

   • 품질(품질확보)

   • 원가(원가절감, 경제성, 투입비)

   • 환경(환경오염, 폐기물)

   • 통합관리(자동화, 시스템화)

5. magic

   • 강화, 효과, 효율, 활용, 최소화, 최대화, 용이, 확립, 선정, 수립, 철저, 준수, 확보, 필요

(1) 자신감 있는 표현을 하라.
(2) 기본에 충실하라(공종의 처음을 기억하라)
(3) 문제를 넓게 보라(숲을 본 다음 가지를 보아라)
(4) 답을 기술하기 전 지문의 의도를 파악하라
(5) 전체 요약정리를 하고 답안구성이 끝나면 기술하라
(6) 마법지를 응용하라(모든 것은 전후 공종에 숨어있다.)
(7) 시간배분을 염두해 두고 작성하라
(8) 상투적인 용어를 남용하지 마라
(9) 내용의 정확한 초점을 부각하라
(10) 절제와 기교의 한계를 극복하라

모르는 문제가 출제될 때는 포기하지 말고 문제의 제목을 보고 해당공종과의 연관성을 찾아가는 것이 단 1점이라도 얻을 수 있는 방법이다.

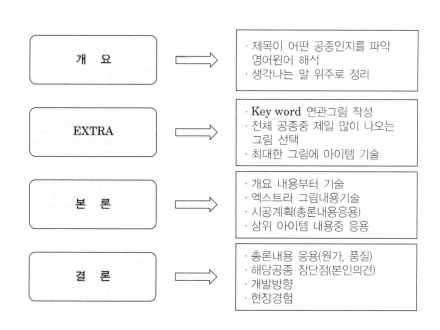

개 요	⇒	· 제목이 어떤 공종인지를 파악 영어원어 해서 · 생각나는 말 위주로 정리
EXTRA	⇒	· Key word 연관그림 작성 · 전체 공종중 제일 많이 나오는 그림 선택 · 최대한 그림에 아이템 기술
본 론	⇒	· 개요 내용부터 기술 · 엑스트라 그림내용기술 · 시공계획(총론내용응용) · 상위 아이템 내용중 응용
결 론	⇒	· 총론내용 응용(원가, 품질) · 해당공종 장단점(본인의견) · 개발방향 · 현장경험

④ 서브노트 작성과정

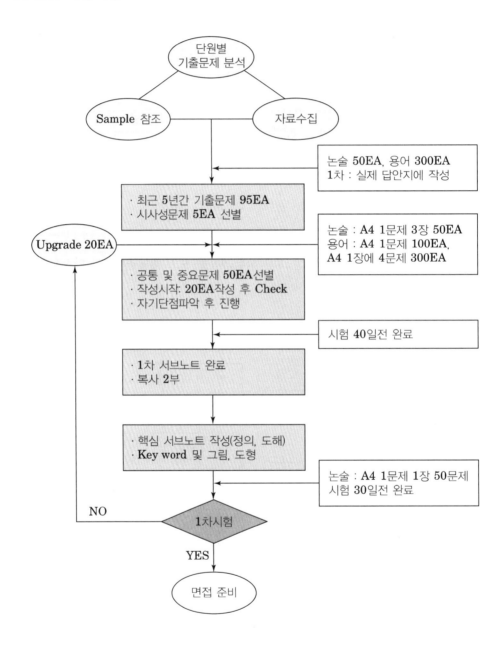

※ 서브노트는 책을 만든다는 마음으로 실제 답안으로 모범답안을 만들어 가는 연습을 통하여 각
공종별 핵심문제를 이해하고 응용할 수 있는 것이 중요 Point입니다.

합격하는 bible

❶ 관심

관심 〉흥미 〉익숙 〉변화 〉욕심 〉목표 〉정복

❷ 자기관리

자기관리

미래의 내 모습은?
시간이 없음을 탓하지 말고, 열정이 없음을 탓하라.

그대가 잠을 자고 웃으며 놀고 있을 시간이 없어서가 아니라 뜨거운 열정이 없어서이다.

작든 크든 목적이 확고하게 정해져 있어야 그것의 성취를 위한 열정도 줄 수 있다.

● Positive Mental Attitude
● 간절해보자
● 목표.계획수립-2년단위 수정
● 주변정리-노력하는 사람
● 운동. 잠. 스트레스. 비타민

❸ 단계별 제한시간 투자

절대시간 500시간

● 시작후 2개월: 평일 9시~12시
　(Lay out-배치파악)

● 시작후 3개월: 평일 9시~1시
　(Part -유형파악)

● 시작후 6개월: 평일 9시~2시
　(Process-흐름파악)

● 빈Bar부터 역기는 단계별로

우리의 의식은 공부하고자 다짐하지만 잠재의식은 쾌락을 원한다.
시간제한을 두면 뇌가 긴장한다.
시간여유가 있을때는 딱히 떠오르지 않았던 영감이
시간제한을 두면 급히 가동한다.

❹ 마법지 암기가 곧 시작

Lay out(배치파악)　Process(흐름파악)　Memory(암기)　Understand(이해)　Application (응용)

● 공부범위 설정
● 공부방향 설정-단원의 목차.Part구분
● 구성원리 이해
● 유형분석
● 핵심단어파악
● 규칙적인 반복- 습관
● 폴더단위 소속파악-Part 구분 공부

우리의 의식은 공부하고자 다짐하지만 잠재의식은 쾌락을 원한다.
시간제한을 두면 뇌가 긴장한다.
시간여유가 있을때는 딱히 떠오르지 않았던 영감이
시간제한을 두면 급히 가동한다.

⑤ 주기적인 4회 반복학습(장기 기억력화)

암기 vs 이해 　　　　분산반복학습, 말하고 행동(몰입형: immersion)

- 순서대로 진도관리
- 위치파악(폴더속 폴더)
- 대화를 통한 자기단점파악
- 주기적인 반복과 변화
- 10분 후. 1일 후. 일주일 후. 한달 후

- 10분후에 복습하면 1일 기억(바로학습)

- 다시 1일 후 복습하면 1주일 기억(1일복습)

- 다시 1주일 후 복습하면 1개월 기억(주간복습)

- 다시 1달 후 복습하면 6개월 이상 기억(전체복습)

- 우리가 말하고 행동한것의 90%
- 우리가 말한것의 70%
- 우리가 보고 들은것의 50%
- 우리가 본것의 30%
- 우리가 들은것의 20%
- 우리가 써본것의10%
- 우리가 읽은것의 5%

⑥ 건축시공기술사의 원칙과 기준

1. 원칙
 (1) 기본원리의 암기와 이해 후 응용(6하 원칙에 대입)

 (2) 조사 + 재료 + 사람 + 기계 + 양생 + 환경 + 검사

 (3) 속도 + 순서 + 각도 + 지지 + 넓이, 높이, 깊이, 공간

2. 기준
 (1) 힘의 변화

 (2) 접합 + 정밀도 + 바탕 + 보호 + 시험

 (3) 기준제시 + 대안제시 + 견해제시

⑦ 필수적으로 해야 할 사항

 (1) 논술노트 수량 – 50EA

 (2) 용어노트 수량 – 150EA

 (3) 논술 요약정리 수량 – 100EA

 (4) 용어 요약정리 수량 – 300EA

 (5) 필수도서 – 건축기술지침, 콘크리트공학(학회)

Contents

Contents

9편 마감 및 기타공사

Contents

CHAPTER

01

가설공사 및 건설기계

1-1장

가설공사

Lay Out

① 일반사항 Lay Out

사전조사

| 常數的 요소 | —— | 變數的 요소 |

- 공사
- Construction

- 관리
- Management

가설계획 • 고프로~설계단지는 설세야 안전한 기상조건~

고려사항

- 설계도서 요구조건 확인
- 단지 내외부 현황
- 설치 및 사용조건
- 세부항목에 대한 고려
- 안전 및 환경
- 기상조건

Process

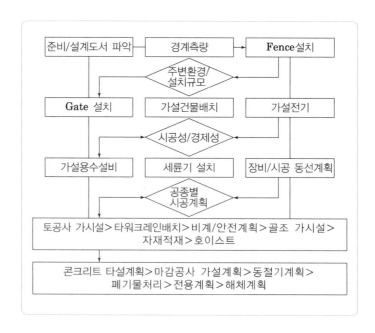

Lay Out

② 공통가설공사 Lay Out

항목
  • 대가시설 환경건물~

> • 대지 경계측량
> • 가시설물(울타리, Gate)
> • 가설설비(심정, 세륜기, 임시전력)
> • 환경설비(쓰레기처리 시설)
> • 가설건물(식당, 사무실)

평면배치

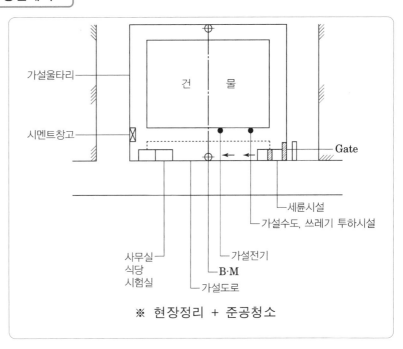

가설울타리

건   물

시멘트창고

Gate

세륜시설
가설수도, 쓰레기 투하시설

가설전기
B·M
가설도로

사무실
식당
시험실

※ 현장정리 + 준공청소

Lay Out

③ 직접가설공사 Lay Out

항목　　• 먹장비 안보~

> • 먹매김
> • 공사용 장비(Tower Crane, Lift Car, CPB)
> • 비계시설물
> • 안전시설물
> • 보조시설물

단면배치

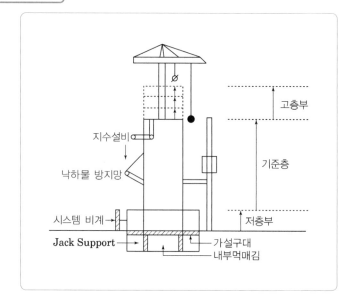

Lay Out

④ 개발방향 Lay Out

개발방향   • 표전시~

표준화

전문화

시스템화

일반사항

배치계획

Key Point

□ Lay Out
- 계획 · 항목 · 검토
- Process · 배치 · 구분
- 고려사항
- 유의사항

□ 기본용어
- 가설공사의 기본방침
- 가설계획도
- 안전인증제

mind map

● 설계 입지는 공기관
  에서 조사해라.

① 일반사항

1. 가설계획

1-1. 사전조사

1) 검토요소

```
常數的 요소 ──────── 變數的 요소

┌ 현장시공과 관련한 요소        ┌ 공사관리 요소
└ 설계도서, 착공, 준공, 품질     └ 공기, Claim, 계약, 대관업무
```

2) 조사항목

조사 항목		조사 내용
설계도서		설계도면, 시방서, 구조계산서, 내역서 검토
계약조건		공사기간, 기성 청구 방법 및 시기
입지조건	측량	대지측량, 경계측량, 현황측량, TBM, 기준점(Bench Mark)
	대지	인접대지, 도로 경계선, 대지의 고저(高低)
	매설물	잔존 구조물의 기초 · 지하실의 위치, 매설물의 위치 · 치수
	교통상황	현장 진입로(도로폭), 주변 도로 상황
지반조사	지반	토질 단면상태
	지하수	지하수위, 지하수량, 피압수의 유무
공해		소음, 진동, 분진 등에 관한 환경기준 및 규제사항, 민원
기상조건		강우량 · 풍속 · 적설량 · 기온 · 습도 · 혹서기, 혹한기
관계법규		소음, 진동, 환경에 관한 법규

3) 가설공사 Process

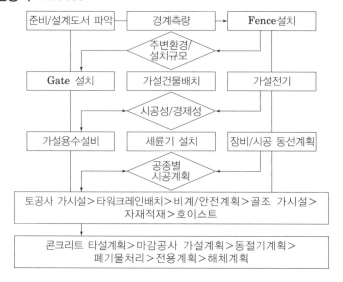

```
준비/설계도서 파악 ──→ 경계측량 ──→ Fence설치
                        주변환경/
                        설치규모
Gate 설치      가설건물배치      가설전기
                시공성/경제성
가설용수설비    세륜기 설치      장비/시공 동선계획
                공종별
                시공계획
토공사 가시설>타워크레인배치>비계/안전계획>골조 가시설>
자재적재>호이스트
콘크리트 타설계획>마감공사 가설계획>동절기계획>
폐기물처리>전용계획>해체계획
```

일반사항

가설 계획도

(Temporary Planning Drawing)

공간 및 공정 프로세스에
대한 충분한 고려를 통해
수평적 배치계획과 수직적
양중계획을 나타낸 설계도
서이다

1-2. 종합가설계획

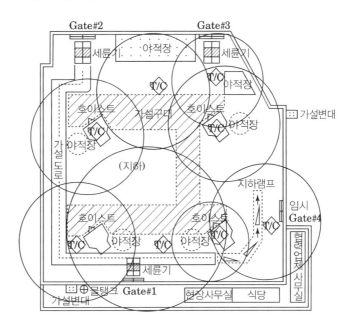

1-3. 계획 시 고려사항

1) 설계도서 요구조건 확인

① 내용파악: 설계도, 시방서, 현장설명서, 질의응답서의 내용

② 안전, 환경관리: 인접 건축물의 조사 및 보호

③ 공사 대지측량: 대지경계선 및 Level

④ 건물배치 및 형상: 양중설비의 반경 및 위치

2) 적용조건 및 단지 내·외부 현황

대지내부
· 대지경계선, 지반의 고저차, 지중 장애물 조사
· 건물의 형상과 높이를 고려하여 적용

대지외부
· 인접 건축물의 조사 및 보호, 공공시설물, 교통상황, 현장
진입로 조건, 공해, 민원요소

3) 설치 및 사용조건 분석

① 설치위치 선정

② 설치 및 사용기간

③ 설치 및 사용비용

④ 설치규모 및 성능

⑤ 반입량 및 사용량 고려

일반사항

가설전기 용량산정

현장 초기에 시기별로 전체공사에서 사용하는 전체의 양을 산정 전기업체와 협의

□ Tower Crane 및 Lift
- 기종 및 수량에 따른 부하 산정
□ 용접기
- S조, RC조에 따라 변동
□ 세륜기
- 1대당 15kW
□ 가설전기(분전반 배치)
- 층당 2.5W /면적당 적용
□ 가설조명
- Tower Crane, 지하조명, 가설 유도등 등
□ 가설건물
- 가설사무실, 협력업체 수량에 따라, 가설식당
- 15~100kW
□ 기타
- 집수정, 발전기, 변압기, 기타설비

4) 세부 항목에 대한 고려사항
① 동선 계획: 수평배치 및 수직양중에 대한 간섭고려
② 측량계획: 각 공종별 일관성 있는 기준 확립
③ 가설건물계획: 현장관리가 용이한 곳에 위치선정
④ 전기·설비계획: 사용거리를 고려한 위치선정
⑤ 양중계획: 공정의 Process를 고려하여 최적양중 System선정
⑥ 콘크리트 Pumping 계획: Zoning을 고려한 위치선정
⑦ 배수 및 지수계획: 지하층 규모와 건물 층수를 고려한 위치선정
⑧ 동절기 공사계획: 착공 및 준공시점을 고려한 투입시기 결정
⑨ 안전 및 환경계획: 사전 예방대책에 대한 면밀한 검토

5) 안전 및 환경
① 온도와 하중을 고려하여 가설재료의 설계 및 선정
② 착공 전 주변 기온의 최고치·최소치 파악하여 온도변화에 따른 변형대비
③ 외부보양을 통하여 자재의 낙하와 비산, 비래 방지대책 강구
④ 비산에 대한 외부 보양 시 커튼월 설치를 고려하여 각층을 분리하여 설치 및 해체

6) 기상조건
① 하절기: 우기 및 태풍을 고려하여 지수시설 설치시기와 방법 고려
② 동절기: 공기단축을 위하여 공종별 보양계획 수립

1-4. 개발방향

  ┌ 제작: 강도확보, 표준화, 경량화, 건식화, 기계화
  ├ 조립: 단순화, 일체화
  └ 설치: 전문화, 간편화

1-5. 의무안전 인증 및 자율안전 확인 대상품목-안전인증제

> 안전인증제는 성능검정제도가 안전인증제도로 변경됨에 따라 산업안전보건법 제34조(안전인증) 및 제35조(자율안전확인의 신고)에서 정한 가설기자재가 제조자의 기술능력 및 생산체계와 제품의 성능을 종합적으로 심사하여 안전인증기준에 적합한 경우 안전인증마크(㎉)를 사용할 수 있도록 하는 제도.

- 세부항목은 10-4-5 안전관리 참조

공통가설공사

동선 이해

Key Point

□ Lay Out
- 계획 · 항목 · 검토
- Process · 배치 · 구분
- 고려사항
- 유의사항

② 공통가설 공사

1. 항목 및 배치

> 공사에 간접적으로 활용되어 운영, 관리상 필요한 가설물(본 건물 이외의 보조역할 공사)

1) 항목

공통 가설	항목별 내용
대지조사	• 부지측량: 경계측량, 현황측량, 수준점(TBM), 기준점(Bench Mark)
사전조치	• 인접건물 보상 및 보양
가설도로	• 현장내 가설도로 및 가설구대
가설 시설물	• 가설울타리, 가설Gate, 경비실
가설건물	• 현장사무소, 협력업체 사무실
	• 시멘트창고, 위험물창고, 숙소, 가설 화장실, 식당, 화장실, 가설창고
가설 설비시설물	• 가설전기, 세륜시설, 통신설비, 쓰레기 투하시설
	• 가설용수, 양수 및 배수설비, 작업 용수 시설
시험설비	• 시험실
환경설비	• 공사쓰레기 처리시설, 세륜시설, 환기설비
현장정리	• 현장정리 및 준공청소

2) 배치(Plan & Section)

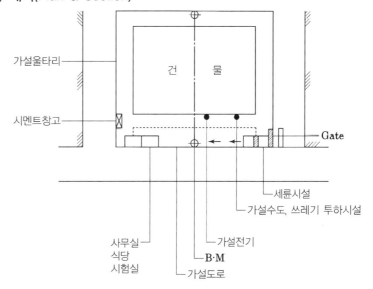

※ 현장정리 + 준공청소
수평동선과 관리가 용이하도록 배치

공통가설공사

[Bench Mark]

[규준틀]

2. 시공

2-1. 외부 측량

2-1-1. 대지 경계측량과 기준점

| 경계측량 | · 지적공부(地籍公簿)에 기록된 경계를 대상 부지에 평면위치를 결정 할 목적으로 지적 도근점(圖根点)을 기준으로 하여 공사 착수 전 각 필지의 경계와 면적을 정하는 측량 |

Bench Mark · 건축물 높낮이 결정의 기준을 삼고자 설정하는 것으로 수준원점(水準原點)을 기준으로 하여 기존 공작물이나 신설 말뚝을 이용하여 높이기준을 표시하는 것

1) 측량방법

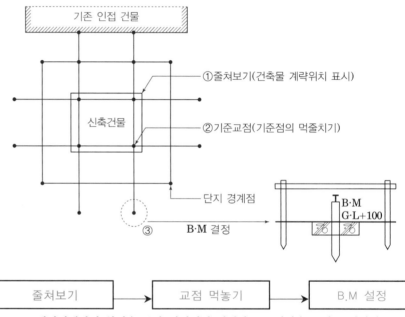

대지경계선의 확인을 통한 평면위치 결정과 B.M설정을 통한 높이결정

2) 설치방법 및 확인사항

구분	대지 경계측량	B.M
시기	· 공사 착수 전	· 공사착수 전 ~ 외부 부대시설 착수 전
방법	· 구청에 경계측량 신청	· 담당원의 입회하에 설치
용도	· 대지 및 건축물 평면위치 결정	· 터파기·건물고·단지 Level의 기준점
확인 및 유의사항	· 인접대지경계와 설계도서의 관계 확인	· 공사에 지장이 없는 곳에 설치
	· 인접대지 주인 및 도로관리자 입회	· 1FL+200 또는 GL+100 높이를 기준
	· 훼손방지를 위한 보호조치	· 이동 및 침하우려가 없는 곳에 설치
	· 1점에 2방향 이상의 보조점 설치	· 2개소 이상 설치하여 정기적 확인

공통가설공사

2-1-2. GPS(Global Positioning System) 측량기법

- GPS 측량기법은 인공위성을 이용한 위치 해석체계로서 정확한 위치를 알고 있는 위성에서 발사한 전파를 수신하여 관측점까지 소요시간을 관측함으로써 관측점의 좌표 값을 구하는 측량기법이다.
- GPS 위치를 계산하기 위해서는 현재의 시각, 위성의 위치, 신호의 지연량이 필요하며, 위치 계산 오차는 위성의 위치와 신호 지연의 측정으로부터 발생한다.

1) 측정 System의 원리 – 거리측정 및 위치계산방법

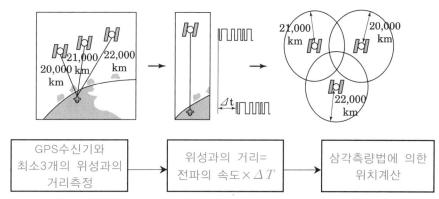

정확한 위치를 파악하려면 4개 이상의 위성에서 전파를 수신해야 한다.

2) 구성체계

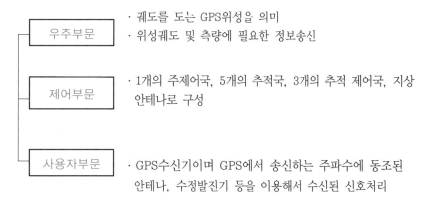

공통가설공사

2-2. 가설 시설물
2-2-1. 가설 울타리

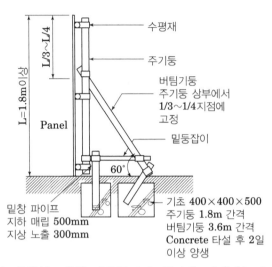

수평재
주기둥
버팀기둥
주기둥 상부에서
1/3~1/4지점에
고정
밑둥잡이
60°
기초 400×400×500
주기둥 1.8m 간격
버팀기둥 3.6m 간격
Concrete 타설 후 2일
이상 양생

L=1.8m이상
L/3~L/4
Panel
밑창 파이프
지하 매립 500mm
지상 노출 300mm

① 비산먼지 발생신고대상 건축물로서 공사장 경계에는 높이 L=1.8m 이상의 방진벽 설치
② 비산먼지 발생신고대상 건축물로서 공사장 경계에서 50m 이내에 주거, 상가 건축물이 있는 경우 높이 L=3m 이상 방진벽 설치

2-2-2. 가설Gate

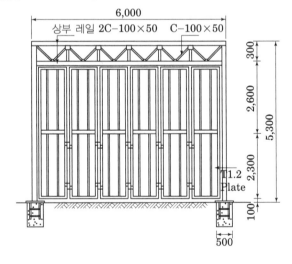

6,000
상부 레일 2C-100×50   C-100×50
300
2,600
5,300
2,300
T1.2 Plate
100
500

1) 유효폭

　전면 도로 폭에 의한 진입각도를 확인하고 차량의 회전 범위를 고려하여 결정 – 최소 4.5m 정도

2) 유효높이

　출입문 위에 횡부재, 호차, 레일이 있는 경우 통행차량의 적재 높이를 고려하여 화물 차량 중 가장 높은 것이 통과할 수 있도록 제작한다. 일반적으로 4m 정도

Gate의 종류

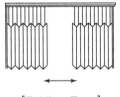

[Folding Type]

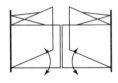

[Swing Type]

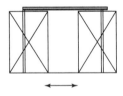

[Slidig Type]

[Shutter Type]

공통가설공사

2-3. 가설 설비시설물
2-3-1. 세륜시설

1) 자동식 세륜시설 종류

- Roll Type
  - Roller에 의한 차륜 강제구동
  - 세륜성능 우수/ 도심지
- Grating Type
  - 차량자체 동력으로 전, 후진
  - 세륜시간 짧음/ 외곽지역
- Road Type
  - 세륜기용 콘크리트 기초생략
  - 이동 및 재설치 용이

[자동 세륜기 전경]

2) 설치 시 유의사항

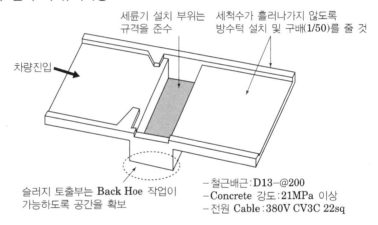

세륜기 설치 부위는 규격을 준수
세척수가 흘러나가지 않도록 방수턱 설치 및 구배(1/50)를 줄 것
차량진입
슬러지 토출부는 **Back Hoe** 작업이 가능하도록 공간을 확보
- 철근배근: **D13-@200**
- Concrete 강도: **21MPa** 이상
- 전원 Cable: **380V CV3C 22sq**

3) 설치기준
① 자동식 세륜시설 금속지지대에 설치된 롤러에 차바퀴가 닿게 한 후 전력 또는 차량의 동력을 이용하여 차바퀴를 회전시키는 방법으로 차바퀴에 붙은 흙 등을 제거할 수 있는 시설과 규격의 측면 살수시설을 설치하여야 한다.
② 세륜방법: 차륜 및 차량감지 시설에 의한 자동세륜
③ 살수높이: 수송차량의 바퀴부터 적재함 하단부 까지
④ 살수길이: 수송차량 전장의 1.5배 이상
⑤ 살수압력: 3.0~5.0Kg/㎠
⑥ 슬러지 배출: Conveyor에 의한 자동배출
⑦ 세륜시간: 25~45초/대
⑧ 용수사용방법: 자체 순환식
⑨ 세륜능력: 480~600대/일(8시간)

동선 이해

③ 직접가설 공사

1. 항목 및 배치

> 본 건물 축조에 직접적으로 활용되는 가설물

1) 항목

먹매김, 공사용 장비(Tower Crane, Lift Car, CPB), 공사용 비계시설물, 공사용 안전시설물, 공사용 보조시설물

2) 배치(Plan & Section)

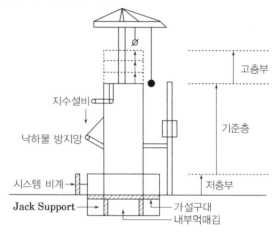

수직동선을 고려하여 양중과 공정에 지장이 없도록 배치

3) 유의사항

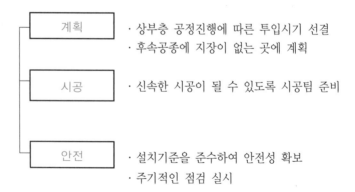

계획
- 상부층 공정진행에 따른 투입시기 선결
- 후속공종에 지장이 없는 곳에 계획

시공
- 신속한 시공이 될 수 있도록 시공팀 준비

안전
- 설치기준을 준수하여 안전성 확보
- 주기적인 점검 실시

직접가설공사

2. 시공

2-1. 내부 측량

2-1-1. 기준 먹매김

1) 측량방법

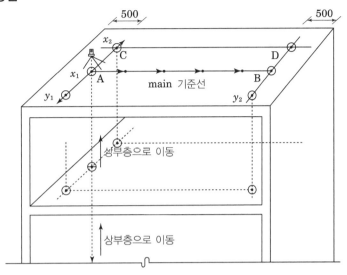

① A점에서 하부로 다림추를 내려서 하부층 교차점 Point를 위층으로 끌어 올린다.

② B점에서도 동일한 방법 시행

③ A, B점을 Transit을 이용하여 A와 B의 연결선을 바닥에 표시한 후 먹매김 한다.

④ C점에서 하부로 다림추를 내려서 하부층 교차점 Point를 위층으로 끌어 올린다.

⑤ A와 C점을 Transit을 이용하여 직각을 확인하여 Y축 먹매김을 한다.

⑥ 세부적으로 부재의 위치를 먹매김 한다.

2) 관리사항

① 하부층 믹매김이 훼손되지 않게 상부층 콘크리트 타설 시 오염여부 확인

② 측량기는 검교정을 정기적으로 실시하여 오차발생 방지

③ 각 층마다 오차가 누적될 가능성이 많으므로 외부 건축물에 기준참고점을 설치하여 확인

④ 거푸집 설치 시 오차여부에 따라 상부층에서 점진적으로 보정

⑤ 기준먹은 담당원이 직접 확인

⑥ 콘크리트 타설시 먹매김용 Sleeve의 훼손 주의

직접가설공사

2-1-2. 세대 마감 먹매김

1) 측량방법

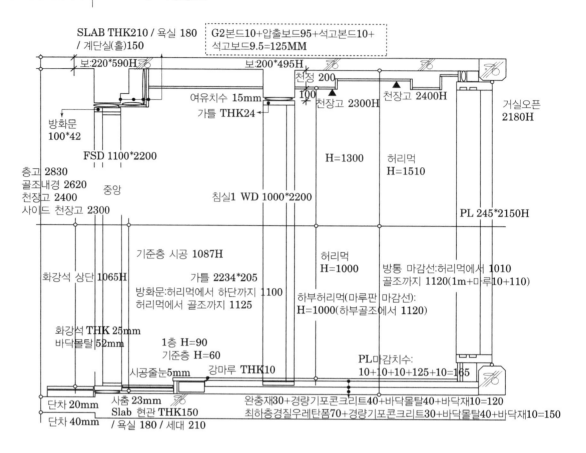

① Level(허리먹) 먹매김

- 1세대를 기준으로 바닥~천장부분의 전체 내경을 5개소 이상 측정하여 평균값을 구한다.
- 옆 세대도 동일한 방법으로 평균값을 구한 후 계단부분을 최종확인하여 평균값에 따라 최종 천장고의 마감치수에 따라 비노출 부분(천장 및 방바닥마감)의 여유치수를 조정한다.
- 이때 세대내부에서는 방바닥마감의 Level 중에서 가장 길이가 긴 부분을 우선으로 평균값을 보정한다.
- PL창호, 목문틀, 방화문 하부 Sill의 모양 및 노출형태에 따라 최종마감치수를 도면화 한다.

2) 관리사항

① 방바닥 물량과 창호상부의 노출, 보부분 할석을 고려하여 1~2개층 창호의 시공완료 후 마감성을 고려하여 조정여부 결정
② 검사가 가능하도록 습식공사 시 먹매김 오염주의
③ 확인이 곤란 할 경우 골조 기준먹을 활용하여 재먹매김
④ 훼손을 고려하여 예비먹 시공여부 결정
⑤ 먹매김 확인이 용이하도록 최소 200mm 이상 연장시공

2-2. 비계 시설물
2-2-1. 외부강관 비계

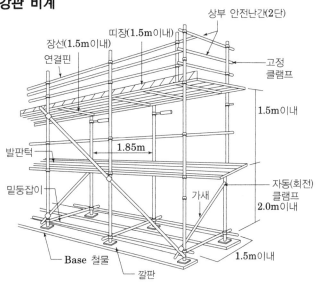

비계 설계

- 수직하중은 비계 및 작업 발판의 고정하중과 근로자와 근로자가 사용하는 자재, 공구 등을 포함하는 작업하중을 고려하여 설계하여야 한다. 작업발판의 중량은 실제 중량을 반영하여야 하며, $0.2kN/㎡$ 이상 이어야한다.
- 통로의 역할을 하는 비계와 가벼운 공구만을 필요로 하는 경량 작업에 대해서는 바닥면적에 대해 $1.25kN/㎡$ 이상
- 공사용 자재의 적재를 필요로 하는 중량 작업에 대해서는 바닥면적에 대해 $2.50kN/㎡$ 이상

작업 시 하중	· 기둥 간격이 1.8m이고 비계 기둥사이에 등분포하중이 작용할 때 하중한도는 3,920N(400kg/f)임 · 3층 이상일 경우, 비계기둥 1개당 6,860N(700kg/f) 이하
보강부위	· 비계기둥의 최상부에서 31m 이하의 아래 부분은 2본의 강관으로 설치 · 가새는 수평길이 15m마다 40~60°로 설치하고, 비계기둥과 결속
벽이음 처리	· 수직 및 수평 5m 이하 간격으로 구조체에 연결 · 기둥 및 띠장의 교차부에서 직각으로 설치

2-2-2. 강관틀 비계

강관틀비계는 비계구성부재를 미리 공장에서 틀형태로 생산하고 이것을 현장에서 사용목적에 맞게 조립·사용하는 비계로 조립 및 해체가 신속·용이하다.

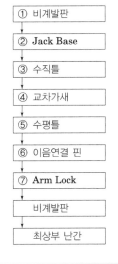

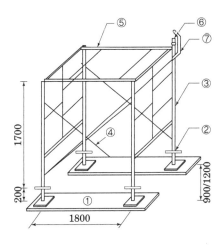

① 비계발판
② Jack Base
③ 수직틀
④ 교차가새
⑤ 수평틀
⑥ 이음연결 핀
⑦ Arm Lock
비계발판
최상부 난간

직접가설공사

2-3. 안전 시설물

2-3-1. 낙하물 방지망 – KOSHA GUIDE C-26-2011.12

1) 설치구조

① 낙하물 방지망: 합성섬유 망

② 지지대: $\varnothing$ 48.6mm, 단관파이프

③ 연결재: $\varnothing$ 48.6mm 단관 파이프 또는 $\varnothing$ 6mm 이상 Wire Rope

2) 사용재료

① 망의 소재: 열처리한 합성섬유 또는 그 이상의 물리적 성질을 갖는 제품

② 망의 무게: 10㎡당 2.5kg 이상

③ 테두리 Rope: $\varnothing$ 8mm 이상의 Poly-Propylene Rope사용

3) 설치기준 – KOSHA GUIDE C-26-2011.12

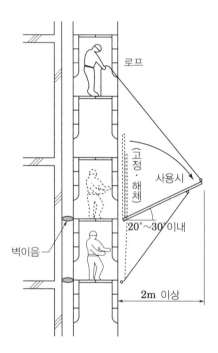

① 방망의 설치간격은 매 10m 이내로 하여야 한다. 다만, 첫 단의 설치높이는 근로자를 낙하물에 의한 위험으로부터 방호할 수 있도록 가능한 낮은 위치에 설치하여야 한다.

② 방망이 수평면과 이루는 각도는 20° ~ 30°로 하여야 한다.

③ 방망의 내민 길이는 비계 외측으로 부터 수평거리 2.0m 이상으로 하여야 한다.

④ 방망의 가장자리는 테두리 로프를 그물코마다 엮어 긴결하여야 한다.

⑤ 방망을 지지하는 긴결재의 강도는 15kN 이상의 인장력에 견딜 수 있는 로프 등을 사용하여야 한다.

⑥ 방망을 지지하는 긴결재와 긴결재 사이는 가장자리를 통해 낙하물이 떨어지지 않도록 조치하여야 한다.

복공 구조물

복공판(가설구대)는 공사기간 중 작업하중을 고려하여 설계한다.
□ 설계기준
- 허용 활하중: 20kN/㎡
□ 설계 시 관리
- Strut 공법 시 간섭검토
- 수평력 및 횡변위, 진동 등에대한 안전성 검토
□ 시공 시 관리
- 진입구배 유지(최대1/6)
- Bracing 보강
□ 사용 시 관리
- 500kN 이상의 이동식 크레인 진입금지
- 주기적인 관찰 및 계측

[공사초기 수평 가설구대]

2-4. 보조 시설물

2-4-1. 가설구대

가설구대는 가설지주 및 작업발판으로 구성되어 있으며, 터파기나 지하 구체공사를 할 때 재료를 옮기거나 이동 크레인 등의 작업지반으로서 Bridge역할을 하기위해 설치하는 가설 基(기)臺(대)이다.

1) 배치도

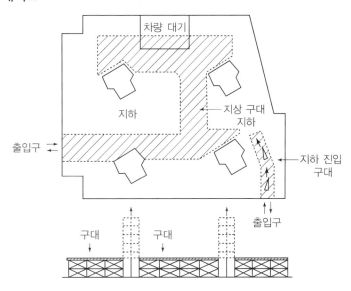

교통동선과 접근성을 고려하여 배치하고 연직하중을 고려한다.

2) 종류

① 강재 일반 Bridge: 지하 흙막이 Strut공법 시공 시 이용
② 교량식 Bridge: 하부통로에 방해가 없을 경우
③ 구체이용 Bridge: 터파기 면적이 넓을 경우
④ 이동식 Bridge: Level차이가 있거나 여러 층을 사용 할 경우

3) 기능

① 구조물에 영향을 주지 않고 안전한 작업진행
② 구조물의 완성 전에 본 건물까지의 자재 및 장비동선 확보
③ 협소한 대지에서 Stock Yard 활용
④ 교통동선과 작업공간의 분리

4) 고려사항

① 현장여건을 고려한 공법선정
② 설치규모 및 위치 검토
③ 본구조물과의 간섭검토
④ 마감간섭부위 검토

직접가설공사

2-4-2. 지수시설

1) 정의

고층건물의 지수층은 상부 구조체 공사 진행과 동시에 Typical Cycle 로 인하여 하부 마감공사가 구획별로 순차적으로 진행되므로 상부 구조 체 부분에서 유입되는 우수가 Opening부위를 통하여 하부층으로 유입 되는 것을 차단하는 차단층 및 차단시설이다.

2) 지수시점

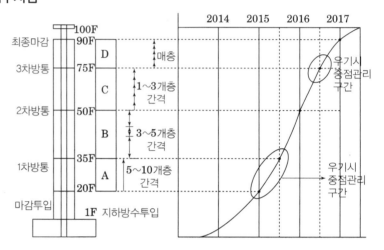

지수층 위치선정을 위한 공정률 검토: 골조공사 및 마감공사의 병행 진 행에 따라 기능별로 구분하여 위치와 시기를 결정

3) 지수방법

구 분		지수 방법
1. 지상층 지수방법		
상부 낙하수	계단실	• 계단참 마구리 둘레에 물받이 홈통을 설치하여 유도배수
		• 방수턱을 설치하여 배수 Pipe로 연직배수
	E/V Shaft	• 입구에 방수턱을 설치하여 내부유입 차단
		• E/V Pit벽체 하부에 배수파이프를 시공하여 트렌치로 유도
	각종 Pit 및 Slab Open부위	• Open부위별 크기조절에 의한 기성품을 사전에 계획하여 차단
		• Sleeve주변 사춤방수 보강
측면 유입수	C/W부위	• 층간방화구획 부위에 고이지 않게 합판을 경사로 시공하여 고정한 다음 바닥 Drain으로 유도
	호이스트 세대	• 오픈부위 방수턱 시공 후 하부층으로 연결되는 수직천막 시공
2. 지하층 지수방법		
T/C 부위		• 각층 방수턱 설치 후 하부층 사전에 배수 트렌치를 계획하여 유도
각종 Sleeve		• Pipe주위 방수처리

1-2장

건설기계

Lay Out

① 일반사항 Lay Out

검토요소 ─ • 위대한 배현장 양가에서 건배할 때
반주가동을 공원안에서 검토 한다~

위치선정 ──────────── 대수산정

• 배치계획　　　　　　　• 양중부하계산
• 현장여건　　　　　　　• 가동률

• 건물규모
• 배치조건
• 작업반경
• 주행성
• 가동률
• 공정·원가·안전

양중계획

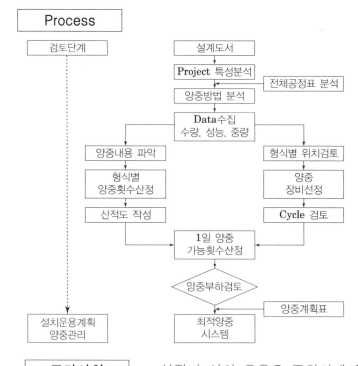

Process

고려사항 ─ • 설장비 설치 운용은 공원안에서~
장비별로 계획

• 설계도서 검토
• 장비선정(장비선정 내용 전부)
• 설치·운용계획(시기별 양중내용 포함)
• 공정·원가·안전
• 장비별(T/C, Lift Car, Con'c 타설장비)

Lay Out

② Tower Crane Lay Out

선정 · 배치

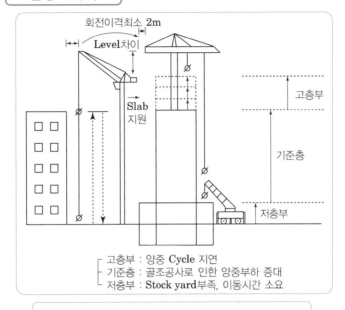

회전이격최소 2m
Level차이
Slab 지원
고층부
기준층
저층부

┌ 고층부 : 양중 Cycle 지연
├ 기준층 : 골조공사로 인한 양중부하 증대
└ 저층부 : Stock yard부족, 이동시간 소요

- 용량
- Jib작동방식
- 건축물 높이기준
- 장비사양(인양하중, 작업반경, 비용)

설치

- 설치높이 검토
- 기초 Level
- 조립순서(Mast, Telescoping, Boom)

운용
- 부하의 우선작업 시기를 안전하게 점검해라~

- 양중부하의 평준화
- 우선순위 분배(가동효율 증대)
- 작업범위 설정
- Climbing 일정 조절
- 기상고려
- 안전교육
- 정기점검 및 보수

안전검사

- 자재 입고 시 검사
- 설치 시 검사
- 사용 시 검사

Lay Out

③ Lift Car Lay Out

> Lift Car

> 선정

- 속도: 고속, 중속, 저속)
- Cable: Drum방식, Trolley방식)
- Cage: Single Cage, Double Cage

> 설치

- 설치높이 검토
- 기초 Level
- 조립순서: Mast, 방호울, 운반구

> 운용

> 기타

- Gondola
- Gondola Total System
- Working Platform
- Safety Working Cage
- Safety Climbing Net

Lay Out

4 건설 자동화 Lay Out

> **기계화**

- 장비, 기계

> **건설로봇**

- 자동화의 하드웨어기술(장비)

> **건설 자동화**

- Hard Ware+Soft Ware
  컴퓨터 이용 원격조정+엔지니어링

일반사항

장비성능 이해

Key Point

□ Lay Out
- 계획 · 항목 · 검토
- Process · 배치 · 구분
- 고려사항
- 유의사항

□ 기본용어
- 건설기계의 경제적 수명
- Trafficability
- 장비의 가동률
- Cycle Time

mind map

● 건배할 때는 반주가
편하게 공원안 에서

---

1 일반사항

1. 장비선정

1-1. 검토요소

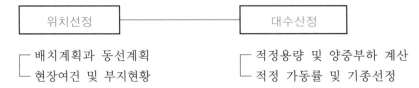

```
┌──────────┐              ┌──────────┐
│  위치선정  │──────────────│  대수산정  │
└──────────┘              └──────────┘
```

┌ 배치계획과 동선계획   ┌ 적정용량 및 양중부하 계산
└ 현장여건 및 부지현황   └ 적정 가동률 및 기종선정

1-2. 선정 시 고려사항

① 건물규모
② 배치조건
③ 작업반경
④ 주행성
⑤ 가동률
⑥ 공정 · 원가 · 안전

2. 양중계획

2-1. 양중계획 및 장비선정 Process

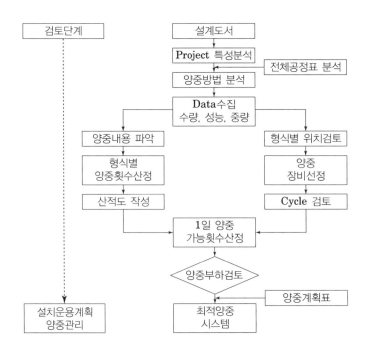

일반사항

고속시공 전제조건

● 자재 및 공법의 Prefab화
● Just In Time 유지
● 동선을 고려한 Zoning 구분
● 자재의 건식화 및 System화
● ACS거푸집 적용
● 기계화 자동화

2-2. 고려사항
2-2-1. 양중장비 위치선정 및 배치 – 작업반경을 고려

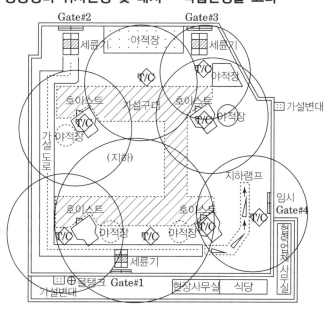

2-2-2. 공사단계별 양중내용 및 장비운용계획

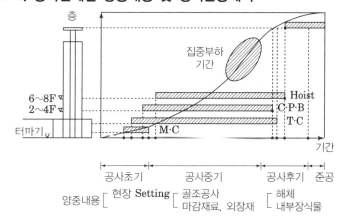

2-2-3. 기준층 양중 및 자재적치 계획

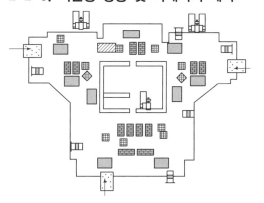

[범례]

Index	Sort	Nos/Unit
	Hoist Twin	1
	Hoist Single	1
	Super Deck	3
	Winch for C/W	6
	C/W Unit	
	Tile	Box
	Gyp. Board	Sheet
	Rubbish Bin	1

일반사항

2-2-4. Project 특성을 고려한 배치

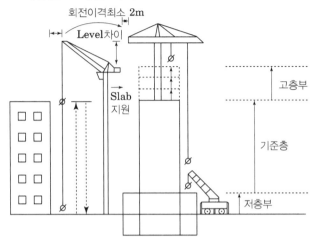

- 고층부 : 양중 Cycle 지연
- 기준층 : 골조공사로 인한 양중부하 증대
- 저층부 : Stock yard부족, 이동시간 소요

[공사 구간별 양중요소 분석]

2-2-5. 세부항목 계획

1) Project 특성 및 조건 분석

① 설계도서 검토: 건물의 규모(평면, 높이, 구조형태)장비의 Type결정
② 공사기간
③ 배치조건: 대단지, 건물높이, 건물길이
④ 작업공간을 고려해서 장비별, 건물별, 주변상황별 간섭 검토

2) 양중내용 및 방법 분석 - 장비선정

> 양중량의 평균화, 양중형식 및 내용, 작업반경, 양중횟수, 가동률, 작업효율성, Cycle Time, 최대회전 Moment 검토, 양중능력 및 한도: End Point 검토, 사용기간, 양중제원

4) 경제성 분석

① 사용기간
② 양중제원

5) 설치, 운용, 해체

① 공종별, 공구별 구분
② 설치방법 및 양중방법(T/C, Lift, CPB)
③ 운용: 신호수 배치 및 계획, T/C 노조원 대응책, 휴무계획
④ 해체계획

6) 안전관리

① Wire Rope 규격 및 상태점검
② 고압전선 인입 시 Cable 계획
③ 태풍에 의한 자유선회장치 점검

T/C

설치운영 이해

Key Point

□ Lay Out
- 구성 · 기능 · 성능 · 운용
- 제원 · 분류 · 구분 · 종류
- 선정 · 방식 · 설치기준
- 구비조건 · 유의사항
- 적용조건 · 고려사항

□ 기본용어
- 마스트 지지방식
- Telescoping

[T-Tower Crane]

[Luffing Crane]

대수산정 기준

- 초고층: 2대가 일반적
- 고층: 15~30층 내외로 1~2대
- 복합 건물의 저층부: 반경 내 해결여부 검토 후 Mobile Crane 검토

② Tower Crane

1. 장비선정

1-1. 구성 및 명칭

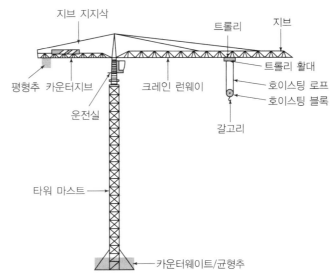

1-2. 구분

구 분		내용
수평이동	고정형	• 벽체 또는 바닥에 고정
	이동형	• 바퀴 또는 Rail을 이용하여 이동
수직이동	Mast Climbing	• Mast를 끼워가면서 수직상승
	Floor Climbing	• 구조물 바닥에 지지하면서 수직상승
Jib의 작동	Luffing Crane	• Jib을 상하로 움직이면서 작업반경 변화
	T-Tower Crane	• Crane Runway를 따라 Trolley가 이동

1-3. 기종선택

1) 용량기준
① 인양자재나 장비의 최대 중량 확인(철골부재, 설비 장비류 등)
② 최대 회전 반지름(작업구간 모두 포함)
③ 위치별 인양 용량을 기준으로 최단부 인양중량을 고려

2) Jib의 작동방식 기준
① 장애물로 회전 불가능 혹은 Jib가 대지경계선을 넘어갈 경우 Luffing Crane을 선택
② 회전이 자유로운 경우는 주로 T-Tower Crane을 선택
③ T-Tower Crane이 Luffing Crane보다 구조적으로 안정적이며 인양 용량이 크다

3) 건축물 높이기준
① 자주식의 경우는 Mast Climbing 방식을 선택
② 초고층인 경우 자주식 높이를 초과하므로 Floor Climbing 방식을 선택

T/C

기종 선정 시 고려

● 현장 내 현황: 지형, 지
  반, 도로, 주변건물
● 단지 내 건물배치 및
  평면형태: 공구구분, 동
  선구분
● 높이: Set Back, 층별
  양중규모와 건물의 높이
● 건물구조: 철근 콘크리
  트조, 철골구조
● 시공공법: 코어선행, N
  공법, 콘크리트 타설방
  법, 양중자재 수평이동
  방법
● 장비의 최대양중능력
● 장비의 반경
● 해체방법
● 사용기간 및 경제성,
  안전성

2. 설치

2-1. 배치 시 고려사항

1) 현장여건 및 작업반경 검토

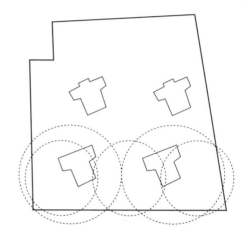

① Main동을 중심으로 우선배치를 결정한 다음 최소 설치대수 산정
② Crane의 최대 거리를 고려하여 작업반경 Over Lap 검토

2) 배치Plan – 위치선정

① 설치시기 및 일정: 공사규모 및 건물의 용도와 형태별 설치부위와
   기초계획
② 설치 및 해체의 시공성을 고려하여 배치
③ 구조물과의 간섭여부 검토
④ 작업의 효율성 및 기준층 층당 Cycle을 우선으로 작업능률 분석
⑤ 건물의 형상 및 Set Back검토

T/C

2-2. 기초 및 보강

1) 강말뚝 방식

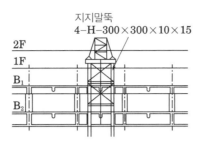

지지말뚝
4-H-300×300×10×15

- 지하 구조물과 연결 시공
- Top Down 공법 시공시 채택
- 조기사용 가능

2) 독립기초 방식

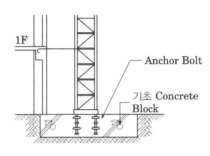

Anchor Bolt

기초 Concrete Block

- 건물외부에 별도로 기초를 시공
- 대지에 여유가 있을 때 채택
- 해체 및 폐기물 비용 발생

3) 구조체 이용방식

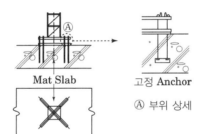

Mat Slab

고정 Anchor

Ⓐ 부위 상세

- 주차장 기초를 이용하여 설치
- 경제적이며 안정적
- 콘크리트 강도확보 시간 필요

2-3. 해체 시 검토사항

내부형 · 해체용 장비의 설치 및 반출계획을 사전에 검토

외부형 · 텔레스코핑 작업으로 해체 후 Mobile Crane으로 해체

① 해체방법 및 반출계획
② 마감자재의 종류 및 공정을 고려

[Telescoping]

T/C

3. 운용관리

3-1. Telescoping

> Telescoping은 기초고정식 Crane을 상승 및 하강시키는 방법으로 Telescoping Cage를 유압구동 상승장치로 1단 Mast 높이만큼 밀어 올린 다음 추가 Mast를 삽입하고 Pin으로 고정하여 자체 상승시키는 Climbing방식이다.

연장할 마스트 권상작업 → 마스트를 가이드 레일에 안착 → 마스트로 좌우 균형유지 → 유압상승 → 마스트끼움 → 반복작업

와이어의 클립 결속

- 클립의 넓은 면이 주선에 닿도록 하고 로프말단의 고정, 힌지, 핀 등의 느슨함이나 탈락의 재조임 철저
- 로프 지름별 단말 고정 클립수
- 16mm 이하: 4개
- 16mm 초과 28mm 이하: 5개
- 28mm 초과: 6개
- 클립간의 간격은 로프 지름의 6배 이상

와이어 로프 사용금지기준

- 지름의 감소가 공칭 지름의 7% 이상인 것
- 소선의 수가 10% 이상 절단된 것
- 이음매가 있는 것
- 고인 것
- 현저하게 마모 부식, 변형된 것

3-2. 운용

① 양중부하의 평균화: 양중작업시간 분배
② 가동효율: 양중 우선순위 및 공종분배
③ 작업범위 설정
④ 작업자의 안전수칙 및 교육
⑤ 클라이밍 일정 및 시기조절, 풍속
⑥ 야간작업 준비: 조명, 신호수, 안전관리자 배치
⑦ 정기점검 및 유지보수

3-3. 와이어 로프

3-3-1. 와이어 로프 매달기

구 분	2줄 이용 시	3줄 이용 시	4줄 이용 시
양중형태			
양중각도	θ =두 와이어 로프 간의 각도	$\theta/2$ =와이어 로프와 가상 수직선과의 각도	θ =대각선으로 마주보는 두 와이어 로프 간의 각도

3-3-2. 와이어 로프 점검사항

① 이동 및 고정 로프 끝의 연결지점
② 블록 혹은 도르래를 지나는 로프부분
③ 보상도르래를 지나는 로프부분
④ 외부특징에 의해 마모되기 쉬운 로프부분
⑤ 부식 및 피로에 대한 내부검사

Lift Car

③ Lift Car

1. 장비선정

1-1. 구성 및 명칭

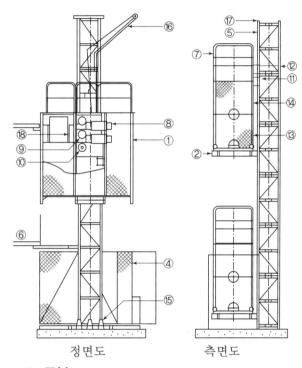

| ① Cage |
| ② Cage Frame |
| ③ Mast Base |
| ④ 방호울(Safety Fence) |
| ⑤ Mast |
| ⑥ Wall Tie |
| ⑦ Hand Rail |
| ⑧ Motor & Breke |
| ⑨ 감속기(Reducer) |
| ⑩ 낙하방지장치(Governor) |
| ⑪ Top Guide Roller |
| ⑫ Bottom Guide Roller |
| ⑬ Side Guide Roller |
| ⑭ Safety Hook |
| ⑮ Bumfers Spring |
| ⑯ 설치 크레인 |
| ⑰ Stopper |
| ⑱ Control Panel |

정면도   측면도

1-2. 구분

구 분	종류
사용목적	• 인력 수송용, 화물전용, 인화물 겸용
속도	• 고속용, 저속용
Cage 수량	• Single Cage, Double Cage

1-3. 기종선택

1) 속도

① 고속: 100m/min

② 중속: 60m/min

③ 저속: 40m/min

2) Cable 운송방식

① Drum방식: 드럼통에 케이블이 쌓였다 풀렸다 하는 방식

② Trolley방식: 트롤리가 케이지 운행에 따라 상승 및 하강하는 방식

3) 기종선정 시 고려사항

① 건물의 높이와 인양자재의 최대 Size를 검토해서 Cage Size 선정

② 풍속을 고려하여 운송방식을 선정한다.

③ 건물높이에 따른 Cycle Time을 고려하여 운행속도 Type를 결정

Lift Car

1-4. 대수산정

- 양중물에 따른 Cycle Time을 분석하여 소요시간을 결정한다.
  - 1일 양중횟수: 바닥면적당 0.2~0.4회/㎡
  - 1일 작업시간: 화물용(평균 8.5시간: 510분), 인화물용
    (평균 4시간: 240분)
- 높이에 따른 양중 시 소요되는 양중시간을 분석한다.
- 건물의 평면배치와 수평동선을 고려하여 산정한다.
- 리프트 기종별 적절한 조합을 통하여 리프트 대수를 가정한다.
- 리프트의 운용비용과 평균가동률을 고려하여 Feedback을 통한
  효율성 검토를 통하여 적정한 리프트 대수를 산정한다.

2. 설치

2-1. 설치

① 설치위치는 건물의 형상과 공간을 고려하여 이동에 지장이 없는 곳
으로 한다.
② 대지 및 주차장 Slab의 높이와 장비의 규격을 계산하여 소운반에
지장이 없는 구배가 되도록 기초 Level을 결정한다.

3. 운용

3-1. 운용 시 기본원칙

① 운행시간의 효율적인 분석: 탑승인원 및 집중시간을 고려하여 운행
횟수와 정지층을 분석하여 운용계획을 세운다.
② 출퇴근 시 작업집중 Zone의 인원을 동일 시간대에 배치하여 타 작업
층 인원의 탑승을 제한하여 정지층에서 소요되는 시간을 단축한다.
③ 작업인원의 탑승은 정지하는 층을 3~5개층으로 구분하여 정지하는
횟수를 줄인다.
④ 현재 골조의 최상층을 기준으로 2/3 이상의 높이에 해당하는 작업
을 우선으로 하며 상승작업이 하강작업보다 우선으로 한다.
⑤ 운행 집중시간에는 상승작업을 우선으로 한다.

자동화

[표면 마무리 로봇]

[바닥미장 레벨정리 로봇]

[커튼월 설치 로봇]

④ 건설 자동화

1. 기계화

장비, 기계, 로봇이용 시공법

2. 건설로봇

2-1. 범위

자동화의 Hardware 기술 장비, 기계, 로봇이용 시공법

2-2. 구비조건

① 시공의 안전성을 확보하기 위하여 원격조작 방식을 채택한 것
② 각 공종별 자재, 시공법 등 복잡한 조건에 대응
③ 작업장의 잦은 이동에 적응하기 위한 이동기능이 편리
④ 복잡한 조작이나 판단이 필요 없을 것
⑤ 유지관리비가 적게 들고 단기 투자비가 과다하지 않을 것

2-3. 현실정에 맞는 로봇개발 및 적용가능분야

건축공사	토공 및 기타
철골조립 로봇	지중 장애물 탐지기
콘크리트타설 Robot	적재위치 화상감지 장치
철골보 자동용접 Robot	진동롤러 원격조작
내화피복 뿜칠 Robot	말뚝 절단기(지중, 수중)
바닥미장 Robot	설비배관 검사 로봇
운반 및 설치 Robot	
외벽도장 Robot	
내부바닥 및 외부 유리 청소Robot	

3. 건설 자동화

Hardware+Software: 컴퓨터를 이용한 원격조정, 제어(Control), 수치제어 +엔지니어링

4. 성력화

기계화+자동화=노동력 절감

CHAPTER

02

토 공 사

Lay out

① 지반조사 Lay Out

조사단계

- 예비군은 본래 보톡스를 맞는다.

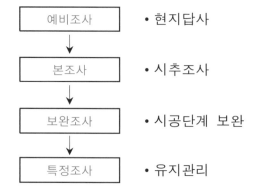

예비조사	• 현지답사
본조사	• 시추조사
보완조사	• 시공단계 보완
특정조사	• 유지관리

종류

- 지BS에서는 Sample로 토지를 방송하고 있다.

지하탐사법
- 짚어보기, 터파보기, 물리적 탐사법

Boring • 토질주상도
- 오거식, 수세식, 회전식, 충격식

Sounding • N치
- 표준관입, Vane Test, Cone관입

Sampling
- 비교란 시료
- 교란시료

토질시험
- 물리적: 입도, 연경도, 간극비, 함수비
- 역학적: 강도, 압밀, 투수성, 액상화

지내력시험
- 평판재하시험

Lay out

2 토공 Lay Out

흙파기 • OIT

- Open cut
- Island Cut
- Trench Cut

흙막이

• 벽지로 막을려면 H시트를
  주서와라~버어스 IP가 Top

벽식 공법

- H-Pile 토류판
- Sheet Pile
- 주열식(SCW, CIP)
- Slurry Wall

지보공 공법

- 버팀대(Strut)
- Earth Anchor
- IPS
- PS Beam
- Top Down

Lay out

③ 물 Lay Out

차수공법

- 차 빼라~LSJC(리성진씨)가 중강에
  영구하고 집뒤에 포진해 있다가 물을
  타다다 퍼부을 상이다~

> - LW: 저압 Seal재 주입(차수)
> - SGR: 저압복합주입(차수)
> - JSP: 초고압 분사주입(차수 · 지반보강)
> - CGS: 저유동성 Mortar 주입(지반보강)

배수

중력배수

> - 집수정
> - Deep Well

강제배수

> - Well Point
> - 진공 Deep Well

영구배수

> - Trench+다발관
> - Drain Mat
> - Dual Chamber
> - Permanent Double Drain
> - 상수위 조절(자연, 강제)

Lay out

④ 하자 및 계측관리 Lay Out

| 토압 | • 주동토압, 수동토압, 정지토압 |

| 하자/침하/붕괴 | • 흙+물+막이+현상(Heaving, Boiling) |

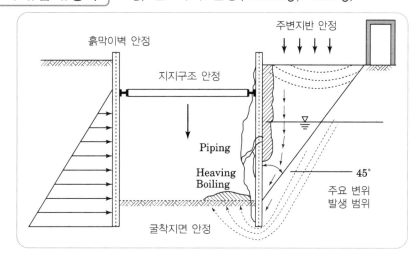

| 계측관리 |

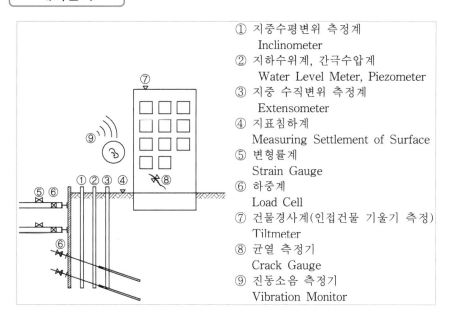

① 지중수평변위 측정계
   Inclinometer
② 지하수위계, 간극수압계
   Water Level Meter, Piezometer
③ 지중 수직변위 측정계
   Extensometer
④ 지표침하계
   Measuring Settlement of Surface
⑤ 변형률계
   Strain Gauge
⑥ 하중계
   Load Cell
⑦ 건물경사계(인접건물 기울기 측정)
   Tiltmeter
⑧ 균열 측정기
   Crack Gauge
⑨ 진동소음 측정기
   Vibration Monitor

지반조사

1 지반조사

지반구성 이해

Key Point

□ Lay Out
- 목적 · 조사방법
- Process
- 확인사항
- 활용방안

□ 기본용어
- Boring
- 표준관입시험
- N치
- 토질주상도
- Sampling
- 간극비
- 함수비
- 예민비
- 흙의 연경도
- 흙의 전단강도
- 흙의 투수성
- 압밀
- 액상화
- 지내력시험

1. 지하탐사법

> 지반의 연경도, 경질지반의 위치, 지하수위 등 비교적 얕은 지층에서 지반의 개략적인 특성을 파악하는 지반조사시험

짚어보기
- Ø9mm 탐사간을 인력으로 박아 손의 감각으로 파악
- 얕은 원지반 파악

터파보기
- Back Hoe로 직접 파보는 방법
- 굴착규모: 지름 60~90cm, 깊이 1~1.5m, 간격 5~10m

물리적 탐사법
- 광대한 대지에 개략적 탐사법으로 보링과 보링사이에 함
- 신속한 지반조사를 위해 사용하며, 시추 등 다른 조사를 시행하기 어려운 조건에서도 조사할 수 있다

2. Boring

> - 토질시험을 위한 비교란 시료의 채취
> - 시추공내 원위치 시험을 위한 구멍을 만드는 작업

2-1. 방법

mind map

- 지|BS에서는 Sample로 토지를 방송한다.

단계

- 예비조사: 계획단계(개략적인 지반 특성파악)
- 본조사: 설계단계(지층의 분포 및 공학적 특성파악)
- 보완조사: 시공단계(굴착시 노출되는 지반관찰)
- 특정조사: 유지관리(보수보강)

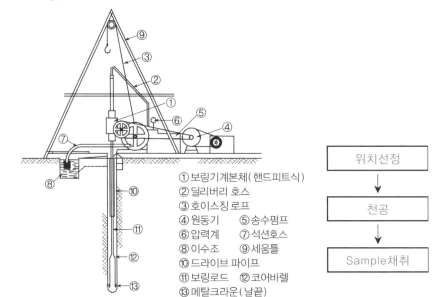

①보링기계본체(핸드피트식)
②딜리버리 호스
③호이스칭로프
④원동기　⑤송수펌프
⑥압력계　⑦석션호스
⑧이수조　⑨세움틀
⑩드라이브 파이프
⑪보링로드　⑫코어바렐
⑬메탈크라운(날끝)

위치선정
↓
천공
↓
Sample채취

2-2. 종류

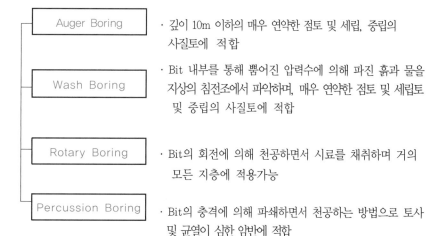

- Auger Boring — · 깊이 10m 이하의 매우 연약한 점토 및 세립, 중립의 사질토에 적합
- Wash Boring — · Bit 내부를 통해 뿜어진 압력수에 의해 파진 흙과 물을 지상의 침전조에서 파악하며, 매우 연약한 점토 및 세립토 및 중립의 사질토에 적합
- Rotary Boring — · Bit의 회전에 의해 천공하면서 시료를 채취하며 거의 모든 지층에 적용가능
- Percussion Boring — · Bit의 충격에 의해 파쇄하면서 천공하는 방법으로 토사 및 균열이 심한 암반에 적합

3. Sounding

Sounding은 Rod 선단에 부착한 저항체를 지중에 삽입·관입·회전·인발 등을 하여 저항(관입저항: Penetration Resistance)하는 정도로 지반의 강도·변형·성상을 조사하는 지반조사시험이다.

3-1. 표준관입 시험

63.5kg의 Hammer로 76cm 높이에서 낙하시켜 15cm 관입시키고, 마지막 30cm 관입되는데 소요되는 타격횟수 N(number)치를 구하는 시험

1) 방법

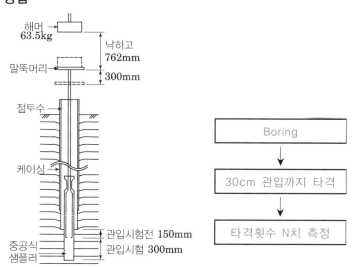

지반조사

2) N치

① 사질토

N치	흙의 상태	상대밀도	내부마찰각
0~4	Very Loose	0~15%	30° 미만
4~10	Loose	15~35%	30° ~35°
10~30	Medium Dense	35~65%	35° ~40°
30~50	Dense	65~85%	40° ~45°
50 이상	Very Dense	85~100%	45° 초과

② 점성토

N치	Consistency	전단강도	일축압축강도
0~2	Very Soft	14kPa	25kPa
2~4	Soft	14~25kPa	25~50kPa
4~8	Medium	25~50kPa	50~100kPa
8~15	Stiff	50~100kPa	50~100kPa
15~30	Very Stiff	100~200kPa	200~400kPa
30 이상	Hard	200kPa	400kPa

토질주상도 활용

- 지층확인
- 지하수위 확인
- N치 확인
- 투수계수 및 공내수위
- 시료채취

3) 토질주상도

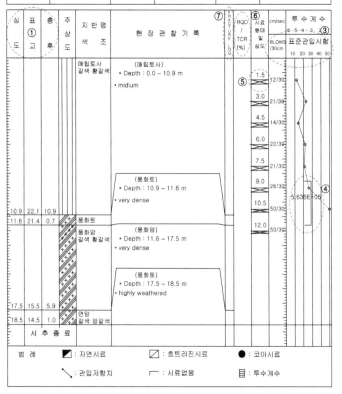

지반조사

3-2. Vane Test

> Rod 선단에 십자(十)형 Vane(직경50mm, 높이 100mm, 두께 1.6mm)
> 을 장착하여 시추공 바닥에 내리고 지중에 압입한 후, 중심축을 천천
> 히 회전시켜서 Vane주변의 흙이 원통형으로 전단파괴 될 때의 회전
> Moment를 구하는 시험

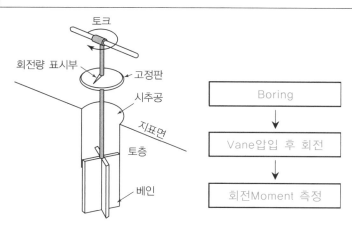

4. Sampling

> 시료채취는 지층의 구성과 두께를 파악하고 실내시험용 시료를 얻기 위하여
> Rod 선단에 Sampler를 장착하여 시료를 채취

4-1. 시료

1) 비교란 시료(Undisturbed Sample) – 역학적 특성파악
2) 교란 시료(Disturbed Sample) – 물리적 특성파악

4-2. 흙의 성질

1) 삼상도

[Sampling]

자연 상태의 흙	삼상도
• 함수비: $w = \dfrac{W_w}{W_s} \times 100\%$	• 간극비: $e = \dfrac{V_v}{V_s}$
• 함수율: $w' = \dfrac{W_w}{W} \times 100\%$	• 간극률: $n = \dfrac{V_v}{V} \times 100\%$
• 예민비: $S_t = \dfrac{\text{자연 시료의 강도}}{\text{이긴 시료의 강도}}$	• 포화도: $S_r = \dfrac{V_w}{V}$

지반조사

2) 주요 성질

물리적 성질	간극비, 함수비, 예민비, 연경도
역학적 성질	강도, 변형, 압밀, 투수성, 액상화

연경도 (Consistency)	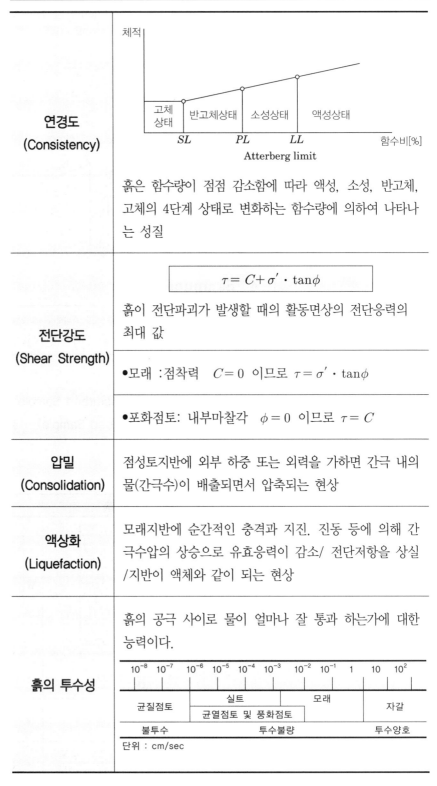 흙은 함수량이 점점 감소함에 따라 액성, 소성, 반고체, 고체의 4단계 상태로 변화하는 함수량에 의하여 나타나는 성질
전단강도 (Shear Strength)	$$\tau = C + \sigma' \cdot \tan\phi$$ 흙이 전단파괴가 발생할 때의 활동면상의 전단응력의 최대 값 • 모래 : 점착력 $C = 0$ 이므로 $\tau = \sigma' \cdot \tan\phi$ • 포화점토 : 내부마찰각 $\phi = 0$ 이므로 $\tau = C$
압밀 (Consolidation)	점성토지반에 외부 하중 또는 외력을 가하면 간극 내의 물(간극수)이 배출되면서 압축되는 현상
액상화 (Liquefaction)	모래지반에 순간적인 충격과 지진. 진동 등에 의해 간극수압의 상승으로 유효응력이 감소/ 전단저항을 상실/지반이 액체와 같이 되는 현상
흙의 투수성	흙의 공극 사이로 물이 얼마나 잘 통과 하는가에 대한 능력이다.

지반조사

5. 토질시험

- 물리적 시험: 함수량, 입도, 비중, 연경도
- 역학적 시험: 다짐시험, 전단시험, 압밀시험
- 원위치 시험: SPT, Vane Test, 지내력시험, 양수시험, 재하시험

6. 지내력 시험

종 류		내 용
평판재하시험 (Plate Bearing Test) (2019년 12.31 KS F 2444)	정의	• 구조물의 기초가 면하는 지반에 재하판을 통해서 하중을 가하여 지반의 지지력을 산정하는 원위치 시험
	시험방법	• 최재하판: 두께 25mm이상, 지름 300mm, 400mm, 750mm인 강재 원판을 표준으로 함 • 시험위치: 최소 3개소 • 시험 개소 사이의 거리: 최대 재하판 지름의 5배 이상 지지점은 재하판으로 부터 2.4m 이상 이격하중 증가: 계획된 시험 목표하중의 8단계로 나누고 누계적으로 동일 하중을 흙에 가한다. • 재하시간 간격 : 최소 15분 이상 • 침하량 측정 : 하중재하가 된 시점에서 , 그리고 하중이 일정하게 유지되는 동안 15분 까지는 1, 2, 3, 10, 15에 각각 침하를 측정하고 이 이후에는 동일 시간 간격으로 측정한다. 10분간 침하량이 0.05mm/min 미만이거나 15분간 침하량이 0.01mm 이하이거나, 1분간의 침하량이 그 하중 강도에 의한 그 단계에서의 누적 침하량의 1% 이하가 되면, 침하의 진행이 정지된 것으로 본다. • 침하종료: 시험하중이 허용하중의 3배 이상이거나 누적 침하가 재하판 지름의 10%를 초과하는 경우에 시험을 멈춘다.
말뚝재하시험 (Load Test of Pile)	정의	• 말뚝 몸체에 발생하는 응력과 속도의 상호관계를 측정하거나 말뚝에 실재하중을 가하는 방법, Jack으로 재하하여 하중과 침하량의 관계로부터 지지력을 구하는 시험이다.
	시험방법	• 정재하 시험(압축재하, 인발시험, 수평재하 시험) • 동재하 시험
말뚝박기시험 (Pile Driving Test)	정의	• 본 말뚝박기에 앞서 말뚝길이, 지지력 등을 조사하는 시험
	시험방법	• 기초면적 1500㎡까지는 2개, 3000㎡까지는 3개의 단일 시험말뚝을 설치한다. • 실제말뚝과 똑같은 조건으로 시행 • 최종 관입량은 5~10회 타격한 평균침하량으로 본다. • 최종 관입량과 Rebound 측정량으로 지지력을 추정한다.

② 토공

1. 터파기

1-1. 터파기 방법

1) Open Cut 터파기

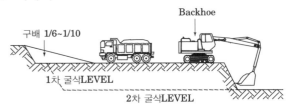

2) 흙막이 1차 터파기 - Backhoe 이용

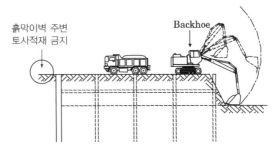

3) 흙막이 2차 터파기 - Clamshell 이용

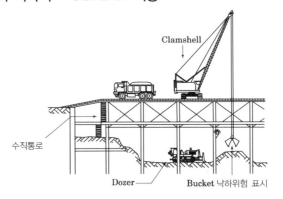

3) 최종 터파기

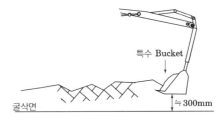

기초 바닥면에서 300mm 정도 여유를 두고 굴착

토공

1-2. 터파기 종류

1) Open Cut

① 주변에 비탈형성을 위한 대지여유 필요
② 굴착토량 및 되메우기 토량 많음

2) Island Cut & Trench Cut

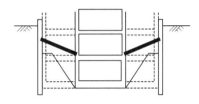

중앙부 : 굴착→ 구조물
주변부 : 굴착→ 구조물

① Island Cut: 중앙부 먼저 굴착
② Trench Cut: 주변부 먼저 굴착

1-3. 되메우기

1) 되메우기

① 일반적으로 공극이 적고 다지기 쉬운 흙을 선정
② 점성토는 장기적 침하우려
③ 되메우기한 흙의 다짐은 함수비(흙의 다짐시험)를 확인하여 함수상태를 조정하며 실시
④ 300mm 두께로 고르게 깔고 반복하여 다짐
⑤ 되메우기 후 최종마감은 1개월 정도 시간차 여유

2) 다짐

① 저면 굴곡이 있을 경우 Roller로 다지고 자연지반 강도 유지
② 원지빈과 동등 이상의 다짐이 이려울 경우 사질토에 Cement를 혼합 또는 잡석콘크리트로 치환
③ 점토질: 전압방법(타이어롤러)
　 사질토: 진동전압(진동롤러)

토공

적용범위

- 양호한 지반조건
- 지하수위가 낮은 지반
- 인접구조물과의 이격거리가
  비교적 큰 경우

적용범위

- 자하수위가 높은 지반
- 도심지 제외 연약지반

타입장비의 적용성

- N<40의 점토, 사질지반은
  타입가능
- N>40의 지반(호박돌 및 조
  밀한 지층)은 천공 후 시공

[Guide Beam설치]

[파일 근입]

2. 흙막이-벽식

2-1. 토류판 공법

> H-Pile을 타입하거나 미리 천공한 구멍에 삽입한 후 토류판을 H-Pile
> 사이에 끼워 넣어 흙막이벽 형성

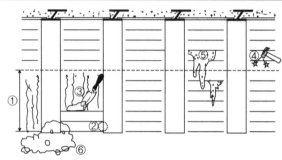

① 굴착: 수직도 확보 및 자립높이 1.2m~1.6m로 제한
② 토류판: 틈새없이 시공
③ 뒷채움 철저
④ 틈새 확인

2-2. Sheet Pile 공법

> 이음부위를 물리게 하여 Vibro Hammer로 지중에 타입

1) 이음방식

[Terres Rouges]　　　[Ransom]　　　[Universal Joint]

2) 시공순서

20장 정도를 세트로
하여 자립
(병풍모양)

↓

양단 1~2장을
선행하여
소정 깊이까지 타입

↓

중간부분을 2~4회에
나누어 타입

① 원칙적으로 병풍모양 배치 후, Sheet-Pile의 타입
② 타입용 Guide Beam 설치: 경사, 이음 어긋남, 비틀림 방지

토공

– N≤50의 점토 및 사질지반
 적용가능

타입장비의 적용성

● 자갈, 전석층 및 암석층
 시공성 저하
● 1축 Auger : 전석, 자갈
 층 등 굴착이 곤란한 지
 반에 적용하며 풍화암층
 까지 시공가능
● 3축 Auger : 간섭장치에
 의하여 일체화 되어 서
 로 역회전을 하므로 수
 직정도가 높으며 풍화토
 까지 시공가능

[천공]

[파일 근입]

[흙막이 구축]

[인발]

2-3. Soil Cement Wall 공법

> Pipe 교반축 선단에 Cutter를 장치하여 경화제와 흙(골재로 간주)을
> 혼합하며 굴착한 후 Pipe 선단에서 물, 시멘트 비가 100%가 넘는
> Cement Milk를 분출시켜 흙과 Mortar를 혼합하면서 Pipe를 빼내어
> 흙막이를 구축하는 주열식 흙막이 벽체

1) 굴착방식

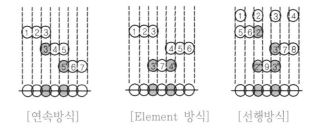

[연속방식]　　　[Element 방식]　　　[선행방식]

2) 시공 시 유의사항

① 수심재의 최대간격은 최대 2공 이내로 함
② 최소피복 두께는 25mm로 유지

③ 심재 세우기 시점 : Cement Paste 주입 후, 약 30분 이내
④ 심재 이음부 : 이음위치가 동일한 높이가 되지 않도록
⑤ 토사를 골재로 사용하는 공법이므로 혼합되는 Cement 용액의 배합
 설계 시 현위치 토사에 대한 사질토 특성을 고려하여 Cement량 결정
⑥ Cement Milk 물시멘트 비는 350%를 넘지 않도록 함
⑦ Surging: 소요심도까지 천공을 한 후 공벽이 일부 붕괴될 수 있으므
 로 흙막이 벽체 내부에 공벽붕괴로 인한 토사층이 형성되지 않도록
 하부에 Cement Milk 주입 시 Suriging(하부 부분에 Milk 분사 반복)
 에 유의
⑧ 최하단부에 자길 등으로 인한 공극이 예성될 경우, 하부로 물이 침투
 하여 Boiling/ Piping현상 발생할 수 있으므로 2~3회 정도 교반실시

토질	배합			일축압축강도
	Cement	Bentonite	Water	
점성토	250~400kg	5~15kg	400~800ℓ	5~30kg/cm^2
사질토	250~400kg	10~20kg	350~700ℓ	10~80kg/cm^2
사력토	250~350kg	10~30kg	350~700ℓ	20~100kg/cm^2

[토질별 배합 및 일축 압축강도]

토공

적용범위

- 연약지반
- 지하수위가 낮은 지반

타입장비의 적용성

- 호박돌층, 전석층 및 암층에서 시공성 저하
- 장비가 소형이므로 도심지 협소한 장소에도 시공 가능

[천공]

[철근망 가공]

[철근망 삽입]

[콘크리트 타설]

2-4. Cast In Place Pile공법

> 굴착장비(Earth Drill, Auger 또는 Rotary Boring기)를 이용하여 소정의 깊이까지 천공한 후, 지상에서 조립된 철근망과 조골재를 채우고 모르타르를 주입하거나 콘크리트를 타설하는 주열식 흙막이

1) 시공순서

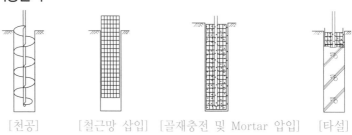

[천공]　　　[철근망 삽입]　[골재충전 및 Mortar 압입]　[타설]

2) 시공 시 유의사항

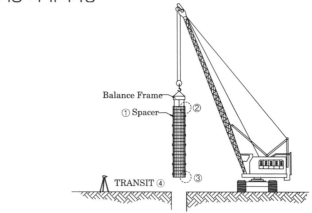

① 피복두께 확보 (①)

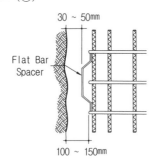

② 철근의 변형방지 (②,③)

철근망 상부 (②)	<보강근 그림>	– 운반·건입 시 철근망의 변형방지 – 건입 후 철거
철근망 하부 (③)	<보강근, Spacer 그림>	– 철근망 하부에서의 치올림 방지 – 하부피복 두께 확보

③ 철근망의 수직정밀도 확보 (④)

④ 콘크리트 타설 전, 완벽하게 Slime처리

토공

2-5. Slurry Wall 공법

특수 굴착기와 안정액을 이용하여 지중굴착 후 철근망을 삽입하고 콘크리트를 타설하여 연속된 벽체조성

1) Element 계획

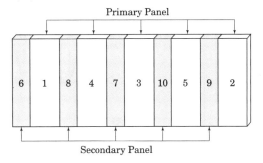

코너부위를 기점으로 주출입구와 Plant의 위치를 고려해서 먼저 Primary Panel의 시공순서도를 그린 다음 Primary Panel의 양생순서에 따라 Secondary Panel을 굴착계획을 세운다.

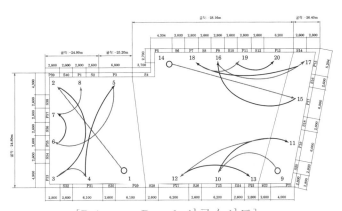

[Primary Panel 시공순서도]

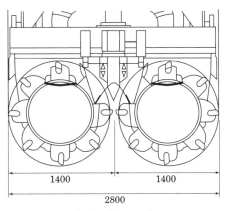

[BC Cutter]

[굴착 후 철근배근]

[콘크리트 타설]

[굴착 및 주입]

[Koden Test]

토공

2) Guide Wall

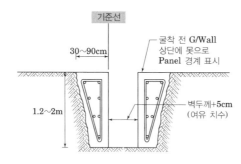

① 굴착 시 붕괴방지 및 수직도 유지
② 굴착 시 안내벽 역할
③ 거치대 역할
④ 계획고 및 측량의 기준

3) 굴착

① 굴착순서

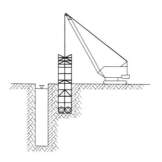

양단 1,2차 굴착

중앙부 3차 굴착

② Koden Test: 굴착정밀도 체크

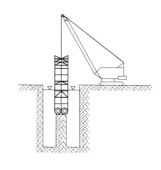

접촉형 계측방식(최근 미사용)

초음파 이용(Koden Test)

- 수직허용오차 1/300 or ±50mm 보다 작은 값

③ 굴착 깊이 측정

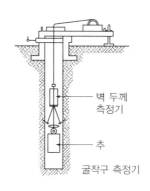

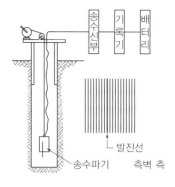

- 1Panel이 1 CUT : 중앙부 1개소
- 복수 CUT : 양단 + 중앙 3개소

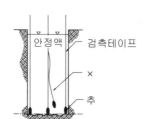

요구성능

- 굴착벽면에 대한 조막성
- 지반표면에 불투수막 및 침투침적층 형성
- 화학적 안정성
- 지하수와 지층이 포함하고 있는 양이온, Con'c의 Ca 이온의 영향을 받아 열화 (응집)
- 안정액이 응집하면 현탁액의 콜로이드 입경이 커져 양호한MUD FILM을 만드는 기능이 떨어지고, 정지상태에서 벤토나이트 입자가 물과 분리되어 침강
- 물리적 안정성

[Desander: 토사분리]

[Filter Press]

[1차 처리: Desanding]

[2차 처리: Cleaning]

4) 안정액

① 기능: 굴착벽면의 붕괴방지, 부유물의 침전방지, 콘크리트 품질유지, 굴착공극 사이로 유출방지, 굴착토사 배출

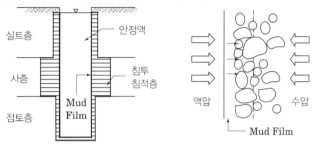

② 안정액 관리기준

성상	시험항목		시험방법	기준 값
비중	비중	굴착 시	Mud Balance로 점토무게 측정	1.04~1.2
		Slime 처리 시		1.04~1.1
유동 특성	점성		500cc 안정액이 깔대기를 흘러내리는 시간 측정	22~40초
				22~35초
조벽성	탈수량		표준 Filter Press를 이용하여 질소Gas로 가압	20cc 이하
	진흙 막두께	굴착 시		3mm 이하
		Slime 처리 시		1mm 이하
pH	pH		시료에 전극을 넣고 값의 변화가 거의 없을 때	7.5~10.5
사분	사분율	굴착 시	Screen을 통해 부어넣은 후 남은 시료를 시험관 안에 가라앉힌 후 사분량 기록	15% 이하
		Slime 처리 시		5% 이하

③ 안정액 순환방식 개념

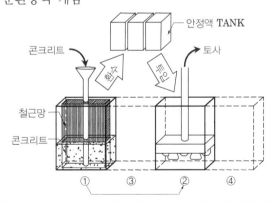

- 1차 처리(Desanding) 안정액을 플랜트로 회수하여 재혼입
- 2차 처리(Cleaning) 굴착공사 후 부유 토사분 침강완료 후 제거

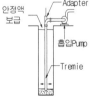

[Tremie응용 흡입펌프]

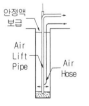

[Air Lift 방식]

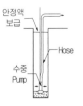

[Sand Pump 방식]

토공

[Dowel Bar 시공]

[폭방향 Spacer]

[Panel간 Spacer]

[철근망 세우기]

[Tremie Pipe 조립]

[배치 후 타설]

[Plunger 설치]

5) 철근망

① 분할이음 및 피복두께

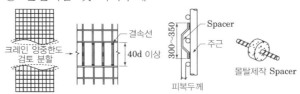

- 이음: 양중한도를 고려하여 분할이음(철선#10, 용접, Clamp 이용)
- 피복두께: 폭방향 100mm, 길이방향 300mm

② 세우기

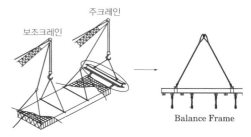

- Balance Frame을 이용하여 균형유지 및 변형방지

6) 콘크리트 타설

① 콘크리트 타설관리

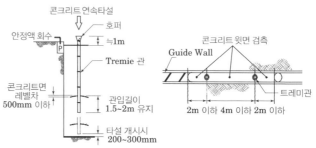

[중단없이 연속타설]   [Primary Panel Tremie Pipe 배치]

- 타설 중 계산에 의한 타설 높이와 추에 의한 심도를 서로 비교
- Trench내 콘크리트 타설 시 균등한 타설(타설중단 1시간 이내)로 Slime 혼입 최소화하여 열화 콘크리트의 Panel내 잔존 방지
- 폭 6m패널 기준으로 최소 레미콘 4대가 현장도착시, 타설 시작
- 연속타설을 위한 배차계획 확인
- Primary Panel은 2개의 Tremie관을 동시에 타설하여 균등하고 연속적으로 타설

② 콘크리트 품질관리

- 시험비비기를 실시하고 재령 3일, 7일, 28일 압축강도 시험
- 콘크리트 공시체 채취 및 압축강도시험은 Panel당 1회 실시
- 콘크리트 Slump 및 공기량 측정은 Panel 2회 이상 측정

토공

[두부정리]

[철근조립]

[Soldier Pile 배치]

[Underpinning]

7) Cap Beam

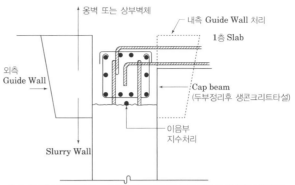

옹벽 또는 상부벽체
내측 Guide Wall 처리
1층 Slab
외측 Guide Wall
Cap beam (두부정리후 생콘크리트타설)
이음부 지수처리
Slurry Wall

Slab 및 상부 벽체와의 Level 및 일체성 확보를 위해 분할 타설 여부 검토필요

- Slime이 섞여있는 Slurry Wall 최상단 부분의 콘크리트를 파쇄 (200~500mm)한 다음 철근을 배근하여 콘크리트를 타설함으로써 Wall Girder형식으로 Panel이 연속성을 가질 수 있도록 연결해주는 구조물

8) Counter Wall

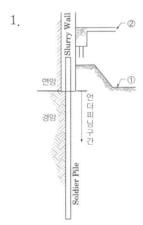

1.

Slurry Wall
연암
경암
언더피닝구간
Soldier Pile

① 굴착-1
② 상부 슬래브 타설

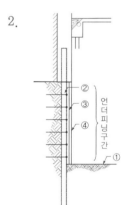

2.

언더피닝구간

① 굴착-2
② Rock Nail & Bolt
③ Wire-Mesh
④ Shotcrete

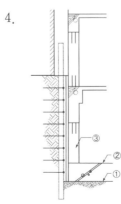

4.

① Underpinning
② Mat 타설
③ 하부 카운터월 2차 시공

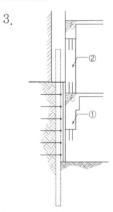

3.

① 하부 카운터월 1차 시공
② 상부 카운터월 타설

3. 흙막이-지보공

3-1. Earth Anchor 공법

> 인장재 양단을 지반과 정착물에 고정시킨 후 신장변형에 자유로운 자유장에 Prestress를 가하여 토압에 지지

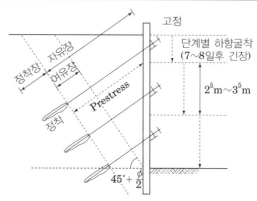

- Sheath: 자유장의 Grout 부착에 대한 보호
- Packer: 정착부 Grout 밀봉

1) 저항방식

[마찰형]   [지압 장착형]   [마찰지압 병용 정착형]

2) 시공기준

구 분	기 준
Anchor의 자유장	4.0m 이상 (앵커체의 위치가 활동면 보다 깊게)
Anchor의 정착장	3.0m~10.0m
Anchor의 여유장	1.5m 또는 0.15H (H: 굴착깊이) 중 최대 값
Anchor의 설치간격	1.5m~2.0m
Anchor의 설치단수	2.5m~3.5m
Anchor의 설치각도	10~45°

3) Mortar 주입순서

| 저압주입 | 천공 후 공벽 내에 있는 Slime을 제거하기 위한 주입 |

↓

| Packer 주입 | 정착부 상단의 Packer에 고압으로 주입 |

↓

| 정착부 주입 | 주입압력 0.5~1.0MPa 정도 압력으로 주입 |

- Groeut재의 주입은 연속적으로 신속히 실시

토공

적용 조건

- 지하수위가 낮은지반
- 조밀한 토층 및 암반층
- 가압 Grouting의 정착부 지반은 N>10 이상
- 인접지반 소유주 승인 득

[천공]

[강선삽입]

[Grouting후 고정준비]

[PC강선 긴장]

3-2. Soil Nailing 공법

> 절토사면에 보강재를 삽입하여 그라우팅을 통한 흙과 Nail의 일체화로 토압에 지지

● 절토를 수반하는 경우
● 지반의 자립고가 1m 이상
  사질토: N > 5
  점성토: N > 3

[Nail 조립]

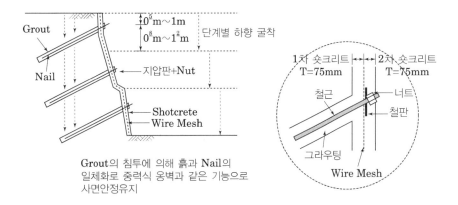

Grout의 침투에 의해 흙과 Nail의 일체화로 중력식 옹벽과 같은 기능으로 사면안정유지

[1차 숏크리트 시공]

1) Shotcrete 시공

| 장기 설계기준 압축강도 | · 21Mpa 이상 |
| · 영구 지보재 개념일때는 35Mpa 이상 |

| 재령 28일 부착강도 | · 1.0Mpa 이상 |

① 노즐각도: 뿜칠면과 직각유지
② 노즐과 뿜칠면의 거리: 1m

[네일 삽입]

2) 천공

천공각도 $10° \sim 20°$일 때 최소의 변위 발생

3) 용수대책

① 빗물 및 외부유입수 방지를 위해 차수시설
② 전면판과 지반사이에 설치되는 배수시설은 전면판에 돌출되는 Weep Hole과 일치하게 설치, 최소밀도는 $10m^2$

4) 강도관리

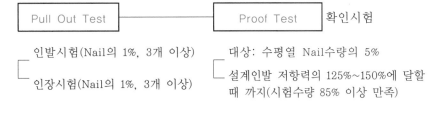

| Pull Out Test | | Proof Test | 확인시험 |

인발시험(Nail의 1%, 3개 이상)
인장시험(Nail의 1%, 3개 이상)

대상: 수평열 Nail수량의 5%
설계인발 저항력의 125%~150%에 달할 때 까지(시험수량 85% 이상 만족)

[2차 숏크리트 시공]

3-3. Top Down 공법

> 지하외벽 시공 후 철골기둥 및 기초를 시공하여 지상과 지하를 동시에 시공

1) 주요 구조

토공

적용 조건

- Strut길이 60m 이상으로 버팀 시공이 곤란한 경우
- 인접지반 민원으로 Earth Anchor공법 적용이 곤란한 경우
- 굴토 평면이 부정형일 경우
- 대지의 단차이로 편토압에 의한 흙막이 변형 우려 시

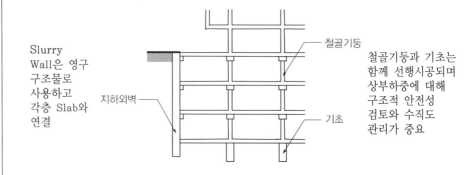

Slurry Wall은 영구 구조물로 사용하고 각층 Slab와 연결

지하외벽

철골기둥

기초

철골기둥과 기초는 함께 선행시공되며 상부하중에 대해 구조적 안전성 검토와 수직도 관리가 중요

굴착 시 벽체의 길이를 확인하여 안정성을 확보하고, 시공단계별 하중산정에 의해 구조적 안정성을 확보하는 것이 중요하다.

2) 시공순서

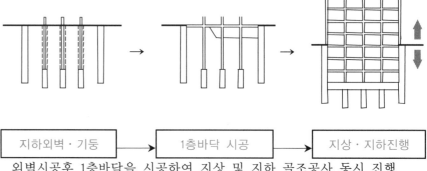

지하외벽·기둥 → 1층바닥 시공 → 지상·지하진행

외벽시공후 1층바닥을 시공하여 지상 및 지하 골조공사 동시 진행

3) 기초 적용공법

구 분	RCD	Barrette	PRD
개요	Casing을 이용하여 굴착공을 보호하며 상부 연약층은 Bucket을 이용하여 굴착하고 암반층은 청수를 사용하여 회전식 Bit로 굴착 후 굴착토를 역배출 시키는 공법	Bentonite이수를 이용하여 굴착공을 보호하며 회전형 Bit를 이용하여 암층까지 굴착하는 공법	토사층의 굴착공을 Casing으로 보호하면서 Percussion식으로 천공하는 공법
기초형상	원형(ϕ1,500~2,000)	사각형(2.4×0.8~1.2m)	원형(ϕ600~1,000)
Bearing Capacity	원형(ϕ1,500~2,000)	2,000~4,000t/개소	800t/개소 이하

토공

4) 주요 거푸집공법 종류

① SOG(Slab On Ground)

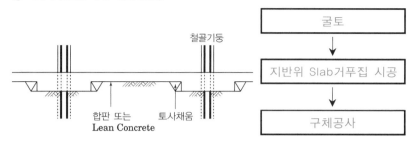

Slab Level로 터파기 후 코팅합판과 각재를 이용하여 거푸집 설치

② BOG(Beam On Ground)

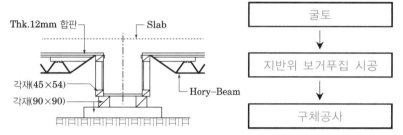

해당층 보 하부보다 200~250mm 아래로 터파기 후 보와 슬래브 거푸집 설치

③ SOS(Slab On Support)

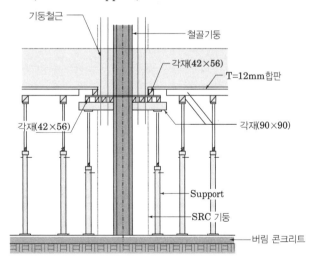

보 하부 Level보다 2.5~3m 아래로 토공 바닥면을 정지한 후 기둥 측량작업을 거쳐 지면에 Support를 지지하고 Slab거푸집을 설치

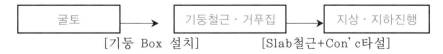

[기둥 Box 설치]   [Slab철근+Con'c타설]

적용 조건

□ 지지방식
– 현수식

□ 거푸집
– Span단위의 대형 거푸집

□ 제작기간
– 2~3개월 소요

□ 거푸집 지지체
– 1층바닥

□ 적용구간
– 지하 1층 바닥부터

적용 조건

□ 지지방식
– Bracket

□ 거푸집
– Girder 거푸집만 별도제작

□ 제작기간
– 사전제작 가능

□ 거푸집 지지체
– Center Pile기둥

□ 적용구간
– 1층 바닥부터

④ NSTD(Non Supporting Top Down)

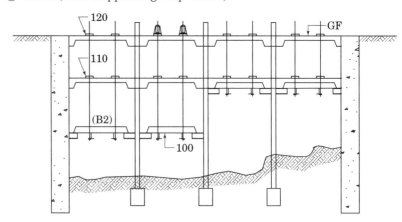

1층 Slab에 정착 Sleeve를 설치하고 하부 거푸집을 Wire로 매달아 놓고 Rock Bolt를 긴장시킨 상태에서 현수장치를 이용하여 거푸집 지지틀을 하강 및 고정하는 RC조 무지보 Top Down System이다.

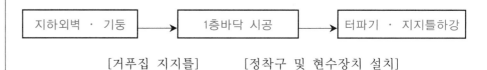

[거푸집 지지틀]   [정착구 및 현수장치 설치]

⑤ BRD(Bracket Supported R/C Downward)

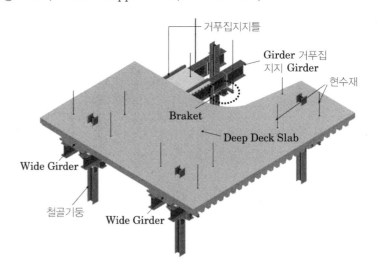

기둥부위에 Stop Puller를 이용하여 Bracket으로 거푸집틀을 지지하고 현수장치로 지지틀을 하강 및 고정하는 RC조 무지보 Top Down System이다.

토공

SPS공법 특징

□ 공기
- 가설재의 설치 및 해체
  공정이 없음

□ 시공성
- 부분적인 Slab 타설로 별
  도의 복공판이 불필요

[RC 띠장 설치]

CWS공법 특징

□ 공기
- 가설재의 설치 및 해체
  공정이 없음

□ 시공성
- 부분적인 Slab 타설로 별
  도의 복공판이 불필요

5) 지보공법

① SPS(Strut As Permanent System)

지하 본 구조물용 철골기둥·보를 굴토공사 진행에 따라 선시공하여 굴토 공사 중에는 토압에 대해 지지하고, Slab타설 후에는 본구조물로 사용하면서 지하 구조물과 지상 구조물을 동시에 진행을 하는 공법으로 King Post이용하는 철골조 Top Down System

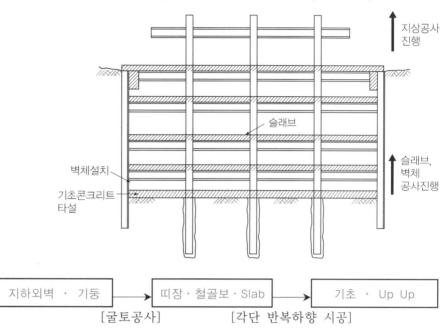

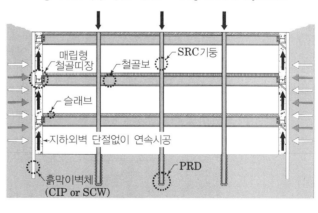

② CWS(Buried Wale Continuous Wall System)

굴토공사 진행에 따라 매립형 철골띠장, 보, 슬래브를 선시공하여 토압 및 수압에 대해 Slab의 강막작용으로 토압에 저항하고 굴토공사 완료 후 지하외벽과 Slab를 연속해서 상향 시공해 나가는 공법으로 King Post이용하는 철골조 Top Down System

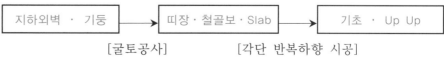

흙의 입도 및 투수성

Key Point

□ Lay Out
- 원리 · 특성 · 적용범위
- 설치방법 · 배수방법
- 유의사항 · 중점관리 항목

□ 기본용어
- 피압수
- 지하수위
- 투수계수
- 중력배수
- 강제배수
- Dewatering

---

3 물

1. 피압수

① 피압수는 점성토 지반에 있어서, 투수계수가 작아 물이 침투하기 어려운 불투수층 사이에 있는 대수층(帶水層)에 있으며, 지하수위가 상위토층 지하수보다 높은 수두를 갖는 지하수이다.

② 상한과 하한이 점토 · 실트 등 불투수층(Impermeable Layer) 사이에 가압(加壓)된 상태의 지하수로서, 부력 발생 · 용출(湧出) · 공벽 붕괴 등의 현상이 발생한다.

1) 지반내 피압수의 위치와 개념

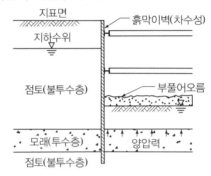

2) 피압수의 문제점

① 터파기시 용출(湧出) 현상
상부 흙의 하중으로 피압수가 유지되다가 터파기시 흙이 제거되면서 분출되는 현상

② 현장타설 말뚝 및 Slurry Wall의 공벽붕괴
굴착 벽면이 피압수가 스며들면서 공벽을 교란

③ 부력 발생
압력 수두차에 의해 건물의 기초 저면이 뜨는 현상 발생

3) 방지대책

① 배수공법: 토질에 따라 중력 배수 및 강제 배수 등을 적용하여 피압 수위 저하

② 근입깊이 깊게: 지수벽의 근입 깊이를 대수층 이하의 불투수층까지 연장

③ 차수성이 강한 흙막이 선정: 차수성이 강한 흙막이 공법을 적용하여 굴착면내를 배수하면서 굴착

④ 약액주입 공법 병행: 흙막이 공법시 배면에 약액주입공법을 병행하여 차수성 확보

2. 차수

물

mind map

● **차**를 타고 가려니 **흙**이
고약 해서

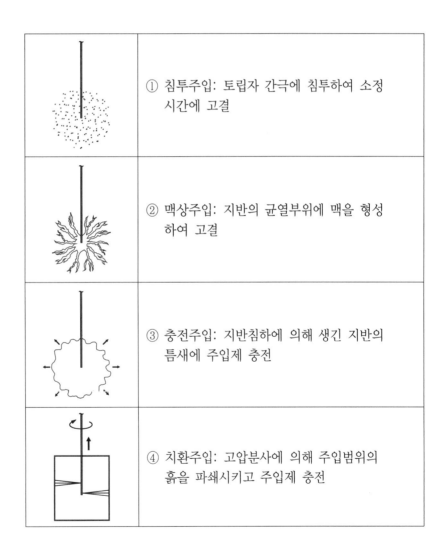

흙막이 공법 · 차수성이 강한 Slurry Wall, Sheet Pile 이용

고결공법 · 고결재를 지반 내에 주입 · 압입 · 충전하여 흙의 화학적 고결
작용을 통하여 지반의 강도증진 및 압축성 억제
(생석회 말뚝, 소결공법, 동결공법)

약액주입공법 · 약액을 지반에 주입하여 차수
LW, SGR, JSP, CGS공법

	① 침투주입: 토립자 간극에 침투하여 소정 시간에 고결
	② 맥상주입: 지반의 균열부위에 맥을 형성 하여 고결
	③ 충전주입: 지반침하에 의해 생긴 지반의 틈새에 주입제 충전
	④ 치환주입: 고압분사에 의해 주입범위의 흙을 파쇄시키고 주입제 충전

물

mind map

● 배를타고 중강을 건너
  영구를 만나라 집D에
  포진한 트랜치 드레인

3. 배수공법

3-1. 중력배수

1) 집수정(Sump)배수

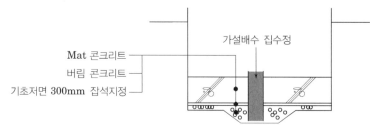

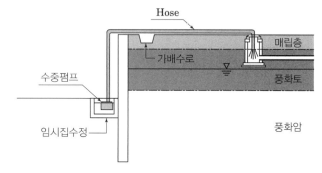

집수정을 설치하여 수중펌프를 이용

2) Deep Well

적용조건 및 배수원리

- 투수계수 10^{-2}cm/sec 보다
  큰 경우 (깊은 양수)

[Strainer]

[Strainer Screen 제작]

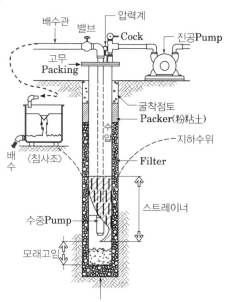

굴착공지름 ≥ Casing지름 + 200mm

[Strainer Pipe설치]   [Pump설치 및 양수량 산정]

흙막이 벽체 내부나 외부에 Deep Well(깊은 우물: Ø200~800mm)을
설치한 후 Pump로 양수하여 지하수위를 저하시키는 중력 배수

물

● 투수계수
$10^{-1} \sim 10^{-4}$cm/sec보다
큰 경우 (깊은 양수)

[진공 Pump]

[배수전경]

3-2. 강제배수

1) Well Point & 진공Well

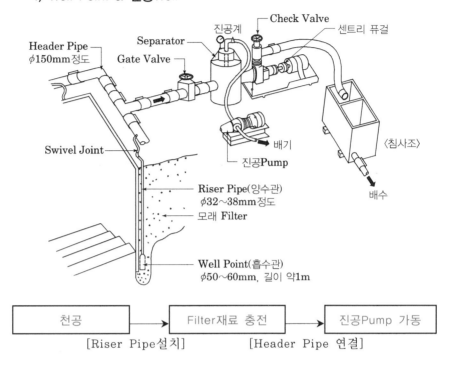

천공	→	Filter재료 충전	→	진공Pump 가동
[Riser Pipe설치]		[Header Pipe 연결]		

소구경의 Well을 다수 삽입하여 진공 Pump를 가동시켜 흡입하여
지하수위를 저하

4 하자 및 계측관리

1. 토압이론(Earth Pressure)

> 흙과 흙막이벽체 · 지하벽체 · 옹벽 등의 구조물이 접촉하고 있을 때 흙에 의해서 접촉면에 작용하는 수평방향의 압력 혹은 흙 속의 어느 면에 작용하는 압력

1-1. 흙막이 벽에 작용하는 응력

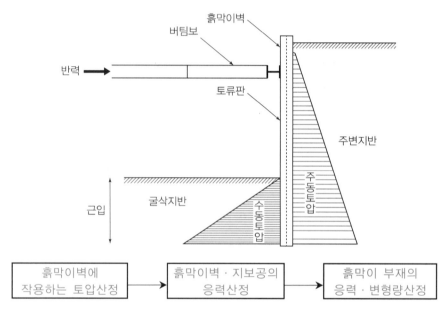

```
흙막이벽에        흙막이벽 · 지보공의      흙막이 부재의
작용하는 토압산정  →  응력산정          →   응력 · 변형량산정
```

- **버팀기둥**: 토압, 보 반력에 의한 휨모멘트, 전단력, 자중에 의한 압축력
- **가로널 말뚝**: 토압에 의한 휨모멘트, 전단력
- **버팀보**: 토압, 보 반력에 의한 압축력, 자중에 의한 휨모멘트
- **지보공**: 토압, 보 반력에 의한 휨모멘트, 전단력

1-2. 토압의 종류

1) **정지토압**(P_0, Lateral Earth Pressure at Rest)

   횡방향 변위가 없는 상태에서 수평 방향으로 작용하는 토압

2) **주동토압**(P_A, Active Earth Pressure)

   뒷채움 흙의 압력에 의하여 옹벽이 뒷채움 흙으로부터 멀어지는 경우, 뒷채움 흙이 팽창하여 파괴 될 때의 수평방향의 토압

3) **수동토압**(P_p, Passive Earth Pressure)

   어떤 힘에 의하여 옹벽이 뒷채움 흙 쪽으로 움직인 경우, 뒷채움 흙이 압축하여 파괴 될 때의 수평방향의 토압

하자 · 계측

2. 하자 및 주변침하

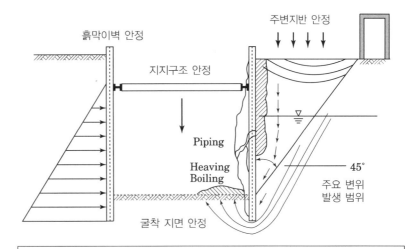

- 벽체의 변형 – 과도한 토압 및 강성부족
- 벽체의 거동 – 과도한 토압 및 근입장 부족
- 지반 부풀음 – 피압수
- 압밀침하 – 지표면 과재하
- 토사유출 – 뒷채움 불량 및 틈새에 의한 토사의 이동

1) Boiling

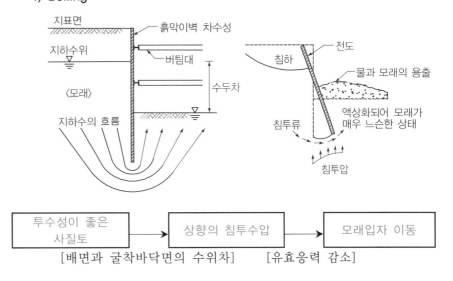

투수성이 좋은 사질토	→	상향의 침투수압	→	모래입자 이동

[배면과 굴착바닥면의 수위차]　[유효응력 감소]

① 흙막이 벽을 설계할 때는 예상되는 여러 상황에 대한 안전율을 계산하여 최소안전율이 1.2 이상이 되도록 근입 깊이를 결정하여 경질지반에 지지한다.
② 근입 깊이가 벽내외면 수위차의 1/2 이상
③ 적당한 배수공법을 적용하여 배면지반 지하수위 저하
④ 터파기 밑보다 깊은 지반을 개량하여 불투수로 한다.

하자 · 계측

2) Heaving

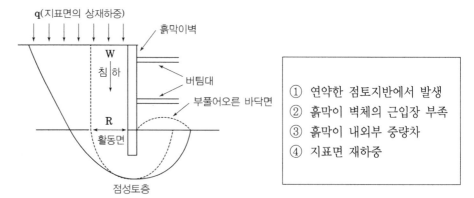

① 연약한 점토지반에서 발생
② 흙막이 벽체의 근입장 부족
③ 흙막이 내외부 중량차
④ 지표면 재하중

① 흙막이 벽을 설계할 때는 예상되는 여러 상황에 대한 안전율을 계산하여 최소안전율이 1.2 이상이 되도록 근입 깊이를 결정하여 경질지반에 지지
② 설계 및 시공 시 강성이 강한 흙막이 공법 채택
③ 지반개량을 통한 하부지반의 전단강도 개선
④ 지반굴착 시 흙이 흐트러지지 않도록 유의

3. 계측관리

3-1. 계측기 배치

1) 평면배치

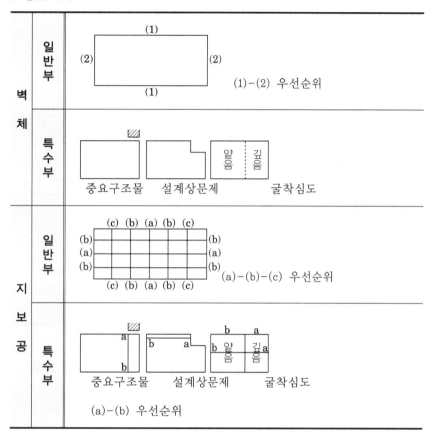

2) 단면배치

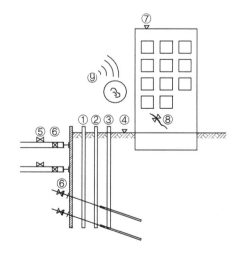

① 지중경사계

② 지하수위계, 간극수압계

③ 지중침하 측정계

④ 지표침하계

⑤ 변형률계

⑥ 하중계

⑦ 건물경사계

⑧ 균열 측정기

⑨ 진동소음 측정기

하자 · 계측

계측빈도

□ 데이터의 변화속도
- 데이터가 변화하는 속도가 빠른 계측항목은 빈도를 높인다.
- 데이터의 변화속도계측시기, 계측항목, 측정위치 등에 따라 다름

□ 안전과의 관련도
- 안전과의 관련이 직접적인 계측항목과 간접적인 계측항목으로 분류되는데(전자 - 응력, 후자 - 하중) 직접적인 것일수록 빈도를 높임

□ 계측빈도의 통일
- 각 계측항목은 상호관련의 비교검토가 필요하므로 관련항목은 동일시기에 계측을 실시하도록 하고 그중 빈도가 높은 것은 별도계측

3) 우선배치 원칙

- 선행 시공부 우선배치
- 인근 주요 구조물이 있는 장소
- 지반조건(보링 등)이 충분히 파악된 곳에 배치
- 상호관련 계측 근접 배치
- 교통량 등 하중 증강이 많은 곳
- 구조물 혹은 지반의 특수조건이 있는 곳

4) 설치위치

계측기	설치위치
지중경사계(Inclinometer)	토류벽 내 또는 배면지반
지하수위계(Water Level Meter)	배면지반
간극수압계(Piezometer)	배면지반
지중침하측정계(Extensometer)	현장부지 내 또는 배면지반
지표침하계(Surface Settlement)	현장부지 내 또는 배면지반
변형률계(Strain Gauge)	휨재(Wale 등)
하중계(Load Cell)	축력재(Strut,E/A 등)
토압계(Pressure Cell)	토류벽 내
건물경사계(Tiltmeter)	인접건물 또는 옹벽
균열측정계(Crack Gauge)	인접건물의 기존균열 부위
진동 · 소음측정계 (Vibration Monitor)	시공 중의 진동, 소음위치

3-2. 계측관리 방법

3-2-1. 지반 · 흙막이 · 지보공 계측

1) 지중경사계 (Inclinometer)

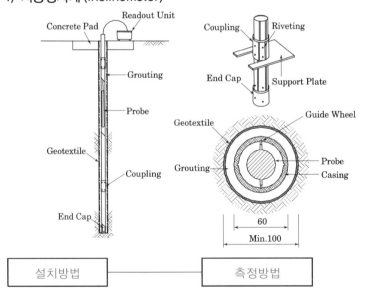

설치방법	측정방법

┌ 굴토심도보다 2m정도 깊게 천공 ┌ 센서를 설계심도 까지 내린 후 측정
└ 경사계관 삽입, 고정(그라우팅) └ 500mm마다 측정하여 D.B화

적용범위: 사면의 예상활동면의 측정 및 흙막이 배면의 지반침하 및 벽체에 일어나는 변위 측정

하자 · 계측

2) 변형률계 (Strain Gauge)

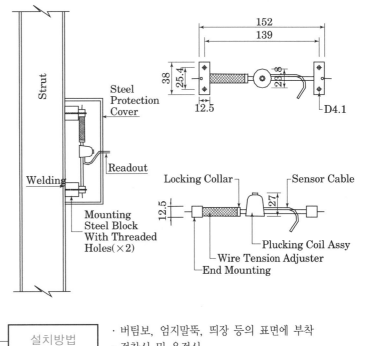

설치방법	· 버팀보, 엄지말뚝, 띠장 등의 표면에 부착 · 접착식 및 용접식
측정방법	· 변형률 센서로 응력 파악 · 온도변화에 민감하므로 온도측정센서가 내장된 기기사용

3) 하중계 (Load Cell)

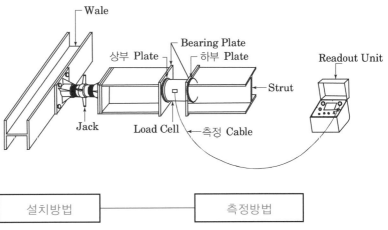

설치방법	측정방법
┌ 각단을 엇갈리게 하여 용접부착 │ 굴착부위 중앙, Strut의 단부에 └ 설치	┌ 거치하기 전에 초기 값을 먼저 읽음, └ 부착 후 인장직후의 측정값 기록

적용범위: 말뚝, 락볼트, 흙막이, 지중앵커, 락앵커, 버팀대의 축하중 측정

4) 토압계 (Pressure Cell)

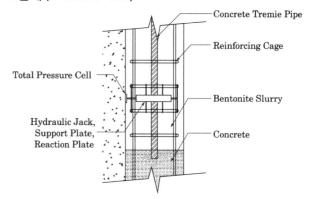

설치방법	· 셀에 잭을 연결한 후 유압튜브(Hydraulic Tube) 설치 · 토압셀에 연결된 케이블과 유압튜브를 보호튜브로 보호하며 철근망을 따라 삽입
측정방법	· 콘크리트 타설 후 측정기로 초기치 산정 · 에틸렌글리콜류의 비압축성 유체로 채워진 압력셀에 토압이 작용되면 셀 내부의 유체로 작용압이 전달되는데 이것을 공압식 또는 진동현식 압력변환기를 사용하여 토압으로 환산.

3-2-2. 지하수위 관측(수위, 수량)

1) 지하수위계 (Water Level Meter)

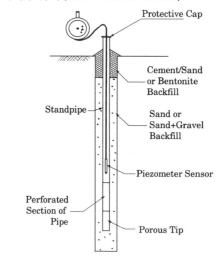

설치방법	· 천공 후 관측용 심정 설치 · 0.5m정도의 두께로 모래를 채워 투수층을 형성하고 하부는 자유수와의 단절을 위해 Casing을 1m 이상 불투수층에 삽입
측정방법	· 센서를 설계심도 까지 내린 후 측정 · 부저와 연결된 감지기를 삽입하여 Hole내부로 내린 다음 감지기가 Pipe내의 수면에 닿아 빨간불이 켜지면서 부저가 울릴 때의 깊이를 측정하여 수위 측정

하자 · 계측

2) 간극수압계 (Piezometer)

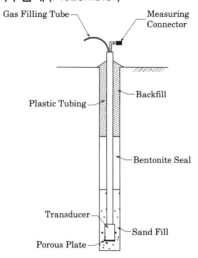

설치방법	· 깊이에 따라 위치 조절 · 연약층의 저면까지 보링을 실시한 후 간극수압계 선단을 원하는 심도에 위치시키고 간극수압계 선단주위를 상부 1~2m까지 모래를 채워 투수층 형성
측정방법	· LCD상에 표시되는 수치는 최대치를 가리키며, 수렴했을 때의 값을 측정

3-2-3. 대지 주변의 관측

1) 지중침하측정계 (Extensometer)

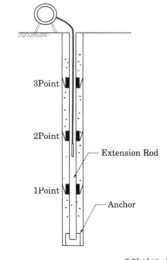

설치방법	· 계획심도에 1~2m를 더하여 천공 · 침하계를 굴착공 내에 설치 후 그라우팅 고정
측정방법	· 감지소자와 감지기(Sensor)가 일치될 때 심도 측정 · Dial Gauge 혹은 Depth Micrometer로 직접 상대변위 측정

2) 지표침하계 (Surface Settlement)

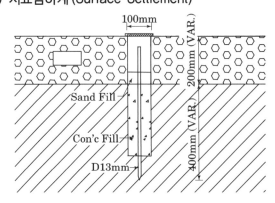

설치방법	· 원지반에서 부터 300mm 깊이로 홀 형성
	· 홀 내부에 시멘트 모르타르 주입 후 침하핀 설치

측정방법	· Level을 이용하여 침하핀의 높이 측정
	· 측량 시 수준점과 최대한 가깝게 설치

3) 건물경사계 (Tiltmeter)

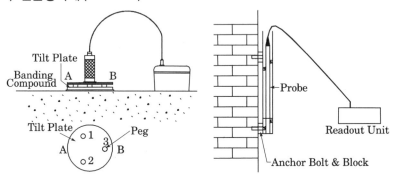

설치방법	· 접착방식, 매설방식
	· 보호판 시공

측정방법	· 측정 시 진동에 의한 영향을 받으므로 주의
	· 4개의 방향으로 측정을 실시하여 종축과 횡축의 평균 기울 기를 측정

4) 균열측정계 (Crack Gauge)

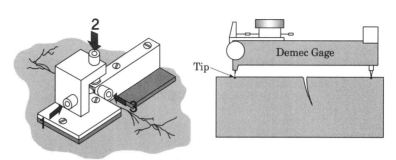

[3차원 균열 측정계]　　　[Demec 게이지형 균열 측정계]

설치방법	· 3차원 측정계: 형판에 있는 2개의 구멍을 통해 앵커위치 표시, 나사못으로 고정 후 접착제로 고정 · Demec 측정계: 구조물 표면에 5~7mm, 깊이 10mm 천공 후 에폭시로 고정
측정방법	· 다이얼 게이지를 이용하여 측정

3-3. 계측관리 기법 및 평가기준

1) 절대관리치를 결정하는 기준

구분	대상물	기준범위
흙막이구조물	흙막이벽의 응력 흙막이벽의 변형 버팀대의 축력 버팀대의 평면도 띠장	(장+단)/2~단 1/200 또는 설계여유 이하 (장+단)/2~단 1/100 (장+단)/2~단
주변	인접지반의 침하	경사 : 1/500~1/200
	인접매설물 가스 상수 하수 시하철	관리담당자와 협의
	인접매설물	경사 : 1/1000~1/300

※ 장 : 장기허용응력　　단 : 단기허용응력

시공 전에 미리 설정한 관리기준치와 실측치를 비교, 검토하여 그 시점에서 안정성을 평가하는 방법

2) 예측관리

이전 단계의 실측치에 의하여 예측된 다음 단계의 예측치와 관리기준치를 대비하여 안전성 여부 판정하는 기법

□ 1차 관리 기준치
- 1차 관리 기준치는 설정된 절대기준치에서 부재의 허용응력일 경우와 벽체의 변형 및 배면 토압 등에 대하여 1차 관리기준치를 80~100%로 정하여 관리

□ 2차 관리 기준치
- 허용응력과 설계시의 변위량을 규정지어 그 이상일 경우는 공사를 중지하고 흙막이벽체의 전반적인 검토 필요

하자 · 계측

3-4. 계측기기 용도 및 설치위치

명칭	용도		설치위치
Level, Staff 레벨기		지표면 침하 및 융기	지반
Crack Gauge 균열 측정기		인접구조물 균열측정	인접건물 외벽
Tiltmeter 경사계		인접구조물 기울기 측정	인접건물 또는 옹벽
Vibration Monitor 진동 소음측정기		진동 소음 측정	시공중의 진동, 소음위치
Extensometer 지중 침하계		지중 수직변위 측정	현장부지 내 또는 배면지반
Inclinometer 지중 수평변위		지중 수평변위 측정	토류벽 내 또는 배면지반
Piezometer 간극 수압계		간극수압 변화 측정	배면지반
Strain Gauge 변형률계		변형률 측정	휨재(Wale 등)
Load cell 하중계		하중측정	축력재 (Strut, E/A 등)

CHAPTER

03

기 초 공 사

Lay Out

① 기초유형 Lay Out

기초분류

기초판 형식

- 독립기초, 복합기초, 연속기초, 온통기초

기타

- Floating Foundation

지지방법 • 부마찰력

- 마찰말뚝, 지지말뚝, 다짐말뚝

형상

- 선단확대말뚝, Top Base

기초유형 결정

- 면 지지력 깊이가 유형을 결정한다.

기초의 평면도

- 기둥 및 벽체위치
- 하중분포

지반 지지력 특성검토

- 토질시험+지내력시험 • 허용지지력 결정

기초깊이 결정

- 토질역학+구조적 요구사항
- 온도, 함수비변화, 침식의 영향을 받지 않는 최소깊이

기초치수 및 유형 결정

- 침하량계산 · 추정

Lay Out

2 기성 콘크리트 Pile Lay Out

공법종류

• 타진압으로 PW중

> • 타격공법
> • 진동공법
> • 압입공법
> • Preboring (SIP, DRA)
> • Water Jet
> • 중공굴착

시공

• 지표 말시세를 파악해 오면 수박도 주고
  연속이음판 두부도 줄게~

> • 지반조사
> • 표토제거
> • 말뚝 중심측량
> • 시항타
> • 세우기
> • 수직도
> • 박기순서 및 항타
> • 연속박기
> • 이음(충전식, 장부식, Bolt식, 용접식)
> • 지지력 판정
> • 두부정리

파손 및 문제점

• 해머를 낙하고에서 편타하면 타회사
  쿠션으로 바꿔도 장축이 강수경이다.

> • Hammer 중량(W)
> • 낙하고(H)
> • 편타
> • 타격에너지(F=WH)
> • 타격횟수
> • Cushion 두께 부족
> • 장애물
> • 축선불일치
> • 이음불량
> • Pile 강도부족
> • Pile 수직도 불량
> • 경사지반

Lay Out

③ 현장 콘크리트 타설 Pile Lay Out

공법종류

- ERP는 바레트~

- Earth Drill공법
- RCD공법
- PRD공법
- Barrette

시공

- 중공천 선단에 SK 철콘을 인발해라

- 말뚝중심측량
- 공벽보호(공내 수위, Casing, 안정액)
- 천공 수직도
- 선단지반 붕괴 주의
- Slime제거
- Koden Test
- 철근망/기둥 부상방지
- 콘크리트 품질확보
- 기계인발 시 공벽붕괴 주의

시험

- 결함: 건전도 시험
- 지지력: 양방향 말뚝재하시험

4 기초의 안정 Lay Out

지반개량

- 배탈나면 압으로 고치고 동전으로 대표를 가리자
- 모두전진하면 폭동이 약이다.

점성토	사질토
• 배수	• 모래다짐
• 탈수	• 전기충격
• 압밀	• 진동다짐
• 고결	• 폭파다짐
• 치환	• 동다짐
• 동치환	• 약액주입
• 전기침투	
• 대기압	
• 표면처리	

부력

- 강인이 자수하면 마자브라~

- 강제배수
- 인접건물 긴결
- 자중증대
- 지하수 유입
- 마찰말뚝
- 자연배수
- Bracket
- Rock Anchor

① 기초유형

1. 기초 구성형태

기초(Foundation, Footing)는 건축물의 최하부에서 건축물의 하중을 지반에 안전하게 전달시키는 구조부이다.

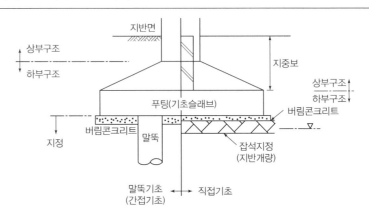

2. 기초의 분류

구 분		종 류
기초판 형식		독립기초, 복합기초, 연속기초, 온통기초
기타		뜬기초– Floating Foundation(부력기초)
지정 형식	직접기초	모래지정, 자갈지정, 잡석지정, 콘크리트지정
	말뚝기초 지지방법	지지말뚝, 마찰말뚝, 다짐말뚝
	재질	나무 P, 기성 C.P, 현장 C.P, 강재 P
	방법	대구경P– P.H.C말뚝, 무용접 말뚝
	형상	선단확대말뚝, Top Base(팽이말뚝)
	깊은기초	Well 공법, Cassion 공법

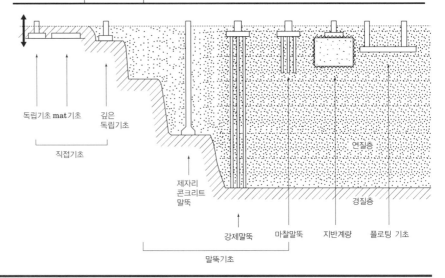

기초유형

개념도

부력=밀어낸 물의 중량

배토중량

지지력=배토중량

2-1. 기초판 형식

1) 독립기초
기둥마다 별개의 독립된 기초판을 설치

2) 복합기초
기둥사이의 간격이 좁을 때에는 2개의 기둥을 하나의 기초판 위에 설치

3) 연속기초
일정한 폭과 깊이를 가진 연속된 띠 형태의 기초

4) 온통기초
일체식 철근콘크리트 기초판으로 축조하여 하중을 지지

2-2. 기타

1) Floating Foundation
연약지반에 구조물을 축조하는 경우, 흙파기한 흙의 중량과 구조물의 자중이 균형을 이루도록 만든 기초

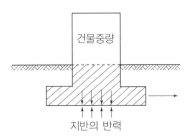

건물중량

지반의 반력

굴착한 흙의 중량 이하의 건물을 축조할 경우, 이론적으로는 침하나 지지력 부족현상이 일어나지 않는다.

2-3. 직접기초

1) 모래지정
기초 하부의 지반이 연약하고 그 하부 2m 이내에 굳은 지층이 있을 때는 말뚝을 박을 필요가 없으며 굳은 층까지 연약한 부분을 파내고 모래를 넣어 물을 주면서 다진다.

2) 자갈지정
굳은 지반에 자갈을 얇게 펴고 래머(Rammer) 등으로 다진 후 밑창 콘크리트를 타설

3) 잡석지정
기초 또는 밑창 콘크리트 밑에 호박돌 등을 옆 세워 깔고 사춤자갈, 모래 섞인 자갈로 틈을 채우고 다진다.

4) 밑창 콘크리트 지정
지반을 다진 후 무근콘크리트를 타설하여 지정을 형성

기초유형

중립점(Neutral Point)

말뚝의 침하량과 주면지반의 침하량이 같은 지점으로서 부마찰력이 정마찰력으로 변화하게 되며, 말뚝의 압축력이 최대가 되는 지점

□ 중립점 깊이(L)
(n: 지반에 따른 계수,
 H:침하층의 두께)
L=n · H
- 마찰말뚝 또는 불완전지지
 말뚝:　　　　　n=0.8
- 보통모래, 자갈층: n=0.9
- 굳은지반, 암반: n=1.0

EXT-Pile

Pile With An Extended Head
파일선단부에 말뚝직경보다 25mm 큰 보강판을 용접하여 선단부 면적을 확대시킨 기성Concrete 선단확대말뚝

[확대 보강판]

[확대 보강판 용접]

2-4. 말뚝의 지지방법

· 연약한 지층이 깊어 지지력이 좋은 경질지반에 말뚝을 도달 시킬 수 없을 때 말뚝 전길이의 주면마찰력에 의해 지지하는 말뚝이다.

· 말뚝을 연약한 지층을 관통하여 지지력이 좋은 경질지반에 도달시켜 상부 구조의 하중을 말뚝의 선단지지력에 의해 지지하는 말뚝이다.

1) 파일의 부마찰력 (Negative Skin Friction)

연약지반에서 Pile의 침하량 보다 주면지반의 침하량이 클 경우 Pile 주면 지반이 말뚝을 끌고 내려가려는 하향으로 작용하는 마찰력

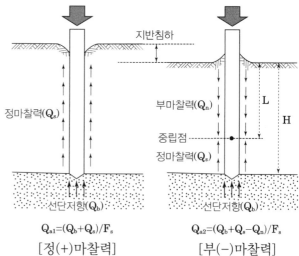

$$Q_{a1}=(Q_b+Q_s)/F_s \qquad Q_{a2}=(Q_b+Q_s-Q_n)/F_s$$
[정(+)마찰력]　　　　　　　[부(-)마찰력]

Q_{a1}, Q_{a2} : 정마찰력, 부마찰력상태의 허용지지력, F_s : 안전율

2-5. 형상

1) 선단확대 말뚝

선단확대말뚝은 말뚝선단부의 지지력 향상을 위하여 말뚝선단부의 단면을 확대시켜 지지지반과 접하는 면적을 넓게 만드는 현장 및 기성 Concrete 말뚝이다.

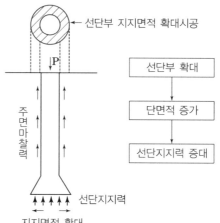

기초유형

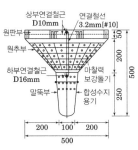

[현장 타설형 말뚝상세]

[공장 제작형 말뚝]

2) Top Base Pile(팽이말뚝)

짧은 팽이형 말뚝을 지반에 연속압입 설치하고, 말뚝간 공간을 쇄석으로 채우고 진동다짐 후 상부연결 철근을 결속하여 Concrete를 부어넣어 Mat 기초를 형성하는 공법이다.

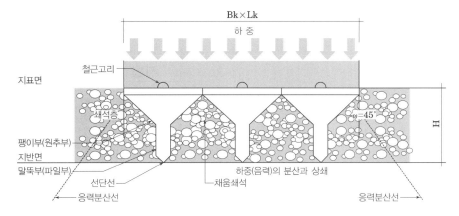

팽이말뚝 원추부의 45˚ 접지면 때문에 연직 재하하중이 수평분력(P_H)와 수직분력(P_V)의 응력으로 분산 및 상쇄되면서 침하량 저감

① 공장 제작형

① 시공지반 고르기	② 위치 철근	③ 말뚝 압입
④ 쇄석 충전	⑤ 연결철근 결속	⑥ 완료

② 현장 타설형

① 용기하부 조립	② 설치	③ 상부 연결철근
④ 콘크리트 타설	⑤ 쇄석포설	⑥ 완료

기초유형

3. 기초의 유형결정

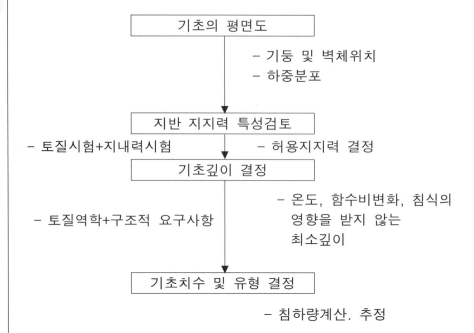

기초의 평면도

    – 기둥 및 벽체위치
    – 하중분포

지반 지지력 특성검토

– 토질시험+지내력시험   – 허용지지력 결정

기초깊이 결정

    – 온도, 함수비변화, 침식의
      영향을 받지 않는
      최소깊이

– 토질역학+구조적 요구사항

기초치수 및 유형 결정

    – 침하량계산. 추정

2 기성 콘크리트 Pile

기성P

지지방법 이해

Key Point

□ Lay Out
- 원리·특성·적용범위
- 시공방법·시공순서
- 기능·구성요소
- 유의사항·중점관리 항목

□ 기본용어
- SIP공법
- DRA공법
- 이음공법
- 동재하시험
- 정재하시험
- 리바운드체크

mind map

● 타격을 진압할 때는 미리
(Pre) 중공군 제트기로
해라

[타격공법]

[진동공법]

1. 공법종류

1-1. 타격공법

1) Drop Hammer
   ① 간단한 타격공법
   ② Hammer 중량은 말뚝중량의 2~3배, 낙하는 1.5~2.5m

2) Diesel Hammer
   ① Hammer 타격시의 압축·폭발타격력을 이용하는 공법
   ② 말뚝머리 손상이 적음

3) 유압 Hammer
   ① 유압을 이용하여 램의 상승 및 자유낙하 타격
   ② 저소음 타격

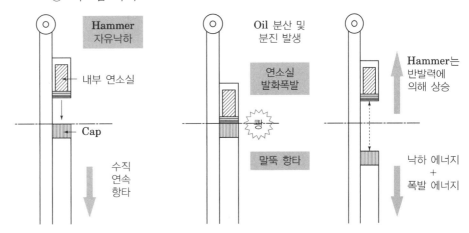

[Diesel Hammer의 항타원리]

1-2. 진동공법

Vibro Hammer로 상하방향으로 진동매입

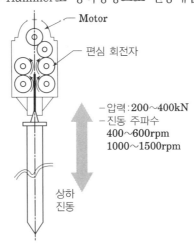

[압입공법]

[SIP Auger천공]

[DRA 천공]

[중공굴착]

[Water jet]

기성P

1-3. 압입공법

유압장치를 갖춘 유압Jack의 반력의 의해 압입

1-4. Pre-boring공법

1) Soil Cement Injected Precast Pile

설계심도까지 Auger를 굴진하면서 Cement Paste 주입·교반하고 기성 말뚝을 압입 후 타격하여 설치하는 말뚝공법이다.

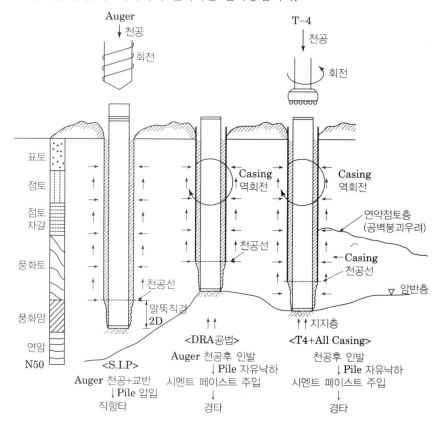

하부토사를 교반하여 파일을 삽입시켜 주면마찰력을 증대시키고 선 단부에서는 교반된 Soil Cement가 충전되어 침하량 최소화

2) D.R.A(Double Rod Auger)

Screw내부 Auger와 외부 Casing으로 굴진(상호 역회전)하며 내부 Auger의 중공부를 통해 압축공기가 주입되어 흙을 배토하고, 소요의 깊이에 도달 하면 Cement Paste를 주입하고 경타를 하여 설치하는 말뚝공법이다.

1-5. 중공굴착 공법

PHC 또는 강관말뚝 내부에 Auger를 삽입하여 회전관입·강관삽입 후 내부를 굴착하는 공법

1-6. Water Jet 공법

모래층, 모래 섞인 자갈층 또는 진흙 층 등에 고압수를 분사하여 지반을 무르게 한 후 압입하는 공법

2. 시공

2-1. 항타기 선정 시 고려사항

1) 해머의 무게 > 말뚝의 무게
2) 해머의 무게 > 10×말뚝의 Meter당 무게
3) 낙하고 ≥ 2m

2-2. 말뚝 규격별 적정 항타기 용량

말뚝 규격	본당지지력 (ton)	디젤 항타기				유압 항타기	
		해머 용량	램중량 (ton)	낙하고 (M)	타격력 (t·m)	해머 용량	낙하고 (mm)
∅ 350	PHC 50~60	D35	3.5	2.1 이상	7.35	H-5,7	700 이상
∅ 400	PHC 60~80	D45	4.5	2.1 이상	9.45	H-5,7	800 이상
∅ 450	PHC 70~90	D45	4.5	2.1 이상	9.45	H-5,7	800 이상

2-3. 시항타

1) 주상도에 의한 시항타 시공관리 기준

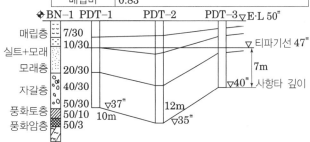

시항타 실시 기준도	
설계하중	110ton/本
램중량	직항타:7ton, SIP:3$\frac{2}{3}$ton
낙하고	직항타:초기 0.4m, 증가 0.6m, 최종 0.9m SIP:3m
최종관입량	직항타:5mm 이하, SIP:3mm 이하
배합비	0.83

1,500㎡ 이하 2本 이상, 3,000㎡ 이하 3本 이상 및 15m 이내로 실시

2) 시항타시 유의사항

타입말뚝
- 항타의 타격력이 부족할 경우에는 장비교체
- 설계 관입깊이까지 타입 후 실제 지반조건과 비교
- 말뚝머리의 파손이 있을시 해머용량 또는 낙하고 조정

매입말뚝
- 천공속도, 배토 및 장비의 저항치를 관찰하여 비교
- 설계 관입깊이까지 천공 후 실제 지반조건과 비교
- 공당 시멘트 주입량 및 주입시간을 기록하여 기준 확립

[시공전경]

2-4. 말뚝중심 간격

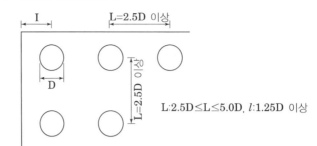

$L: 2.5D \leq L \leq 5.0D$, $l: 1.25D$ 이상

3. 이음

공법선정 및 이음 시 고려사항

┌ 기상조건, 경제성, 시공속도 고려
├ 구조적 연속성 및 강도확보
└ 내구성 및 내식성 확보

mind map

● 용접 볼트

[용접이음]

[무용접 이음]

구분	용접	무용접(Plate+Bolt)
정의 및 시공방법	• Joint 좌판이 부착된 PHC말뚝을 서로 맞대어 용접(V형 4mm 이하)하는 이음공법	• PHC말뚝 사이에 Joint Plate를 설치하고 Bolt를 이용하여 Plate와 말뚝을 이음하는 공법
특징	• 기상 및 현장조건에 따라 시공성 및 품질변동 큼 • 용접공의 기능도에 따라 좌우 • 용접시간 소요(20분/개소)	• 현장조건과 관계없이 시공 및 품질확보 용이 • 별도의 숙련도를 요하지 않음 • 시공속도 빠름(5분/개소)
유의사항	• 0℃ 이하일 경우 용접을 금지하며, 부득이한 경우 모재의 접합부로부터 100mm 범위 내에서 36℃ 이상으로 예열 후 용접실시 • 눈이나 비가오거나 습도가 높은 경우에는 용접금지 • 바람이 초속 10m 이상일 때 바람막이 설치 후 용접 • 용접완료 후 1분 이상 경과 후 항타 • 용접완료 후 외관검사 및 자분탐상 시험 실시	• 볼트군의 10%의 볼트 개수를 표준으로 하여 임팩트렌치 또는 일반렌치로 최대로 조여서 접합판이 완전히 접착된 상태를 합격 • 불합격한 볼트군에 대해서는 다시 그 배수의 볼트를 선택하여 재검사 실시

기성P

mind map

● 정동하 소리(RE)를
체크해라

4. 지지력 판정

> 말뚝의 허용지지력(Allowable Pile Bearing Capacity)
> $$R_a = (허용지지력) = \frac{R_u(극한지지력)}{F_s(안전율)}$$

4-1. 정역학적 추정방법(靜力學, Statics)

1) 테르자기(Terzaghi) 공식

$$R_u극한지지력 = R_p선단지지력 + R_f주면마찰력$$

2) 메이어호프(Meyerhof) 공식(SPT에 의한 방법)

$$R_u = 30 \cdot N_p \cdot A_p + \frac{1}{5}N_s \cdot A_s \cdot \frac{1}{2}N_c \cdot A_c$$

4-2. 동역학적 추정방법(動力學, Dynamics)

1) 샌더(Sander) 공식

$$R_u = \frac{W \times H}{S} \quad , \quad W=hammer무게 \; H=낙하고 \; S=평균관입량$$

2) 엔지니어링 뉴스(Engineering News) 공식

$$R_u = \frac{W \times H}{S+2.54}$$

3) 하인리 공식(Hiley)

$$R_u = \frac{e_f \cdot F}{S + \frac{C_1 + C_2 + C_3}{2}} \times \frac{W_H \times e^2 \cdot W_p}{W_H + W_p}$$

R_u : 말뚝의 동역학적 극한지지력(t) S : 말뚝의최종관입량(cm) F : 타격에너지($t.cm$)

W_H : hammer의중량(t) W_P : 말뚝의중량(t)

C_1 : 말뚝의탄성변형량(cm) C_2 : 지반의탄성변형량(cm) C_3 : ∩ cushion의 변형량(cm)

e_f : hammer의효율(0.6 1.0) e_2 : 반발계수-(탄성 : $e=1$, 비탄성 : $e:0$)

4-3. 재하시험

1) 동재하 시험(PDA: Pile Driving Analyzer System)
파일몸체에 발생하는 응력과 속도의 상호관계를 측정 및 분석(허용지지력 예측)

$$R_u극한지지력 = R_p선단지지력 + R_f주면마찰력$$

2) 정재하 시험(Load Test on Pile): 실재하중을 재하
① 압축재하

[변형률계, 가속도계]

[실물재하]

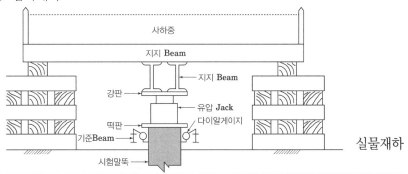

기성P

[반력파일]

[인발]

[수평재하]

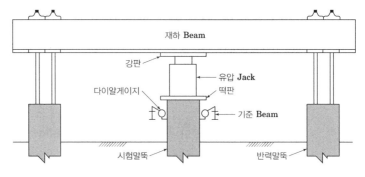

반력파일 재하

② 인발

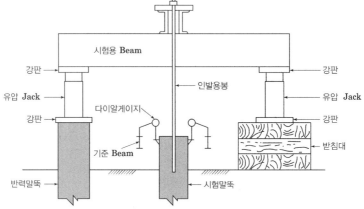

③ 수평재하

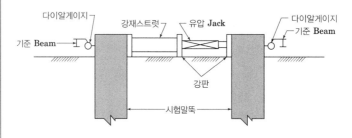

4-4. 소리에 의한 추정
4-5. 리바운드 체크

[리바운드 체크 사진]

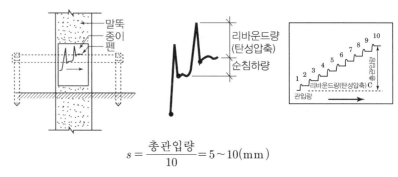

$$s = \frac{총관입량}{10} = 5 \sim 10(\text{mm})$$

기성P

5. 두부파손

구분	말뚝머리 파손	전단 파괴	횡방향 균열	종방향 균열	폐단 말뚝 끝의 분할
손상	말뚝머리	말뚝머리	말뚝 중간부	말뚝 중간부	폐단 말뚝 끝
원인	• Hammer 용량의 과다 • 말뚝 강도 부족 • 말뚝 두께의 결함 • 과잉 항타	• 편타에 의한 파손 • 과잉 항타 • 말뚝 강도 부족 • 지반 내 장애물	• 연약지반 중 선단의 저항이 적을 때 말뚝에 발생하는 인장응력 • 편타에 의한 휨 응력	• 편타에 의한 휨 응력 발생	• 전석층에 의한 파손 • Hammer 용량의 과다 • 말뚝 강도 부족
대책	• 말뚝머리 보강 (철판 CAP 사용) • 말뚝 강도 증가 • 말뚝 형상 변경	• 항타기-말뚝간 경사 수정 • 말뚝 강도 증가 • Hammer의 용량 및 낙차 조정	• 유효 Prestress가 큰 말뚝을 사용 • Cushion 보강 최소 10cm 이상 5cm 2장 : 나무결 교차 • 유압 Hammer의 경우 Hammer의 낙하 높이를 10~20cm로 조절	• 말뚝 끝에 유공 제어판 부착 • Cushion 보강	• Preboring의 관입 형식 변경 • Hammer의 용량 및 낙차 조정 • 말뚝 선단부의 Shoe 보강

6. 항타 후 관리

6-1. 두부정리

• 항타가 완료된 말뚝은 말뚝에 Cutting선, 버림 콘크리트 상단면 표시하여 완전히 절단한 다음, 두부보강 철근 캡(기성품)을 말뚝 내부로 넣어 올려놓는다.

6-2. 파손 및 위치허용오차 확인

① 거울, 다림추 등으로 매본 중파여부 확인

② 바닥 먹매김을 실시하여 설치위치 오차 측정(위치 허용오차: 150mm 이하, 기초 보강 없는 허용한계오차: 75mm 이하, 수직도 허용오차: ℓ =50)

6-3. 보강방법

1) 설계위치에서 벗어난 경우

① 75~150mm인 경우: 중심선 외측으로 벗어난 만큼 기초 확대 및 철근 1.5배 보강

② 150mm 초과 시: 구조검토 후 추가 항타 및 기초보강

2) 수직시공이 되지 않은 경우 설계위치에서 벗어난 경우

기울기 ℓ =50 이상: 보강말뚝 시공

3) 중파된 경우

① 설계위치에 인접하여 추가 항타

② 말뚝 중심선 외측으로 벗어난 만큼 기초폭 확대 및 철근 1.5배 보강

[원커팅]

[두부정리]

기성P

4) 말뚝머리가 전반적으로 낮은 경우

현장 여건상 기초판 전체를 낮추는 경우에는 기초판 두께를 증가시키고, 철근량을 D'/D만큼 증대

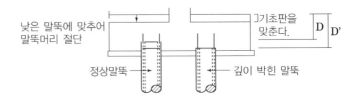

5) 말뚝머리가 부분적으로 낮은 경우

① 정착길이가 30cm 미만인 경우

[보강요령1]

[보강요령2]

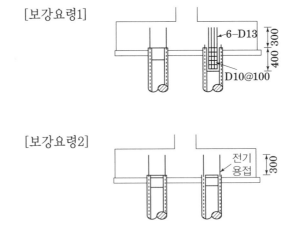

② 말뚝위치가 소요위치보다 낮은 경우

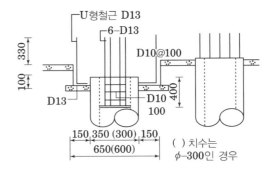

현장타설 P

지지방법 이해

Key Point

□ Lay Out
- 원리 · 특성 · 적용범위
- 시공방법 · 시공순서
- 기능 · 구성요소
- 유의사항 · 중점관리 항목

□ 기본용어
- RCD공법
- PRD공법
- Micro Pile
- 건전도시험
- 양방향 말뚝재하시험

[RCD장비]

[천공위치 표시]

[Casing설치]

③ 현장타설 콘크리트 Pile

1. 공법종류

1-1. 대구경

1) Earth Drill공법

드릴링 버킷을 이용하여 굴착, 안정액으로 공벽보호, 직경 0.6~2m, 심도 20~50m

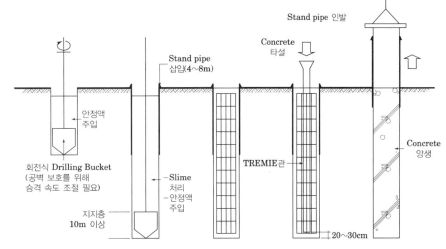

2) Reverse Circulation Drill공법

Reverse Circulation Drill이용, 드릴로드 선단에서 물을 빨아올리면서 굴착, 물과 혼합되어 만들어지는 이수와 정수압으로 공벽유지, 직경 0.8~3m, 공벽의 수압유지가 핵심, 자갈층 굴착곤란

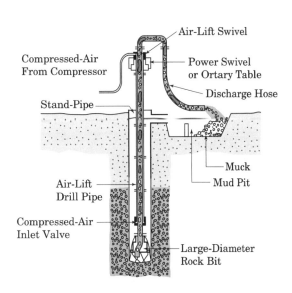

현장타설 P

[굴착]

[철근망 조립]

[Surging]

[PRD 아웃케이싱 설치]

[인케이싱 설치 및 천공]

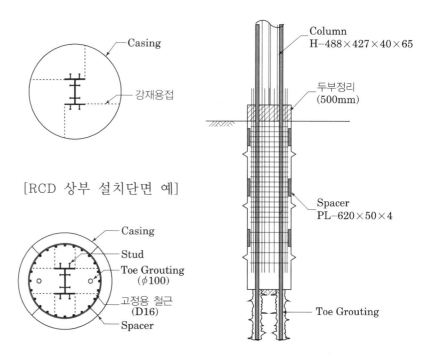

[RCD 상부 설치단면 예]

[RCD 하부 설치단면]

[RCD Typical 단면]

3) Percussion Rotary Drill공법

Pile Driver에 장착된 Hammer Bit를 저압의 Air에 의해 타격과 동시에 회전시켜 굴착, Casing으로 공벽보호, 직경 0.8~1.0m, 거의 모든 지층

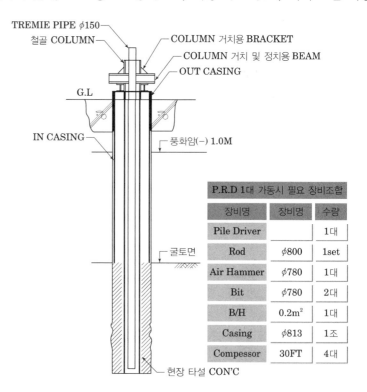

P.R.D 1대 가동시 필요 장비조합		
장비명	장비명	수량
Pile Driver		1대
Rod	ϕ800	1set
Air Hammer	ϕ780	1대
Bit	ϕ780	2대
B/H	0.2m²	1대
Casing	ϕ813	1조
Compressor	30FT	4대

현장타설 P

[Barrette]

4) Barrette공법

① Barrette공법은 단면이 항생제의 캡슐(Capsule)과 같은 길쭉한 타원형을 기본형태로서 一(일)자형, 二(이)자형, 十(십)자형, H형 등의 형태로 형성되는 Pier 기초이다.

② 지중에 기본형인 직사각형과 一자형, 二자형, 十자형, H형 등으로 단면크기 조절을 통해 지지력이 증가하고, 수평저항력이 크며 600~1,200ton/본 정도의 연직하중을 기초지반에 전달하는 말뚝 기초공법이다.

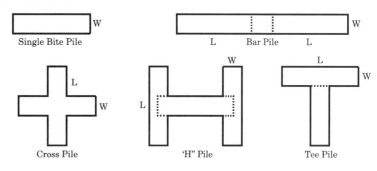

1-2. 기타

1) Micro Pile

Micro Pile은 천공장비(Crawler Drill)를 이용하여 소요의 깊이까지 천공하고 Pipe 및 스레드 바(Thread Bar)등을 삽입한 후 저압(7~21BAR)으로 Grouting하는 직경 30㎝ 이하의 소구경 Pile이다.

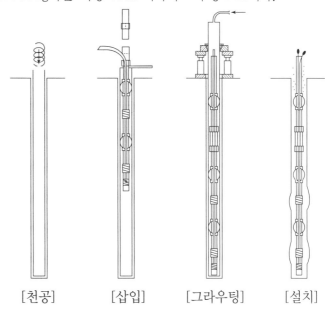

[천공]　　　[삽입]　　　[그라우팅]　　　[설치]

[강봉]

2) Preplace Concrete Pile

① CIP(Cast In Place Prepacked Pile)공법

② P.I.P.(Packed In Place Pile)공법

③ M.I.P.(Mixed In Place Pile)공법

현장타설 P

mind map

● 중공천에서 SK철콘을
  인발해라

2. 시공(공통)

① 말뚝 중심측량
② 공벽보호(Casing삽입)
③ 천공
④ Slime제거
⑤ Koden Test
⑥ 철근망 및 철골기둥삽입
⑦ 콘크리트 타설
⑧ Casing인발

[Setting]

[확인]

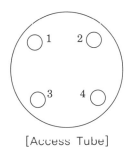

[Access Tube]

현장타설 P

3. 시험

3-1. Pile Integrity Test(건전도 시험)- 결함검사 시험

현장타설 말뚝의 지지력 저하 및 침하의 잠재요인이 되는 말뚝 몸체의 구조적 결함 및 말뚝 주변지반과의 지지·접촉상태를 파악하는 시험이다.

- 설치된 강관(Access Tube)파이프를 물로 채운 후 강관 파이프에 Probe 를 삽입한다.
- 바닥위에서부터 초음파를 발진하여, 1 → 2, 2 → 3, 3 → 4, 4 → 1, 1 → 3, 2 → 4 방법으로 송·수신 시킨다.
- 6장의 Sheet를 종합하여 판단하여 파일 전 길이에 대한 결함 여부를 조사한다.
- Access Tube(Steel Pipe) 수 3개 : 0.6m ≤ 파일직경 ≤ 1.2m
　　　　　　　　　　　　　　 4개 : 　　　　파일직경 > 1.2m

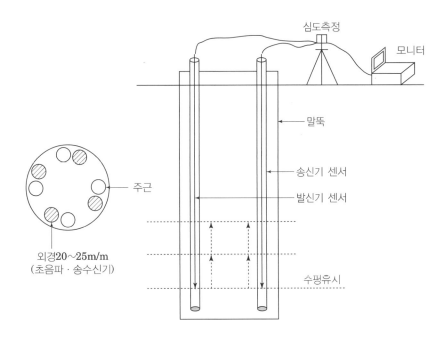

- 시험준비 : 주철근에 시험관 교정 → 양단에 밀봉작업 → 타설 후 시험관 내 물채움
- 시험 시기 : 타설 후 7일 이후 ~ 30일 이내(보통 2주 후 시행)
- 시험절차 : 깊이 측정 → 한쪽에 송신 다른 쪽에 수신 센서 삽입(동일 깊이로) → 송·수신 센서의 수평유지하면서 일정 속도로 끌어올림 → 초음파 도달 속도와 세기 분석

현장타설 P

[재하장치]

[센서부착]

[재하장치 부착]

[상부 재하장치 셋팅]

3-2. Bi-Directional Pile Load Test- 양방향 말뚝재하, 선단재하시험

재하장치를 말뚝선단에 설치하고 지상에서 유압을 가하고, 유압잭 하부는 하향으로 움직여 선단지지력을 발생시키고 동일한 힘으로 상향으로 움직이면서 주면마찰력이 생긴다. 말뚝과 주변지반의 상호 반력을 이용한 시험방법이기 때문에 주면마찰력 혹은 선단지지력 중 한쪽이 파괴되면 시험이 종료된다.

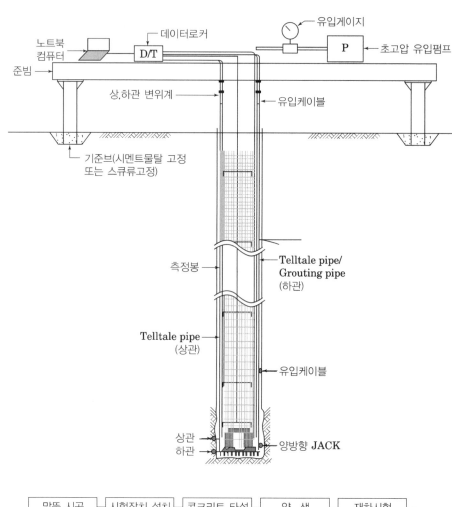

[시험순서]

④ 기초의 안정

1. 지반개량

1-1. 점성토 ≤ N치 4

1) 배수공법

2) 탈수공법

연약한 점성토지반에 수직 Drain을 박고 투수성이 좋은 탈수재를 설치
하여 지반내의 물(간극수)을 지표면으로 배제(탈수)시켜 지반의 압밀을
촉진 · 강화시키는 공법이다.

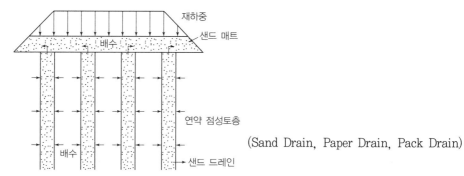

(Sand Drain, Paper Drain, Pack Drain)

3) 압밀공법

(Preloading, 사면선단재하, 압성토)

4) 고결공법

5) 치환공법

6) 동치환공법

7) 진동 쇄석말뚝 공법

8) 전기 침투압 공법

9) 대기압(진공압밀, 진공배수) 공법

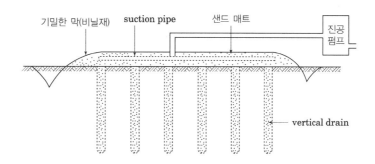

기초안정

> mind map

- 모두 전진하면 폭동이 약이다.

□ 고압류수의 토출압력

- 토사절삭: 20~40N/mm^2
- 암반절삭: 200~600N/mm^2
- 호박절삭: 200~600N/mm^2
- 암반절삭: 2,000N/mm^2

1-2. 사질토 ≤ N치 10

1) 모래다짐 공법

모래를 압입하여 모래말뚝 조성

2) 전기충격 공법

고압전류를 흘려 방전에 의한 충격으로 다짐

3) 진동다짐 공법

진동+물분사+다짐

4) 폭파다짐 공법

화약류를 폭발시켜 자연상태의 지반을 다짐

5) 동다짐 공법

무거운 중량추를 자유낙하여 지반을 다짐

6) 약액주입 공법

① J.S.P 공법

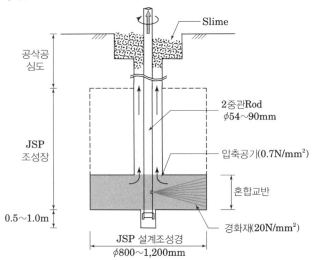

단관으로 천공 후 경화재를 고압으로 분사하여 지반을 절삭하고 절삭토와 경화재를 기계적으로 교반 혼합시켜 지반 개량체를 조성

② LW 공법: Water-Glass용액과 시멘트 현탁액을 혼합하여 시멘트 침전 후 뜬 물을 주입하는 약액주입 공법

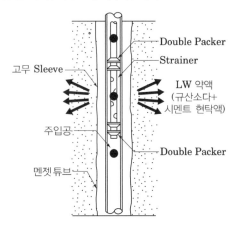

기초안정

③ SGR(Space Grouting Rocket): 유도공간을 통해 급결성과 완결성의 주입재를 중저압으로 복합주입

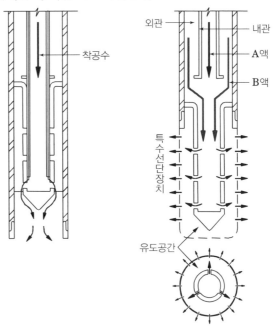

④ CGS(Compaction Grouting System) : 저유동성 주입재인 모르타르를 방사형으로 주입

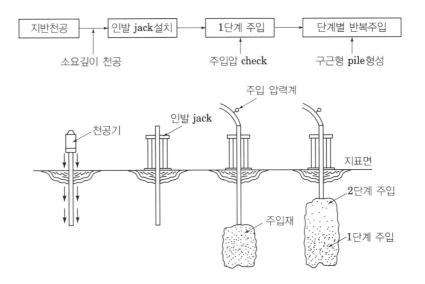

기초안정

2. 부력

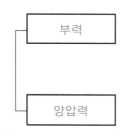

부력	· 지하수위 이하에서 구조체의 밑면 깊이만큼 구조물을 올리는 힘(정수압) 대기 중에 돌을 드는 것과 물속에서 드는 것과 비교
양압력	· 구조물을 중심으로 상류와 하류의 수위차에 의해 물의 침투력으로 구조물을 위로 들어 올리는 상향수압(동수압) 자중에 흐르는 지하수를 지하구조체가 차단하는 경우발생

□ Hydrostatic Pressure, 靜水壓

● 정지해 있는 물 속에서는 상대적인 마찰 운동이 없기 때문에 마찰력이 작용하지 않으며, 내부의 어떤 면을 생각해도 그 면에 따른 성분을 가진 힘은 작용하지 않는다. 또한 표면을 제외하고는 인장력에 저항하지 않기 때문에 정지해 있는 물의 내부에 작용하는 힘은 압력뿐이다. 이것을 정수압이라 한다.

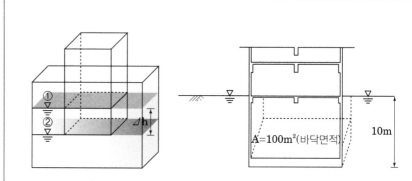

[물체의 부피만큼 수위 변화]   [지하수위가 있는 구조물]

부　력: $\gamma_\omega \times V = 1tf/m^3 \times 100m^2 \times 10m = 1,000tf$

양압력: $\Delta h \times \gamma_\omega = 10m \times 1tf/m^3 = 10tf/m^3$

$$U_p = \gamma_\omega \times V = A \times u$$

U_p : 부력(tf)

γ_ω : 유체의 단위중량(tf/㎥)

V : 물체가 유체 속에 잠겨있는 부분의 체적(㎥)

u : 양압력(tf/㎥)

A : 면적(㎡)

2-1. 공법 선정 시 고려사항

구 분	내용
기초안정	구조물의 안정
토질	흙의 입도 및 투수성
지하수위	지하수 상태, 기상상태에 따른 수량 및 수압의 변화
현장상황	인접구조물, 지하매설물
공기 및 공사비	유지관리

2-2. 순응(감소 및 상쇄)

1) 영구배수(Dewatering System)

> 지하구조물에 대한 양압력(상향수압)으로 인한 건물의 부상을 방지하기 위해 굴착 완료 후 기초저면에 인위적인 배수층을 형성하여 유입된 지하수를 배수로를 따라 집수정으로 유도하여 Pumping하는 부력저감 배수

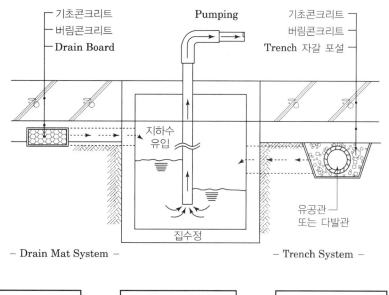

― Drain Mat System ―   ― Trench System ―

바닥정리 → 골재 or 배수로 → 버림 Concrete

[토목섬유 설치]   [배수로 연결 및 PE필름]

2-3. 대응(저항방식)

Bracket 설치, Rock Anchor, 자중증대, 마찰말뚝, 건물연결

1) 자중증대

> 별도의 지하수 처리 없이 지하구조물 자중(W)과 외벽 및 지반 사이에 작용하는 마찰력(F)이 지하수에 의한 부력(U)보다 크게 하는 공법

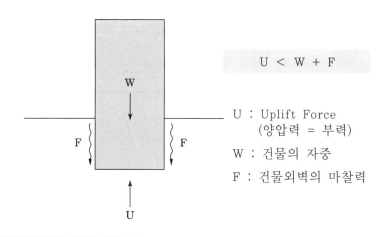

$$U < W + F$$

U : Uplift Force
　　(양압력 = 부력)

W : 건물의 자중

F : 건물외벽의 마찰력

기초안정

□ 감소방식
● 영구배수, 강제배수, 자연배수

□ 상쇄방식
● 지하수 유입, 지하실 규모 축소

적용조건

● 지하수가 많고 굴착 하부지층이 견고한 지반 (풍화대이상)
● 하부지층 지하 벽체의 선단부가 불투수층에 Keying 되어 내부로의 지하수 유입량이 적을 경우 효과적
● Rock Anchor 적용이 어려울 경우

기초안정

[락앙카 천공]

[강선가공]

[삽입 후 그라우팅]

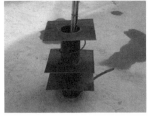

[워터스톱]

[거푸집]

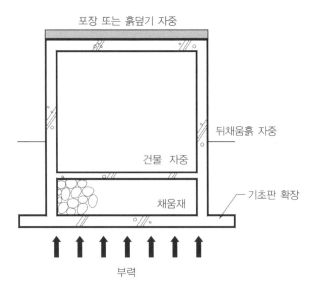

2) Rock Anchor

> 건물하중과 부력의 균형을 검토하여 부족분만큼의 하중을 부력의 반
> 대방향으로 암반층까지 천공하여 Strand삽입 후 요구되는 하중 이상
> 을 인장하여 정착시키는 방법

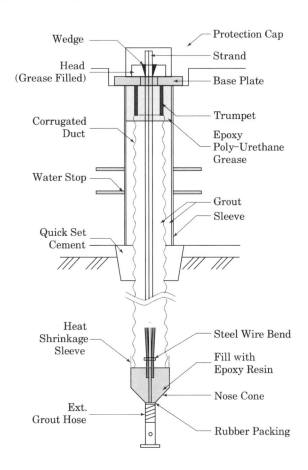

기초안정

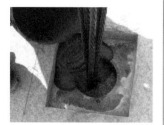

[내부 모르타르 채움]

[인장시험]

천공
- 천공직경 : Anchor Body Dia + 2.5cm 이상 - 천공장비 : Crawler Drill 또는 T-4 사용 - 천공깊이 : 소요 천공깊이 + 약 0.5m

⇩

Anchor - Body 공장조립
- Greasing 되어진 Strand를 L.D.P.E Hose에 삽입 - Nose-Cone과 Duct를 Epoxy로 충진시켜 지하수 유입 방지

⇩

Anchor - Body 삽입
- 삽입 시 Body 위치가 Hole 중앙에 위치하도록 주의

⇩

Sleeve거치 및 철근보강
- Sleeve 외부에 Water Stop을 설치하여 지하수의 유입 방지

⇩

1차 Grouting
- 내부 및 외부 Grout Hose를 통하여 Grouting 실시

⇩

Beam 콘크리트 설치
- 기 설치된 Sleeve의 수직상태를 유지한 채로 Beam 콘크리트 타설

⇩

2차 Grouting
- 지중보내에(콘크리트) 기 설치된 Sleeve와 Anchor체 사이의 공극에 Grout를 주입하여 충진

⇩

Base Plate 설치
- Base Plate 및 Trumpet(내부 충진) 설치 - 지중보 콘크리트의 완전 양생 후 Base Plate 설치

⇩

Anchor 설치 및 인장작업
- Head와 Wedge의 설치는 정착구가 레이턴스에 의하여 더럽혀 지지 않 도록 반드시 콘크리트 타설 후 설치 - 케이블의 소요길이 이상 확보

⇩

1차 Greasing 작업
- 인장작업 실시이전, Trumpet와 Head사이 공간에 Grease 주입하여 밀폐

⇩

Protection Cap 설치 및 2차 Greasing 작업
- T = 2mm 강판으로 제작된 Protection Cap을 Base Plate에 올려 놓고 용접한 후 Grease 주입

기초안정

3. 부동침하

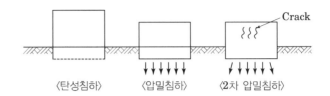

〈탄성침하〉　　〈압밀침하〉　　〈2차 압밀침하〉

1) 탄성침하(Elastic Settlement, Immediate Settlement, 즉시침하)
① 재하와 동시에 일어나며 즉시 침하한다.
② 하중을 제거하면 원상태로 환원한다.
③ 모래지반에서는 압밀침하가 없으므로 탄성침하를 전침하량으로 한다.

2) 압밀침하(Primary Consolidation Settlement, 1차 압밀침하)
① 점성토 지반에서 탄성침하 후에 장기간에 걸쳐서 일어나는 침하로 1차 압밀침하라고도 함
② 흙이 자중 또는 외력을 받아 간극수가 빠져나가면서 그 부피가 줄어들며 침하되는 것으로 하중을 제거하면 침하상태로 남음

3) 2차 압밀침하(Creep Consolidation Settlement, Secondary Compression Settlement)
① 점성토의 Creep에 의해 일어나는 침하로 Creep 침하라고도 함
② 압밀침하 완료 후 계속되는 침하현상으로 구조물 Crack 발생원인

부동침하의 원인

연약지반	연약층의 두께 차이	이질 지반	지하 매설물	경사지반
다른 기초	기초제원의 현저한 차	인근 터파기	지하수위 변동	증축

부동침하의 대책

- 연약지반 개량
- 건축물의 경량화
- 평면의 길이 단축
- 지하수위 변동 방지
- 이질 지반 시 복합기초 시공
- Under Pinning 보강
- 경질지반지지
- 마찰말뚝 지정 이용
- 지하실 설치
- 건축물의 균등 중량
- 동일 지반 시 통합기초
- 상부 구조물 강성 증대

기초안정

4. Under Pinning

기존 구조물의 기초 보강 혹은 새로운 기초 설치를 통해 기존 구조물을 보호하는 보강공사 공법이다.

| 사전 조사 | 준비 공사 | 가받이 공사 | 본받이 공사 | 철거 및 복구 공사 |

4-1. 가받이 공사

1) 지주에 의한 가받이

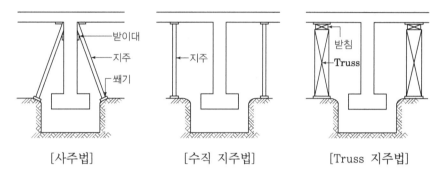

[사주법]   [수직 지주법]   [Truss 지주법]

2) 신설기초 일부를 이용한 가받이

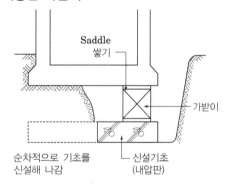

[내압판 방식]

3) 보에 의한 가받이

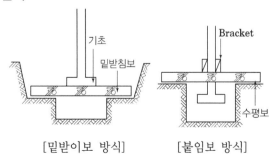

[밑받이보 방식]   [붙임보 방식]

기초안정

4-2. 본받이 공사

1) 바로받이

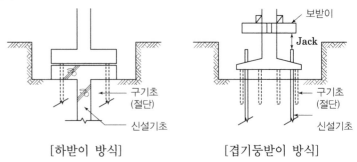

[하받이 방식]   [겹기둥받이 방식]

2) 보받이

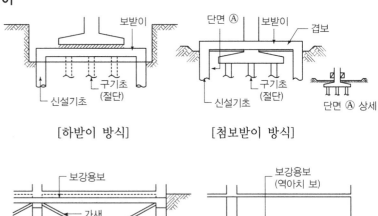

[하받이 방식]   [첨보받이 방식]

[보강용보 방식]

3) 바닥받이

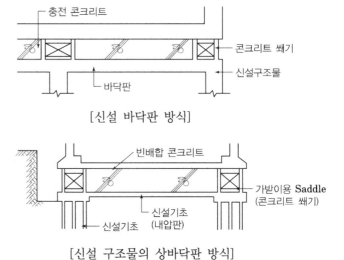

[신설 바닥판 방식]

[신설 구조물의 상바닥판 방식]

CHAPTER

04

철근 콘크리트 공사

Professional Engineer

4-1장

거푸집공사

Lay Out

1 일반사항 Lay Out

시공계획/공법선정

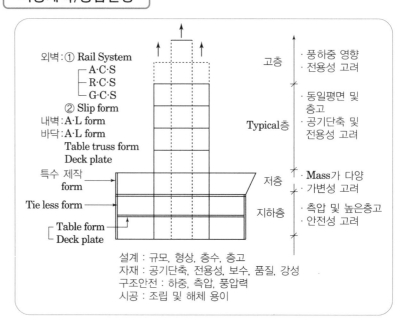

외벽 : ① Rail System
─ A·C·S
─ R·C·S
─ G·C·S
② Slip form
내벽 : A·L form
바닥 : A·L form
Table truss form
Deck plate
특수 제작 form
Tie less form
─ Table form
─ Deck plate

고층
· 풍하중 영향
· 전용성 고려

· 동일평면 및 층고
· 공기단축 및 전용성 고려
Typical층

저층
· Mass가 다양
· 가변성 고려

지하층
· 측압 및 높은층고
· 안전성 고려

설계 : 규모, 형상, 층수, 층고
자재 : 공기단축, 전용성, 보수, 품질, 강성
구조안전 : 하중, 측압, 풍압력
시공 : 조립 및 해체 용이

거푸집의 설계

1단계
　주어진 조건파악
　(하중, 측압, 재료, 시공상황)

2단계
　계수 및 공식확인(I, Z, f_b, E 등)

3단계
　공식에 계수값을 대입하여 보강재
　간격산정

4단계
부재에 작용하는 응력과 허용응력을
비교하여 안정성 검토

Lay Out

② 공법종류 Lay Out

System

외벽 System

- Gang Form System
- Rail Climbing System
  (ACS, SKE100, RCS, GCS)
- 연속거푸집: Slip Form System

바닥 System

- Table Form System
- Deck Plate, Waffle Form

벽+바닥 System

- Tunnel Form System
- Traveling Form System

합벽 System   • Tie Less Form

특수 System

Aluminum Form

- AL Form, Sky Deck System

비탈형

- PC
- EPS
- Rib Lath Form
- TSC보
- CFT공법

마감조건

- Textile Form
- 고무풍선 Form
- Stay-in-Place Form

동바리

System동바리

무지주(Truss)   • Bow Beam
   • Pecco Beam

Lay Out

③ 시공 Lay Out

측압과 Head

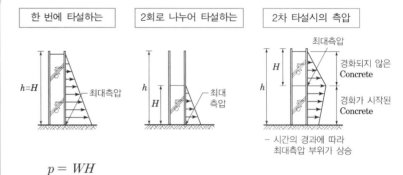

$$p = WH$$

p : 콘크리트의 측압(kN/m²)

W : 굳지않은 콘크리트의 (kN/m³)

H : 콘크리트의 타설높이(m)

측압 영향요인

- 부슬타다 습기 응수철

- 부배합일수록 大
- 슬럼프 클수록 大
- 타설속도 大
- 다짐량 大
- 습도 높을수록 大
- 기온 낮을수록 大
- 시멘트 응결 빠를수록 小
- 거푸집 수밀성 大
- 철근량 많을수록 小

Lay Out

④ 존치기간 Lay Out

압축강도 시험 有

- 부재측면 강도5M, 밑면은 평균보다
  3분의 2 이상 다만, 14MPa 이상~

부 재		콘크리트 압축강도
기초, 기둥, 벽, 보, 등의 측면		5MPa 이상
슬래브 및 보의 밑면, 아치내면	단층구조	$f_{cu} \geq \dfrac{2}{3} \times f_{ck}$ 다만, 14MPa 이상
	다층구조	$f_{cu} \geq f_{ck}$ 측압(필러 동바리→기간단축) 다만, 14MPa 이상

압축강도 시험 無

- 조보혼씨 20대 이상 24.5, 10대 36.8~

시멘트 평균기온	조강P·C	보통 P·C	혼합 C(B종)
20℃ 이상	2일	4일	5일
10℃ 이상	3일	6일	8일

일반사항

1 일반사항

1. 시공계획 및 공법선정

1-1. 건물의 특징파악

요구조건 이해

Key Point

□ Lay Out
- 고려사항 · 시공계획
- 구성부재
- 거푸집 종류 · 작용외력

□ 기본용어
- 연직하중
- 수평하중
- 측압

구조형식, 규모(층수, 넓이), 평면, 형상, 층고, Span, 마감 등 건축물의 특징 파악

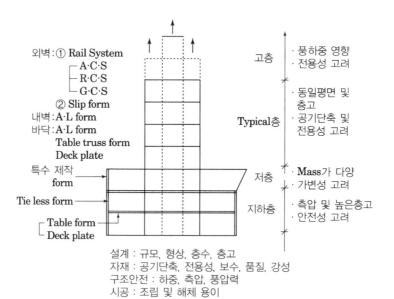

외벽:① Rail System
     A·C·S
     R·C·S
     G·C·S
    ② Slip form
내벽:A·L form
바닥:A·L form
    Table truss form
    Deck plate
특수 제작 form
Tie less form
Table form
Deck plate

고층 · 풍하중 영향 · 전용성 고려

Typical층 · 동일평면 및 층고 · 공기단축 및 전용성 고려

저층 · Mass가 다양 · 가변성 고려

지하층 · 측압 및 높은층고 · 안전성 고려

설계 : 규모, 형상, 층수, 층고
자재 : 공기단축, 전용성, 보수, 품질, 강성
구조안전 : 하중, 측압, 풍압력
시공 : 조립 및 해체 용이

1-2. 자재 및 공법선정

1) 공기 측면

① 시공성(운반, 조립, 해체)
② 전문인력 수급 및 숙련도에 따른 완료시점 단축

2) 품질 및 성능 측면

① 수밀성
② 정확성(형상 및 치수의 허용오차)
③ 표면마감(오염, 탈색)

3) 원가 측면

① 전용횟수
② 정확성(형상)

4) 구조 및 안전 측면

① 내구성
② 강성(측압, 하중, 풍압력)

2. 거푸집의 구성

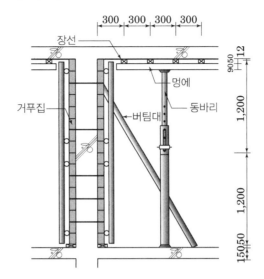

□ 간격재
- 거푸집 간격유지와 철근 또
는 긴장재나 쉬스가 소정의
위치와 간격을 유지시키기
위하여 쓰이는 부재

□ 긴결재
- 기둥이나 벽체거푸집과 같
이 마주보는 거푸집에서
거푸집 널(Shuttering)을
일정한 간격으로 유지시
켜 주는 동시에 콘크리트
측압을 최종적으로 지지
하는 역할을 하는 인장부
재로 매립형과 관통형으로
구분

□ 박리제(Form Oil)
- 콘크리트 표면에서 거푸
집널을 떼어내기 쉽게 하
기 위하여 미리 거푸집널
에 도포하는 물질

1) 거푸집

타설된 콘크리트가 설계된 형상과 치수를 유지하며 콘크리트가 소정의
강도에 도달하기까지 양생 및 지지하는 구조물

2) 거푸집 널(Shuttering)

거푸집의 일부로써 콘크리트에 직접 접하는 목재나 금속 등의 판류

3) 동바리

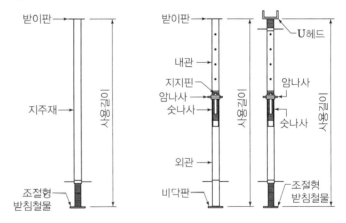

타설된 콘크리트가 소정의 강도를 얻기까지 고정하중 및 시공하중 등을
지지하기 위하여 설치하는 부재

4) 장선

거푸집널을 지지하여 멍에로 하중을 전달하는 부재

5) 멍에

장선과 직각방향으로 설치하여 장선을 지지하며 거푸집 긴결재나 동바리
로 하중을 전달하는 부재

3. 거푸집의 설계

3-1. 거푸집에 작용하는 외력

1) 연직하중(슬래브 두께에 상관없이 5.0kN/㎡ 이상, 전동식 카트사용 6.25kN/㎡ 이상)

① 고정하중

보통 콘크리트 24kN/㎥, 거푸집하중은 최소 0.4kN/㎡ 이상 적용

② 활하중

구조물의 수평투영면적당 최소 2.5kN/㎡ 이상, 전동식 카트를 이용하여 타설할 경우 3.75kN/㎡, 분배기 등의 특수 장비를 사용할 경우 실제 장비하중을 적용

2) 수평하중

① 고정하중의 2% 이상 또는 동바리 상단의 수평방향 단위 길이당 1.5kN/m 이상 중에서 큰 쪽의 하중이 동바리 머리 부분에 수평방향으로 작용하는 것으로 가정

② 벽체 거푸집의 경우에는 거푸집 측면에 대하여 0.5kN/㎡ 이상의 수평방향 하중이 작용하는 것으로 볼 수 있다.

3) 측압

사용재료, 배합, 타설 속도, 타설 높이, 다짐 방법 및 타설할 때의 콘크리트 온도, 사용하는 혼화제의 종류, 부재의 단면 치수, 철근량 등에 의한 영향을 고려하여 산정

□ 거푸집 설계 주요검토
- 휨모멘트
- 처짐

3-2. 구조계산 순서

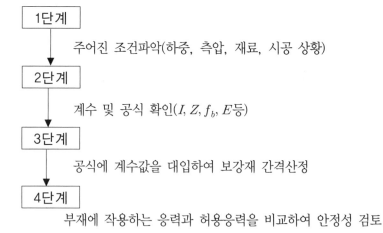

1단계

주어진 조건파악(하중, 측압, 재료, 시공 상황)

2단계

계수 및 공식 확인(I, Z, f_b, E등)

3단계

공식에 계수값을 대입하여 보강재 간격산정

4단계

부재에 작용하는 응력과 허용응력을 비교하여 안정성 검토

1) 바닥 거푸집

바닥거푸집에는 콘크리트의 중량, 콘크리트 타설시의 작업하중 및 충격하중이 작용

2) 벽 · 기둥거푸집

측압

공법종류

② 공법종류

1. 재료별

- Wood Form
- Metal Form
- Plastic Form
- Concrete Form
- Paper Form
- Rubber Form
- Styrofoam Form

2. 전용/System

2-1. 외벽 System(Climbing)

1) Gang Form System

평면상 상하부 동일 단면 구조물에서 견출 작업용 Cage를 일체로 제작하여 인양장비를 사용하여 설치 해체하는 외벽전용 Climbing System

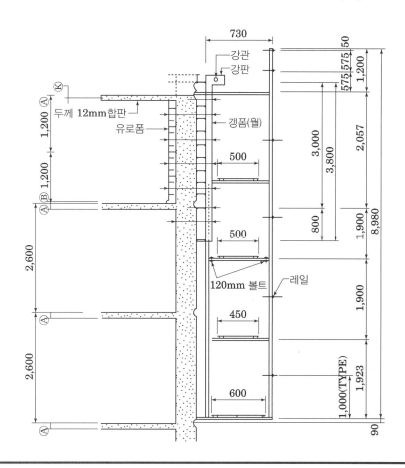

조립 · 고정

Key Point

□ Lay Out
- 용도 · 기능 · 성능
- 제작 · 양중 · 고정 · 조립
- 유의사항

□ 기본용어
- Self Climbing Form
- Tie Less Form
- AL폼
- 시스템 동바리

mind map

- 재료 시스템이 특수하다.

□ 인양조건
- Slab: 5MPa 이상

- 전단볼트(D10)150mm 매립

[외부전경]

[내부전경]

공법종류

[Cone매립]

[Cone에 Shoe설치]

[Hydraulic Cylinder]

[설치]

2) Rail Climbing System

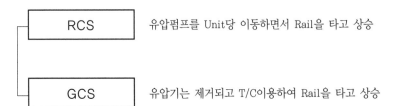

RCS — 유압펌프를 Unit당 이동하면서 Rail을 타고 상승

GCS — 유압기는 제거되고 T/C이용하여 Rail을 타고 상승

구분	페리 RCS	GCS
Zoning방식	개별 유닛	개별 유닛
허용풍속	40m/sec	16~40m/sec
Climbing 방식	이동식 유압기/Rail Climbing	T/C이용 Rail Climbing

3) Self Climbing System

자체 유압기를 이용하여 Rail을 타고 자동 상승

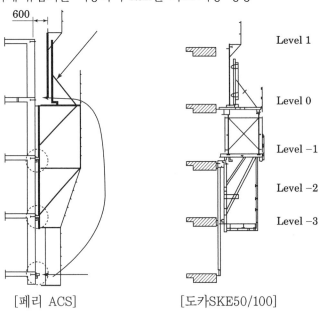

[페리 ACS]   [도카SKE50/100]

구분	ACS	SKE50/100
Zoning방식	부분방식(30m 정도)	전체 Zoning 방식
허용풍속	40m/sec	40m/sec
인양 시 강도	10MPa 이상	10MPa 이상
Climbing 속도	유압기 1대로 8개 실린더 작동 한번에 300mm를 구분상승	유압기 1대로 24개 실린더 작동 한번에 80mm씩 전체상승
펌프 시스템	개별식	중앙집중식

공법종류

[Slip Form]

□ 검토사항
- 4~6시간 내 초기발현 필요
- 시공속도는 3~4m/day로
  빠르지만 타설시간이 길다.

4) Slip Form System(Sliding Form)

유압잭에 의하여 자동으로 로드를 타고 지속적으로 Steel York와 1.0~1.5m 스틸폼이 시간당 10~17cm씩 수직 상승하는 것으로 소규모에 적합하며, 단면의 변화가 적을 때 유리

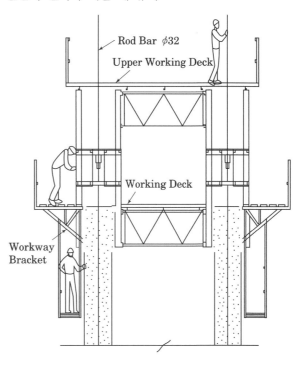

- **슬립업 시 유의사항**
① 슬립업 작업 전에 콘크리트의 경화 정도를 확인하여 탈형 후 콘크리트가 부담하는 전(全) 하중과 콘크리트가 발휘하여야 하는 압축강도, 품질, 시공조선 등을 고려하여 슬립폼의 슬립업 속도를 결정하여야 한다.
② 슬립업 속도기준은 구조물의 강도와 형상에 따라 차이가 있지만 시간당 10~17cm를 기준으로 하되 기온과 콘크리트 경화속도에 따라 조절하여야 한다.
③ 슬립업은 전체 거푸집이 동시에 이동될 수 있도록 하여야 하며 각 유압잭이 균등하게 작동하는지 관찰하여야 한다.
④ 슬립폼은 인양을 시작하기 전에 거푸집의 경사도와 수직도를 검사하여야 하며, 시공 중에는 최소 4 시간 이내마다 실시하여야 한다.

- **슬립업 속도기준**

일평균 기온(℃)	형틀 높이(mm)	1일 슬립업량(m)	1시간당 슬립업량(cm)
25	1,250	4	17
10~25	1,250	3	12.5
10 이하	1,250	2.5~3	10~12.5

[Table Form]

[Waffle Form]

2-2. 바닥전용

1) Table Form System

바닥판 거푸집과 지보공을 일체화·Unit화하여 Table 형상으로 제작한 바닥전용의 대형 거푸집 공법이다.

| Truss Type | · Lowering Device를 하단에 설치 후 해체
· 양중장비를 이용하여 외부 공간으로 이동 후 상승 |
| Support Type | · 이동Shift나 지게차를 이용하여 해체
· 양중장비를 이용하여 외부 공간으로 이동 후 상승 |

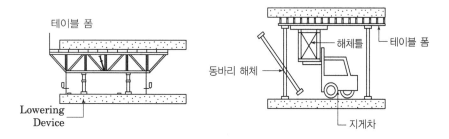

2) 합성 Deck Plate

① 합성 Deck Plate: 콘크리트와 일체로 되어 구조체 형성

② 철근배근 거푸집(철근 트러스형) Deck Plate: 주근+거푸집 Deck Plate

③ 구조 Deck Plate: Deck Plate만으로 구조체 형성

④ Cellular Deck Plate: 배관, 배선 System을 포함.

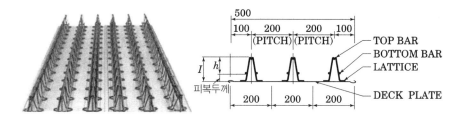

[철근트러스형 데크 플레이트(SUPER DECK)]

3) Waffle Form

① Waffle Form은 무량판구조와 평판구조에서 2방향 장선(長線) 바닥판 구조가 가능하도록 하는 속이 빈 특수상자 모양의 기성재 Form이다.

② 와플(Waffle)은 '벌집'이란 네덜란드어(Netherlandic Language)에서 유래한 것으로, 해체는 중앙에 있는 작은 구멍에 압착공기를 보내서 하므로 시간이 짧고 간단히 할 수 있다.

[Tunnel Form]

[Traveling Form]

[SB Brace Frame]Peri社

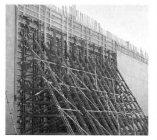

[Brace Frame]Doka社

[Soldier System]

공법종류

2-3. 벽+바닥전용 System

1) Tunnel Form System

벽체, 바닥판 거푸집과 지보공을 일체화하여 Unit으로 제작

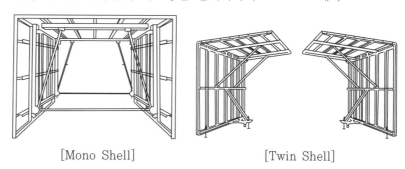

[Mono Shell]   [Twin Shell]

2) Traveling Form System

거푸집 Panel과 비계틀, Rail이 일체화 되어 연속적으로 수평이동

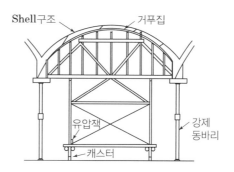

2-4. 합벽전용 System

1) Tie Less Form System

합벽과 같이 단일면으로 작용하는 콘크리트 측압 전체를 별도의 타이 없이 하부 구조물 또는 기초 바닥으로 전달하여 지지하는 거푸집

① Brace Frame: 일체형

② Soldier System: 분리형(각강재+Support+Girder)

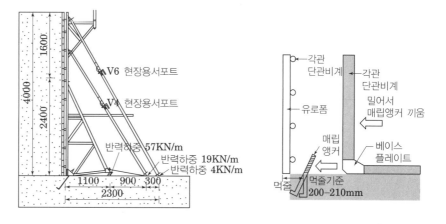

공법종류

[AL Form]

[Sky Deck]

3. 특수 거푸집

3-1. Aluminum Form

1) AL Form

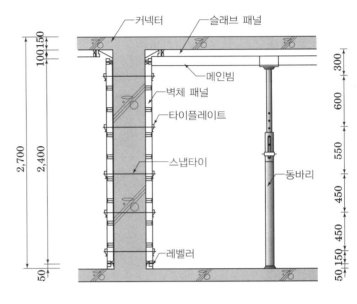

[알우드폼(Alwood Form)]　[유로폼(Euro Form)]

2) Sky Deck

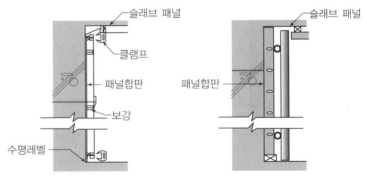

[Sky Deck Drop Head System]

공법종류

[Rib Lath거푸집]

[Pipe 다발 거푸집]

3-2. 비탈형 거푸집

1) Rib Lath거푸집

거푸집 판 대신 간격이 조밀하며 아연도금된 특수 Metal Lath와 목재 혹은 각 Pipe 등 보강 Frame을 덧댄 후 부속철물(Separator · Form Tie 등)로 고정한 후, Concrete를 부어 넣는 거푸집이다.

4. 동바리

4-1. System Support

1) 지주형태 동바리

① 거푸집 동바리, 가설 작업대 및 승강 계단 등 다양한 용도로 사용이 가능하며, 특히 설치 높이가 높고 슬래브 두께가 큰 구조물의 동바리로 많이 사용된다.

② 대부분의 Support는 제조회사별로 특허를 가지고 있어 개발회사의 고유명사를 제품명으로 사용하고 있다.

2) 보형태 동바리

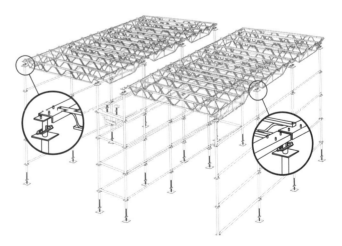

① 기존에 사용하던 파이프 Support의 약점인 설치후의 작업공간 부족과 시공기간, 소요인력, 안전성을 개선한 형태이다.

② 경량으로 경우에 따라 Support를 설치하지 않거나 수량을 줄인 가설 시스템

[보우빔]

[트러스빔]

4-2. 무지주

1) Bow Beam : Span 고정

Bow Beam은 하층의 작업공간을 확보하기 위하여, Span 조절이 불가능한 철골 Truss 모양의 경량 가설보를 설치하는 무지주 공법이다.

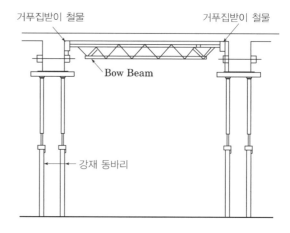

① 층고가 높고 큰 Span에 유리
② 하층의 작업공간 확보에 유리
③ 구조적으로 안전성 확보
④ Span이 일정한 경우만 적용

2) Pecco Beam : Span 조절

Pecco Beam은 하층의 작업공간을 확보하기 위하여, 중간에 안보가 부착되어 Span 조절이 가능한 철골 Truss 모양의 경량 가설보를 설치하는 무지주 공법이다.

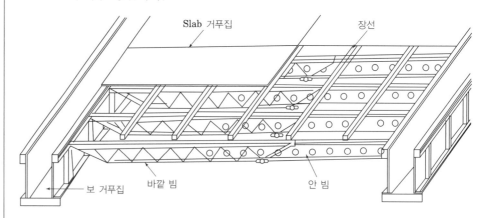

① 안보가 있어 Span의 조정이 자유로움
② 전용횟수가 100회 이상
③ 최대허용모멘트는 1.5tonf · m
④ 4.7~6.4m까지 Span 조정이 가능

시공

점검항목

Key Point

□ Lay Out
- 설계 · 조립 · 타설
- Mechanism · 점검항목
- Process · 방법 · 유의사항
- 핵심원리 · 적용시 고려사항

□ 기본용어
- 중간보조판
- 거푸집 측압
- 동바리 바꾸어 세우기
- Camber

조립 검사

- 수직도 검사
- 수평 및 높이검사
- 관통구멍 및 매설물 확인
- 지주검사(수직도, 수량 및 간격, 수평이음)
- 연결철물 검사(조임 상태, 수량 및 간격)

③ 시공

1. 시공

1-1. 조립

- 수직도
- 간격
- 고정
- 체결
- 보강

부위별, 부재별 조립순서별

1-2. 보강

- Camber
- 수평연결재
- 가새

취약부위, 층고

2. 측압

2-1. 측압과 헤드

| 한 번에 타설하는 경우 | 2회로 나누어 타설하는 경우 | 2차 타설시의 측압 |

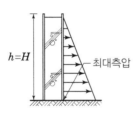

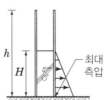

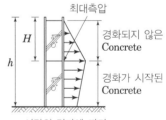

- 시간의 경과에 따라 최대측압 부위가 상승

2-2. 측압 산정기준

1) 일반 콘크리트

$$p = WH$$

p : 콘크리트의 측압(kN/㎡)

W : 굳지 않은 콘크리트의 단위 중량(kN/㎥)

H : 콘크리트의 타설 높이(m)

시공

2) Slump 180mm 이하, 깊이 1.2m 이하의 일반적인 내부진동마감

다만, $30\,C_w \leq$ 측압$(p) \leq WH$

① 기둥: $p = C_w C_c[7.2 + \dfrac{790R}{T+18}]$

② 벽체: 타설 속도에 따라 아래와 같이 구분

구분 타설속도	2.1m/h 이하	2.1~4.5m/h 이하
타설높이 — 4.2m 미만 벽체	$p = C_w C_c[7.2 + \dfrac{790R}{T+18}]$	
타설높이 — 4.2m 초과 벽체	$p = C_w C_c[7.2 + \dfrac{1160+240R}{T+18}]$	
모든 벽체		$p = C_w C_c[7.2 + \dfrac{1160+240R}{T+18}]$

C_w : 단위 중량 계수

C_c : 화학 첨가물 계수

R : 콘크리트 타설 속도(m/h)

T : 타설되는 콘크리트의 온도(℃)

3) 측압 영향요인

요소	영향	측압
배합	부배합일수록, 시공연도 좋을수록	大
	(컨시스턴스, 슬럼프, W/C)클수록	大
타설	붓기속도大, 높이高, 다짐량多	大
거푸집	(강성, 수밀성)大, 표면평활(마찰계수 小)	大
온도, 습도	온도 낮을수록, 습도 높을수록 응결 늦음	大
철근량	많을수록	小
시멘트	조강(응결속도 빠를수록)	小

3. 하자 및 붕괴

3-1. 타설 전

1) 구조적 응력 검토

① 콘크리트 타설시 상부 하중 검토

② 하중에 따른 사용 동바리 결정

2) 동바리 설치 간격

① 상부하중, 동바리의 허용내력 등을 검토

② Slab 및 보의 두께에 따른 동바리 설치 간격 검토

3) 동바리 긴장도 유지

콘크리트 타설 전 모든 동바리에 대해 긴장도 점검

4) 동바리의 수직도 확보

시공

5) 동바리 상호 긴결 및 보강

① 동바리의 직교 방향으로 상호 연결

② 연결 시 이음은 2곳 이상 실시

③ 가새 및 수평연결재 시공

6) Camber

① 콘크리트 타설 전 보나 Slab의 수평 부재가 콘크리트의 하중에 의해서 처지는 것을 방지하기 위해 미리 위로 솟음을 준다.

② Camber의 시공

 - 온도 변화, 건조 수축 등을 고려

 - 부재의 이완을 고려하여 처짐 값 계산

 - 콘크리트를 타설하기 전에 거푸집이 처질 경우 그 처짐 값을 고려

7) System Support

층고가 높은 동바리 시공 시 System Support 고려

3-2. 타설 중

1) 균등한 응력 유지

버팀대, 장선, 멍에를 완전히 고정하고 위치, 간격은 동일 조건하에 같은 치수를 유지한다.

2) 동바리 전도 방지

① 버팀대, 로프(Rope), 체인(Chain), 턴 버클(Turn Buckle) 등에 의해 좌굴 및 넘어지는 것을 방지한다.

② 연결 부위의 강도를 확보한다.

3) 편심하중 발생 방지

① 벽, 기둥 타설시 구간별로 나누어 타설

② 보는 양단에서 중앙으로 타설

4) 과다 측압 발생 금지

① 적정 타설 속도 유지

② 타설 높이 조절

5) 접속부 긴결상태 확인

① 콘크리트 타설로 인한 거푸집과의 느슨해진 부분 확인

② 느슨해진 부분 발견 시 즉시 긴장도 유지

3-3. 해체 시 유의사항

1) 동바리 교체 원칙적으로 불가

① 큰보 하부의 동바리

② 바로 위층의 작업하중, 집중하중 등 큰 하중이 있을 때

2) 교체 시 순서 준수

① 모든 동바리를 동시에 또는 무질서하게 바꾸어 세우기 해서는 안 된다.

② 큰보, 작은보, Slab 하부 순서로 한 부분씩 시행한다.

3) 동바리 교체 시 원칙

동바리 상부에 두꺼운 머리 받침판을 설치한다.

④ 존치기간

1. 압축강도 시험할 경우 거푸집널의 해체시기

2016년 콘크리트 표준시방서

부재		콘크리트 압축강도 f_{cu}
확대기초. 기둥. 벽. 보 등의 측면		5MPa 이상
슬래브 및 보의 밑면, 아치내면	단층구조	$f_{cu} \geq \dfrac{2}{3} \times f_{ck}$ 또한, 14MPa 이상
	다층구조	$f_{cu} \geq f_{ck}$ (필러 동바리→ 구조계산에 의해 기간단축 가능) 다만, 14MPa 이상

내구성이 중요한 구조물에서는 콘크리트 압축강도가 10MPa 이상일 때 거푸집을 해체할 수 있다.

2. 압축강도를 시험하지 않을 경우 거푸집널의 해체 시기

기초, 보, 기둥 및 벽 등의 측면   21.02.18 표준시방서 기준

시멘트 평균기온	조강P.C	보통포틀랜드 시멘트 고로슬래그시멘트 (특급) 포틀랜드포졸란시멘트(A종) 플라이 애시시멘트(A종)	고로슬래그시멘트(1급) 포틀랜드 포졸란시멘트(B종) 플라이 애시시멘트(B종)
20℃ 이상	2일	4일	5일
10℃ 이상	3일	6일	8일

① 거푸집널 존치기간 중 평균기온이 10℃ 이상인 경우는 콘크리트 재령이 상기표의 재령이상 경과하면 압축강도시험을 하지 않고도 해체할 수 있다.

② 보, 슬래브 및 아치 하부의 거푸집널은 원칙적으로 동바리를 해체한 후에 해체한다. 그러나 구조계산으로 안전성이 확보된 양의 동바리를 현 상태대로 유지하도록 설계, 시공된 경우 콘크리트를 10℃ 이상 온도에서 4일 이상 양생한 후 사전에 책임기술자의 승인을 받아 해체할 수 있다.

③ 동바리 해체 후 해당 부재에 가해지는 전 하중이 설계하중을 초과하는 경우에는 전술한 존치기간에 관계없이 하중에 의하여 유해한 균열이 발생하지 않고 충분히 안전하다는 것을 구조계산으로 확인한 후 책임기술자의 승인을 받아 해체할 수 있다.

4-2장

철근공사

| Lay Out | # ① 재료 및 가공 Lay Out |

종류/성질

- 형강용 원이일고에서 용접에
  하이타이 수배 나선다.

형상별

- 원형철근
- 이형철근

강도별

- 일반철근
- 고강도철근

용도별

- 용접철망
- 에폭시 수지 코팅철근
- 하이브리드(FRP)보강근
- Tie Bar
- 수축 · 온도철근
- 배력철근
- 나선철근
- Dowel Bar

가공
- 표준갈고리

주철근

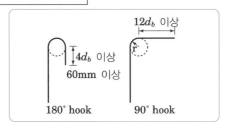

$12d_b$ 이상

$4d_b$ 이상
60mm 이상

180° hook   90° hook

스터럽 · 띠철근

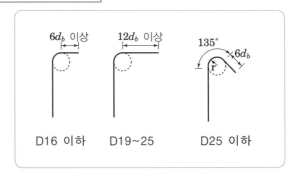

$6d_b$ 이상 $12d_b$ 이상   135° $6d_b$

D16 이하   D19~25   D25 이하

Lay Out

② 정착 Lay Out

길이 ($\sqrt{f_{ck}} \leq 8.4$MPa로 제한)

인장

- **기 준**: $l_d = l_{db} \times$보정계수≥ 300mm
- **약산식**: $= \dfrac{0.6 d_b \cdot f_y}{\lambda \sqrt{f_{ck}}}$
- **방 법**:

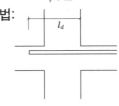

압축

- **기 준**: $l_d = l_{db} \times$보정계수≥ 200mm
- **약산식**: $l_{db} = \dfrac{0.25 d_b f_y}{\lambda \sqrt{f_{ck}}} \geq 0.043 d_b f_y$
- **방 법**:

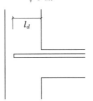

표준갈고리를 갖는 인장 이형철근

- **기 준**: $l_{dh} = l_{hb} \times$보정계수$\geq 8 d_b, \geq 150$mm
- **약산식**: $l_{hb} = \dfrac{0.24 \beta \cdot d_b \cdot f_y}{\lambda \sqrt{f_{ck}}}$
- **방 법**:

정착위치

- 기둥 → 기초
- 큰보 → 기둥
- 작은보 → 큰보
- 지중보 → 기초, 기둥
- 벽체 → 보, Slab
- Slab → 보, 벽체, 기둥

Lay Out

③ 이음 Lay Out

| 길이 |

| 인장 |

- 기 준: A급: 1.0 l_d, B급: 1.3l_d
- 제 한: $(l_d) \leq$ 300mm
    l_d :과다철근의 보정계수는 적용하지 않은 값
- **A급이음**: 구조계산 결과의 2배 이상, 이겹침 이음길이 내에서 전철근량에 대한 겹침이음된 철근량이 1/2 이하

| 압축 |

- 기 준: $f_y \leq$ 400MPa $\rightarrow 0.072 f_y d_b$ 이상
    $f_y >$ 400MPa $\rightarrow (0.13 f_y - 24) d_b$ 이상
- 제 한: $f_{ck} <$ 21MPa $= \dfrac{1}{3}$ 증가시킴

| 위치 |

- 보: 상부근(중앙), 하부근(단부). Bent근(ℓ /4)
- 기둥: 바닥에서 500mm 이상~3/4H 이상

| 공법 |

- 겹용가스는 나사 압편에서~이음해라

- 겹침이음
- 용접이음
- 가스압접
- Sleeve Joint(기계적 이음): 나사, 압착, 편체식

Lay Out

4 조립 Lay Out

조립

순간격

- 철근 공칭지름($1.5\ d_b$ 이상)
- 굵은 골재 최대치수 4/3 이상
- 25mm 이상

Prefab

- 기둥 보철근 Prefab
- 벽 바닥철근 Prefab

최소 피복두께

종 류			기준
수중에 타설하는 콘크리트			100mm
흙에 접하여 영구히 흙에 묻히는 콘크리트			75mm
흙에 접하거나 옥외의 공기에 직접 노출되는 콘크리트		D19 이하 철근	50mm
		D16 이하 철근	40mm
옥외의 공기나 흙에 직접 접하지 않는 콘크리트	슬래브 벽체/장선	D35 초과 철근	40mm
		D35 이하 철근	20mm
	보, 기둥		40mm
	쉘, 절판부재		20mm

① 재료 및 가공

1. 종류 및 성질

1-1. 형상별

1) 철근의 종류 및 기호

종 류	기 호	구분(TAG색) 1 묶음마다 표시	용도
원형봉강 (Steel Round Bar)	SR240	청 색	일반용
	SR300	녹 색	
이형봉강 (Steel Deformed Bar)	SD300	녹 색	일반용
	SD400	황 색	
	SD500	흑 색	
	SD600	회 색	
	SD700	하늘색	
	SD400W	백 색	용접용
	SD500W	분홍색	
	SD400S	보라색	특수내진용
	SD500S	적색	
	SD600S	청색	

[KS D 3504 2016.09.01.]

2) 이형철근의 형상

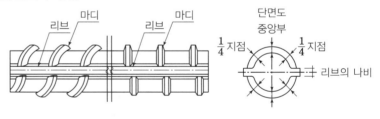

[이형봉강의 리브 및 마디 형상]   [중앙부 단면]

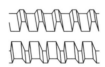

[리브가 없는 나사모양 철근 형상]   [중앙부 단면]

3) KS D3504의 품질표시 방법 및 사항

철근 1개마다의 표시(1.5m 이하의 간격마다 반복적으로 Rolling에 의해 식별할 수 있는 마크가 있어야 한다. 다만, 호칭명 D4, D5, D6, D8은 롤링 마크에 의한 표시 대신 도색에 의한 색 구별 표시를 적용한다.

Key Point

□ Lay Out
- 특성 · 허용오차 · 기준
- 용도 · 성능
- 유의사항

□ 기본용어
- 고강도철근
- 에폭시수지도장 철근
- 수축.온도철근
- 철근부식
- 철근의 부착강도
- 표준갈고리

□ 모양
- 이형 봉강은 표면에 돌기가 있어야 하며 축선 방향의 돌기를 리브(Rib)라 하고, 축선 방향 이외의 돌기를 마디라 한다.
- 마디의 틈은 리브와 마디가 떨어져 있는 경우 및 리브가 없는 경우에는 마디의 결손 부의 너비를, 또 마디와 리브가 접속하여 있는 경우에는 리브의 너비를 각각 마디 틈으로 한다.

□ 두께가 얇을 경우
- 주로 철망용으로 사용되고 두께가 얇아 양각표기가 곤란한 호칭 명 D4, D5, D6, D8은 도색에 의한 색 구별 표시를 적용

재료/가공

온도철근의 배치기준

□ 1방향 Slab에서의 철근비

① 수축·온도철근으로 배치되는 이형철근은 콘크리트 전체 단면적에 대한 0.14%(0.0014) 이상이어야 한다.

② 설계기준 항복강도가 400MPa 이하인 이형철근을 사용한 Slab : 0.0020

③ 0.0035의 항복 변형률에서 측정한 철근의 설계기준항복강도가 400MPa를 초과한 Slab : $0.0020 \times \dfrac{400}{f_y}$

다만, 위 ①항목의 철근비에 전체 콘크리트 단면적을 곱하여 계산한 수축·온도철근 단면적을 단위 m당 1,800㎟ 보다 취할 필요는 없다.

④ 수축·온도철근의 간격은 Slab 두께의 5배 이하, 또한 450mm이하로 하여야 한다.

⑤ 수축·온도철근은 설계기준 항복강도 f_y를 발휘할 수 있도록 정착되어야 하다

[Dowel Bar]

a) 횡방향 리브를 생략하지 않은 경우
KR PJ 16 4S
원산지 제조자명 호칭명 종류

b) 횡방향 리브를 생략한 경우
KR PJ 16 4S

c) 횡방향 리브와 중첩한 경우
KR PJ 16 4S

① 원산지: ISO 3166-1 Alpha-2(예: Korea: KR, Japan: JP 등)에 따라 표시

② 제조자명 약호(예: 표준제강(주): PJ)는 2글자 이상 조합으로 구별

③ 호칭명(예: D25: 25)은 숫자로 표시

④ 종류 및 기호(예 SD300:표시없음, SD400: **, SD500: 5 또는 ***, SD400W, SD500W: 5W, SD400S: 4S, SD500S" 5S)를 표기(용접용 철근은 원산지 표기 앞에*)

⑤ 종방향 리브가 없는 나사 모양의 철근(호칭 S25 이상)은 회앙향 리브의 틈에 표시

⑥ 표시방법은 a),)를 혼용할 수 있다.

1-2. 강도별

1) 일반철근 및 고강도 철근

구 분		기 호	항복강도(MPa)
이형 철근	일반 철근 (Mild bar)	SD300	300 이상
	고강도 철근 (Hi bar)	SD400	400 이상
		SD500	500 이상

1-3. 용도별

1) 용접철망

이형철선(Wire)을 직교로 배열한 후 각 교차점을 전기저항 용접한 철망

2) Epoxy Coating 철근

에폭시 수지를 피복하여 염해 등에 의한 녹을 사전에 방지하기 위한 철근

3) Tie Bar

기둥 축 방향 철근의 위치확보와 좌굴방지를 위해 결속하는 철근

4) 수축·온도철근(Temperature Bar)

콘크리트 내부의 온도변화와 수축에 의한 균열을 분산시겨 균열폭의 크기를 억제할 목적으로 슬래브에서 휨(주철근)철근이 1방향으로만 배치되는 경우 이 휨 철근에 직각방향으로 배치하여 균열을 제어하는 철근

5) 배력철근

1방향 Slab에 있어서 정철근에 직각 방향으로 배치하는 보조철근이다.

6) 나선철근

기둥에서 Hoop대신 철근을 이음 없이 나선상으로 감아 시공하는 철근

□ 철근의 부동태막
- 부동태막은 Concrete 내의 철근 표면에 녹의 발생을 방지하는 막이다.
- Concrete 내부의 pH가 11 이상에서 철근은 표면에 부동태막을 형성하므로 산소 침입을 막아 철근의 부식을 방지하지만 중성화에 의하여 pH가 11보다 낮아지면 부동태막이 파괴되면서 철근에 녹이 발생하게 된다.

7) Dowel Bar

① 하중을 전달하는 기구로서 구조물의 일체성 및 구조 안정상 Joint로 인한 부재의 일체성을 확보하기 위해 철근을 상호 이음 할 수 있는 모양이다.

② Bar 길이의 1/2 이상은 콘크리트와 완전 격리

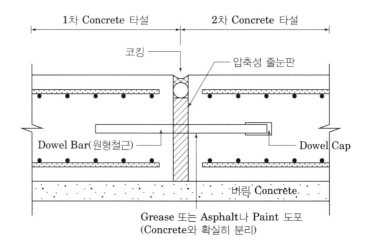

1-4. 철근의 녹과 부식

1-4-1. 개요

- 부식은 금속이 환경적 요인과 화학적 반응으로 표면에서 소모되는 현상이다.
- Concrete 속에 있는 철근의 부식은 Concrete가 중성화되고 Concrete 중의 염소이온과 수분의 존재로 철근의 부동태 피막이 파괴된 후 산소가 존재하게 되면 철근표면에서는 녹이 발생하게 된다.

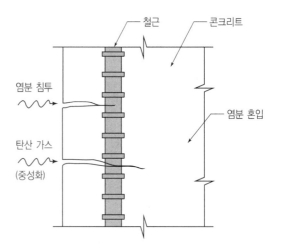

재료/가공

1-4-2. 부식의 환경

1) 대기 중의 부식

철강 재료의 표면이 대기 중의 산소와 반응하여, 표면에 산화물이나 탄산염 등의 녹이 발생

2) 토양 속의 부식

토양 속에서의 부식진행정도는 토양의 전기전도도가 높고, pH값이 작은 만큼 빠르며, 박테리아가 존재하는 만큼 부식의 진행이 빠르다.

3) 해수 중의 부식

해수 중에서 염소이온농도가 높으면 철 계통의 저합금은 부동태화 할 수 없기 때문에 강한 부식성을 나타낸다.

1-4-3. 강재 부식의 종류

1) 일반적인 부식(Uniform or General Attack)

일반적인 부식형태로 화학적 혹은 전기화학적 반응에 의하여 강재의 전 표면이나 규모가 크게 작용하여 결과적으로 강재의 지름이 작아지고, 전체적으로 파손이 된다.

2) 갈바닉 부식(Galbanic Corrosion)

두 다른 종류의 강재 사이에 전류를 흘려보내거나, 용해물질을 투입하면 한쪽은 음극이 다른 한쪽은 양극이 되어 부식이 발생하는 전기화학적 부식으로서 이것을 갈바닉이라 한다.

3) 미세 부식(Crevice Corrosion)

일부 취약 부위에 제한적으로 일어나는 부식으로 모래, 먼지, 철근부식요소 등이 부분적으로 표면에 봉합되어 발생

4) 핏팅 부식(Pitting Corrosion)

국부적으로 부식이 생겨 구멍을 형성하는 것

5) 인터그래뉴랄 부식(Intergranular Corrosion)

강재가 부식할 때 입자(Grain) 경계면을 따라 다른 곳 보다 예민하게 반응하여 발생

6) 리칭 부식(Selective Leaching Corrosion)

부식과정에서 한 종류의 물질만 부식을 하는 것으로 예를 들어 아연(Zinc), 철(Iron), 코발트(Cobalt), 크롬(Chromimum) 등의 원소가 선택적으로 부식하는 것을 말한다.

7) 침식부식(Erosion Corrosion)

금속표면과 부식산화물사이에서 금속표면이 이온화하거나, 부식산화물이 금속표면에 부식을 생성시키는 것으로 속도가 빠르게 진행되어 부식속도를 현저히 증가시킨다.

8) 응력부식(Stress Corrosion)

응력의 집중에 의하여 생기는 것으로 특히 프리스트레스를 도입한 토목 및 건축구조물의 부재에서 많이 발생한다.

재료/가공

1-4-4. 강재 부식에 대한 허용치

1) ACI Code(Concrete Inspection)

얇은 박판형태의 녹이나 Mill Scale은 부착력에 지장을 주지 않음

2) ACI Code(Good Painting Practice)

가볍게 녹슨 철재는 콘크리트 속에 들어갈 때에는 유해하지 않음

3) CEB-FIP Model Code 1990(Design Code)

철근부식도가 철근지름의 1% 이하 또는 철근단면의 3~5% 이하이면 인장력에 영향을 주지 않음

1-5. 철근의 부착강도

1) 철근의 저장상태

우수에 노출 등 저장불량에 따른 철근의 녹

2) 철근의 표면상태

① 철근에 녹이 있는 경우 허용범위 내 부착강도 증가
② Concrete가 철근에 면하는 면적이 많을수록 부착강도 증가
③ 직경이 굵은 철근보다 가는 철근 여러 개 사용이 유리
④ 이형철근이 원형철근보다 부착강도가 2배 정도 증가

3) 피복두께

피복두께가 두꺼울수록 부착강도 증가

4) 콘크리트 배합

① 물시멘트비가 낮을수록 부착강도 증가
② 콘크리트속의 공극이 작을수록 부착강도 증가

5) 콘크리트 강도

콘크리트의 강도가 높을수록 부착강도 증가

재료/가공

2. 가공

2-1. Loss절감

1) Loss 발생원인

① 철근절단 손실
② 과다이음
③ 상세도 미흡
④ 부재별, 층고별 계획미흡
⑤ 시공오차
⑥ 과다설계
⑦ 교육미흡
⑧ 가공실수
⑨ 기계화시공 미흡

2) Loss 절감방안

① 단척 활용(각종 개구부 및 스터럽 보강)
② 규격별 사전 상세도에 의한 주문생산
③ 가공길이 조합(절단 손실율이 적은 쪽으로)
④ 적산시스템 활용
⑤ 설계검토 및 구조검토
⑥ 이음공법개선
⑦ Prefab화
⑧ 일체화시공(가스압접 및 기계적 이음)
⑨ 데이터 축적(용도별 사례)

2-2. 배근시공도(Placing Drawings)

1) Placing Drawing(상세시공도면, 시공 상세도면)

철근의 배근과 조립에 필요한 철근의 개수, 크기, 길이, 위치를 나타내는 시공도라 말할 수 있으며 평면, 입면, 스케줄, 철근가공 목록, 구부림 상세를 포함하여 직접 그리거나 컴퓨터로 작성

2) Bar Schedule, Bar List

Shop Drawing을 근간으로 철근의 절단, 절곡의 형상 및 치수를 정리한 표로서 철근가공, 조립, 운반, 수량파악, 배치 등을 감독할 사람이 일하는 데 필요한 수량산출서

2-3. 표준갈고리

1) 구부림 형상 및 치수(건축 구조기준 KCI 2012)

주철근		스터럽, 띠철근		
180° hook 90° hook		6d_b 이상	12d_b 이상	135° 6d_b
• 180° 표준갈고리 구부린 반원 끝에서 4d_b 이상, 또한 60mm 이상 • 90° 표준갈고리 구부린 끝에서 12d_b 이상 더 연장		D16 이하	D19~D25	D25 이하

스터럽과 띠철근의 표준갈고리는 D25 이하의 철근에만 적용한다.

- 스터럽과 띠철근의 표준갈고리는 D25 이하의 철근에만 적용된다. 또한 구부린 끝에서 6d_b로 직선 연장한 90° 표준갈고리는 D16 이하의 철근에 적용된다. 실험결과 6d_b를 연장한 90° 표준갈고리의 지름이 D16보다 큰 철근인 경우에는 큰 인장응력을 받을 때 갈고리가 벌어지는 경향을 나타내었다.

2) 철근 구부리기

철근직경	구부림 내면 반지름
D10~D25	3d_b 이상
D29~D35	4d_b 이상
D38 이상	5d_b 이상

[180° 표준갈고리와 90° 표준갈고리의 구부림 내면반지름]

① 스터럽과 띠철근의 표준갈고리는 D25 이하의 철근에만 적용한다.
② 스터럽이나 띠철근에서 구부림 내면 반지름은 D16 이하일 때 2d_b 이상이고, D19 이상일 때는 위의 표를 따라야 한다.
③ 스터럽 또는 띠철근으로 사용되는 용접철망에 대한 표준갈고리의 구부림 내면 반지름은 지름이 7mm 이상인 이형철선은 2d_b, 그 밖의 철선은 d_b 이상으로 하여야 한다. 또한 4d_b 보다 작은 내면 반지름으로 구부리는 경우에는 가장 가까이 위치한 용접교차점으로부터 42d_b 이상 떨어져서 철망을 구부려야 한다.
④ 표준갈고리 외에 모든 철근의 구부림 내면 반지름은 위의 표 값 이상이어야 한다. 그러나 큰 응력을 받는 곳에서 철근을 구부릴 때에는 구부림 내면 반지름을 더 크게 하여 철근 반지름 내부의 콘크리트가 파쇄되는 것을 방지해야 한다.
⑤ 모든 철근은 상온에서 구부려야 하며, 콘크리트 속에 일부가 매립된 철근은 현장에서 구부리지 않는 것이 원칙이다.

- 철근 구부리기 여유길이
- 철근 주문 시 현장 정착 및 도면상의 구부림에 대한 여유길이를 고려하여 공장 가공길이를 결정하며, 실소요 총길이 보다 짧지 않게 여유길이를 확보해야 한다.

Development Length l_d

- 콘크리트에 묻혀있는 철근이 힘을 받을 때 뽑히거나 미끄러짐 변형이 발생하지 않고 항복강도에 이르기 까지 응력을 발휘할 수 있는 최소한도의 묻힘길이

□ $\sqrt{f_{ck}} \leq 8.4$MPa로 규정
- 고강도 콘크리트를 사용하는 경우라도 일정강도 이상 정착력이 증가하지 않기 때문

용어의 이해

□ f_y : 철근의 항복강도
□ f_{ck} : 콘크리트의 압축강도
  ($\sqrt{f_{ck}} \leq 8.4$MPa)
□ d_b : 철근 또는 철선의 공칭직경(mm)
□ l_d : 이형철근의 정착길이
□ l_{db} : 기본정착길이
□ l_{dh} : 인장을 받는 표준갈고리의 정착길이
□ l_{hb} : 표준갈고리의 기본정착길이

---

② 정착

1. 정착 길이($\sqrt{f_{ck}} \leq 8.4$MPa로 제한)

1-1. 인장 이형철근

1) 정착길이

구분	정착길이	
기준	$l_d = l_{db} \times$ 보정계수 ≥ 300mm	
산정식	$l_{db} = \dfrac{0.6 d_b \cdot f_y}{\lambda \sqrt{f_{ck}}}$	

2) 약산식의 정착길이에 사용되는 보정계수

조건 \ 철근지름	D19 이하의 철근	D22 이상의 철근
정착되거나 이어지는 철근의 순간격이 d_b 이상이고 피복두께도 d_b 이상이면서 l_d 전 구간에 구조기준에서 규정된 최소 철근량 이상의 스터럽 또는 띠철근을 배근한 경우 또는 정착되거나 이어지는 철근의 순간격이 $2 d_b$ 이상이고 피복두께가 d_b 이상인 경우	$0.8\,\alpha \cdot \beta$	$\alpha \cdot \beta$
기타	$1.2\,\alpha \cdot \beta$	$1.5\,\alpha \cdot \beta$

| α 철근 배근 위치계수 | • 상부철근(정착길이 또는 이음부 아래 300mm를 초과되게 굳지 않은 콘크리트를 친 수평철근) → 1.3 |
| | • 기타 철근 → 1.0 |

β 철근 도막 계수	• 피복두께가 3_{db} 미만 또는 순간격이 6_{db} 미만인 에폭시 도막 철근 또는 철선 → 1.5
	• 기타 에폭시 도막철근 또는 철선 → 1.2
	• 아연도금 철근 및 도막되지 않은 철근 → 1.0

| λ 경량 콘크리트 계수 | • f_{sp} 값이 규정되어 있는 경우: $\lambda = \dfrac{f_{sp}}{0.56 \sqrt{f_{ck}}} \leq 1.0$ |
| | • f_{sp}가 규정되어 있지 않은 경우 |

경량 콘크리트	모래경량 콘크리트	보통 중량 콘크리트
$\lambda = 0.75$	$\lambda = 0.85$	$\lambda = 1.0$

정착

□ 압축이형철근 보정계수0.75
- 철근의 간격이 좁은 나선철근이나 띠철근으로 둘러싸인 압축이형철근에 대해서는 횡구속 효과를 반영하여 기본정착길이를 25%를 감소시킬 수 있다.

1-2. 압축 이형철근

1) 정착길이

구분	정착길이	
기준	$l_d = l_{db} \times$ 보정계수 $\geq 200mm$	
산정식	$l_{db} = \dfrac{0.25 d_b \cdot f_y}{\lambda \sqrt{f_{ck}}} \geq 0.043 d_b \cdot f_y$	

2) 약산식의 정착길이에 사용되는 보정계수

① 지름 6mm 이상, 나선간격 100mm 이하인 나선철근 또는 중심간격 100mm 이하로 D13 띠철근으로 둘러싸인 경우 → 0.75

② 해석결과 요구되는 철근량을 초과 배치한 경우 → $\dfrac{\text{소요} A_s}{\text{배근} A_s}$

1-3. 표준갈고리를 갖는 인장이형철근

1) 정착길이

구분	정착길이	
기준	$l_{dh} = l_{hb} \times$ 보정계수 $\geq 8 d_b$, 150mm	
산정식	$l_{hb} = \dfrac{0.24 \beta \cdot d_b \cdot f_y}{\lambda \sqrt{f_{ck}}}$	

2) 보정계수

① D35 이하 철근에서 갈고리 평면에 수직방향인 측면 피복두께가 70mm 이상이며, 90° 갈고리에 대해서는 갈고리를 넘어선 부분의 철근 피복두께가 50mm 이상인 경우 → 0.7

② D35 이하 90° 및 180° 갈고리 철근에서 정착길이 l_{dh} 구간을 3_{db} 이하 간격으로 띠철근 또는 스터럽이 정착되는 철근을 수직으로 둘러싼 경우 또는 갈고리 끝 연장부와 구부림부의 전 구간을 3_{db} 이하 간격으로 띠철근 또는 스터럽이 정착되는 철근을 평행하게 둘러싼 경우 → 0.8

③ 전체 f_y를 발휘 하도록 정착을 특별히 요구하지 않는 단면에서 휨 철근이 소요철근량 이상 배치된 경우 → $\dfrac{\text{소요} A_s}{\text{배근} A_s}$

③ 이음

이음

일체화

Key Point

□ Lay Out
– 구조기준 · 길이 · 방법
– 기능 · 위치
– 유의사항

□ 기본용어
– 이음위치
– 철근의 가스압접
– 나사식이음
– Sleeve Joint

1. 이음길이

1-1. 용접이음 및 기계적 이음

> - 용접이음은 용접용 철근을 사용하며, f_y의 125% 이상을 발휘할 수 있는 완전용접이어야 한다.
> - 기계적이음은 f_y의 125% 이상을 발휘할 수 있는 기계적이음이어야 한다.

1-2. 겹침이음

1) 이음 구분

배치 A_s / 소요 A_s	소요 겹침이음 길이내의 이음된 철근 A_s의 최대(%)	
	50 이하	50 초과
2 이상	A급	B급
2 미만	B급	B급

이음일반

– D35를 초과하는 철근은 겹침이음을 하지 않아야 한다.

– 휨부재에서 서로 직접 접촉되지 않게 겹침이음된 철근은 횡방향으로 소요 겹침이음길이의 1/5 또는 15mm 중 작은 값 이상 떨어지지 않아야 한다.

2) 인장 이형철근의 겹침이음 기준

구분	내용	이음길이
A급이음	배근된 철근량이 소요철근량의 2배 이상이고, 소요 겹침이음 길이 내 겹침이음된 철근량이 전체 철근량의 1/2 이하인 경우	$1.0l_d \geq 300$mm
B급이음	그 외의 경우	$1.3l_d \geq 300$mm

※ 주의사항

① l_d : 인장을 받는 이형철근의 정착길이로서 과다철근에 의한 보정계수는 적용하지 않은 값

② 겹침이음 길이는 300mm 이상이어야 함

3) 압축 이형철근의 겹침이음 기준

구분		이음길이
기준	$f_y \leq 400$MPa	$0.072f_y \cdot d_b$ 이상
	$f_y > 400$MPa	$(0.13f_y - 24)d_b$ 이상
산정식		$l_s = \left(\dfrac{1.4f_y}{\lambda\sqrt{f_{ck}} - 52} \right)d_b \geq 300$mm
제한		$f_{ck} < 21$ MPa: 이음길이를 $\dfrac{1}{3}$ 증가시켜야 한다.

이음

2. 이음위치

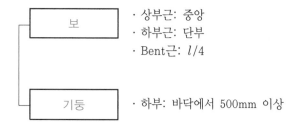

| 보 | · 상부근: 중앙
· 하부근: 단부
· Bent근: $l/4$ |

| 기둥 | · 하부: 바닥에서 500mm 이상 |

3. 이음공법

- 겹침이음
- 용접이음
- 가스압접
- 기계적이음(Sleeve Joint)

3-1. 가스압접 (Gas Pressure Welding)

두 철근을 서로 맞대어 산소 아세틸렌 혹은 전류로 접합부를
가열(1200~1300℃), 용융 직전의 상태에 가압하여 접합

1) 시공순서

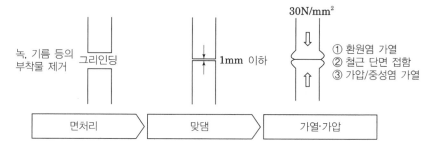

녹, 기름 등의 부착물 제거 / 그리인딩 / 1mm 이하 / 30N/mm²
① 환원염 가열
② 철근 단면 접합
③ 가압/중성염 가열

| 면처리 | 맞댐 | 가열·가압 |

[압접부 절단]

[압접]

[시험편]

2) 압접계획

① 철근의 압접위치가 설계도서에 표시되지 않은 경우, 압접위치는 응
력이 작게 작용하는 부위 또는 직선부에 설정하는 것을 원칙으로
하며 부재의 동일단면에 집중시키지 않도록 한다.
② 철근의 재질 또는 형태의 차이가 심하거나, 철근지름이 7mm 넘게
차이가 나는 경우에는 압접을 하지 않는 것을 원칙으로 한다.
③ 가스압접의 1개소당 $1.0d_b$~$1.5d_b$의 길이가 축소되므로 가공 시 이
를 고려하여 절단하여야 한다.

이음

3) 가스압접 장치

① 가열기

- 가열기는 불대 및 화구로 구성된다. 불대는 산소 및 아세틸렌 용기에서 각각 보내진 가스를 혼합할 때까지의 부분을 말하며, 화구는 이 혼합가스를 뿜어내며 불꽃을 만드는 부분을 말한다.
- 불대본체의 능력은 화구본체의 능력에 충분히 적응할 수 있어야 하고, 화구는 4구 이상의 화구선을 가진 것으로서, 작업 중 불꽃의 안정성이 좋고 철근지름에 적합하며 충분한 가열 능력을 가진 것이어야 한다.
- 화구선은 압접표면을 원주형 방향으로 고르게 가열할 수 있도록 배치하여야 한다.

② 압접기

- 압접기는 철근을 충분히 잡아줄 수 있고, 취급이 용이한 것으로서 철근 축방향의 압축력과 철근중심의 조정이 가능한 기구를 사용하도록 하며, 작업 중 편심 및 휨이 생기지 않도록 충분한 지지 능력을 가지고 있어야 한다.
- 철근 지지부는 장착시 철근에 손상을 입히지 않는 형태이어야 한다.

③ 가압기

- 가압기는 유압기 고압호스 및 램 실린더로 되어 있으며, 유압기는 가열 작업자가 동시에 가열조작 할 수 있는 것으로 하고, 전동식을 원칙으로 한다.
- 압접작업 중 필요한 압력을 철근의 축방향에 줄 수 있는 것으로써 그 가압능력은 철근 단면에 대하여 $30N/mm^2$ 이상 가할 수 있는 것으로 한다.

④ 제어장치

- 제어장치는 가열장치, 가압장치의 동작 및 가스공급을 미리 설정한 압접조건에 의해 제어하고, 압접작업을 자동적으로 진행시키는 능력을 갖고 있어야 된다.

4) 가스압접의 가압 및 가열

① 압접하는 2봉의 철근을 압접기에 의해서 소정의 위치에 맞댈 때, 그 두면의 사이 간격은 3mm 이하로 하며, 편심 및 휨이 생기지 않는 지를 확인한다.

② 압접하는 철근이 축 방향에 철근 단면적당 $30N/mm^2$ 이상의 가압을 하고 압접면의 틈새가 완전히 닫힐 때 까지 환원불꽃으로 가열한다. 이때 불꽃의 중심이 압접면에서 벗어나지 않도록 한다.

③ 압접면의 틈새가 완전히 닫힌 후 철근의 축 방향에 적절한 압력을 가하면서 중성불꽃으로 철근의 표면과 중심부의 온도차가 없어질 때까지 충분히 가열한다. 이때 가열범위는 압접부를 중심으로 철근지름의 2배정도 범위로 한다.

④ 압접기의 해체는 철근 가열부분의 흰색이 없어진 뒤에 한다.

⑤ 가열 중에 불꽃이 꺼지는 경우, 압접부를 잘라내고 재압접해야 한다.

압접 용어

☐ 중성불꽃 : 산화 작용도 환원 작용도 하지 않는 중성인 불꽃

☐ 환원불꽃 : 환원성을 가지고 있는 가스불꽃

☐ 철근단면 절단기 : 철근의 인접단면을 직각으로 절단하는 절단기

☐ 압접면의 엇갈림 : 압접 돌출부의 정상에서부터 압심면의 끝부분까지의 거리

☐ 편심량 : 압접된 철근 상호의 압접면에 있어서 축방향 엇갈림의 양

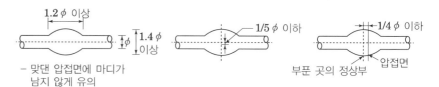

이음

[압접부 검사]

□ 검사 로트
- 1검사 로트는 1조의 작업반이 하루에 시공하는 압접 개소의 수량으로 그 크기는 200개소 정도를 표준으로 함)

□ 초음파 탐사법 KS B 0839
- 검사 로트에 20개소 이상

□ 인장시험법 KS B 0554
- 검사 로트에 3개소 이상의 시험편으로 하고 6개 이상의 시험편에 의한 검사를 시행

5) 압접부 형상기준 및 외관검사

- 맞댄 압접면에 마디가 남지 않게 유의

① 압접 돌출부의 지름은 철근지름의 1.4배 이상
② 압접 돌출부의 길이는 철근지름의 1.2배 이상으로 하고 그 형태는 완만하게 밑으로 처지지 않도록 한다.
③ 철근 중심축의 편심량은 철근 지름의 1/5 이하
④ 압접 돌출부의 단부에서의 압접면의 엇갈림은 철근지름의 1/4 이하

6) 인장시험에 의한 검사

철근지름	길이
호칭 D25mm 이하	$10d_b$+물림부 이상
호칭 D25mm 이상	$5d_b$+물림부 이상

용도 및 종류		항복강도(N/㎟)	인장강도(N/㎟)	연신율(%)		굽힘성
일반용	SD300	300~420	항복강도 1.15배 이상	2호	16 이상	180°
				3호	18 이상	
	SD400	400~520	항복강도 1.15배 이상	2호	16 이상	180°
				3호	18 이상	
	SD500	500~650	항복강도 1.08배 이상	2호	12 이상	90°
				3호	14 이상	
	SD600	600~780	항복강도 1.08배 이상	2호	10 이상	90°
				3호		
	SD700	700~910	항복강도 1.08배 이상	2호	10 이상	90°
				3호		
용접용	SD400W	400~520	항복강도 1.15배 이상	2호	16 이상	180°
				3호	18 이상	
	SD500W	500~650	항복강도 1.15배 이상	2호	12 이상	180°
				3호	14 이상	
특수내진용	SD400S	400~520	항복강도 1.25배 이상	2호	16 이상	180°
				3호	18 이상	
	SD500S	500~620	항복강도 1.25배 이상	2호	12 이상	180°
				3호	14 이상	
	SD600S	600~720	항복강도 1.25배 이상	2호	10 이상	90°
				3호		

[철근 콘크리트용 봉강 KS D 3504 개정안: 2016년 9월1일]

이음

[기둥 나사이음]

[나사마디 이음, 나사형 철근]

[단부 나사 가공 이음]

[나사(볼트) 조임식]

3-2. 기계적 이음(Sleeve Joint)

1) 나사이음

> 두 철근의 양단부에 수나사를 만들고, Coupler를 Nut로 지정 Torque까지 조이는 철근이음공법

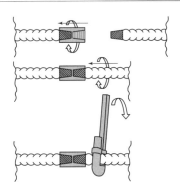

① 나사마디 이음 – 나사형 철근
   철근을 나사와 같이 이음 커플러에 돌려 끼워 접합하는 방식

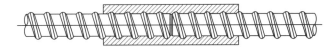

② 단부 나사 가공이음

> 이형철근의 단부에 나사가공을 하든지, 또는 철근단부에 별도로 나사를 마찰 압접하여 커플러와 너트를 사용하여 접합하는 방식으로 프리캐스트 콘크리트 부재 및 선조립 공법 등의 특수한 목적 등에 사용이 용이한 이음이다.

- 단부 스웨이징(누름) 나사이음: 철근 단부의 마디와 리브를 냉간(상온)에서 스웨이징(누름)하여 전조나사를 가공하여 암나사가 가공된 커플러를 이용하여 연결하는 방법 (국내개발 NT인증제품)

- 단부 풀림 나사이음: 철근의 단부를 냉간(상온)에서 단면을 크게 부풀린 후 절삭 또는 전조나사를 가공하여 암나사가 가공된 커플러를 이용하여 연결하는 방법 (프랑스 Dextra 수입)

- 테이퍼 절삭 나사이음: 철근단부를 테이퍼 형상으로 나사를 절삭 가공하여 연결하는 방법 (미국 Erico사 기술인용)

③ 나사(Bolt) 조임식 이음 – Bar Lock Bolt System
Coupler 상부 Bolt를 이용하여 철근을 조이는 방식(편체식 이음과 비슷)

이음

2) 강관 Sleeve 압착

접합하고자 하는 두 철근 사이에 슬리브를 끼워 넣고 슬리브를 유압잭 등으로 압착하여 접합하는 방식으로 기존 이형 철근의 사용이 가능하다. 강관 압착이음은 단속 압착이음, 연속 압착이음, 폭발 압착이음의 3종류로 나눌 수 있다. 슬리브의 길이는 D29, D38의 경우 각각 230mm, 260mm이나 이 이음방식은 슬리브와 철근마디를 끼워서 접합하는 방식이므로 슬리브의 길이는 철근마디수로 결정된다.

① 연속 압착이음(Squeeze Joint) – 국내 생산업체 없음

특수 유압잭을 사용하여 Sleeve의 축선을 따라 연속적으로 한 방향으로 압착하는 방식

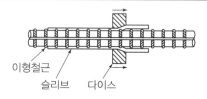

이형철근   슬리브   다이스

② 단속 압착이음(Grip Joint)
- G-Loc Sleeve, G-Loc Wedge, Insert등을 이용하여 철근을 Sleeve사이에 끼운 뒤 G-loc Wedge를 Hammer로 내리쳐서 이음

- 상온에서 유압 Pump · 고압 Press기 등으로 Sleeve를 압착

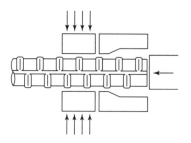

③ 폭발 압착이음, 용융금속 충전(Cad Welding) – 최근 미사용하며 **충전식 이음**에도 포함

화약의 폭발력에 의해 원통형 강관을 이형철근의 마디에 압착시키는 이음

[Cad Welding]

이음

[마디편체 내부 분리형]

[마디편체 내부 일체형]

□ 검사 로트

– (주) 1) 초음파 탐사검사의 로트는 콘크리트 표준시방서에서는 30개소

– 1검사 로트는 1조의 작업반이 하루에 시공하는 압접 개소의 수량으로 그 크기는 200개소 정도를 표준으로 함)

3) 편체식 이음(Coupler)

① 리브결합형 철근이음쇠 공법(Easy Coupler)신기술 제179호

> 철근의 단부에 한 쌍의 이음판을 덮어씌우고 Coupler를 이음판에 끼운 후 Coupler의 Flange에 형성된 구멍에 Bolt를 끼우고 Nut를 체결하여 조이면 이음판이 철근에 압착되어 접합되는 이음공법

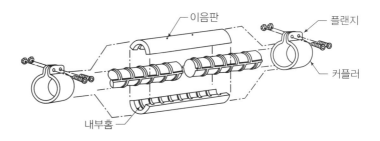

② 마디 편체식 이음(내부 분리형, 내부 일체형): 홈이 가공된 편체를 단부에 체결하는 방식

4. 철근이음의 검사

종류	항 목	시험 · 검사방법	시기 · 횟수	판정기준
겹침이음	위 치	육안 관찰 및 스케일에 의한 측정	가공 및 조립시	철근배근도와 일치할 것
	이음길이			
가스압접이음	위 치	외관 관찰, 필요에 따라 스케일, 버니어캘리퍼스 등에 의한 측정	전체 개소	철근배근도와 일치할 것
	외관검사			사용 목적을 달성하기 위해 정한 별도의 것
	초음파탐사검사	KS B 0839	1검사 로트[1]마다 20개소 발취	
	인장시험에 의한 검사	KS B 0554	1검사 로트마다 3개소 발취	설계기준 항복강도의 125%
기계적이음	위 치	육안 관찰, 필요에 따라 스케일, 버니어캘리퍼스 등에 의한 측정	전체 개소	철근배근도와 일치할 것
	외관검사			설계기준 항복강도의 125%
	인장시험	제조회사의 시험성적서에 의한 확인 또는 필요로 하는 항목	설계도서에 의함	

[건축공사 표준시방서 2015 기준]

조립

철근의 간격

Key Point

□ Lay Out
- 순간격 · 이음공법
- 피복두께 · 고려사항

□ 기본용어
- 철근Prefab공법
- 철근의 피복두께

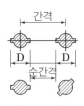

[순간격]

[선조립]

4 조립

1. 조립

1-1. 순간격

[S=철근의 순간격 = 철근 표면간의 최단거리]

1) 보

① 철근 공칭지름(d_b) 이상(건축공사 표준시방서 2015: 1.5배)
② 굵은골재 최대치수 4/3 이상, 25mm 이상

2) 벽체나 슬래브에서 휨 주철근

벽체, 슬래브 두께의 3배 이하, 450mm 이하

3) 기둥

40mm 이상, d_b의 1.5배 이상

1-2. Prefab

철근을 기초 · 기둥 · 벽체 · 보 · 바닥 Slab 등의 각 부위별로 Unit화된 부재로 공장 및 현장에서 미리 조립

1) Process

2) 설계 시 선결사항

① 평면의 단순화
② 부재 규격화 및 종류의 단순화 필요
③ 기둥 · 보 등 각 부재의 주근은 같은 굵기의 철근 사용
④ 접합공법은 특성에 맞는 이음기술 채택
⑤ 구조내력 검토

조립

3) 시공 시 유의사항

① 운반 및 양중 시 변형에 유의
② 띠철근과 스터럽은 나선식이 유리
③ 결속선은 #16을 사용

2. 피복두께(Cover Thickness)

철근 Concrete조에서 철근의 부착강도 확보, 부식방지 및 화재로부터 철근을 보호하기 위해 철근을 Concrete로 둘러싼 두께이며, 최외각 철근표면과 Concrete 표면의 최단 거리이다.

□ 피복두께 역할
– 내구성 확보
– 부착성 확보
– 내화성 확보
– 구조내력상의 안전성
– 방청성 확보

2-1. 최소 피복두께

콘크리트 구조기준 KCI 2012

종 류			최소 피복두께(mm)
수중에 타설하는 콘크리트			100
흙에 접하여 콘크리트를 친 후 영구히 흙에 묻히는 콘크리트			75
흙에 접하거나 옥외의 공기에 직접 노출되는 콘크리트		D19 이하의 철근	50
		D16 이하의 철근	40
옥외의 공기나 흙에 직접 접하지 않는 콘크리트	슬래브, 벽체, 장선	D35 초과하는 철근	40
		D35 이하인 철근	20
	보, 기둥		40
	쉘, 절판부재		20

※ 보, 기둥의 경우 $f_{ck} \geq 40MPa$일 때 피복두께를 10mm 저감시킬 수 있다.

2-2. 철근 고임재 및 간격재 배치

부 위	종 류	수량 또는 배치간격
기 초	• 강재, 플라스틱, 콘크리트	• 8개/4㎡ • 20개/16㎡
지중보	• 강재, 플라스틱, 콘크리트	• 간격은 1.5m • 단부는 1.5m 이내
벽, 지하외벽	• 강재, 플라스틱, 콘크리트	• 상단 보 밑에서 0.5m • 중단은 1.5m 이내 • 횡간격은 1.5m 이내 • 단부는 1.5m 이내
기둥	• 강재, 플라스틱, 콘크리트	• 상단은 보 밑 0.5m 이내 • 중단은 주각과 상단의 중간 • 기둥 폭방향은 1m까지 2개 1m 이상 3개
보	• 강재, 플라스틱, 콘크리트	• 간격은 1.5m • 단부는 1.5m 이내
슬래브	• 강재, 플라스틱, 콘크리트	• 간격은 상·하부 철근 각각 가로 세로 1m

4-3장

콘크리트 일반

Lay Out

① 재료 · 배합 Lay Out

Cement • 주요화합물과 수화반응

- 시골물은(혼)~피가 혼특하여 보중조 쩌내~
- 포플러시면 고~안하면~알까고 초팽이 칠거야~

P · C
- 보통 · 중용열 · 조강 · 저열 · 내황산염

혼합 C
- Pozzolan · Fly ash · 고로Slag

특수 C
- Alumina · 초속경 · 팽창

골재

물(배합수) • 상수돗물 품질

혼화재료

혼화재 5% 이상 • 포플러시면 고~
- Pozzolan
- Fly Ash
- Silica Fume
- 고로Slag

혼화제 1% 이하 • 예감에 응결이 경화 지연이
유방은 기포제다
- AE제 · AE감수제
- 응결제 · 경화제 · 지연제
- 유동화제 · 방동제 · 기포제

배합설계 순서 • 설배시 물슬굵잔 공단 시현
- 설계기준강도
- 배합강도
- 시멘트강도
- 물결합재
- 슬럼프치
- 굵은골재 최대치수
- 잔골재율
- 공기량결정
- 단위수량
- 시방배합
- 현장배합

Lay Out

② 제조 · 시공 Lay Out

| 공장선정 · 제조 | • 공장 운타 다이양 품질

| 선정 |

- 운반거리
- 품질관리(공장점검)
- 제조능력

| 계량 |

| 비비기 |

| 운반 | • 운반 90분~120분

| 타설 |

| 압송장비 | • 건물규모, 1회타설량, 콘크리트물성

| 타설 | • 방법, 구획, 속도, 높이

| 다짐 | • 500mm 이하, 5~15초

| 이음 |

- Construction Joint
- Expansion Joint
- Control Joint
- Delay Joint

| 양생 | • 습증전피 Pipe는 프리단가

- 습윤양생, 증기양생, 전기양생, 피막양생, Pipe Cooling, Precooling, 단열양생, 가열양생

| 현장품질관리 | • 압슬공 비염걸려서~코비가 숫을 방해 하는 조인자에게 초음파를 보냈다.

| 받아들이기 |

- 압축강도시험(공시체 제작)
- 슬럼프시험
- 공기량
- Bleeding시험
- 염화물 이온량

| Core 채취 |

| 비파괴 시험 |

- 슈미트해머법
- 방사선법
- 조합법
- 인발법
- 자기법
- 초음파

Lay Out

③ Con'c 성질 Lay Out

미경화 Con'c

- WC에서 CF찍으면 MVP가 된다~

> - Workability(시공연도)
> - Consistency(반죽질기)
> - Compactibility(다짐성)
> - Finishability(마감성)
> - Mobility(유동성)
> - Viscosity(점성)
> - Plasticity(성형성)

경화 Con'c

> - 강도특성
> - 역학적특성
> - 변형특성(Creep, 건조수축)

내구성

- 염탄 알중 온건 진충파마

> - 염해
> - 탄산화
> - 알칼리골재반응
> - 동결융해
> - 온도변화
> - 건조수축
> - 진동, 충격, 파손, 마모

Lay Out

④ 균열 Lay Out

종류

- 자기수축: 수화반응 시
- 소성수축: 마감시작 전
- 침하균열: 마감 후
- 건조수축: 타설완료 후
- 탄화수축: 탄산화 과정 시

미경화 균열

- 수분증발 – 소성수축
- 침하균열

경화 균열

- 설계
- 재료
- 배합
- 시공
- 양생

보수 · 보강

- 표를 사러 충주에 가는 강단에 탄복할 수밖에~

- **보수**
  표면처리, 충전법, 주입법
- **보강**
  강재보강, 단면증대, 탄소섬유시트, 복합재료

① 재료 · 배합

1. 시멘트

수경성(포틀랜드시멘트)+기경성(소석회, 석고)
소요 품질의 콘크리트 확보를 위해 경제적이고 안정적인 시멘트 선정

1-1. 성분

석회석, 점토, 규석, 철광석을 1,450℃까지 가열/ 미분쇄(분말도 2,800㎠/g)

1-2. 주요 화합물의 특성

구분	C_3S (Alite)	C_2S (Belite)	C_3A (Aluminate)	C_4AF (Ferrite, Celite)
분자식	$3CaO \cdot SiO_2$	$2CaO \cdot SiO_2$	$3CaO \cdot Al_2O_3$	$3CaO \cdot Al_2O_3 \cdot Fe_2O_3$
수화반응	상당히 빠름	늦음	대단히 빠름	비교적 빠름
강도	28일 이내 초기강도	28일 이후 장기강도	1일 이내의 초기강도	강도에 거의 기여 안함
수화열	大	小	極大	中
건조수축	中	小	大	小
화학저항성	中	大	小	中

1-3. KS에 규정된 시멘트의 종류

1) 일반 시멘트

구분		종류	특징
포틀랜드 시멘트		보통 P.C	일반 건축공사
		중용열P.C	수화열 및 조기강도 낮고 장기강도는 동등 이상
		조강P.C	보통P.C 3일 강도를 1일에 7일 강도를 3일에 발현
		저열P.C	중용열P.C보다 수화열이 낮음
		내황산염P.C	C_3A를 줄이고 C_4AF를 약간 늘림
혼합 C	고로슬래그	1종(5~30%) 2종(30~60%) 3종(60~70%)	내화학 저항성, 내해수성
	포졸란	1종(5~10%) 2종(10~20%) 3종(20~30%)	수밀성이 높고 내화성성 우수, 초기강도 작음
	플라이애쉬	1종(5~10%) 2종(10~20%) 3종(20~30%)	수화열 및 건조수축이 적음

재료/배합

응결과 경화

□ 응결(Setting)
– 수화되면서 유동성 상실

□ 경화(Hardening)
– 응결이후 굳으면서 강도발현

□ False Setting(위(僞)응결, 가(假)응결, 헛응결)
– False Setting은 시멘트를 분쇄할 때 고열로 인하여 첨가한 석고의 탈수에 의해 기인한 것으로 시멘트를 비벼서 놓아두면 물을 넣은 후 5~10분이 경과 되었을 때 발열을 수반하지 않고 약간 굳어 일시적으로 응결된 것처럼 보이는 현상이다.

□ Abnormal Setting(이상응결(異常凝結), 비정상응결)
– Abnormal Setting은 응결의 시작과 끝을 나타내는 초결과 종결이 정상응결의 범위 밖으로 진행되는 응결이 초결은 1시간 이상, 종결은 10시간 이내의 범위를 벗어난 응결을 말한다.

2) 특수 시멘트

구분	특징
알루미나 시멘트	내화학성우수, 강도발현 빠름. 6~12시간에 일반P.C와 동일
팽창 시멘트	건조수축을 방지
초조강 P.C	알라이트를 많게 하고 벨라이트를 줄여 5,000~6,000㎠/g으로 미분쇄
초속경 시멘트	6,00㎠/g으로 미분쇄, 2~3시간에 10MPa에 도달
MDF시멘트	수용성 폴리머를 혼합, 공극 채움
DSP 시멘트	고성능 감수제 혼합. 공극률 감소
벨라이트 시멘트	클링커의 상 조성을 변화시키지 않고 제조가능. 적은양의 석고사용가능

1-4. 수화(Hydration)

> Cement(CaO)와 물(H_2O)이 반응하여 가수 분해되어 수화물 생성

1) 포틀랜드 시멘트의 수화발열 속도 및 양

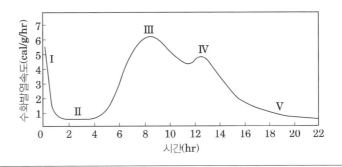

① 제1 peak(Ⅰ): 석고와 알루미네이트상의 반응하여 Ettringite생성. 알라이트 표면의 용해
② 유도기(Ⅱ): 2~4시간 수화가 진행되지 않고 페이스트도 변화하지 않은 상태
③ 제2 Peak(Ⅲ): 알라이트의 수화 가속
④ 제3 Peak(Ⅳ): 석고의 소진으로 Ettringite가 Monsulfate로 변화
⑤ 제3 Peak이후(Ⅴ): 수화물 간의 접착으로 경화시작

※ 경화체의 성분과 구조
미세공극은 0.1~1,000μm 크기의 모세관공극과 약 20Å 크기의 겔 사이에 존재하는 겔 공극으로 구분, 총 수분량은 약 40%, 수화물 결정수가 약 25%, 겔 공극수가 약 15%

재료/배합

□ 절대 건조상태
(Over-dry Condition)
- 골재를 100~110℃ 정도의 온도에서 중량변화가 없어질 때까지(24시간 이상) 건조한 상태, 골재 내부 모세관 등에 흡수된 수분이 거의 없는 상태

□ 공기 중 건조 상태
- 골재를 공기 중에 건조하여 골재의 표면은 수분이 없는 상태이고, 내부는 수분을 포함하고 있는 상태

□ 표면건조 포수상태
(Saturated Surface Dry Condition)
- 골재의 표면은 수분이 없는 상태이고, 내부는 포화상태

□ 습윤상태
- 골재의 표면은 수분이 있는 상태이고, 내부는 포화상태

□ 실적률
- 실적률=(단위용적질량/절건밀도)×공극률

□ 공극률

$$\frac{(밀도 \times 0.0999) - 단위용적질량}{밀도 \times 0.999}$$

2. 골재

2-1. 요구조건

① 시멘트풀보다 강도가 클 것
② 표면이 거칠고 구형에 가까운 것
③ 청정한 것
④ 물리적으로 안정할 것
⑤ 화학적으로 안정할 것
⑥ 입도가 적절할 것
⑦ 시멘트페이스트와 부착력이 크도록 큰 표면적을 가질 것
⑧ 내화성이 있는 것

2-2. 밀도에 따른 분류

2-3. 입자크기에 따른 분류

① 잔골재(Fine Aggregate: 10 mm 체를 전부 통과하고, 5 mm 체를 거의 다 통과하며, 0.08 mm 체에 거의 다 남는 골재, 5 mm 체를 통과하고 0.08 mm 체에 남는 골재
② 굵은골재(Coarse Aggregate): 5 mm 체에 거의 다 남는 골재, 5 mm 체에 다 남는 골재

2-4. 밀도와 흡수율

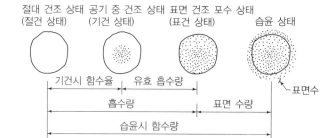

① 유효흡수량=표건상태 질량-기건상태질량
② 흡수율=$\frac{흡수량}{절대건조중량} \times 100(\%)$
③ 표면수율=$\frac{함수율 - 흡수율}{1 + 흡수율/100}$

2-5. 골재의 품질에 대한 허용 값 - KS F 2526

구분	밀도(절대건조g/㎤)	흡수율(%)	안정성(%)	마모율(%)
굵은골재	2.5 이상	3.0 이하	12 이하	40 이하
잔골재	2.5 이상	3.0 이하	10 이하	

재료/배합

3. 배합수

배합수는 콘크리트 용적의 약 15%를 차지하고 있으며, 소요의 유동성과 시멘트 수화반응을 일으켜 경화를 촉진한다.

3-1. 배합수의 구분 – KS F 4009 F 부속서 2

1) 상수돗물의 품질

항목	허용량
색도	5도 이하
탁도(NTU)	2 이하
수도이온 농도(pH)	5.8~8.5
증발 잔유물(mg/ℓ)	500 이하
염소 이온량(Cl^-)(mg/ℓ)	250 이하
과망간산칼륨 소비량(mg/ℓ)	10 이하

2) 상수돗물 이외의 물의 품질

항목	허용량
현탁 물질의 양	2g/ℓ 이하
용해성 증발 잔류물의 양	1g/ℓ 이하
염소 이온량(Cl^-)(mg/ℓ)	250mg/ℓ 이하
시멘트의 응결시간의 차	초결 30분 이내, 종결 60분 이내
모르타르의 압축강도 비율	재령7일 및 28일에서 90% 이상

하천수, 호숫물, 저수지수, 지하수 등으로서 상수도물로서의 처리가 되어 있지 않은 물 및 공업용수를 말한다.

3) 회수수의 품질

항목	허용량
염소이온량(Cl^-)(mg/ℓ)	250mg/ℓ 이히
시멘트의 응결시간의 차	초결 30분 이내, 종결 60분 이내
모르타르의 압축강도 비율	재령7일 및 28일에서 90% 이상

레드믹스트 콘크리트를 세척하여 잔골재, 굵은 골재를 분리한 세척 배수(슬러지수 및 상징수의 총칭)

4. 혼화재료

혼화재료는 조건별로 사용방법이 다르므로 소요의 품질을 최대한 고려해서 일정한 양을 사용한다.

4-1. 구비조건

① 점성, 분리, 블리딩이 작을 것
② 응결시간에 영향을 미치지 않을 것
③ 수화발열이 크지 않을 것
④ 골재와 유해한 반응을 일으키지 않을 것
⑤ 강도, 수축, 내구성 등에 유해한 영향이 없을 것

4-2. 분류

1) 혼화재

시멘트 중량에 대하여 5% 이상 첨가하는 것으로서 용적으로 고려함

① 포졸란 작용: Fly ash
② 잠재수경성: 고로Slag 미분말, 실리카 품
③ 콘크리트 팽창: 팽창재
④ 콘크리트 착색: 착색재

2) 혼화제

시멘트 중량에 대하여 1% 전후 첨가하는 것으로서 용적으로 고려안함

① 작업성능이나 동결융해 저항성능 향상: AE제, AE 감수제
② 단위수량, 단위시멘트량 감소: 감수제, AE 감수제
③ 강력한 감수효과 및 강도증가: 고성능 감수제
④ 감수효과를 이용한 유동성 개선: 유동화제, 고유동화제
⑤ 응결, 경화시간 조절: 촉진제, 지연제, 급결제
⑥ 염화물에 의한 강재부식 억제: 방청제
⑦ 기포를 발생시켜 충전성, 경량화: 기포제, 발포제
⑧ 점성, 응집작용 등을 향상시켜 재료분리 억제: 증점제, 수중콘크리트용 혼화제
⑨ 방수효과: 방수제
⑩ 기타: 보수제, 방동제 등

재료/배합

5. 배합설계 – KS 4009, 콘크리트 표준시방서 기준

5-1. 배합설계의 기본원칙

① 충분한 강도를 확보할 것
② 충분한 내구성을 확보할 것
③ 가능한 한 단위수량을 적게할 것
④ 가능한 한 최대치수가 큰 굵은골재를 사용할 것
⑤ 경제성 있는 배합일 것 점성, 분리, 블리딩이 작을 것

5-2. 배합설계시의 기본요소

1) 물-결합재비와 강도

$f_c' = A + B(C/W)$, f_c'는 콘크리트의 28일 압축강도

2) 워커빌리티

강도, 내구성 및 경제성 등을 결정하는 콘크리트의 기본특성으로 타설용이성, 반죽질기, 재료분리 저항성 등에 의해 결정되는 작업의 난이도를 의미

3) 내구성

내구성 저하를 유발하는 염해, 탄산화, 알칼리골재반응, 동결융해, 온도변화, 건조수축 등의 유해작용 고려

4) 기타

혼화재료의 영향을 고려할 것

5-3. 배합설계 방법

1) 배합설계 순서

배합조건 결정: 구조물의 종류, 기상조건 및 시공방법, 재료선정 및 물성을 파악하여 배합강도결정, 굵은골재 최대치수 결정, 물-결합재비 결정, 슬럼프 및 공기량 결정, 단위수량 및 잔골재율을 고려하여 시방배합 산정

시방배합 순서

① 설계기준강도
② 배합강도
③ 시멘트강도
④ W/B 결정
⑤ 슬럼프치
⑥ 굵은골재 최대치수
⑦ 잔골재율
⑧ 공기량 결정
⑨ 단위수량 선정
⑩ 시방배합
⑪ 현장배합

재료/배합

5-4. 시방배합

1) 배합강도(F_{cr})

- $F_{cn} \leq 35\text{MPa}$인 경우
    ① $f_{cr} = f_{cn} + 1.34s$ (MPa)
    ② $f_{cr} = (f_{cn} - 3.5) + 2.33s$ (MPa) 중 큰 값
       S: 압축강도의 표준편차(MPa)
- $F_{cn} > 35\text{MPa}$인 경우
    ① $'f_{cr} = f_{cn} + 1.34s$ (MPa)
    ② $'f_{cr} = 0.9f_{cn} + 2.33s$ (MPa)
       S: 압축강도의 표준편차(MPa)

현장 배치플랜트인 경우는 호칭강도(f_{cn}) 대신에 기온보정강도(T_n)을 고려한 품질기준강도(f_{cq})를 사용할 수 있다.

현장 콘크리트의 품질변동을 고려하여 콘크리트의 배합강도를 설계기준 압축강도보다 충분히 크게 정하여야 한다.

2) 물-결합재비

① 물-결합재비는 소요의 강도, 내구성, 수밀성 및 균열저항성 등을 고려하여 정하여야 한다.
② 콘크리트의 압축강도를 기준으로 물-결합재비를 정하는 경우 그 값은 다음과 같이 정하여야 한다.

- 압축강도와 물-결합재비와의 관계는 시험에 의하여 정하는 것을 원칙으로 한다.
- 배합에 사용할 물-결합재비는 기준 재령의 결합재-물비와 압축강도와의 관계식에서 배합강도에 해당하는 결합재-물비 값의 역수로 한다.

③ 내동해성을 기준으로 하는 경우

□ 제빙 화학제 사용
- 45% 이하

□ 수밀성 기준
- 50% 이하

□ 탄산화 저항성 고려
- 55% 이하

노출상태	보통골재 콘크리트 최대 물-결합재비	보통골재 콘크리트와 경량골재 콘크리트의 최소 설계기준압축강도 f_{ck}(MPa)
물에 노출되었을 때 낮은 투수성이 요구되는 콘크리트	0.50	27
습한상태에서 동결용해 또는 제빙화학제에 노출된 콘크리트	0.45	30
제빙화학제, 염, 소금물, 바닷물에 노출되거나 이런 종류들이 살포된 콘크리트의 철근부식방지	0.40	35

[특수 노출상태에 대한 요구사항]

재료/배합

□ 고강도 콘크리트 단위수량
- 180/kg㎥ 이하

3) 단위수량

작업이 가능한 범위 내에서 될 수 있는 대로 적게 되도록 시험을 통해 정하여야 한다.

4) 단위 시멘트량

① 원칙적으로 단위수량과 물-결합재비로부터 정하여야 한다.
② 소요의 강도, 내구성, 수밀성, 균열저항성, 강재를 보호하는 성능 등을 갖는 콘크리트가 얻어지도록 시험에 의하여 정한다.

5) 굵은골재 최대치수

① 거푸집 양 측면 사이의 최소 거리의 1/5
② 슬래브 두께의 1/3
③ 개별철근, 다발철근, 긴장재 또는 덕트 사이 최소 순간격의 3/4

구조물의 종류	굵은 골재의 최대치수(㎜)
일반적인 경우	20 또는 25
단면이 큰 경우	40
무근콘크리트	40 부재 최소치수의 1/4을 초과해서는 안됨

6) Slump 및 Slump Flow의 결정 ( ) 2015건축공사 표준시방서

종류		슬럼프 값
철근콘크리트	일반적인 경우	80~150(180)
	단면이 큰 경우	60~120(150)
무근콘크리트	일반적인 경우	50~150(180)
	단면이 큰 경우	50~100(150)

[Slump의 표준값(㎜)]

7) 잔골재율

① 소요의 워커빌리티를 얻을 수 있는 범위 내에서 단위수량이 최소가 되도록 시험에 의해 정하여야 한다.
② 사용하는 잔골재의 입도, 콘크리트의 공기량, 단위 시멘트량, 혼화재료의 종류 등에 따라 다르므로 시험에 의해 정하여야 한다.
③ 공사 중에 잔골재의 입도가 변하여 조립률이 ±0.20 이상 차이가 있을 경우에는 워커빌리티가 변화하므로 배합을 수정
④ 콘크리트 펌프시공의 경우에는 펌프의 성능, 배관, 압송거리 등에 따라 적절한 잔골재율을 결정
⑤ 유동화 콘크리트의 경우, 유동화 후 콘크리트의 워커빌리티를 고려하여 잔골재율을 결정할 필요가 있다.
⑥ 고성능 공기연행감수제를 사용한 콘크리트의 경우로서 물-결합재비 및 슬럼프가 같으면, 일반적인 공기연행감수제를 사용한 콘크리트와 비교하여 잔골재율을 1~2 퍼센트 정도 크게 하는 것이 좋다.

재료/배합

8) 공기량의 결정

- 공기량 1% 증가하는데 슬럼프는 20mm 증가
- 공기량 1% 증가하는데 단위수량은 3% 감소
- 공기량 1% 증가하는데 압축강도는 4~6% 감소

굵은 골재의 최대치수(mm)	공기량(%)	
	심한 노출 ①	보통 노출 ②
10	7.5	6.0
15	7.0	5.5
20	6.0	5.0
25	6.0	4.5
40	5.5	4.5

[공기연행 콘크리트 공기량의 표준값]

① 동절기에 수분과 지속적인 접촉이 이루어져 결빙이 되거나 제빙 화학제를 사용
② 간혹 수분과 접촉하여 결빙이 되면서 제빙 화학제를 사용하지 않는 경우

9) 잔골재량 및 굵은 골재량 결정

단위잔골재량 $S(kg) = V_{s \times} \rho s \times 1,000$

단위굵은골재량 $G(kg) = V_G \times \rho_G \times 1,000$

ρs =잔골재 , ρ_G =굵은골재
일반적으로 적절한 잔골재율은 보통 35~45% 정도의 범위

10) 현장배합

시방배합의 콘크리트가 얻어지도록 현재 사용하는 원재료의 품질 특성 중에서 잔골재의 5mm체 잔류율, 굵은골재의 5mm체 통과율, 골재의 표면수율, 혼화제 희석비, 회수수의 고형분율 등을 고려하여 배합설계하는 것을 말한다.

제조 · 시공

② 제조 · 시공

성능 및 품질 이해

Key Point

□ Lay Out
- 특성 · 품질 · 기준
- 기능 · 성능 · 이음
- 타설전 중 후 유의사항
- 품질시험

□ 기본용어
- Pre Cooling
- Plug현상
- Concrete Placing Boom
- V.H분리타설
- 구조 Slab용 Level Space
- 진동다짐 방법
- Construction Joint
- Cold Joint
- Expansion Joint
- Control Joint
- Delay Joint
- 습윤양생기간

1. 공장선정 및 제조관리

1-1. 선정기준

> 레드믹스트 콘크리트 공장은 기본적으로 KS 표시허가 공장으로서, 재료시험기사 자격을 가진 기술자 또는 이와 동등 이상의 지식, 경험이 있는 기술자가 상주하는 공장을 선정하여야 한다.

※ 복수의 레디믹스트 공장 출하 시
  콘크리트 타설량이 많아 단일공장에서 출하되는 생산량으로는 부족하여 복수의 레디믹스트콘크리트 공장을 사용하는 경우에는 동일 타설공구에 2개 이상의 콘크리트가 타설되지 않도록 하여야 한다.

1-2. 제조관리

1) 배합

① 잔골재의 조립률
② 굵은 골재의 실적률
③ 슬러지수의 농도
④ 잔골재의 표면수율

2) 재료계량

재료의 종류	측정단위	1회 계량분량의 한계허용오차 (%)
시 멘 트	질량	± 1
골 재	질량 또는 부피	± 3
물	질량	± 1
혼 화 재[1]	질량	± 2
혼 화 제	질량 또는 부피	± 3

고로 Slag 미분말의 계량오차의 최대치는 1%로 한다.

3) 혼합

제조설비

- 시멘트 저장설비
- 골재저장 설비 및 운반설비
- 혼합재료 저장설비
- Batcher Plant
- 믹서
- 콘크리트 운반차

강제식 — 1분 이상

가경식 — 1분30초 이상(건축공사 표준시방서: 2분 이상)

비비기는 미리 정해둔 비비기 시간의 3배 이상 계속하지 않아야 한다.

제조 · 시공

2. 인수검사

2-1. 운반

1) 운반차의 용도

구 분	내 용
Central Mixed Concrete	Plant의 Mixer에서 반죽 완료된 Concrete를 Truck Agitator로 현장 운반되며, 근거리에 사용된다.
Shrink Mixed Concrete	Plant의 Mixer에서 약간 혼합된 Concrete를 Truck Agitator로 현장 운반 중에 비비기를 완료하는 방법으로, 중거리에 사용된다.
Transit Mixed Concrete	Plant에서 계량 완료된 재료를 Truck Mixer로 현장 운반 중에 비비기를 완료하는 방법으로, 장거리에 사용된다.

2) 현장 내 운반방식

- Bucket 방식
  ① Crane을 이용하여 Bucket에 Con'c를 담아 직접 타설
  ② Crane(Tower, Truck) 이용하여 Bucket을 올려 직접 타설
  ③ 재료분리가 없고, 이동이 간단하나 양중장비 및 안전대책이 필요
  ④ 최상층은 시공이 용이하나 중간층 타설은 곤란

- Chute 방식
  ① 콘크리트 타설용 철제관(반원모양)을 통해 높은 곳에서 중력 타설
  ② 연결부가 새지 않게 하고 재료분리 방지
  ③ 운반거리(3~6m)는 짧게, 경사는 27° 이상

- Cart 방식
  ① 손수레를 이용한 인력 소운반 타설
  ② 간단한 타설시 이용하며, 운반거리는 40m 이내
  ③ 재료분리 발생 방지

- Pump 방식
  ① Con'c 수송용 Pump(Piston식, Squeeze식)를 이용하여 타설
  ② Pipe의 설치 및 이동시 철근 · 거푸집에 변형 발생 금지

3) 운반시간

구 분		KS F 4009	2015 건축공사 표준시방서 2016 콘크리트 표준시방서	
한정		혼합 직후부터 배출직전	혼합 직후부터 타설 완료	
한도		90분	외기온도 25℃ 이상	90분
			외기온도 25℃ 미만	120분

제조 · 시공

4) 운반 시 온도

① 외기온도 30℃ 이상 또는 0℃ 이하 시에는 차량에 특수 보온시설을 하여야 한다.

② 레디믹스트 콘크리트는 배출 직전에 드럼을 고속 회전시켜 콘크리트를 균일하게 한 다음 배출한다.

5) 콘크리트 종류별 온도측정

① 서중 및 매스콘크리트: 35℃ 이하

② 수밀콘크리트: 30℃ 이하

③ 고내구성 콘크리트: 3~30℃

④ 한중콘크리트: 5~20℃

2-2. 받아 들이기 검사(KS F 2402, 콘크리트 표준시방서)

1) Slump의 허용오차

슬럼프	슬럼프 허용차(mm)
25	±10
50 및 65	±15
80~180 이하	±25

2) Slump Flow의 허용오차

슬럼프 플로	슬럼프 플로의 허용차(mm)
500	±75
600	±100
700[1)	±100

주 1) 굵은 골재의 최대치수가 15mm인 경우에 한하여 적용한다.

3) 공기량 - 콘크리트 표준시방서, KS F 4009-2409, 2421, 2449

종류	함유량(%)	허용오차
보통 콘크리트	4.5	±1.5
경량골재 콘크리트	5.5	
포장 콘크리트	4.5	
고강도 콘크리트	3.5	

4) 염소 이온량 - 콘크리트 표준시방서, KS F 4009-2515

① 원칙적으로 0.3kg/㎥ 이하. 다만, 염소 이온량이 적은 재료의 입수가 매우 곤란한 경우에는 방청에 유효한 조치를 취한 후 책임기술자의 승인을 얻어 0.6kg/㎥ 이하로 할 수 있다. 높은 내구성이 필요한 콘크리트는 0.2kg/㎥ 이하

② 의심되는 골재 사용 시 150㎥당 1회, 그 외의 경우 타설일 마다 1회 이상

□ 염소 이온량 시험횟수
- KS F 2515: 150㎥당
- 건축공사 표준시방서 120㎥당

제조 · 시공

3. 타설 전 관리

3-1. 타설 계획

- **설계도서 검토**
  ① 콘크리트 강도 및 배합
  ② 이음부분확인
  ③ 1회 타설 수량 결정

- **타설방법 및 구획결정**
  ① 운반방법
  ② 타설장비
  ③ 타설방법
  ④ 다짐방법
  ⑤ 레미콘 공급관리

- **타설순서 검토**
  ① 시공이음의 위치
  ② 타설량
  ③ 타설 소요시간

- **시공이음 처리**
- **다짐 및 표면 마무리**
- **양생방법 결정**

3-2. 타설 준비

- **거푸집 및 철근검사**
  ① 위치 및 수직성 · 수평성
  ② 지보공의 안전성
  ③ 타설시 변형유무 점검
  ④ 피복두께 확보
  ⑤ 철근의 순간격 및 이음길이

- **다짐장비**
  ① 가동대수 및 예비대수
  ② 배치

- **양생도구**
  기상에 따른 비닐, 양생포, 살수장비, 열풍기, 차단막, 외부보양시설

- **일기예보**
  강우 및 강설에 대한 대처

- **타설부위 검사**
  시공이음부위 및 매입철물 고정상태

- **타설장비 및 인원**
  규모에 맞게 배치

4. 타설 중 관리

4-1. 펌프압송

1) 압송장비 선정

① 발생 압력 산정: 배관의 전체길이 및 이음개소 고려

구분	적용기준	구분	적용기준
최초 발생압력	20 Bar	Concrete Placing Boom	6 Bar
수직 파이프 라인	1 Bar/4m	End Hose	15 Bar
90° 곡관	1 Bar/1EA	Friction Loss	1 Bar/100m
45° 곡관	1 Barr/2EA	Security Factor	
Pipe Coupling	1 Bar/10EA	계	계×0.2

② 시간당 타설량: 작업효율을 고려한 타설량 산정

③ 장비 필요 출력 산정: $P(\mathrm{kw})=0.04 \times$ 시간당 타설량($\mathrm{m^3/h}$)×타설압력 (Bar)

④

2) 압송관 호칭치수

굵은골재의 최대치수(mm)	압송관의 호칭치수(mm)
20	100 이상
25	100 이상
40	125 이상

3) 타설장비

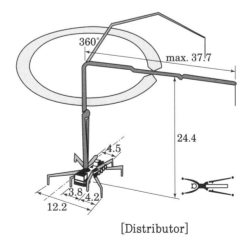

[Distributor]

Distributor는 Concrete Pump에서 배관을 통해 압송된 Concrete를 자체관(Pipe)의 수직·수평·회전 작용을 이용하여 타설 하는 장비

제조 · 시공

□ 서중기 압송
- 콘크리트 온도상승으로 폐색가능: 가능한 중단 없이 연속타설 (배관의 햇빛 가리개 설치)

□ 한중기 압송
- 콘크리트 동결로 폐색가능: 가능한 중단 없이 연속타설 (배관의 보온)

[Distributor]

제조 · 시공

[Concrete Placing Boom]

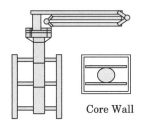

Core Wall

[Core내부 설치]

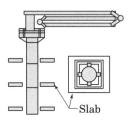

Slab

[Slab내부 설치]

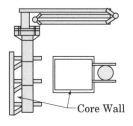

Core Wall

[Wall backet 설치]

[Concrete Placing Boom]

① 펌프에서 배관을 통해 압송된 콘크리트를 Tubular Mast에 설치된 C.P.B Boom을 이용하여 콘크리트 타설 위치에 포설하는 장치
② Boom의 작업반경이 20m~50m 내외로 Core Wall선행 시공 시 골조진행 2개층 마다 마스트 클라이밍을 통하여 타설한다.

4-2. 콘크리트 타설

1) 타설방법

① 콘크리트를 거푸집 안에서 횡방향으로 이동시켜서는 안된다.
② 타설 도중에 심한 재료분리가 생겼을 때에는 재료분리를 방지할 방법을 강구
③ 연속타설: 한 구획 내의 콘크리트는 타설이 완료될 때까지 연속해서 타설한다.
④ 한 구획 내에서 표면이 거의 수평이 되도록 타설하는 것을 원칙으로 한다.
⑤ 다짐능력: 콘크리트 타설의 1층 높이는 다짐능력을 고려(400~500mm 이하)
⑥ 이어치기: 2층 이상으로 나누어 타설할 경우, 상층의 콘크리트 타설은 원칙적으로 하층의 콘크리트가 굳기 시작하기 전에 해야 하며, 상층과 하층이 일체가 되도록 시공한다. 또한, Cold Joint가 발생하지 않도록 하나의 시공구획의 면적, 콘크리트의 공급능력 이어치기 허용시간 간격 등을 정하여야 한다.

외기온도	허용 이어치기 시간간격
25℃ 초과	2.0시간
25℃ 이하	2.5시간

제조 · 시공

VH분리 타설

☐ **강도 차이가 작은 경우**

$\dfrac{\text{수직부재의 강도}}{\text{수평부재의 강도}} \leq 1.4$인경우

특별한 조치 불필요

☐ **강도 차이가 큰 경우**

$\dfrac{\text{수직부재의 강도}}{\text{수평부재의 강도}} > 1.4$인경우

기둥주변의 바닥판은 기둥과 동일한 강도를 가진 콘크리트로 타설하고 기둥 콘크리트 상면은 기둥면으로부터 슬래브내로 600mm 확대시공

Tamping

Concrete 표면의 일부분이 굳기 시작하여 물빛이 사라질 무렵 나무흙손이나 고무망치로 두들겨 침하균열을 제거

2) 타설 높이 제한

거푸집의 높이가 높을 경우 재료분리를 막고 상부의 철근 또는 거푸집에 콘크리트가 부착하여 경화하는 것을 방지하기 위해 거푸집에 투입구를 설치하거나 연직슈트 또는 펌프배관의 배출구를 타설면 가까운 곳까지 내려서 콘크리트를 타설하여야 한다. 이 경우 슈트, 펌프배관, 버킷, 호퍼 등의 배출구와 타설 면까지의 높이는 1.5m 이하를 원칙으로 한다.

3) 타설 속도

① 벽 또는 기둥과 같이 높이가 높은 콘크리트를 연속해서 타설할 경우에는 타설 및 다질 때 재료 분리가 될 수 있는 대로 적게 되도록 콘크리트의 반죽질기 및 타설속도를 조정하여야 한다.(일반적으로 1~1.5m/30min)

② 타설 속도가 빠르면 측압이 증가하고 거푸집의 변형이 발생

4-3. 다짐 및 침하균열에 대한 조치

1) 다짐방법

① 내부 진동기를 하층의 콘크리트 속으로 0.1m 정도 찔러 넣는다.

② 내부 진동기는 연직으로 찔러 넣으며, 그 간격은 진동이 유효하다고 인정되는 범위의 지름 이하로서 0.5m 이하로 간격으로 한다.

③ 1개소당 진동 시간은 다짐할 때 시멘트 페이스트가 표면 상부로 약간 부상하기 까지 한다.

④ 내부 진동기는 콘크리트로 부터 천천히 빼내어 구멍이 남지 않도록 한다.

⑤ 내부진동기는 콘크리트를 횡 방향으로 이동시킬 목적으로 사용하지 않는다.

⑥ 재 진동을 할 경우에는 콘크리트에 나쁜 영향이 생기지 않도록 초결이 일어나기 전에 실시하여야 한다.

2) 침하균열에 대한 조치

① 슬래브 또는 부의 콘크리트가 벽 또는 기둥의 콘크리트와 연속되어 있는 경우에는 수직부의 침하가 거의 끝난 다음 타설한다.

② 콘크리트가 굳기 전에 침하균열이 발생한 경우에는 즉시 다짐이나 재진동 실시하여 균열을 제거하여야 한다.

③ Tamping 도구를 이용하여 표면을 두들겨 침하균열 방지

4-4. 타설 중 표면의 마감처리

① 타설 및 다짐 후에 콘크리트의 표면은 요구되는 정밀도와 물매에 따라 평활한 표면마감을 하여야 한다.

② 블리딩, 들뜬 골재, 콘크리트의 부분침하 등의 결함은 콘크리트 응결 전에 수정처리를 완료하여야 한다.

③ 구조용 레벨스페이스를 활용하여 평탄성 유지

제조 · 시공

5. 이음

5-1. Construction Joint (시공이음)

> Concrete 시공과정 중 작업관계로 굳은 Concrete에 새로운 Concrete를 이어붓기 함으로써 일체화되지 못해 발생되는 Joint

1) 이음기준

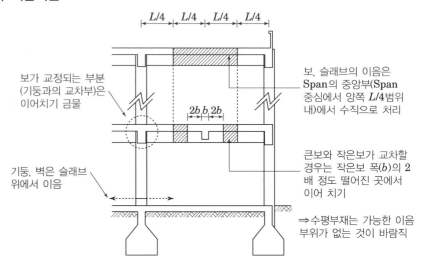

보가 교정되는 부분 (기둥과의 교차부)은 이어치기 금물

기둥, 벽은 슬래브 위에서 이음

보, 슬래브의 이음은 **Span**의 중앙부(Span 중심에서 양쪽 $L/4$범위 내)에서 수직으로 처리

큰보와 작은보가 교차할 경우는 작은보 폭(b)의 2 배 정도 떨어진 곳에서 이어 치기

⇒수평부재는 가능한 이음 부위가 없는 것이 바람직

① 시공이음은 될 수 있는 대로 전단력이 적은 위치에 설치하고, 부재의 압축력이 작용하는 방향과 직각이 되도록 하는 것이 원칙이다.
② 부득이 전단이 큰 위치에 시공이음을 설치할 경우에는 시공이음에 장부 또는 홈을 두거나 적절한 강재를 배치하여 보강하여야 한다.

2) 수평시공이음

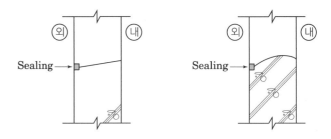

[바깥쪽으로 물매를 준 경우]   [가운데를 볼록하게 올린 경우]

① 콘크리트를 이어 칠 경우에는 구 콘크리트 표면의 Laitance, 품질이 나쁜 콘크리트, 꽉 달라붙지 않은 골재 알 등을 완전히 제거하고 충분히 흡수시켜야 한다.
② 새 콘크리트를 타설하기 전에 거푸집을 바로 잡아야 하며, 새 콘크리트를 타설할 때 구 콘크리트와 밀착되게 다짐을 잘 하여야 한다.

이음부위의 강도

□ 수평 시공이음 부위
- 구 콘크리트면에 Laitance를 제거하지 않은 경우 약 45%
- 이음부위 면을 조면처리 후 시멘트페이스트로 바른 경우 약 93%

□ 수직 시공이음 부위
- 구 콘크리트면에 그대로 이어 친 경우 약 57%
- 이음부위 면을 조면처리 후 시멘트페이스트로 바른 경우 약 83%

□ 거푸집 제거시기
- 콘크리트를 타설하고 난 후 여름에는 4~6시간 정도, 겨울에는 10~5시간 정도

제조 · 시공

3) 연직시공이음

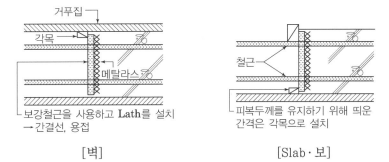

[벽]   [Slab · 보]

- 보강철근을 사용하고 **Lath**를 설치
  → 간결선, 용접

- 피복두께를 유지하기 위해 띄운
  간격은 각목으로 설치

① 이음부위의 콘크리트는 진동기를 써서 충분히 다져야 한다.
② 구 콘크리트의 시공이음 면은 쇠솔이나 쪼아내기 등에 의하여 거칠게 하고, 수분을 충분히 흡수시킨 후에 시멘트 페이스트, 모르타르 또는 습윤면용 에폭시 수지 등을 바른 후 새 콘크리트를 타설하여 이어나가야 한다.
③ 새 콘크리트를 타설한 후 적당한 시기에 재진동 다지기를 하는 것이 좋다.

4) 부위별 시공이음

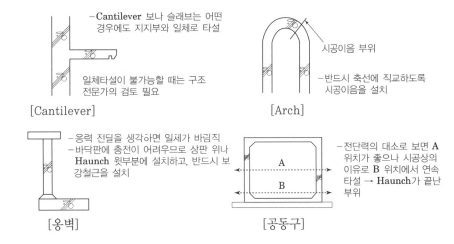

-Cantilever 보나 슬래브는 어떤 경우에도 지지부와 일체로 타설

일체타설이 불가능할 때는 구조 전문가의 검토 필요

[Cantilever]

시공이음 부위

-반드시 축선에 직교하도록 시공이음을 설치

[Arch]

-응력 진딜을 생각하면 일체가 바림직
-바닥판에 충전이 어려우므로 상판 위나 **Haunch** 윗부분에 설치하고, 반드시 보강철근을 설치

[옹벽]

-전단력의 대소로 보면 **A** 위치가 좋으나 시공상의 이유로 **B** 위치에서 연속 타설 → **Haunch**가 끝난 부위

[공동구]

5-2. Expansion Joint(신축이음)

- Expansion Joint는 콘크리트 양생 과정에서 발생하는 건조수축과 팽창, 계절의 온도차에 의한 변위, 지진(Seismic Activity), 풍력에 의한 움직임(Wind Sway), 기초의 부동침하 등으로 인한 균열을 사전에 방지하기 위해 균열이 예상되는 위치에 설치하는 Joint이다.

- 양쪽의 구조물 혹은 부재가 구속되지 않는 구조이어야 하며 필요에 따라 줄눈재, 지수판 등을 배치한다. 예상되는 위치에 이음재를 이용하여 구조물을 분리시키는 Joint

[Expansion Joint]

제조 · 시공

5-2-1. 구조형식

1) Double Girder Method

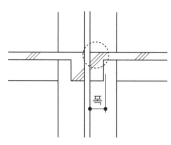

2) Cantilever 형식

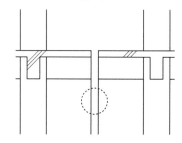

3) Bracket 형식

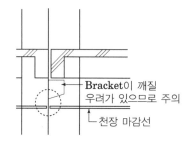

5-2-2. 설치목적 및 효과

| 건조수축 · Creep | → | 응력발생 | → | 균열 및 파괴제어 |

[팽창]　　　　　　[변위에 대한 Movement]

5-2-3. 설치부위

① 하중조건이 크게 다른 고층과 저층이 접하거나 부동침하 예상 경계부위
② 견고한 구조체와 길이가 긴 구조물 접합부위나 양쪽에 견고한 구조체 존재
③ 증축으로 인한 신. 구 건물 접합부위
④ Wall의 방향과 단면의 변화가 심한 곳
⑤ 건물의 형상이 L형, T형, Y형, U형 등 비정형 구조물
⑥ 길이가 115m 이상의 긴 건물

제조 · 시공

5-2-4. 설치기준

1) 설치간격

① Beam 및 Column 구조, 기초의 Hinge 접합, 난방 건축물에 적용
② 설치 간격은 보통 45~60m 정도지만 온도변화에 따른 지역적인 특성에 따라 90m 이내마다 설치
③ 설치 넓이는 3~6cm(1~2inch)정도

2) 설치조건

① 신축이음은 양쪽의 구조물 혹은 부재가 구속되지 않는 구조이어야 한다.
② 신축이음에는 필요에 따라 이음재, 지수판 등을 배치하여야 한다.
③ 신축이음의 단차를 피할 필요가 있는 경우에는 장부나 홈을 두든가 전단 연결재를 사용하는 것이 좋다.

3) Joint의 종류

구 분	Joint 형태	특 징
겹침형(O)형		① 이질 E/J를 사용하지 않고 끝단을 겹친다. ② 방수가 힘듬 ③ 외부에는 적용곤란 ④ 천장, 내벽, 지붕에 적용
맞댐형(R)형		① E/J 한쪽을 고정하고 다른 쪽은 Sliding 시킨다. ② 지수성확보 곤란 ③ 내부에 주로 사용되며 외부는 지수처리병용 ④ 벽, 내벽, 바닥, 천장,지붕
경첩형(H)형	경첩	① E/J 한쪽을 경첩, 스프링 등으로 고정하고 다른편은 Sliding 시킨다. ② 지수성 확보 곤란 ③ 내부에만 사용 ④ 바닥, 내벽
미로형(L)형		① 양쪽에 고정한 E/J를 여유를 두고 미로 형태로 만듬 ② 지수성 양호 ③ 면적을 많이 차지 ④ 외벽, 천장
변형형(D)형	Sealant	① 변형 가능한 E/J를 양쪽 끝에 고정 ② 지수성 양호 ③ 미관 및 내구성문제 ④ 외벽, 지붕, 내벽

제조 · 시공

5-2-5. 시공 시 유의사항

1) 마감재 및 Type

① Joint는 변위량, 내구성, 마감, 미관, 방화성능, 방수성능을 고려하여 선정

② 구조 및 마감에 적합한 제품과 연결형식에 맞는 공법 적용

2) 선형처리 및 고정

① 설치 폭, 벽, 바닥, 천장의 선형과 동일한 형태로 처리할 것

② 콘크리트 타설시 레벨 등을 고려할 것

③ 흔들리지 않도록 고정할 것

4) Wall

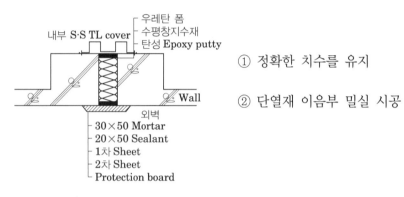

① 정확한 치수를 유지

② 단열재 이음부 밀실 시공

5) Slab

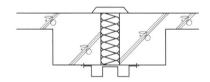

① 천장마감 고려

② 상부 방수 및 보양대책

6) Roof

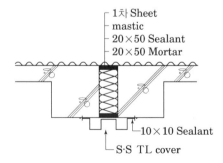

① 열변형 주의

② 상부 방수 Screw 고정철저

제조 · 시공

7) Founding

① 단열재는 바닥에 밀착 시공하여 콘크리트가 밀려오지 않게 한다.
② 상부바닥 마감선을 고려하여 시공

8) 외부마감

① 외부에 시공시에는 건물의 미관을 고려하여 조화를 이룰 것
② 외부 Joint는 누수에 대한 마감처리를 확실히 할 것
③ 외부에 시공시에는 방수성, 기밀성, 단열성, 차음성 확보
④ 외부에 시공하는 Sealant는 내구성을 확보할 것
⑤ 변색 및 탈락에 주의할 것.

9) 온도변화 고려

① 설치시기는 계절적인 상황과 기후를 고려할 것
② 수축 팽창에 의한 변형을 고려

10) 구조보강

① 부재의 거동에 의한 Crack에 대비한 철근보강 필요
② Bracket형식은 원활한 Sliding을 위해 접촉면에 철판을 시공

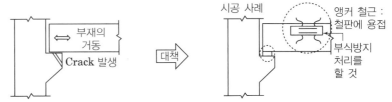

Expansion Joint에서의 부재 거동에 따라 브래킷 모서리가 깨져나감

Sliding이 원활히 일어나도록 접촉면에 철판을 시공하고 브래킷에 철근 보강

5-3. Control Joint(균열유발 이음)

> 구조물의 온도변화에 따른 건조수축 등에 의한 균열을 벽면 중의 일정한 곳으로 유도하기 위해 단면결손부위로 균열을 유도하여 구조물의 단면 및 외관손상을 최소화하는 Joint

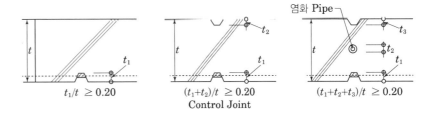

$$t_1/t \geq 0.20$$
$$(t_1+t_2)/t \geq 0.20$$
$$(t_1+t_2+t_3)/t \geq 0.20$$

Control Joint

① 균열의 제어를 목적으로 설치할 경우 구조물의 강도 및 기능을 해치지 않도록 그 구조 및 위치를 정하여야 한다.
② 깊이는 벽두께의 1/5 이상
③ 외벽의 색깔과 비슷한 코킹재 사용

제조 · 시공

5-4. Delay Joint(Shrinkage Strips)지연줄눈

> Concrete가 건조수축에 대해서 내외부의 구속을 받지 않도록 수축대를 두고, Concrete를 타설한 다음 초기수축 4~6주를 기다린 후 수축대 부분을 Concrete로 타설하는 Joint

타설시점은 ⓐ와 ⓑ의 타설 후 4~6주 후 타설, 수축대의 간격은 600~900mm

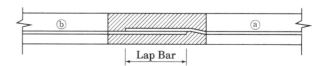

Metal Lath를 이용하여 부착력 확보 및 이음부 청소 철저

□ Shrinkage Joint간격
- 30~45m(응력이 많이 발생하는 Core나 기둥 전에 끊어주도록 조치)

[Delay Joint]

6. 타설 후 관리

제조 · 시공

6-1. 양생

1) 습윤양생

구 분	보통 포틀랜드 시멘트	고로 슬래그 시멘트 플라이 애쉬 시멘트 B종	조강 포틀랜드 시멘트
15℃ 이상	5일	7일	3일
10℃ 이상	7일	9일	4일
5℃ 이상	9일	12일	5일

① 수중, 담수, 살수
② 젖은 포(양생 매트, 가마니), 젖은 모래
③ 막양생(유지계, 수지계)

2) 온도제어 양생

① 매스콘크리트: 파이프쿨링, 연속살수
② 한중콘크리트: 단열, 가열, 증기, 전열
③ 서중콘크리트: 살수, 햇빛 덮개
④ 촉진양생: 증기, 급열

6-2. 타설 후 최종 표면 마무리

1) 거푸집 판에 접하지 않은 면의 마무리

물이 없어진 후에 마무리 금지하고 나무흙손이나 적절한 마무리 기계를 사용하고 굳기 시작할 때까지의 사이에 일어나는 균열은 다짐 또는 재마무리를 하여 제거하여야 한다.

2) 거푸집 판에 접하는 면의 마무리

최종마무리 면은 설계 허용오차의 범위를 벗어나지 않아야 한다.

3) 마모를 받는 면의 마무리

양질의 골재를 사용하고 물-결합재비를 작게

4) 콘크리트 마무리의 평탄성 표준 값

콘크리트 면의 마무리	평탄성	참고	
		기둥, 벽의 경우	바닥의 경우
마무리 두께 7mm 이상 또는 바탕의 영향을 많이 받지 않는 마무리의 경우	1m당 10mm 이하	바름 바탕 띠장 바탕	바름바탕 이중마감 바탕
마무리 두께 7mm 이하 또는 양호한 평탄함이 필요한 경우	3m당 10mm 이하	뿜칠 바탕 타일압착 바탕	타일 바탕 융단깔기 바탕 방수 바탕
제물치장 마무리 또는 마무리 두께가 얇은 경우	3m당 7mm 이하	제물치장 콘크리트 도장 바탕 천붙임 바탕	수지 바름 바탕 내마모 마감 바탕 쇠손 마감 마무리

제조 · 시공

[Slump & 공기량 Test]

7. 현장 품질관리

7-1. 받아들이기 품질검사

1) 콘크리트의 받아들이기 품질검사

항목		시험 · 검사방법	시기 및 횟수	판정기준
굳지 않은 콘크리트의 상태		외관 관찰	콘크리트 타설 개시 및 타설 중 수시로 함	워커빌리티가 좋고, 품질이 균질하며 안정할 것
슬럼프		KS F2402	압축강도 시험용 공시체 채취 시 및 타설 중에 품질변화가 인정될 때	• 30mm 이상 80mm 미만: 허용오차 ±15mm • 80mm 이상 180mm 이하: 허용오차 ±25mm
공기량		KS F 2409 KS F 2421 KS F 2449		허용오차: ±1.5%
온도		온도측정		정해진 조건에 적합할 것
단위질량		KS F 2409		정해진 조건에 적합할 것
염소 이온량		KS F 4009 부속서 1	바다 잔골재를 사용할 경우 2회/일, 그 밖의 경우/주	원칙적으로 0.3kg/m³ 이하
배합	단위수량	굳지 않은 콘크리트의 단위수량 시험으로부터 구하는 방법	내릴 때 오전 2회 이상, 오후 2회 이상	허용 값 내에 있을 것
		골재의 표면수율과 단위수량의 계량치로 부터 구하는 방법	내릴 때 전 배치	허용 값 내에 있을 것
	단위 시멘트량	시멘트의 계량치	내릴 때 / 전 배치	허용 값 내에 있을 것
	물-결합 재비	굳지 않은 콘크리트의 단위수량과 시멘트의 계량치로 부터 구하는 방법	내릴 때 오전 2회 이상, 오후 2회 이상	허용 값 내에 있을 것
		골재의 표면수율과 콘크리트 재료의 계량치로 부터 구하는 방법	내릴 때 전 배치	허용 값 내에 있을 것
	재료의 단위량	콘크리트의 계량치	내릴 때 전 배치	
펌퍼빌리티		펌프에 걸리는 최대 압송 부하의 확인	펌프 압송 시	콘크리트 펌프의 최대 이론 토출압력에 대한 최대 압송부하의 비율이 80% 이하

제조 · 시공

[Slump Flow Test]
KCl CT 103

[V로트형 시험]

[Box형 시험]

2) Slump Test

① 100mm 높이마다 다짐막대로 고르고 25회 찔러다짐
② 3단계로 반복하고 시작해서 끝날 때 까지 3분 이내 실시
③ Slump Cone의 제거는 2~3초 이내로 올림
④ Slump는 5mm까지 측정

3) 유동성 평가방법

평가특성	측정항목	하중	평가 시험	비 고
유동성	최종변형량	자중	• 슬럼프 플로 • L형플로, Box형	• 자중에 따른 횡 흐름 거리 측정
		회력	• 슬럼프 플로 • L형 플로 속도 • V로트 유하시험	• 외력으로 항복 값, 점성의 영향 받음
	변형속도	자중	• 구인상 시험 • 전단박스 시험	• 동일 항복 값에서 점성 비교
부착성	부착력 점착력	외력	• 평판 플라스터 미터	• 하중 및 변형 제어로 측정 • 항복 값, 소성점도 측정
분리저항성	골재량	자중	• 체가름 시험 • 배근 박스형 시험	• 육안측정
		외력	진동침강 시험	• 제어진동시험
간극 통과성	유량 유동속도	자중	• V로트 시험 • 배근 Load유하시험 • 배근 박스 유하시험 • 배근 L플로시험	• 변형저항성, 분리저항성
충전성	충전상황	자중	• 장애물 설치한 거푸집 충전시험	• 최종 평가시험

[고유동 콘크리트의 반죽질기 평가 시험 방법]

① V로트 시험
로트부로 낙하하는 시간을 측정하고 유량을 구하는 방법
② Box형 시험
2실의 한쪽 편에 콘크리트를 채우고 출구를 열어 다른 한편으로 유동시켜 정지했을 때의 2실의 높이 차, 플로 값 및 변형속도 등을 평가

제조 · 시공

7-2. 강도시험

1) 압축강도에 의한 콘크리트의 품질검사 - 콘크리트 표준시방서

종류	항목	시험 · 검사 방법	시기 및 횟수[1]	판정기준	
				$f_{ck} \leq$ 35MPa	$f_{ck} >$ 35MPa
설계기준 압축강도로부터 배합을 정한 경우	압축강도 (일반적인 경우재령 28일)	KS F 2405의 방법[1]	1회/일, 또는 구조물의 중요도와 공사의 규모에 따라 120m³ 마다 1회, 배합이 변경될 때마다	① 연속 3회 시험값의 평균이 설계기준 압축강도 이상 ② 1회 시험값이(설계기준압축강도 - 3.5MPa) 이상	① 연속 3회 시험값의 평균이 설계기준 압축강도 이상 ② 1회 시험값이 설계기준압축강도의 90% 이상
그 밖의 경우				압축강도의 평균치가 소요의 물-결합재비에 대응하는 압축강도 이상일 것.	

주 1) 1회의 시험값은 공시체 3개의 압축강도 시험 값의 평균값임

① KS F2403, 2405: 450m³를 1로트로 하여 150m³당 1회의 비율로 한다.
② 건축공사 표준시방서: 450m³를 1로트로 하여 120m³당 1회의 비율로 한다. 시험에는 3개의 공시체를 사용한다. 검사로트에 3회

[몰드작업]

[수중양생]

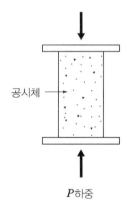

공시체 →

P하중

공시체 축과 가압판 축을 일치시키고 하중을 계속적으로 가압 (매 초당 0.2~0.3N/㎟), 파괴될 때까지 가압 후 P값을 읽음

[압축강도 시험]

제조 · 시공

2) 구조체 관리용 공시체

① 현장 수중양생: 재령 28일의 시험결과가 설계기준 강도의 85% 이상이거나, 재령 90일 이전에 3회 이상의 시험 결과가 설계기준강도 이상인 경우는 합격

② 현장봉함양생: 랩이나 비닐로 감싸 구조체 옆에 보관하고, 재령일에서 실시하는 강도시험(초기동해 방지용 양생기간 관리)

③ 온도추종양생: 구조체의 일부 부위와 동일한 온도이력이 되도록 제조된 양생용기에서 양생(고강도/매스콘크리트 등 수화열의 영향을 고려할 때)

④ 3단계로 반복하고 시작해서 끝날 때

3) 비파괴 검사

사용용도		측정방법	방법
강도추정		슈미트 해머법	콘크리트 표면을 타격했을 때의 반발경도에서 강도를 추정하는 방법
		초음파 속도법	콘크리트 속을 전파하는 초음파의 속도에서 동적 특성이나 강도를 추정하는 방법
		인발법	콘크리트 속에 매입한 볼트 등의 인발내력에서 강도를 측정
		조합법	반발경도, 초음파 속도, 인발내력 등 2종류 이상의 비파괴 시험값을 병용해서 강도를 추정하는 방법
내부탐사	균열결함 공극	탄성파법	초음파 충격파의 전파 속도나 반사파의 파형을 분석
		Acustic Emission	미소파괴에 수반하여 발생하는 탄성파의 파형이나 발생 빈도를 분석할 때 성능저하의 상황, 파괴원 위치 등을 조사
		적외선법	피측정물의 표면 온도 분포를 적외선 복사 온도계로 측정
	철근위치 강재부식	자기법	내부 철근의 자기의 변화를 측정하여 위치, 지름, 피복두께 추정
		방사선 투과법	콘크리트 속을 투과하는 방사선의 강도를 사진 촬영하여 내부 철근이나 공동 등을 조사
		레이저법	콘크리트 속에 수백MH_z~수MH_z 정도의 전자파를 안테나에서 발사하고, 반사파를 분석해서 조사
		자연 전극 전위법	콘크리트 속의 철근과 표면위에 대조 전극과 전위차를 측정해서 내부철근의 부식상황을 추정

콘크리트 성질

③ 콘크리트 성질

1. 굳지않은 콘크리트의 성질

1-1. 성질

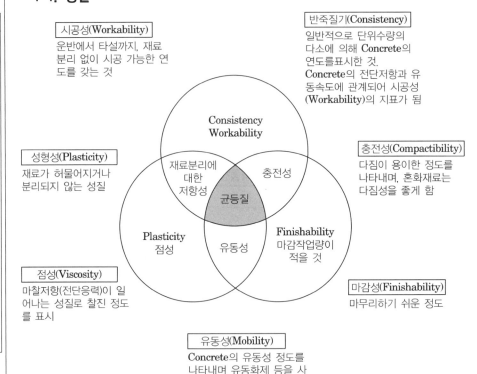

시공성(Workability)
운반에서 타설까지, 재료 분리 없이 시공 가능한 연도를 갖는 것

반죽질기(Consistency)
일반적으로 단위수량의 다소에 의해 Concrete의 연도를 표시한 것. Concrete의 전단저항과 유동속도에 관계되어 시공성(Workability)의 지표가 됨

성형성(Plasticity)
재료가 허물어지거나 분리되지 않는 성질

충전성(Compactibility)
다짐이 용이한 정도를 나타내며, 혼화재료는 다짐성을 좋게 함

점성(Viscosity)
마찰저항(전단응력)이 일어나는 성질로 찰진 정도를 표시

마감성(Finishability)
마무리하기 쉬운 정도

유동성(Mobility)
Concrete의 유동성 정도를 나타내며 유동화제 등을 사용하여 유동성을 높임

1-2. 콘크리트 시공성에 영향을 주는 요인

1) 시멘트의 성질

① 분말도가 높은 시멘트는 시멘트 풀의 점성이 높아지므로 시공연도는 적게 된다.

② 풍화한 시멘트나 이상응력을 나타낸 시멘트는 Workability가 떨어진다.

2) 골재의 입도

① 골재 중 0.3mm 이하의 세립분은 콘크리트의 점성을 높여주고, 성형성을 좋게 한다.

② 입자가 둥근 강자갈의 경우는 시공연도가 좋고, 평평하고 세장한 입형의 골재는 재료가 분리되기 쉽다.

3) 혼화재료

① 감수제는 반죽질기를 증대시키며 10~20%의 단위수량을 감소한다.

② Pozzolan을 사용하면 시공연도가 개선되며, 특히 Fly Ash는 구형(求型)으로 Ball Bearing역할을 하므로 시공연도를 개선한다.

콘크리트 성질

4) 물시멘트비

물시멘트비를 높이면 시멘트의 농도가 묽게 되어 시공연도가 향상되나, 물시멘트비를 너무 높이면 콘크리트의 강도를 저하시키는 요인이 된다.

5) 골재 최대치수(Gmax)

① 굵은 골재의 치수가 작을수록 시공연도가 향상된다.
② 입도가 균등할수록 작업성이 좋다. 쇄석은 시공연도 감소 및 골재 분리 우려

6) 잔골재율

① 잔골재율이 클수록 콘크리트의 시공연도는 향상된다.
② 잔골재율이 커지게 되면 강도를 저하시키는 요인이 되므로 유의해야 한다.

7) 단위수량

① 단위수량이 커지면 Consistency와 Slump치가 증가하지만 강도는 저하된다.
② 재료분리가 생기지 않는 범위 내에서 단위수량을 증가하면 시공연도가 좋아진다.

8) 공기량

콘크리트에 적당량의 연행공기를 분포시키면 Ball Bearing 작용을 하여 시공연도가 향상된다. 공기량이 1% 증가하면 Slump는 20mm 정도 커지고, 단위수량은 3% 감소한다. 강도는 4~6% 감소하므로 주의해야 한다.

9) 비빔시간

불충분 또는 과도할 경우 시공연도가 불량(2분 이상 비빔 필요)

1-3. 재료분리

1) 굵은골재 재료분리

① 굵은골재와 모르타르의 비중차
② 굵은골재와 모르타르의 유동 특성차
③ 굵은골재 치수와 모르다르 중의 잔골재 치수의 차
(단위수량 및 물시멘트비, 골재의 종류·입도·입형, 혼화재료, 타설 방법)

2) 시멘트 풀 및 물의 분리

① 물시멘트비가 클 경우
② 골재의 최대치수가 클수록
③ AE제, 감수제를 사용하면 블리딩량, 침하량을 저감
④ 타설 높이가 높을수록 침하의 절대량은 커지지만 침하량의 비율은 작아진다.
⑤ 수평면적이 클수록

콘크리트 성질

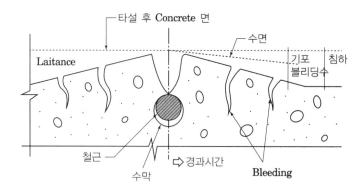

침하량 정도 : 부재두께(h)=300~1000mm일 때
묽은 비빔 1~2%
중간 정도 0.5~1%

1-4. 초기수축(수분증발)

1) 수분 증발률

① 표면 수분증발에 영향을 미치는 요인: 대기온도, 상대습도, 풍속, 콘크리트 온도

② 수분 증발률이 1시간당 1kg/㎡/h 이상 또는 증발량이 블리딩 초과 시 균열발생

2) 초기 소성수축(플라스틱 수축)

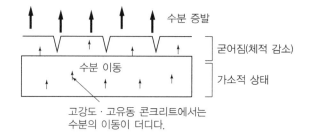

고강도 · 고유동 콘크리트에서는
수분의 이동이 더디다.

콘크리트가 아직 가소적인 상태에서 콘크리트 표면에서 수분의 급격한 증발속도가 블리딩 물의 상승 속도보다 큰 경우, 표면 부근에 생기는 콘크리트의 균열

3) 방지대책

① 바탕면과 거푸집을 적신다.

② 콘크리트 표면의 풍속을 저하시키기 위하여 임시적인 바람막이를 한다.

③ 콘크리트 표면온도를 저하시키기 위하여 해가리개를 세운다.

④ 타설과 양생개시의 사이를 단축한다.

⑤ 미장 마감 종료 직후에 마포, 살수, 또는 양생재로 보호한다.

⑥ 재진동을 가한다.

콘크리트 성질

2. 굳은 콘크리트의 성질

2-1. 강도특성

1) 압축강도에 미치는 영향인자

① 재료
- 시멘트: 시멘트의 강도
- 골재: 골재의 종류 및 굵은골재 최대치수

② 배합
- 물시멘트비
- 겔공극비: $\dfrac{\text{수화시멘트풀의 부피}}{\text{수화시멘트부피} + \text{모세관 공극 부피}}$
- 빈배합의 경우 1m³당의 단위 사용수량이 적어져 공극이 상대적으로 적음

③ 시공
- 비빔시간
- 가수
- 반죽질기: 진동다짐

④ 재령 및 양생기간, 온도

2) 일축 압축강도시험결과에 영향을 주는 인자(콘크리트 파괴 메커니즘)

구분	원인	영향인자
내적 요인	배합	물-시멘트비, 굵은골재량, 공기량
	타설 방향	타설 방향과 재하방향과의 관계, 타설 상하부와 재하판의 위치
	양생조건과 재령	양생조건, 재령, 시험시의 공시체의 건습조건
외적 요인	공시체의 형상과 크기	공시체의 높이-지름의 비, 단면형상, 공시체 치수, 재하면의 평형도
	재하방법	재하속도, 공시체의 단부마찰(횡방향 구속효과)
	변형률 측정방법	변형률 게이지의 길이, 게이지의 부착위치

2-2. 역학적 특성

1) 응력과 변형률

① 상대적으로 저강도의 경우 응력이 작은 범위에서는 거의 직선적이며, 응력이 커짐에 따라 기울기가 완만해지면서 위로 볼록한 곡선이 되어 최대응력에 도달

② 응력의 종별 조건에 따라 다름(1축, 2축, 3축, 압축, 인장, 휨, 비틀림, 전단)

③ 하중조건: 순간적으로 작용하는 충격하중 반복하중, 지속적 하중에 따라

④ 환경조건: 저온, 상온, 고온, 건조, 습윤조건

콘크리트 성질

2) 탄성계수

골재와 시멘트 풀의 탄성계수에 의해 좌우되며, 골재의 탄성계수는 일정하게 유지되지만 물- 시멘트비에 따라 시멘트 풀의 공극률이 변화하므로 시멘트 풀의 탄성계수가 달라지면 콘크리트 강도도 영향을 받는다.

3) 콘크리트의 피로

반복응력을 받는 횟수의 증가에 따라 크게 된다.

2-3. 변형특성/ 물성변화

1) Creep: 콘크리트의 시간적인 소성변형

① 크리프 변형- 시간곡선

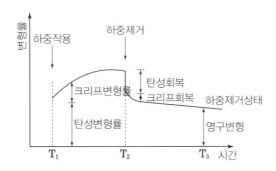

② 크리프에 영향을 주는 요인

요인	세부요인
콘크리트 성질	골재(종류, 물리적 성질, 콘크리트 중에 점유한 체적률), 시멘트와 물(시멘트의 종류와 물리적 성질, 시멘트 풀의 체적률, 물시멘트비), 혼화재료
콘크리트 제작 방법	비빔시간, 다짐방법
실험시의 콘크리트 상태	재령, 수화도, 양생방법, 함수량, 공시체의 형상, 치수
하중 조건	지속하중의 종류와 크기, 하중지속시간
환경 조건	온도, 습도, 공기의 흐름

2) 수축의 종류

- 건조수축
  - · 시멘트 수화물 내에 존재하는 수분이 장기간에 걸쳐 증발하면서 발생하는 수축
- 경화(자기수축)
  - · 시멘트의 화학반응 결과물인 시멘트 수화물의 체적이 시멘트와 물의 체적 합보다 작기 때문에 발생하는 수축
- 탄화수축
  - · 시멘트 경화체 내의 수산화칼슘이 공기 중의 이산화탄소와 반응하여 분해되면서 수축

콘크리트 성질

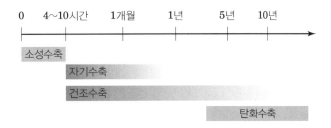

3) 가역성 건조수축 (Drying Shrinkage)

① 모세응력: 공극 내벽에서 존재하는 표면 장력의 상호작용 영향을 받아 주변 입자들을 끌어당기는 인장력이 작용

② 이완응력: 흡착된 수분이 주변의 입자들을 밀어내는 힘, 수분 손실이 발생하면 이완응력이 감소하면서 입자들이 서로 끌어당기는 힘에 의하여 수축발생

③ 표면장력: 상대습도가 10% 이하로 떨어지면 고체의 표면장력에 의하여 수축력이 작용하며, 고체의 표면장력이 액체의 표면장력보다 크므로 수분증발은 수축발생

4) 비가역성 수축

건조된 시편에 가습을 하게 되면 팽창이 발생하지만 그 팽창량은 이미 발생된 수축량보다 작으며, 회복되지 못하는 수축량은 초기 건조수축량과 시간에 비례하여 증가한다. 이렇게 회복되지 않는 건조수축을 비가역성 수축이라 함

5) 자기수축(Autogenous Shrinkage)

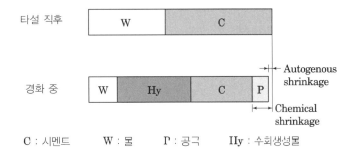

C : 시멘트   W : 물   P : 공극   Hy : 수화생성물

양생기간 동안 추가 수분 공급이 없는 경우는 외부로의 수분 유출이 없어도 수화반응에 의해 내부에서 건조가 진행된다.

6) 탄산화 수축(Carbonation Shrinkage)

내부 습도와 평형상태를 유지하는 수산화칼슘 결정에 압력이 가해진 상태에서 탄산화가 진행되면 그 결정이 분해되기 때문에 수축이 일어난다. 대기 중에 이산화탄소의 양(~0.04%)은 시멘트 풀과 화학적 반응을 일으키며 이러한 반응은 수축을 동반한다.

콘크리트 성질

7) 건조수축 균열

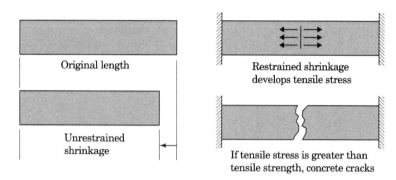

Original length

Unrestrained shrinkage

Restrained shrinkage develops tensile stress

If tensile stress is greater than tensile strength, concrete cracks

수축현상이 외부조건에 의해 구속되었을 때 인장응력이 유발되어 발생

분야	인자	관련인자
노출조건 (환경)	기후	상대습도, 온도, 풍속
	기간	건조기간, 건조시점
재료	시멘트	화학성분, 분말도
	골재	골재량(골재율), 골재 강성, 체적-표면적비
	혼화재	유동화제, 포졸란, 고로슬래그, 경화촉진제
배합	물-시멘트비	단위수량, 단위시멘트량
양생	양생조건	양생온도, 양생기간(재령), 증기양생, 습윤양생
부재형상	구속력	부재크기, 두께
기타	품질관리	공극률, 균열, 다짐 정도

콘크리트 성질

3. 내구성

3-1. 내구성 저하요인

요인	세부요인
물리적 요인	손상(마모, 균열, 동해)
화학적 요인	부식(산, 알칼리골재반응), 철근부식(탄산화, 염해)
일반적인 열화요인	기온, 습도, 일사열, 탄산화, 동해, 염해
특수적인 열화요인	침식, 고온, 극저온, 피로

3-2. 염해

1) 염화물 이온과 pH

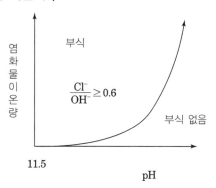

[염화물이온과 pH가 부식발생에 미치는 영향]

2) 부식인자

부식인자	내용
Cl^-과 OH^-의 농도비	공극수 중의 자유로운 Cl^-의 농도와 OH^-의 농도비가 0.6 이상인 경우
염화물 이온량	$0.6kg/m^3 \sim 1.2kg/m^3$으로 규제
환경조건	온도, 습도, 건조, 습윤의 정도, 염분입자의 비례량

3) 염해 열화의 진행과정

시기	내용
잠재기($\triangle t_1$)	외부 염화물이온의 침입 및 철근방에서 부식발생 한계량까지 염화물이온의 축적단계
진전기($\triangle t_2$)	강재의 부식 개시로부터 부식균열 발생까지의 기간
촉진기($\triangle t_3$)	부식균열 발생 이후 부식속도가 증가하는 기간
한계기($\triangle t_4$)	부식량이 증가하여 부재로서의 내하력에 영향을 미치는 단계

콘크리트 성질

4) 염해 방지대책

항목	내용
환경으로부터 부식성 물질 제거	온도·습도제어, 탈염 및 탈수
배합	1m³중의 염화물량은 염소이온으로서 0.3kg 이하
	물시멘트비 55% 이하
	방청제는 KS F 2561의 규정에 적합
철근	최소피복두께 확보
	에폭시 수지 도장 철근
시공	허용 균열폭
제어 및 제거	전위제어(전기방식 공법), 탈염공법(염소이온 제거)
마감	에폭시 등의 레진콘크리트, 균열억제제 사용

3-3. 탄산화

1) 탄산화의 메커니즘 및 속도

$$Ca(OH)_2 + CO_2 \rightarrow CaCO_3 + H_2O$$

수산화칼슘은 pH12~13정도의 강알칼리성을 나타내며, 약산성의 탄산가스(약0.03%)와 접촉하여 탄산칼슘과 물로 변화한다. 탄산칼슘으로 변화한 부분의 pH가 8.5~10정도로 낮아지는 것으로 인하여 탄산화로 불린다.

① 탄산화 깊이와 경과년수와의 관계식

$$X = R\sqrt{t}$$

여기서, X: 기준이 되는 콘크리트 탄산화 깊이(cm)

t : 경과년수(년)

R : 시멘트, 골재의 종류 환경조건, 혼화재료, 표면마감재 등의 정도를 나타내는 상수로서 실험에 의하여 구할 수 있음

② 콘크리트 종류를 변수로 한 탄산화율을 도입한 속도식

물 - 시멘트비가 60% 이상인 경우

$$t = \frac{0.3(1.15 + 3W)X^2}{R^2(W - 0.25)}$$

물 - 시멘트비가 60% 이하인 경우

$$t = \frac{7.2X^2}{R^2(4.6W - 1.76)^2}$$

여기에서, W:물-시멘트비

X:탄산화 깊이(cm)

t:기간(년)

R:탄산화율$(= r_c \times r_a \times r_s)$

$r_c \times r_a \times r_s$:시멘트, 골재, 혼화재의 종류에 관한 상수

콘크리트 성질

2) 탄산화의 진행에 따른 구조물의 수명

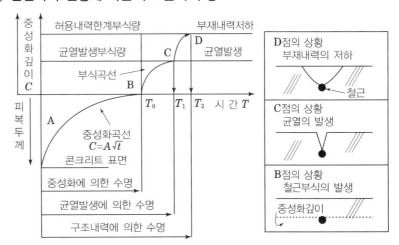

[탄산화의 진행 및 철근 부식에 따른 구조물의 수명]

여기에서, t_1은 탄산화 깊이가 철근의 표면에 도달하는 시점

t_2를 콘크리트 수명 산정점으로 정의

3) 탄산화 방지대책

항목	내용
재료	양질의 골재
배합	물-시멘트비를 가능한 작게
시공	균열발생 최소화
철근	최소 피복두께 준수
마감	탄산화 억제효과가 큰 투기성이 낮은 마감재 사용
균열발생 시	피복 콘크리트를 제거하고 철근의 녹 털어내기를 한 후 콘크리트를 보수한 다음 철근부식 억제를 위한 마감

3-4. 알칼리 골재반응

1) 개요

콘크리트 중의 알칼리이온이 골재 중의 비결정질 실리카 혹은 열역학적으로 불안정한 실리카 성분과 결합하여 알칼리-실리카겔(Alkali-Silica Gel)을 형성하고, 이 겔이 주위의 수분을 흡수하여 콘크리트 내부에 국부적인 팽창압력을 발생하여 균열

2) 종류

알칼리-실리카 — 골재 중의 비결정질 실리카 혹은 열역학적으로 불안정한 실리카 성분과 결합하여 알칼리-실리카겔을 형성하고, 이 겔이 국부적인 팽창압력을 발생

알칼리-탄산염 — 돌로마이트질 석회암이 알칼리 이온과 반응하여 그 생성물이 팽창하거나 암석 중에 존재하는 점토광물이 수분을 흡수·팽창하여 콘크리트에 균열발생

콘크리트 성질

3) 알칼리-실리카 반응의 Mechanism

$$SiO_2 + 2NaOH + nH_2O \rightarrow Na_2SiO_3 \cdot n \cdot H_2O \rightarrow 팽창$$

$$Na_2SiO_3 \cdot nH_2O \rightarrow Ca(OH)_2 \rightarrow CaSiO_3 \cdot nH_2O + 2NaOH \rightarrow 팽창$$

시멘트의 알칼리반응성 골재에의 확산→골재의 표면에 림(rim)이라 불리는 알칼리-실리케이트겔의 반응층이 형성되고 내부에 생성물 침입 → 반응층의 팽창압으로 골재 주변에 미소균열 발생

4) 방지대책

항목	내용
골재	알칼리 반응성이 없는 골재 사용
시멘트	등가알칼리량이 0.6% 이하인 저알칼리 시멘트 사용 고로시멘트, 플라이애쉬 B,C종 등의 시멘트 사용
알칼리량	알칼리 총량을 콘크리트 $1m^3$당 3kg 이하로 제한
마감	수밀성이 높은 마감

3-5. 동결융해

1) 동해

팽창에 의해 수분이 동결하면 물이 약 9% 팽창하며, 이 팽창압으로 Concrete에 팽창균열 · 박리 · 박락 등의 손상을 일으켜 Concrete 내구성이 저하되는 현상이다.

2) 동해의 메커니즘

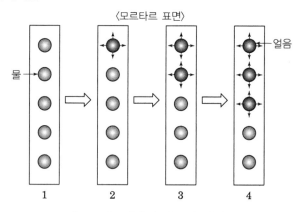

[콘크리트에서 수분동결 과정]

3) 동해열화의 형태와 진행

① 박락(Spalling)

② Pop out

③ 표면박리(Scaling)

4 균열

성질변화 이해

Key Point

☐ Lay Out
- mechanism · 영향인자
- 유의사항 · 방지대책

☐ 기본용어
- 표면결함
- 보수보강

1. 굳지않은 콘크리트의 균열

1) 초기 수분증발에 의한 소성수축 및 건조수축 균열
2) 침하균열
3) 거푸집 변형에 의한 균열
4) 진동 및 경미한 재하에 따른 균열
5) 콘크리트 온도상승에 의한 균열

2. 굳은 콘크리트의 균열

구분		원인	방지대책
설계단계		온도균열, 수축균열	- 부재 단면 축소 - E.J 및 D.J - 최소 철근량의 배치
		철근부식에 의한 균열	최소 피복두께 준수
		휨균열	전단 보강근 시공
재료		- 시멘트의 종류 - 시멘트의 이상응결 - 골재의 입도 입형 - 골재의 강도 - 수화열	- 적정재료 선정(시멘트 및 골재) - 중용열 시멘트, Fly Ash사용 - 단위수량 및 단위시멘트량 적게
배합		- 장시간 혼합 - 비빔시간과소 · 과다	- 배합기준 준수 - 타설소요시간 및 현장여건 파악
시공	타설	- 급속한 타설 - 타설높이 - 다짐간격 및 다짐량 - 타설량 - 타설시간 - 이음처리 불량	- 공구별/ 부위별 속도조정 - 높이 1.5m 이하 - 진동기는 0.1m 정도 찔러 넣고 0.5m 이하의 간격으로 다짐 - 거푸집판에 접하는 콘크리트는 되도록 평탄한 표면이 얻어지도록 타설하고 다진다. - Tamping실시 - 이음부위 레이턴스 제거, 수밀성 유지
	거푸집	- 거푸집 변형 - 동바리 침하 - 거푸집 존치기간	- 긴결재 강도유지 - 동바리 간격유지 - 존치기간 준수
	양생	- 초기 수분증발 - 진동 및 재하 - 동해	- 표면보양 및 비닐보양(수분증발 방지) 후 살수 - 타설 후 3일 이상 충격, 진동방지 - 최소 5일 - 5℃ 이상 유지

3. Deck Plate에서 균열

1) 균열발생 요인

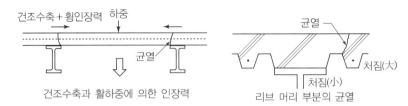

① 1방행 Slab: 단순지지에 따른 Slab 초기 처짐 발생
② 1방향 Slab의 적은 철근량으로 구속력이 부족
③ 잉여수가 빠지기 곤란
④ 공사 중 진동에 따른 구조적 균열
⑤ 단면요철이 있는 Deck Plate는 얇은 단면부에 균열발생

2) 균열 억제대책

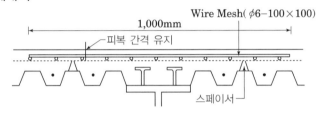

① Girder위에 Wire Mesh 설치 ④ W/C비가 낮은 Concrete 타설
② Bleeding 수(水) 제거 ⑤ 살수양생으로 급격한 건조방지
③ 표면 마감은 제물마감시공 ⑥ Concrete 두께 100mm 이상
　　　　　　　　　　　　　　　　　타설

3) 균열 보수

구 분	내 용
균열 폭이 3mm 미만	• 사용성에 지장이 없으면 보수 불필요 • 바닥마감이 비닐시트, 타일 카펫인 경우 보수 불필요
균열 폭이 3mm 이상	• Slab에 진동 및 Deck에 해(害)를 입히지 않는 Cutter로 V-Cutting • 콘크리트 구조물 보수용 에폭시 수지 모르타르(Epoxy Resin Mortar for Restoration in Concrete Ctructure, KS F 4043) 충전
마감모르타르가 뜰 때	• 콘크리트 구조물 보수용 에폭시 수지 모르타르 주입 고정

균열의 검사

- 육안검사
- 비파괴 검사
- 코어검사

균열

4. 균열의 평가

1) 재료적 성질에 관계된 요인

	구 분	발생시기	규칙성	형태	변형원인
1	시멘트의 이상응결	24시간 이내	무	표층	수축
2	콘크리트의 침하	24시간 이내	유	표층	침하
3	시멘트의 수화열	5~6일 혹은 수개월	유	표층·관통	수축
4	시멘트의 이상팽창	수개월	무	표층·관통	팽창
5	골재에 함유되어 있는 점토	5~6일 또는 수개월	무	표층·망상	수축
6	반응성 골재의 사용	2~10년	무	표층·망상	팽창
7	콘크리트 건조수축	2~3일 이상	유	표층·망상	수축

2) 시공에 관계된 요인

	구 분	발생시기	규칙성	형태	변형원인
1	혼화재의 불균일한 분산	수개월	무	망상	수축·팽창
2	장시간의 비빔	24시간 이내 혹은 수개월	유	표층·망상·관통	수축
3	압송 시 시멘트량	24시간 이내 혹은 수개월	유	표층·망상·관통	수축
4	잘못된 타설순서	24시간 이내 혹은 수개월	유·무	관통	침하·전단
5	급속한 타설속도	24시간 이내	무	표층	침하
6	불충분한 다짐	수개월	무	표층	휨·전단
7	부적당한 이어치기	24시간 이내 혹은 수개월	유·무	관통	휨·전단
8	거푸집 배부름	24시간 이내	무	표층	침하
9	거푸집에서 누수	24시간 이내	유	표층	수축
10	지보공의 침하	24시간 이내 혹은 2~3일	유	표층·관통	침하
11	거푸집의 조기제거	5~6일	유	표층	수축
12	경화전의 진동이나 재하	24시간 이내	무	표층	침하·휨
13	초기양생 중의 급속 건조	24시간 이내	무	표층·관통	수축

균열

5. 균열의 보수 보강 – 세부사항은 건설사업관리 생산의 합리화 유지관리 참조

5-1. 개요

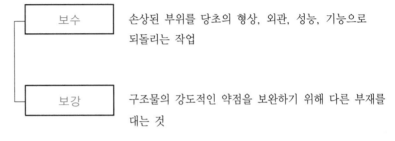

```
┌─────────────┐   손상된 부위를 당초의 형상, 외관, 성능, 기능으로
│     보수    │   되돌리는 작업
└─────────────┘

┌─────────────┐   구조물의 강도적인 약점을 보완하기 위해 다른 부재를
│     보강    │   대는 것
└─────────────┘
```

1) 보수

① 표면처리법
② 충전법
③ 주입공법

2) 보강

① 강재 보강공법
② 단면증대 공법
③ 탄소섬유시트 보강공법
④ 복합재료 보강공법

균열

4-4장

특수
콘크리트

Lay Out

① 특수한 기상·온도 Lay Out

기상·온도

한중Con'c

| 적용범위 |
- 일평균 4℃ 이하

| 특성변화/문제점 |
- 초기동해, 강도발현 지연

| 제조 및 시공 |

- 적산온도방식에 의한 배합강도 결정: M이 $210°$ $D.D$ 이상일 때 적용
- 콘크리트의 온도는 5~20℃의 범위 내에서 최저 10℃ 정도를 확보

서중Con'c

| 적용범위 |

- 일평균기온 25℃ 초과하는 경우

| 특성변화/문제점 |

- 슬럼프 감소, 공기량 감소, 응결시간 단축, Cold Joint

| 제조 및 시공 |

- 운반시간 준수
- 연속타설
- 타설시간 단축

Mass Con'c

| 적용범위 |

- 부재단면의 최소치수가 80cm 이상이고 내·외부 온도차 25℃ 이상 예상 시

| 특성변화/문제점 |
- 수화열, 온도균열

| 제조 및 시공 |

- 온도균열 지수산정
- 수축이음
- 블록분할
- 프리쿨링
- 저발열 시멘트
- 플라이애쉬
- 초지연제에 의한 응결시간조절
- 타설시간 조절
- 파이프 쿨링

Lay Out

② 특수한 재료로 강도 · 시공성 개선 Lay Out

강도 · 시공성

강도성능 개선

고강도 Con'c

- 미세구조, 밀도높임, 강도 고밀도

고성능 Con'c

초고성능 Con'c

- 초고강도 Con'c(DSP, MDF)
- 고인성(SIFCON, SIMCON, ECC)
- 초고성능(CRC, RPC, MSFRC)

고내구성 Con'c ・ 미세구조, 밀도높임

고유동 Con'c

- 자기 충전성

섬유보강 Con'c

- 강도, 인성

폴리머 복합체

- 초기강도 개선, 내마모성, 보수보강용

폴리머 시멘트 Con'c

폴리머 Con'c

폴리머함침 Con'c

초속경 Con'c

- 경화속도 빠름

시공성능 개선

유동화Con'c

Lay Out

③ 특수한 재료로 저항성 · 기능 개선 Lay Out

저항성 · 기능

저항성

물에 저항

조습 Con'c

수밀 Con'c

불에 저항   내화Con'c

균열에 저항

팽창 Expansive Con'c

자기치유 Self-Healing Con'c

자기응력 Self-Stressed Con'c

균 저항   항균Con'c

방사선에 저항

방사선 차폐 Con'c

기능발현

경량 Con'c   • 자중경감, 단열, 방음

- 경량골재
- 경량기포
- 무잔골재

스마트 Con'c

Lay Out

④ 특수한 시공 · 환경 · 친환경 Lay Out

시공법 · 환경

```
┌─────────────┐
│  특수 시공  │
└─────────────┘

   ┌─────────────┐
   │  노출Con'c  │
   └─────────────┘

   ┌─────────────┐
   │ 진공배수공법 │ • 진공펌프를 이용하여 잉여수 제거
   └─────────────┘

   ┌─────────────┐
   │  Shotcrete  │ • 뿜칠에 의한 급결
   └─────────────┘

┌─────────────┐
│  특수환경   │
└─────────────┘

   ┌──────────────────┐
   │  Preplaced Con'c │ • 미리 굵은골재를 넣고 모르타르주입
   └──────────────────┘

   ┌──────────────┐
   │  수중 Con'c  │ • 수중 불분리
   └──────────────┘

   ┌──────────────┐
   │  해양 Con'c  │ • 해양환경
   └──────────────┘

   ┌──────────────┐
   │  Lunar Con'c │ • 달환경
   └──────────────┘

┌─────────────┐
│   친환경    │
└─────────────┘

   ┌────────────────┐
   │  Porous Con'c  │ • 무세골재 및 다공질
   └────────────────┘

   ┌──────────────────────────────┐
   │ • 생물 대응형: 식생콘크리트    │
   │ • 환경부하 저감형             │
   └──────────────────────────────┘

   ┌────────────────────┐
   │  Eco Cement Con'c  │ • 쓰레기 재활용
   └────────────────────┘

   ┌──────────────────────────┐
   │ Recycled Aggregate Con'c │ • 순환골재 콘크리트(재활용)
   └──────────────────────────┘

   ┌────────────────────┐
   │  Geopolymer Con'c  │ • 시멘트 미사용(이산화 탄소저감)
   └────────────────────┘
```

□ **Ice Lens**
– 흙이나 콘크리트가 서서히 동결(凍結)하였을 때에, 그 속에 형성된 얇은 렌즈 모양의 얼음 층(層). 아이스 렌즈가 성장하여 커지면 동상(凍上)이 발생한다.

□ **Pop Out**
– Concrete 중에 존재하는 수분이 결빙점 이상과 이하를 반복하며, 동결팽창에 의해 수분이 동결하면 물이 약 9% 팽창하여, 이 팽창압으로 콘크리트 표면의 골재 · mortar가 박리 · 박락을 일으키는 현상

① 특수한 기상 · 온도

1. 한중콘크리트

1-1. 적용범위

> 하루의 평균기온이 4℃ 이하가 예상되는 조건일 때는 콘크리트가 동결할 염려가 있으므로 한중 콘크리트로 시공하여야 한다.

1) 지역별 적용기간

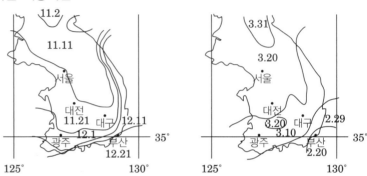

[콘크리트 학회 규정에 의한 한중 콘크리트 적용기간의 시작일과 종료일]

1-2. 한중콘크리트의 특성변화

1-2-1. 초기동해(Early Frost Damage) 발생

1) 발생요인
① 타설 후 콘크리트가 동결하기까지 경과시간이 짧을수록
② 콘크리트의 동결시간이 길수록
③ 콘크리트의 동결온도가 낮을수록
④ 콘크리트 동결 시 강도가 작을수록, 특히 인장강도가 작을수록
⑤ 물–시멘트비가 클수록
⑥ 적절한 공기 연행제를 사용하지 않을수록

2) 초기동해의 발생 Mechanism
① 냉각은 노출면부터 서서히 내부로 진행된다.
② 표면보다 내측의 어떤 층이 충분히 낮은 온도로 되면 가장 큰 세공 내의 물이 동결한다.
③ 이 부분은 잠열에 의해 동결하는 사이에 일정 온도를 유지하고 형성된 얼음의 결정은 보다 작은 세공중의 미결정물과 접촉하여 물을 흡수하여 성장을 계속한다.[아이스렌즈(Ice Lens)의 형성]
④ 콘크리트의 강도가 약하다면 콘크리트의 열화면은 동일 평면상에서 형성되고 수분의 보급이 끝난 단계에서 냉각은 보다 하부로 진행한다.
⑤ 다음의 동결은 전의 동결층에 영향이 없는 부분, 즉 어느 정도 떨어져 보다 내측의 위치에 생긴다.

기상 · 온도

3) 초기동해의 방지대책

① 콘크리트의 압축강도가 일정 강도 이상이 될 때까지 동결되지 않도록 한다.

② AE제, AE 감수제 또는 고성능 AE 감수제를 사용한다.

③ 재령 28일의 강도를 24MPa 이상 발휘되도록 한다.

④ 단위수량을 저감한다.

⑤ 다공질 골재를 사용함에 있어서 주의 깊은 검토

1-2-2. 저온에 의한 콘크리트 강도 발현의 지연

시멘트의 수화반응속도는 일반적으로 온도의 영향을 받게 되어 양생온도가 높으면 수화반응 속도가 빠르고, 낮으면 수화반응이 늦어져 콘크리트의 강도발현이 지연된다.

1-3. 제조 및 시공

1-3-1. 재료

1) 시멘트

① KS에 규정되어 있는 포틀랜드 시멘트를 사용하는 것을 표준으로 한다.

② 초속경 시멘트사용은 응결, 경화특성 시험 확인 후 사용

2) 골재

골재가 동결되어 있거나 빙설이 혼입되어 있는 골재는 그대로 사용할 수 없다.

3) 혼화제

① KS F 2560콘크리트 화학 혼화제 규정 준수

② AE제, AE 감수제 및 고성능 AE 감수제 사용(단위수량 감소)

③ 감수제는 10~15%의 단위수량 감소, 고성능 감수제는 20~30%의 단위수량 감소

④ 내한성 혼화제: 촉진제 또는 촉진형 감수제는 성분에 따라 수산화칼슘을 가수분해하여 탄산화를 촉진시키므로 무염화 촉진제를 사용

4) 재료의 저장

① 재료는 될 수 있는 한 차갑지 않게 저장

② 골재는 보관시설에 보관

5) 재료의 가열

① 재료를 가열할 경우, 물 또는 골재를 가열하는 것으로 하며, 시멘트는 어떠한 경우라도 직접 가열할 수 없다.

② 골재의 가열은 온도가 균등하게 되고 도 건조되지 않는 방법을 적용하여야 한다.

1-3-2. 배합

1) 배합원칙

① 초기동해에 필요한 압축강도가 초기양생 기간 내에 얻어지고, 콘크리트의 설계기준 압축강도가 소정의 재령에서 얻어지도록 정하여야 한다.

기상 · 온도

② 물-결합재비는 원칙적으로 60% 이하로 하여야 한다.

③ 공기연행 콘크리트를 사용하는 것을 원칙으로 한다.

④ 단위수량은 초기동해를 적게 하기위하여 소요의 워커빌리티를 유지할 수 있는 범위 내에서 되도록 적게 정하여야 한다.

※ 배합강도 및 물-결합재비는 적산온도 방식에 의해 결정할 수 있다.

2) 한중환경에서 적산온도 방식에 의한 배합강도 결정방법

적산온도는 Concrete 양생온도와 양생시간의 곱

$$M = \sum(\theta + A)\triangle t$$

M: 적산온도(°D · D(일), 또는 ℃ · D)

A: 정수로서 일반적으로 10

△t: 시간(일)

θ : △t 시간 중의 콘크리트의 일평균 양생온도(℃)

단, 보온양생을 하지 않을 경우는 예상 일평균기온

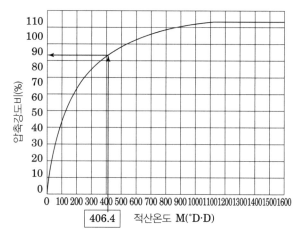

[Plowman에 의해 제시된 적산온도와 추정강도에 관한 그래프]

※ M이 210°D · D 이상인 경우에 적용한다.

□ 적용조건 예

어떤 지역의 월 평균기온이 표와 같을 때 이 지역에서의 월 3일에서 4주 동안의 적산온도 M값 및 압축강도 산정

상순	중순	하순
8.3℃	4.5℃	1.5℃

M=(8.3+10)×8+10+(4.5+10)×10+(1.5+10)×10=406.4(D°D · D)

△표에 의해, 이때의 강도는 28일 압축강도비의 82%로 추정할 수 있음

1-3-3. 비비기

① 비빈 직후의 온도는 기상조건 운반 시간 등을 고려하여 타설할 때에 소요의 콘크리트 온도가 얻어지도록 하여야 한다.

② 가열한 재료를 믹서에 투입하는 순서는 시멘트가 급결하지 안도록 정한다.

③ 비빈 직후의 온도는 각 Batcher Plant마다 변동이 적어지도록 관리하여야 한다.

기상 · 온도

1-3-4. 시공

1) 거푸집

① 보온성이 좋은 것을 사용하여야 한다.
② 지반의 동결 및 지반의 융해에 의하여 변위를 일으키지 않도록 지반의 동결을 방지하는 공법으로 시공되어야 한다.

2) 운반

① 콘크리트의 운반 및 타설은 열량의 손실을 가능한 한 줄이도록 하여야 한다.
② 펌프 압송관의 보온 및 타설종료 시 청소 등을 철저히 한다.

3) 타설부위 검사

① 지반은 타설 사이에 동결하지 않도록 시트 등으로 덮어놓아야 한다.
② 이미 지반이 동결되어 있는 경우에는 적당한 방법으로 이것을 녹인 후 콘크리트를 타설하여야 한다.
③ 철근이나 거푸집 등에 빙설이 부착되어 있지 않아야 한다.
④ 시공이음부의 콘크리트가 동결되어 있는 경우는 적당한 방법으로 이것을 녹여 이음원칙에 따라 콘크리트를 이어 타설하여야 한다.

4) 타설온도

① 콘크리트 온도는 구조물의 단면 치수, 기상 조건 등을 고려하여 5~20℃의 범위에서 정하여야 한다.
② 기상 조건이 가혹한 경우나 부재 두께가 얇을 경우에는 칠 때의 콘크리트의 최저온도는 10℃ 정도를 확보하여야 한다.

5) 타설시간 및 방법

① 이른 아침 및 저녁을 피하고 낮에 타설(오전9시~오후4시정도 마무리)
② 운반시간 간격과 타설속도, 물량을 조절하여 연속타설 지향

6) 마무리

① 타설이 끝난 콘크리트는 양생을 시작할 때까지 콘크리트 표면의 온도가 급랭할 가능성이 있으므로, 콘크리트를 타설한 후 적당한 재료로 표면을 덮고, 특히 바람을 막아야 한다.
② 블리딩 수는 최종마무리 전 반드시 제거

1-4. 양생

1-4-1. 초기양생

1) 초기양생

① 외기온도, 배합, 구조물의 종류 및 크기 등을 고려하여 정한다.
② 타설 직후에 찬바람이 콘크리트 표면에 닿는 것을 방지하여야 한다.
③ 소요 압축강도가 얻어질 때까지 콘크리트의 온도를 5℃ 이상으로 유지하여야 한다.
④ 소요 압축강도에 도달한 후 2일간은 구조물의 어느 부분이라도 0℃ 이상이 되도록 유지하여야 한다.

기상 · 온도

2) 양생기준

[한중콘크리트의 양생 종료 때의 소요 압축강도의 표준(MPa)]

구조물의 노출 \ 단면	얇은 경우	보통의 경우	두꺼운 경우
(1)계속해서 또는 자주 물로 포화되는 부분	15	12	10
(2)보통의 노출상태에 있고 (1)에 속하지 않는 부분	5	5	5

[소요의 압축강도를 얻는 양생일수의 표준(보통의 단면)]

구조물의 노출 \ 시멘트의 종류		보통 포틀랜드 시멘트	조강 포틀랜드 보통 포틀랜드+촉진제	혼합 시멘트 B종
(1)계속해서 또는 자주 물로 포화되는 부분	5℃	9일	5일	12일
	10℃	7일	4일	9일
(2)보통의 노출상태에 있고 (1)에 속하지 않는 부분	5℃	4일	3일	5일
	10℃	3일	2일	4일

[버블시트]

[버블시트]

[열풍기]

[외부보양]

1-4-2. 보온양생

① 급열양생, 단열양생, 피복양생 및 이들을 복합한 방법 중 한 가지 방법을 선택하여야 한다.
② 콘크리트에 열을 가할 경우에는 콘크리트가 급격히 건조하거나 국부적으로 가열되지 않도록 하여야 한다.
③ 급열양생을 실시하는 경우 가열설비의 수량 및 배치는 시험가열을 실시한 후 결정하여야 한다.
④ 단열양생을 실시하는 경우 콘크리트가 계획된 양생 온도를 유지하도록 관리하며 국부적으로 냉각되지 않도록 하여야 한다.
⑤ 보온양생 또는 급열양생을 끝마친 후에는 콘크리트의 온도를 급격히 저하시키지 않아야 한다.
⑥ 보온양생이 끝난 후에는 양생을 계속하여 관리재령에서 예상되는 하중에 필요한 강도를 얻을 수 있게 실시하여야 한다.

기상 · 온도

[자기 온도기록계]

1-5. 현장 품질관리

1-5-1. 양생관리

① 현장 콘크리트와 가급적 동일한 상태에서 양생한 공시체의 강도시험에 의하거나 콘크리트의 온도기록에 의한 적산온도로 부터 추정한 강도에 의해 정하여야 한다. 다만, 시험체의 양생은 20±3℃인 수중 양생으로 한다.

$$Z_{20} = \frac{M}{30}(일)$$

여기서, Z_{20} : 압축강도 시험을 할 재령(일)

$\qquad M$: 배합을 정하기 위하여 사용한 적산온도의 값(°D · D)

② 구조체 콘크리트의 압축강도 검사는 현장봉합양생으로 한다.

③ 양생기간 중에는 콘크리트의 온도, 보온된 공간의 온도 및 기온을 자기기록 온도계로 기록한다. 다만, 콘크리트가 동결할 위험성이 적은 경우에는 그 주위의 기온만을 기록하여 양생관리 할 수 있다.

1-5-2. 온도관리 및 검사

항목	시험· 검사방법	시기· 횟수	판정 기준
외기온	온도 측정	공사 시작 전 및 공사 중	일평균 기온 4℃ 이하
타설 때의 온도			5~20℃ 이내 및 계획된 온도의 범위 내, 계획하는 온도의 범위는 운반 타설기준에 적합할 것
양생 중의 콘크리트 온도 혹은 보온 양생된 공간의 온도			계획된 온도 범위 내, 계획할 온도 범위는 양생기준에 적합할 것

[한중콘크리트의 온도관리 및 검사]

기상·온도

2. 서중콘크리트

2-1. 적용범위

> 하루의 평균기온이 25℃를 초과하는 것이 예상되는 경우 서중 콘크리트로 시공하여야 한다.

1) 기온별 적용기간

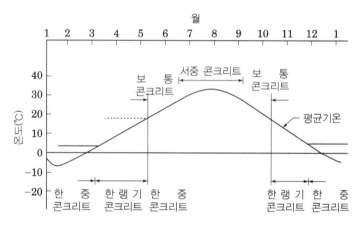

[기온별 콘크리트의 적용기간]

2-2. 서중콘크리트의 특성변화

2-2-1. 특성변화

1) 굳지않은 콘크리트
① 슬럼프감소
② 공기량 감소
③ 응결시간 단축

2) 굳은 콘크리트
초기 재령강도가 증대되는 반면에 28일 강도는 저하되는 경향이 있다.

2-2-2. 문제점
① 콘크리트의 온도상승으로 운반 도중에 슬럼프의 손실증대
② 연행공기량 감소
③ 응결시간의 단축
④ 워커빌리티 및 시공성 저하
⑤ 콜드 조인트 발생
⑥ 표면수분의 급격한 증발에 의한 소성수축 균열 발생
⑦ 수화열에 의한 온도균열 발생
⑧ 소요 단위수량 증가로 인하여 재령 28일 및 그 이후의 압축강도 감소

기상 · 온도

2-3. 제조 및 시공

2-3-1. 재료

1) 시멘트

① 저발열 시멘트(벨라이트시멘트) 또는 혼합시멘트를 사용한다.

② 저장용 사일로에 단열시설을 설치하고 주기적으로 살수하여 온도상승을 방지

2) 골재

① 골재 저장고에 지붕이나 덮개를 설치하여 직사광선을 피하고 물을 뿌려 기화열에 의해 골재온도가 낮아지도록 한다.

② 냉각수를 굵은골재에 살수

③ 강제적으로 골재에 공기를 순환시키는 방법

3) 배합수

① 물탱크나 수송관에 직사광선을 차단할 수 있는 차양시설 및 단열시설을 갖추어야 한다.

② 냉각장치를 사용하여 배합수를 냉각하는 방법

③ 액체질소를 사용하여 배합수를 냉각하는 방법

④ 얼음을 이용하여 배합수를 냉각하는 방법

⑤ 액체질소를 이용하여 콘크리트를 냉각하는 방법

4) 혼화제

① AE 감수제 및 고성능 AE 감수제사용

② 지연형의 감수제 사용

2-3-2. 배합 및 비비기

1) 단위수량 및 시멘트량

① 소요의 강도 및 워커빌리티를 얻을 수 있는 범위 내에서 단위수량 및 단위 시멘트량을 적게 하여야 한다.

② 기온 $10℃$의 상승에 대하여 단위수량에 비례하여 단위 시멘트량의 증가를 검토하여야 한다.

2) 배합온도 관리

비빈 직후의 콘크리트 온도는 기상 조건, 운반시간 등의 영향을 고려하여 타설할 때 소요의 콘크리트 온도가 얻어지도록 낮게 관리

2-3-3. 시공

1) 운반

① 애지테이터 트럭을 햇볕에 장시간 대기시키는 일이 없도록 사전에 배차계획까지 충분히 고려하여 시공계획을 세워야 한다.

② 펌프로 운반할 경우에는 관을 젖은 천으로 덮어야 한다.

③ 운반 및 대기시간의 트럭믹서 내 수분증발을 방지하고 폭우가 내릴 때 우수의 유입 방지와 주차할 때 이물질 등의 유입을 방지할 수 있는 뚜껑을 설치

기상 · 온도

[스프링 쿨러]

2) 타설부위 검사

① 타설 전에는 지반, 거푸집 등 콘크리트로부터 물을 흡수할 우려가 있는 부분을 습윤상태로 유지하여야 한다.

② 거푸집, 철근 등이 직사일광을 받아서 고온이 될 우려가 있는 경우에는 살수, 덮개설치 등의 적절한 조치를 하여야 한다.

3) 타설온도

콘크리트를 타설할 때의 온도는 35℃ 이하이어야 한다.

4) 타설시간 및 방법

① 비빈 후 즉시 타설하여야 하며 지연형 감수제를 사용하더라도 1.5시간 이내에 타설하여야 한다.

② 신 콘크리트 타설 전까지 기 타설부위는 습윤상태 유지

③ Cold Joint가 발생되지 않도록 신속한 시공, 타설계획·순서·배차계획 준수, 지연제 사용, 1회 타설량 제한 등의 대책을 세워야 한다.

2-4. 양생

2-4-1. 초기양생

① 24시간 동안 노출면이 건조되지 않도록 살수 또는 양생포 등을 덮어 습윤상태 유지

② 5일 이상 습윤양생 실시

③ 건조가 일어날 우려가 있는 경우에는 거푸집도 살수

2-4-2. 균열관리

① 타설 후 1일까지는 보행금지

② 3일까지는 진동, 충격 등을 가하지 않도록 한다.

③ 경화가 진행되지 않은 시점에서 갑작스런 건조로 인하여 표면균열이 발생할 경우에는 즉시 재진동 다짐 또는 Tamping을 실시하여 제거해야 한다.

2-5. 현장 품질관리

항목	시험·검사방법	시기·횟수	판단기준
외기온	온도측정	공사시작 전 및 공사 중	일평균 기온 25℃를 초과하는 경우
재료온도		계획한 온도 범위 내	
비빔온도		계획한 온도 범위 내	
타설온도		공사 중	35℃ 이하 및 계획한 온도의 범위 내 계획하는 온도 범위는 타설기준에 적합할 것. 매스콘크리트의 경우는 시공기준에 적합할 것
운반시간	시간의 확인	공사시작 전 및 공사 중	비비기로부터 타설 종료까지의 시간은 1.5시간 이내 및 계획한 시간 이내일 것

기상 · 온도

3. Mass 콘크리트

3-1. 적용범위

> 매스콘크리트로 다루어야 하는 구조물의 부재치수는 일반적인 표준으로서 넓이가 넓은 평판구조의 경우 두께 0.8m 이상, 하단이 구속된 벽조의 경우 두께 0.5m 이상으로 한다. 그러나 프리스트레스트 콘크리트 구조물 등 부배합의 콘크리트가 쓰이는 경우에는 더 얇은 부재라도 구속조건에 따라 적용대상이 된다.

3-2. Mass 콘크리트의 특성변화

3-2-1. 내부구속에 의한 균열발생

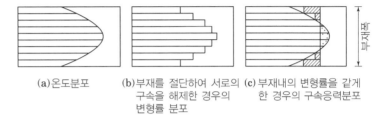

(a)온도분포　(b)부재를 절단하여 서로의　(c)부재내의 변형률을 같게
　　　　　　　구속을 해제한 경우의　　　한 경우의 구속응력분포
　　　　　　　변형률 분포

[내부구속에 의한 균열발생 메커니즘]

① 단면 내외의 온도차에 의해 표층에 균열발생
② 중앙부와 표면부의 변형률이 서로 다르기 때문에 내부구속응력이 발생하여 표면부에서 폭 0.2mm 이하의 미세한 균열발생

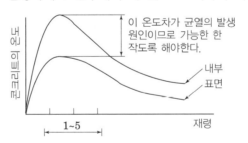

이 온도차가 균열의 발생
원인이므로 가능한 한
작도록 해야한다.

내부
표면

1~5　　재령

이 시기에 균열발생가능성이 높음

3-2-2. 외부구속에 의한 균열발생

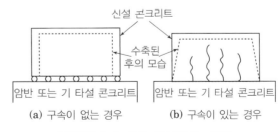

신설 콘크리트

수축된
후의 모습

암반 또는 기 타설 콘크리트　　암반 또는 기 타설 콘크리트

(a) 구속이 없는 경우　　　(b) 구속이 있는 경우

[외부구속에 의한 균열발생 기구]

① 밑부분의 구속으로 인장응력이 발생해 관통되는 균열 유발 가능
② 균열폭 1~2mm의 관통 균열로 누수 및 구조적인 문제야기

기상 · 온도

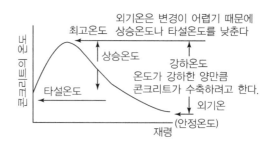

3-3. 온도균열의 제어 및 평가

3-3-1. 온도균열의 제어

① 구조물을 설계할 때에 신축이음이나 수축이음을 계획하여 균열 발생을 제어할 수도 있으며, 이때 구조물의 기능을 고려하여 위치 및 구조를 정하고 필요에 따라서 배근, 지수판, 충전재를 설계한다.

② 그 밖의 균열방지 및 제어방법으로는 콘크리트의 선행 냉각, 관로식 냉각 등에 의한 온도저하 및 제어방법, 팽창콘크리트의 사용에 의한 균열방지 방법, 또는 온도철근의 배치에 의한 방법이 있는데, 그 효과와 경제성을 종합적으로 판단하여야 한다.

3-3-2. 온도균열 지수에 의한 평가

1) 정밀한 해석방법에 의한 평가

$$온도균열지수\, I_{cr}(t) = \frac{f_{sp}(t)}{f_t(t)}$$

여기서, $f_t(t)$: 재령 t일에서의 수화열에 의하여 생긴 부재 내부의 온도응력 최대 값(MPa)

$f_{sp}(t)$: 재령 t일에서의 콘크리트의 쪼갬 인장강도로서, 재령 및 양생온도를 고려하여 구함(MPa)

2) 온도균열지수 선정

온도균열지수를 선정하기 위해서는 콘크리트 구조물의 기능 및 중요도, 환경조건 등을 고려해야 한다. 이는 실제 구조물에 있어서 균열관측 결과 및 실험결과를 정리하여 구한 값이다.

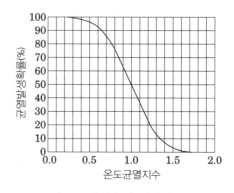

[온도균열지수와 발생확률]

기상 · 온도

온도균열 제어 수준	온도균열지수(I_{cr})
균열 발생을 방지하여야 할 경우	1.5 이상
균열 발생을 제한할 경우	1.2 이상~1.5 미만
유해한 균열 발생을 제한할 경우	0.7 이상~1.2 미만

[온도균열 제어 수준에 따른 온도균열지수 표준 값]

3-3-3. 온도응력 해석

① 온도응력은 새로 타설한 콘크리트 블록 내의 온도 차이만으로 발생하는 내부구속응력과 새로 타설한 콘크리트 블록의 온도에 의한 자유로운 변형이 외부로 구속되기 때문에 발생하는 외부구속응력이 있으며, 외부구속체가 경화 콘크리트 또는 암반 등인 경우에는 구속체와 새로 타설한 콘크리트와의 경계면에서는 활동이 발생하지 않는 것으로 간주하여 그 구속효과를 산정하는 것을 원칙으로 한다.

② 부재 크기가 매우 큰 부재의 경우 최종 안전온도에 도달했을 때의 응력도 고려

3-3-4. 온도균열폭의 제어

① 기존의 실적으로 부터 온도응력 및 온도균열 발생이 문제가 되지 않는다고 판단되는 경우나 온도응력으로부터 계산한 온도균열지수가 1.5 이상이면 별도의 온도균열제어 대책을 수립하지 않을 수 있다.

② 구조물의 내구성에 손상을 줄 수 있는 큰 폭의 유해한 온도균열을 철근에 의해 제어할 경우에는, 먼저 기존에 배치된 철근으로 균열폭이 제어되는지 검토하고 철근량이 부족할 경우 추가의 온도철근을 배치하여야 한다.

3-3-5. 온도응력 완화대책

1) 수축이음

① 벽체 구조물의 경우 온도균열을 제어하기 위해서는 구조물의 길이 방향에 일정 간격으로 단면 감소 부분을 만들어 그 부분에 균열이 집중되도록 하고, 나머지 부분에서는 균열이 발생하지 않도록 한다.

② 계획된 위치에서 균열 발생을 확실히 유도하기 위해서는 수축이음의 단면 감소율을 35% 이상으로 하여야 한다.

2) 블록분할

타설구획의 크기와 이음의 위치 및 구조는 온도균열 제어를 하기위한 방열 조건, 구속 조건과 공사용 Batcher Plant의 능력이나 1회의 콘크리트 타설 가능량 등 시공할 때의 여러 조건을 종합적으로 판단하여 결정하여야 한다.

기상 · 온도

3-4. 제조 및 시공

3-4-1. 재료

1) 시멘트

콘크리트 부재의 내부온도 상승이 적은 것을 택하며, 구조물의 종류, 사용 환경, 시공 조건 등을 고려하여 적절히 선정하여야 한다.

2) 골재

① 소요의 내구성을 가지며 온도 변화에 의한 체적 변화가 되도록 적은 것을 선정하여야 한다.

② 굵은 골재의 최대치수는 작업성이나 건조수축 등을 고려하여 되도록 큰 값을 사용하여야 한다.

3) 배합수

하절기의 경우 콘크리트의 비비기 온도를 낮추기 위해 되도록 저온의 것을 사용하며, 얼음을 사용하는 경우에는 비빌 때 얼음덩어리가 콘크리트 속에 남아 있지 않도록 하여야 한다.

4) 혼화재료

① 저발열형 시멘트에 석회석 미분말 등을 혼합하여 수화열을 더욱 저감 시킨 혼합형 시멘트는 충분한 실험을 통해 그 특성 확인

② 저발열형 시멘트는 장기 재령의 강도 증진이 보통 포틀랜드 시멘트에 비하여 크므로, 91일 정도의 장기 재령을 설계기준압축강도의 기준 재령으로 하는 것이 바람직하다.

3-4-2. 배합 및 비비기

1) 단위시멘트량

① 소요의 강도 및 워커빌리티를 얻을 수 있는 범위 내에서 콘크리트의 온도상승이 최소가 되도록 하여야 한다.

② 온도상승을 감소시키기 위해 소요의 품질을 만족시키는 범위 내에서 단위 시멘트량이 적어지도록 배합을 선정하여야 한다.

3-4-3. 시공

1) 타설 시간 간격

① 구조물의 형상과 구속조건에 따라 적절히 정하여야 한다.

② 온도 변화에 의한 응력은 신구 콘크리트의 유효탄성계수 및 온도 차이가 크면 클수록 커지므로 신구 콘크리트의 타설 시간 간격을 지나치게 길게 하는 일은 피하여야 한다.

③ 몇 개의 블록으로 나누어 타설할 경우, 타설 시간 간격을 너무 짧게 하면 선 타설한 콘크리트 블록이 새로 타설한 콘크리트 블록의 온도에 영향을 주고, 콘크리트 전체의 온도가 높아져서 균열 발생 가능성이 커질 우려가 있으므로 이를 고려하여 타설 계획을 수립

2) 타설온도

물, 골재 등의 재료를 미리 냉각시키는 선행냉각 방법

[수화열 측정]

[수화열 측정]

[파이프 쿨링]

기상 · 온도

3) 양생때의 온도제어

① 가능한 천천히 외기온도에 가까워지도록 하기 위해 필요에 따라 콘크리트 표면의 보온 및 보호조치 등을 강구하여야 한다.

② 파이프의 재질, 지름, 간격, 길이, 냉각수의 온도, 순환 속도 및 통수 기간 등을 검토하여 관로식 냉각을 적용한다.

4) 타설방법

넓은 면적에 걸쳐 콘크리트를 타설할 경우에는 Cold Joint가 생기지 않도록 하나의 시공구간의 면적, 콘크리트의 공급능력, 이어치기의 허용시간 등을 고려하여 시공 순서를 정하여야 하며, 응결지연제의 사용, 타설 블록 크기의 감소 등의 대책을 고려하여야 한다.

3-4-4. 온도균열 저감대책

대책			구체적인 대책
배합	발열량의 저감		저발열형 시멘트의 사용
		시멘트량 저감	양질의 혼화재료 사용
			슬럼프를 작게 할 것
			골재치수를 크게 할 것
			양질의 골재 사용
			강도 판정시기 연장
시공	온도변화의 최소화		양생온도의 제어
			보온(시트, 단열재)가열 양생 실시
			거푸집 존치기간 조절
			콘크리트의 타설시간 간격 조절
			초지연제 사용에 의한 Lift별 응결시간 조절
	시공 시 온도상승을 저감할 것		재료의 쿨링
	계획온도를 엄격히 관리할 것		
설계	설계상 배려		균열유발줄눈의 설치
			철근으로 균열을 분산시킴
			별도의 방수 보강

3-5. 현장 품질관리

항목	시험·검사방법	시기·횟수	판정기준
콘크리트 타설온도	실시간 온도측정 및 분석	시공 중의 적절한 측정 및 검사 주기는 협의하여 정함	계획된 온도관리 기준에 부합할 것
양생중의 콘크리트 온도 혹은 보온양생 되는 공간의 온도			
균열	외관관찰		예상된 온도균열 수준일 것

강도 · 시공성

성능 및 품질 이해

Key Point

□ Lay Out
- 특성 · 품질 · 기준
- 성분 · 성능 · 기능
- 유의사항

□ 기본용어
- 고강도 콘크리트
- 고성능 콘크리트
- 고유동 콘크리트
- 섬유보강 콘크리트

② 특수한 강도 · 시공성 개선

1. 강도성능

1-1. 고강도 콘크리트(High Strength Concrete)

정의	· 설계기준압축강도가 보통(중량)콘크리트에서 40MPa 이상, · 경량골재 콘크리트에서 27MPa 이상인 경우의 콘크리트
배합	· 물시멘트비= 50% 이하, 슬럼프 150mm 이하(유동화 콘크리트로 할 경우 슬럼프 플로의 목표값은 설계기준압축강도 40MPa 이상, 60MPa 이하의 경우 500mm, 600mm, 700mm로 구분)

1-1-1. 고강도화 방법

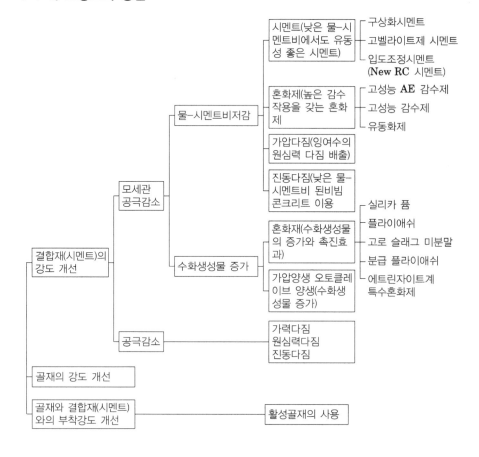

강도 · 시공성

1-1-2. 폭렬현상

1) 개요

① 고강도 콘크리트의 폭렬발생은 화재 시 구조부재의 피복두께 결손과 함께 철근의 온도상승으로 철근콘크리트 구조체의 내력저하를 일으킬 수 있게 된다.

② 고강도 콘크리트 폭렬현상은 함수량의 정도, 콘크리트의 밀도, 외부 하중에 의한 압축응력과 프리스트레스, 가열온도의 속도, 온도분포, 압축강도, 시험체의 치수와 형상에 따라 다르며, 내 외부 조직이 치밀하여 화재발생 시 고압의 수증기가 외부로 분출되지 못해 그 압력으로 폭렬현상이 발생된다. 이를 방지하기위해 콘크리트 내부의 수증기를 외부로 분출 시키는 것이 무엇보다 중요하다.

2) 화재에 의한 콘크리트의 손상

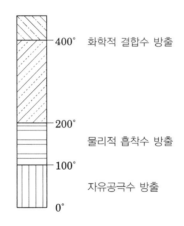

- 400° 화학적 결합수 방출
- 200° 물리적 흡착수 방출
- 100° 자유공극수 방출
- 0°

3) 폭렬현상 발생 Mechanism

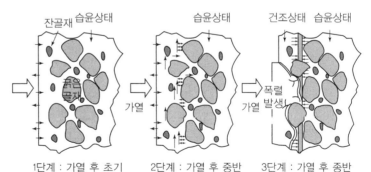

1단계 : 가열 후 초기   2단계 : 가열 후 중반   3단계 : 가열 후 종반

[고온에 따른 콘크리트 내부의 수분이동과정]

화재 시 일반적으로 압축강도 50~60MPa 이상의 고강도 콘크리트에서 발생하며, 콘크리트 표면의 폭발적 취성파괴로 인하여 단면 결손이 발생하는 현상을 말하며, 공극구조가 미세하여 수증기가 외부로 유출되는 통로가 없어 내부의 수증기압에 의해 팽창압이 크게 발생

강도 · 시공성

4) 폭렬의 발생정도

분 류	SPALLING			
	Progressive Spalling			Explosive Spalling
	Aggregate Spalling	Surface Spalling	Corner Spalling	
피해정도	하	중	중 ~ 상	상
철근 영향	없음	가능함	가능함	심각함
피해범위	표면	표면으로부터 5~10mm	피복두께이상	전체 부분
발생시기	초기		초·중기	전 기간
발생문제	미관 문제	단면 결손	단면 결손	부분 붕괴
Spalling 이론	골재 변형 수증기압	골재 변형 열 응력	수증기압 열 응력	공극압력 삼투압
발생 원인	열을 받은 골재표면에 국부 박락 현상 발생	표면골재로 인한 콘크리트 파편 발생	코너부의 수증기압	콘크리트 내부의 급격한 응력 발생

5) 폭렬현상 분류

① 점진적 폭렬(Processive Spalling)

- 수중기압 이론
  고온 가열시 콘크리트 자유수와 결합수의 증발로 인한 열 특성에 의해 점차적으로 변형이 발생(표면박락)
- 골재 변형이론
  서로 다른 열팽창률을 갖고 있는 콘크리트의 표면골재가 고온 노출시 국부적인 변형을 발생
- 열응력 이론
  비선형적인 온도분포가 콘크리트 단면에 영향을 주어 최대변형이 발생할 경우

② 폭발성 폭렬(Explosive Spalling)

- 폭발성 이론
  부재가 한쪽 표면으로부터 일방향으로 고온을 받으면 내부의 자유수는 고온표면에서 증발을 하거나 상대적으로 저온인 콘크리트 공극사이로 이동하게 되고 이때 공극압력을 발생하는 원인이 되어 폭렬발생
- 삼투압 이론
  고온 가열시 콘크리트를 구성하는 두 성분의 서로 다른 열 특성에 의해 발생한다. 내부 공극의 수증기의 증발로 인해 수축을 하는 반면 골재는 열에 의한 팽창을 하게 되어 상반된 변형이 발생하며 이러한 다공질의 ITZ(Interfacial Transition Zones)가 발생 하게 되며 내부공극이 크기 때문에 수분을 흡수하려는 삼투압 현상이 발생하게 된다.

강도 · 시공성

6) 폭렬에 미치는 영향인자

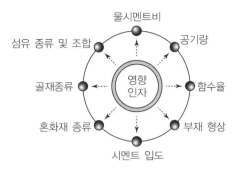

7) 폭렬현상 원인

① 흡수율이 큰 골재 사용

② 콘크리트 내부 함수율이 높을 때

③ 내 · 외부 조직이 치밀해서 화재시 수증기가 배출되지 못할 때

④ 구속조건: 구조의 부재인 기둥 · 보의 경우에는 양단이 구속된 상태이기 때문에 화재에 의하여 급격한 고온에 노출되면 표면층에서 압축응력이 발생하게 되며, 일반적으로 폭렬은 압축영역에서 발생될 가능성이 높다.

8) 폭렬현상 방지대책

① 배합

• 내화성 골재의 선정: 골재의 팽창량과 시멘트-페이스의 팽창량에 큰 차이가 있으면 균열발생과 박락의 원인이 된다.

• 수분함유량을 전체 콘크리트 중량의 3% 이하 유지

• 수분 ITZ의 두께를 20㎛ 이하로 조정하여 삼투압발생 억제

• 수분과 잔골재를 적게 배합하여 골재사이로 수증기 이동 유도

• PP합성심유 혼입: 화재 시 고온의 수증기를 외부로 분출하는 효과로 폭렬현상 저하

• 혼화재: 플라이애쉬 및 실리카 흄의 적정배합을 통하여 수화열상승 억제

• Mock Up Test 실시 후 배합결정

② 원심성형에 의한 콘크리트의 타설

• 원심성형으로 인하여 콘크리트 내부의 잉여수가 밖으로 방출되어 수증기압에 기인되는 폭렬이 방지

③ 내화피복: 내화 모르타르 시공하여 열의 침입을 차단

• 보드(패널) 부착공법: 외부 마감재를 이용하여 직접 고온이 콘크리트 구조물에 접하지 않게 하는 방법

• 내화성 뿜칠공법: 구조체의 외부에 섬유복합 모르타르, 내화도료 및 미장재료등과 같은 내화성 재료를 뿜칠하여 마감

④ 콘크리트의 박리를 방지: 메탈라스를 시공하여 비산방지 및 횡구속

□ 폭렬 방지

– 온도상승 억제

– 내부수분을 빠르게 외부로 이동

– 폭렬에 따른 콘크리트 비산을 구속력으로 억제하는 방법

– 콘크리트의 배합조건 선정에 있어서 함수율 및 물–시멘트비(W/C)를 낮추는 방법

– 콘크리트 표면의 내화피복을 통하여 고온을 차단하는 방법

– 콘크리트 부재단면의 횡구속을 설치하여 내부에서 발생하는 횡변위에 저항하는 방법

– 콘크리트에 유기질 섬유를 혼입하여 수증기압을 외부로 배출하는 방법

□ ITZ(Interfacial Transition Zone)

– 결정체의 모서리(면과 면 사이에 끼인) 계면전이 구역

강도 · 시공성

1-2. 고성능 콘크리트(High Performance Concrete)

1-2-1. 초고성능 콘크리트(Ultra High Performance Concrete)

① 높은 초기재령 강도
② 장기적인 역학적 특성의 개선
③ 체적 안정성과 높은 탄성계수
④ 열악한 환경에서 구조물의 수명을 개선(내구성)
⑤ 재료분리가 없이 타설 및 다짐이 쉬운 것 또는 다짐을 하지 않아도 되는 자기 충전성 보유 등이 있다.

1) 초고강도 콘크리트(Ultra High Strength Concrete)

① DSP(Densified With Small Particle)

> • DSP는 입경이 작은 입자들을 사용하여 밀도를 높인 것으로 고성능 감수제와 실리카 품의 사용으로 공극률을 크게 낮춘 것 외에도 보크사이트나 화강암, 현무암과 같은 매우 높은 강도의 골재를 사용함으로써 압축강도 150~400MPa 범위의 콘크리트를 만들어 냈다.

② MDF(Macro Defect Free)

> • 폴리머 모르타르를 이용하여 콘크리트의 공극을 채움으로써 매우 강하고 치밀한 Matrix 를 만드는 것으로서 알루미나 시멘트를 사용하기도 하며, 200MPa에 달하는 매우 높은 휨강도를 발휘하지만 그 제조 조건이 까다롭고 배합 이후 여러 차례 롤러다짐을 해야 하는 문제 외에도 물에 민감하고 과도한 크리프에 의한 손상 등의 이유로 실용성이 떨어지는 재료로 간주 된다.

2) 고인성 콘크리트(High Toughness Concrete)

① SIFCON(Slurry Infiltrated Fibered Concrete)

> • 거푸집 속에 섬유 뭉치(Bulk Fibers)를 넣고 유동성의 슬러리 모르타르 (Fluid Mortar Slurry)를 주입하여 만드는 것으로, 시공(타설)중 워커빌리티 문제를 야기하지 않도록 많은 양의 섬유(5~15%)가 필요한 기술이다.

② SIMCON(Slurry Infiltrated Mat Concrete)

> • SIMCON(Slurry Infiltrated Mat Concrete)은 비교적 긴 섬유로 필터모양의 강섬유 매트를 만들고, 여기에 Grout를 주입하는 것으로 휨강도가 매우 큰 재료이다.

③ ECC(Engineered Cementitious Composites)

> • 길이가 20mm 이내로 비교적 짧고 직경도 0.5mm 이하로 매우 가느다란 합성섬유(Synthetic Fibers)를 혼입한 시멘트계 복합재료로서 압축강도는 통상 70MPa를 넘지 않는다.
> • 인장강도는 동일한 압축강도 수준의 섬유보강하지 않은 콘크리트보다 10% 이상 증가하지 않으나, 직접 인장(Direct Tension)에서는 균열의 분산 (Multicracking)과 변형률 경화현상을 나타내며 매우 큰 연성을 보인다.

강도 · 시공성

3) 초고성능 콘크리트(Ultra-High-Performance Concrete)

DSP 계열의 원리를 사용하여 강도와 내구성을 향상시킨 고밀도(Compactness, 고밀도 콘크리트: Dense Concrete, High Density Concrete)의 특성을 갖고, 압축강도를 기준으로 150MPa 이상의 초고강도이면서 단섬유를 다량으로 사용 또는 단섬유와 긴 섬유를 혼합(Multi-scale)하여 높은 인장강도 또는 휨 인성을 보유하도록 보강된 콘크리트

1-2-2. 고내구성 콘크리트(High Durable Concrete)60 MPa 이상

1) 요구성능

① 고강도
② 고내구성(균열억제, 강재보호, 내동해성)
③ 자기충전성

2) 내구성능 평가

① 탄산화 저항성
② 염분침투 저항성
③ 동결융해 저항성

1-2-3. 고유동 콘크리트(High Flowable Concrete): 시공성 개선에서 설명

1-3. 섬유보강 콘크리트(Fiber Reinforced Concrete)

① 섬유보강 콘크리트는 강(Steel), 유리(Glass), 탄소(Carbon), 나일론(Nylon), 폴리프로필렌(Polypropylene), 석면(Asbestos) 등의 섬유를 혼입하여 균열발생시 균열면에 위치한 섬유에 의해 그 성장을 억제하도록 인성을 부여한 것
② 섬유 혼입률(Fiber Volume Fraction)은 콘크리트 용적의 0.5~2% 정도

1-4. 폴리머 복합체(Concrete Polymer Composite)

1-4-1. 폴리머 시멘트 콘크리트

1) 배합

① Polymer를 혼입한 것
② 물-결합재비는 30~60% 범위 내
③ Polymer-시멘트비는 5~30%의 범위 내

2) 종류

수성 Polymer Dispersion, 재유화형 분말수지, 수용성 폴리머, 액상 Polymer

3) 성질

작업성, 공기연행성, 보수성 효과, 경화속도 다소 느림, 동결융해 저항성 및 내약품성

강도 · 시공성

1-4-2. 폴리머 콘크리트

결합재로서 시멘트를 전혀 사용하지 않고 열경화성 또는 열가소성 수지와 같은 액상수지를 사용하여 골재를 결합시킨 것

1-4-3. 폴리머 함침 콘크리트

① 경화된 콘크리트의 내부 공극에 액상의 반응성 Monomer를 침투시켜 중합함으로써 콘크리트와 Polymer를 일체화 시킨 복합체

② 미세한 공극에 폴리머가 충전되기 때문에 압축 및 휨강도가 현저하게 증가하며, 내마모성, 내동결융해성, 내약품성, 알칼리에 대한 저항력(내식성)우수 등 내구적 성능이 개선

□ monomer, 單位體
- 고분자화합물 또는 화합체를 구성하는 단위가 되는 분자량이 작은 물질

□ 중합체 [polymer, 重合體]
- 분자가 중합하여 생기는 화합물. 폴리머라고도 한다.(하나의 화합물이 2개 이상의 분자가 결합해서 몇 배가 되는 분자량을 가진 다른 화합물이 되는 것)

1-5. 초속경 콘크리트(Ultra Super Early Strength Concrete)

1) 특성

① 응결시간이 짧아 경화가 빠르다.

② 재령 2~3시간 내에 압축강도 20MPa 이상 발현한다.

③ 저온에서도 강도발현이 우수하다.

④ 초기 재령부터 수화에 의한 발열량이 커서 콘크리트 온도 상승도 크고, 이에 따라 강도발현이 더욱 더 커진다.

2) 용도

① 도로, 철도, 활주로, 항만 등의 긴급공사

② 기계기초 등의 구축 및 보수

③ 신축이음, 바닥판, 지하구조물 등의 보수

④ 도로, 터널, 교량의 박층 덧씌우기 포장

⑤ 뿜칠 콘크리트 공사

⑥ 주입 그라우트 공사

⑦ 한중 콘크리트 공사

2. 시공성능

2-1. 유동화 콘크리트(Flowing Concrete)

2-1-1. 품질

[유동화 콘크리트의 슬럼프(mm)]

콘크리트의 종류	베이스 콘크리트	유동화 콘크리트
보통 콘크리트	150 이하	210 이하
경량골재 콘크리트	180 이하	210 이하

슬럼프 증가량은 100mm 이하를 원칙으로 하며, 50~80mm를 표준으로 한다.

강도 · 시공성

2-1-2. 품질개선

① 건조수축 및 수화발열량의 감소
② 블리딩의 감소
③ 수밀성 · 기밀성의 개선

2-1-3. 내구성 향상

① 콘크리트의 시공성 개선
② 부어넣을 때 시공능률의 향상
③ 바닥 마무리시의 마무리 시간 단축

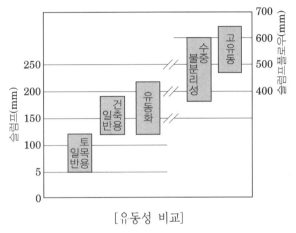

[유동성 비교]

④ 건조수축 및 수화발열량의 감소
⑤ 블리딩의 감소
⑥ 수밀성 · 기밀성의 개선

2-2. 고유동화 콘크리트(High Fluidity Concrete)

1) 정의

굳지않은 상태에서 재료분리 없이 높은 유동성을 가지면서 다짐작업 없이 자기 충전성이 가능한 콘크리트

2) 자기충전 등급

등급	내용
1등급	최소 철근 순간격 35~60mm 정도의 복잡한 단면 형상, 단면 치수가 적은 부재 또는 부위에서 자기 충전성을 가지는 성능
2등급	최소 철근 순간격 60~200mm 정도의 철근 콘크리트 구조물 또는 부재에서 자기 충전성을 가지는 성능
3등급	최소 철근 순간격 200mm 정도 이상으로 단면 치수가 크고 철근량이 적은 부재 또는 부위, 무근 콘크리트 구조물에서 자기 충전성을 가지는 성능

일반적인 철근 콘크리트 구조물 또는 부재는 자기 충전성 등급을 2등급으로 정하는 것을 표준으로 한다.

강도 · 시공성

3) 품질

① 굳지않은 콘크리트의 유동성은 슬러프 플로 600mm 이상으로 한다.

② 굳지않은 콘크리트의 재료분리 저항성은 다음 규정을 만족하는 것으로 한다.

- 슬럼프 플로 시험 후 콘크리트 중앙부에는 굵은골재가 모여 있지 않고, 주변부에는 페이스트가 분리되지 않아야 한다.
- 슬럼프 플로 500mm 도달시간 3~20초 범위를 만족하여야 한다.

등급	시험 및 검사방법	시기 및 횟수	판정기준
1등급	간극 통과성 시험	50m³ 당 1회 이상	충전높이 300mm 이상일 것
2등급	간극 통과성 시험	50m³ 당 1회 이상	충전높이 300mm 이상일 것
3등급	간극통과 장치를 갖는 전량 시험 및 품질관리 담당자의 관찰	전량 대상	전량 시험장치를 전 콘크리트가 통과할 것. 관찰에 의해 재료분리가 확인되지 않을 것

[자기 충전성의 현장 품질관리]

저항 · 기능

③ 저항성능 · 기능발현

성질변화 이해

Key Point

□ Lay Out
- 특성 · 성질 · 현상
- mechanism · 영향인자
- 유의사항 · 방지대책

□ 기본용어
- 폭렬현상
- 팽창 콘크리트
- 경량콘크리트

1. 저항성능

1-1. 물에 저항

1-1-1. 조습 콘크리트

도서관이나 미술관 등의 구조물은 습도관리가 매우 중요하기 때문에 천연 제올라이트 성분을 함유하고 있는 광물과 합성 제올라이트 등을 콘크리트에 사용하여 패널을 제작한 후 수장고에 활용

1-1-2. 수밀 콘크리트

수밀콘크리트는 투수 · 투습에 의해 구조물의 안전성, 내구성, 기능성, 외관 등에 영향을 크게 받는 지하구조물(건축 및 토목구조물), 수리구조물, 저수조, 수영장, 상하수도시설, 터널, 공동구 및 각종 저장시설 등 구조체 내 · 외측에서 압력수가 작용하는 구조물에 주로 사용한다.

1-2. 불에 저항

1-2-1. 내화 콘크리트(Fire Resistant Concrete)

- 화재 중의 고온 하에서 부재가 받는 모든 외력에 견디며, 그 중에서도 인간과 동물에게 피해를 줄 수 있는 붕괴를 일으키지 않을 것
- 고열을 차단하고, 인접부가 발화하지 않을 만큼 적당한 단열성을 지닐 것
- 화재 종료 시에는 약간의 보수 및 보강으로 재사용이 가능할 정도로 피해가 적을 것

1-3. 균열에 저항

1-3-1. 팽창콘크리트(Expansive Concrete)

1) 원리 및 작용

사용목적	원리 및 작용
균열저감	건조수축 보상
케미컬 프리스트레스 도입	콘크리트 팽창에 의해 철근에 인장력 도입하여 콘크리트의 인장응력 및 휨 응력을 더 많이 받게 함
충전콘크리트 및 충전모르타르	팽창성 또는 무수축성에 의해 주변 구조물과 밀착시키기 위한 목적으로 사용되며, 콘크리트 간극에 충전시킴으로써 구조물을 일체화

2) 배합 및 제조

① 최소 단위 시멘트량

- 보통 콘크리트: 260kg/㎥ 이상
- 경량 콘크리트: 300kg/㎥ 이상

저항·기능

② 표준 소요 공기량
- 보통 콘크리트: 4%(3~6%)
- 경량 콘크리트: 5%

3) 팽창률

용도	팽창률
수축보상용	150×10^{-6} ~ 250×10^{-6} 이하
화학적 프리스트레스용	200×10^{-6} ~ 700×10^{-6} 이하
공장제품	200×10^{-6} ~ $1,000 \times 10^{-6}$ 이하

4) 사용방법

종류	주성분	수화생성물	사용방법	판매형태
K형	$3Cao \cdot Al_2O_3 \cdot CaSO_4, CaO, CaSO_4$	Ettringite	Potland Cement에 혼입: 5~15%	팽창 시멘트 팽창재
M형	알루미나시멘트 $CaSO_4$	Ettringite	Potland Cement에 혼입: 5~15%	팽창재
S형	포틀랜드시멘트 중의 C_3A와 $CaSO_4$를 많게 함	Ettringite	직접 혼입	팽창 시멘트
O형	CaO	$Ca(OH)_2$	Potland Cement에 혼입: 8~10%	팽창재

1-3-2. 자기치유 콘크리트(Self Healing Concrete)

1) 미생물을 이용한 자기치유 Ca^{2+}

박테리아의 표면은 (-)전하를 띠며, 주위에서 Ca^{2+}를 포함한 카치온(나트륨, 칼륨, 칼슘 등의 원소)을 유인해서 자신의 표면에 탄산칼슘을 추출시킨다. 탄산칼슘 결정들은 균열 중심보다 상대적으로 물의 속도가 느린 균열면에 침전하게 되고, 점차 물의 속도가 늦춰 지면서 탄산칼슘의 침전이 계속 이루어지면서 결국 균열이 탄산칼슘에 의해 막히게 되는 것이다.

2) 마이크로 캡슐을 이용한 자기치유

약 100㎛ 정도 되는 마이크로캡슐 안에 균열을 치유할 수 있는 물질을 넣어서 콘크리트를 타설할 때 혼입시키고 콘크리트에 균열이 생겼을 때 마이크로캡슐이 깨지면서 캡슐 안에 들어있던 물질이 흘러나와 균열을 치유하는 방법

3) 유리섬유 및 유리관을 이용한 자기치유

콘크리트 내에 유리관을 매설하고 그 속에 보수기능성 물질을 내포시켜 외력에 의해 균열이 발생할 경우 유리관이 깨지며 보수성 물질이 흘러나와 균열을 치유

저항 · 기능

4) 균열 부분에 대한 선택적 열공급에 의한 자기치유

콘크리트 내에 균열을 감지해서 열을 낼 수 있는 열장치와 균열을 치유할 수 있는 유기질 필름으로 된 관을 설치하여 열이 발생되면서 이로 인해 유기질 관이 녹으면서 관속에 있는 치유제가 흘러나와 균열을 치유하는 방법

1-3-3. 자기응력 콘크리트(Self Stressed Concrete)

1) 비가열 시멘트(NASC: Non Autoclave Stressed Cement)

상온에서 주로 거푸집으로 된 단단한 철근 콘크리트에서 경화되는 자기응력 철근 콘크리트 구조물과 건축물의 콘크리트와 일체화를 위한 자기응력 시멘트

2) 가열 시멘트(ASC: Autoclave Stressed Cement)

열 가습 가공으로 제조 시 처해 있는 조립식 자기응력 철근 콘크리트 제품의 콘크리트를 일체화를 위한 자기응력 시멘트

1-4. 균에 저항

1) 항균 콘크리트

방균제를 이용하여 세균의 생육을 억제 및 살균 목적

저항 · 기능

2. 기능발현

2-1. 경량 콘크리트

2-1-1. 분류

1) 경량골재 콘크리트(Lightweight Aggregate Concrete)

사용한 골재에 의한 콘크리트의 종류	사용골재		설계기준강도 (MPa)	기건 단위용적질량 (t/㎥)
	굵은 골재	잔골재		
경량 골재 콘크리트 1종	인공 경량 골재	모래 부순모래 고로 슬래그 잔골재	18 21 24	1.7~2.0
경량 골재 콘크리트 2종	인공 경량 골재	인공 경량 골재나 혹은 인공 경량 골재의 일부를 모래, 부순 모래, 고로 슬래그 잔골재로 대체한 것	15 18 21	1.4~1.7

[경량골재 콘크리트의 설계기준 압축강도 및 기건 단위질량의 범위]

2) 경량기포 콘크리트

구분	경량기포콘크리트	경량 폴 콘크리트	경량기포 폴 콘크리트
배합구성	시멘트+물+기포제	시멘트+물+모래+폴	시메트+물+기포제+폴
배 합 비	시멘트:8.8포/㎥	시멘트:4포/㎥ 모래:0.38㎥/㎥ 폴:0.84㎥/㎥	시멘트:8포/㎥ 폴:0.35㎥/㎥

① 7일 압축강도 9.18kgf/㎠ 이상

② 28일 압축강도 14.288kgf/㎠ 이상

③ 열전도율 0.13kcal/mh℃

저항 · 기능

3) 무잔골재 콘크리트

배합에서 잔골재를 넣지 않고 10~20mm의 굵은골재, 시멘트, 물로만 만들어진 콘크리트

2-2. 스마트 콘크리트

2-2-1. 개념

센서를 이용하여 콘크리트 구조가 살아있는 생명체처럼 거동하는 콘크리트

2-2-2. 기능

① 콘크리트 내장형 스마트 광섬유 센서
② 특수기능성 마이크로캡슐 콘크리트
③ 광촉매를 적용한 콘크리트

시공 · 환경

성질변화 이해

Key Point

□ Lay Out
- 특성 · 성질 · 현상
- mechanism · 영향인자
- 유의사항 · 방지대책

□ 기본용어
- 노출콘크리트
- 진공배수 콘크리트
- 친환경 콘크리트

④ 시공 · 환경 · 친환경

1. 특수한 시공

1-1. 노출 콘크리트

1-1-1. 특징

구 분	영향요인	관리방법
색채 균일성	- 사용재료(시멘트, 골재, 굵은골재 등) - 배합설계 및 제조방법 - 거푸집 및 박리제 - 타설방법 - 경화 중 콘크리트 상태	동일회사 재료사용(1개의 레미콘 공장에서 사용재료 반입)
균열발생 억제성능	- 콘크리트 자체의 건조 수축 - 다짐/ 양생 - 부재의 형상 및 크기 - 균열유발줄눈 유무 - 강풍/ 폭염 - 개구부 및 설비배관 주위의 건조수축	- 양질의 골재사용 - 슬럼프 값 낮추어 단위수량 저감 - AE 감수제 사용으로 단위수량 저감 - 팽창제/ 수축 저감제 사용
콘크리트 충전성 및 재료분리저 항성	- 슬럼프치 - 골재치수 - 타설방법 - 철근간격/ 피복두께	- 규정된 콘크리트 슬럼프 준수 - 지연제/ 고성능AE감수제 사용 - 골재는 가능한 작은치수 사용 - 레이턴스/ 블리딩이 적게 발생하는 배합설계 - 잔골재율 증가 - 철근피복두께/ 콘크리트 타설속도 - W/C비 낮춤 - 규정공기량확보 - 콘크리트 내 염소이온 총량 규제준수 - 피복두께를 통상보다 10mm 증가 시킴 - 발수제/ 침투성 흡수방지제 마감
내구성	- 콘크리트 중성화 - 염해 및 동해에 의한 철근부식	

시공 · 환경

1-1-2. 표면 마감재

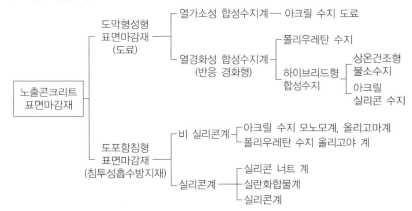

1-1-3. Design 4요소 - 요구조건

① 점(点, Dot) : 일정한 간격을 통해 배치된 콘 구멍의 배치
② 선(線, Line) : 수평, 수직 이어치기 줄눈, 균열을 집중시키기 위한 균열유발 줄눈 및 치장줄눈의 간격
③ 면(面, Face) : 배합 및 색상, 질감의 변화를 통한 면처리 기법의 적용
④ 양(量, Mass) : 노출부위의 양적 설계에 따라 필요한 부재를 노출

1-1-4. 설계요소

항목	내용
품질기준	현장조건에 따른 시공방법 및 순서
공사비 및 공사기간	현실적인 품셈 및 일위대가를 반영
면의 분할	모듈조합의 선택 및 이음부 간격 및 크기에 따른 콘 선택
면의 질감	일반노출, 광택노출, 무늬노출 등 결정에 따른 거푸집 선정
균열저감 및 코팅	균열을 방지하기 위해 균형 있게 응력이 분포되도록 유도하고 균열유발 줄눈의 배치와 영구적인 유지를 위해 표면코팅재의 선택

1-1-5. 시공계획 단계

① 노출거푸집의 설계(골조도, 패널, 줄눈, 콘 분할도)
② Mock-UP 실험을 통한 시공조건 및 문제점 파악
   - 콘크리트: 시멘트 색상, 골재 크기, 물, 혼화제, 설계기준강도, 슬럼프, 공기량, 염분 혼입량 등
   - 거푸집 : 거푸집 자재, 표면처리상태, 코너주위 처리상태, 각종 줄눈 상태, 콘 주위 상태, Open-Box (각종 창문, 전기설비, 소화전) 주위상태
   - 마감 : 표면 품질상태, 콘크리트 색상, 표면 코팅재 선정
   - 기타 : 철근 피복상태, 타설 방법, 진동기 사용방법, 양생 방법, 탈형 방법, 보양 방법, 코팅방법, 유지관리 보수

시공 · 환경

1-1-6. 시공관리 단계

1) 거푸집공사

① 전개도에 의한 합판 및 폼타이, 콘, 줄눈재를 고려하여 제작
② 녹 발생 방지를 위해 도금된 제품 사용
③ 이음부위에 코킹 및 테이핑처리
④ 먹물은 흰색 사용

2) 철근공사

① 철근의 순간격, 피복두께 준수
② 결속선 결속 후 안쪽으로 구부려 넣어 시공
③ 노출면에는 스페이셔를 끼우지 않고 비노출 부분에 시공

3) 콘크리트 타설방법

① 배합: 색채의 균일성을 위해 동일한 레미콘 사용, 가능한 작은치수 골재 사용
② 기둥이나 벽체는 트레미관이나 트레미 호스를 이용하여 하부로부터 고주파 바이브레이터로 진동 한 후 2차 타설
③ 다짐은 내부와 외부의 다짐작업을 병행
④ 벽치기용 바이브레이터와 고무망치는 고주파 바이브레이터 사용이 불가능한 곳에 제한적으로 사용
⑤ 나무망치는 1차 콘크리트 타설이 완료되어 바이브레이터 작업이 끝난 후 하부로부터 상부로 10cm 정도의 간격으로 이동하면서 2~3회씩 반복하여 두드려 준다.

4) 타설 시 주의사항

① 고 충전성이 요구되는 곳에는 고유동 콘크리트를 적용
② 개구부나 창문 주위는 공기구멍을 두어 확인
③ 동절기나 직사광선이 강한 시기에는 양생포로 콘크리트 표면을 양생하고 하절기는 적당히 살수를 실시
④ 콘크리트 타설 중 슬래브 철근이 손상되지 않도록 주의

5) 탈형 및 양생

① 탈형: 충격을 최소화, 코너부위 파손주의
② 기 타설된 노출면의 오염주의

1-1-7. 표면마감 및 유지관리 단계

① 오염부위 청소 및 보호장치 설치
② 표면마감재 시공

시공 · 환경

[진공배수 콘크리트]

1-2. 진공배수 콘크리트

콘크리트 표면에 진공매트를 덮고 진공상태를 만들어 $80 \sim 100 kN/m^2$의 대기압이 매트에 작용하게 하여 잉여수가 표면으로 나오면 진공펌프로 배출

1-3. Shotcrete

1-3-1. 성능설정

환기 및 측정 조건	분진농도(mg/㎥)
– 환기조건: 갱내 환기를 정지한 환경 – 측정방법: 뿜어 붙이기 작업 개시 5분 후로부터 원칙으로 2회 측정 – 측정위치: 뿜어 붙이기 작업 개소로부터 5m 지점	5 이하

[숏크리트의 초기강도 표준값]

재령	숏크리트의 초기강도(MPa)
24시간	5.0~10.0
3시간	1.0~3.0

① 영구 지보재 개념으로 숏크리트를 적용할 경우의 초기강도는 1.0~3.0MPa, 24시간강도 5.0~10.0MPa 이상으로 하며, 장기강도의 감소를 최소화하여야 한다.

② 반발률(리바운드량)의 상한치는 일반적으로 20~30% 값을 표준으로 설정

1-3-2. 장기강도

① 일반 숏크리트의 장기 설계기준 압축강도는 재령 28일로 설정하며 그 값은 21MPa 이상으로 한다. 단, 영구 지보재 개념으로 타설할 경우 35MPa 이상

② 구조적 안정성과 박락에 대한 저항성을 확보하기 위해 암반 및 숏크리트 각 층간의 부착강도를 높일 필요가 있으며 재령 28일 부착강도는 1.0 이상으로 관리

③ 영구지보재로 숏크리트를 적용할 경우 절리와 균열의 거동에 저항하기 위하여 휨 인성 및 전단강도가 우수하여야 한다

1-3-3. 배합

1) 건식

> 시멘트, 골재, 급결재 등이 혼합된 마른 상태의 재료를 압축공기에 의해 압송하여 노즐 또는 그 직전에서 압력수를 가하고 뿜어 붙이는 방식

① 굵은 골재의 최대 치수

② 잔골재율

③ 단위시멘트량

④ 물-결합재비

⑤ 혼화재료의 종류 및 단위량

시공 · 환경

2) 습식

> 시멘트, 골재, 급결재 등이 혼합된 젖은 상태의 재료를 펌프 또는 압축공기로 압송시켜 노즐 부근에서 급결제를 첨가시키면서 뿜어 붙이는 방식

① 굵은 골재의 최대 치수
② 잔골재율
③ 단위시멘트량
④ 물-결합재비
⑤ 혼화재료의 종류 및 단위량

1-3-4. 시공

1) 시공일반

① 건식 숏크리트는 배치 후 46분 이내에 뿜어 붙이기를 실시하여야 하며, 습식 숏크리트는 배치 후 60분 이내에 뿜어 붙이기를 실시하여야 한다.
② 타설되는 장소의 대기 온도가 38℃ 이상이 되면 시공이 불가
③ 숏크리트는 대기온도가 10℃ 이상일 때 뿜어 붙이기를 실시한다.
④ 숏크리트의 재료온도가 10℃보다 낮거나 32℃보다 높을 경우 적절한 온도 대책을 세워 재료의 온도가 10℃~32℃ 범위에서 뿜어 붙이기를 실시한다.

2) 보강재 설치

① 보강재는 뿜어 붙일 면과 20~30mm 간격을 두고 근접시켜 설치하여야 한다.
② 철망의 망눈 지름은 5mm 내외, 개구 크기는 100×100mm 또는 150×150mm를 표준으로 하고 숏크리트가 철망의 뒷부분까지 충분히 채워질 수 있는 것이어야 한다.

3) 숏크리트 작업

① 빠르게 운반하고 급결제를 첨가한 후에는 바로 뿜어 붙이기 작업을 실시
② 흘러내리지 않는 범위의 두께를 뿜어 붙이고 소정의 두께가 될 때까지 반복
③ 반발량이 최소가 되도록 하고 동시에 리바운드된 재료가 다시 혼합되지 않게
④ 노즐은 뿜어 붙일면에 직각유지
⑤ 노즐과시공면의 거리는 1m
⑥ 하부로부터 상부로 진행
⑦ 1회 타설 두께는 100mm 이내

시공 · 환경

2. 특수 환경

2-1. Preplaced Concrete

2-1-1. 구분

미리 거푸집 속에 특정한 입도를 가지는 굵은 골재를 채워놓고 그 간극에 모르타르를 주입하여 제조한 콘크리트

구 분	특 징
일반 프리플레이스트 콘크리트	• 소규모 프리플레이스트 콘크리트 공사에 적용
대규모 프리플레이스트 콘크리트	• 시공면적 50~250㎡ 이상 • 주입 모르타르 시공속도 40~80㎥/h
고강도 프리플레이스트 콘크리트	• 물-결합재비 40% 이하로 하여 재령 91일 압축강도 40MPa 이상

2-1-2. 주입 모르타르의 품질

1) 유동성

① 유하시간의 설정 값은 16~20초를 표준으로 한다. 다만, 고강도 프리플레이스트 콘크리트는 25~50초를 표준으로 한다.

② 모르타르가 굵은 골재의 공극에 주입될 때 재료 분리가 적고 주입되어 경화되는 사이에 블리딩이 적으며 소요의 팽창을 하여야 한다.

2) 재료분리 저항성

블리딩률의 설정 값은 시험 시작 후 3시간에서의 값이 3% 이하가 되는 것으로 하고, 고강도 프리플레이스트 콘크리트의 경우에는 1% 이하로 한다.

3) 팽창성

팽창률의 설정 값은 시험 시작 후 3시간에서의 값이 5~10%인 것을 표준으로 한다. 고강도 프리플레이스트 콘크리트의 경우는 2~5%를 표준으로 한다.

2-1-3. 주입 및 압송작업

1) 주입관의 배치

① 주입관의 안지름은 수송관과 같거나 그 이하로 한다.

② 연직주입관의 수평 간격은 2m 정도를 표준으로 한다.

③ 수평주입관의 수평 간격은 2m 정도, 연직 간격은 1.5m 정도를 표준으로 한다.

2) 압송

① 펌프의 압송압력은 보통 주입 모르타르의 2~3배가 되므로 피스톤식보다 스퀴즈식 펌프를 사용하여야 한다.

시공 · 환경

② 수송관의 연장을 짧게 한다.

③ 수송관의 연장이 100m를 넘을 때는 중계용 Agitator와 Pump를 사용한다.

④ 모르타르의 평균 유속은 0.5~2m/s 정도가 되도록 정한다.

3) 주입작업

① 주입이 중단될 경우 중단된 지 2~3시간 정도 이내이고, 이미 주입된 모르타르가 아직 응결되지 않아 충분한 유동성을 지니고 있을 경우에만 특별한 조치를 취하지 않고서도 다시 주입할 수 있다.

② 주입은 최하부로부터 시작하여 상부로 향하면서 시행

③ 모르타르면의 상승속도는 0.3~200m/h 정도로 한다.

④ 주입은 거푸집 내의 모르타르 면이 거의 수평으로 상승하도록 주입 장소를 이동하면서 실시

⑤ 펌프의 토출량을 일정하게 유지하면서 적당한 시간 간격으로 주입관을 순차적으로 주입

⑥ 연직주입관은 관을 뽑아 올리면서 주입하되 주입관의 선단은 0.5~2.0m 깊이의 모르타르 속에 묻혀 있는 상태로 유지

4) 모르타르의 상승높이 측정

① 주입모르타르가 상승하는 상황을 확인하기 위하여 모르타르 면의 취치를 측정

② 검사관의 배치는 주입관과 동일한 숫자로 하는 것이 바람직하며 주입모르타르 표면의 유동경사는 1 : 3보다 크지 않도록 하여야 한다.

5) 계절별 시공

① 한중: 주입모르타르의 팽창지연이 없도록 보온 및 급열을 하여야 한다. 주입모르타르의 온도를 올리기 위해 물의 온도는 40℃ 이하로 가열

② 서중: 비벼진 온도가 25℃를 넘을 경우 품질이 저하될 수 있으므로 수송관 주변의 온도를 낮추고 유동성을 크게 한다.

2-2. 수중 콘크리트

담수 중이나 안정액 중 혹은 해수 중에 타설되는 콘크리트

2-2-1. 수중분리 저항성 및 배합강도

수중 · 공기 중 강도비로 설정하며 현탁물 질량은 50mg/ℓ 이하, pH는 12.0 이하, 수중 · 공기 중 강도비는 수중분리 저항성의 요구가 비교적 높은 경우 0.8 이상, 일반적인 경우에는 0.7 이상으로 설정

시공 · 환경

2-2-2. 물-결합재비 및 단위 시멘트량

[수중 콘크리트의 물-결합재비 및 단위 시멘트량]

종류	일반 수중 콘크리트	현장 타설말뚝 및 지하연속벽에 사용하는 수중 콘크리트
물-결합재비	50% 이하	55% 이하
단위 시멘트량	370kg/㎥ 이상	350kg/㎥ 이상

[내구성으로부터 정해진 수중불분리성콘크리트의 최대 물-결합재비(%)]

종류	일반 수중 콘크리트	현장 타설말뚝 및 지하연속벽에 사용하는 수중 콘크리트
물-결합재비	50% 이하	55% 이하
단위 시멘트량	370kg/㎥ 이상	350kg/㎥ 이상

※ 지하연속벽을 가설만으로 이용할 경우에는 단위 시멘트량은 300kg/㎥

2-2-3. 유동성

[일반 수중 콘크리트의 슬럼프의 표준값(mm)]

시공방법	일반 수중 콘크리트	현장 타설말뚝, 지하연속벽
트레미	130~180	180~210
콘크리트 펌프	130~180	–
밑열림 상자, 밑열림 포대	100~150	–

① 현장 타설말뚝 및 지하연속벽에 사용하는 수중 콘크리트에서 일반 적으로 설계기준압축강도가 50MPa을 초과하는 경우는 슬럼프 플 로의 범위는 500~700mm

② 공기량은 4% 이하

[수중 불분리성 콘크리트의 슬럼프 플로 표준값(mm)]

시공조건	슬럼프 플로범위
급경사면의 장석(1:1.5~1:2)의 고결, 사면의 엷은 슬래브(1:8정도 까지)의 시공 등에서 유동성을 적게 하고 싶은 경우	350~400
단순한 형상의 부분에 타설하는 경우	400~500
일반적인 경우, 표준적인 철근 콘크리트 구조물에 타설하는 경우	450~550
복잡한 형상의 부분에 타설하는 경우 특별히 양호한 유동성이 요구되는 경우	550~600

시공 · 환경

2-2-4. 타설

1) 타설원칙

① 시멘트의 유실, Laitance의 발생을 방지하기 위해 물막이를 설치하여 물을 정지시킨 정수 중에서 타설하여야 한다. 완전히 물막이를 할 수 없는 경우에도 유속은 50mm/s 이하로 하여야 한다.

② 물과 접촉하는 부분의 콘크리트 재료분리를 적게 하기 위하여 타설하는 도중에 가능한 물을 휘젓거나 펌프의 선단부분을 이동시키지 않는다.

2) 트레미에 의한 타설

① 콘크리트가 자유롭게 낙하할 수 있는 크기를 가져야 하므로, 트레미의 안지름은 수심 3m이내에서 250mm, 3~5m에서 300mm, 5m 이상에서 300~500mm정도, 굵은 골재 최대 치수의 8배 이상이 되도록 하여야 한다.

② 트레미 1개로 타설할 수 있는 면적은 30㎡ 이하로 하여야 한다.

③ 콘크리트를 타설하는 동안 하단부가 항상 콘크리트로 채워져 트레미속으로 물이 침입하지 않도록 하여야 한다.

④ 타설하는 동안 트레미의 하단을 기 타설된 콘크리트 면보다 0.3~0.4m 아래로 유지하면서 가볍게 상하로 움직이어야 한다.

3) 콘크리트 펌프에 의한 타설

펌프의 안지름은 0.10~0.15m 정도가 좋으면 수송관 1개로 타설할 수 있는 면적은 5㎡ 정도로 하여야 한다.

4) 밑열림 상자 및 밑열림 포대에 의한 타설

바닥이 타설하는 면 위에 도달해서 콘크리트를 쏟아낼 때 쉽게 열릴 수 있는 구조이어야 한다.

5) 수중불분리성 콘크리트의 타설

① 타설은 유속이 50mm/s 정도 이하의 정수 중에서 수중 낙하높이 0.5m 이하이어야 한다.

② 압송압력은 보통 콘크리트의 2~3배, 타설 속도는 1/2~1/3 정도

③ 수중 유동거리는 5m 이하로 한다.

6) 현장 타설말뚝 및 지하연속벽에 사용하는 수중 콘크리트

① 트레미의 안지름은 굵은 골재의초대치수의 8배 정도가 적당하며, 굵은 골재 최대 치수 25mm의 경우, 관 지름이 0.20~0.25m의 트레미를 사용하여야 한다.

② 트레미의 삽입깊이는 2m 이상으로 한다

③ 지하연속벽의 경우 트레미는 가로방향 3m 이내의 간격에 배치하고 단부나 모서리에 배치하여야 한다.

④ 콘크리트 타설속도는 먼저 타설하는 부분의 경우 4~9m/h, 나중에 타설하는 부분의 경우 8~10m/h로 실시한다

시공 · 환경

2-3. 해양 콘크리트

> 항만, 해안 또는 해양에 위치하여 해수 또는 바닷바람의 작용을 받는 구조물에 쓰이는 콘크리트로 설계기준강도는 30MPa 이상

2-3-1. 물-결합재 비

내구성으로 정하여진 공기연행 콘크리트의 물-결합재비(%)

환경조건 \ 시공조건	일반 현장 시공의 경우	공장제품 또는 재료의 선정 및 시공에서 공장제품과 동등 이상의 품질이 보증될 때
해중	50	50
해상 대기 중	45	50
물보라 지역, 간만대 지역	40	45

2-3-2. 단위 결합재량

내구성으로 정하여진 최소 단위 결합재량(kg/m³)

환경 구분 \ 굵은골재의 최대치수(mm)	20	25	40
물보라 지역, 간만대 및 해상 대기 중	340	330	300
해중	310	300	280

2-3-3. 공기량의 표준 값(%)

환경 조건		굵은 골재의 최대 치수(mm) 20	25	40
동결융해작용을 받을 염려가 있는 경우	물보라, 간만대 지역	6	6	5.5
	해상 대기 중	5	4.5	4.5
동결융해 작용을 받을 염려가 없는 경우		4	4	4

2-3-4. 시공

1) 균일한 콘크리트 확보

타설, 다지기, 양생 등에 주의하여 균일한 콘크리트가 되도록 관리

2) 시공이음

① 시공이음이 생기지 않도록 관리한다.
② 만조위로부터 위로 0.6m, 간조위로부터 아래로 0.6m사이의 감조 부분에는 시공이음이 생기지 않도록 시공계획을 세운다.

3) 초기보양

해수에 콘크리트가 씻겨 모르타르 부위가 유실되지 않도록 5일간 보호 고로 슬래그 시멘트 등 혼합시멘트를 사용할 경우에는 이 기간을 설계기준압축강도의 75% 이상의 강도가 확보될 때까지 연장하여야 한다.

시공 · 환경

3. 친환경 (Environmentally Friendly Concrete)

3-1. Porous Concrete

> 연속된 공극을 많이 포함시켜 물과 공기가 자유롭게 통화할 수 있도록 무세골재 콘크리트 또는 다공질이기 때문에 포러스 콘크리트라 한다.

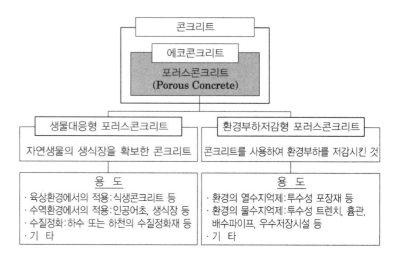

[포러스 콘크리트의 범주 및 용도]

3-2. Eco-Cement Concrete

> 폐기물로 배출되는 도시 쓰레기 소각회나 각종 오니에 시멘트 원료성분이 포함되어 있는 점에 착안하여 이들을 주원료로 사용하여 시멘트로서 재활용하기 위하여 탄생한 새로운 자원 순환형 시멘트를 이용하여 만든 Concrete

3-3. Recycled Aggregate Concrete

> 건설폐기물을 물리적 또는 화학적 처리과정 등을 거쳐 품질기준에 적합한 골재로 만든 Concrete

3-3-1. 순환골재의 사용방법 및 적용 가능부위

설계기준압축강도 (MPa)	사용 골재		적용 가능 부위
	굵은골재	잔골재	
21 이상 27 이하	일반 굵은 골재 및 순환 굵은골재	일반 잔골재	기둥, 보, 슬래브, 내력벽, 교량 하부공, 옹벽, 교각, 터널 라이닝공
21 미만		일반 잔골재 및 순환 잔골재	콘크리트 블록, 도로구조물기초, 측구, 집수받이 기초, 중력식옹벽, 강도가 요구되지 않은 채움 콘크리트

3-3-2. 순환골재의 품질

항목		순환굵은골재	순환 잔골재	관련시험 규정
절대 건조 밀도(g/㎣)		2.5 이상	2.2 이상	KS F 2503
흡수율(%)		3.0 이하	5.0 이하	KS F 2503
마모 감량(%)		40 이하	–	KS F 2508
입자 모양 판정 실적률(%)		55 이상	53 이상	KS F 2527
0.08mm체 통과량 시험에서 손실된 양(%)		1.0 이하 ~ 7.0 이하		KS F 2511
알칼리 골재반응		무해할 것		KS F 2545
점토 덩어리량(%)		0.2 이하	1.0 이하	KS F 2512
안정성(%)		12 이하	10 이하	KS F 2507
이물질 함유량(%)	유기이물질	1.0 이하(용적)		KS F 2576
	무기이물질	1.0 이하(질량)		

3-4. Geopolymer Concrete

① 지오폴리머 콘크리트는 이산화탄소를 포틀랜드 시멘트보다 적게 배출하는 친환경 · 고성능 콘크리트로서 미래사회가 요구하는 개념에 부합하는 콘크리트다.

② 지오폴리머 콘크리트에서는 시멘트 페이스트 대신에 지오폴리머를 결합재로 사용하며 내화내열 섬유복합체, 밀폐제 등 다양한 분야에서 적용이 가능하다.

③ 낮은 투수성을 가지므로 유독성, 방사성 폐기물의 차단제로도 사용이 가능

4-5장

철근콘크리트
구조일반

Lay Out

① 일반사항 Lay Out

구조일반

SI단위

재료와 단면성질

RC구조체의 원리

- 중립축 상부: 콘크리트가
  압축력(Compression) 부담
- 중립축 하부: 철근이 인장력(Tension) 부담

콘크리트의 재료적 특성

- 압축강도 f_c
- 설계기준 압축강도 f_{ck}
- 평균압축강도 f_{cu}
- 배합강도 f_{cr}
- 인장강도 f_{sp}

단면2차 모멘트

- 정의: 구조물에 작용하는 하중에 의해 단면 내 발생하는 응력을 계산하기위한 지표
- 용도: 구조물의 강약을 조사할 때 설계의 기본이 되는 지료

응력과 변형률

- 응력: 외력에 저항하려는 단위면적당의 힘
- 변형률: 외력을 받을 때 변형된 정도

Lay Out

② 구조설계 Lay Out

구조설계

설계 및 하중

콘크리트 구조 설계법

- 허용응력 설계법: 응력개념, 사용하중, 탄성범위, 허용응력으로 규제
- 극한강도 설계법: 강도개념, 극한하중, 소성범위, 사용하중에 하중계수를 곱

주요 설계하중

- 고정하중
- 활하중
- 적설하중
- 풍하중

철근비 & 파괴모드

균형 · 최대 · 최소철근

연성파괴/취성파괴

- 연성파괴: 균형상태보다 적은 철근량을 사용한 보
- 취성파괴: 균형상태보다 많은 철근량을 사용한 보

Lay Out

③ Slab · Wall Lay Out

Slab · Wall

변장비에 의한 Slab 분류

슬래브해석의 기본사항

- 주열대: 기둥 중심선 양쪽으로 $0.25l_2$ 와 $0.25l_1$ 중 작은 값을 한쪽의 폭으로 하는 슬래브의 영역
- 중간대: 두 주열대 사이의 슬래브 영역

1방향 slab

- 수축 · 온도철근

2방향 slab

주요 Slab

Flat slab

- 기둥폭 결정(D)
- 기둥 중심간 거리 $\dfrac{L}{20}$ 이상
- 300mm 이상
- 층고의 $\dfrac{1}{15}$ 이상

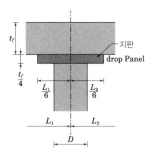

장선 Slab · 장선, 중공, 와플

주요 Wall

전단벽, 내력벽

Lay Out

④ 지진 Lay Out

지진

내진

- 균형적이고 연속적인 배치, 건축물의 경량화
- 구조부재의 배치 및 수량
- 구조물의 강성 및 강도, 변형능력

면진

1. 고려사항
   - 건물의 형상, 면진장치의 배치
   - 높이와 평면의 단면길이 비율
   - 변위에 대한 배려(이격거리, E/J)
   - 유지관리(점검가능, 교환가능)
2. 면진장치
   - 기초분리 장치
   - 감쇠장치(Damper)

제진

1. 원리
   - 진동을 제어하기 위한 장치나 기구를 구조물에 설치하여 건물의 고유주기를 의도적으로 장주기화 하여 지진저감
2. 제진장치
   - Active(능동형): 구조물 진동에 맞춰 능동적으로 힘을 구조물에 더하여 진동제어
   - Passive(수동형): 감쇠기를 건물 내외부에 설치하여 제어

1 구조일반

1. SI단위 및 그리스 문자

1-1. SI 접두사 (SI Prefix)

Plefix	Symbol	Multiplication Factor
tera	T	10^{12} = 1 000 000 000 000
giga	G	10^{9} = 1 000 000 000
mega	M	10^{6} = 1 000 000
kilo	k	10^{3} = 1 000
hecto	h	10^{2} = 100
deka	d	10^{1} = 10
deci	d	10^{-1} = 0.1
centi	c	10^{-2} = 0.01
milli	m	10^{-3} = 0.001
micro	μ	10^{-6} = 0.000 001
nano	n	10^{-9} = 0.000 000 001
pico	p	10^{-12} = 0.000 000 000 001

1-2. 그리스 문자

대문자	소문자	이름	발음	대문자	소문자	이름	발음
A	α	alpha	알파	N	ν	nu	뉴
B	β	beta	베타	$\varXi$	ξ	xi	크사이, 크시
$\varGamma$	γ	gamma	감마	O	o	omicron	오미크론
$\varDelta$	δ	delta	델타	$\varPi$	π	pi	파이
E	ε	epsilon	엡실론	P	ρ	rho	로
Z	ζ	zeta	지타	$\varSigma$	σ	sigma	시그마
H	η	eta	이타	T	τ	tau	타우
$\varTheta$	θ	theta	시타	$\varUpsilon$	υ	upsilon	웁실론
I	ι	iota	요타	$\varPhi$	φ	phi	파이
K	κ	kappa	카파	X	χ	chi	카이, 카
$\varLambda$	λ	lambda	람다	$\varPsi$	ψ	psi	프사이, 프시
M	μ	mu	뮤	$\varOmega$	ω	omega	오메가

□ 건축구조 분야에서 그리스 문자의 의의

자연의 물리적인 현상을 수학식으로 표현할 때 영어의 대문자 및 소문자 알파벳만으로 한계가 있으므로 그리스 문자를 알파벳과 같이 채택하여 다양한 물리적인 현상에 대한 내용을 표현하고 있다.

단위 이해

Key Point

□ Lay Out

– 특성 · 지표 · 기준

□ 기본용어

– Pa(Pascal)
– 단면2차모멘트
– 수축.온도철근
– 탄성과 소성

SI단위 실례

□ 1kgf/cm² = $\dfrac{9.81}{100}$ N/mm²

= 0.0981MPa(0.1MPa)

□ 1MPa=1N/mm²

□ 1kPa=1kN/m²

□ 1GPa=1kN/mm²

---

2. 재료와 단면의 성질

2-1. 철근 콘크리트 구조 특성

1) 구조원리

단순보에 하중이 작용하면 중립축을 경계로 하여 위쪽에는 압축응력, 아래쪽에는 인장응력이 발생한다. 콘크리트는 인장력에 약한 재료이므로 인장측에 철근을 넣어 보강하면 콘크리트는 인장저항력이 없어도 철근이 인장력에 저항하고, 중립축 상부의 압축측은 콘크리트가 하중에 저항하여 안전한 구조체가 된다.

2) 철근 콘크리트 구조체의 성립 조건

① 하중 분담

> • 중립축 상부: 콘크리트가 압축력(Compression) 부담
> • 중립축 하부: 철근이 인장력(Tension) 부담

② 재료적인 측면에서 부착성(Bond)이 우수하여 콘크리트 내부에서 철근의 상대적인 미끄러짐을 방지하여 일체로 거동

③ 온도변화에 대한 열팽창계수(선팽창계수)가 거의 유사

철근	콘크리트
$1.2 \sim 10^{-5}/℃$	$1.0 \sim 1.3 \times 10^{-5}/℃$

④ 철근은 콘크리트 피복에 의해 부식이 방지된다.

2-2. 콘크리트의 재료적 특성

1) 압축강도(f_c, Compressive Strength)

① 공시체: 직경 150mm×높이 300mm 원주형($\varnothing150 \times 300$)표준

② $f_c = \dfrac{P}{A} = \dfrac{P}{\dfrac{\pi D^2}{4}}$ MPa하중 분담

2) 설계기준압축강도(f_{ck}), 평균압축강도(f_{cu})

① 설계기준압축강도(f_{ck}, Specified Compressive Strength): 콘크리트 부재를 설계할 때 기준이 되는 콘크리트의 압축강도

② 평균압축강도(f_{cu}, 재령 28일에서 콘크리트의 평균압축강도): 크리프변형 및 처짐 등을 예측하는 경우 보다 실제 값에 가까운 값을 구하기 위한 것

> $f_{cu} = f_{ck} + \Delta f \text{(MPa)}$

3) 배합강도(f_{cr}, Required Average Compressive Strength)

콘크리트의 배합을 정할 때 목표로 하는 압축강도

4) 인장강도(f_{sp}, Splitting Strength)

콘크리트의 인장강도는 압축강도의 0% 정도 이므로 구조설계 시 무시

구조일반

철근콘크리트 구조체 원리

① 단순보에 하중이 작용

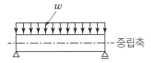

② 부재 중립축의 상부는 압축력, 하부는 인장응력이 발생하여 인장균열 발생

③ 철근으로 보강하여 인장력에 저항

f_{ck}

• c: Concrete 또는 Compression
• k: Characteristic Value

구조일반

□ 단면 2차 모멘트
- 구조물에 작용하는 하중에 의해 단면 내 발생하는 응력을 계산하기 위한 기초단계로 단면의 특성을 이해하는 것이 중요하다.
- 단면의 형태를 유지하려는 관성(inertia, 慣性)을 나타내는 지표로서 구조역학에서 가장 기본이 되면서 중요한 지표 중의 하나이다.

□ 단면 2차 모멘트 용도
- 구조물의 강약을 조사할 때, 설계할 때 휨에 대한 기본이 되는 지표
- 단면계수 Z: 휨재 설계
- 단면 2차 반경 r: 압축재 설계

2-3. 단면 2차모멘트(I, Second Moment of Area)

1) 정의

임의의 직교좌표축에 대하여 단면 내의 미소면적 dA와 양 축까지의 거리의 제곱을 곱하여 적분한 값을 단면 2차모멘트라고 한다.

$$I_x = \int_A y^2 \cdot dA$$
$$I_y = \int_A x^2 \cdot dA$$

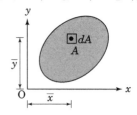

단위는 mm^4, cm^4이며, 부호는 항상 (+)이다.

2) 기본 단면의 단면2차모멘트

단면	사각형	삼각형	원형
도형			
도심축	$\dfrac{bh^3}{12}$	$\dfrac{bh^3}{36}$	$\dfrac{\pi D^4}{64} = \dfrac{\pi r^4}{4}$
상·하단축	$\dfrac{bh^3}{3}$	하단: $\dfrac{bh^3}{12}$ 상단: $\dfrac{bh^3}{4}$	$\dfrac{5\pi D^4}{64}$

3) 축이동에 대한 단면2차모멘트

- 도심축에서 임의축으로의 축이동
  $$I_{이동축} = I_{도심축} + A \cdot e^2$$
- 임의축에서 도침축으로의 축이동
  $$I_{도심축} = I_{임의축} - A \cdot e^2$$

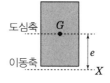

4) 용도 및 특성

① 단면계수: $Z = \dfrac{I}{y}$

② 단면2차 반지름: $r = \sqrt{\dfrac{I}{A}}$

③ 강성도(剛性度): $K = \dfrac{I}{L}$

④ 휨응력: $\sigma_b = \dfrac{M}{I} \cdot y = \dfrac{M}{I} y$

2-4. 응력과 변형률

1) 정의

응력(Stress)	· 외력에 저항하려는 단위면적당의 힘 (수직응력, 휨응력, 전단응력)
변형률(Strain)	· 구조물이 외력을 받는 경우 부재에는 변형을 가져오게 된다. 이때 변형된 정도 즉, 단위길이에 대한 변형량의 값(인장력 및 압축력에 대한 부재의 변형된 정도)

2) Poisson's Ratio(ν), Poisson's Number(m)

부재가 축방향력을 받아 길이의 변화를 가져오게 될 때 부재축과 직각을 이루는 단면에 대해서는 부재폭의 변화가 오는데 이 경우 인장력이 작용할 때 부재의 폭은 줄게되고 압축력이 작용할 때 부재는 굵어진다.

프아송비 (ν)	· 수직응력에 의해 발생되는 가로변형률과 길이변형률의 비율
프와송수 (m)	· 프아송비의 역수

① 세로변형률

$\epsilon = \dfrac{\Delta L}{L}$ 부재에 축방향력이 작용하는 경우 부재는 길이방향으로 변형이 일어남

단, ϵ : 길이방향 변형도

$\dfrac{\Delta L}{L}$: 변형된 길이

L : 본래의 부재길이

② 가로변형률(β 또는 ϵ')

$\beta = \dfrac{\Delta D}{D}$: 본래의 지름에 대한 변형된 지름의 비율

단, β : 지름방향 변형도

ΔD : 변형된 지름

D : 본래의 지름

3) R · Hooke의 법칙

탄성(Elasticity)한도 내에서 응력과 변형률은 비례한다.

$$\sigma = E \cdot \epsilon, \quad \tau = G \cdot \gamma$$

E : 영계수(Young'cs Moduls), 선탄성 계수, 종탄성 계수

G(hear Modulus) : 전단 탄성계수

구조일반

□ 응력
- 구조물에 외력(External Force)이 작용하면 부재에는 이에 해당하는 부재력 즉, 축방향력, 전단력, 휨모멘트가 발생한다. 이때 부재 내에서는 부재의 형태를 유지하려는 힘이 존재하게 되는데 이를 내력(Internal Force)이라고 하며 단위면적에 대한 내력의 크기를 응력이라고 한다.

□ Poisson's Number(m)
- 일반적으로 푸아송수(m)에 의해 재료의 특성을 파악한다.
- Steel: m=3~4
- Concrete: m=6~8

성질

□ 연성(靭性; Ductility)
인장응력을 받아서 파괴되기 전까지 늘어나는 성질을 말하며, 건축자재 중에서 철(Fe)의 가장 중요한 성질

□ 탄성(Elasticity)
부재가 외력을 받아서 번형한 뒤 외력을 제거할 때 본래의 모양으로 되돌아가는 성질

□ 소성(Plasticity)
변형된 부재에 외력을 제거하더라도 본래의 모양으로 되돌아가지 못하는 성질로서, 부재에 탄성한도 이상의 외력을 가할 때에 나타나는 현상으로 외력을 제거하더라도 변형이 남게 되는데 이를 영구변형 또는 잔류변형이라고 한다.

② 구조설계

일체화

Key Point

□ Lay Out
- 구조기준 · 설계 · 하중
- 파괴모드
- 유의사항

□ 기본용어
- 고정하중(Dead Load)
- 활하중(Live Load)
- 균형철근비
- 취성파괴와 연성파괴

구조설계 원칙

□ 안전성(Safety)
- 건축물 및 공작물의 구조체는 유효 적절한 구조계획을 통하여 건축물 및 공작물 전체가 건축구조기준의 규정에 의한 각종 하중에 대하여 안전하도록 한다.

□ 사용성(Serviceability)
- 건축물 및 공작물의 내력 부재는 사용에 지장이 되는 변형이나 진동이 생기지 아니하도록 충분한 강성을 확보하도록 하며, 순간적 파괴현상이 생기지 아니하도록 인성의 확보를 고려한다.

□ 내구성(Durability)
- 내력부재로서 특히 부식이나 마모훼손의 우려가 있는 것에 대해서는 모재나 마감재에 이를 방지할 수 있는 재료를 사용하는 등 필요한 조치를 취한다.

1. 설계 및 하중

1-1. 콘크리트 구조물의 설계법

1) 허용응력 설계법(ASD, Allowable Stress Design Method)

① 부재에 작용하는 실제하중에 의해 단면 내에 발생하는 각종 응력이 그 재료의 허용응력 범위 이내가 되도록 설계하는 방법으로서 안전을 도모하기 위하여 재료의 실제 강도를 적용하지 않고 이 값을 일정한 수치(안전률)로 나눈 허용응력을 기준으로 한다.

② 하중이 작용할 때 그 재료가 탄성 거동을 하는 것을 기본원리로 하고 있으며, 또한 그 원리에 따라 사용하중(Survice Load)의 작용에 의한 부재의 실제 응력이 지정된 그 재료의 허용응력을 넘지 않도록 설계하는 방법이다.

2) 극한강도설계법(USD, Ultimate Strength Design Method)

① 부재의 강도가 사용하중의 안전도를 고려하여 계수하중을 지지할 수 있는 강도 이상이 되도록 설계하는 방법이다.

② 부재의 강도는 재료의 실제응력 및 변형률 관계로부터 계산

3) 설계법상의 비교

구분	허용응력 설계법	극한강도설계법
개념	응력개념	강도개념
설계하중	사용하중	극한하중
재료특성	탄성범위	소성범위
안전	허용응력으로 규제	사용하중에 하중계수를 곱해 줌

1-2. 주요 설계하중

1) 고정하중(Dead Load) 固定荷重

구조체와 부착된 비내력 부분 및 각종 설비 등의 중량에 의하여 구조물의 존치기간 중 지속적으로 작용하는 연직하중
사용하는 재료의 밀도, 단위 체적중량, 조합중량을 이용해 계산한다.

2) 활하중(Live Load) 活荷重

건축물 및 공작물을 점유 · 사용함에 따라 발생되는 하중으로서, 건축물에 수용되는 인간 · 물품 · 기기류 · 저장물 등의 중량을 일반적으로 활하중이라 한다.
보통 방의 용도에 따라 단위면적당 중량으로 나타낸다.

구조설계

3) 적설하중 (Snow Load) 積雪荷重

건축물에 내려서 쌓인 눈의 중량

적설의 단위하중에 지붕의 수평투영면적 및 그 지방의 수직 적설량을 곱하여 계산

4) 풍하중 (Wind Load) 風荷重

바람이 불 때 구조물이 받는 힘을 말한다. 바람이 불면 구조물은 공기의 흐름에 의해 풍압력, 마찰력, 소용돌이에 의한 힘 등을 받는다. 속도압 및 풍력계수로 계산

기본풍속	도 별		지 역 별
서울 경기	서울,인천,김포,부천,부평,구리,오산,송탄,평택,시흥		30M/SEC
	과천,안양,수원,안산,군포,의왕,안성,강화		30M/SEC
	양평,성남,하남,용인,의정부,동두천,포천,파주,광주		25M/SEC
	기흥, 미금, 여주, 이천, 신갈, 장호원		25M/SEC
강원도	속초, 강릉, 양양, 주문진		40M/SEC
	거진, 간성, 동해, 삼척, 원덕		35M/SEC
	춘천,화천,양구,철원,김화,인제,영월,정선,태백,원주, 평창,홍천		25M/SEC
충청도	태안,서산,청주,대천,서천,안면도,조치원,천안,홍성, 광천,아산		35M/SEC
	대전,당진,합덕,성환,진천,증평,온양		30M/SEC
	음성,청양,금산,영동,공주,논산,제천,충주,부여,보은, 단양,괴산,옥천		25M/SEC
경상도	포항, 울릉도, 구룡포, 오천, 홍해, 감포		45M/SEC
	부산, 기장, 장안, 연일, 외동, 가덕도		40M/SEC
	울산,통영,거제,고성,진해,마산,창원,양산,진영,울진, 평해,안강,경주,남해,삼천포		35M/SEC
	건천, 가야, 삼량진, 영덕 사천		35M/SEC
	대구,영주,김천,영천,안동,봉화,풍기,예천,청송,영양, 하양,,남지,의령,추풍령상주,선산,군위,의성,문경,점 촌,함창,진주,거창,함양,산청,고령,창녕,합천,밀양		25M/SEC
전라도	군산, 미성		40M/SEC
	목포,여수,완도,진도,옥구,노화,익산,금일,해남,관산, 대덕,도양,고흥		35M/SEC
	광주,나주,화순,영암,일노,강진,장흥,보성,벌교,순천, 광양,함평,영광		30M/SEC
	전주,함열,진안,무주,삼례,담양,부안,남원,순창,구례, 고창,정주,장수,승주,임실,태인		25M/SEC
제주도	전지역		40M/SEC

기본풍속(대한건축학회: 건축구조 설계기준 및 해설)

건물에 작용하는 풍하중

- 바람은 공기의 움직임을 의미하며, 이러한 바람의 강도를 나타내는 방법으로 풍력계급이 대표적이다. 풍력계급은 해상에서 바람의 상태를 나타내기 위한 것으로 보퍼트(Beaufort) 풍력계급이라 불리며, 육상에서는 나무의 흔들림이나 가옥의 패서, 그리고 해상에서는 파도의 상태나 풍속 등에 따라 0~12단계로 구분되어 있다.

□ 풍속
- 수평방향 공기의 흐름 속도를 말하며 높이에 따라 변화한다. 이는 지표면과 공기층 사이의 마찰에 의해 발생하는 것으로 높이가 높아지면 속도는 증가한다. 이처럼 높이에 따라 풍속이 변화하는 범위를 대기경계층이라 부르며 건물은 대기경계층 내부에 위치하게 되나.

□ 빌딩풍, Monroe풍
- 고층건물이 밀집한 시가지의 좁은 지역에서는 급격한 풍속 증가 영역이 발생

구조설계

2. 철근비 & 파괴모드

2-1. 철근비

1) 균형철근비(ρ_b, Balanced Steel Ratio)

① 콘크리트의 최대압축응력이 허용응력에 달하는 동시에, 인장철근의 응력이 허용응력에 달하도록 정한 인장철근의 단면적을 균형철근 단면적이라고 하고, 이때의 철근비가 균형(평형)철근비이다.

② 즉, 압축 측 콘크리트의 변형도가 극한변형도인 0.003의 값에 이르는 것과 인장철근의 응력이 항복상태에 도달하는 것이 동시에 일어날 때의 철근비

2) 최소 철근비

① 인장 측 철근의 허용응력도가 압축 측 콘크리트의 허용응력도 보다 먼저 도달할 때의 철근비

② 최소 철근량은 인장철근을 지나치게 작게 넣어 철근콘크리트의 저항모멘트가 인장철근을 무시하고 콘크리트의 인장강도만으로 계산한 저항 모멘트보다 작은 경우 인장균열이 발생됨과 동시에 갑작스러운 파괴를 일으키게 된다. 이러한 취성파괴를 방지하기 위하여 인장철근의 최소한도를 규정

3) 최대 철근비

① 균형철근비 보다 많은 철근비

② 이 경우 철근이 파단하기 전에 콘크리트가 파괴되어 부재의 파괴를 예측할 수 없는 급작스럽게 파괴되는 취성파괴 유발

③ 최대 철근량은 철근 Concrete에 가해지는 하중이 증가함에 따라 휨파괴 발생 시 철근이 먼저 항복하여 중립축이 압축 측으로 이동함으로써 Concrete 압축면적이 감소하여 2차적인 압축파괴가 발생되는 연성파괴를 유도하기 위하여 철근량의 상한치를 규정

2-2. 파괴모드

1) 연성파괴(Ductile Fracture , 延性破壞, Ductile Failure)

연성 파괴는 균형상태보다 적은 철근량을 사용한 보, 즉 저보강보(과소철근보, Under Reinforced Beams)에서 압축측 Concrete의 변형률이 0.003에 도달하기 전에 인장철근이 먼저 항복한 후 상당한 연성을 나타내기 때문에 갑작스런 파괴가 일어나지 않고 단계적으로 서서히 일어나는 파괴이다.

2) 취성파괴(Brittle Fracture , 脆性破壞, Brittle Failure)

취성 파괴는 균형상태보다 많은 철근량을 사용한 보, 즉 과다 철근보(과대/과다 철근보, Over Reinforced Beam)에서 인장 철근이 항복하기 전에 압축 측 Concrete의 변형률이 0.003에 도달·파괴되어 사전 징후 없이 갑작스럽게 일어나는 파괴이다.

□ 피로파괴 (Fatigue Fracture)

● 철 부재에 반복하중이 작용하면 그 재료의 항복점 하중보다 낮은 하중으로 파괴되는 경우가 있다. 그런 현상을 피로라고 하며, 피로에 의해 파괴되는 것을 피로파괴라고 한다.

● 피로파괴는 부재 내의 응력집중현상을 일으키는 원인이 되는 재료의 불균일한 부분과 결함부분 등에서 먼저 미세한 균열이 생기고, 응력이 반복되면 미세했던 균열이 점차 커져서 파괴에 이르게 되는 것이다.

슬래브 · 벽체

③ Slab · Wall

1. 변장비에 의한 슬래브의 분류

1-1. 슬래브 해석의 기본사항

1) 설계대(設計帶)

① 주열대(Column Strip): 기둥 중심선 양쪽으로 $0.25l_2$ 와 $0.25l_1$ 중 작은 값을 한쪽의 폭으로 하는 슬래브의 영역을 가리키며, 받침부 사이의 보는 주열대에 포함한다.

② 중간대(Middle Strip): 두 주열대 사이의 슬래브 영역

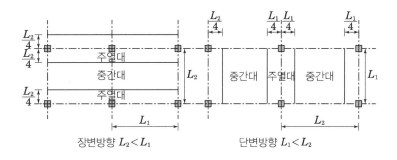

장변방향 $L_2 < L_1$ 　　　　단변방향 $L_1 < L_2$

2) 슬래브 변장비 (λ)

1방향 슬래브(1-Way Slab)	2방향 슬래브(2-Way Slab)
변장비 $(\lambda) = \dfrac{장변 Span(L)}{단변 Span(S)} > 2$	변장비 $(\lambda) = \dfrac{장변 Span(L)}{단변 Span(S)} \leq 2$
단변 주철근 배근	단변 및 장변 주철근 배근

3) 1방향 슬래브

> 1방향 슬래브는 대응하는 두변으로만 지지된 경우와 4변이 지지되고 장변길이가 단변길이의 2배를 초과하는 경우를 말한다. 1방향 슬래브는 1방향의 휨모멘트만 고려하면 되기 때문에 해석이 쉽고 휨모멘트 방향의 경간이 짧아져서 슬래브의 두께나 철근량을 줄일 수 있다. 1방향 슬래브는 과도한 처짐 방지를 위해 슬래브의 최소 두께는 100mm 이상으로 제한

4) 2방향 슬래브의 최소두께 규정

슬래브의 최소두께는 사용성을 고려하여 슬래브의 과도한 처짐을 제한하기 위한 의도로 규정된 것이므로, 규정된 최소두께 이상의 두께를 가진 슬래브에서는 처짐에 대한 별도의 검토를 하지 않아도 된다.

변장비

Key Point

□ Lay Out
- 구조기준 · 하중
- 지지상태 · 위치
- 유의사항

□ 기본용어
- Punching shear crack
- Flat slab
- Flat plate slab
- 내력벽(Bearing wall)

온도철근의 배치기준

□ 1방향 Slab에서의 철근비
① 수축 · 온도철근으로 배치되는 이형철근은 콘크리트 전체 단면적에 대한 0.14% (0.0014)이상이어야 한다.
② 설계기준 항복강도가 400MPa 이하인 이형철근을 사용한 Slab : 0.0020
③ 0.0035의 항복 변형률에서 측정한 철근의 설계기준항복강도가 400MPa를 초과한 Slab : $0.0020 \times \dfrac{400}{f_y}$
다만, ①항목의 철근비에 전체 콘크리트 단면적을 곱하여 계산한 수축 · 온도철근 단면적을 단위m당 1,800㎟ 보다 취할 필요는 없다.
④ 수축 · 온도철근의 간격은 Slab 두께의 5배 이하, 또한 450mm 이하로 하여야 한다.
⑤ 수축 · 온도철근은 설계기준항복강도 f_y를 발휘할 수 있도록 정착되어야 한다.

슬래브 · 벽체

2. 주요 Slab

2-1. Flat Plate Slab & Flat Slab - 2방향 슬래브

- Flat Plate
  구조물의 외부 보를 제외하고, 내부에는 보가 없이 Slab가 연직 하중(Vertical Load)을 직접 기둥에 전달하는 구조

- Flat Slab
  Flat Plate에 Drop Panel을 설치하여 뚫림전단에 대비한 구조

□ 뚫림전단(Punching Shear)

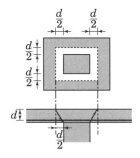

플랫 슬래브와 같이 보 없이 직접 기둥에 지지되는 구조 또는 기둥을 직접 지지하는 기초판에서 집중하중의 작용에 따라 슬래브 하부로부터 경사지게 균열이 발생하여 구멍이 뚫리는 전단파괴

1) 구조기준

① 뚫림전단(Punching Shear)위치: 기둥면에서 $\dfrac{d}{2}$ 위치

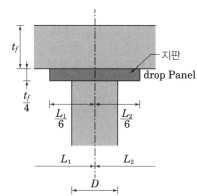

기둥폭 결정(D)

- 기둥 중심간거리 $\dfrac{L}{20}$ 이상
- 300mm 이상
- 층고의 $\dfrac{1}{15}$ 이상

② 지판은 받침부 중심선에서 각 방향 받침부 중심간 경간의 $\dfrac{1}{6}$ 이상 각 방향으로 연장하여야 한다.

③ 지판의 슬래브 아래로 돌출한 두께는 돌출부를 제외한 두께의 $\dfrac{1}{4}$ 이상이어야 한다.

④ Slab 두께(t): 150mm 이상 (단, 최상층 Slab는 일반 슬래브 두께 100mm 이상 규정을 따를 수 있다.)

2-2. Rib Slab(장선 슬래브)

- 장선 Slab: 1방향 구조
  일정한 간격의 장선과 그 위의 슬래브가 일체로 되어 있는 구조

- 중공 Slab: 1방향 구조
  Slab 단면 내부에 일정한 크기의 구멍이 1방향으로 연속해 있는 구조

- Waffle Slab: 2방향 구조
  Flat Slab와 유사하게 기둥위에 간한 패널이 놓이고 지지보 없이 양방향 리브사이에 공간을 갖는 연속되는 2방향 장선바닥 구조

슬래브 · 벽체

3. 벽체

벽체는 수직 압축부재로서 주로 수직하중과 휨모멘트, 전단력을 받는다.

3-1. 전단벽(Shear Wall)

바람 또는 지진과 같이 벽면에 평행하게 작용하는 수평하중에 저항하는 벽체로서 수평력에 의한 면내 휨과 전단력에 저항한다.

3-2. 내력벽(Bearing Wall)

바닥슬래브, 지붕, 상부 벽체와 같은 등분포 하중을 지지하거나 보 또는 기둥으로부터 전달되는 집중하중 등 수직하중을 지지하는 벽체이다.

지진

Key Point

□ Lay Out
- 지진 · 내진설계
- 시스템 · 고려사항

□ 기본용어
- 내진 · 면진 · 제진

4 지진

1. 내진 耐震(Earthquake Resistant Structure)

1-1. 지진의 일반사항

1) 규모(Magnitude)

지진 발생 시 진동에너지의 총량에 대응되는 것으로서 지진 자체의 크기를 대표한다. 규모는 지진계에 기록된 지진파형의 진폭과 진앙(발생지점)까지의 거리 등을 변수로 산출하며 소수 1자리까지 나타낸다.

2) 진도(Seismic Intensity)

어느 장소에 나타난 진동의 세기를 나타내는 수치로서 사람의 느낌이나 구조물의 흔들 림 정도를 미리 정해놓은 설문에 기준하여 계급화 하여 정수단위로 나타내는 척도이다. 따라서 규모와 진도는 1대1 대응이 성립하지 않으며 하나의 지진에 대하여 여러 지역에서의 규모는 동일수치이나 진도 계급은 달라질 수 있다. 진도는 계급 값을 쓰는 대신 가속도단위(cm/sec)로 나타내기도 하고, 중력가속도(1g=98) 또, cm/sec는 gal로 표시하며 1g=980gal이라고 도 쓴다.

1-2. 사용재료

1) 높은 강도- 중량비

지진력은 구조물에 대하여 관성력으로 작용하기 때문에 중량이 가볍고 강도가 높은 재료를 사용해야 한다.

2) 높은 변형능력

구조물이 갖는 소성변형능력이 크면 클수록 요구되는 내력을 낮출 수 있다.

3) 낮은 열화

지진력은 큰 반복하중에 의하여 구조물의 내력이나 강성이 열화될 가능성이 있으므로 열화가 많이 발생하지 않는 재료를 사용해야 한다.

4) 일체성 확보

구조물을 구성하는 내진요소가 가능한 일체성을 확보할 수 있는 재료를 사용해야 한다.

1-3. 구조형식

1) 철골구조

철골구조는 철근콘크리트 구조보다 강성이 적기 때문에 고유주기가 길며, 감쇠 능력이 적어서 발생하는 변형도 크기 때문에 평면 및 입면적으로 구조요소의 균형배치가 중요하며, 강성이 부족할 때에는 가새가 구조물의 수평변위를 구속하고 내력을 증대시키므로 가새를 균형있게 분산배치 한다.

지진

2) 철골 철근콘크리트구조

강재와 콘크리트 간의 충전성 및 일체성 확보가 중요하므로 이를 확보할 수 있는 구조설계가 중요하다.

3) 목구조

목재는 압축력, 인장력, 휨모멘트, 전단력에 모두 저항하는 재료이지만 큰 하중이 작용하는 부위에는 목재의 결점이 없는 부분을 사용해야 하며, 가새를 적절하게 분산하여 균형있게 배치시키고, 기둥과 보 등의 접합부는 철물 등을 사용하여 일체성을 확보 시켜야 한다.

4) 철근콘크리트구조

철근과 콘크리트 간의 부착 및 정착성능 확보가 중요하며, 중량이 크고 취성적인 파괴가 발생할 수 있으므로 균형 있는 배치와 보 및 기둥부재의 전단파괴 방지나 구조물 전체를 연성이 풍부한 휨항복형 파괴형식으로 구조계획 하는 것이 바람직하다.

1-4. 구조적 고려사항

- 수평하중에 대한 구조요소의 평면과 입면에 있어서의 균형적이고 연속적인 배치
- 건축물의 경량화
- 구조부재의 배치 및 수량
- 조물의 강성 및 강도, 변형능력(연성 및 인성)

1-5. 비구조재의 내진 고려사항

- 구조부재와 비구조부재를 명확히 구분하여 계획
- 강성 및 강도를 이용하여 건축물 전체의 내진성능을 평가해야 한다.
- 부재의 구속여부에 따라 구조물 전체의 강성평가에 있어서 비구조부재의 기여 여부에 대한 검토 필요
- 구조물을 경량화 하기 위해서는 내외장재로 사용되는 비구조재의 선별 또한 중요한 고려사항이 된다.

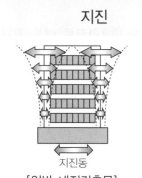

[일반 내진건축물]
지반의 진동이 건물에 전달

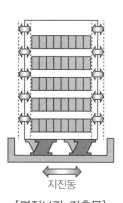

[면진보강 건축물]

지반의 흔들림을 차단하여 지진
하중의 영향을 감소

[Damper]

[적층고무]

2. 면진 免震(Seismic Isolated Structure)

- 면진구조는 구조물과 기초사이에 진동을 감소시킬 수 있는 기초분리 장치(Base Isolator)와 감쇠장치(Damper)를 이용하여 지반과 건물을 분리시켜 지반진동이 상부건물에 직접 전달되는 것을 차단하는 구조형태이다.
- 건물의 고유주기를 의도적으로 장주기화 하여 지반에서 상부구조로 전달되는 지진에너지를 저감 시키는 구조

2-1. 계획 시 고려사항

1) 건물의 형상

원칙적으로 지진 또는 태풍 시 비틀림이 발생하지 않도록 계획

2) 건물의 탑상비(높이와 평면의 단변길이 비율)

면진장치는 압축력에는 매우 강하지만 인장력에는 비교적 약하므로 건물의 높이와 단변길이의 비는 약 3:1 이하로 하는 것이 무난하다.

3) 면진장치의 배치

배치 및 크기, 장치의 수는 건물의 평면형태와 입면형상 등 기본요소와 기둥위치 등 구조계획에 대한 검토필요

4) 변위에 대한 배려

① 면진건물 둘레에 면진구조로 인한 최대 변위를 고려한 이격거리를 확보한다.(최소 약 150mm 이상)
② 설비배관 및 전기배선 엘리베이터 샤프트 등은 면진장치와 간섭이 없도록 계획
③ 연결 통로부는 다른 건물의 변위량과 면진 변위량을 합한 익스팬션 조인트가 필요

5) 유지관리에 대한 배려

① 면진층은 점검 가능한 구조로 계획
② 면진장치는 교환이 가능하게 계획
③ 면진구조가 적용된 건축물임을 표시

2-2. 면진장치

| 기초분리 장치 | · 기초 분리장치(Base Isolator)는 건물의 중량을 떠받쳐 안정시키고 수평방향의 변형을 억제하는 역할 (스프링 분리장치와 미끄럼 분리장치로 구분) |
| 감쇠장치 | · 감쇠장치(Damper)는 지진 시 건물의 대변형을 억제하면서 종료 후에는 건물의 진동을 정지시키는 역할 (탄소성, 점성체, 오일, 마찰 감쇠장치로 구분) |

지진

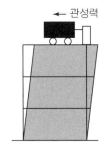

[제어력 부가: Active]

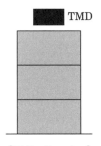

[TMD: Passive]

□ Tuned Mass Damper

건물상부에 감쇠기를 설치하는 수동제진 시스템의 가장 대표적인 형태가 질량감쇠 시스템이다. 이 시스템은 건물의 옥상층에 건물의 고유주기와 거의 같은 주기를 가지는 추와 스프링과 감쇠장치로 이루어지는 진동계를 부과한 것으로 건물이 진동하면 이것을 억제하려고 하는 힘이 건물에 더해지도록 작용하는 것이다. 장치의 주기를 건물의 주기로 동조시킨다고 하여 동조질량 감쇠기(Tuned Mass Damper, TMD)라고도 한다.

3. 제진 制震(Seismic Controlled Structure)

- 진동을 제어하는 구조이고 진동을 제어하기 위한 특별한 장치나 기구를 구조물에 설치하여 지진력을 흡수하는 구조
- 건물의 고유주기를 의도적으로 장주기화 하여 지반에서 상부구조로 전달되는 지진에너지를 저감 시키는 구조

3-1. 제진구조의 원리

1) 지진에너지 전달경로 자체를 차단

2) 건축물의 주기대가 지진동의 주기대를 피하도록 한다.

3) 비선형 특성을 주어 비정상 비공진계로 한다.

4) 제어력을 부가

5) 에너지 흡수기구를 이용

3-2. 제진장치

| Active제진 | · 구조물의 진동에 맞춰 가력장치(Actuator)에 의해 능동적으로 힘을 구조물에 더하여 진동을 제어 (감지장치:Sensor, 제어장치: Controller), 가력장치: Actuator) |
| Passive제진 | · 감쇠기를 건물의 내·외부에 설치하여 건물이 흔들리는 것을 제어 (건물하부, 상부, 인접 건물사이에 설치) |

P · C 공사

Lay Out

1 일반사항 Lay Out

```
┌─────────────┐
│     설계     │      • 살생부를 허용해라~
└─────────────┘
```

  • 구조검토
  • 특수부위 검토

```
┌─────────────┐
│    생산방식   │
└─────────────┘
  ┌─────────────────┐
  │  Closed System  │
  └─────────────────┘
  ┌─────────────────┐
  │   Open System   │
  └─────────────────┘
┌─────────────┐
│    부재생산   │
└─────────────┘
  ┌─────────────────┐
  │   Pre-tension   │
  └─────────────────┘
  ┌─────────────────┐
  │  Post-tension   │
  └─────────────────┘
┌─────────────┐
│    허용오차   │
└─────────────┘
```

```
┌─────────────┐
│      휨      │
└─────────────┘
```

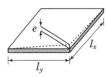

$e < l_x(단변길이)/180$

```
┌─────────────┐
│     굽음     │
└─────────────┘
```

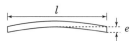

$e < l/360$, 최대값 20mm 미만

Lay Out

② 공법분류 Lay Out

구조형태 · 판골상복~

판식(Panel System)

- 횡벽구조(Long Wall System
- 종벽구조(Cross Wall System)
- 양벽구조(Ring or Two-Span System)

골조식(Skeleton System)

- 보-기둥(Beam-Column System)
- 무량판 구조(Beamless Skeleton System)
- 개구식 구조(Portal Skeleton System)

상자식(Box Unit System)

- Space Unit
- Cubicle Unit

복합식(Composite System)

시공방식

Full P.C

Half P.C · Shear Connector

적층(T.S.A)

- S조 적층(Unit Floor, Space Unit)
- RC 적층
- SRC 적층

Lay Out

③ 시공 Lay Out

| 시공계획 | • 설계도서, 자재수급

• 시준 가기조 접마~

| 준비, 가설 | • Stock Yard 확보

• 먹매김, 장비운용 계획

| 기초 | • 분할타설 계획

| 조립 |

| Anchoring |

| 조립구획 Level 값 |

| 부재별 조립 | • Level, 수직도

| 특수부위, 타부재 접합 |

| 접합방식 | • 습식접합, 건식접합

| 마감 |

Lay Out

4 복합화 Lay Out

공사관리

- 공기단축
- 현장작업의 단순화
- 안전성
- Lead Time 준수
- 정밀도 확보
- 균열발생 방지
- 동바리 존치기간
- 기성고 관리
- 작업의 한계 고려

종류 및 방법

Frame System

- RPC공법
- 주차장 PC화
- HPC(Steel Reinforced Precast Concrete)
- 적층공법
- Half PC공법

Prestress System

- Double Tee
- Hi-Beam(철골부재 참조)
- Prestress Half PC공법
- Preflex Beam

일반사항

요구조건 이해

Key Point

☐ **Lay Out**
- 구조검토 · 적용방안 · 기준
- 생산방식 · 허용오차 · 특징

☐ **기본용어**
- Closed System
- Open System
- Prestress Concrete
- Pre-Tension
- Post-Tension

1. 설계

1-1. 구조검토

1) 구조형식별 분류

> 적용할 부위가 결정되면 Slab의 1-방향 혹은 2-방향 골조구조 적용할 것인지 구조형식을 결정해야 한다. 그리고 그 구조형식에 따라 Slab의 두께를 결정하고 단층 기둥을 쓸 것인지 아니면 2층 혹은 다층 1절 기둥을 쓸 것인지, 또 경간의 길이에 따라 보에 Prestress를 도입하거나 중공Slab를 도입할 것인지를 결정한다.

구조 형식	공법 적용	단위구조평면	
		지하층	지붕층
2-Way	Half slab (T=70mm)	8,000 / PG2 / PS1 PB1 PS1 / PG1 PG1 / 8,000 / PG2	8,000 / RPG2 / RPS1 RPB1 RPS1 / RPG1 RPG1 / 8,000 / RPG2
2-Way	Half slab (T=100mm)	8,000 / PG2 / PS1 / PG1 PG1 / 8,000 / PG2	8,000 / RPG2 / RPS1 / RPG1 RPG1 / 8,000 / RPG2
1-Way	Half slab (T=70mm)	8,000 / PS1 / PG1 PG1 / 8,000	8,000 / RPS1 / RPG1 RPG1 / 8,000

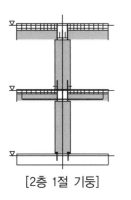

[1층 1절 기둥]

[2층 1절 기둥]

2) 기둥형식 및 접합방법 결정

① 2층1절 기둥을 사용할 경우 장점으로 1층 1절 기둥에 비해 기둥-기둥 접합부 처리 개소가 줄어 비용이 절감된다는 점이다.

② 2개 층에 해당되는 두 개의 기둥을 동시에 조립할 수 있으므로 조립공기가 단축된다.

③ 2층1절 기둥은 상, 하층 기둥이 철근만으로 연결되는 관통연결부에 접합부 콘크리트를 타설할 때 콘크리트가 밀실하게 채워져야 하므로 충전을 위한 철저한 공사관리가 필요하다.

2. 생산방식

1) Open System – 시장공급

건물을 구성하는 부재를 각각 기본 모델의 표준 규격에 맞게 상호 호환이 가능하도록 설계하고 디자인과 접합방식은 다양한 형태로 생산하는 방식(타부재와 상호 접합이 가능하도록 서로의 규격을 Open)

2) Closed System – 주문공급

콘크리트 대형Panel방식으로 건물의 옥탑, 주차장, 주유소 등 특정건물에 사용될 목적으로 완성된 주택의 형태가 사전에 결정되고, 구성하는 부재가 일정한 부품으로 제작되어 생산하는 방식

3. 부재생산

3-1. Pre-tension

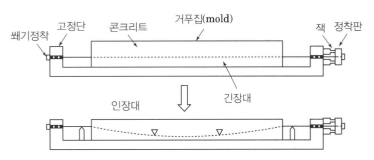

PS강재에 인장력 가함 → Concrete 타설 → 경화 후 인장력제거→ 콘크리트와 PS 강재의 부착에 의해 프리스트레스를 도입

3-2. Post-tension

Sheath관내 PS강선매입 → Concrete 타설 → 경화 후 인장력가함 → Sheath관내 Grout재 주입 후 긴장제거 → 양단부의 정착장치에 고정 후 반력으로 압축력 전달

[Post tension]

[Post tension]

[Post tension]

일반사항

[몰드제작]

[철근 및 전기배관]

[공장타설]

[양생조 증기양생]

[탈형]

4. 허용오차

□ 휨

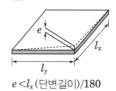

$e < l_x (단변길이)/180$

□ 굽음

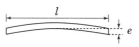

$e < l/360$, 최대값 20mm 미만

□ 부재치수

구분	벽판	바닥판	지붕판
길이(높이)	±5mm	±7mm	±5mm
폭	±3mm	±3mm	±3mm
두 께	+5mm, −2mm	+5mm, −2mm	±3mm

5. 특징 및 현황

구분	내용
1. 계획 및 생산상의 이점	
Design Freedom	• 설계자의 미적 의도를 반영
적응성 (Plasticity)	• 설계자의 의도를 거의 충족시켜 줄 수 있는 적응성 높은 재료이다.
2. 기능상의 이점	
구조적 역량 (Structural Capability)	• 바닥과 천장에 대한 지지구조를 형성
효율적인 건물외피 (Efficient Building Envelope)	• 콘크리트의 제작은 고밀도로 이루어지기 때문에 기밀·방수에 유리
열 특성(Thermal Property)	• 높은 효율의 에너지 성능
차음(Acoustical Insulation)	• 재료의 밀도에 의해 확보
내화성능(Fire Resistance)	• 불연성재료
3. 시공상의 이점	
공기절감(Time Saving)	• 사전에 제작되어 신속히 설치
시공의 경제성 (Economical Erection)	• 현장작업 최소화
공종별 작업의 통합 (Trade Schedule)	• 제작 시 전기, 기계, 위생설비 등에 대한 것이 통합
내구성(Durability)	• 증기양생으로 강도확보

공법분류

특징 이해

Key Point

□ Lay Out
– 종류 · 기능 · 특징
– 유의사항 · 적용시 고려사항

□ 기본용어
– 합성슬래브
– Shear connector

mind map

● 판골 상복

2 공법분류

1. 구조형태

1-1. 판식(Panel System)

1) 횡벽구조(Long Wall System)

평면구조상 내력벽을 횡방향으로 배치하여 평면계획에 유리

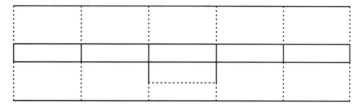

2) 종벽구조(Cross Wall System)

평면구조상 내력벽을 종방향으로 배치하여 평면계획에 유리

3) 양벽구조(Ring or Two-Span System),Mixed system

종. 횡 방향이 모두 내력벽인 구조에 채택

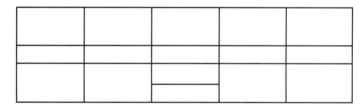

1-2. 골조식(Skeleton System)

□ 보-기둥 구조(Beam- Column System)

□ 무량판 구조(Beamless Skeleton System)

□ 개구식 구조(Portal Skeleton System)

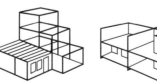 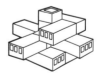

(a) 골조구조　　(b) 판구조　　(c) 상자구조

공법분류

1-3. 상자식(Box unit System)

1) Space Unit

Space Unit를 순철골조에 삽입

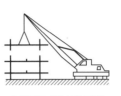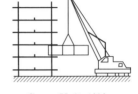

순철골조 구조체 건립   **Space Unit** 삽입   시공완료

2) Cubicle Unit

주거 Unit를 연결 및 쌓아서 시공

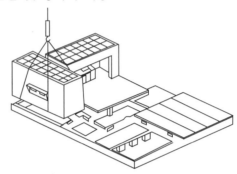

1-4. 복합식(Composite System, Frame Panel System)

가구형과 패널형의 복합형태로 철골을 주요 구조재로 하고 패널은 구조적 역할보다는 단열, 차음 및 공간구획 등의 기능만을 수행

2. 시공방식

2-1. Full PC

2-2. Half PC

1) 접합연결 형태

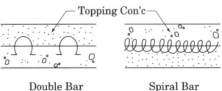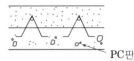

Double Bar   Spiral Bar   Truss Bar

Cotter & Shear Connector사용

공법분류

[중공 슬라브 제작]

[중공 슬라브 제작]

[중공 슬라브 제작]

[중공 슬라브]

[Double-T]

2) 공법의 종류(형태별) - 평판형, 중공형, 리브형

공법명	바닥단면 형상	PC 판	면내 전단력
옴니어 공법	Lattice 역할 상현재 역할 / 슬래브 상단근	RC	트러스근 + 조면
카이저 공법			
옴니어 보이드	트러스근 슬래브 상단근	RC	트러스근 + 조면
카이저 보이드			
스판크리트 공법	PC강선	PS	오목한 콧터
다이나스팬 공법	현장타설 콘크리트 / PC	PS	오목한 콧터
FC공법	현장치기 콘크리트 상단근 / PC강재 하단연결근 (단부판)	PS	조면 + 구
π 슬래브 공법	현장치기 콘크리트 상단근	PS	오목한 콧터
CS공법	(현장타설 콘크리트) / PC	PS	조면 + 리브
FTT공법	현장타설 콘크리트 / PC	PS	조면 + V목지

공법분류

2-3. 적층공법(Total Space Accumulation)

P.C 부재화하여 1개층씩 조립 · 접합 · 방수하면서, 동시에 설비공사 및 마감공사도 1개층씩 완료하면서 진행하는 공법이다.

1) S조 적층공법

주거 Unit를 연결 및 쌓아서 시공(Unit Floor 사용, Space Unit 사용)

2) RC조 적층공법

부분 Precast화 및 옴니아 슬라브를 조립하여 단순화한 보. 슬라브의 상단철근을 현장배근 Panel Zone과 함께 VH분리 현장타설 콘크리트로 일체화

3) SRC조 적층공법

1개층분의 철골기둥을 먼저 세운 후 PC부재화 된 보, 바닥판, 벽체를 조립하고 기둥은 현장콘크리트 타설하여 1개층씩 조립

시공

3 시공

접합방법 이해

Key Point

□ Lay Out
- 시공계획
- Process
- 접합
- 유의사항
- 적용시 고려사항

□ 기본용어
- Wet joint method
- Dry joint method

[양중]

[외벽 거푸집 부위]

[PC와 RC접합부]

1. 시공계획

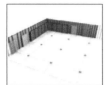
기초 Con'c 타설/먹매김

Column 조립

B2 Girder&Beam 조립

B2 Half Slab 조립

B1 Girder&Beam 조립

B2 Slab Con'c 타설

B1 Half Slab 조립

B1 Slab Con'c 타설

1-1. 준비단계

1) 기초 타설관리

준비단계에서 기초의 타설관리는 조립을 하기위한 장비의 반경과 야적장의 확보를 위해서 필수적이다.

또한 기초의 Level이 정밀하게 시공되지 않을 시에는 기둥부재 조립시에 누적오차가 발생하여 구조적으로 연쇄붕괴를 초래할 수 있으므로 타설전 기초의 규모에 따라 분할 타설 계획을 세우고 Level 확보를 위한 시공계획을 면밀히 검토해야 된다.

2) 장비 운용계획

장비의 사양 및 투입대수에 따라 조립시간이 좌우되므로 장비운용에 의해 조립팀을 구성해야 된다. 공동주택의 지하주차장 P.C조립공사에 사용되는 조립장비로는 Tower Crane과 Mobile Crane이 대표적이다. 타워크레인은 위치가 고정되는 불편은 있지만 양중작업에 편리하고 장기간 사용 시 경제성이 높으므로 아파트 건설현장에서 주로 사용된다. Tower crane은 아파트 본동과 본동 사이에 배치되어 있는 지하주차장의 반경에서 고정적인 위치에서 부재를 양중해야 하므로 P.C 부재 양중반경에서 벗어난 경우가 생기거나 부재의 중량을 감당하지 못하는 경우가 생긴다. 지하주차장 P.C부재는 보부재의 중량이 보통 5, 6톤 정도로 중량이 무겁기 때문에 작업의 특성상 타워크레인으로 조립할 수 없는 부재들은 Mobile Crane으로 조립하게 된다.

그래서 지하주차장의 조립양중 장비는 Mobile Crane이 전담하고 아파트 본동은 Tower Crane으로 조립하여 관리하는 것이 좀 더 효율적으로 공사를 할 수 있는 방법이다.

시공

[Anchoring]

[인장시험]

[Column 고정]

[Column조정]

[보시공]

1-2. 조립단계

1) Anchor

기초콘크리트 타설 윗면에 기둥 위치를 확인하기 위해 먹매김 한다. 표시된 위치에 소정의 깊이까지 드릴링(Drilling)하여 구멍을 뚫은 후 블로워(Blower)나 압축공기로 구멍 내부를 청소한다. 청소가 끝나면 설계상에 명기된 접착식 앵커를 시공한다.

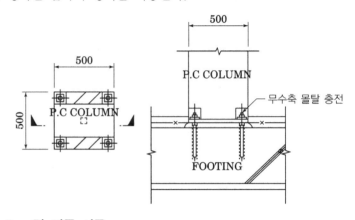

2) Leveling 및 기둥 시공

앵커 설치가 끝난 다음 기둥 설치를 위한 레벨(Leveling) 작업을 한다. 이때 인접 기둥과의 레벨을 고려해 레벨 조정용 라이너를 이용하여 인접기둥의 평균 레벨 값을 산정

레벨이 맞으면 기초에 매입된 앵커볼트가 기둥 하부의 주각부 고정용 철판 구멍에 끼워지도록 하여 기둥을 세우고 수직기를 이용하여 수직상태를 확인한다. 이때 수직도는 직각방향으로 교차하여 2개소에서 검측을 하여 하부 앵커의 높이를 조절한다. 수직이 맞으면 지지대(Prop)로 2방향을 고정한 뒤 주각부 고정용 철판 위로 돌출 된 앵커볼트에 와셔를 끼워 너트로 고정한 다음 무수축 모르타르로 충전한다. 이 때 무수축 모르타르의 강도는 기둥 강도의 1.5배 이상이어야 한다.

3) 큰 보 시공

접합 상세도에 따라 보 하부 주근의 위치를 고려하여 기둥위에서 직교하는 철근 사이에 간섭이 발생하지 않도록 조립하고 이때 큰보의 방향성에 유의하여 시공한다.

큰 보 하부의 돌출된 주근의 높이가 낮은 부재부터 먼저 조립되어야 하며 양중장비에 의해 흔들림에 주의하고 특히 충격에 의해 기둥의 전도가 발생하지 않도록 관리한다.

4) 작은 보 시공

작은보의 길이방향으로 큰보와의 간격이 협소하므로 허용 오차범위 내에서 조립이 이루어져야 인접보와의 오차가 축소된다. 상호 연결부위는 무수축 모르타르의 유출을 막기 위해 외부에 백업재(Back-up Rod) 시공 후 무수축 모르타르를 시공한다.

시공

[바닥판 시공]

[보강근 시공]

[Con'c 타설]

[양생포 보양]

[전등 보양]

5) 바닥판 시공

동바리를 설계도서에 따라 정해진 위치에 설치한다. 동바리로는 주로 V3 Support가 사용되는데, 중앙부에 각재를 시공하여 그 하부에 시공이 되도록 한다. Slab 부재는 특히 양중 및 설치 시 부재의 두께가 얇기 때문에 충격에 의한 파손이 없도록 관리한다.

6) 보, Slab 상부철근을 배근하고 Topping Concrete타설

부재 조립완료 후 전기배선을 위한 배관작업을 실시한다. 하절기에는 하루 전부터 충분히 살수하여 습윤상태의 Half Slab 위에 Topping Concrete를 타설해야 갑작스러운 건조로 인하여 하부의 P.C Slab의 균열을 방지할 수 있다.

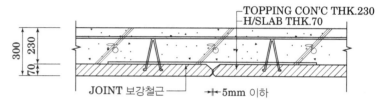

2. 접합방식

2-1. 습식접합(Wet Joint Method)

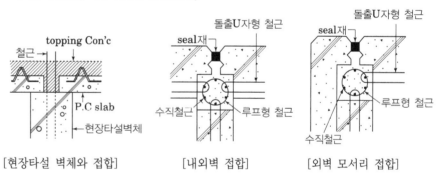

[현장타설 벽체와 접합]   [내외벽 접합]   [외벽 모서리 접합]

2-2. 건식접합(Dry Joint Method)

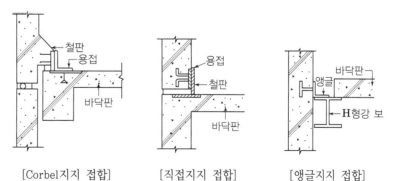

[Corbel지지 접합]   [직접지지 접합]   [앵글지지 접합]

복합화

공사관리 이해

Key Point

□ Lay Out
- 부재구조 · 기능 · 성능
- 제작 · 양중 · 고정 · 조립
- Mechanism · 작용 · 효과
- Process · 방법 · 유의사항
- 핵심원리 · 적용시 고려사항

□ 기본용어
- Preflexbeam
- Embeded System

1. 공법선정 및 고려사항

> 주요 공종인 골조공사를 공정, 원가, 품질, 안전측면에서 최적시스템으로 선정

1-1. 관리적인 부분

1) 공기단축

① 현장에서의 작업을 가능한 한 적게 하기 위해 부품화
② 다른 직종, 작업 장소를 체계적으로 조합하여 동시 시공을 가능
③ 현장의 작업은 공수를 저감하고, 가능한 한 작업동선을 간략하게 한다.
④ 전천후 공법처럼 현장을 건식화 방법으로 처리한다.

2) 현장 작업의 단순화

① 건물이 완성되었을 때 형태가 남지 않는 가설공사의 단순화, 가설자재의 저감, 가설재의 구조구체로 이용한다.
② 현장에서의 특수 작업을 저감할 수 있도록 부재의 부품화, 대형화를 추구한다.
③ 특수 작업을 줄이고, 여러 가지 작업을 할 수 있는 다기능공을 양성하여 활용한다.
④ 현장내의 수평 소운반, 마감, 부착 등의 자동화, 로봇화를 추구한다.

3) 안전성의 확보

① 비산의 염려가 있는 합판 등의 위험물을 내는 사고가 많은 형틀공사를 축소한다.
② 고소작업을 저감시키고, 작업공간을 확보하기 위한 지보공의 저감

1-2. 시공적인 부분

1) Lead Time확보

공장제작으로 Half P.C판을 채용할 때에는 Lead Time을 고려해야 된다.

2) 정밀도 확보

Half P.C판을 큰 보 등에 소정의 걸침길이를 확보하면서 원활하게 설치해가기 위해서는 Half P.C판의 치수 정밀도의 확보와 함께 기둥 세우기 정밀도, 큰 보 및 작은 보의 조립 정밀도 등, 공사현장의 시공 정밀도가 충분히 확보되어 있어야 한다.

3) 균열발생 방지

① Half P.C판의 양중 운반 시 충격에 주의
② Half P.C판의 양중, 설치 및 동바리에 의한 지지시 Pre-Stress에 의한 응력이나 동바리의 지지상태에서 휨응력의 발생상황이 달라지는 것에 주의

복합화

4) 동바리 존치기간의 확보

Half P.C판을 지지하는 동바리의 존치기간은 동바리의 전용계획을 좌우하고, 준비수량에 영향을 미친다. 동바리의 지지상태나 상층에서의 하중 크기로부터 휨응력(M max)등을 산정하고, 그 부위의 단면성능(Z)으로 M max를 나눈 값 σ max(최대 휨균열 응력)가 콘크리트 허용 휨응력을 상회할 때에 동바리를 해체할 수 있기 때문에 이 계산일정과 실시계획 일정을 조정하여 합리적인 존치기간을 결정한다.

1-3. 공정관리

1) 기성고 관리

자재의 반입량에 의한 판단기준이 아닌 조립완료시점을 기준으로 후속공정의 작업이 가능한 시점을 기준으로 관리하는 것이 타당하다.

이는 지하층 공사의 규모가 대형화됨에 따라 P.C공사의 단일공종만을 기준으로 관리할 시에는 전체적인 공정의 흐름이 깨지기 쉽다.

또한 투입된 자재 및 조립률을 기준으로 일일 작업량을 분석하고 조율하여 과기성에 의한 생산과다로 현장 야적 및 장비운용에도 차질을 가져올 수 있음을 감안하여 관리하는 것이 바람직하다.

2) 작업의 한계 고려

지하주차장 P.C공법은 구조형식 및 현장의 여건에 따라 R.C작업과 병행이 되기 때문에 거푸집 및 철근공사의 작업중단이 발생하지 않도록 구획을 구분하여 작업의 한계를 명확히 해야 된다.

특히 상호 접합되는 부분에서는 시공의 속도저하로 인하여 작업자들의 시공량의 부족으로 인하여 작업의 우선순위가 불분명할 경우 적시에 인원투입이 되지 않아 오히려 공기지연의 결과를 초래할 수가 있기 때문이다.

1-4. 안전관리

① 고소작업차를 이용한 작업이 있을 시에는 사용전 차량의 점검과 지정된 운행자이외는 탑승을 금지한다.

② 기둥 세우기 작업 시에는 Prop Support를 기둥의 직각으로 2개소를 설치하여 연쇄붕괴를 방지해야 되며, 기초 Anchor 시공 후 그라우팅이 완료된 다음에 해체하도록 한다.

③ 양중장비의 전도에 의한 사고를 방지하기 위해 장비의 규격에 따라 부재의 양중계획을 세워야 한다.

④ R.C와 접합이 되는 단부 및 걸침길이가 부족한 부분에서는 Jack Support를 설치하여 부재의 흔들림 또는 처짐을 방지하도록 한다.

[Prop Support]

CHAPTER

06

철 골 공 사

Lay Out

① 일반사항 Lay Out

재료

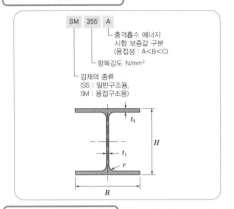

공작도 • 일반도, 기준도

공장제작

• 반입검사 CF는 웰드 페인트 펙이다.

반입검사 • 외치미냐~

- 외관검사
- 치수검사
- Mill sheet

Cutting 및 가공

- Punching
- Drilling
- Reaming,
- Groove가공(Scallop, Metal touch)

Fit-up

- Marking
- 가조립 상태검사

Welding

- 용접 전: End Tab
- 용접 중: 예열, 전류, 전압, 자세
- 용접 후: 육안검사, 비파괴 검사

Painting

- 표면처리 검사
- 도막두께 검사

Packing • 표면처리 검사
• 도막두께 검사

Lay Out

② 세우기 Lay Out

세우기 계획

- 세우기 방법
- 크레인선정
- 세우기 공법

주각부 셋팅

- 고가나 고부전

Anchoring

- 고정매립
- 가동매립
- 나중매립

Pedding

- 고름모르타르
- 부분 그라우팅
- 전면 그라우팅

부재별 세우기

- 풍속 확인
- 기둥세우기
- 거더 및 빔
- 가조립
- Spanning
- Plumbing

Lay Out

③ 접합 Lay Out

> Bolting

> 반입검사
• 토크계수 값

> 접합의 원리
• 마찰 · 인장

> 마찰면처리

> 조임방법
• 1차조임
• 금매김
• 본조임
• 표준장력의 약 60~70%

> 조임검사

>> 토크관리법
• 규정 Torque값의 ±10% 이내 합격

>> 너트회전법
• 1차조임 후 Nut회전량이 120°±30° 합격

> Welding

>> 용접방법
• Arc용접(수동아크, 반자동 자동)

>> 용접시공
• 재료+사람+기계+전기+기상

>> 용접검사
• 트구모자를 쓰고 용접봉을 운전하는데 왜 저리도 비참하냐 방초자침~

• 용접 전: 트임새, 구속법, 모아 대기법, 자세
• 용접 중: 용접봉, 운봉, 전류
• 용접 후: 외관검사 절단검사 비파괴검사
　　　　　(방사선, 초음파탐상, 자기분말, 침투액)

>> 용접결함
• 표면에 PC CF를 찍으니 내부가 불사들고 형상이 언더 오버 용하네

• 표면결함: Pit, Crack, Crater, Fish Eye
• 내부결함: Blow Hole, Slag 감싸들기
• 형상결함: Under Cut, Over Lap Over Hung, 용입불량

>> 용접변형
• 각종 회비가 종횡으로 좌굴되고 있다.~

>>> 종류
• 각변형, 종굽힘, 회전변형, 비틀림, 종수축, 횡수축 좌굴변형

>>> 방지법
• 어여 냉가피나 가져와~

• 억제법, 역변형법, 냉각법, 가열법, 피닝법

Lay Out

4 부재 · 내화피복 Lay Out

부재

기둥   • Built Up Column, Box Column

보   • Built Up Girder

Slab   • Ferro Deck, Super Deck

계단   • Ferro Stair

내화피복

방청도장

내화피복   • 도습건~ 타뿜미조 성휘세라믹~

도장공법   • 내화도료

습식공법

- 타설공법
- 뿜칠공법
- 미장공법
- 조적공법

건식공법

- 성형판 붙임공법
- 휘감기공법
- 세라믹울 피복공법

합성공법   • 합성공법

일반사항

요구성능 이해

Key Point

□ **Lay Out**
- 재료의 성질
- Shop Drawing · 품질검사
- 유의사항 · 판정기준 · 조치

□ **기본용어**
- 취성파괴
- Inspection
- Mill sheet
- reaming
- Metal touch
- Scallop
- Stiffener

□ **탄성영역**
- 응력(Stress)과 변형률 (strain)이 비례
- 소성영역
  응력의 증가없이 변형률 증가
- 변형률 경화영역
  소성영역 이후 변형률이 증가하면서 응력이 비선형적으로 증가
- 파단영역
  변형률은 증가하지만 응력은 감소

□ **강재의 표기**

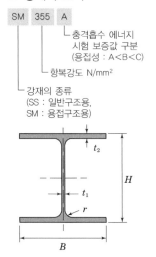

1 일반사항

1. 재료

1-1. 강재의 KS규격 – KS D 3515 용접 구조용 압연강재

종류의 기호 (종래 기호)	항복점 또는 항복강도 N/㎟					인장강도 N/㎟
	강재의 두께 mm					
	16이하	16초과 40이하	40초과 75이하	75초과 100이하	160초과 200이하	
SM275A (SM400A) SM275B (SM400B) SM275C (SM400C) SM275D	275 (245) 이상	265 (235) 이상	255 (215) 이상	245 (215) 이상	235 (195) 이상	410~550 (400~510)
SM355A (SM490A) SM355B (SM490B) SM355C (SM490C) SM355D	355 (325) 이상	345 (315) 이상	335 (295) 이상	325 (275) 이상	305 (275) 이상	490~630 (490~610)
SM420A SM420B (SM520B) SM420C (SM520C) SM420D	420 (365) 이상	410 (355) 이상	400 (335) 이상	390 (325) 이상	380 (–) 이상	520~700 (520~640)
SM460B (SM570) SM460C	460 (460) 이상	450 (450) 이상	430 (430) 이상	420 (420) 이상	– –	570~720 (570~720)

1-2. 강재의 역학적 성질

1) 응력 · 변형률 관계

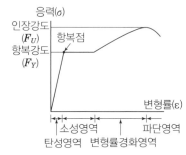

2) 강재의 파괴

① 피로파괴 (Fatigue Fracture, 疲勞破壞, Fatigue Failure)
- 재료는 정하중(靜荷重)에서 충분한 강도를 지니고 있더라고 반복하중이나 교번(交番)하중(荷重)을 받게 되면 그 하중이 작더라도 파괴를 일으키게 된다. 이러한 현상을 피로파괴라 한다.

② 취성파괴 (Brittle Fracture, 脆性破壞, Brittle Failure)
- 부재의 응력이 탄성한계 내에서 충격하중에 의해 부재가 갑자기 파괴되는 현상

③ 연성파괴 (Ductile Fracture, 延性破壞, Ductile Failure)
- 재료가 항복점을 넘는 응력에 의해 큰 소성 변형을 일으킨 다음 일어나는 파괴

1-3. 강재의 화학적 성질

1) 구조용 강재의 화학적 조성

구 분			함유량	특 성
원소기호		명칭		
26	Fe	철	98% 이상	강재의 대부분을 차지하는 구성요소
6	C	탄소	0.04~2%	탄소량이 증가하면 강도는 증가하나 연성이나 용접성 저하
25	Mn	망간	0.5~1.7%	탄소와 비슷한 성질을 가지며 산소, 황과 함께 열간압연 과정에서도 필요한 원소
24	Cr	크롬	0.1~0.9%	부식방지, 스테인리스강에서의 주요 구성 부분
28	Ni	니켈	–	강재의 부식방지를 위해 사용 저온에서 취성파괴에 대한 인성을 증가
15	P	인	–	강재의 기계 가공성을 증가시키는 역할
16	S	황	–	취성을 증가시키므로 강재에 일정량 이상 사용되지 못하도록 규제
14	Si	규소	0.4% 이하	강재에 주로 사용되는 탈산제
23	Cu	구리	0.2% 이하	강재의 부식방지제 중 하나

2) 강재의 기준강도 – 화학적 조성에 따른 강재의 분류

구분	특 성
탄소강 (Carbon Steel)	철, 탄소, 망간으로 이루어짐. 탄소량에 따라서 강도와 인성 결정
구조용합금강 (Structural Steel)	• 탄소강의 단점을 보완하기 위하여 합금원소를 포함시킨 강재 • 고강도이면서 인성의 감소를 억제
열처리강 (High-Strength Quenched and Tempered Alloy Steel)	• 담금질(Quenching): 강을 가열 후 급랭하여 강의 조직을 변화시켜 강도와 경도를 향상시키는 작업 • 뜨임(Tempering): 담금질에 의해 만들어진 부서지기 쉬운 조직에 인성을 증가시키기 위해 적당한 온도로 가열, 냉각시키는 작업
TMC강	Nb, V 및 Ti 등을 미량 첨가한 열간압연과 냉각 과정을 제어하여 높은 강도와 인성을 갖는 강재, 적은 탄소량으로 용접성이 우수

3) 탄소당량(炭素當量): 강재의 용접성

$$C_{eq} = C + \frac{Mn}{6} + \frac{Si}{24} + \frac{Ni}{40} + \frac{Cr}{5} + \frac{Mo}{4} + \frac{V}{14} + \left(\frac{Cu}{13}\right) \ (\%)$$

C_{eq}(탄소당량) ≤ 0.44: 예열 필요성의 기준이며, 용접에 적합

강재의 기계적 성질이나 용접성은 성분을 구성하는 원소의 종류나 양에 따라 좌우된다. 그들 원소의 영향을 강(鋼)의 기본적인 첨가 원소인 탄소의 양으로 환산한 것이 탄소 당량이다.

일반사항

□ 고온에서의 거동

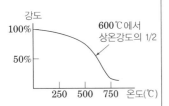

□ 저온에서의 거동
- 온도가 낮아짐에 따라 강성은 증가하나 연성과 인성감소
- 변형능력이 줄어 취성파괴 가능성 증대

□ Ceq= Carbon Equivalent

일반사항

2. 공작도(Shop Drawing)

> 설계도에 의하여 작성되며, 철골을 가공하는데 편리하고 정확하게 제작되도록 각 부분을 상세하게 변경시킨 도면으로 도면의 축척은 1/10, 1/20, 1/30, 1/100 등으로 작성

2-1. 공작도 내용

1) 일반도

① 앵커 플랜: 1/100, 1/50, 1/10
② 각층 보 평면 상세: 1/200, 1/100, 1/50
③ 부재 List: 1/50, 1/30
④ 열별 골구도: 1/200, 1/100, 1/50

2) 기준도

이음기준도, 주심도, 용접기준도, 관련공사 연관기준도

2-2. 공작도의 확인사항

① 접합방법과 치수표시 방법
② Drawing은 평면도 기준
③ Erection Drawing의 마킹은 기둥의 경우 북측 또는 서측, 기타 Member는 좌측에 기재
④ Title Block 기재사항 확인
⑤ Shop Note 기재사항 확인
⑥ 철골은 운반 가능 규격이 가로 3m, 세로3m, 길이 15m로 제한되어 있음

2-3. 강재 발주 시 확인사항

① 설계도서 및 시방서 확인
② 사용 강재의 종류 확인
③ 제조사 지정여부
④ 체결볼트의 종류
⑤ 방청도장의 범위와 종류

2-4. 구조물의 중요도에 따른 품질관리 구분분류

품질관리 구분	가	나	다	라
구조물	중요도(3) 건축물[1]	중요도(3) 건축물	중요도(특), (1) 및 (2) 건축물	
		토목가설구조물[2]	토목가설구조물 임시교량	교량

주 : 1) 이 표의 중요도는 국토해양부 고시 건축구조기준 "0103 건축물의 중요도 분류"에 의한 것으로, 품질관리 구분 '가'에 속하는 중요도(3) 건축물은 붕괴 시 인명피해가 전혀 없는 일시적인 건축물에 한한다.
2) 주로 정적하중을 받는 경우이다

공장인증제도

- 목적: 철강구조물 제작 공장의 제작능력에 따른 등급화를 통해 철강구조물의 품질을 확보하기 위함
- 대상 : 건설현장에 철강구조물을 제작·납품하는 공장
- 분야·등급 : 교량·건축 분야별로 4개 등급
- 인 증 : 공장규모, 기술인력, 제작 및 시험설비, 품질관리실태 등으로 구성된 점검항목의 필수점수 및 판정기준 점수 이상 획득한 경우 공장인증

---

3. 공장제작 및 Inspection

3-1. 반입검사

품질검사 항목	세부 내용	사진
외관검사	굽음, 휨, 비틀림, 야적상태	
치수검사	가로, 세로, 높이, 두께, 대각선	
Mill Sheet	종류, 규격, 제조사, 시험성적서	

3-2. Cutting

품질검사 항목	세부 내용	사 진	
절단 및 구멍뚫기	Punching Drilling 절단면 및 개선 가공상태 Scallop Metal Touch Stiffener	Diameter of bolt hole	Diameter of hole to hole
		Distance from member end to gusset plate	Beam identification
		Groove	Scallop
		Metal touch	Stiffener

Mill Sheet

- Mill Sheet는 철강구조물 인증제작 공장에서 반입된 강재가 설계도, 시방서, 의장도, 구조도, 구조계산서에서 지정한 규격품임을 증명하는 강재규격증명서이다.
- 철골재의 물리적·역학적 성질을 나타내는 공인된 시험성적표로서, 부재를 주문한 현장에 강재가 반입되면 강재의 주재별 등급, 자재 등급별 표식 등이 주문 내용과 일치하는지 검토 및 확인한다.

Stiffener

- Stiffener는 철골구조에서 Plate Girder, Box Column의 Flange나 Web의 강성이나 강도를 유지하고 전단보강과 좌굴을 방지하기 위하여 일정한 간격으로 설치하는 판형의 보강부재이다.

Metal Touch

- Metal Touch는 철골 기둥 이음 시 이음부를 정밀 가공하여 상하부 기둥을 수평으로 완전히 밀착시켜 외력에 의한 응력집중현상을 방지하고 축력, 전단력과 휨 Moment 등이 충분히 전달되도록 하는 이음 방법이다.
- 이음부를 수평으로 완전히 밀착시키기 위하여 Facing Machine 혹은 Rotary Planer 등으로 이음부를 정밀 가공하여 상·하부 기둥을 수평으로 완전히 밀착시켜서 축력의 50%까지 하부 기둥 밀착면에 직접 전달시키는 이음방법이다.

Scallop

- Scallop은 철골부재 용접 시 이음 및 접합부위의 용접선(seam)이 교차되어, 재용접된 부위가 열영향을 집중으로 받아 취약해지기 쉬우므로, 열영향의 제거를 위하여 부채꼴 모양으로 모따기한 것이다.

1) 절단 및 개선(Groove)가공

① Metal Touch

설계도서에서 Metal Touch가 지정되어 있는 부분은 페이싱 머신 또는 로터리 플래너 등의 절삭 가공기를 사용하여 부재 상호간 충분히 밀착하도록 가공한다.

$t/D \leq 1.5/1000$

마감 가공면 50s 정도

t/D : 마감 가공면의 축선에 대한 직각도
D : 마감 가공면의 단면 폭

② Scallop 및 Groove 가공

스캘럽 원호의 곡선은 플랜지와 필릿 부분이 둔각이 되도록 가공한다. r_1은 35mm 이상, r_2는 10mm 이상으로 하고, 불연속부가 없도록 한다.

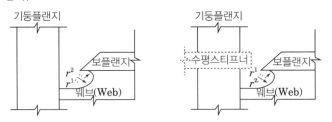

Groove 용접을 위한 Groove 가공 허용오차는 규정값에 -2.5°, +5°(부재조립 정밀도의 1/2) 범위 이내, 루트면의 허용오차는 규정값에 ±1.6mm 이내로 해야 한다. Groove 가공은 자동가스절단기 또는 기계절단기로 하는 것을 원칙으로 한다.

2) 강재절단 – 가스절단면의 품질관리 구분

구분	가	나	다	라
표면거칠기[1]	–	–	200s 이하 (100s이하)[3]	50s 이하
t노치깊이[2]	–	–	2mm 이하 (1mm 이하)[3]	노치가 없어야 한다.
슬래그				
절단된 모서리의 상태	약간은 둥근 모양을 하고 있지만 매끄러운 상태의 것			

주 : 1) 표면 거칠기란 KS B 0161(표면 거칠기 정의 및 표시)에 규정하는 표면의 조도(粗度)를 나타낸다.
　　 2) 노치깊이는 노치 마루에서 골밑까지의 깊이를 나타낸다.
　　 3) 교량의 2차부재의 경우에 적용한다.

3) 구멍뚫기(Drilling)

① 구멍뚫기는 소정의 지름으로 정확하게 뚫어야 하되, 드릴 및 리머 다듬질을 병용하여 마무리해야 한다. 가조립하기 이전에 소정의 지름으로 구멍을 뚫을 때에는 형판 또는 자동천공기를 사용해야 한다.

② 볼트구멍의 직각도는 1/20 이하이어야 한다. 마찰이음일 때에는 한 볼트군의 20%에 대하여 +1.0mm까지 인정할 수 있다.

볼트의 호칭(mm)	허용오차(mm)	
	마찰이음	지압이음
M20	+0.5	±0.3
M22	+0.5	±0.3
M24	+0.5	±0.3
M27	+1.0	±0.3
M30	+1.0	±0.3

3-3. Fit Up

품질검사 항목	세부 내용	사 진
Marking	조립철물의 위치 거리, 방향, 경사도, 부재번호	
가조립 상태	조립정밀도, 부재치수, 가용접 상태	Fit-up

3-4. Welding

품질검사 항목	세부내용	사 진	
용접전 검사	용접환경 재료보관 End tab		
용접중 검사	예열, 전류 전압, 속도 순서, 자세	Welder Performance Test	End tab
용접 후 검사	결함육안검사 비파괴검사	UT	MT

일반사항

3-5. Painting

품질검사 항목	세부내용	사 진	
표면처리 검사	온습도 및 대기환경 조건 Profiles	 Weather condition Check For Shot Blasting	 Surface Profile Check For Painting
도막두께 검사	도장재료 도장횟수 도장결함 부착력 시험	 UT	 MT

3-6. Packing

품질검사 항목	세부 내용	사 진
Marking	부재번호표, Bar Code, Packing List	 결속 Shipping mark
결속상태 검사	포장방법, 결속상태, Unit별 중량	 상차확인 검사

양중계획

Key Point

□ Lay Out
– 세우기 시공계획
– 장비선정 · 조립순서
– 수직도 기준 · 유의사항

□ 기본용어
– Anchor bolt 매립공법
– Plumbing & Spanning
– Buckling
– Bracing

② 세우기

1. 세우기 계획

1-1. 세우기 방법

1) 구조 형식별

① R.C와 S.R.C구조: 코어부 등 주요구조물의 RC로 설계, 기타부재의 기둥은 S.R.C로 설계, 코어부 선시공

② S.R.C: 철골시공 후 RC기둥과 Deck를 후시공

③ Truss: 빔이나 파이프 등을 이용하여 지상조립 및 공중조립 병행

2) 접합별

① Bolting

Bolting접합은 접합부를 Splice를 사용하여 두 부재를 T.S Bolt 및 H.T.B로 접합하는 방법

② Welding

접합부를 용접하여 접합하는 방법

3) 형태별

① 고층

몇절씩 나누어 T/C도 함께 수직 상승하면서 시공

② 저층

공장건물 등 1개절로 시공(주로 수평이동 시공)

③ Truss

경기장 등 대형 건물로 수평이동 가능한 크레인 및 레일을 이용하여 대형부재를 이동

4) 세우기 순서

① Block별 구분하여 세우기

• 고층이면서 면적이 넓은 건물은 2개 Block으로 나누어 한개 Block 이 다른 한개 Block을 따라 올라가면서 시공

• 저층이면서 길이가 긴 건물은 수평으로 순차적 진행 또는 건물 양단 에서 시작해서 중앙부에서 결합

② 장비위치에 따라 세우기

• 크레인의 경우는 가까운 곳부터, 먼곳으로 이동이 가능한 장비의 경우는 먼 곳에서 부터 시공

5) 세우기 공정(설치량 산정)

① 하루 설치량 산정

② 하루 Bolting량 산정

③ 하루 Welding량 산정

세우기

1-2. 크레인 선정

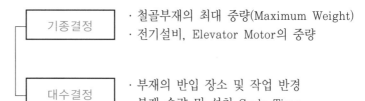

| 기종결정 | · 철골부재의 최대 중량(Maximum Weight)
· 전기설비, Elevator Motor의 중량 |
| 대수결정 | · 부재의 반입 장소 및 작업 반경
· 부재 수량 및 설치 Cycle Time |

1-3. 세우기 공법

구분	설치개념	공기	개요
Tier공법		6.5일/층	기둥의 이음위치를 3~4개층 1개절 단위로 하여 동일한 층에서 집단으로 연결
N공법		4.5일/층	기둥의 이음위치를 층별로 분산하고, 층단위로 설치
미국식공법		3일/층	2개절에서 동시에 설치 작업을 진행
D-Sem공법 (Digit & Spiral Erection Method)		3.5일/층	코어는 선행하며 외주부는 구역별로 조닝하여 N공법과 유닛공법을 병행
유닛플로어 공법		5일/층	지상 조립장에서 데크를 설치하여 설비시설물을 설치하고 양중하여 조립

세우기

[Anchor Bolt]

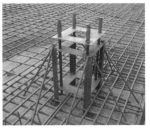

[고정매립]

2. 주각부 Setting

2-1. Anchoring

1) 고정 매립법

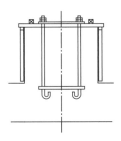

- 두께 2~3mm 이상의 강판에 Base plate와 같은 위치로 볼트 구멍 및 Concrete 타설용 구멍 (150mm정도 지름)을 설치하여 거푸집에 고정

- 하부에 Concrete를 채우기 힘들므로 약 5cm 정도 아래까지 타설 후 Grouting

2) 가동 매립법

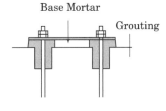

- Anchor Bolt의 두부가 조정될 수 있도록 원통형의 강판재나 스티로폼으로 둘러싸고 Concrete를 타설 후 제거하여 위치를 조정

- 위치의 조정으로 인해 내력의 부담 능력이 작아지므로 소규모의 구조물에 사용

3) 나중 매립법

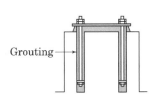

- Anchor Bolt 한 개씩 거푸집에 넣거나 앵커군 주변에 거푸집을 넣어서 앵커 볼트 매립 부분의 Concrete를 나중에 타설

- 앵커 볼트 거푸집의 제거(상자빼기)가 어려움

- Concrete의 타설을 재벌치기가 됨

- 구조물 용도로 부적당

[무수축 모르타르 시공]

[부분 Grouting]

[전면 Grouting]

□ 풀림방지
– 이중너트 사용

세우기

2-2. Padding

1) 고름 모르타르 공법

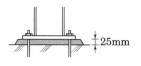

- Base Plate보다 약간 크게 모르타르나 Concrete 를 수평으로 깔아 마무리

- 기둥과 Base Plate의 직각 정밀도 영향을 받아 모르타르와 Base Plate의 밀착곤란

- 소규모 구조물

2) 부분 Grouting

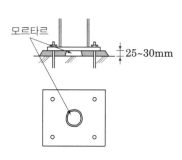

- Plate 하단 중앙 부분에 된비빔 모르타르(1 : 2) 를 깔고 Setting, 강판(철재 라이너) 내부에 모르타르를 충전하고 윗면을 쇠흙손마무리

- 세우기 교정(다림추보기)을 하고 앵커 볼트 조임

- 청소 후 주위에 거푸집을 설치한 다음 물축임을 하고 Base Plate 하단에 무수축 모르타르 사용 경화 후 2중 너트 본죄기

3) 전면 Grouting

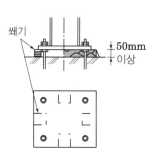

- 주각을 앵커 볼트 및 너트로 레벨 조정한 후 라이너로 간격 유지

- 무수축 모르타르를 중력식으로 흘려 넣거나 주위에 거푸집을 설치하고 팽창성 모르타르 주입

- 대규모 공법에 적합

2-3. 고정 시 유의사항

1) Anchor Bolt

앵커볼트는 구조내력을 부담하는 구조용 앵커볼트와 구조내력을 부담하지 않는 설치용 앵커볼트는 공사사항에 따른다.

2) Anchor Bolt 유지 및 매립

공사시방서에 정한 바가 없는 경우, 구조용 앵커볼트는 강재 프레임 등에 의하여 고정하는 방식으로 하고, 설치용 앵커볼트는 형틀 등으로 고정하는 방식으로 한다.

세우기

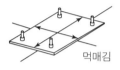

[기둥 중심선 먹매김]

3) Anchor Bolt 양생

앵커볼트는 설치에서부터 철골설치까지의 기간에 녹, 휨, 나사부의 타격 등에 의한 유해한 손상이 발생하지 않도록 비닐테이프, 염화비닐 파이프, 천 등으로 보호 양생을 한다.

4) Base Plate의 지지

베이스 공사시방서에 없는 경우는 이동식 매립공법으로 한다.

5) Base Mortar의 형상, 치수 및 품질

① 모르타르의 강도는 공사시방서에 따른다.
② 이동식 공법에 사용하는 모르타르는 무수축 모르타르로 한다.
③ 모르타르의 두께는 30mm 이상 50mm 이내로 한다.
④ 모르타르의 크기는 200mm 각 또는 직경 200mm 이상으로 한다.

6) 시공의 정밀도

• 구조용 앵커볼트를 사용하는 경우

• 세우기용 앵커볼트를 사용하는 경우

① 세우기용 앵커볼트 위치
콘크리트 경화 후 앵커볼트의 위치를 계측하여 공사시방서에 정한 바가 없는 경우 −5mm≤e≤+5mm(한계허용차)
② 앵커볼트의 노출길이
볼트의 노출길이는 공사시방서에 따른다. 공사시방서에 정한 바가 없는 경우, 나사가 이중 너트조임을 완료한 후, 3개 이상 나사산이 나오는 것을 표준으로 한다.
③ 베이스 모르타르의 높이
모르타르 마감면은 기둥 세우기 전에 레벨검사를 한다.

7) Base Mortar의 형상, 치수 및 품질

① 너트조임은 바로 세우기 완료 후, 앵커볼트의 장력이 균일하게 되도록 한다. 공사시방서에 정한바가 없는 경우는 콘크리트에 너트가 매립된 경우가 아니면 2중 너트를 사용하여 풀림을 방지한다.
② 공사시방서에 정한 바가 없는 경우의 조임방법은 너트회전법(Nut Rotation Method, Turn-Of-Nut Method)을 사용하고, 너트의 밀착을 확인한 후에 30° 회전시킨다.

세우기

[기둥 세우기]

[기둥자립 보강]

[거더/빔 설치]

[거더/빔 이음부 가조립]

3. 부재별 세우기

3-1. 세우기 시 풍속확인

1) 풍속확인

① 풍속 10m/sec 이상일 때는 작업을 중지

② 풍속의 측정은 가설사무소 지붕에 풍속계를 설치하여 매일 작업 개시 전 확인

③ Beaufort 풍력 등급을 이용해 간이로 풍속을 측정

2) Beaufort Wind Scale(풍력등급)

풍력등급	10분간 평균속도(m/s)	자연현상
0	0.3 미만	연기가 곧바로 피어오른다.
1	0.3~1.6 미만	연기가 날린다.
2	1.6~3.4 미만	얼굴에 바람을 느낀다. 나뭇잎이 나부낀다.
3	3.4~5.5 미만	나뭇가지가 가늘게 움직인다.
4	5.5~8.0 미만	모래가 날린다. 종이가 날아오른다.
5	8.0~10.8 미만	나뭇잎 관목이 요동친다. 연못에 물결이 친다.
6	10.8~13.9 미만	나뭇가지가 움직인다.
7	14 이상	나무 전체가 취청 거린다. 나뭇가지가 꺾인다. 바람 부는 쪽으로 걷기조차 힘들다.

3-2. 기둥부재 세우기

① 기둥 제작 시 전 길이에 웨브와 플랜지의 양방향 4개소에 Center Marking 실시

② 기 설치된 하부절 기둥의 Center Line과 일치되게 조정한 후 1m 수평기로 기둥 수직도를 확인한 다음 Splice Plate의 볼트조임 실시

3-3. 거더/빔 설치

① 들어올리기용 Piece 또는 매다는 Jig사용

② 인양 와이어로프의 매달기 각도는 양변 60°를 기준으로 2열로 매달고 와이어 체결지점은 수평부재의 1/3지점을 기준하여야 한다.

③ 작업대를 설치하고 방향 확인 후 볼트체결

3-4. 가볼트 조립

① 풍하중, 지진하중 및 시공하중에 대하여 접합부 안전성 검토 후 시행

② 하나의 가볼트군에 대하여 일정 수 이상을 균형 있게 조임.

③ 고력 볼트 접합 : 1개의 군에 대하여 1/3 또는 2개 이상

④ 혼용접합 및 병용접합 : 1/2 또는 2개 이상

⑤ 용접이음을 위한 Erection Piece : 전부

3-5. Spanning & Plumbing

1) Spanning

① 각 절의 Column과 Girder 설치 완료 후 Bolt는 조임상태에서 Column간 수평치수를 실측하여 Spanning실시

② 오차발생은 부재설치를 위한 Clearance 5mm와 각 부재의 제작 시 오차, Bolt와 Bolt Hole간격의 차이로 발생되며, 허용오차 이내로 들어오게 조정

2) Plumbing

① 4개의 기둥을 순차적으로 다림추와 트렌싯으로 수직측량을 하여 턴버클과 와이어를 이용하여 수정을 하며, 수정이 완료되면 각 코너의 기둥 Center점에 피아노선을 설치한다.

② 피아노선을 기준으로 Center의 벗어난 치수를 확인하고 수정한다.

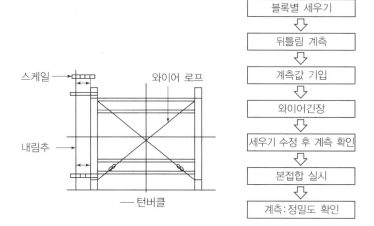

| 블록별 세우기 |
| 뒤틀림 계측 |
| 계측값 기입 |
| 와이어긴장 |
| 세우기 수정 후 계측 확인 |
| 본접합 실시 |
| 계측:정밀도 확인 |

수정
- 내림추를 종·횡 2방향 및 중간의 몇 개소에 매달아서 실시
- 면적이 넓고 스팬의 수가 많은 경우 유효 블록마다 수정
- 각 블록 수정 후 전반적 조립 정밀도 교정하여 균형 있게 조정

주의
- 일사에 의한 온도 영향을 피하기 위해 해 뜬 직후에 계측
- 무리한 수정은 2차 응력을 유발하여 위험
- 부재의 강성이 작은 경우는 탄성변형으로 수정이 곤란한 경우 발생
- 본체 구조용 가새 턴버클을 이용한 세우기 수정 금지

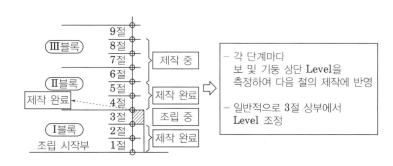

- 각 단계마다 보 및 기둥 상단 Level을 측정하여 다음 절의 제작에 반영

- 일반적으로 3절 상부에서 Level 조정

세우기

□철골 수직 정밀도 기준
- 기둥 1절당 한계 허용차

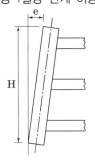

$$e \leq \frac{H}{700} \text{또한} e \leq 15mm$$

[Plumbing]

Buckling

● Buckling은 기둥 등의 압축재에 압축력을 가하면 재료의 불균일성에 의한 집중하중으로 압축력이 허용하중에 도달하기 전에 휨모멘트(Bending Moment)에 의해 미리 휨이 발생하고 이후 휨이 급격히 증대하여 파괴되는 현상이다.

Bracing

● Bracing은 철골구조에서 풍력, 지진력 등의 수평력에 대한 선형의 보강부재로서, 철골구조 frame에 대각선 방향으로 설치하는 보강부재이다.

③ 접합

1. Bolting

1-1. 반입검사

1) 반입

① 고장력 볼트 세트는 공장 출하 당시의 상태가 시공할 때까지 유지될 수 있도록 완전히 포장된 것을 미개봉 상태로 공사현장에 반입한다.

② 반입검사: 외관, 종류, 등급, 지름, 길이, 로트 번호 등에 대하여 확인한다.

2) 품질관리

① 토크계수 값 시험은 각 로트의 고장력볼트 세트에 대해 5개 이상 실시하고 토크의 평균과 편차를 조사하여 제작자 검사결과와 비교하되, 토크가 5% 이상 다를 경우에는 재검사를 실시해야 한다.

② 고장력 볼트 조임기구는 반입 시 1회, 사용 중에는 6개월에 1회 이상 교정을 받아야 한다. 다만 토크-전단형(T/S)고장력볼트 전용 조임기구는 예외로 할 수 있다.

③ 축력계는 반입 시 1회, 사용 중에는 최소 12개월에 1회 이상 교정을 실시해야 하며 정밀도는 ±3%의 오차범위가 되도록 해야 한다.

1-2. 재료

1) 고장력 볼트의 구분 – 종류와 등급

기계적 성질에 따른 세트의 종류		적용하는 구성부품의 기계적 성질에 따른 등급		
		고장력 F8T 볼트	너트	와셔
1종	A[1]	F8T	F10	
	B[2]			
2종	A[1]	F10T	F10	F35
	B[2]			
4종	A[1]	F13T	F13	
	B[2]			

주 : 1) 토크계수값이 A는 표면윤활처리
2) 토크계수값이 B는 방청유 도포상태

2) 토크계수 값

구분	토크계수 값에 따른 세트의 종류	
	A	B
토크계수 값의 평균값	0.110~0.150	0.150~0.190
토크계수 값의 표준편차	0.010 이하	0.150~0.190

Torque Coefficient

● 고력 볼트의 체결 토크 값을 볼트의 공칭 축경(軸徑)과 도입 축력으로 나눈 값. 볼트로의 안정한 축력 도입을 위한 관리에 사용한다.

● 계산식: T=k×d×B
 T:토크값
 k:토크계수
 d:볼트직경(mm)
 B:볼트축력(ton)

3) 조임길이에 더하는 길이 표준

접합

고장력 볼트의 호칭	조임길이[1]에 더하는 길이[2](mm)
M16	30
M20	35
M22	40
M24	45
M27	50
M30	55

주 : 1) 조임길이는 접합판 두께의 합이다.
  2) 조임길이에 더하는 길이는 너트 1개, 와셔 2장 두께와 나사피치 3개의 합이다.
    다만 TS볼트의 경우에는 위의 값에서 와셔 1장 두께를 뺀 길이를 적용한다.

1-3. 접합의 원리

1) 마찰접합

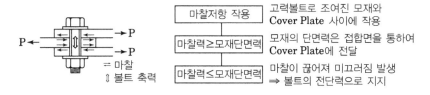

마찰저항 작용	고력볼트로 조여진 모재와 Cover Plate 사이에 작용
마찰력≥모재단면력	모재의 단면력은 접합면을 통하여 Cover Plate에 전달
마찰력≤모재단면력	마찰이 끊어져 미끄러짐 발생 ⇒ 볼트의 전단력으로 지지

① 접합부의 마찰 : 접합부의 마찰이 끊어지기까지는 높은 강성을 나타낸다.
② 허용내력: 고력볼트 마찰접합의 허용내력은 마찰 저항력에 의해 결정된다.
③ 마찰계수: 마찰 저항력은 고력볼트에 도입된 축력과 접합면 사이의 마찰계수로 결정된다.
④ 마찰계수: 0.45 이상으로 한다.

용융아연도금 고장력 볼트 재료 세트는 KS B 1010(마찰 접합용 고장력 6각 볼트, 6각 너트, 평 와셔의 세트)의 제1종 (F8T) A에 따른다. 마찰이음으로 체결할 경우 너트회전법으로 볼트를 조임한다.

2) 인장접합

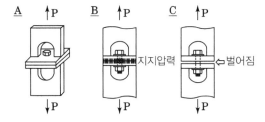

Bolt의 축방향의 응력을 전달

접합

Shot Blasting

● 연마제 등의 숏을 공기압
또는 원심력(2000rpm 정
도)에서 강재, 주물 등에
분사하여 스케일이나 주
물사(鑄物砂) 등을 제거하
는 방법을 말한다. 모래를
분사할 때에는 샌드 블라
스팅(Sand Blasting)이라
고 한다.

□금매김
- 1차조임 후 모든 볼트에 대
해 고장력볼트, 너트, 와셔
및 부재를 지나는 금매김
을 한다.

1-4. 접합부

1) 접합면 처리방법

① 와셔 바깥지름의 2배 이상의 범위에 대해 검정 녹 등을 제거한 후 옥외에 자연 방치하여 발생시킨 붉은 녹 상태 유지(자연발생 녹)

② 구멍을 중심으로 지름의 2배 이상 범위의 녹, 흑피 등을 숏 블라스트(Shot Blast) 또는 샌드 블라스트(Sand Blast)로 제거한다.

① 품질관리 구분 '라'에서 볼트접합이 이루어지기 전 현장에서의 노출로 인한 마찰면이 부식될 우려가 있어서 도장하는 것을 전제로 미끄럼계수 0.45를 적용하여 설계한 경우에는 미끄럼계수가 0.45 이상 확보되도록 무기질 아연말 프라이머 도장 처리한다.

2) 접합부 단차수정 – 부재의 표면 높이가 서로 차이가 있는 경우

높이차이	처리방법
1mm 이하	별도처리 불필요
1mm 초과	끼움재 사용

3) 볼트구멍의 어긋남 수정

접합부 조립 시에는 겹쳐진 판 사이에 생긴 2mm 이하의 볼트구멍의 어긋남은 리머로써 수정해도 된다.

1-5. 고력볼트 조임방법

1) 1차조임

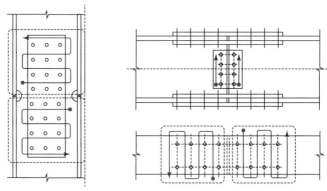

(주) ① ┆┄┄┆ 조임 시공용 볼트의 군(群)
② ──▶ 조이는 순서
③ 볼트 군마다 이음의 중앙부에서 판 단쪽으로 조여간다.

2) 1차조임 토크

(단위 : N·m)

고장력볼트의 호칭	1차조임 토크	
	1차조임 토크	품질관리 구분 "라"
M16	100	
M20, M22	150	
M24	200	표준볼트장력의 60%
M27	300	
M30	400	

접합

3) 본조임

① 토크 관리법

- 표준볼트 장력을 얻을 수 있는 토크로 조인다.
- 볼트 호칭마다 토크계수값이 거의 같은 Lot를 1개 시공로트로 한다. 이 시공로트 에서 대표Lot 1개를 선택하고 이 중에서 시험볼트 5세트를 임의로 선택한다. 시험볼트는 축력계에 적절한 길이의 것으로 축력계를 이용하여 시험볼트가 적정한 조임력을 얻도록 미리 보정하고
- 조정된 볼트 조임기기를 이용하여 조인다. 여기서, 5세트 볼트 장력 평균값이 볼트표준장력 규정값을 만족하고, 각각 측정 값이 표준볼트장력의 ±15% 이내이어야 한다.

[고장력볼트의 설계볼트장력과 표준볼트장력 및 장력의 범위]

볼트등급	볼트 호칭	공칭단면적 (mm^2)	설계볼트장력[1] (kN)	표준장력	볼트장력의 범위(kN)
F8T	M16	201	84	92	70.2~95.3
	M20	314	132	145	109.7~148.8
	M22	380	160	176	135.9~184.5
	M24	452	190	209	157.9~214.3
F10T	M16	201	106	117	98.7~134.0
	M20	314	165	182	154.2~209.3
	M22	380	200	220	191.4~259.4
	M24	452	237	261	222.1~301.4
	M27	572	310	330	289.0~392.3
	M30	708	375	408	353.6~479.9
F13T	M16	201	137	151	128.3~174.2
	M20	314	214	235	200.5~272.1
	M22	380	259	285	248.5~337.2
	M24	452	308	339	288.7~391.8

주 : 1) 이 표에서 설계볼트장력은 고장력볼트 인장강도의 0.7배에 고장력볼트의 유효단면적(고장력볼트의 공칭단면적의 0.75배)을 곱한 값으로 한 것이다.

② T/S Bolt의 조임축력

등급	호칭	표준장력 (kN)	상 온(10~30℃)		0~10℃ / 30~60℃	
			하 한	상 한	하 한	상 한
F10T	M20	182	172	207	165	217
	M22	220	212	256	205	268
	M24	261	247	298	238	312
	M27	330	322	388	310	406
	M30	408	394	474	379	496

접합

1-6. 조임검사

1) 토크관리법

- 조임완료 후 각 볼트군의 10%의 볼트 갯수를 표준으로 하여 토크렌치에 의하여 조임 검사를 실시한다. 이 결과 조임 시공법 확인을 위한 시험에서 얻어진 평균 토크의 ±10% 이내의 것을 합격으로 한다.
- 불합격한 볼트군에 대해서는 다시 그 배수의 볼트를 선택하여 재검사하되, 재검사에서 다시 불합격한 볼트가 발생하였을 때에는 그 군의 전체를 검사
- 10%를 넘어서 조여진 볼트는 교체한다. 조임을 잊어버렸거나, 조임 부족이 인정된 볼트군에 대해서는 모든 볼트를 검사하고 동시에 소요 토크까지 추가로 조인다.
- 볼트 여장은 너트면에서 돌출된 나사산이 1~6개의 범위를 합격으로 한다.

2) 너트회전법

[회전과다] [너트, 볼트 함께 회전] [회전과소]

- 조임완료 후 모든 볼트에 대해서 1차조임 후에 표시한 금매김의 어긋남에 의해 동시회전의 유무, 너트회전량 및 너트여장의 과부족을 육안검사 하여 이상이 없는 것을 합격으로 한다.
- 1차조임 후에 너트회전량이 120° ±30°의 범위에 있는 것을 합격으로 한다.
- 이 범위를 넘어서 조여진 고장력볼트는 교체한다. 또한 너트의 회전량이 부족한 너트에 대해서는 소요 너트회전량까지 추가로 조인다.
- 볼트의 여장은 너트면에서 돌출된 나사산이 1~6개의 범위를 합격으로 한다.

접합

2. Welding

2-1. 이음형식에 따른 분류

1) Groove Welding

> 개선면에 용입된 용접부에 의해 일체화, 모재끼리 직접 연결 및 기둥
> 플렌지에 보 플랜지를 접합하는 경우에 사용

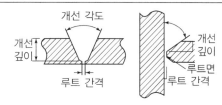

[개선 각부 명칭]

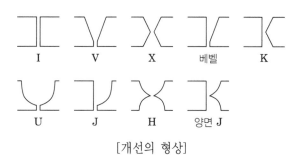

[개선의 형상]

2) Fillet Welding

> 접합하고자 하는 두 부재의 면과 목두께가 45°의 각을 이루는 용접

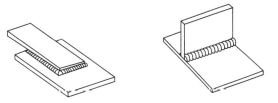

[판을 겹쳐 이을 경우]   [T형으로 잇는 경우]

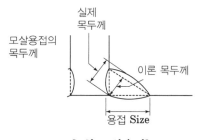

[T형 모살용접]

접합

[수동용접]

[자동용접]

Arc용접

□ 수동용접(피복아크 용접)
- 용접봉의 송급과 아크의 이동을 수동으로 하는 것

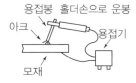

용접봉 홀더손으로 운봉
아크
용접기
모재

□ 반자동용접(CO_2아크 용접)
- 용접봉의 송급만 자동

중심선
(송급 장치) 릴
CO_2
용접기
모재

□ 자동용접(SAW 용접)
- 용접봉의 송급과 아크의 이동 모두 자동으로 사용

2-2. 용접방법에 따른 분류

1) Arc 용접

> 용접봉과 모재 사이에 전압을 걸면 음극(-극, 용접봉쪽)과 양극(+극, 모재쪽) 사이에 이온이 흘러 Arc가 발생하여 전기에너지로 발생하는 6,000℃의 온도에 따라 모재와 용접봉이 녹아 용착금속이 일체화

① 수동아크용접(SMAW: Shielded Metal-Arc Welding)
피복제(Flux)를 도포한 용접봉과 피용접물의 사이에 arc를 발생시켜 그 열을 이용하여 모재의 일부와 용접봉을 녹여서 접합
② 반자동 아크용접(Semi-Automatic Arc Welding, CO_2 Arc 용접, Flux Cored Arc Welding)
CO_2 등의 가스를 사용하여 아크와 용접용 와이어 주위에 차폐가스 코어를 형성시켜 용융금속의 산화를 막아주는 용접방식
③ 자동 아크용접(SAW: Submerged Arc Welding)
이음표면에 Flux Hopper로부터 Hose를 통해 연속적으로 공급되는 용접봉과 Flux에 전극 Wire에 전극을 연속하여 송급하면서 진행하는 용접

2) 일렉트로 슬래그 용접(ESW: Electro Slag Welding)

> 전기 용융법의 일종으로 아크열이 아닌 와이어와 용융 슬래그 사이에 흐르는 전류의 저항열을 이용하여 용접을 하는 특수용접

3) 플러그 슬로트 용접(Plug & Slot Welding)

- Plug용접: 강재한쪽에 구멍을 뚫고 다른 강재를 밀착시킨 상태에서 구멍을 통해 용접을 채우는 방법.
- Solt용접: 구멍대신 긴 형태의 구멍을 가공하여 두강재를 접합.

4) 스폿 용접(Spot Welding)

> 점용접이라하며 두 개의 모재를 겹쳐놓고 대전류를 흐르게 하면 접촉 저항열에 의해 용융될 때 압력을 가하여 접합

5) 표면 용접(Space Welding)

> 강재의 표면에 덧살을 용접으로 올려주는 용접

접합

- 인장강도(MPa) 400~500

- 항복강도(MPa) 235 이상

- 연신율(%) 20 이상

□ 육안 검사용 표본 추출
- 1개 검사 단위 중에서 길거나 짧은 것 또는 기울기가 큰 것을 택한다.

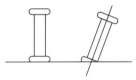

[마무리, 기울기 검사]

□ 검사 후의 처리
- 검사에서 불합격한 Stud는 50~100mm 인접부에 재용접하여 검사

6) 스터드 용접(Stud Welding)

① 스터드 지름과 필요한 전원용량

Stud지름(mm)	용접전류(A)	전원 소요용량(KVA)
10	500~750	40~60
13	650~750	50~70
16	1050~1300	79~90
19	1350~1650	90~110
22	1500~1900	100~120

② 시공

스터드 베이스를 모재로 누름 / 전류를 흐르게 하면서 Stud를 끌어올려 파일럿 아크 발생 / 대전류를 흘려 강한 아크를 발생시키며 밀어 넣는다. / 완료

③ 검사

표본추출: 100개 또는 주요 부재 1개에 용접한 숫자 중 작은 쪽을 단위 검사 로트로 하여 각각의 검사 로트마다 1개씩 검사한다.

		판정기준
육안 검사	더돋기 형상의 부조화	더돋기는 스터드의 반지름 방향으로 균일하게 형성되어야 한다. 더돋기는 높이 1mm 폭 0.5mm 이싱의 깃을 말한다.
	언더컷	날카로운 노치 형상의 언더컷 및 깊이 0.5mm 이상의 언더컷은 허용되지 않는다.
	마감높이	설계치에서 ±2mm를 넘어서는 안 된다.
굽힘 검사		15° 까지 구부려 결함이 발생하지 않았다면 합격

접합

2-3. 용접시공 시험

1) 시공시험 대상

> 품질관리 구분 '다'와 '라'에 대해서는 다음의 각 항의 어느 것에 해당될 경우에는 용접시공시험을 하는 것을 원칙으로 하고, 그 결과를 사전에 공사 담당원에게 승인을 받는다.

① 강판두께가 50mm를 초과하는 용접구조용 압연강재(KS D 3515)나 강판두께가 40mm를 초과하는 내후성 열간압연강재(KS D 3259)의 경우

② 강종별 용접법에 따른 한 패스의 입열량이 아래의 값을 초과할 경우

강 종	SAW	GMAW 또는 FCAW
SM490(Y), SMA490, SM520, SM 570, SMA 570, HSB500W, HSB600W, HSB800(L)	7,000	2,500
HSB500(L), HSB600(L)	10,000	3,000
HSB800W	5,000	2,500

[강종별 용접법에 따른 한 패스의 최대 입열량 (Joule/mm)]

③ 피복아크용접, 플럭스코어드아크용접, 가스메탈아크용접, 서브머지드아크용접 이외의 용접을 할 경우

2) 용접 시공시험의 종류

시험의 종류	시험항목	시험편의 형상	시험편 개 수	시험방법	판정기준
그루브 용접 시험	인장시험	KS B 0801 1호	2	KS B 0833	인장강도가 모재의 규격치 이상
	파괴시험 (굽힘시험)	KS B 0832	2	KS B 0832	결함길이 3mm 이하
	충격 시험[1]	KS B 0809 4호	3	KS B 0810	용착금속으로 모재의 규격치 이상 (3개의 평균치)
	마크로 시험[2]		2	KS D 0210	균열없음 언더컷 1mm 이하 용접치수 확보
	방사선 투과시험		시험편 이음전장	KS B 0845	2류 이상(인장측) 3류 이상(압축측)
필릿용접 시 험	마크로시험	KS D 0210	1	KS D 0210	균열없음 언더컷 1mm 이하 용접치수 확보 루트부 용융
스터드 용접시험	스터드 굽힘시험	KS B 0529	3	KS B 0529	용접부에 균열이 생겨서는 안 된다.

주 : 1) 강종 SM400, SM490A와 B, SM520A와 B에 대해서는 충격시험을 제외할 수 있다.
　　 2) 미국용접협회(AWS)에 따른 표준용접상세가 아닌 경우에 적용되며, 표준상세인 경우에는 별도의 담당원의 요구가 있을 때에 한정됨.

접합

□ 용접절차서(welding procedure specification)
– 용접이음부에서 설계대로 용접하기 위하여 요구되는 제반 용접조건을 상세히 제시하는 서류를 말한다. 통상 모재, 용접법, 이음형상, 용접자세, 용가재, 전류, 전압, 속도, 보호가스, 열처리 등에 대한 정보가 필요에 따라 포함된다. 용접시공설명서라고도 하며, 산업현장에서는 WPS라고도 한다.

2-4. 용접준비

1) 피복아크 용접봉 건조

용접봉 종류	용접봉의 건조상태	건조온도	건조시간
연강용 피복아크용접봉	건조(개봉) 후 12시간 이상 경과한 경우 또는 용접봉이 흡습할 우려가 있는 경우	100℃~150℃	1시간 이상
저수소계 피복아크용접봉	건조(개봉) 후 4시간 이상 경과한 경우 또는 용접봉이 흡습할 우려가 있는 경우	300℃~400℃	1시간 이상

2) 서브머지드 아크용접용 플럭스 건조

플럭스 건조	건조온도	건조시간
용융플럭스	150℃~200℃	1시간 이상
소결플럭스	200℃~250℃	1시간 이상

3) 예열

① 예열을 해야 하는 경우

– 강재의 밀시트에서 다음 식에 따라서 계산한 탄소당량, C_{eq}가 0.44%를 초과 할 때

$$C_{eq} = C + \frac{Mn}{6} + \frac{Si}{24} + \frac{Ni}{40} + \frac{Cr}{5} + \frac{Mo}{4} + \frac{V}{14} + \left(\frac{Cu}{13} \right) (\%)$$

다만 ( )항은 Cu ≥ 0.5%일 때에 더한다.
– 경도시험에 있어서 예열하지 않고 최고 경도(H_v)가 370을 초과 할 때
– 모재의 표면온도가 0℃ 이하일 때

② 예열 기준

– 모재의 최소예열과 용접층간 온도는 강재의 성분과 강재의 두께 및 용접구속 조건을 기초로 하여 설정한다. 최소예열 및 층간온도는 용접절차서에 규정한다. 최대 예열온도는 감독자 또는 감리원의 별도의 승인이 없는 경우 230℃ 이하로 한다.
– 이종금속간에 용접을 할 경우는 예열과 층간온도는 상위등급을 기준으로 하여 실시한다.
– 두꺼운 재료나 높은 구속을 받는 이음부 및 보수용접에서는 균열방지나 층상균열을 최소화하기 위해 규정된 최소온도 이상으로 예열한다.
– 용접부 부근의 대기온도가 -20℃보다 낮은 경우는 용접을 금지한다. 그러나 주위온도를 상승시킨 경우, 용접부 부근의 온도를 요구되는 수준으로 유지할 수 있으면 대기온도가 -20℃보다 낮아도 용접작업을 수행할 수 있다.

접합

③ 예열 온도

- 예열은 용접선의 양측 100mm 및 아크 전방 100mm의 범위 내의 모재를 최소예열온도 이상으로 가열한다.
- 모재의 표면온도가 0℃ 미만인 경우는 적어도 20℃ 이상 예열한다.
- 특별한 시험자료에 의하여 균열방지가 확실히 보증될 수 있거나 강재의 용접균열 감응도 P_{cm}이 최소예열온도의 조건을 만족하는 경우는 강종, 강판두께 및 용접방법에 따라 최소예열온도의 값을 조절할 수 있다. 이 경우 예열온도는 다음 식과 같이 조절하거나 아래에 나타낸 P_{cm}의 값에 따른 최소 예열온도를 따른다.

$$T_p(℃) = 1,440 \ P_w - 392$$

여기서

T_p : 예열온도 (℃)

$$P_w = P_{cm} + \frac{H_{GL}}{60} + \frac{K}{400,000}$$

H_{GL} : 용접금속의 확산성수소량

K : 용접계수의 구속도

- 2전극과 다전극 서브머지드아크용접의 최소예열과 층간 온도는 감독자 또는 감리원의 승인을 받아 조절할 수 있다.

④ 예열 방법

- 예열방법은 전기저항 가열법, 고정버너, 수동버너 등에서 강종에 적합한 조건과 방법을 선정하되 버너로 예열하는 경우에는 개선면에 직접 가열해서는 안 된다.
- 온도관리는 용접선에서 75mm 떨어진 위치에서 표면온도계 또는 온도쵸크 등에 의하여 온도관리를 한다.
- 온도저하를 고려하여 아크발생 시의 온도가 규정 온도인 것을 확인하고 이 온도를 기준으로 예열직후의 계측온도로 설정한다.

2-5. 용접시공에 관한 일반사항

1) 공통사항

① 용접부에서 수축에 대응하는 과도한 구속은 피하고 용접작업은 조립하는 날에 용접을 완료하여 도중에 중지하는 일이 없도록 해야 한다.

② 항상 용접열의 분포가 균등하도록 조치하고 일시에 다량의 열이 한 곳에 집중되지 않도록 해야 한다. 이러한 경우가 있을 때에는 용접순서를 조정해야 한다.

③ 완전용입 용접을 수동용접으로 실시 할 경우의 뒷면은 건전한 용입부 까지 가우징한 후 용접을 실시해야 한다.

④ 용접자세는 가능한 한 회전지그를 이용하여 아래보기 또는 수평 자세로 한다.

Peening

[1] 용접부위를 연속적으로 해머로 두드려서 표면층에 소성 변형을 주는 조작이다. 용접부의 인장 잔류응력을 완화하는 효과가 있다. 잔류응력을 완화시키는 외에 용접변형을 경감시키거나, 용접금속의 균열 방지 등에 이용된다.

[2] 표면을 가공 경화시키면서 어느 정도의 다듬질도를 유지시키는 일종의 가공법이며, 구형 등의 미립물을 피다듬질물에 분사시켜, 노치효과가 없게 가공하여 강도가 증대되게 하는 것이다. 이것을 하면 인장강도 및 피로 한도가 매우 상승한다. 크랭크 축의 굽은 부분에 가공하면 효과가 있다.

접합

⑤ Arc 발생은 필히 용접부 내에서 일어나도록 해야 한다.

⑥ Scallop이나 각종 Bracket 등 재편의 모서리부에서 끝나는 Fillet 용접은 크레이터가 발생하지 않도록 모퉁이부를 돌려서 연속으로 용접해야 한다.

⑦ 맞대기 용접에서 용접표면의 마무리 가공이 규정되어 있지 않는 경우에는 판두께의 10% 이하의 보강살 붙임을 한 후 끝마무리를 해야 한다.

⑧ 그루브 용접 및 Guider의 Flange와 Web판 사이의 Fillet용접 등의 시공에 있어서는 부재와 동등한 홈을 가진 End Tab를 붙여야 한다. 용접의 시작과 끝의 처리는 End Tab 위에서 50mm 이상으로 하여 Crater가 본 부재에 포함되지 않도록 해야 한다. End Tab은 용접 종료 후 Gas 절단법에 따라 제거하고 그 부분을 Grinder로 다듬질해야 한다.

2-6. 용접검사
2-6-1. 검사항목

검사 시기	품질검사 항목	세부내용
용접 전	트임새 모양 구속법 모아대기법 자세의 적부	용접환경 재료보관 End tab
용접 중	용접봉 운봉 전류	예열, 전류 전압, 속도 순서, 자세
용접 후	외관검사 절단검사 비파괴 검사	결함 육안검사 비파괴검사

2-6-2. 육안검사
1) 검사범위

모든 용접부는 육안검사를 실시한다. 용접Bead 및 그 근방에서는 어떤 경우도 균열이 있어서는 안 된다.

2) 용접균열의 검사

균열검사는 육안으로 하되, 특히 의심이 있을 때에는 자분탐상법 또는 침투탐상법으로 실시해야 한다.

3) 용접비드 표면의 피트

주요 부재의 맞대기이음 및 단면을 구성하는 T 이음, 모서리 이음에 관해서는 Bead 표면에 Pit가 있어서는 안 된다. 기타의 Fillet용접 또는 부분용입 Groove용접에 관해서는 한 이음에 대해 3개 또는 이음길이 1m에 대해 3개까지 허용한다. 다만 Pit 크기가 1mm 이하일 경우에는 3개를 한 개로 본다.

4) 용접비드 표면의 요철

비드길이 25mm 범위에서의 고저차로 나타내는 비드 표면의 요철은 아래의 값을 초과해서는 안 된다.

용접비드 표면의 요철 허용 값 (단위 : mm)

품질관리 구분	가	나	다	라
요철 허용 값	해당 없음	4	4	3

5) 언더컷

언더컷의 깊이의 허용 값 (단위 : mm)

언더컷의 위치	품질관리 구분			
	가	나	다	라
주요부재의 재편에 작용하는 1차응력에 직교하는 비드의 종단부	해당 없음	0.5	0.5	0.3
주요부재의 재편에 작용하는 1차응력에 평행하는 비드의 종단부	해당 없음	0.8	0.8	0.5
2차부재의 비드 종단부	해당 없음	0.8	0.8	0.8

6) 필릿용접의 크기

필릿용접의 다리길이 및 목두께는 지정된 치수보다 작아서는 안 된다. 그러나 한 용접선 양끝의 각각 50mm를 제외한 부분에서는 용접길이의 10%까지의 범위에서 -1.0mm의 오차를 인정한다.

2-6-3. 비파괴 검사

1) 검사범위

용접부 종류[1]	품질관리 구분				시험 방법
	가	나	다	라	
인장응력을 받는 완전용입 또는 부분용입 횡방향 맞대기 용접부	해당 없음	10%	20%	100%	RT, UT
완전용입 또는 부분용입 횡방향 맞대기 용접부 　– 십자이음부 　– T-이음부	해당 없음	10% 5%	20% 10%	100% 50%	UT
인장 또는 전단을 받는 횡방향 필릿용접부 　– $a > 12mm$ or $t > 20mm$ 　– $a \leq 12mm$ and $t \leq 20mm$	해당 없음	5% 0%	10% 5%	20% 10%	MT
종방향 용접과 보강재 용접부	해당 없음	0%	5%	10%	MT

주 : 1) 이 표에서 종방향 용접은 부재의 축방향과 평행인 용접이며, 그 이외의 경우에는 횡방향 용접으로 간주한다. 또한 a는 용접의 목두께이며, t는 모재의 두께(mm)

접합

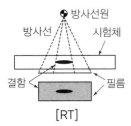

[RT]

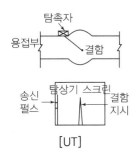

[UT]

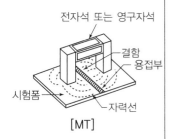

[MT]

[PT]

2) 비파괴 시험의 용접 후 지체시간

용접 목두께 (mm)	용접 입열량 (J/mm)	지체시간(시간, hr) [1]	
		인장강도(MPa)	
		420 이하	420 초과
$a \leq 6$	모든 경우	냉각시간	24
$6 < a \leq 12$	3000 이하	8	24
	3000 초과	16	40
$12 \leq a$	3000 이하	16	40
	3000 초과	40	48

주 : 1) 여기서 지체시간은 용접완료 후 부터 비파괴시험 시작 때까지의 시간을 뜻함

3) 비파괴 검사의 종류

종류	세부내용
방사선 투과법 RT (Radiographic Test)	시험체에 X-선, 감마선을 검사체에 투과시켜 필름상에 생성하여 시험체내의 결함유무를 판단하는 방식
초음파탐상법 UT (Ultrasonic Test)	시험체에 초음파를 전달하여 내부에 존재하는 결함부로부터 반사한 초음파의 신호를 분석하여 내부결함 검출
자기분말 탐상법 MT (Magnetic Particle Test)	강자성체에 자력선을 투과시켜 용접결함부의 자력이 누설 휘어지거나 덩어리가 되는 것을 이용하여 결함검출방식
침투탐상법 PT (Liquid Penetration Test)	표면개구부로 침투액이 모세관현상(Capillary Action)에 의하여 침투하여 결함부를 검출하는 방식

2-7. 용접결함의 보수

결함의 종류	보 수 방 법
강재의 표면상처로 그 범위가 분명한 것	덧살용접 후, 그라인더 마무리, 용접 비드는 길이 40mm 이상으로 한다.
강재의 표면상처로서 그 범위가 불분명 한 것	정이나, 아크 에어가우징에 의하여 불량 부분을 제거하고, 덧살용접을 한 후 그라인더로 마무리한다.
강재 끝 면의 층상 균열	판 두께의 1/4정도 깊이로 가우징을 하고, 덧살용접을 한 후, 그라인더로 마무리 한다.
아크 스트라이크	모재표면에 오목부가 생긴 곳은 덧살용접을 한 후 그라인더로 마무리 한다. 작은 흔적이 있는 정도의 것은 그라인더 마무리만으로 좋다.
용접 균열	균열부분을 완전히 제거하고 발생원인을 규명하여 그 결과에 따라 재용접을 한다.
용접비드 표면의 피트, 오버랩	아크 에어가우징으로 결함 부분을 제거하고 재용접 한다. 용접비드의 최소길이는 40mm로 한다.
용접비드 표면의 요철	그라인더로 마무리 한다.
언더컷	비드 용접한 후 그라인더로 마무리 한다. 용접비드의 길이는 40mm 이상으로 한다.
스터드 용접의 결함	굽힘 실험으로 파손된 용접부 또는 결함이 모재에 파급되어 있는 경우에는 모재면을 보수용접한 후 갈아서 마감하고 재용접한다.

접합

2-8. 용접결함의 종류 및 원인

1) 결함 분류

결함 명		현상	원인
표면	Crack	발생 장소	• 용접금속 규열: 종균열, 횡균열, Crater • 열영향부 균열: 종균열, 횡균열, Root 균열 • 모재균열: 횡균열, 라멜라티어	용접 후 급냉각/응고 직후 수축 응력
		발생 온도	• 고온균열: 용접 중 혹은 용접 직후의 고온(용점의 1/2 이상의 온도) • 저온균열 200℃ 이하	
		크기	• 매크로 균열 • 저마이크로 균열	
	Crater		분화구가 생기는 균열	용접 중심부에 불순물 함유시
	Pit		표면구멍	용융금속 응고 수축 시
	Fish Eye		Blow Hole 및 Slag가 모여 생긴 반점	
	Lamellar Tearing		모재표면과 평행하게 계단형태로 발생되는 균열	모재의 표면에 직각방향으로 인장 구속응력 형성되어 열영향부가 가열, 냉각에 의한 팽창 및 수축 시
내부	Slag감싸들기		Slag가 용착금속내 혼입	전류가 낮을 때 좁은 개선각도
	Blow Hole		응고중 수소, 질소, 산소의 용접금속 내 갇힘에 의해 발생되는 기공	아크길이가 크거나 모재의 미청결
형상	Under Cut		모재와 용융금속의 경계면에 용접선 길이방향으로 용융금속이 채워지지 않음	전류과다 용접속도과다 위빙잘못
	Over Lap		용착금속이 토우부근에서 모재에 융합되지 않고 겹쳐진 부분	모재 표면의 산화물 전류과소 기량부족
	Over Hung		용착금속이 밑으로 흘러내림	용접속도가 빠를 때
	용입 불량		모재가 충분한 깊이로 녹지 못함	Root Gap 작음 전류과소
	각장부족		다리길이 부족	전류과소 미숙련공

접합

접합

mind map

- 각종 비좌가 종횡으로 회전 변형 하네

2) 결함형상

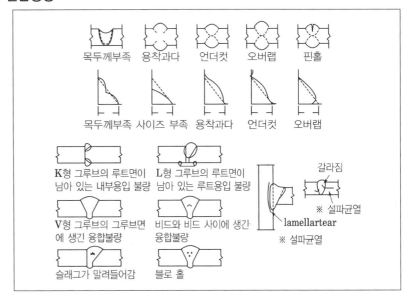

목두께부족　용착과다　언더컷　오버랩　핀홀

목두께부족　사이즈 부족　용착과다　언더컷　오버랩

K형 그루브의 루트면이 남아 있는 내부용입 불량　L형 그루브의 루트면이 남아 있는 루트용입 불량

갈라짐

※ 설파균열

lamellartear

V형 그루브의 그루브면에 생긴 융합불량　비드와 비드 사이에 생긴 융합불량

※ 설파균열

슬래그가 말려들어감　블로 홀

2-9. 용접변형

1) 변형형태

용접변형의 원인은 모재의 열팽창, 소성변형, 수축, 잔류응력 등이 주원인이며, 열영향부에서 모재가 가열과 냉각의 온도변화로 팽창과 수축이 발생하여 용접부재가 뒤틀리는 응력변형이다.

- 각변형(Angular Distortion)
- 종수축(Longitudinal Shrinkage): 용접의 길이방향수축
- 비틀림(Twisting)
- 좌굴변형(Buckling)
- 종굽힘변형(Bowing And Dishing)
- 가로수축(횡수축: Transverse Shrinkage): 용접에 있어서 용접선과 직각방향으로 생기는 수축
- 회전변형(Rotational Distortion)

2) 변형교정

가스화염법에 의한 선상가열시의 강재 표면온도 및 냉각법

강 재		강재 표면온도	냉 각 법
조질강(Q)		750℃ 이하	공냉 또는 공냉 후 600℃ 이하에서 수냉
열가공 제어강 (TMC, HSB)	$Ceq > 0.38$	900℃ 이하	공냉 또는 공냉 후 500℃ 이하에서 수냉
	$Ceq \leq 0.38$	900℃ 이하	가열 직후 수냉 또는 공냉
기타강재		900℃ 이하	적열상태에서의 수냉은 피한다.

부재 · 내화피복

보호

Key Point

□ Lay Out
– 공법선정
– 내화성능 · 시공순서
– 유의사항

□ 기본용어
– 뿜칠공법

4 부재 및 내화피복

1. 부재

1-1. 기둥

1) Built Up Column

① 여러 작은 부재들을 조합하여 큰 힘을 받도록 주문생산 및 제작

② 철골구조물의 형상 및 특성과 현장 여건에 맞게 임의의 크기로 자유롭게 조립하여 시공하는 기둥이다.

2) Box Column

2개의 U형 형강을 길이 방향으로 조립한 Box 형태의 Column이나 4개의 극후판(Ultra Thick Plate)을 Box 형태로 조립한 Column이다.

1-2. 보

1) Built Up Girder

종류	세부내용
플레이트 거더 (Plate Girder)	강재로 제작된 철판을 절단하여 보의 Flange와 Web의 가공 및 제작이 완료된 후 Flange를 Web와 상호 맞대고 Flange Angle를 덧대어 용접이음 혹은 Bolt로 접합하여 강성을 높인 조립보
커버 플레이트 보 (Cover Plate Beam)	표준규격의 H-형강 혹은 I-형강의 Flange에 강판(Cover Plate)을 맞대고 용접 혹은 bolt로 접합한 조립보
사다리보 (Open Web Girder)	강재로 Web를 대판(大板)으로 제작하며 등변 ㄱ형강이나 부등변 ㄱ형강 등을 사용하여 Flange ㄱ형강의 상부 Flange와 하부 Flange의 양측 사이에 끼워 넣은 후 Bolt로 접합하여 만든 조립보
격자보 (Lattice Girder)	강재로 제작된 철판을 절단하여 보의 Web재를 사선(斜線)으로 배치하고 Flange ㄱ형강의 상부 Flange와 하부 Flange의 양측 사이에 끼워 넣은 후 Bolt로 접합
상자형보 (Box Girder)	상부 Flange와 하부 Flange 사이의 Web를 Flange 양끝 단부에 대칭이 되도록 2개를 사용하여 속이 빈 상자모양으로 만든 보
Hybrid Beam	Flange와 Web의 재질을 다르게 하여 조합

[Super Dack]

[Ferro Dack]

방청도장 고려사항

- 뿜칠의 경우 내화피복의 부착력 저하로 인해 적응성 체크
- 도장하지 않을 경우, 철골 세우기부터 내화피복까지의 기간이 길면 들뜬녹이 발생하므로 피복 전 제거
- 도장시공금지구간(현장용접부, 고력볼트 접합부의 마찰면, 콘크리트에 매입되거나 접하는 부분)
- 해변가, 공사중에 장기간 노출되는 철구조물이나 건축물의 외주부에 적용 내·외부 구분 사용

[도장하지 않는 범위]

고력볼트 접합부 마찰면

1-3. Slab

1) Deck Plate의 분류

① 합성 Deck Plate: 콘크리트와 일체로 되어 구조체 형성

② 철근배근 거푸집(철근 트러스형) Deck Plate: 주근+거푸집 Deck Plate

③ 구조 Deck Plate: Deck Plate만으로 구조체 형성

④ Cellular Deck Plate: 배관, 배선 System을 포함.

2) Ferro Deck 상세도

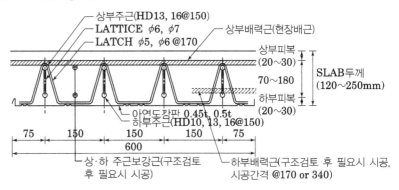

2. 도장 및 내화피복

2-1. 방청도장

1) 시공

① 연마재의 입경은 쇼트 볼(Shot Ball)에서 0.5~1.2mm를 사용하며, 강재 표면 상태에 따라 입경이 작은 0.5mm와 입경이 큰 1.2mm 범위 내에서 적절히 혼합(3:7 또는 4:6)하여 사용해야 작업성이 우수하며, 규사에서는 0.9~2.5mm를 사용해야 한다.

② 분사거리는 연강판의 경우에는 150~200mm, 강판의 경우에는 300mm 정도로 유지한다.

③ 연마재의 분사각도는 피도물에 대하여 50~60° 정도로 유지한다.

④ 처음 1회째의 방청 도장은 가공장에서 조립 전에 도장함을 원칙으로 하고, 화학처리를 하지 않은 것은 표면처리 직후에 도장한다. 다만 부득하게 조립 후에 도장을 한 때에는 조립하면 밀착되는 면은 1회, 도장이 곤란하게 되는 면은 1~2회씩 조립 전에 도장한다.

⑤ 대기온도가 5℃ 이상, 상대습도 85% 이하인 조건에서 작업해야 한다.

2) 도막두께 검사방법

① 강교도막의 검사는 마그네틱게이지로 건조도막을 측정하며, 도장된 부재 당 20~30개소를 측정한다.

② 부재의 규모는 약 10㎡(또는 200~500㎡)를 1개 로트(Lot)로 설정하고 지정된 부위에 도막을 측정하며, 그 평균값이 도장사양의 도막보다 낮아서는 안 된다.

③ 1개소(Spot)당 주변 5점을 측정하여 오차가 과도한 값을 제외한 평균값을 취해야 하며, 도장사양 두께의 80% 이상이어야 한다.

부재 · 내화피복

- 화재 시 유해가스 배출 유무 파악
- 뛰어난 발포성으로 내화성능의 우수성
- 제품 시공성 및 내균열성이 우수한 제품 및 도장 후 미관 고려

내화페인트 유의사항

- 외기온도 5℃ 이상에서 작업
- 시공두께 오차 1mm 미만 유지
- 프라이머: 방청도료 24시간 건조, 건조도막 두께 0.05mm 이상
- 주재(재벌):내화페인트 12시간 건조, 재벌도료는 재 도장 간격을 12시간 이상 유지하면서 건조 후 도막의 두께가 재벌도장 단독으로는 0.75mm 이상, 초벌도장포함 0.8mm 이상
- 정벌도장: 0.05mm 이상 도장, 총 도막두께가 0.85mm 이상
- 충분한 건조(4~6일)
- 총 건조 도막두께는 업체별 인증 두께 이상, 850~1,000㎛ 정도
- 재벌 3회 도장을 원칙으로 하되 기상 여건에 따라 1회 추가 도장하여 건조 후 재벌 도막 두께확보

2-2. 내화피복

1) 부위별 내화구조의 성능기준

구성부재 용도		벽						보/ 기 둥	바닥	지붕
		외벽			내벽					
		내력 벽	비내력벽		내력 벽	비내력벽				
용도 구분	층수/ 최고높이(m)		연소 우려 (O)	연소 우려 (X)		칸막 이벽	Shaft 구획벽			
일 반 시 설	12/50 초과	3	1	0.5	3	2	2	3	2	1
	이하	2	1	0.5	2	1.5	1.5	2	2	0.5
	4/20 이하	1	1	0.5	1	1	1	1	1	0.5
주 거 시 설	12/50 초과	2	1	0.5	2	2	2	3	2	1
	이하	2	1	0.5	2	1	1	2	2	0.5
	4/20 이하	1	1	0.5	1	1	1	1	1	0.5
산 업 시 설	12/50 초과	2	1.5	0.5	2	1.5	1.5	3	2	1
	이하	2	1	0.5	2	1	1	2	2	0.5
	4/20 이하	1	1	0.5	1	1	1	1	1	0.5

2) 내화피복 공법 및 재료의 종류

구분	공법	재료
도장공법	내화도료공법	팽창성 내화도료
습식공법	타설공법	콘크리트, 경량 콘크리트
	조적공법	콘크리트 블록, 경량 콘크리트, 블록, 돌, 벽돌
	미장공법	철망 모르타르, 철망 파라이트, 모르타르
	뿜칠공법	뿜칠 암면, 습식 뿜칠 압면, 뿜칠 모르타르, 뿜칠 플라스터 실리카, 알루미나 계열 모르타르
건식공법	성형판 붙임공법	무기섬유혼입 규산칼슘판, ALC 판, 무기섬유강화 석고보드, 석면 시멘트판, 조립식 패널, 경량콘크리트 패널, 프리캐스트 콘크리트판
	휘감기공법	
	세라믹울 피복공법	세라믹 섬유 Blanket
합성공법	합성공법	프리캐스트 콘크리트판, ALC 판

3) 내화피복 시공

① 강재면에 들뜬 녹, 기름, 먼지 등이 부착되어 있는 경우에는 이를 제거하여 내화피복재의 부착성을 좋게 한다.

압송, 혼합 뿜칠

[건식 뿜칠]

압송, 혼합 뿜칠

[반습식 뿜칠]

[습식 뿜칠]

□ 두께체크

1회 뿜칠 두께는 30mm 이하

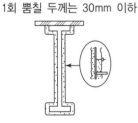

□ 밀도체크

35mm×35mm 견본뿜칠 후 양끝을 잘라내고, 10cm각의 시료를 만들고 9개를 잘라서 비중체크

② 강재면에 녹막이도장의 여부 및 재료의 선정에 대해서는 해당 공사시방서에 따른다.

③ 작업 전 바탕면에 먼지나 오일, 녹 등의 이물질을 제거한 후 신속하게 시공해야 한다.

④ 분진의 비산 우려가 있을 경우에는 시트로 막거나 마스크 착용 등 적절한 대책을 마련해야 한다. 또한 낙하된 분진 등은 깨끗이 청소하며 분진 등이 배관에 닿아 배관의 방청도장 공사에 지장을 주지 않도록 보양조치 후 시공해야 한다.

⑤ 방청도장과 함께 강재표면의 녹, 기름, 오염물을 충분히 제거한 다음 내화피복을 실시해야 한다.

⑥ 내화재 뿜칠 시와 완료 후 건조될 때까지 주위온도가 4℃ 이상 되어야 한다. 내화재 뿜칠 중, 뿜칠 후에는 자연환기로 건조시키며, 부득이할 경우 강제 환기시켜야 한다.

⑦ 뿜칠작업 시 낙진이 건물 밖으로 떨어지지 않도록 방진막을 설치해야 한다. 또한 뿜칠작업 중이거나 양생기간 중 진동 및 충격이 발생하지 않도록 해야 한다.

4) 검사 및 보수

구 분	내 용
미장공법 뿜칠공법	• 시공 시에는 시공면적 5㎡당 1개소 단위로 핀 등을 이용하여 두께를 확인하면서 시공한다. • 뿜칠공법의 경우 시공 후 두께 및 비중은 코어를 채취하여 측정한다. • 측정 빈도는 각층 마다 또는 바닥면적 1,500㎡ 마다 각 부위별로 1회를 원칙으로 하고, 1회에 5개로 한다. • 연면적이 1,500㎡ 미만의 건물에 대해서는 2회 이상으로 한다.
조적공법 붙임공법 멤브레인 공법	• 재료 반입 시, 재료의 두께 및 비중을 확인한다. • 그 빈도는 각층마다 바닥면적 1,500㎡ 마다 각 부위별로 1회로 하며, 1회에 3개로 한다. • 연면적이 1,500㎡ 미만의 건물에 대해서는 2회 이상으로 한다. • 불합격의 경우는 덧뿜칠 또는 재시공에 의하여 보수한다. • 상대습도가 70%를 초과하는 조건에서는 내화피복재의 내부에 있는 강새에 시속석으로 부식이 신행뇌므로 습도에 유의해야 한다.

5) 품질확인 내용

① 외관: 육안으로 색깔, 표면상태, 균열, 박리 등을 검사한다.

② 두께: 부위·성능별로 측정개소는 매 층마다 좌우 5m 간격으로 하여 10개소 이상을 측정한다.

③ 밀도: 부위·성능별로 측정개소는 매 층마다 1개소 이상을 측정한다.

④ 부착강도: 부위·성능별로 측정개소는 매 층마다 1개소 이상에 중간검사 시 일정부위에 시험편을 부착하여 완료검사 시에 검사한다.

⑤ 배합비는 원재료, 시멘트 및 물 배합 시 매 층마다 1회 이상을 확인

초고층 및 대공간 공사

Lay Out

① 일반사항 Lay Out

설계

- 법규(Phased Occupancy)

구조

영향요소

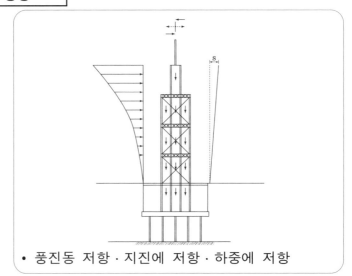

- 풍진동 저항 · 지진에 저항 · 하중에 저항

검토사항

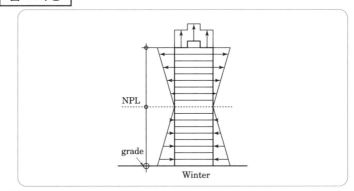

구조형식

- 골조 System (Frame Structure)
- 가새골조 (Brace Frame)
- Shear Wall Structure (전단벽 구조)
- Out Rigger and Beam System (Belt Truss)
- Mega Column System: Super Frame구조
- Tube Structure (Tubular 구조)
- Dia-grid Structure
- 콘크리트 충전강관(CFT)구조

Lay Out

② 시공계획 Lay Out

공사관리 • Column Shortening

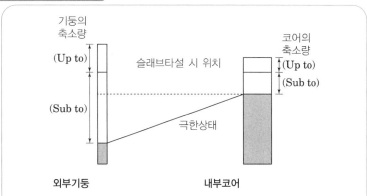

- 상대 보정법: 기둥 및 벽체에 계산된 보정값을 일정하게 적용(수직부재를 높게 시공)
- 절대 보정법: 부재의 제작단계에서 보정값 만큼 정확하게 예측하여 제작하여 설계레벨에 맞추어 일정하게 적용

Core요소기술

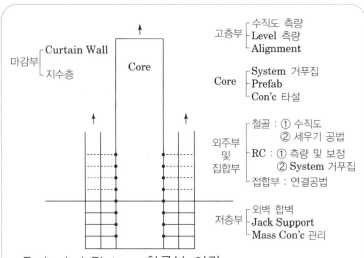

- Embeded Plate – 철골보 연결
- Coupler – RC거더 & 빔 연결
- Halfen Box+Dowel Bar – Slab 연결

Lay Out

③ 대공간 구조 Lay Out

> 구조형식

>> PEB

- H자 형상의 단면두께와 폭에서 불필요한 부분을 가늘게 하여 건물의 물리적 치수와 하중조건에 필요한 응력에 대응

>> Space Frame

- 선형의 부재들을 결합한 것으로 힘의 흐름을 3차원적으로 전달시킬 수 있는 입체Truss 구조

>> Lift Up

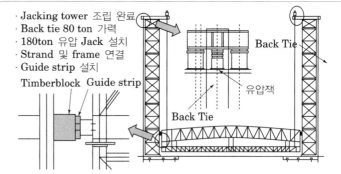

- · Jacking tower 조립 완료
- · Back tie 80 ton 가력
- · 180ton 유압 Jack 설치
- · Strand 및 frame 연결
- · Guide strip 설치

Timberblock Guide strip

Back Tie

유압잭

Back Tie

- 반력기둥(본기둥, 가설기둥, 병용)
- Jack 고정식(Pull Up) – 상부에 Jack을 고정하여 Rod로 지붕을 Up
- Jack이동 및 Rod고정식(Push Up) – 기둥상부로부터 Rod를 달아 내리고 Jack이 Rod를 타고 상승하면서 지붕을 Up

Lay Out

④ 공정관리 Lay Out

공정운영방식 • 병단이는 연속으로 고속버스를 탄다~

- 병행시공방법(Linear Scheduling Method)
- 단별시공방법(Phased Scheduling Method)
- 연속반복 시공방법(Line of Balance)
- 고속궤도방식(Fast Track Method)

공기단축

- 설계
  - BIM
  - Design 계획(시공성 검토)
  - 구조형식 검토(시공성)
  - 모듈러 공법
  - Top Down
- 시공기술
  - 측량계획(GPS측량, Column Shortening)
  - 가설공사(양중계획,자동화, 동절기 공사)
  - 지하공사(터파기 계획, 기초공법)
  - 구체공사(철근 Prefab, ACS, 고강도 Con'c
    Core 선행, Core 후행, VH분리타설, 펌핑시스템,
    미국식 세우기공법)
  - 외벽: Unit Wall
  - 마감: 건식화, 무듈화
- 관리
  - Fast Track
  - Phased Occupancy

설계·구조

요소계획 이해

Key Point

□ Lay Out
- 요소계획·영향요소
- 시공계획·부위별
- 구간별·유의사항

□ 기본용어
- Phased Occupancy
- Column Shortening
- Stack Effect
- Shear Wall Structure
- C.F.T

Phased Occupancy

- 초고층건축물의 상부공사를 수행하면서 하부에 공사가 완료된 부분을 임시사용승인(Temporary Occupancy Permit, T.O.P)을 얻어 조기에 사업비를 회수하는 제도로서, 미국 Trump International Tower in Chicago, Commerce Center in Hongkong에서 적용되었다.
- 사례 1: 미국 Trump International Tower in Chicago (415m/92F)
- 사례 2: International Commerce Center in Hongkong (484m/118F)

---

1 설계 및 구조

1. 설계

1-1. Design(구조, 경관, 기능)

주변지형과 위치에 따른 Lay Out, Sky Line, Landmark

1-2. 배치계획(거주, 일사, 채광, 방향)

주변지형과 위치에 따른 Lay Out

1-3. 동선계획(내부, 외부, 교통, 피난계획)

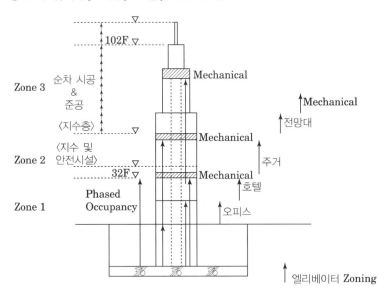

① 로비, 저층부, 기준층, 전망층, 주차장, 기계실 등의 기능과 용도에 따른 층별 수직Zoning
② 주변건물과의 연결 및 진출입, Services시설과의 연계
③ 지하연결, 교통시설, 반출입 시설
④ 화재상황을 고려한 연결통로 및 차단, 비상용 E/V

1-4. 설비(방재, E/V, 기계실, I.B)

① 면적별, 용도별, 수직개구부 등에 따른 방화구획을 검토하고 배연설비 및 소방설비 자동화
② Sky Lobby방식 및 Double deck방식 적용
③ 기계실의 분산배치 및 구획설정
④ 에너지의 효율적인 관리, Network 기술을 사용한 Building자동화 DDC(Direct Digital Control)

1-5. 제도 및 법규

① 공사 완료층 임시사용승인(Phased Occupancy)
② 기타: 방재기준 및 피난층 기준(옥상광장 등), 헬리포트

설계 · 구조

2. 구조

2-1. 영향요소

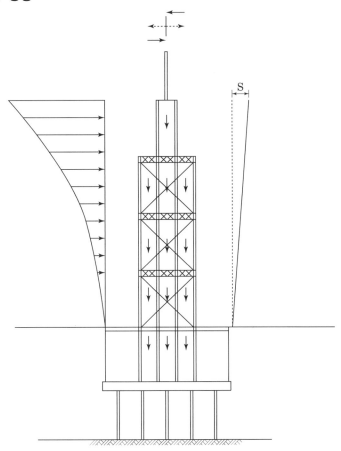

공진현상

- 특정 진동수를 가진 물체가 같은 진동수의 힘이 외부에서 가해질 때 진폭이 커지면서 에너지가 증가하는 현상
- 모든 물체는 고유진동수를 갖고 있으며 이 고유진동수에 해당하는 전파나 파동을 흡수하는 성질을 갖고 있다. 일반적으로는 진원지에서 멀어질수록 진동이 약해지지만, 공진현상이 일어나면 진원지에서 멀어질수록 오히려 진동이 강해진다. 우리 주위에서는 공진현상을 활용한 많은 기술을 볼 수 있는데, 대표적으로 사기공명영상(MRI)촬영장치가 있다. MRI는 물을 구성하는 수소 원자핵의 고유진동수와 똑같은 주파수의 진동을 일으켜 인체 내부를 촬영하는 장치다. 아울러 라디오 주파수를 맞추거나 TV 채널을 바꾸는 것은 공진현상의 원리를 이용한 것이다.

1) 풍진동 저항

① 바람에 의한 건물의 진동 검토

② 외장재용 풍하중과 구조골조용 풍하중 산정을 통한 내풍설계

2) 지진에 저항

① 내진구조: 높은 강도와 강성, 변형능력을 확보하여 지진에 대해 견딜 수 있는 구조

② 면진구조: 면진장치를 이용하여 건물의 고유주기를 의도적으로 장주기화하여 지반에서 상부구조로 전달되는 지진에너지를 저감하는 구조

③ 제진구조: 제진장치를 이용하여 건물의 진동을 감쇠시키거나 공진을 억제시킴으로써 진동에너지를 흡수하는 구조

3) 하중에 저항

무거운 하중에 견딜 수 있는 기초구조 및 수직부재의 강성확보

설계 · 구조

2-1-1. 검토사항

- 구조재료의 결정
- 하중의 산정(바람, 지진, 하중)
- 토질 및 기초
- 수직 및 수평력 저항구조 방식 결정
- 기둥 축소량 예측 및 보정
- 연돌효과(Stack effect)
- 구조해석 및 부재설계
- 접합부 설계

2-1-2. 연돌효과

건축물 내·외부의 온도차 및 빌딩고(Building Height)에 의해 발생되는 압력차이로 실내공기가 수직 유동경로를 따라 최하층에서 최상층으로 향하는 강한 기류의 형성이다.

발생원인

□ 겨울
- 난방 시 실내공기가 외기보다 온도가 높고 밀도가 적기 때문에 부력이 발생하여 건물위쪽에서는 밖으로 아래쪽에서는 안쪽을 향하여 압력이 발생

□ 여름
- 냉방 시 실내공기가 외기보다 온도가 낮고 밀도가 크기 때문에 발생하며, 겨울철 난방시와 역방향의 압력 발생

□ 공통 발생원인
- 외기의 기밀성능 저하
- 소내부 공조시스템에 의한 온도차 발생
- 저층부 공용공간과 고층부 로비의 연결로에서 외기 유입

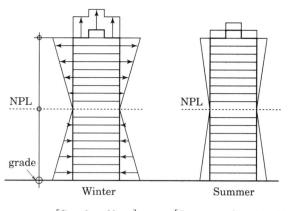

[Stack effect]   [Reverse Stack effect]

1) 설비
① 출입구와 Elevator Hall을 완전 분리
② 출입구에서 Elevator Hall까지의 동선을 직선이 아닌 U자형으로 설계하여 3중으로 차단문 설치
③ Elevator 기계실에 Air Hall을 설치 공기의 흐름을 조절
④ 층별 Elevator Hall 완전 차단
⑤ Elevator 기계실의 공조실시: 냉난방 공급으로 기계실 적정온도 유지
⑥ 기계실 바닥과 천장에 통풍구 설치
⑦ 공조 Duct를 설치하여 급배기 실시
⑧ 천장에 Air Hall 설치로 공기의 흐름 조절

2) 건축
① 주출입구의 회전문 설계
② 쌍여닫이문의 설치를 통한 외기유입 최소화
③ 주출입구 상부 Canopy 설계

2-2. 구조형식

1) 골조 구조(Frame Structure)

구분	내용	형태
강성골조	부재의 접합을 강접합으로 처리하여 보와 기둥이 수직력과 수평력을 동시에 지지	
가새골조	평면골조에 대각선 방향으로 가새를 설치하여 보로 전달되는 수평력을 가새의 축강성으로 지지	

2) 전단벽 구조(Shear Wall Structure)

구분	형태	
전단벽 구조		

수평력을 전단벽과 골조가 동시에 저항하는 방식이며, 전단벽이 구조부재의 강성을 크게 하여 풍하중이나 지진하중에 효율적으로 지지하지만, 전단벽의 강성이 클수록 연성이 감소되므로 적절한 강성확보가 필요하다

건축구조기준(모멘트골조)

□ 보통 모멘트 골조
- (Ordinary Moment Frame) 연성거동을 확보하기 위한 특별한 상세를 사용하지 않은 모멘트 골조
□ 중간 모멘트 골조
- (Intermediate Moment Frame)
□ 특수 모멘트 골조
- (Special Moment Frame)
□ 연성 모멘트 골조
- (Ductile Moment Resisting Frame)횡력에 대한 저항능력을 증가시키기 위하여 부재와 접합부의 연성을 증가시킨 모멘트골조

설계 · 구조

3) Outrigger System & Belt Truss

구분	형태
아웃리거	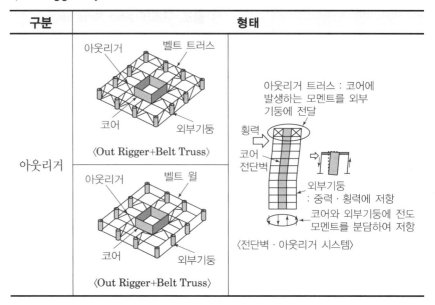

가새구조로 된 내부 골조를 외곽기둥과 연결시키는 수평 Cantilever보로 구성되며, Core는 수평전단력을 지지하는데 사용하고, Outrigger는 수직 전단력을 Core로부터 외부기둥에 전달시키는데 이용

4) Mega Structure

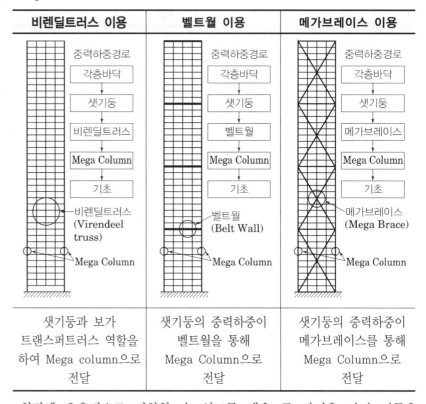

비렌딜트러스 이용	벨트월 이용	메가브레이스 이용
샛기둥과 보가 트랜스퍼트러스 역할을 하여 Mega column으로 전달	샛기둥의 중력하중이 벨트월을 통해 Mega Column으로 전달	샛기둥의 중력하중이 메가브레이스를 통해 Mega Column으로 전달

횡력에 효율적으로 저항할 수 있도록 매우 큰 단면을 가진 기둥을 Outrigger 위치 또는 건물의 모서리 부분에 설치하여 기둥에 전달하는 구조

5) Tube Structure

설계 · 구조

구분	내용	형태
골조튜브 Framed Tube	건물외부의 벽체에 최소한의 개구부를 둠으로써 건물이 수평하중에 대하여 튜브와 같은 거동을 하도록 하여 휨강성을 높인 방식이며, 수평력 방향에 평행한 기둥이 웨브 역할을 하고 수직인 방향의 기둥이 플랜지 역할을 하여 수평력에 반응한다.	
가새튜브 Braced Tube	건물 외부에 가새를 넣어 수평력을 부담하게 하는 구조로 가새부재와 기둥으로 된 Web 부분은 전단력을 효율적으로 지지하는 반면 전체적으로 가새튜브가 회전에 저항하게 되는 구조	입면 평면
이중튜브 Tube In Tube	골조튜브의 강성을 증가시키기 위해 내부코어를 가새된 철골구조나 콘크리트 전단벽으로 된 내부코어를 배치하는 구조로 수평력에 대해 상층부에서는 외부 튜브가 지지하고 저층부에서는 내부 튜브가 지지	입면 평면
묶음튜브 Bundled Tube	전단지연현상을 최소화 하기 위해 평면 중간부분에 수평력과 평행한 방향으로 튜브구조 부재를 넣어 수평력을 지지하는 구조	입면 평면

전단지연(Shear Lag)

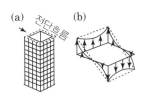

(a) 전단흐름 (b)

- 골조튜브구조에서 외주부의 충분한 강성이 부족할 경우 횡하중에 의한 전단흐름이 (a)이 원활할 경우 직선형태의 이상적인 응력분포를 보이나 (b)의 경우 튜브가 충분한 강성을 갖지 않아 전단흐름이 원활히 흐르지 않는 전단지연현상이 발생하여 모서리에 응력이 집중된다
- 골조의 휨강성 증진을 위하여 외부에 가새를 넣거나 2개이상의 묶음튜브를 사용하여 모서리 기둥의 하중을 분담하여 전단지연 현상을 감소할 필요가 있다.

설계 · 구조

6) Diagrid Structure

구분	내용	형태
구조개념	Diagrid(대각가새)는 Diagonal(대각선)과 Grid(격자)의 합성어로 여러 층을 지나는 대형 가새를 반복적으로 사용한 형태의 구조이다.	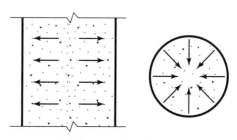

7) CFT(Concrete Filled Tube)

① 콘크리트충전 강관구조는 원형이나 각형강관 내부에 콘크리트를 충전한 구조이다.

② 강관이 내부의 콘크리트를 구속하고 있기 때문에 강성, 내력, 변형성능, 내화, 시공 등의 측면에서 우수한 특성을 발휘하는 구조시스템이다.

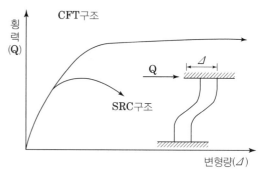

[강관과 콘크리트 상호작용]

[횡력과 변형관계]

시공계획

□ **Up to**
- 슬래브 타설 전 발생한 축소량은 슬래브 타설 할 시점에서 수직부재에 미리 발생하는 수축량
- 하부에 작용하는 탄성 축소량과 그 시간까지의 비탄성 축소량을 합한 값
- 수평부재에 부가하중을 유발하지 않으며 시공 시 슬래브 레벨을 맞추는 과정에서 자연스럽게 보정이 된다.

□ **Sub to**
- 슬래브 타설 후 축소량
- 슬래브 설치이후의 상부 시공에 의한 추가하중과 콘크리트의 비탄성 축소에 의하여 발생
- 구조설계 시 이에 대한 영향을 미리 반영해야 하며 미리 예측하여 수평부재 설치시 반영하지 않으면 보정할 수 없다.

② 시공계획

1. 공사관리

- 가설계획(가설구대, 지수층, 동절기 보양)
- 측량계획(GPS측량, Column Shortening)
- 굴착 및 기초공사
- 양중계획(Hoist, T/C)
- 철근(Prefab)
- 거푸집(SCF)
- 철골(세우기 방법)
- 콘크리트(고강도, Pumping System, VH분리타설)
- Curtain Wall
- 설비(E/V, 공조, 조명)

1-1. Column Shortening

1-1-1. 개념

1) 절대 축소량 및 부등 축소량

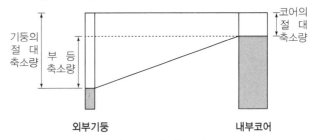

① 절대 축소량: 부재의 고유한 축소량
② 부등 축소량: 인접 부재와의 상대적인 축소량

2) Up to & Sub to Slab Casting

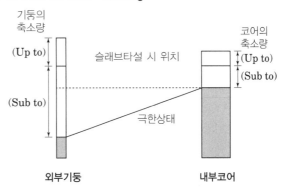

┌ Up To: 해당층 슬래브 타설할 때까지 하부층 누적된 축소량
└ Sub To: 해당층 슬래브 타설후 780일 또는 10,000일까지 축소량

시공계획

□ 탄성 축소량
● 하중차이에 따른 응력
불균등에 의해 발생

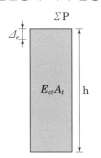

$$\Delta_e = \sum \frac{P \times h}{A_t \times E_{ct}}$$

$$E_{ct} = 0.043 w^{1.5}\sqrt[3]{f_c'(t)}\,(MPa)$$

$$f_{ct} = \frac{t \cdot f_{c28}(MPa)}{4.0 + 0.85_t}$$

여기서, t: 재령(일)
f_{28}:콘크리트의 28일 압축강도
(MPa)
w:콘크리트의 단위중량(kg/㎥)
A_t: 기둥의 변환단면적(㎟)

□ Creep 축소량
● 콘크리트가 수년간 지
속적으로 하중을 받을
때 발생하는 변형

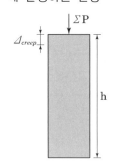

$$CR_t = \frac{t^{0.6}}{10 + t^{0.6}}$$

여기서, t: 콘크리트 타설 후
경과시간(일)

2) 발생형태

탄성 Shortening
· 기둥부재의 재질이 상이
· 기둥부재의 단면적 및 높이 상이
· 구조물의 상부에서 작용하는 하중의 차이

비탄성 Shortening
· 방위에 따른 건조수축에 의한 차이
· 콘크리트 장기하중에 따른 응력차이
· 철근비, 체적, 부재크기 등에 의한 차이

1-1-2. 설계 시 검토사항 및 보정개념

1) 설계 시 검토사항

┌ 설계: 균등한 응력배분, 구조부재의 충분한 여력검토,
│ Outrigger에 부등 축소량을 흡수할 수 있게 접합부 적용
└ 시공: 층고 조정, 수직Duct, 배관, 커튼월 허용오차 확인

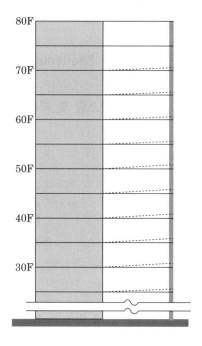

2) 보정개념

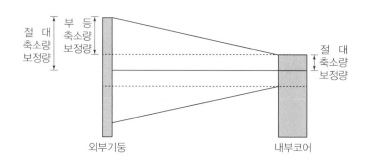

시공계획

□ 건조수축량
● 콘크리트의 표면에서 수분증발로 인해 발생

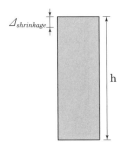

$$SH_t = \frac{t_s}{35 + t_s}$$

체적/표면적비
철근비
층고
여기서, t_s: 콘크리트 타설 후 경과시간(일)

┌─────────────────┐
│ 기둥축소량 보정법 │
└─────────────────┘

□ 상대 보정법
● 기둥 및 벽체에 계산된 보정 설계값을 일정하게 적용하는 방법으로 위치별 수직부재 축소량 보정값 만큼 수직 부재를 높게 시공

□ 절대 보정법
● 부재의 제작단계에서 보정값 민큼 징확하게 예측하여 제작하여 설계레벨에 맞추어 일정하게 적용하는 보정법

1-1-3. 상대 보정법

1) RC기둥 보정방법

① 기둥하부 보정법(동시치기)

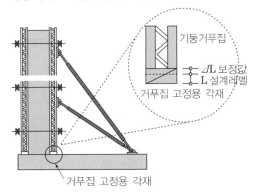

거푸집 고정용 각재의 높이 조절

② 기둥상부 보정(동시치기)

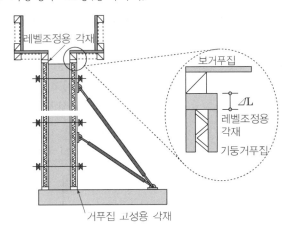

각재, 철재를 기둥 거푸집 상부에 덧댐

③ Slab 상부보정(동시치기)

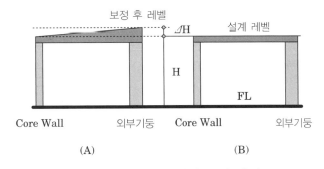

- 타설 시 보정: 보정 값을 고려하여 높게 타설
- 타설 후 보정: 보정 높이만큼 올려 콘크리트를 타설한 후 모르타르로 조정

시공계획

보정 및 검토절차

① 시공계획 수립
② 수직부재 축소량 해석
③ 보정방안 해석/ 방법 결정
④ 시공 및 측량
⑤ 계측자료 분석
  – 현장 계측값 계산
  – 해석 프로그램 계산
  – 비교분석
⑥ 보정값 산정
⑦ 위치별 보정

계측장치 설치

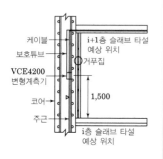

□ Curtain Wall의 보정
● Stack Joint 부위에서 여유치수 조절

□ 설비배관 보정
● Sill, Door, Head, 연결 Channel 및 Bracket의 수직이동
● 회전이 가능한 입상관, 연결부위 Coupling시공으로 변위 흡수

④ 슬래브 상부보정(분리치기)

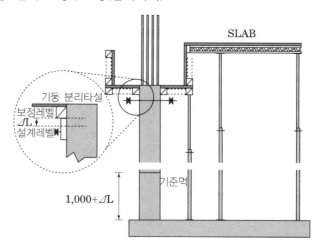

수직부재 콘크리트 타설완료 후 수평레벨 값에 따라 보정값 만큼 높게 슬래브를 설치하는 공법으로 VH 분리 타설이다.

5) 철골 및 복합구조물 보정법
① 절대 보정법
   제작단계에서 각 절 기둥의 위치별 보정 값과 제작 오차 값을 측정하여 이를 반영하여 제작
② Shim Plate 설치
   부재의 반입 시 수직부재에 얇은 철판을 이용하여 보정
③ 수치정보 Feed-Back형 보정법

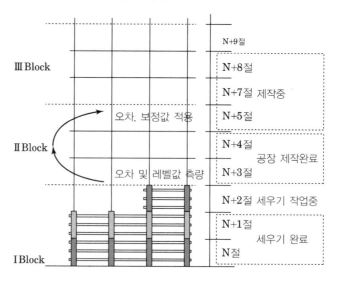

부재 반입 시 길이의 수치정보 및 세우기 시 발생되는 시공오차 관리 및 설치 후 환경에 따른 변형도 등 수치정보를 공장으로 Feedback하여 부재 제작단계에서 오차 및 보정 값 반영

시공계획

2. Core 요소기술

2-1. 코어선행 공법

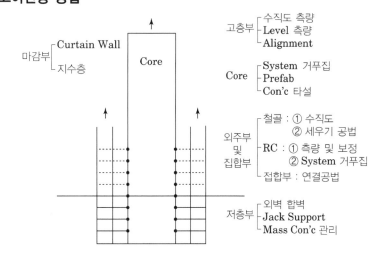

□ 구조설계 적용조건
● 코어월이 순수RC구조
● 단순한 구조
● 내부 코어월이 횡력에 저항하는 구조
● 외부의 철골보가 코어 월에 지지되는 구조

2-2. 코어부 거푸집

1) 종류

    S.C.F, Slip form, AL form

2) 배치

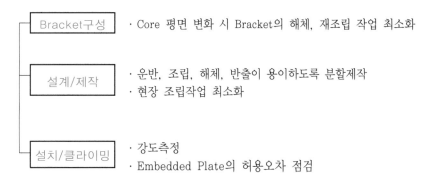

| Bracket구성 | · Core 평면 변화 시 Bracket의 해체, 재조립 작업 최소화 |

| 설계/제작 | · 운반, 조립, 해체, 반출이 용이하도록 분할제작
· 현장 조립작업 최소화 |

| 설치/클라이밍 | · 강도측정
· Embedded Plate의 허용오차 점검 |

2-3. 철근

    ① 2개층의 철근을 Prefab하하여 공장가공
    ② Slab철근의 Unit화

2-4. 콘크리트

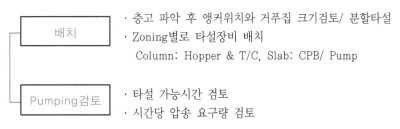

| 배치 | · 층고 파악 후 앵커위치와 거푸집 크기검토/ 분할타설
· Zoning별로 타설장비 배치
    Column: Hopper & T/C, Slab: CPB/ Pump |

| Pumping검토 | · 타설 가능시간 검토
· 시간당 압송 요구량 검토 |

[SRC 코어선행]

[RC 코어선행]

시공계획

[Embeded Plate 연결]

[Coupler 연결]

[Dowel Bar]

[Dowel Bar]

2-5. 접합부 관리

1) Embeded plate

구분	상세
철골보 연결	Embedded Plate / Plate / 철근 / Stud / Steel Girder / Bolt 접합 (Slot Hole)
	각 층 철골보를 코어벽체에 연결하기위해 매입(SRC에 해당) – 콘크리트 타설 시 유동이 없도록 고정 – Embedded Plate의 시공오차를 고려하여 규격검토

2) Coupler 연결

구분	상세
철골보 연결	벽체철근 / 연결철근 / 기계이음
	– 커플러 연결부위가 콘크리트 면과 수직으로 일치하도록 철근에 정착

3) Dowel Bar

구분	상세
Halfen box	벽체철근 / 연결철근 / 매립형 연결 박스
	– 슬래브의 두께 및 철근 규격을 고려하여 Level 설정 – 구부러진 철근의 손상을 방지하기위해 철근의 내면 반지름을 감안하여 제작

③ 대공간 구조

1. 구조형식

1-1. PEB(Pre – Engineered Building): Taper Steel Frame(경강구조)

1) 정의

구조부재에 발생하는 Moment 분포상태에 따라 Computer Program을 이용하여 H자형상의 단면두께와 폭에서 불필요한 부분을 가늘게 하여 건물의 물리적치수와 하중조건에 필요한 응력에 대응하도록 설계 제작된 철골 건축 System

2) 구조형식

구조형식	개요 및 용도
1. Rigid Frame: RF Type	- 최대 90m까지 Clear Span 확보 가능 - 크레인 및 각종 부하가중 처리기능이 우수 - 공장, 체육관, 격납고, 창고 등에 활용
2. Modular Frame: MF Type, Continuous Beam: CB	- 용도에 따라 내부 기둥의 간격 선 택 가능 - 최대 240m까지 내부 공간 활용 가능 - 물류센터, 마트, 쇼핑센터
3. Uni-Beam Frame: UB Type	- Straight Column과 Uni-Beam을 사용하여 내부공간 활용을 극대화하는 공법 - Interior Column 없이 내부공간 최대 활용 - 전시장, 학교, 사무소
4. Single Slope Frame: SS Type	- 지붕면을 평면으로 하는 단조롭고 Simple한 감각미를 살리는 공법 - 협소하거나 기존 건축물의 부속 건축물로 이용 - 소매점, 휴게소 등
5. Standard Column With Crane: Crane 설치 Type	- 기둥에 Crane Bracket을 설치하여 별도의 Crane 기둥과 주행보(Runway Girder)를 설치하지 않아도 되는 공법 - Bracket을 이용하여 15Ton의 크레인을 설치 가능 - 중량물 취급공장, 창고, 판매장
6. Mezzanine Floor Frame: MF Type	- 공장 내(內) 부분적으로 사무실이 필요한 경우 혹은 전층(全層)을 2층 구조로 건축하고자 할 경우 사용되는 공법 - 2~3층공장, 사무실, 산업용 건축물

대공간 구조

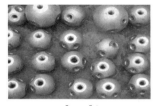

[Ball]

[Pipe배치]

[연결부위]

1-2. 공간 Truss 구조, 입체 Truss구조(MERO System; SPace Frame)

1) 정의

① 선형의 부재들을 결합한 것으로, 힘의 흐름을 3차원적으로 전달시킬 수 있도록 구성된 구조 System이다.

② 부재가 입체적으로 배치되어 있어 부재 축력에 의해 전달된 하중이 각 부재의 연결방향으로 분산되고, 변형을 부재상호간 구속하므로 내부의 응력은 감소되고 압축과 인장부재의 단면이 감소되어 경량화가 가능하며 강성이 확보된다.

③ 일반적인 경우 한 절점에 6~10개의 부재가 결합이 되며, 접합은 부재가 적절히 맞춰질 수 있도록 여유치가 필요하다.

④ 입체 Rahmen, 입체 Truss(Space Truss)로써, 평판형, 곡판형, 장 Span, 대공간 구조를 만들 수 있다.

2) 입체 트러스 구조의 사면체 조합(변형의 구속 및 하중분산)

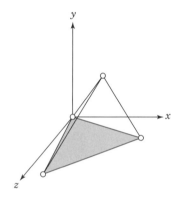

① 각 부재와 외력이 한 평면 내에 있지 않은 Truss를 입체 Truss라 한다.

② 기본 3개의 부재에 새로운 부재를 연속적으로 첨가하고, 새로운 절점에서 서로 연결시킴으로써 또 다른 형태의 단순 정정 입체 Truss를 구성할 수 있다.

③ Truss에서의 마찰이 적은 핀 절점은 입체 Truss를 구성할 수 있다.

3) 접합 시스템

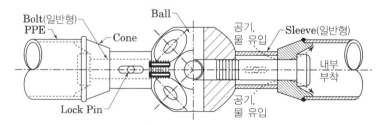

대공간 구조

1-3. 곡면식 구조 - 인장구조

1) Dome 및 Shell구조

| Dome | Arch에서 발전된 반구형 건물구조체로서 원형·육각·팔각 등의 다각형 평면위에 만들어진 둥근 곡면의 천장이나 지붕 |
| Shell | 두께방향의 치수가 곡률반경이나 경간 등의 크기에 비해 매우 작은 곡면판구조 |

구조형식	개요
 Dome - 도쿄 에어돔(막구조)	일본 최초의 돔구장으로 미국 메이저리그 최초의 돔구장인 애스트로돔보다 23년 후에 세웠으며, 미국 미식축구전용구장인 실버돔과 프로야구팀 미네소타 트윈스의 홈구장인 메트로돔(Metrodome)을 모델로 하였다. 일본에서는 하나밖에 없는 에어돔(Air Dome)방식 구장으로, 내부기압을 외부보다 0.3% 높여 기압차로써 지붕을 유지한다.
 Dome -후쿠오카 야후 오쿠돔	일본 최초의 개폐식 돔구장으로서 미국의 프로야구팀 토론토 블루 제이스의 로저스센터(Rogers Center)와 같은 방식이다. 지붕은 부채꼴 철골구조패널 3개로 구성 되었으며, 지붕은 20분 동안 60% 정도가 양쪽으로 열리며, 지진과 강풍이 발생하면 자동 정지한다.
 Shell - Kresge Auditorium in M.I.T(USA)	1955년 미국, 크리스거 오디토리움(Kresge Auditorium) 매사추세츠 공과대학(MIT)
 Shell- 트라이볼(Tri-Bowl)	2010년 대한민국 인천 송도, 장방형의 수경(水鏡, 수심 60㎝·가로 80m·세로 40m), 세계 최초로 구현된 '역 쉘(易 Shell)' 구조. 건물 외관 어디에서도 직선을 찾을 수 없는 완벽한 3차원 곡선 건물, 벽체 철근을 교차해 촘촘한 트러스 형태로 배치한 뒤 콘크리트를 부어 넣는 '철근 트러스 월'과 기둥이 없어도 건물이 지탱할 수 있도록 벽 안에 철선을 심는 '포스트 텐션' 공법 등이 적용됐다

대공간 구조

1-4. Cable Dome(Suspension Structure) - 인장구조
1) 정의
구조물의 주요한 부분을 지점(支點)에서 Cable 등의 장력재를 사용하여 막곡면 자체를 기둥·Arch·Cantilever 등의 지지부에 매단 상태의 구조

1-5. 막구조(Membrane Structure) - 인장구조
1) 정의
① 막구조는 외부하중에 대하여 막응력(Membrane Stress) 즉 막면 내의 인장·압축 및 전단력으로 평형하고 있는 구조이다.
② 자중을 포함하는 외력이 쉘구조물의 기본원리인 막응력과 면내 전단력만으로 저항되는 구조물로서, 휨 또는 비틀림에 대한 저항이 적거나 전혀 없는 구조물이다.

2) 막구조의 형태

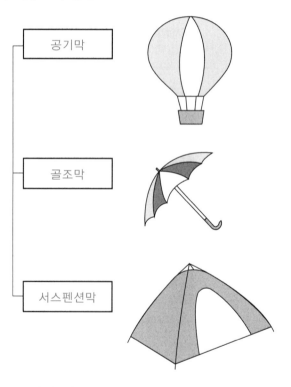

코팅된 직물(Coated Fabric)로 된 연성막(Membrane)을 구조체로 사용하여 지붕이나 벽체 등을 덮어주는 구조물을 막구조라 한다.

대공간 구조

2. 건립공법

2-1. Lift up(Lift slab)

1) 정의

바닥, 지붕 등을 지상에서 제작, 조립, 완성 또는 반완성하여 미리 시공한 본기둥 및 가설기둥을 반력기둥으로 하여 소정의 위치까지 유압 Jack와 Rod를 이용하여 들어 올리면서 설치하는 공법

2) 시공개념

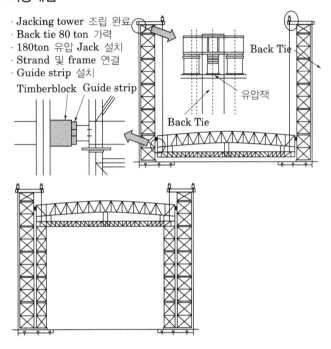

· Jacking tower 조립 완료
· Back tie 80 ton 가력
· 180ton 유압 Jack 설치
· Strand 및 frame 연결
· Guide strip 설치

Timberblock Guide strip

Back Tie

유압잭

Back Tie

3) 반력기둥 형식에 의한 공법

① 본기둥 방식
   선시공한 본설 기둥이 반력을 받고 Lift Up 후 본체와 연결
② 가설기둥 방식
   가설 기둥이 반력을 받고 Lift Up 후 본설기둥을 시공
③ 본기둥+가설기둥 병용 방식
   본설기둥에 가설기둥을 보강하여 반력을 받고 Lift Up 후에 본설기둥을 완성

4) Lift 장치 형식에 의한 분류

① Jack고정식(Pull up)
   기둥상부에 Jack을 고정하고 Rod를 이용하여 지붕을 올리는 방식
② Jack이동 및 Rod고정식(Push up)
   기둥의 상부로부터 Rod를 달아 내리고 지붕에 설치한 Jack이 Rod를 타고 상승하면서 지붕을 올리는 방식

계획 및 단축 이해

Key Point

□ Lay Out
- 공정계획
- 운영방식 · 공정관리 기법
- 공기에 미치는 영향요인
- 공기단축 · 관리방안

□ 기본용어
- LOB
- Fast Track Method

4 공정관리

1. 공정계획 방법 - 운영방식

1-1. LSM(Linear Scheduling Method, 병행시공방식)

1) 정의

공정의 기본이 될 선행 작업이 하층에서 상층으로 진행 시, 후행작업이 작업 가능한 시점에 착수하여 하층에서 상층으로 진행해 나가는 방식

2) 특징

① 투입자원의 비평준화, 최대양중부하 증대

① 작업동선의 혼잡

② 공사기간의 예측 곤란

3) 공정 진행개념

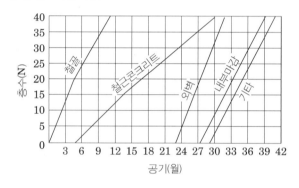
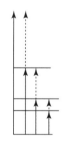

4) 문제점

① 작업 위험도 증대

② 양중설비 증대

③ 시공속도 조절 곤란

④ 작업동선 혼란

⑤ 빗물, 작업용수 등이 하층으로 흘러들어 작업방해 및 오염초래

1-2. PSM(Phased Scheduling Method, 단별시공방식)

1) 정의

기본선행공사인 철골공사 완료 후, 후속공사를 몇 개의 수직공구로 분할하여 동시에 시공해 나가는 방식

2) 특징

① 투입자원의 증대, 양중부하 증대

② 작업동선의 혼잡

③ 공사기간의 예측이 용이

공정관리

3) 공정 진행개념

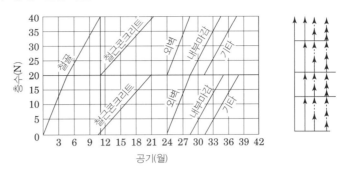

4) 문제점

① 작업관리 복잡

② 양중설비 증대

③ 가설동력 증대

④ 작업자, 관리자 증대

⑤ 상부층의 재하중에 대한 가설보강 필요

1-3. LOB(Line Of Balance, 연속반복방식)

1) 정의

기준층의 기본공정을 구성하여 하층에서 상층으로 작업을 진행하면서 작업상호 간 균형을 유지하고 연속적으로 반복작업을 수행하는 방식

2) 특징

① 전체 작업의 연속적인 시공 가능

② 합리적인 공정 작업 가능

③ 일정한 시공속도에 따라 일정한 작업인원 확보 가능

3) 공정 진행개념

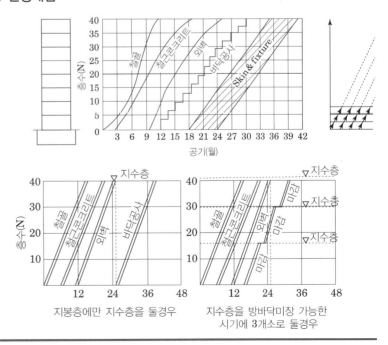

지봉층에만 지수층을 둘경우   지수층을 방바닥미장 가능한
시기에 3개소로 둘경우

공정관리

4) 필요 조건
① 재료의 부품화
② 공법의 단순화
③ 시공의 기계화
④ 양중 및 시공계획의 합리화

1-4. Fast Track(고속궤도 방식)

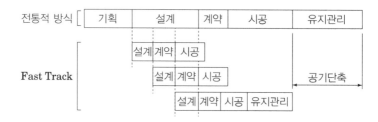

2. 공기단축

2-1. 공기에 미치는 영향요인
① 도심지 주변환경
② 행정관련
③ 금융
④ Design
⑤ 기상

2-2. 공기단축 방안

1) 설계
① BIM
② MC화
③ 시공물량, 안전, 시공성을 고려한 구조설계
④ 수직 및 수평동선을 고려한 배치
⑤ 시공성을 고려한 Design

2) 시공기술
① 가설공사: (지수층, 가설구대, 동절기 보양), 측량, 양중계획
② 지하공사: 터파기 계획 및 기초공법선정
③ 구체공사: 철근 선조립, System거푸집, 펌핑기술, 고강도, 철골건립 공법, 코어선행, VH분리타설
④ 외벽공사: CW의 제작 및 시공방법

3) 관리
① 착공시기
② Typical Cycle 준수
③ Phased Occupancy(순차준공)

Curtain Wall 공사

<table>
</table>

| Lay Out | ① 일반사항 Lay Out |

설계

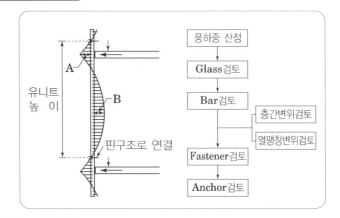

시험

- 요구성능: 풍수기차는 단층에서 안내**한다~**

- 내풍압성, 수밀성, 기밀성, 차음성, 단열성,
  층간변위 추종성, 안전성, 내구성

풍동시험(Wind Tunnel Test) • 설계 시

- 풍력시험(Force Balance)
- 풍압시험(Wind Pressure Test)
- 풍환경시험(Wind Environmental Test)

실물대시험(Mock Up Test) • 시공 전

- 예비군은 기밀하게 정동구층에서 시험한다~

- 예비시험
- 기밀시험
- 정압수밀시험
- 동압수밀시험
- 구조성능시험
- 층간변위시험

현장시험(Field Test) • 시공 시

- 기밀시험
- 수밀시험

Lay Out

② 공법분류 Lay Out

외관형태

• 외재구조~MS사와 GS보다 PC Metal 멀리언 패널 방식으로 조립하는 US제품이 좋다.

• Mullion Type
• Spandrel Type
• Gride Type
• Sheath Type

재료

P.C Curtain Wall

Metal Curtain Wall

구조형식

Mullion방식

Panel방식

조립방식

Unit wall

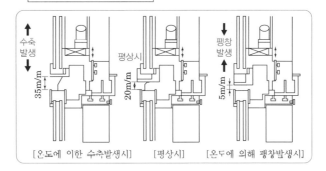

Stick Wall

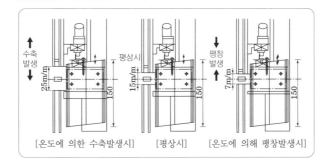

Lay Out

③ 시공 Lay Out

| 시공계획 | • 시준 AFBGS~ |

| 준비 · 가설 | • 먹매김, 피아노선 |

| Anchor |

| Set Anchor |
| Embeded Plate |
| Channel System |

| Fastener | • 힘의전달, 변형흡수, 오차흡수 |

| Sliding방식 |
| Locking방식 |
| Fixed방식 |

| Bar · Unit · Panel |

조립방식	• Unit Wall, Stick wall
수처리 방식	• Closed Joint, Open Joint
단열Bar	• Azone System • Polyamid System

| Glass |

| Sealing |

Lay Out

④ 하자 Lay Out

하자유형 • 누구차 시트가 변형되는지 발로 결단을 짓자~

• 누수, 차음, Sealing재 오염, 변형, 발음, 결로, 단열

누수& 결로

(설재시 환관~ 중표 모운기)
• 설계적 원인: Weep Hole, Bar의 Joint 설계
 (중력, 표면장력, 모세관현상, 운동에너지, 기압차)
• 재료적 원인: Bar 및 유리단열 성능, 유리공간.
 재질, 실링재
• 시공적 원인: 접합부 시공 기능도
• 환경적 요인: 실내환기 및 통풍(설비 시스템),
 내외부 온도차, 구조체 변위(온도 및 재료의 변화)
• 관리적 요인: 생활습관, 주기적인 점검

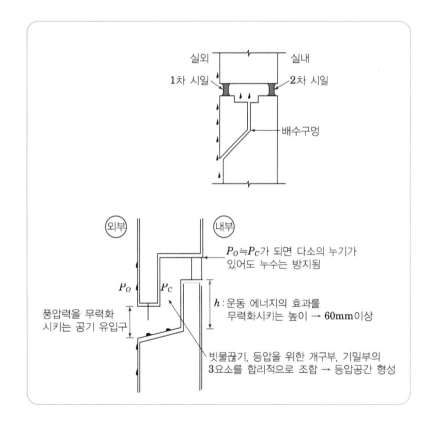

1 일반사항

1. 설계

하중에 대해 대응할 수 있는 범위 내에서 부재의 Design 및 Volume을 결정하여 경제적인 설계가 되도록 사전검토가 필요하다.

1-1. 풍하중 산정

1) 바람의 방향

| 바람의 방향 | · 정압(Positive Pressure)과 부압(Negative Pressure) |

| 위치별 구분 | · Typical Zone과 Edge Zone(주로 건물의 코너, 돌출부) |

Typical Zone에서 정압(正壓)이 작용하고 Edge Zone에서 부압(負壓)이 작용하며 아래와 같이 설계시 Zone을 구분하여 Bar의 두께를 적용하면 경제적인 설계가 가능하다.

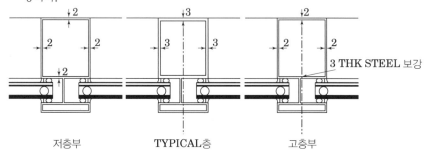

저층부   TYPICAL층   고층부

가장 경제적인 방법은 건물의 풍동실험 결과치를 반영하는 것이며, 풍동실험을 하지 않은 경우는 법규에 의해 산정한다. 일반적으로 최상층에 작용하는 풍압을 건물 전체에 적용

1-2. Glass의 구조검토

□ **판유리의 재료적 성질**
① 비 중: 2400 ~ 2800 kg/m³
② 탄성계수: $4.9 \times 105 ~ 8.4 \times 105$ kgf / cm²
③ 열팽창계수: $5 \times 10^{-6} ~ 16 \times 10^{-6}$ / ℃
④ 인장강도: 700 ~ 900 kgf / cm²
⑤ 허용강도: 250 ~ 300 kgf / cm²

유리의 구조검토를 위한 Bending Moment 및 Deflection 값은 단순보와 같이 계산

일반사항

[Mullion부재 작용Moment]

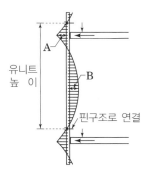

유니트 높이

A
B
핀구조로 연결

Negative Moment (A)와 Positive Moment (B)의 최대 크기가 비슷한 지점에 연결되도록 설계

□ 건물층고(지점간 거리)

– Bending moment

$$\frac{wL^2}{8}$$

– Deflection

$$\frac{5wL^4}{384EI}$$

w : 단위 cm 당 풍하중
L : 구조부재의 지점간거리
E : 알루미늄탄성계수
I : 구조부재의 단면2차모멘트

층간변위 흡수설계

– 알루미늄의 열팽창계수는 철의 약 2배정도 되므로 부재의 변형을 고려하여 Stack Joint에서 최소 12mm 이상으로 변위에 대응하도록 설계가 되어야 한다.

[허용층간변위 Δ_a]

내진등급	Δ_a
특	$0.010h_{sx}$
I	$0.015h_{sx}$
II	$0.020h_{sx}$

h_{sx} : x층 층고

1-3. Bar의 구조검토

> 수직부재(Mullion)를 연결하는 Stack Joint부위는 Moment가 최소가 되는 부분으로 설계하는 것이 구조적으로 안전하다.

1) 처짐의 구조적 허용치(건축공사 표준시방서 외벽공사 기준)

풍하중
· 알루미늄: L ≤ 4113mm : L/175 이하
　　　　　　 L > 4113mm : L/240+6.35mm 이하
[L= 지점에서 지점까지의 거리]

· Frame에 고정된 Glass Bite는 설계치수의 75% 미만
· Glass는 설계풍하중에 25.4mm 이하

자중
· 기타 구조부재 3.2mm 이하, 개폐창 부위 1.6mm 이하
· 금속 Panel의 처짐 허용치는 단변길이 L/60을 초과해서는 안된다.

2) 층간변위와 열팽창변위의 흡수설계

> □ 알루미늄 재료의 성질
> ① 비　중: 2600 ~ 2800kg/㎥
> ② 탄성계수: $7.0 \times 10^5 \sim 8.0 \times 10^5 kgf/cm^2$
> ③ 열팽창계수: $23 \times 10^{-6}/°C$
> ④ 인장강도: 3500 ~ 5600kgf/cm²
> ⑤ 허용강도: 2000 ~ 3600kgf/cm²

· 구조체의 움직임에 의한 층간변위량은 L/400(L=층고)로 정한다.

1-4. Fastener 및 Anchor의 구조검토

> Anchor Clip의 설계는 그 지점에서 발생하는 반력으로 구조계산하며, 힘의 전달, 하중지지, 변형 및 오차의 흡수, 강도확보 등을 고려하여 방식을 결정한다.

① 구조체와 커튼월의 고정 및 연결에 대해서는 1.5배의 안전율을 고려한다.
② Embed Plate를 이용하여 고정할 경우는 현장여건에 따라 구조검토가 필요하며, Set Anchor로 고정할 경우는 인발시험을 층당 3개소 이상 실시한다.

□ **커튼월 부재의 설계를 위한 사전 검토사항**
① 건물의 위치 및 높이
② 건물의 층고
③ 입면상의 모듈
④ 수평재의 간격
⑤ 부재의 이음과 Anchor
⑥ 내부마감 형식

일반사항

2. 시험

2-1. 풍동실험(Wind Tunnel Test) – 설계 시

> 건축물 설계 시 외장재용 풍하중과 구조골조용 풍하중에 대한 정보를 파악하기 위한 시험이다.

mind map

- **풍수기차**는 **단층**에서 **안내**한다.
- □ 요구성능
  - 내풍압성
  - 수밀성
  - 기밀성
  - 차음성
  - 단열성
  - 층간변위 추종성
  - 안전성
  - 내구성

[풍동실험 모형제작]

[송풍기]

mind map

- **실물시험**은 **기밀**하게 **정동 구층**에서 실시
- □ 국내 시험소
  - 한국유리: 전북군산
  - CNC: 경기도 안성
  - ATA: 충남논산

1) 모형제작

건물 주변 반경 600~1200m의 인공적인 지형, 지물, 건물배치를 1/400~600 축척모형으로 제작

2) 모형설치 및 풍동실험

풍동내 원형 Turn table에 모형을 설치한 후 과거 10~100년 전까지의 최대 풍속을 가하여 실험

모형제작 → 360° 회전 및 송풍 → Data분석 및 측정

360° 회전시키며 Model표면에 설치된 압력 Tap에 바람이 받게 되면서 Data를 전송받아 건물표면의 각 부분의 대한 풍력계수를 산출한다.

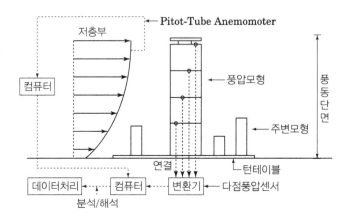

풍력실험	· 건물에 작용하는 풍압력을 측정하여 풍력계수를 산출 · 전단력, 전도모멘트, 진동변위 등을 측정하는 구조골조용 성능 시험
풍압실험	· 건물의 외벽에 작용하는 설계 풍압력을 측정 · 외장재 및 마감재의 설계 풍하중 평가
풍환경 실험	· 준공 후 저층부 or 모서리의 바람방향, 속도 등을 측정 · 보행자 및 사용자의 풍환경 평가

[기밀시험]

[정압수밀 시험]

[동압수밀 시험]

[구조성능 시험]

[층간변위 시험]

일반사항

2-2. 실물대 시험(Mock Up Test) - 시공 전

> 대형시험장치(최대높이 및 폭이 9m정도)를 이용하여 실제와 같은 가상 구체에 실물 Curtain Wall을 실제와 같은 방법으로 설치하여, 내풍압성, 기밀성, 수밀성, 층간변위 추종성, 등을 확인하는 시험

1) 모형제작

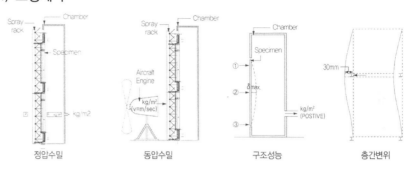

| 정압수밀 | 동압수밀 | 구조성능 | 층간변위 |

시험체 크기	· 3 Span 2 Story로 시험소에 실물을 설치
시험대상 선정	· 일반적으로 대상건물의 대표적 부분을 선정(기준층) · 풍압력이 가장 크게 작용하는 부분(모서리 부분) · 구조적으로 취약한 부분(모서리 부분)
시험항목 선정	· 기본 성능시험과 복합성능 시험으로 구분되며, 건물의 규모, 커튼월방식에 따라 성능시험 항목을 선정한다

2) 성능확인 시험항목

시험항목	항목별 내용
기밀시험 ASTM E 283	• 송풍기(Air Blower)를 사용하여 가압상자(Chamber)에 정적인 압력(Static Pressure) 차이를 유도히여 낮은 곳으로 흐르는 공기의 양을 취득하여 기밀성능을 파악
정압수밀시험 ASTM E 331	• 내부의 압력보다 높은 외부의 일정한 정압을 가하여 외부에 설치되는 Curtain Wall과 Door의 누수에 대한 저항성능을 알아보기 위한 시험이다.
동압수밀시험 AAMA 501.1	• 외기에 일어나는 동압에 의한 Curtain Wall과 Door의 누수에 대한 저항성능을 알아보기 위한 시험이다.
구조성능시험 ASTM E 330	• 일정한 공기의 압력에 의해서 Curtain Wall의 모든 구성자재의 구조적인 거동을 확인하는 시험이다.
층간변위시험 AAMA 501	• 시험체에 수평변위를 유발시키는 장치를 통하여 정압(靜壓)을 가하여 지진이나 풍하중에 의해 층간변위 발생 확인

2-3. 현장시험(Field Test) - 시공 중

- 현장에 시공된 Curtain Wall이 요구성능을 충족하도록 시공되었는지를 직접현장에서 실시하여 현장 여건에 적합한지를 확인하는 시험이다.
- 현장에 설치된 Exterior Wall에 대해 기밀성과 수밀성을 확인하는 것으로, 시공된 Curtain Wall이 요구성능을 만족하는지를 확인하는 시험이다.

공법분류

mind map

● 외재구조는 MS(마이크로 소프트)사와 GS보다 PC Metal 멀리언 패널방식으로 조립하는 US제품이 좋다.

Design 요소 분류

[멀리온 타입: 31 빌딩]

[스팬드럴 타입: 국제 빌딩]

[그리드 타입: LG트윈타워]

[쉬스 타입: 63빌딩]

2 공법분류

1. 외관형태

1-1. Mullion Type

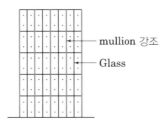

- mullion 강조
- Glass

· 수직부재인 Mullion이 강조되는 입면
· 주로 금속 Curtain Wall에 적용

1-2. Spandrel Type(스팬드럴 방식)

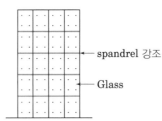

- spandrel 강조
- Glass

· 수평선이 강조되는 입면

1-3. Grid Type(격자 방식)

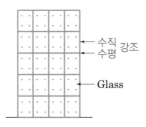

- 수직 강조
- 수평 강조
- Glass

· 수직과 수평이 격자로 강조되는 입면
· 첨부사진은 입면이 아닌 시공방식으로 보면 Panel로 덮는 Sheath Type으로도 볼 수 있다.

1-4. Sheath Type(덮개 방식)

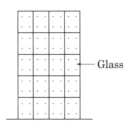

- Glass

· Panel과 유리의 Joint가 노출되는 입면
· 첨부사진은 Panel Joint의 형상으로 보면 Gride Type으로도 볼 수 있다.

공법분류

2. 재료별

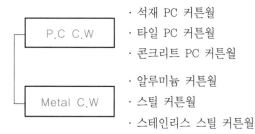

P.C C.W
- 석재 PC 커튼월
- 타일 PC 커튼월
- 콘크리트 PC 커튼월

Metal C.W
- 알루미늄 커튼월
- 스틸 커튼월
- 스테인리스 스틸 커튼월

3. 구조형식

3-1. Mullion 방식

수직부재인 멀리언의 각층 슬래브 정착이 구조의 기본이 되는 방식으로 주로 Metal Curtain Wall에 적용되며 고층 건축물에 많이 활용된다.

패스너
멀리언
새시
트랜섬
스팬드럴 패널
바닥판

- 수직부재가 먼저 설치된 후 유닛을 설치하는 방법
- Anchor설치→ Mullion설치→ 유닛설치

3-2. Panel 방식

Panel의 슬래브 징착이 구조의 기본이 되는 방식으로 Vision부분을 제외한 나머지 부분의 마감까지 마무리한 Panel을 현장에서 설치하는 방법

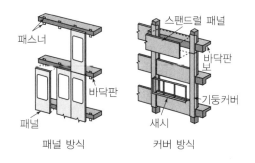

패스너
스팬드럴 패널
바닥판
바닥판보
패널
기둥커버
새시

패널 방식   커버 방식

- Panel의 설치 및 창호를 설치하는 작업만 현장에서 하는 방법
- Anchor설치 → Panel설치

공법분류

4. 조립방식

4-1. Unit Wall System

Curtain Wall 부재를 공장에서 Frame, Glass, Spandrel Panel까지 Unit으로 일체화 제작하여 현장에서 구조체 및 Unit상호간 조립을 하는 System이다. 건물의 Movement가 많이 발생하고, 외부작업이 곤란한 고층 및 초고층 철골조 Project에 적합한 System이다.

[Unit Wall 설치중]

[Unit Panel]

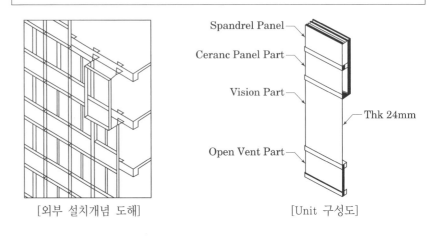

[외부 설치개념 도해]

[Unit 구성도]

4-2. Stick Wall System(Knock-Down Method)

각 부재를 개별로 가공, 제작하여 현장에서 부재 하나씩 조립 설치 하는 방법이며, 조립 설치 중 문제점 발생 시 현장여건에 맞게 수정 및 보완할 수 있는 System이다.

[Stick Wall System]

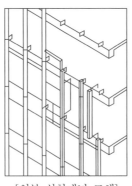

[외부 설치개념 도해]

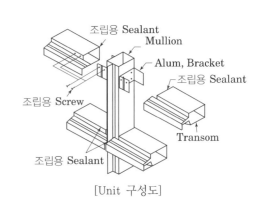

[Unit 구성도]

시공

요구성능 이해

Key Point

□ Lay Out
- 부재구조 · 기능 · 성능
- 제작 · 양중 · 고정 · 조립
- Process · 방법 · 유의사항
- 핵심원리 · 적용시 고려사항

□ 기본용어
- Side Sway
- Embeded System
- Splice Joint
- Stick Wall System
- Open Joint System
- Weep Hole
- 표면장력
- 모세관 현상
- Air Pocket
- 등압공간
- Joint Movement
- Joint Clearance

□ 피아노선
● 수직 피아노선
- 외부의 수평거리 및 좌 · 우 수직도를 결정

● 수평 피아노선
- Unit의 위치와 구조체와의 이격 거리, 층간거리, Floor의 높이, Mullion의 취부 높이를 결정

[먹매김]

---

③ 시공

1. 먹매김

1-1. 먹매김(Marking)의 Offset Lilne 설정방법

> 수직과 수평 기준을 5개층 정도마다 설치하고 각층으로 분할하여 오차를 보정해가면서 면내방향 기준먹과 면외방향 기준먹매김을 Marking 하면서 Unit의 위치와 Fastener의 위치를 설정한다.

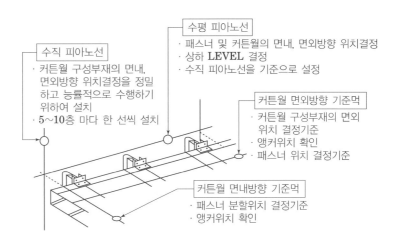

수직 피아노선
· 커튼월 구성부재의 면내, 면외방향 위치결정을 정밀하고 능률적으로 수행하기 위하여 설치
· 5~10층 마다 한 선씩 설치

수평 피아노선
· 패스너 및 커튼월의 면내, 면외방향 위치결정
· 상하 LEVEL 결정
· 수직 피아노선을 기준으로 설정

커튼월 면외방향 기준먹
· 커튼월 구성부재의 면외 위치 결정기준
· 앵커위치 확인
· 패스너 위치 결정기준

커튼월 면내방향 기준먹
· 패스너 분할위치 결정기준
· 앵커위치 확인

1-2. Marking의 이동방법

> 하부층 Curtain Wall 기준먹매김괴 구조체 기준먹메김을 근기로 하여 상층부에서 다림추와 Transit을 이용하여 Marking을 하며, 오차의 누적을 줄이기 위해 5개층 단위로 기준층을 설정하여 보정을 하면서 상층부로 이동한다.

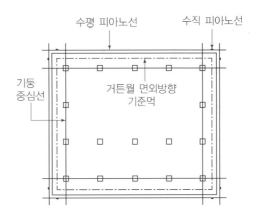

수평 피아노선   수직 피아노선

기둥 중심선

거튼월 면외방향 기준먹

시공

2. Anchor

2-1. Set Anchor System

> 콘크리트 타설 후 먹매김위치에 따라 Drilling작업을 통해 고정

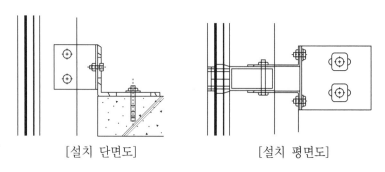

[설치 단면도]　　　　[설치 평면도]

- Drilling 작업 시 철근과의 간섭유의
- 시험성적서를 포함한 재질 및 성능을 확인하여 사양 결정

2-2. Embeded System or Embeded Anchor

> 콘크리트 타설 전 Steel Plate에 철근(Re-Bar)을 용접제작하여 콘크리트에 매립한 다음 용접시공하는 Conventional Anchor와 열연 형강 또는 냉연절곡 강판 형태로 제작되어 매립한 다음 Channel의 홈에 고정하는 Channel Anchor 구분된다.

[Cast In Channel]

[타설전 매립]

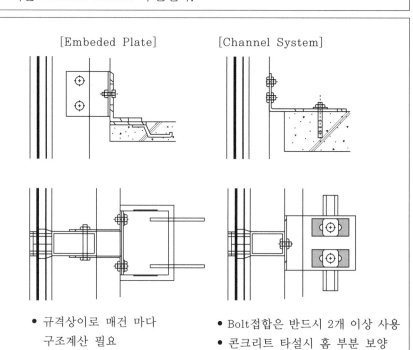

[Embeded Plate]　　　[Channel System]

- 규격상이로 매건 마다 구조계산 필요
- 철판 하단 콘크리트 충전철저

- Bolt접합은 반드시 2개 이상 사용
- 콘크리트 타설시 홈 부분 보양 철저

시공

[Fastener]

[Unit Wall Type 고정방식]

[Stick Wall Type 고정방식]

3. Fastener

3-1. Fastener의 기능

힘의 전달	· 자중을 지지한다.(특히 PC Curtain Wall) · 지진력에 지지 · 풍압력에 지지
변형흡수	· 구체의 수평방향변형(층간변위)에 추종할 것 · 구조체의 수직방향변형(처짐)에 추종할 것 · 온도변화에 의한 패널의 신축을 구속하지 않을 것
오차흡수	· 구체의 오차를 흡수할 것 · 제품오차 흡수 · 설치오차 흡수

3-2. 형식별 지지방법

1) Sliding(수평이동 방식)Type – Panel Type에서 적용

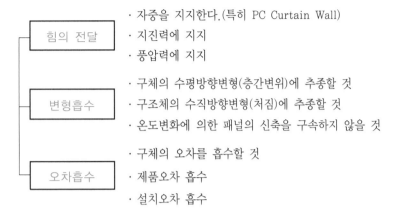

· Curtain Wall 부재가 횡으로 긴 Panel System에 좌·우 수평으로 변위추종

2) Locking(회전 방식)Type – Panel Type에서 적용

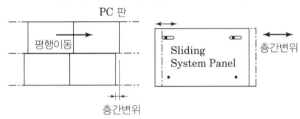

· Curtain Wall 부재가 종으로 긴 Panel System에 회전하면서 변위추종

3) Fixed(고정 방식)Type – AL커튼월에 적용

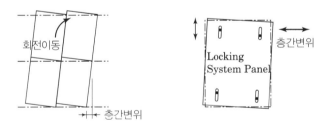

상부 : 고정단

· 금속 Curtain Wall 에 적용

하부 : 고정단

□ 참고사항

고정 Fastener는 변형흡수 기능이 없으므로 조정 후 모두 변형이 일어나지 않도록 사각 와셔 용접 등으로 고정하여야 한다.

시공

[Winch wire체결 후 양중]

[설치장소 이동 조립]

[Fastener고정]

[Unit System Stack Joint]

Stack Joint

- Unit이 서로 연결되는 이부위에서 처짐 및 수축팽창의 변위를 고려한 예상치수를 확보하여 변위에 대응할 수 있는 기능을 한다.

---

4. Unit설치

4-1. 조립방식

1) Unit Wall System

① 설치 Process

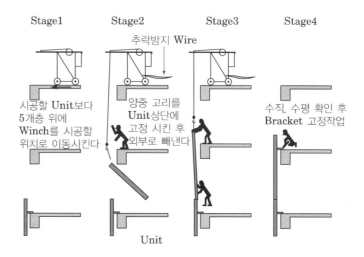

원제품 검사 → 출하 → 운반 및 야적→ 양중 → 내부로 Unit이동보관 → Unit에 1차 Fastener취부 → 2차Fastener취부 → Mobile Crane 또는 Winch를 시공 할 위치로 양중하여 설치 → Fastener고정 → 마감 → 현장검사

② 성능

변위대응 · 이동 하중에 의한 층간변위 및 온도에 의한 층간변위 및 온도에 의한 수축팽창의 변위에 대응하기 위해 20mm 의 Stack Joint를 두어 ±20mm 의 변위를 수용할 수 있다.

기밀성 · 수밀성 · 공장조립으로 누수 및 기밀처리가 가능하며, Bar Joint가 Open Joint로 되어있어 내외부의 등압공간을 형성하여 물을 효율적으로 차단하여 수밀성을 높일 수 있다.

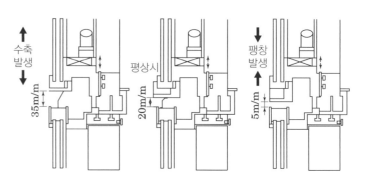

[온도에 의한 수축발생시]　　[평상시]　　[온도에 의해 팽창발생시]

2) Stick Wall System

① 설치 Process

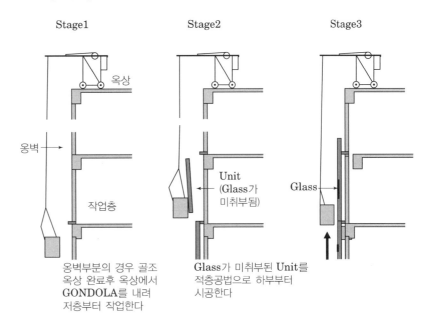

Stage1

Stage2

Stage3

옥상

옹벽 →

작업층

Unit
(Glass가
미취부됨)

Glass

옹벽부분의 경우 골조
옥상 완료후 옥상에서
GONDOLA를 내려
저층부터 작업한다

Glass가 미취부된 **Unit**를
적층공법으로 하부부터
시공한다

원제품 검사 → 출하 → 운반 및 야적 → 양중 → 보관 → 1차Fastener취부 → 2차 Fastener취부 → Mullion설치 → Transom설치 → 개폐창설치 → 마감 → 현장검사

② 성능

변위대응	· 이동 하중에 의한 층간변위 및 온도에 의한 층간변위 및 온도에 의한 수축팽창의 변위에 대응하기 위한 Splice Joint 가 15mm정도이며, ±7mm 정도의 변위를 수용할 수 있나.
기밀성 · 수밀성	· 현장조립으로 시공정밀도에 따라 성능이 크게 좌우될 수 있으며, Sealant로 Joint를 처리하기 때문에 과도한 변위 발생 시 누수가 발생할 수 있다.

Splice Joint

– Stick System의 Mullion의 연결부위에서 변위에 대응하기 위해 덧대는 Sleeve나 Sealant로 마감하는 Joint

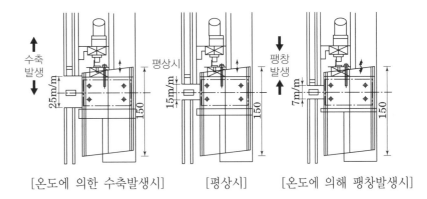

수축
발생

25m/m

평상시

15m/m

150

팽창
발생

7m/m

150

150

[온도에 의한 수축발생시]　　[평상시]　　[온도에 의해 팽창발생시]

시공

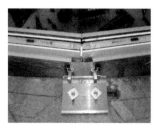

[AL Unit System Bar]

[Unit System의 Weep Hole]

□ 참고사항

– $P = P_o - P_c$

P : 누수한계압력

P_o : 외부압력

P_c : 등압

□ Open Joint 설계상 Point

– Rain Screen은 중력, 운동에너지, 표면장력, 모세관현상, 기류 등에 의해 침입된 물을 외부에 배출시키는 기능을 구비해야 하며, 고무 등으로 만든 Flashing을 삽입하거나, Air Pocket, 미로 등을 배치하여 효율적으로 물을 차단하도록 Bar의 구조를 설계하는 것이 중요하다.

4-2. 수처리 방식

1) Closed Joint방식

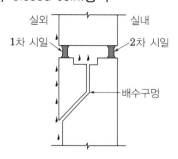

[PC 이중 Seal방식 개념도]

- 시간이 경과함에 따라 열화현상으로 1차 Sealing이 파손되더라도 침투된 물이 2차 Sealing에 도달하기 전에 배수처리 되는 System이 있어야 한다.

누수의 원인 중에서 틈새를 제거하는 것을 목적으로 하는 수처리 System

2) Open Joint방식

등압이론

3요소

· 외부의 공기 유입구를 통하여 유입된 공기가 기밀층의 기밀도를 높임으로서 등압개구부에서 외부와 비슷한 등압을 만들어 내부로 밀려들어 오지 않게 하고, 침투한 빗물도 중력에 의해 하부 배수로를 통하여 흘러가게 하는 방법

· Rain Screen(공기유입구 및 물끊기)

· 등압개구부(내부공기층), 미로

· 내부 기밀층(실링재)

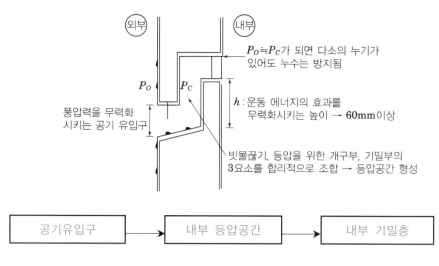

누수의 원인 중에서 틈을 통해 물을 이동시키는 기압차를 없애는 수처리 System

시공

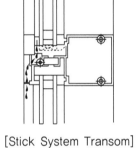

[Stick System Transom]

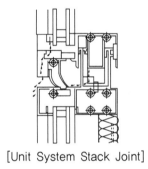

[Unit System Stack Joint]

3) 빗물침입의 원인 및 접합부 구조개선

구분	우수유입 원인	구조 개선
중력	이음부 틈새가 하부로 향하면 물의 자중으로 침입한다.	상향조정 / 물턱 틈새, 이음의 방향을 위로 향하게 한다.
표면장력	표면을 타고 물이 흘러 들어온다.	물 끊기 물 끊기 턱을 설치한다.
모세관 현상	폭 0.5mm 이하의 틈새에는 물이 흡수되어 젖어든다.	에어포켓 / 틈새를 넓게 이음부 내부에 넓은 공간을 만든다. 틈새를 크게 한다.
운동 에너지	풍속에 의해 물이 침입한다.	미로 운동에너지가 소멸되도록 미로를 만든다.
기압차	기압차에 의해 빗물이 침입한다.	외부벽에 면한 틈새의 기압차이를 없앤다.

시공

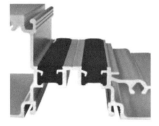

[Azone Bar]

[Polyamide Bar]

4-3. 단열 Bar

단열바의 원리는 알루미늄의 높은 열전도율로 인해 발생하는 결로현상을 방지하기 위해 알루미늄바와 바 사이에 열전도율이 낮은 물질을 삽입해 알루미늄의 열전도성을 낮추게 하는 것이다. Polyamid System은 유리 섬유를 함유한 고체 상태의 Polyamid를 알루미늄바에 삽입 및 압착하여 생산하는 방식이며, Azon System은 액체상태의 고강도 Polyurethane 을 알루미늄바에 충전하여 경화시킨 후 절단하여 생산하는 방식이다.

1) 단열 Bar(Thermal Breaker)의 구조

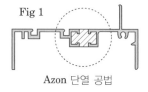

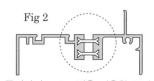

Fig 1   Azon 단열 공법   [Azon System]

Fig 2   폴리아미드 스크립을 이용한 공법   [Polyamid System]

2) 성능 및 특성비교

구분	Azon System	Polyamid System
Profile 구성	• Channel Type Section 구성으로 구조적으로 불안정함 • Single Bridge Section으로 구성되므로 Debridging 후 굴절, 뒤틀림 현상발생	• 정사각형 단면구성(Square Type Section 구성으로 구조적으로 매우 안정됨) • Double Bridge Section으로 구성되므로 굴절 및 뒤틀림 현상 없음
단열재 성분	• Polyurethane	• Polyamid
표면처리	• 취부 후 도장불가	• 내열도가 높아 취부 후에도 도장가능
구조성	• Polyamid에 비해 단위 길이당 두께가 두터워 미세진동에 약함	• A-Zon에 비해 강도가 높으며 단위 길이당 두께가 작아 미세진동이 지속되는 커튼월에 안정적
평활도	• 경화과정에서 뒤틀림 발생가능	• 매우우수
Design	• 단일 Profile을 충진/조합 후 분리 Cutting하는 형태로 제약이 많다	• 알루미늄 Profile의 설계를 자유롭게 할 수 있다.
방식	• 미국식	• 독일식

④ 하자

1. 하자유형 및 대책

> 누수, 변형, 탈락, Sealing파손, 오염, 발음, 단열, 차음, 결로

1-1. Anchor
① 설치오차: 콘크리트 타설시 Level불량으로 슬래브 위로 1차 Fastener가 돌출되면서 Slab와 틈발생 방지
② 먹매김오차 조정 및 Slab와 밀착이 되도록 Shim Plate로 조정 후 용접처리

1-2. Fastener
① 조립방식 및 구조형식에 맞는 방식선정
② 설치오차 준수
③ 용접부는 면처리 후 방청도료 도장
④ 너트풀림 방지

1-3. Unit
① 단열Bar설계
② 수처리방식 및 Bar 내부 구조개선
③ Joint 접합부 설계 및 시공 기능도
④ 단열유리 및 간봉
④ Sealing 선정 및 시공 기능도

2. 누수 및 결로 대책

1) 설계
- Weep hole, Bar의 Joint 설계

2) 재료
- Bar 및 유리단열 성능, 유리공간. 재질, 실링재

3) 시공
- 접합부 시공 기능도

4) 환경
- 실내환기 및 통풍(설비 시스템), 내외부온도차

5) 관리
- 생활습관, 주기적인 점검

CHAPTER

09

마감 및 기타공사

Lay Out

일반사항 Lay Out

일반사항

1. 설계
   - 부동침하, E/J, CJ,
2. 재료
   - Main 재료: 기준, 요구성능
   - Sub 재료: 보강
3. 시공
   - 바탕 처리, 먹매김, 요구조건
   - 기준: (높이, 간격, 두께, 횟수, 이음, 배합비, Open Time)
4. 양생
   - 보양, 동해방지
5. 관리
   - 기상(하절기, 동절기)

Lay Out

마감공법 Lay Out

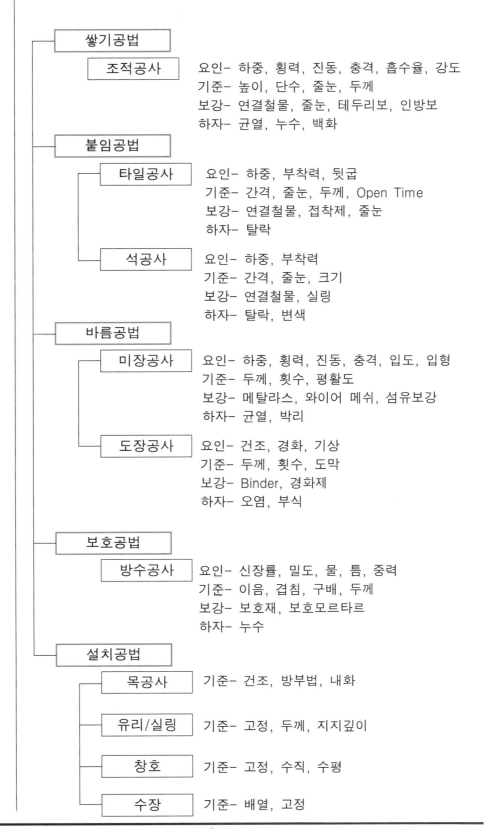

쌓기공법

조적공사
요인– 하중, 횡력, 진동, 충격, 흡수율, 강도
기준– 높이, 단수, 줄눈, 두께
보강– 연결철물, 줄눈, 테두리보, 인방보
하자– 균열, 누수, 백화

붙임공법

타일공사
요인– 하중, 부착력, 뒷굽
기준– 간격, 줄눈, 두께, Open Time
보강– 연결철물, 접착제, 줄눈
하자– 탈락

석공사
요인– 하중, 부착력
기준– 간격, 줄눈, 크기
보강– 연결철물, 실링
하자– 탈락, 변색

바름공법

미장공사
요인– 하중, 횡력, 진동, 충격, 입도, 입형
기준– 두께, 횟수, 평활도
보강– 메탈라스, 와이어 메쉬, 섬유보강
하자– 균열, 박리

도장공사
요인– 건조, 경화, 기상
기준– 두께, 횟수, 도막
보강– Binder, 경화제
하자– 오염, 부식

보호공법

방수공사
요인– 신장률, 밀도, 물, 틈, 중력
기준– 이음, 겹침, 구배, 두께
보강– 보호재, 보호모르타르
하자– 누수

설치공법

목공사
기준– 건조, 방부법, 내화

유리/실링
기준– 고정, 두께, 지지깊이

창호
기준– 고정, 수직, 수평

수장
기준– 배열, 고정

Lay Out

기타공사 Lay Out

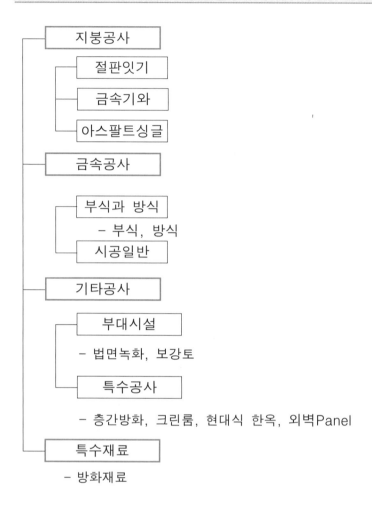

지붕공사
- 절판잇기
- 금속기와
- 아스팔트싱글

금속공사
- 부식과 방식
  - 부식, 방식
- 시공일반

기타공사
- 부대시설
  - 법면녹화, 보강토
- 특수공사
  - 층간방화, 크린룸, 현대식 한옥, 외벽Panel

특수재료
- 방화재료

Lay Out

실내환경 Lay Out

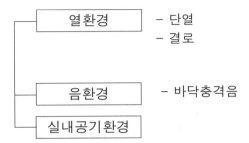

9-1장

쌓기공법

Lay Out

9-1-1 조적공사

① 재료 Lay Out

조적공사

1. 설계
   - 부동침하, E/J, CJ
2. 재료
   - Main 재료: 벽돌의 강도, 흡수율
   - Sub 재료: 연결철물, 모르타르, 줄눈
3. 시공(쌓기 전 중 후)
   - 먹매김, 배합비, Open Time, 줄눈, 테두리보, 인방보, 수직도
   - 기준: (높이, 단수, 줄눈, 두께)
4. 양생
   - 보양, 동해방지

※ 백화
   - $CaO + H_2O \rightarrow Ca(OH)_2$
   - $Ca(OH)_2 + CO_2 \rightarrow CaCO_3 + H_2O$
   - 자체보유수(H_2O)→가용성염류→백화

Lay Out

② 쌓기공법 Lay Out

영식쌓기	– 1/4토막
화란식	– 3/4토막
불식쌓기	– 길이+마구리 교대
미식쌓기	– 뒷면영식+표면치장벽돌
길이쌓기	
마구리쌓기	
옆세워쌓기	
공간쌓기	

– 주벽체: 바깥쪽을 주벽체로 사용
– 안벽체: 주벽체 시공 후 최소3일 경과 후
– 연결철물: 수평90cm, 수직 40cm 이하

Lay Out

③ 시공 Lay Out

```
┌─────────────────┐
│     균열유형      │
└─────────────────┘
 – 수직: 비내력벽, 강도부족
 – 수평: 개구부, 두께부족, 진동영향
 – 경사: 모서리~중앙방향, 개구부 편심
 – 계단형: 부동침하
┌─────────────────┐
│   원인/방지대책   │
└─────────────────┘
  ┌─────────────────┐
  │     발생원인      │
  └─────────────────┘
   – 재료: 강도 및 흡수율
   – 시공: 정밀도
   – 환경: 팽창과 수축, 동절기
   – 거동: 하중, 충격, 부동침하
  ┌─────────────────┐
  │     방지대책      │
  └─────────────────┘
   – 재료: 벽돌의 강도 및 흡수율, 연결철물 강도
   – 준비: 공법선정, 샘플시공, 바탕처리,
     중량배분 및 벽량확보, 먹매김
   – 쌓기: 배합비 준수, 연결철물 간격준수,
     쌓기높이 준수, 줄눈, Open Time, 치장줄눈,
     길이가 길 때 신축줄눈, 대린벽 시공,
     테두리보, 인방보, 기온별 금지조건 준수
   – 양생
```

Lay Out

④ 백화 Lay Out

┌─ **발생원리**

- $CaO + H_2O \rightarrow Ca(OH)_2$
- $Ca(OH)_2 + CO_2 \rightarrow CaCO_3 + H_2O$
- 자체보유수(H_2O)→ 가용성염류→ 백화

├─ **원인**

- 재료: 흡수율 클 때, 모르타르에 수산화 칼슘 多
- 시공: 공극, 물과 접하는 곳, 저온시공
- 환경: 저온, 다습, 북측, 동절기
- 거동: 균열

├─ **방지대책**

- 재료: 점토벽돌 흡수율 5~8% 이하, 발수제 선정
- 준비: 기상상태 고려, 물끊기 시공
- 쌓기: 밀실시공, 줄눈+방수제, 배수구 막힘주의,
  발수제 도포, 맑은 날 청소
- 양생: 우천 시 비닐보양

└─ **백화 후처리**   – 유성실리콘, 수성실리콘

- Sand Paper(#100) 또는 거친 마대사용
- 줄눈의 균열틈이 0.5 이상인 경우 코팅처리
- 분사식 또는 붓시공을 병행
- 1회 용액이 완전 건조 전 2회 시공
- 백화된 벽돌을 보수할 경우 수성실리콘에
  물을 10~15배 혼합한 방수액을 칠하여 밀봉

재료

힘의 전달
Key Point

□ Lay Out
- 재료의 성능평가
- 쌓기기준 · 보강
- 유의사항

□ 기본용어
- 공간쌓기
- 부축벽
- Bond beam
- Wall girder
- Lintel

시험빈도:10만매당

□ 겉모양치수
- 1조 10매 현장시험

□ 압축강도, 흡수율
- 1조 3매 현장시험

1 재료

1. 콘크리트 벽돌

1-1. 성능평가 기준- KS F 4004: 2013 개정

구분	압축강도(MPa)	흡수율(%)
1종(낮은 흡수율, 내력구조) 외부	13 이상	7 이하
2종(아파트내부 칸막이, 비내력벽)옥내	8 이상	13 이하
겉모양 치수(mm)	길이 190	높이 57	두께 90
	허용오차 ±2.0		
	균일하고 비틀림, 균열, 흠이 없어야 한다.		

※ 흡수율이 크면 벽돌이 쌓기 Mortar의 수분을 흡수하여 벽체강도 저하

1-2. 마름질 - 가공형태

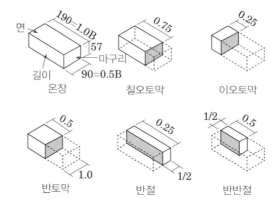

온장　　칠오토막　　이오토막

반토막　　반절　　반반절

※ 통줄눈이 생기지 않게 가공하는 것

2. 쌓기 Mortar

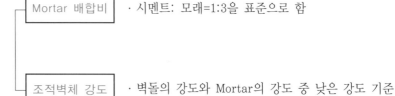

Mortar 배합비 · 시멘트: 모래=1:3을 표준으로 함

조적벽체 강도 · 벽돌의 강도와 Mortar의 강도 중 낮은 강도 기준

※ 쌓기 전 물축임하고 내부 습윤, 표면 건조 상태에서 시공

② 쌓기공법

1. 쌓기방식

1) 영식쌓기(English Bond)

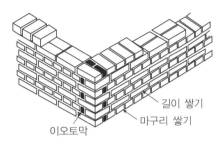

벽 길이면과 마구리면이 보이도록 한켜씩 번갈아 쌓기하고, 마구리 쌓기 켜의 모서리 벽 끝에는 반절 또는 이오토막(1/4)을 사용하는 쌓기 방식

2) 화란식쌓기(Dutch Bond)

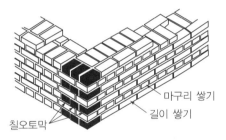

길이면과 마구리면이 보이도록 한 켜씩 번갈아 쌓는 것은 영식 쌓기와 같으나, 길이 쌓기켜의 모서리 벽 끝에는 칠오토막(3/4)을 사용하는 쌓기 방식

3) 불식쌓기(French Bond)

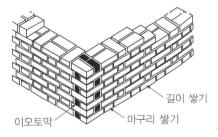

매 켜마다 길이쌓기와 마구리 쌓기가 번갈아 나오는 형식으로 통줄눈이 많이 생기고 토막벽돌이 많이 발생하는 쌓기 방식

쌓기공법

4) 미식쌓기(American Bond)

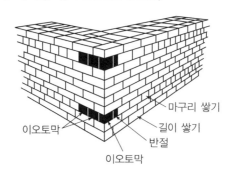

뒷면은 영식 쌓기하고 표면에는 치장 벽돌을 쌓는 것으로 5켜 까지는 길이쌓기로 하고 다음 한 켜는 마구리 쌓기로 하여 마구리 벽돌이 길 이벽돌에 물려 쌓는 방식

5) 기본쌓기

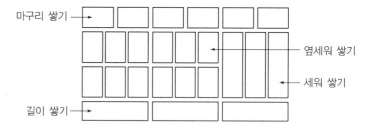

- 길이쌓기(Stretching Bond): 벽돌의 길이가 보이도록 쌓는 것
- 마구리쌓기(Heading Bond): 벽면에 마구리가 보이게 쌓는 것
- 옆 세워쌓기(Laid on Side): 마구리를 세워 쌓는 것

6) 공간쌓기(Cavity Wall, Hollow Wall)

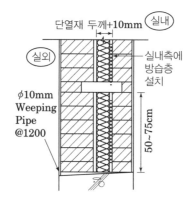

- 주벽체: 바깥쪽을 주벽체로 시공
- 안벽체: 주벽체 시공 후 최소 3일 경과 후 시공
- 연결철물: 수평거리 90cm 이하, 수직거리 40cm 이하

시공

③ 시공

1. 균열유형

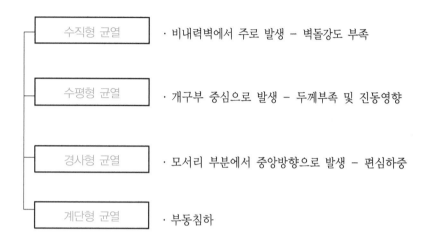

수직형 균열	· 비내력벽에서 주로 발생 – 벽돌강도 부족
수평형 균열	· 개구부 중심으로 발생 – 두께부족 및 진동영향
경사형 균열	· 모서리 부분에서 중앙방향으로 발생 – 편심하중
계단형 균열	· 부동침하

2. 발생원인

- **재료**
  강도, 흡수율, 철물부식
- **시공**
  쌓기기준
- **환경**
  열팽창, 습윤팽창, 건조수축, 탄성변형, Creep, 철물부식, 동결팽창
- **거동**
  하중, 충격, 부동침하

3. 방지대책

1) **재료**
   ① 성능확보: 벽돌의 강도 및 흡수율
   ② 연결철물의 재질 및 강도확보
2) **준비**
   ① 공법선정 및 Sample시공
   ② 바탕처리 및 청소
   ③ 먹매김
   ④ 구조체 자체의 균열 방지
3) **쌓기 기준**
   ① 줄눈: 10mm를 표준으로 한다.
   ② 쌓기 방식: 영식 또는 화란식

[기성 경량 인방재]

[Truss 인방재]

③ 바탕 모르타르: 2시간 이내 사용

④ 하루 쌓기 높이: 1.2m(18켜)를 표준, 최대 1.5m(22켜)이하

⑤ 나중 쌓기: 층단 들여쌓기로 한다.

⑥ 직각으로 오는 벽체 한 편을 나중 쌓을 때: 켜 걸음 들여쌓기(대린 벽 물려쌓기)

⑦ 블록벽과 직각으로 만날 때: 연결철물을 만들어 블록 3단마다 보강

⑧ 연결철물: @450

⑨ 인방보: 양 끝을 블록에 200mm 이상 걸친다.

⑩ 치장줄눈: 줄눈 모르타르가 굳기 전에 줄눈파기를 하고 깊이는 6mm 이하로 한다.

4) 한중 시공

① 기온이 4℃ 이상, 40℃ 이하가 되도록 모래나 물을 데운다.

② 평균기온이 4℃~0℃: 내후성이 강한 덮개로 덮어서 보호

③ 평균기온이 0℃~-4℃: 내후성이 강한 덮개로 덮어서 24시간 보호

④ 평균기온이 -4℃~-7℃: 보온덮개보양 또는 방한시설 보호로 24시간 보호

⑤ 평균기온 -7℃ 이하: 울타리와 보조열원, 전기담요, 적외선 발열램프 등을 이용하여 조적조를 동결온도 이상으로 유지

백화

④ 백화

1. 백화

1-1. 발생 Mechanism

$$CaO + H_2O \rightarrow Ca(OH)_2$$
$$Ca(OH)_2 + CO_2 \rightarrow CaCO_3 + H_2O$$
$$\text{자체보유수}(H_2O) \rightarrow \text{가용성염류} \rightarrow \text{백화}$$

수분에 의해 모르타르성분이 표면에 유출될 때 공기 중의 탄산가스와 결합하여 발생

1-2. 발생원인

- **재료**
  흡수율이 클 때, 모르타르에 수산화 칼슘이 많을수록
- **시공**
  저온시공
- **환경**
  공극, 물과 접하는 곳, 다습, 북측

1-3. 방지대책

1) 재료

점토벽돌 흡수율 5~8% 이하, 발수제 선정

2) 준비

① 기상상태(동절기 및 장마철)를 고려한 시공계획
② 조적 모르타르가 치장면으로 흘러가지 않도록 물끊기 시공

3) 쌓기

① 균열방지를 위한 연결보강재 보강
② 창문틀 및 차양 등의 주위가 물이 스며들지 않게 밀실시공
③ 모르타르 밀실시공 및 줄눈 넣기 조기시공
④ 줄눈 채움 철저
⑤ 줄눈+방수제, 쌓기용 모르타르에 파라핀 에멀션 혼화제 혼입
⑥ 통풍구 및 배수구 막힘 주의
⑦ 시공 후 발수제 도포
⑧ 완료 후 물청소는 맑고 건조한 날
⑨ 건조 상태에서 식물성 기름이나 실리콘 오일로 얇게 피복

1-4. 백화 후 처리

① 줄눈의 균열틈이 0.5mm 이상인 경우 코팅처리
② 분사식 또는 붓 시공을 병행
③ 1회 용액이 완전 건조 전 2회 시공
④ 백화된 벽돌을 보수할 경우 수성실리콘에 물을 10~15배 혼합한 방수액을 칠하여 밀봉

실리콘 발수제

- 발수제 선정 시 도포용이, 흡수저항성 우수, 내수성 및 내알칼리성, 변색 小, 통기성이 우수한 제품을 신정할 것

□ 유성 실리콘
- 신속하고 발수성이 우수하며, 건축물 표면이나 주위 환경에 영향을 작게 받음

□ 수성 실리콘
- 액상 발수제로서 물에 희석하여 사용하므로 화재의 위험이 없으나 처리 후 경과시간이 길다.

9-2장

붙임공법

Lay Out

9-2-1 타일공사

① 재료 Lay Out

타일공사

1. 설계
   - 부동침하, E/J, CJ,
2. 재료
   - Main 재료: 흡수율(자석도 3,5,18 이하), 뒷굽
   - Sub 재료: 연결철물, 접착제, 줄눈
3. 시공(붙임 전 중 후)
   - 줄눈나누기, 먹매김, 바탕처리, 배합비, 줄눈, 붙임모르타르, 두들김횟수, 부위별(코너, 이질재 접합부위), 수직도
   - 기준: (간격, 두께, 줄눈, Open Time)
4. 양생
   - 보양, 동해방지
   ※ 공법종류: 떠압접선
   - 떠붙임(12~24mm)
   - 압착(5~7mm)
   - 접착(3~5mm)
   - 선부착(Sheet, 줄눈틀, 졸대법)

Lay Out

② 공법 Lay Out

떠붙임 공법

- 붙임모르타르: 두께 12~24mm
- 시공높이: 1.2m/일
- 시공량:200~500매/인
- 붙임모르타르: 배합:C/S=1/3~1/4 빈배합

압착공법

- 바탕모르타르: 15~20mm
- 붙임모르타르: 5~7mm
- 붙임모르타르: 배합:C/S=1/2~1/2.5

접착공법

- 접착제 두께: 3~5mm한 후 빗살쇠손질
- 접착제 도포량: 1~1.5kg/㎡

선부착공법   거푸집선부착, TPC

Sheet법

줄눈 고정틀공법

졸대공법

모자이크 타일

섬유질 Net를 쳐서 Unit화한 타일을 시공

Lay Out

③ 시공 Lay Out

1. 시공 중 뒷채움

2. 두들김 검사

3. 접착력 시험

Lay Out

④ 하자 Lay Out

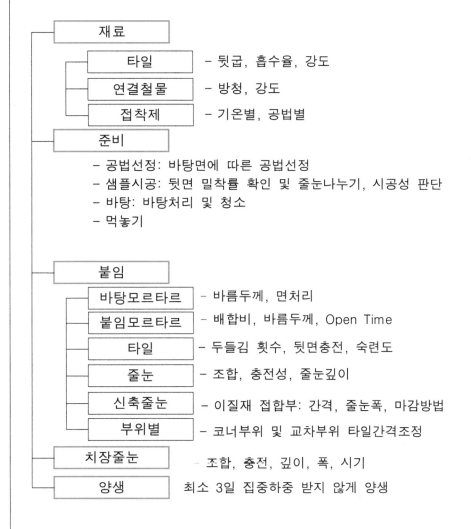

재료
- 타일 — 뒷굽, 흡수율, 강도
- 연결철물 — 방청, 강도
- 접착제 — 기온별, 공법별

준비
- 공법선정: 바탕면에 따른 공법선정
- 샘플시공: 뒷면 밀착률 확인 및 줄눈나누기, 시공성 판단
- 바탕: 바탕처리 및 청소
- 먹놓기

붙임
- 바탕모르타르 — 바름두께, 면처리
- 붙임모르타르 — 배합비, 바름두께, Open Time
- 타일 — 두들김 횟수, 뒷면충전, 숙련도
- 줄눈 — 조합, 충전성, 줄눈깊이
- 신축줄눈 — 이질재 접합부: 간격, 줄눈폭, 마감방법
- 부위별 — 코너부위 및 교차부위 타일간격조정

치장줄눈 — 조합, 충전, 깊이, 폭, 시기

양생 최소 3일 집중하중 받지 않게 양생

① 재료

1. 타일

1-1. 원재료 종류

1) 종류별 기준 및 허용오차

구분	유약 유무	원료	흡수율 한도	타일의 특성
자기질	시유 무유	점토, 규석, 장석, 도석	3% 이하	완전 자기화: 흡수율 0% 자기화: 내·외장, 바닥, 모자이크 타일
석기질	시유 무유	유색점토, 규석, 장석, 도석	5% 이하	반자기화: 내·외장, 바닥, 클링커 타일(흡수율8% 이하)
도기질	시유	점토, 규석, 석회석, 도석	18% 이하	도기: 내장타일

2) 유약의 유무

- 무유 · 유약을 미리 배합 후 몰드로 찍어 가마에서 굽는다. (파스텔 타일, 폴리싱 타일)
- 시유 · 재료를 섞고 몰드로 찍은 후 한번 구워 비스킷을 만든 후 유약을 바르고 다시 구운 타일

3) 뒷굽높이

타일크기	뒷굽 높이
60cm² 이상	1.5mm 이상
50mm각 이상	0.7mm 이상
50mm각 이하	0.5mm 이상

2. 붙임재료

2-1. 붙임모르타르

떠붙임 공법	압착공법	개량 압착공법
Mortar 배합 후 60분 이내에 시공 바른 후 5분 이내 접착	Mortar 배합 후 15분 이내에 시공 바른 후 30분 이내 접착	Mortar 배합 후 30분 이내 시공 바른 후 5분 이내 접착
건비빔한 후 3시간 이내에 사용, 물을 부어 반죽한 후 1시간 이내 사용		

[2015 건축공사 표준시방서]

2-2. 붙임모르타르타일용 접착제

1) 본드 접착제의 용도

① Type Ⅰ: 젖어있는 바탕에 부착하여 장기간 물의 영향을 받는 곳에 사용

② Type Ⅱ: 건조된 바탕에 부착하여 간헐적으로 물의 영향을 받는 곳에 사용

③ Type Ⅲ: 건조된 바탕에 부착하여 물의 영향을 받지 않은 곳에 사용

2) 시공 시 유의사항

① 1차 도포면적: 2㎡ 이하

② 보통 15분 이내

③ 타일 및 접착제 Maker, 계절, 바람에 따라 Open Time 조정

2-3. 줄눈재료

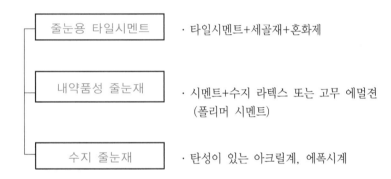

줄눈용 타일시멘트	· 타일시멘트+세골재+혼화제
내약품성 줄눈재	· 시멘트+수지 라텍스 또는 고무 에멀젼 (폴리머 시멘트)
수지 줄눈재	· 탄성이 있는 아크릴계, 에폭시계

재료

Open Time

타일 바탕면에 접착제를 바른 후 타일을 붙이기에 적합한 상태가 유지 가능한 최대 한계시간이다.

(가용시간, 가사시간)

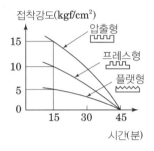

접착강도(kgf/cm²)
압출형
프레스형
플랫형
15
10
5
0
15 30 45
시간(분)

---

mind map

● 또(떠)압에 접선하려면
  모자이크 처리

□ 1일 시공량
 − 400~500매/인
 − 시공높이: 1.2m/일

□ 바탕면 정밀도
  ±3mm/2m

---

② 공법

1. 공법종류

1-1. 떠붙임 공법

1) 공법개념

바탕 Mortar 표면에 쇠빗질을 한 다음 타일 뒷쪽에 붙임 Mortar를 올려놓고 두드리면서 하부에서 상부로 붙여 올라가는 공법

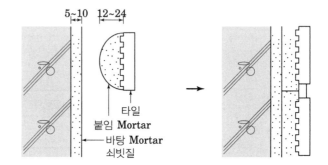

2) 붙임기준

① 붙임 Mortar 두께: 12~24mm

② 배합: C/S=1/3~1/4의 빈배합

③ Open Time: Mortar를 배합 후 1시간 이내 사용

1-2. 압착 공법

1) 공법개념

바탕 Mortar를 15~20mm 2회로 나누어 시공한 다음 그 위에 붙임 Mortar를 5~7mm 바르고 자막대로 눌러가면서 위에서 아래로 붙여가는 공법

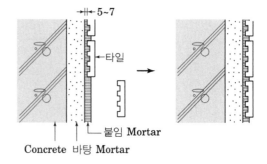

2) 붙임기준

① 붙임 Mortar 두께: 타일 두께의 1/2 이상(5~7mm 표준)

② 배합: 외장타일은 C/S=1/2~1/2.5, 내장타일은 C/S=1~2

③ Open Time: 여름15분 이내, 봄·가을 30분, 겨울 40분

□ 1회 붙임면적
  1.2㎡ 이하

□ 바탕면 정밀도
  ±2mm/2m

공법

□ 1회 바름면적
  2㎡ 이하

□ 바탕면 정밀도
  ±1mm/ 2m

1-3. 접착 공법

1) 공법개념

유기질 접착제를 사용하는 공법

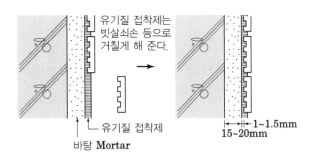

유기질 접착제는 빗살쇠손 등으로 거칠게 해 준다.

유기질 접착제

바탕 Mortar

1~1.5mm
15~20mm

2) 붙임기준

① 접착제 바름 두께: 3~5mm
② 접착제 도포량: 1~1.5kg/㎡
③ 바탕면 건조: 여름에는 1주 이상, 기타 2주 이상 건조, 함수율 10% 미만

1-4. 선부착 공법

1) Sheet 공법

Sheet공법은 45mm×45mm~90mm×90mm 정도의 모자이크 타일을 종이 또는 수지필름을 사용하여 만든 유닛을 바닥 거푸집 면에 양면테이프, 풀 등으로 고정시키고 콘크리트를 타설

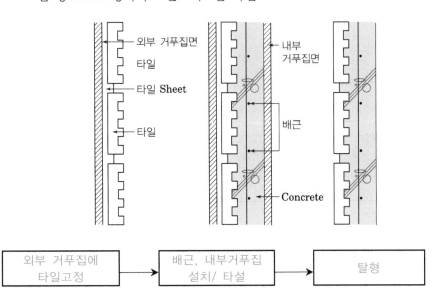

외부 거푸집면
타일
타일 Sheet
타일
내부 거푸집면
배근
Concrete

외부 거푸집에 타일고정	→	배근, 내부거푸집 설치/ 타설	→	탈형

공법

2) 타일 단체법

단체법(單體法)은 108㎜×60㎜ 이상의 타일에 사용되는 것으로, 거푸집 면에 발포수지, 고무, 나무 등으로 만든 버팀목 또는 줄눈 칸막이를 설치하고, 타일을 한 장씩 붙이고 콘크리트 타설

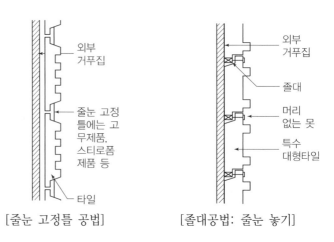

[줄눈 고정틀 공법]　　　　　[졸대공법: 줄눈 놓기]

1-5. 모자이크 타일 공법

1) 공법개념

> 모자이크 타일 압착공법은 붙임Mortar를 바탕면에 초벌과 재벌로 두 번 바르고(총 두께는 4~6mm를 표준) 섬유질 Net를 쳐서 Unit화한 타일을 붙이는 공법

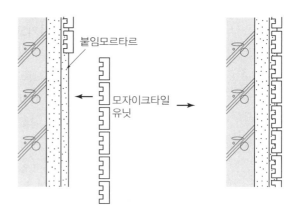

2) 붙임기준

① Open Time: 모르타를 배합 후 30분 이내

② 타일 뒷면의 표시와 모양에 따라 그 위치를 맞추어 순서대로 붙이고 Mortar가 줄눈 사이로 스며 나오도록 표본 누름판을 사용하여 압착한다.

□ 1회 바름면적
　 2㎡ 이하

□ 줄눈 고치기
　 타일을 붙인 후 15분 이내

시공

1. 시공

1-1. 줄눈 나누기

① 시공 전 설계도면과 건축물의 각부 치수를 실사한 후, 줄눈 나누기 도를 통해 타일의 크기, 형상에 따른 줄눈의 형식과 폭을 고려

② 벽타일과 바닥타일이 만나는 부분 상세 결정

③ 벽타일과 바닥타일 제작치수 및 줄눈폭을 확인한다.

④ 타일면에 설치되는 부착물 위치를 확인

□ 줄눈 깊이 및 시공시기
- 타일 두께의 1/2 이하
- 타일 시공 후 48시간 이후 시공

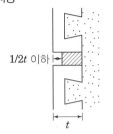

1/2*t* 이하

t

1-2. 치장줄눈

1) 줄눈 시공법

공 법	줄눈 폭	줄눈 깊이	시공 방법	사용 장소
바름 줄눈	5mm 이하	2mm 이하	고무흙손 사용, Tile 전면에 줄눈재를 발라서 줄눈 부분 충전	내·외장 Tile 바닥 Tile Mosaic Tile
채우기 줄눈	5mm 이상	Tile 두께 1/2 이하	줄눈흙손을 사용하여 줄눈 하나 하나를 충전하는 방법	외장 Tile 면이 거친 Tile

2) 줄눈형상

① 줄눈 Design

[통줄눈]

[막힌 줄눈]

[마름모 줄눈]

② 줄눈 홈의 형상

[평줄눈]

[파낸 줄눈]

[오목 줄눈]

3) 시공 시 유의사항

① 타일을 붙이고, 3시간 경과한 후 줄눈파기를 한다.

② 작업 직전에 줄눈 바탕에 물을 뿌려 습윤케 한다.

③ 치장줄눈의 폭이 5mm 이상일 때는 고무흙손으로 충분히 눌러 빈틈 이 생기지 않게 시공한다.

④ 개구부나 바탕 Mortar에 신축줄눈을 두었을 때는 적절한 실링재로 서, 빈틈이 생기지 않도록 채운다.

시공

1-3. 신축줄눈

1) 개념

① 신축줄눈의 기능은 외기온도에 따른 구조체와 Mortar의 신축 및 Mortar의 건조수축에 의해 타일의 부착력과 팽창응력 발생에 따른 타일의 박리를 막기 위하여 신축영향을 감소하는 기능을 한다.

② 신축줄눈의 설치방법은 바탕에까지 닿도록 하고 신축줄눈을 약 3m 간격으로 설치한다.

2) 신축줄눈의 마감

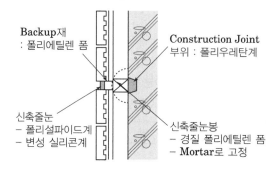

Backup재
: 폴리에틸렌 폼

Construction Joint
부위 : 폴리우레탄계

신축줄눈
– 폴리설파이드계
– 변성 실리콘계

신축줄눈봉
– 경질 폴리에틸렌 폼
– Mortar로 고정

3) 줄눈간격 및 폭

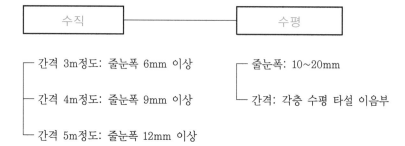

| 수직 | 수평 |

수직
- 간격 3m정도: 줄눈폭 6mm 이상
- 간격 4m정도: 줄눈폭 9mm 이상
- 간격 5m정도: 줄눈폭 12mm 이상

수평
- 줄눈폭: 10~20mm
- 간격: 각층 수평 타설 이음부

1-4. 검사

1) 시공 중 검사

눈높이 이상이 되는 부분과 무릎 이하 부분의 타일을 임의로 떼어 뒷면에 붙임 모르타르가 충분히 채워졌는지 확인

2) 두들김 검사

① 붙임 모르타르의 경화 후 검사봉으로 전면적을 두들겨 검사

② 들뜸, 균열 등이 발견된 부위는 줄눈 부분을 잘라내어 재시공

□ 두들김 검사
– 줄눈 시공 후 2주 이후 시행

3) 접착력 시험

① 시험 수량: 600㎡당 한 장씩 시험

② 시험 시기: 타일 시공 후 4주 이상일 때 시행

③ 시험타일 크기: Attachment(부속장치) 크기로 하되 그 이상은 180×60mm 크기로 콘크리트 면까지 절단한다. 다만, 40mm 미만의 타일은 4매를 1개조로 하여 부속장치를 붙여 시험한다.

□ 접착력 시험결과 판정
– 타일 인장 부착강도가 0.39MPa 이상

하자

4 하자

1. 하자유형

하자유형	내용	주요요인(부위.재료)
박리. 박락	바탕Mortar. 붙임 Mortar. 타일의 박리	바탕 Mortar의 두께 및 접착불량/ 거동
들뜸	바탕면과 Mortar사이 들뜸	바탕Mortar의 두께 및 접착불량/ 거동
균열	바탕면과 바탕 Mortar의 신축과 균열로 타일표면 균열	신축줄눈 미설치, 타일간 이격불량, 바탕면 균열 및 거동
백화	타일 표면과 줄눈사이	줄눈 재질 및 시기, 물끊기 누락
동해	동결용해로 타일표층의 들뜸	재료의 온도 및 양생온도

2. 발생원인

- **재료**
  타일 뒷굽 부족, 철물의 부식, 붙임모르타르의 조합 및 두께 불량
- **시공**
  접착증강제 사용미숙, 두들김 횟수 불량, 오픈타임 미준수, 신축줄눈 미설치, 코너부위 및 이질재와 만나는 부위의 처리불량
- **환경**
  동결용해에 의한 팽창, 방수불량으로 인한 누수양생온도
- **거동**
  부동침하 및 진동에 의한 거동, 바탕면 균열

3. 방지대책

1) 재료
타일 뒷굽, 흡수율, 강도, 뒷면 충전

2) 준비
① 바탕면에 따른 공법선정
② Sample시공: 뒷면 밀착률 확인 및 줄눈나누기, 시공성 판단

3) 붙임
① 바탕 Mortar: 바름두께, 면처리
② 붙임 Mortar: 바름두께, Open Time, 배합비
③ 타일 시공: 두들김 횟수, 뒷면 충전, 숙련도
④ 줄눈: 충전성, 줄눈깊이, 줄눈시기
⑤ 신축줄눈: 간격, 줄눈폭, 위치, 마감방법
⑥ 부위별: 코너부위, 교차부위 타일 간격 조정
⑦ 치장줄눈: 줄눈의 형상, 시기

4) 양생
계절에 따른 양생, 진동 및 충격 금지

Lay Out

9-2-2 석공사

1 재료 Lay Out

석재

가공
- 혹두기
- 정다듬
- 도드락 다듬
- 잔다듬
- 물갈기
- 버너구이

허용오차

검사항목		허용오차
가로, 세로	두께 50mm 이하 두께 50mm 이상	±1.5mm 이하 ±3.0mm 이하
두께	변환치수	+3mm ~ -1.5mm 이하
굽힘과 뒤틀림	결 있는 판재 결 없는 판재	1.0mm 이하 1.5mm 이하
꽂음촉 구멍	중심의 어긋남 깊이의 오차	±0.5mm 이하 ±0.1mm 이하

연결철물

Anchor-1차

조정판-2차

Sealing

Sealant
- 신축 허용률±10% 이상 제품
  (실리콘계, 변성 실리콘계, 폴리설파이드계, 폴리우레탄계)

Caulking
- 신축 허용률±10% 미만 제품
  (오일계, 부틸계)

Lay Out

② 공법 Lay Out

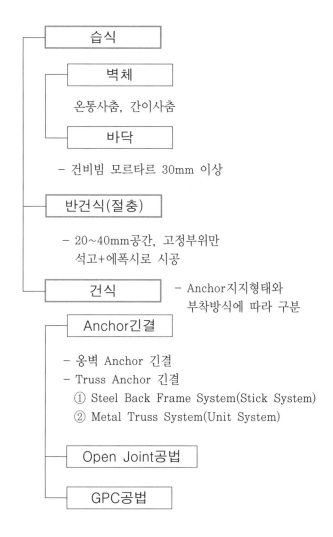

```
┌─ 습식
│   ┌─ 벽체
│   │   온통사춤, 간이사춤
│   └─ 바닥
│   – 건비빔 모르타르 30mm 이상
├─ 반건식(절충)
│   – 20~40mm공간, 고정부위만
│     석고+에폭시로 시공
└─ 건식        – Anchor지지형태와
                 부착방식에 따라 구분
    ┌─ Anchor긴결
    │   – 옹벽 Anchor 긴결
    │   – Truss Anchor 긴결
    │     ① Steel Back Frame System(Stick System)
    │     ② Metal Truss System(Unit System)
    ├─ Open Joint공법
    └─ GPC공법
```

Lay Out

③ 하자 Lay Out

```
         ┌─────────────────┐
         │    가공결함      │
         └─────────────────┘

   – 배부름: 절단속도가 고속
   – 얼룩: 절단 후 물씻기 부족
   – 휨: 열을 가한 후 물뿌리기
   – 균열: 판이 얇은 경우
   – 포장재: 스틸밴드에 의한 오염
   – 황변: 유효두께 부족
         ┌─────────────────┐
         │      하자        │
         └─────────────────┘
         ┌─────────────────┐
         │   유형/발생률%   │
         └─────────────────┘

   – 파손, 탈락/균열
   – 변색/오염
   – 줄눈불량
   – 찍힘
   – 이음부 불량
   – 구배불량
         ┌─────────────────┐
         │      원인        │
         └─────────────────┘

   – 재료: 선정 및 가공
   – 시공: 운반, 보관, 골조바탕면, 간격 및
     수직수평
   – 환경: 양생 및 보양, 동절기, 우기
   – 거동: 부동침하 및 진동에 의한 거동,
     바탕면 균열
```

Lay Out

④ 방지대책 Lay Out

재료 – 재료 및 공법선정

- Anchor의 구조검토
- Stone의 재질/ 규격/ 가공상태(특수부위는 기능에 맞게)
- Sealing재 선정

준비/시공 – 운반, 보관, 양중, 시공시기

- 줄눈나누기 및 먹매김
- 바탕면의 수직 수평 상태
- 연결철물의 간격 및 고정
- Stone의 연결부위 가공상태 및 위치
- 부위별 시공: 코너부위/이음부위/ 하단부
- 신축줄눈
- Sealing재 간격 및 깊이, 시공시기

보양

파손방지

- 바닥: 청소 후 비닐 및 보양포 깔기 후 3일간 통행금지하고
  1주일간 진동, 충격금지
- 벽. 기둥: 0.1mm 이상 비닐 및 모서리부위 완충재시공

오염방지

- 바닥 및 내벽: 청소 후 즉시 보양
- 외벽: 녹발생 요소 제거, 고압수로 물세척

1 재료

1. 석재

1-1. 암석의 물성기준 - 건축공사 표준시방서 2015

구분		흡수율 (최대%)	비중 (최대%)	압축강도 (N/㎟)	철분 함량 (%)
화성암(화강암, 안산암)		0.5	2.6	130	4
변성암 (대리석, 사문암)	방해석	0.8	2.65	60	2
	백운석	0.8	2.9		
	사문석	0.8	2.7		
수성암 (점판암, 사암)	저밀도	13	1.8	20	5
	중밀도	8	2.2	30	5
	고밀도	4	2.6	60	4
	보통	21	2.3	20	5
	규질	4	2.5	80	4
	규암	2	2.6	120	4

1-2. 표면마감의 종류

마감의 종류			마감의 정도	마감방법
혹두기			혹모양의 거친 요철	손가공
두드림마감	정다듬	거친 마감	100㎠(10cm×10cm) 중에 정자국이 5개 정도	손가공
		중간 마감	100㎠(10cm×10cm) 중에 정자국이 25개 정도	
		고운 마감	100㎠(10cm×10cm) 중에 정자국이 40개 정도	
	도드락다듬	거친 마감	16(目)(30mm각) 도드락망치로 마감한 것	손가공 혹은 기계가공
		조면 마감	25(目)(30mm각) 도드락망치로 마감한 것	
	잔다듬 (날망치)	1회.2회.3회	칼자국이 2.0mm내외, 1.5내외, 1.0내외마감	
물갈기마감	거친갈기	수동	Metal #60(Metal Polishing Disc)	기계가공 (손가공)
		자동	마석 #3(磨石 : 맷돌)	
	물갈기	수동	레진 #1,500(Resin Polishing Disc)	
		자동	마석 #14	
	본갈기	수동	레진 #3,000(Resin Polishing Disc)	
		자동	마석 #15	
	정갈기	수동	광판(광내기)	
		자동	P.P(파우더)	
Jet burner 마감			2,000℃ 내외의 burner를 사용하여 표면이 동일한 조면(粗面)이 되도록 마감하는 것	기계가공 (손가공)

재료

□ 처짐 값
- 구조계산에 의하여 최소 처짐을 ℓ/180 또는 60mm 이내

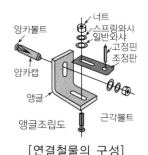

[연결철물의 구성]

[FZP Anchor]
독일 Fischer 社

[DCT Anchor]
독일 Keil 社

[AL Extrusion System]

2. 연결철물

1) Anchor의 일반사항

① 규격은 석재의 크기 및 중량, 시공 개소에 따라 충분한 강도와 내구성을 보장 할 수 있도록 건축구조기준에 준한 구조계산서에 따르고 석재 1개에 대하여 최소 2개 이상을 사용한다.

② 모든 재료는 STS 304 제품을 사용한다.

2) 스테인리스강(STS 304)의 화학성분 기준

종류	C (탄소)	Si (규소)	Mn (망간)	P (인)	S (황)	Cr (크롬)	Ni (니켈)
KS 표준치	≤0.08	≤1.00	≤2.00	≤0.045	0.030	18~20	8~10.50

① 인체에 무해하고 환경호르몬(다이옥신)이 없는 제품

② 내식성이 우수하고 부식 또는 녹이 나지 않는 제품

③ 우수한 내식성, 내열성, 저온인성을 가지며 성형가공 및 용접성이 양호하며 열에 경화되지 않으며 자성(磁性)은 없어야 한다.

④ 처짐현상이 없으며 충격에 강하고 내구성 및 내약품성이 탁월하며 변색되지 않는 제품

3. 모르타르 줄눈

재료 용도	시멘트	모래	줄눈 너비
통 돌	1	3	실내, 외벽, 벽·바닥은 3~10mm
바닥모르타르용	1	3	실내, 외부, 바닥 벽 3~6mm
사춤모르타르용	1	3	가공석의 경우 실내의 3~10mm
치장모르타르용	1	0.5	거친 석재일 경우 3~25mm
붙임용 페이스트	1	0	

4. 실링재

- 신축허용률 ±10% 이상 제품 (실리콘계, 변성 실리콘계, 폴리설파이드계, 폴리우레탄계)

- 신축허용률 ±10% 미만제품 (오일계, 부틸계)

5. 부자재

① Primer: Sealant의 접착력 향상과 접착면적의 증가, 실리콘 오일의 석재이동 방지

② Back Up재: 발포 폴리에틸렌 재질로 이루어져 있으며 3면 접착방지, 줄눈 폭보다 2~3mm 정도 큰 것을 사용한다.

2 공법

1. 습식

1-1. 벽체

1) 온통 사춤공법 – 외벽

구조체와 석재 사이를 연결(긴결)철물로 연결한 후 구조체와의 사이에 간격 40mm를 표준으로 사춤 Mortar를 채워 넣어 부착시키는 공법

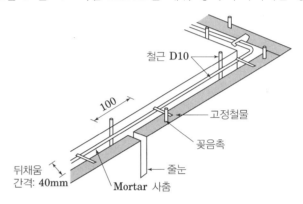

① 사춤 : 시멘트 : 모래 = 1 : 3비율

② 종방향 철근간격 @600mm

③ 횡방향 철근은 줄눈의 하단에 맞추어 설치

2) 간이사춤 공법 – 외벽

구조체와 석재 사이를 철선 및 탕개, 쐐기 등으로 고정한 후 구조체와의 사이에 Mortar를 사춤하는 공법으로 외부 화단 등 낮은 부분에 적용된다.

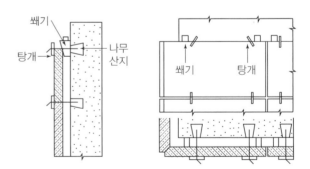

1-2. 바닥

1) 깔기 Mortar 공법 – 바닥

건비빔 Mortar(시멘트 : 모래 = 1 : 3)를 바닥면에 40~70mm 정도 깔아 놓고 Cement Paste를 뿌린 후 고무망치로 두들겨 시공하는 공법

공법

□ 부자재
● 동선: 돌의 이탈방지와 마감거리 유지
● 석고: 동선을 감싸주어 외부에서 받는 충격이나 압력을 지탱
● 에폭시: 접착역할

2. 반건식

구조체와 석재를 황동선(D4~5mm)으로 긴결 후 긴결 철물 부위를 석고(석고 : 시멘트 = 1 : 1)로 고정시키는 공법

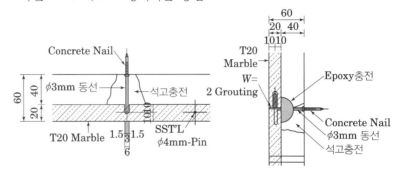

3. 건식

3-1. 공법분류

구분	공법	적용 System	고정 Anchor
고정방식	옹벽 Anchor긴결	옹벽에 직접고정	• Pin Hole
	Truss Anchor긴결 & Back Frame System	Steel Back Frame System • Back Frame • Stick System	• Pin Hole • AL Extrusion System • Back Anchor
		Metal Truss System • Back Frame • Unit System	• AL Extrusion System • Back Anchor
줄눈형태	Open Joint	• Back Frame O.J • 옹벽 O.J	• AL Extrusion System • Back Anchor
PC	GPC	(Unit System)	

1) Pin Hole공법(꽂음촉 공법)

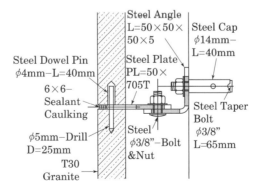

석재를 Anchor, Fastener, 꽂음촉을 이용하여 고정시키는 공법

[Pin Hole공법]

[Steel Back Frame]

[Metal Truss System]

2) Steel Back Frame System - Stick Type(Mullion)

① 아연도금한 각 파이프를 구조체에 긴결시킨 후 수평재에 Angle과 Washer, Shim Pad를 끼우고 앵글을 상하 조정하여 너트로 고정 시키고 조인다음 앵글에 조정판을 연결하고 고정 시키는 공법

② 석재 내부에 단열재를 설치하므로 누수확인

③ Steel Back Frame을 구조체에 고정 후 Frame에 Pin Dowel공법 또는 AL Extrusion System으로 석재를 고정하고 줄눈은 Sealant 나 Open joint로 처리

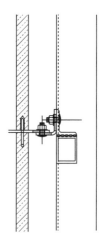

3) Metal Truss System - Unit System

① 아연 도금한 유니트(Unit)화된 구조체(Back Frame)에 석재를 공장 또는 현장의 작업장에서 시공한 뒤 석재Panel을 인양장비를 이용 하여 조립식으로 설치해 나가는 공법

② 공장 및 현장 작업장에서 Steel Back Frame위에 석재를 Back Anchor 또는 AL Extrusion System으로 석재를 고정하고 줄눈은 Sealant나 Open Joint로 처리

4) Open Joint

> 등압(Air Pressure Equalization)이론을 기초로 하여 Sealant처리를 하지 않고 공기의 유입을 완전히 차단시키는 Air-tighting기능의 레인 스크린(Rain Screen)과 등압공간(Air Chamber), 단열재, 내부 방습막(Vapour Barrier)으로 기밀을 유지

| 옹벽 O.J | · 창호 Frame 주위에 공기의 유입을 차단시키는 Air-tightening 기능으로 기밀성 확보 |

| Back Frame O.J | · Rain Screen을 설치하고 Mullion과 만나는 부위 Sealant 처리로 기밀성 확보 |

공법

□ Rain Screen
- 두께 1.0mm 아연도 강판을 사용하고 이음부위는 Sealant 로 연결한 다음 두께 1.0mm 의 일면 AL 호일 자착식 부 틸 Sheet를 부착하여 기밀성 확보

□ Air Chamber
- 외부로 열린 공기방

□ Vapour Barrier
- 공기와 습기의 흐름을 차단 할 수 있고 풍압을 견딜 수 있는 내부 방습 및 기밀막

□ GPC용 Shear Connector

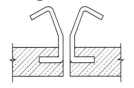

[꺽쇠형]

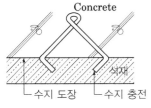

[Shear Connector]

□ 배면처리
- 도포량은 500g/㎡ 이상
- 도포 후 옥내에서 2일 이상 건조

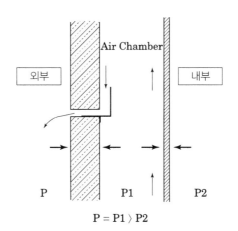

$$P = P1 > P2$$

[등압공간 및 기밀막의 구성요소]

5) GPC(Granite Veneer Precast Concrete)공법

화강석판을 하부에 깔고 연결철물을 이용하여 콘크리트를 타설한 후 양중하여 시공하는 공법으로 PC 커튼월의 일종

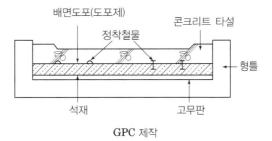

GPC 제작

하자

③ 하자

1. 하자유형

1-1. 가공결함

1) 가공결함

- 배부름
  절단속도가 고속
- 얼룩
  절단 후 물씻기 부족
- 휨
  열을 가한 후 물 뿌리기
- 균열
  판이 얇은 경우
- 포장재
  스틸밴드에 의한 오염
- 황변
  유효두께 부족

2) 기타 하자

- 파손/ 탈락/ 균열
- 변색/오염
- 줄눈불량
- 찍힘
- 이음부 불량
- 구배 불량

1-2. 발생원인

- 재료
  선정 및 가공
- 시공
  운반, 보관, 골조 바탕면 간격 및 수직수평
- 환경
  양생 및 보양, 동절기, 우기
- 거동
  부동침하 및 진동에 의한 거동, 바탕면 균열

방지대책

④ **방지대책**

1) 재료
① Anchor의 구조검토
② Stone의 재질 및 규격, 가공상태
③ Sealing의 선정

2) 준비
① 바탕면에 따른 공법선정
② Sample시공: 줄눈나누기, 시공성 판단

3) 붙임
① 바탕면의 수직 수평 상태
② 연결철물의 간격 및 고정
③ Stone의 연결부위 가공상태 및 위치
④ 부위별 시공: 코너부위/ 이음부위/ 하단부
⑤ 신축줄눈
⑥ Sealing재 간격 및 깊이, 시공시기

4) 보양

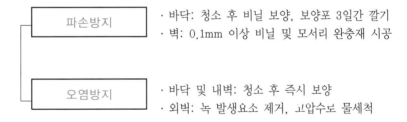

| 파손방지 | · 바닥: 청소 후 비닐 보양, 보양포 3일간 깔기 |
| | · 벽: 0.1mm 이상 비닐 및 모서리 완충재 시공 |

| 오염방지 | · 바닥 및 내벽: 청소 후 즉시 보양 |
| | · 외벽: 녹 발생요소 제거, 고압수로 물세척 |

9-3장

바름공법

Lay Out

9-3-1 미장공사

① 재료 Lay Out

> 미장공사

1. 설계
   - 부동침하, E/J, CJ,
2. 재료
   - Main 재료: 초벌용 5mm체, 정벌용 2.5mm체
   - Sub 재료: Metal Lath, Wire Mesh, 섬유보강재, 모르타르 접착 증강제
3. 시공(바름 전 중 후)
   - 기준점, 배합비, 줄눈, 바탕처리, 물축임, 부위별(코너, 이질재 접합부위), 수직도
   - 기준: (횟수, 두께, Open Time)
4. 양생
   - 보양, 동해방지
※ 바닥미장
   - 차음재
   - 기포콘크리트

Lay Out

② 공법 Lay Out

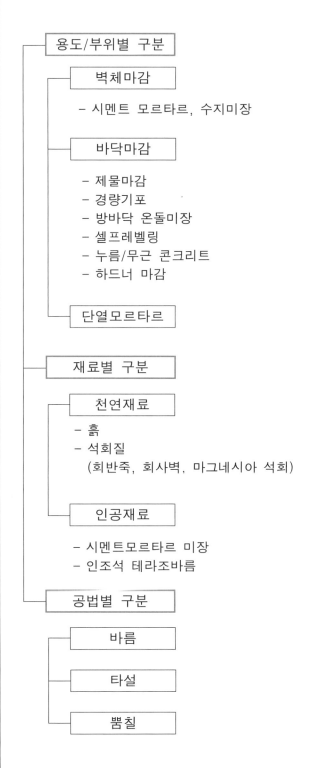

용도/부위별 구분

벽체마감

– 시멘트 모르타르, 수지미장

바닥마감

– 제물마감
– 경량기포
– 방바닥 온돌미장
– 셀프레벨링
– 누름/무근 콘크리트
– 하드너 마감

단열모르타르

재료별 구분

천연재료

– 흙
– 석회질
 (회반죽, 회사벽, 마그네시아 석회)

인공재료

– 시멘트모르타르 미장
– 인조석 테라조바름

공법별 구분

바름

타설

뿜칠

Lay Out

③ 벽체하자 Lay Out

요구조건

재료요구성능 · 소요강도, 접착성능, 균열저항

바탕요구조건 · 조면도, 평활도, 두께, 강도

유형/원인

균열, 박리	구조체 및 바름불량, 바탕처리
불경화	동절기
흙손반점	마무리 시점불량
변화	재료불량
동해	동절기
오염	보양불량
백화	배합불량
곰팡이 반점	경화불량

방지대책 · 원인: 재료, 바탕, 시공, 환경, 거동

재료 · 요구성능 및 보강재료

시공

1. 바름 전:
바탕처리 및 물축임, 창호주위 사춤 및 마감깊이 확인, Metal Lath 보강(균열예상부위)
2. 바름 중:
바름두께 준수 및 횟수, 이질재 접합부위 줄눈, 배합비 준수 및 Open Time

보양/양생/검사 · 바름 후: 평활도, 수직수평, 들뜸부 확인

Lay Out

④ 바닥하자 Lay Out

요구조건

재료요구성능   소요강도, 접착성능, 균열저항

바탕요구조건   조면도, 평활도, 두께, 강도

하자원인

 – 재료: 요구조건 및 보강재료
 – 바탕: 조면처리
 – 시공: 배합비, 시공속도
 – 환경: 팽창과 수축
 – 거동: 하중, 충격, 부동침하

방지대책

재료   요구성능 및 보강재료

시공

 1. 시공 전
    바탕처리 및 물축임
    이질재 접합부위 줄눈
    Control Joint
    배합비 준수 및 Open Time
    Metel Lath 보강(균열예상부위)
 2. 시공 중(바름, 타설)
    두께
    구배 및 Level
    이음처리
    마감시기 및 처리방법

보양/양생/검사   Saw Cuttlng

재료

부착강도

Key Point

□ Lay Out
- 재료의 성능기준
- 바름 기준 · 접착강도
- 유의사항

□ 기본용어
- 미장 접착 증강제
- 수지미장
- 단열모르타르
- 방바닥 온돌미장
- Control Joint

── 접착 증강제 사용방법 ──

□ 도포
- 일반적으로 물에 3배 희석해서 사용
- 모르타르 비빔 후 30분 이내에 사용

□ Paste에 혼합

$$\frac{P(\text{폴리머 중량})}{C(\text{시멘트 중량})} = \frac{0.135}{1}$$

□ Mortar에 혼합

$$\frac{P(\text{폴리머 중량})}{C(\text{시멘트 중량})} = \frac{0.075}{1}$$

---

1 재료

1. 모래

1-1. 입도

| 초 · 재벌용 | · 5mm체 통과분 100% |
| 정벌용 | · 2.5mm체 통과분 100% |

모래입도의 최대크기는 바름 두께에 지장이 없는 한 큰 것으로 하되 바름 두께의 1/2 이하로 한다.

2. 혼화재료

1) 종류별 역할

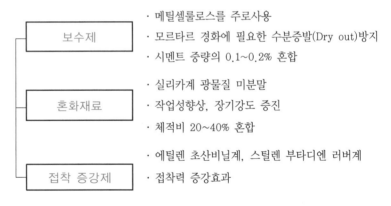

보수제	· 메틸셀룰로스를 주로사용 · 모르타르 경화에 필요한 수분증발(Dry out)방지 · 시멘트 중량의 0.1~0.2% 혼합
혼화재료	· 실리카계 광물질 미분말 · 작업성향상, 장기강도 증진 · 체적비 20~40% 혼합
접착 증강제	· 에틸렌 초산비닐계, 스틸렌 부타디엔 러버계 · 접착력 증강효과

2) 접착 증강제 효과

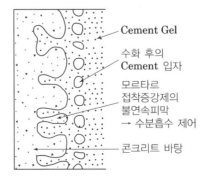

Cement Gel
수화 후의 Cement 입자
모르타르 접착증강제의 불연속피막 → 수분흡수 제어
콘크리트 바탕

콘크리트면에 불연속 피막을 형성하여 바탕면 수분흡수 제어

재료

3. 시멘트 모르타르 배합 및 바름두께

1) 공정별 배합비

공정	재료배합(용적비)				소요량 (kg/m²)	바름 횟수	시공간격	
	시멘트	모래	혼화재	수용성 수지			공정간	최종양생
초벌바름	100	300	15~20	0~0.2	6~18	1	14일 이상	-
고름질	100	300	10~30	0~0.2	0~18	0~1	14일 이상	-
재벌바름	100	300	10~30	0~0.2	6~18	1	1~10일	-
정벌바름	100	300	10~30	0~0.2	6~12	0~1	-	14일 이상

2) 시공 부위별 재료 배합비

바름
· 초벌바름 – 부배합 (바탕면 부착력 확보)
· 정벌바름 – 빈배합 (마감면 시공성 확보)

부위
· 내벽 – 초벌, 라스먹임, 고름질, 재벌, 정벌(1:3)
· 일반 외벽 – 초벌 및 라스먹임, 정벌(1:2)
· 라스바탕 외벽 – 초벌 및 라스먹임(1:2)
　　　　　　　　 고름질/ 재벌/정벌(1:3)

3) 바름두께의 표준

☐ 바탕면 오차조정
- 바탕면의 상태에 따라 ±10% 의 오차를 둘 수 있다.

바탕	바르기 구분	바름두께(단위:mm)					
		초벌 바름	라스 먹임	고름질	재벌 바름	정벌 비름	합계
콘크리트, 콘크리트 블록 및 벽돌면	바닥	-	-	-	-	24	24
	벽	7	7	-	7	4	18
	천장/차양	6	6	-	6	3	15
	바깥벽/기타	9	9	-	9	6	24
각종 라스바탕	내벽	라스보다 2mm 내외 두껍게 바른다.		7	7	4	18
	천장/차양			6	6	3	15
	바깥벽/기타			0~9	0~9	6	24

바름두께 설계 시에는 작업 여건이나 바탕, 부위, 사용용도에 따라서 재벌두께를 정벌로 하여 재벌을 생략하는 등 바름두께를 변경할 수 있다. 단, 바닥은 정벌두께를 기준으로 하고, 각종 라스바탕의 바깥벽 및 기타 부위는 재벌 최대 두께인 9mm를 기준으로 한다.

공법

② 공법

1. 용도 및 부위별

1-1. 벽체 시멘트 Mortar 바름

1) 시멘트 모르타르 바름

시멘트 + 모래 + 혼화재 + 물

2) 수지미장

석회석·대리석 분말(75%) 및 규사를 주재료로 하고 아크릴 폴리(15%)를 첨가하여 Ready Mixed Mortar를 현장에서 물과 혼합하여 1~3mm 두께로 얇게 미장

바탕처리 → 수지미장 → 보수

[배합 및 반죽]　　　[쇠흙손1~2차 미장 후 1~2차 뿜칠]

1-2. 바닥미장

1) 콘크리트 제물마감

미장면에 방수를 마감하기 위하여 콘크리트 타설 후 쇠흙손, Level기, Finisher를 이용하여 면을 마감하는 방법

콘크리트 타설 → 쇠흙손 마감 → Finsher 마감

[Leveling]　　　[마감정도를 고려하여 시공]

2) 경량기포 콘크리트

① 단열 완충재는 슬래브 바닥면에 밀착시켜 깔고 이음부위는 접착테이프를 사용하여 100mm 이상 겹쳐 잇는다. 단열 완충재의 교점과 연결 부위에는 가로·세로 각각 900mm 간격으로 상부에 고정판을 설치하고, 타카핀으로 밀착하여 고정시킨다.

② 바탕을 깨끗이 청소하고 주변 벽체에 경량기포 콘크리트 타설 높이를 먹매김 하여 표시한 후, 단열 완충재의 고정상태를 확인한다.

구분	경량 기포 콘크리트	경량 폴 콘크리트	경량기포 폴 콘크리트
배합구성	시멘트+물+기포제	시멘트+물+모래+폴	시멘트+물+기포제+폴
배 합 비	시멘트: 8.5포/m^3	시멘트: 4포/m^3 모래: 0.38m^3/m^3 폴: 0.84m^3/m^3	시멘트: 8포/m^3 폴: 0.35m^3/m^3

※ KS F 4039(2014년 기준) 현장타설 기포콘크리트 규격 중 0.5품 이상일 것.(시편의 크기는 50×50×50mm로 공사 전·공사 중 각 3개조씩 제작

[Laser screed]

[Finisher]

[기포 플로우 시험]
- 0.5품 플로우 값
  (180mm 이상)
- 크기 350×350mm 유리판 위에 안지름 80mm인 아크릴 원통을 세운 후 원통을 살며시 들어올려 1분 후에 시료가 퍼진 4방향에 대해 등간격으로 측정하여 평균값 구한다.
- 300㎥당 1회 실시

[기포 콘크리트 타설]

□ 기포제
- 동물성 기포제가 식물성 기포제보다 압축강도 발현이 빠르고 흡수율이 높다.

공법

[방통 타설]

[쇠흙손 1차마감]

[쇠흙손 최종마감]

[Saw Cutting]

- 7일 압축강도 0.9N/㎟ 이상 / 28일 압축강도 1.9N/㎟ 이상
- 열전도율 0.130 $W(m \cdot k)$ 이하

3) 온돌바닥 미장

| 하루전 살수 | → | 마감횟수 3회 이상 | → | 7일간 습윤양생 |

최소 3일간 통행을 제한하고 모르타르면에 폭 0.2mm 이상의 잔금 또는 균열이 발생한 때는 시공 후 3개월 이상 경과한 시점에서 무기질 결합재에 수지가 첨가된 균열 보수제를 사용하여 보수한다.

구분	내용
배합비	1㎡당 시멘트400~440kg, 모래1400~1560kg, W/C=65~72%
품질관리	① 조립률: 2.7~3.2 ② 압축강도: 모르타르의 28일 압축강도 ≥ 210kgf/㎠ ③ 동절기: 외기와 모르타르의 온도차가 20℃ 이하가 되도록 할 것

4) Self Leveling

구분		내용
재료	석고계	석고+모래+경화지연제+유동화제
	시멘트계	포틀랜드 시멘트+모래+분산제+유동화제
품질관리		① 바름두께 10mm 이하인 경우 모래를 혼합하지 않는다. ② 10~20mm인 경우 30~100% 혼입

5) 무근/누름 Concrete

구분		내용
Saw Cutting	깊이	무근콘크리트 두께의 1/4~1/3
	간격	3~4m
	시기	콘크리트 타설 후 4~7일 사이

6) Hardner(바닥강화재)

구분		내용
재료	주재료	금강사, 규사, 철분, 광물성 골재, 규불화 마그네슘
	Primer	바탕의 구멍을 메우고 마감재와의 부착
배합 및 바름두께	분말형	3~7.5kg/㎡, 3mm 이상, 모르타르의 배합은 1:2 이상, 두께는 30mm 이상
	침투식 액상	0.3~1.0kg/㎡, 액상 침투식, 물로 희석하여 2회 이상 도포, 1차 도포분이 흡수 및 건조된 후에 2차 도포

1-3. 단열 모르타르 바름

구분		내용
재료	유기질계	EPS+시멘트+성능 개선재
	무기질계	질석 또는 펄라이트+시멘트+성능개선재
품질관리		기성 모르타르에 물만 넣어 사용 균열방지를 위해 1회 바름두께는 10mm 이하로 한다.

③ 벽체하자

1. 요구조건

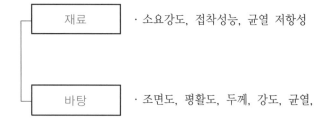

재료	· 소요강도, 접착성능, 균열 저항성
바탕	· 조면도, 평활도, 두께, 강도, 균열,

2. 하자유형 및 원인

유형	원 인
균열	구조체 및 바름 불량, 바탕처리 미흡
박리	구조체 및 바름 불량, 바탕처리 미흡
불경화	동절기
흙손반점	마무리 시점 불량
변화	재료 불량
동해	동해
오염	보양 불량
백화	배합 불량
곰팡이반점	경화 불량

3. 유의사항

* 재료
  요구조건 및 보강재료
* 시공
  ① 바름 전
  　　－ 바탕처리 및 물축임
  　　－ 배합비 준수 및 Open time
  　　－ 이질재 접합부위 줄눈처리
  　　－ 창호주위 사춤 및 마감깊이 확인
  　　－ Metal Lath보강
  ② 바름 중
  　　－ 바름두께 및 횟수준수
  　　－ 배합비 준수 및 Open Time
  　　－ 접착력 확보: 작업시간 내 마감
* **보양, 양생, 검사**
  평활도. 수직수평. 들뜸부 확인

바닥하자

4 **바닥하자**

1. 요구조건

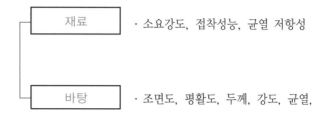

| 재료 | · 소요강도, 접착성능, 균열 저항성 |

| 바탕 | · 조면도, 평활도, 두께, 강도, 균열, |

2. 발생원인

- **재료**
  요구조건 및 보강재료, 과도한 물 재료비
- **바탕**
  부착조건
- **시공**
  배합비, 시공속도, 두께
- **환경**
  팽창, 수축, 풍량 및 풍속
- **거동**
  부동침하 및 진동에 의한 거동, 바탕면 균열

3. 유의사항

- **재료**
  요구조건 및 보강재료
- **시공**
  ① 시공 전
  - 기포콘크리트 건조상태에 따른 살수 여부 확인
  - 기포콘그리트 디설 후 소요재료 및 강도확인
  - Level 표시
  - 난방파이프 설치 고정상태, 수압검사 실시여부
  - Metal Lath보강
  ② 시공 중
  - 두께, 구배, Level
  - 고름질(자막대 수평고름)
  - 1차 미장(블리딩 수 제거)
  - 2~4차 미장(마무리 미장)
- **보양, 양생, 검사**
  타설 후 2일째부터 7일까지 습윤양생, 출입통제

Lay Out

9-3-2 도장공사

1 재료 Lay Out

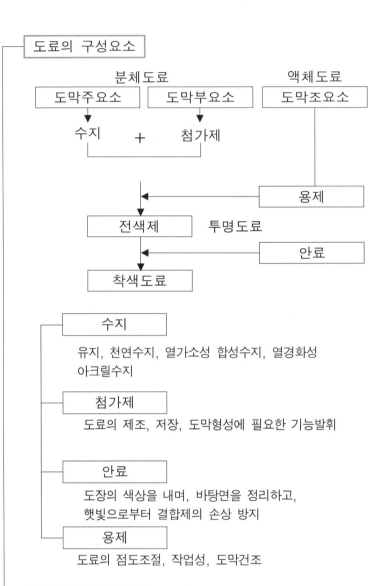

광택분류 (기준: 60˚ 은면 반사율)		도료의 점도 조절
– 유광(Full gloss): 70˚ 이상		– 용제: 녹일 수 있는 용액
– 반광(Semi gloss): 30~70˚		– 신너: 여러 용제들의 혼합물
– 반무광(Egg shell): 10~30˚		– 수성페인트: 물을 용제로 사용
– 무광(Flat): 10˚ 이하		– 유성페인트: 신너를 용제로 사용

Lay Out

② 공법 Lay Out

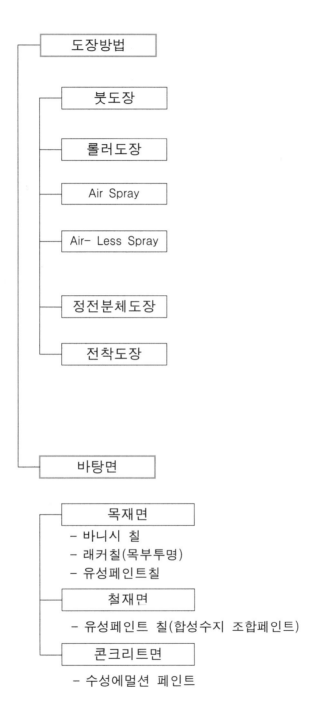

도장방법

붓도장

롤러도장

Air Spray

Air- Less Spray

정전분체도장

전착도장

바탕면

목재면
- 바니시 칠
- 래커칠(목부투명)
- 유성페인트칠

철재면
- 유성페인트 칠(합성수지 조합페인트)

콘크리트면
- 수성에멀션 페인트

Lay Out

③ 하자유형 Lay Out

결함유형		원인
도료저장 중 하자		점도상승, 안료침전, 피막생성하자, 겔화 하자
도장 공사 중 발생 하자	붓자국(Brush Mark)	도료의 유동성 불량
	패임(Cratering)	도장조건이 고온다습하고 분진이 많은 하절기(분진과 수분)
	오렌지필 (Orangepeel)	귤껍질 같은 요철: 흡수가 심한 바탕체에 도장, 고점도 도료사용
	색분리 (Flooding)	2종이상의 안료로 제조하면 입자의 크기, 비중, 응집성의 차이로 침강 속도차(색상 상이)
	색얼룩(Floating)	도료표면에 부분적인 색상차(색분리와 동일)
	흐름 (Sagging, Running)	수직면에 도장한 경우 도료가 흘러내려 줄무늬모양
건조 중	백화(Blushing)	도막면이 백색으로 변함. 고온다습한 경우, 증발이 빠른 용제를 사용할 경우
	기포(Bubble)	용제의 증발속도가 지나치게 빠른 경우, 기포가 꺼지지 않고 남음
	번짐(Bleeding)	하도의 색이 상도의 도막에 스며 나와 변함
건조 후	광택소실(Clouding)	하도의 흡수력이 심할 때, 시너를 적게 희석할 때, 건조불충분
	Pin Hole	바늘구멍, 건조불량, 고온다습 및 분진
장기간 경과 후	벗겨짐, 박리(Flaking)	부착불량, 점착테이프 사용 시, 왁스 및 오일 잔존으로
	부풀음 (Blistering)	도막의 일부가 하지로부터 부풀어 지름이 10mm ~ 그 이하로 분 산불량과 같은 미세한 수포발생(고온다습, 물)
	메탈릭 얼룩 (Metalic Mark)	금속분이 균일하게 배열되지 않고 반점상, 물결모양을 만드는 현 상. 시너의 증발이 너무 늦을 때, 도료의 유동성이 너무 양호할 때
	균열 (Cracking)	건조도막이 갈라지거나 터진 현상. 건조불량 및 두께 두꺼울 때
	변색 (Discoloration)	외부의 영향으로 인해 본 색상을 잃어버리는 현상

Lay Out

④ 방지대책 Lay Out

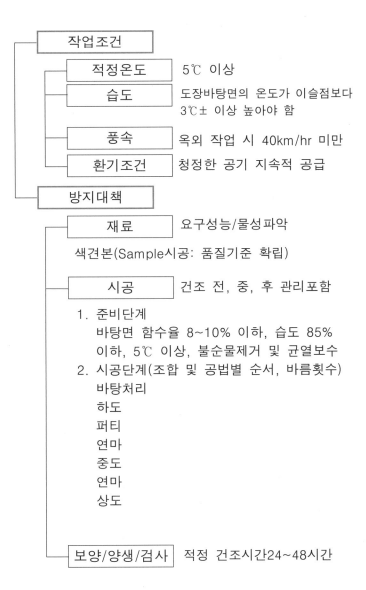

작업조건

적정온도	5℃ 이상
습도	도장바탕면의 온도가 이슬점보다 3℃± 이상 높아야 함
풍속	옥외 작업 시 40km/hr 미만
환기조건	청정한 공기 지속적 공급

방지대책

재료 ─ 요구성능/물성파악

색견본(Sample시공: 품질기준 확립)

시공 ─ 건조 전, 중, 후 관리포함

1. 준비단계
   바탕면 함수율 8~10% 이하, 습도 85%
   이하, 5℃ 이상, 불순물제거 및 균열보수
2. 시공단계(조합 및 공법별 순서, 바름횟수)
   바탕처리
   하도
   퍼티
   연마
   중도
   연마
   상도

보양/양생/검사 ─ 적정 건조시간24~48시간

재료

① 재료

1. 도료의 구성요소

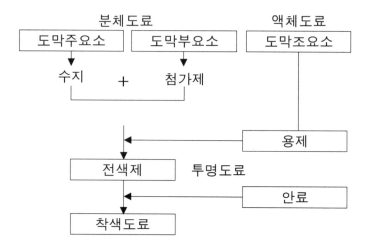

2. 성분과 기능

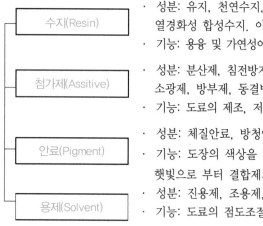

- 성분: 유지, 천연수지, 열가소성 합성수지, 열경화성 합성수지. 아크릴 수지
- 기능: 용융 및 가연성이 있고 도막을 형성하는 주재료

- 성분: 분산제, 침전방지제, 증점제, 광안정제, 조제, 소광제, 방부제, 동결방지제, 소포제 등
- 기능: 도료의 제조, 저장, 도막형성을 위한 기능발휘

- 성분: 체질안료, 방청안료, 착색안료 등
- 기능: 도장의 색상을 나타내며, 바탕면을 정리하고 햇빛으로 부터 결합제의 손상을 보호

- 성분: 진용제, 조용제, 희석제 등
- 기능: 도료의 점도조절, 작업성, 도막건조

☐ 전색제(Vehicle)
- 수지, 용제를 총칭하여 전색제라고 한다.
- 전색제는 원래 물감 등의 안료를 희석하는 아마인유(Linseed Oil), 물 등의 용액을 의미하는 단어

☐ 참고사항
- 도료의 구성에 있어 안료를 포함하지 않는 도료를 클리어(Clear, 투명)도료, 착색안료를 포함하는 도료를 에나멜(Enamel, 착색)도료라 한다.
- 도료에서는 경화반응을 이용하지 않고 용제증발 등의 물리적 건조만으로 막을 형성하는 열가소성 수지 도료와 경화반응에 의해 3차원 그물눈을 형성하여 막을 형성하는 열경화성 수지도료가 있다.

3. 광택 및 점도조절

광택분류(기준: 60° 은면 반사율)	도료의 점도 조절
• 유광(Full Gloss): 70° 이상 • 반광(Semi Gloss): 30~70° • 반무광(Egg Shell): 10~30° • 무광(Flat): 10° 이하	• 용제: 녹일 수 있는 용액 • 신너(Tinner): 여러 용제들의 혼합물 • 수성페인트: 물을 용제로 사용 • 유성페인트: 희석제(신너)를 용제로 사용

재료

4. 도료의 분류

1) 종류별 분류

구 분	종 류
용제 종류별	• 수성도료/ 유성도료, 용제형도료/ 무용제형도료
수지 종류별	• 알키드계, 아크릴계, 염화고무계, 염화비닐계, 에폭시계, 우레탄계, 불소계, 실리콘계, 오일계
도료 상태별	• 액체도료, 분체도료
도료 성능별	• 방청도료, 방염도료, 방균도료, 결로방지도료, 발수도료, 방수도료, 낙서방지 페인트, 친환경도료
도장 공정별	• 하도용, 상도용, 퍼티
피도물 종류별	• 무기질계용 도료, 금속용도료, 목재용도료, 플라스틱용도료
도막 상태별	• 투명/유색도료, 무늬도료, 유광/반광/무광도료
경화 방식별	• 상온 건조형, 가열 건조형, UV(자외선)경화형, EB(전자빔)경화형, VC(증기)경화형

방청 및 내화도료

● 철골공사 참조

2) KS 규격별 분류

규격번호	규격명	종류	종 명
KS M 6010	수성도료	1종	• 합성수지 에멀션 페인트(외부용)
		2종	• 합성수지 에멀션 페인트(내부용)
		3종	• 합성수지 에멀션 퍼티
KS M 6040	래커도료	1종	• 래커 프라이머(금속 표면처리 도장용)
		2종	• 래커 퍼티(하도바름 수정 도장용)
		3종	• 래커 서페이서(하도바름, 중도바름용)
		4종	• 목재용 우드실러
		5종	• 목재용 샌딩 실러
		6종	• 상도바름 마감용 투명래커
		7종	• 상도바름 마감용 래커 에나멜
KS M 6020	유성도료	1종	• 조합페인트
		2종	• 자연 건조형 에나멜 유광, 반광, 무광
		3종	• 알루미늄 페인트
		4종	• 아크릴 도료
KS M 6030	방청도료	1종	• 광명단 조합페인트
		2종	• 크롬산아연 방청 페인트
		3종	• 아연분말 프라이머
		4종	• 에칭 프라이머
		5종	• 광명단 크롬산아연 방청 프라이머
		6종	• 타르 에폭시수지 도료

공법

□ 붓도장
- 평행하고 균등하게 하고 붓
자국이 생기지 않도록 평활
하게 한다.

□ 롤러도장
- 도장속도가 빠르므로 도막
두께를 일정하게 유지하도
록 한다.

□ 스프레이 도장
- 표준 공기압을 유지하고 도
장면에서 300mm를 표준으
로 한다.
- 운행의 한 줄마다 스프레이
너비의 1/3 정도를 겹쳐 뿜
는다.
- 각 회의 스프레이 방향은 전
회의 방향에 직각으로 한다.

뿜칠재

● 물성: 순수 무기질계로
불연성
● 구성재료: 펄라이트, 질
석, 석고, 시멘트, 무기
접착제, 기포제, 발수제
● 공법선정: 의장성, 시공
성, 경제성
● 관리Point: 기온, 골조
Crack, 바탕면처리 및 함
수율, 색상, 설비시공시기

1. 도장방법

1) 붓도장

- 유성도료용: 고점도, 말털 사용
- 래커용: 저점도, 양털사용
- 에멀션, 수용성용: 중간점도, 양털 또는 말털 사용

2) 롤러도장
롤러의 마모상태를 수시로 점검하여 교체사용

3) Air Spray 도장

- 외부 혼합식: 유동성이 양호한 저점도 도료용
- 내부 혼합식: 고점도, 후막형 도장용

4) Air Less Spray 도장
공기의 분무에 의하지 않고 도료자체에 압력을 가해서 노즐로부터 도료
를 안개처럼 뿜칠하는 방법

5) 정전 분체도장
접지한 피도체에 양극, 도료 분무장치에 음극이 되게 고전압을 주어,
양극 간에 정전장을 만들어 그 속에 분말 도료를 비산시켜 도장

6) 전착 도장
수용성 도료 속에 전도성의 피도체를 담궈 도료와 반대 전하를 갖도록
전류를 흐르게 하여 전기적 인력으로 도장

2. 바탕면에 따른 기준 – 건축공사 표준시방서 2015

2-1. 목재면

1) 바탕 만들기

공정		면처리	건조시간	도료량 (Kg/㎡)
1	오염, 부착물 제거	오염, 부착물 제거		
2		송진의 긁어내기, 인두지짐, 휘발유 닦기		
3		대팻자국, 엇거스름, 찍힘 등을 P120~150연마지로 닦기		
4	옹이땜 셀락 니스	옹이 및 그 주위는 2회 붓도장 하기	각 회 1시간 이상	
5	구멍땜 퍼티	갈림, 구멍, 틈서리, 우묵한 곳의 땜질하기	24시간 이상	

공법

2) 유성 페인트 도장공정

	공정	내용	건조시간	도료량 (Kg/㎡)
1	바탕처리	연마지 P120으로 연마		
2	하도(1회)	조합도료 목재 프라이머 백색 및 담색(외부용) (KS M 5318)	24시간 이상	도료량 0.1 희석제 비율 0~10
3	나뭇결 메우기	오일 퍼티	24시간 이상	
4	연마	연마지 P180		
5	상도(1회)	조합 도료(유성 도료) (KS M 6020)	12시간 이상	도료량 0.12 희석제 비율 0~10
6	상도(2회)	조합 도료(유성 도료) (KS M 6020)	12시간 이상	도료량 0.12 희석제 비율 0~10

3) 바니시 칠(내부) 도장공정

바니시 칠

- 내·외부 구분 사용
- 가능한 나뭇결에 평행하게 시공
- 습도 85% 이하에서 시공

	공정	내용 및 배합비(질량비)		건조시간	도료량 (Kg/㎡)
1	바탕처리	연마지 P120~160			
2	착색	착색제		24시간 이상	0.03
3		우드 실러	100	10시간 이상	0.10
		래커 희석제	60~70		
4	중도(2회)	샌딩 실러	100	2시간 이상	0.25
		래커 희석제	40~50		
5	중도(2회)	샌딩 실러	100	2시간 이상	0.25
		래커 희석제	40~50		
6	연마	연마지 P240~P320			
7	상도(1회)	투명 래커	100	2시간 이상	0.15
		래커 희석제	90~100		
8	상도(2회)	투명래커	100	1시간 이상	0.15
		래커 희석제	90~100		

공법

2-2. 철재면

1) 바탕 만들기

① 철재면 바탕 만들기

종별	공정		면처리
인산염 처리 (1종)	1	오염, 부착물 제거	스크레이퍼, 와이어 브러시
	2	유류 제거	휘발유 닦기, 비눗물 씻기 또는 약한 알칼리성 액 가열처리, 더운물 씻기
	3	녹제거	격지녹, 녹슬음은 산 침지 더운 물 씻기, 샌드 블라스트로 제거
	4	화학처리	인산염 용액에 침지 처리 후 더운물 씻기, 건조 (크롬산에 다시 담가 처리)
	5	피막마무리	
금속바탕 처리용 프라이머 (2종)	1	오염, 부착물 제거	스크레이퍼, 와이어 브러시
	2	유류 제거	휘발유 닦기, 비눗물 씻기 또는 약한 알칼리성 액 가열처리, 더운물 씻기
	3	방청 도장	1회 붓질 또는 스프레이 도포량 01.~0.11,
보통금속 (3종)	1	오염, 부착물 제거	스크레이퍼, 와이어 브러시
	2	유류 제거	휘발유 닦기
	3	녹 제거	스크레이퍼, 와이어 브러시
			그라인딩 휠, 회전식 와이어 브러시

□ 방청도장 건조시간
– 건조시간: 24~48시간 이상
– 도포량: 0.1~0.11(kg/㎡)

② 아연도금면 바탕 만들기

종별	공정		면처리	도료량 (Kg/㎡)
금속바탕 처리용 프라이머 도장 (A종)	1	오염, 부착물 제거	브러시로 제거	
	2	녹 방지 도장	금속바탕용 프라이머 1회 붓도장	건조시간 2시간 내 도포량 0.05
황산아연 처리 (B종)	1	오염, 부착물제거	브러시로 제거	
	2	화학처리	황산아연 5% 수용액 1회 붓도장	건조시간 5시간 정도 도포량 0.05
옥외노출 풍화처리 (C종)	1	방치	노출 방치	건조시간 1개월
	2	오염, 부착물 제거	브러시로 제거	
	3	수세	물씻기	건조시간 2시간

공법

2) 도장공정
① 철재면 도장공정

공정		내용 및 배합비(질량비)		건조시간	도료량 (Kg/㎡)
1	바탕처리	연마지 P120			
2	방청	아연분말 프라이머 (KS M 6030)	100	48시간 이상	0.1
			희석제 0~10		
3	상도	조합 도료(유성 도료) (KS M 6020)	100	12시간 이상	0.12
			희석제 0~10		
4	연마	연마지 P180~240으로 가볍게 연마			
5	상도	조합 도료(유성 도료) (KS M 6020)	100	12시간 이상	0.1
			희석제 0~10		

② 아연도금면 도장공정

공정		내용 및 배합비(질량비)		건조시간	도료량 (Kg/㎡)
1	바탕처리	연마지 P120			
2	방청 (1회)	에칭 프라이머 (KS M 6030)	100	12시간 이상	0.09
			희석제 0~10		
3	방청 (2회)	아연분말 프라이머 (KS M 6030)	100	48시간 이상	0.1
			희석제 0~10		
4	상도 (1회)	조합 도료(유성 도료) (KS M 6020)	100	12시간 이상	0.12
			희석제 0~10		
5	연마	연마지 P180~240으로 가볍게 연마			
6	상도 (2회)	조합 도료(유성 도료) (KS M 6020)	100	12시간 이상	0.1
			희석제 0~10		

2-3. 콘크리트면
1) 바탕 만들기

공정		면처리	건조시간	도료량 (Kg/㎡)
1	바탕처리	바탕면의 들뜸이나 부풀음 여부 조사		
2	오염, 부착물 제거	오물, 부착물 제거		
3	프라이머	아크릴 에멀션 투명도료 1: 물 4	2시간	0.15
4	퍼티	아크릴 에멀션 퍼티 또는 석고퍼티	24시간	1
5	연마			

공법

2) 광택 수성 도료 도장공정

공정		내용 및 배합비(질량비)		건조시간	도료량 (Kg/㎡)
1	바탕처리	연마지 P120			
2	하도 (1회)	합성수지 에멀션 투명	100	3시간 이상	0.08
3	퍼티먹임 (2회)	합성수지 에멀션 퍼티	100	3시간 이상	0.1
		물	0~5		
4	연마	연마지 180~240			
5	상도 (1회)	광택합성수지 에멀션 페인트	100		
		물	5~10		
6	상도 (2회)	광택합성수지 에멀션 페인트	5~10		
		물	0~5		

2-4. 시공 공통사항

2-4-1. 바탕면 만들기

1) 퍼티먹임

① 표면이 평탄하게 될 때까지 1~3회 되풀이하여 빈틈을 채우고 평활하게 될 때까지 갈아낸다.

② 퍼티가 완전히 건조하기 전에 연마지 갈기를 해서는 안된다.

2) 흡수방지제

① 바탕재가 소나무, 삼송 등과 같이 흡수성이 고르지 못한 바탕재에 색올림을 할 때에는 흡수방지 도장을 한다.

② 흡수방지는 방지제를 붓으로 고르게 도장하거나 스프레이건으로 고르게 1~2회 스프레이 도장한다.

3) 착색

① 붓도장으로 하고, 건조되면 붓과 부드러운 헝겊으로 여분의 착색제를 닦아내고 색깔 얼룩을 없앤다.

② 건조 후, 도장한 면을 검사하여 심한 색깔의 얼룩이 있을 때에는 다시 색깔 고름질을 한다.

4) 눈먹임

① 눈먹임제는 빳빳한 털붓 또는 쇠주걱 등으로 잘 문질러 나뭇결의 잔구멍에 압입시키고, 여분의 눈먹임제는 닦아낸다.

② 잠깐 동안 방치한 후 반건조하여 끈기가 남아 있을 때에 면방사 헝겊이나 삼베 헝겊 등으로 나뭇결에 직각으로 문질러 놓고 다시 부드러운 헝겊으로 닦아낸다.

5) 갈기(연마)

① 나뭇결 또는 일직선, 타원형으로 바탕면 갈기 작업을 한다.

② 갈기는 나뭇결에 평행으로 충분히 평탄하게 하고 광택이 없어질 때까지 간다.

□ 도장시험(Sample시공)

– 견본도장을 할 때에는 최소 10㎡ 크기의 지정하는 표면 위에 광택 및 색상과 질감이 요구하는 수준에 도달할 때까지 마감도장을 한다.

□ 하도, 중도, 상도공정

– 불투명한 도장일 때에는 각 공정의 도막 층별로 색깔을 달리하여 횟수를 판별할 수 있도록 한다.

하자

③ 하자

1. 하자유형

결함유형		원인
도료 저장 중 하자		점도상승, 안료침전, 피막생성하자, 겔화 하자
도장 공사 중 발생 하자	붓자국 (Brush Mark)	도료의 유동성 불량
	패임(Cratering)	도장조건이 고온다습하고 분진이 많은 하절기 (분진과 수분)
	오렌지필 (Orangepeel)	귤껍질 같은 요철: 흡수가 심한 바탕체에 도장, 고점도 도료사용
	색분리 (Flooding)	2종 이상의 안료로 제조하면 입자의 크기, 비중, 응집성의 차이로 침강 속도차 (색상 상이)
	색얼룩 (Floating)	도료표면에 부분적인 색상차(색분리와 동일)
	흐름 (Sagging, Running)	수직면에 도장한 경우 도료가 흘러내려 줄무늬모양
건조 중	백화 (Blushing)	도막면이 백색으로 변함. 고온다습한 경우, 증발이 빠른 용제를 사용할 경우
	기포 (Bubble)	용제의 증발속도가 지나치게 빠른 경우, 기포가 꺼지지 않고 남음
	번짐 (Bleeding)	하도의 색이 상도의 도막에 스며나와 변함
건조 후	광택소실 (Clouding)	하도의 흡수력이 심할 때, 시너를 적게 희석할 때, 건조 불충분
	Pin Hole	바늘구멍, 건조불량, 고온다습 및 분진
장기간 경과 후	벗겨짐, 박리 (Flaking)	부착불량, 점착테이프 사용 시, 왁스 및 오일잔존으로
	부풀음 (Blistering)	도막의 일부가 하지로부터 부풀어 지름이 10mm~그 이하로 분산불량과 같은 미세한 수포발생 (고온다습, 물)
	메탈릭 얼룩 (Metalic Mark)	금속분이 균일하게 배열되지 않고 반점상, 물결모양을 만드는 현상. Thinner의 증발이 너무 늦을 때, 도료의 유동성이 너무 양호할 때
	균열 (Cracking)	건조도막이 갈라지거나 터진 현상. 건조불량 및 두께 두 꺼울 때
	변색 (Discoloration)	외부의 영향으로 인해 본 색상을 잃어버리는 현상

방지대책

4 방지대책

1. 작업조건

- **적정온도**
  5℃ 이상
- **바탕**
  도장바탕면의 온도가 이슬점보다 3± 이상 높아야 함
- **시공**
  옥외작업 시 40hr 미만
- **환경**
  청정한 공기 지속적 공급

2. 방지대책

1) 재료
① 요구성능 및 물성파악
② 색견본(Sample시공: 품질기준 확립)

2) 준비단계
① 바탕면 함수율 8~10% 이하
② 습도 85% 이하
③ 작업온도 5℃ 이상
④ 불순물 제거 및 균열보수

3) 시공단계
① 바탕처리
② 하도
③ 퍼티
④ 연마
⑤ 중도
⑥ 연마
⑦ 상도

4) 보양
적정 건조시간: 24시간~48시간

9-4장

보호공법

Lay Out

9-4-1 방수공사

① 일반사항 Lay Out

설계/선정

재료/공법선정

- 요구성능
- 설계상 품질관리
- 부위별 요구조건

방수 바탕관리

- 바탕의 요구조건
- 바탕처리

누수시험

담수Test, 살수Test, 강우시 검사

Lay Out

② 공법 Lay Out

┌─ **M-아스팔트방수**   열공법, 냉공법, 시트공법

액체상의 Asphalt+A.Roofing+A.Felt 도포 또는 밀착

├─ **M-시트방수**   합성고분자시트, 개량Asphalt시트

밀착 또는 토치로 가열

├─ **M-도막방수**   도포, 뿜칠, FRP

주제와 경화제를 교반혼합

├─ **액체방수**   액체방수, 폴리머시멘트 모르타르

시멘트+모래+물+(방수제 또는 폴리머액)

├─ **침투방수**   무기질계, 유기질계, 혼합계

시멘트혼합 규산질계 미세분말 또는 실리콘 수지

├─ **금속판방수**   구리시트, 스테인리스 시트

금속판을 고정철물을 이용하여 용접 또는 접어서

├─ **복합방수**   시트+도막재

├─ **벤토나이트방수**   팽윤성을 지닌 가소성 높은광물

└─ **발수방수**

실리콘 실러: 콘크리트벽돌, 석재, 등
솔벤트 아그릴 실러: 제물치장 콘크리트, 벽돌, 석재
수용성 아크릴 실러: 젖은 광택의 외관이 허용될 때

Lay Out

③ 지하방수 Lay Out

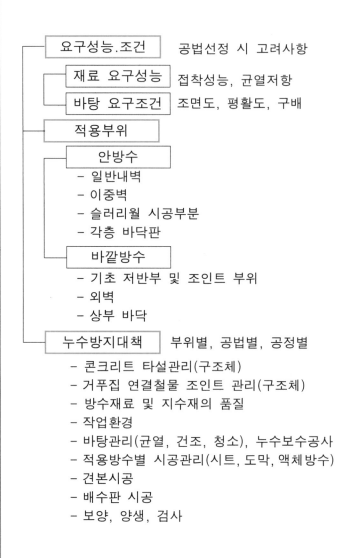

요구성능.조건 — 공법선정 시 고려사항

재료 요구성능 — 접착성능, 균열저항

바탕 요구조건 — 조면도, 평활도, 구배

적용부위

안방수
- 일반내벽
- 이중벽
- 슬러리월 시공부분
- 각층 바닥판

바깥방수
- 기초 저반부 및 조인트 부위
- 외벽
- 상부 바닥

누수방지대책 — 부위별, 공법별, 공정별
- 콘크리트 타설관리(구조체)
- 거푸집 연결철물 조인트 관리(구조체)
- 방수재료 및 지수재의 품질
- 작업환경
- 바탕관리(균열, 건조, 청소), 누수보수공사
- 적용방수별 시공관리(시트, 도막, 액체방수)
- 견본시공
- 배수판 시공
- 보양, 양생, 검사

Lay Out

④ 지붕 Lay Out

| 요구성능.조건 | 공법선정 시 고려사항
| 재료 요구성능 | 단열, 접착성능, 균열저항
| 바탕 요구조건 | 조면도, 평활도, 구배
| 누수방지 대책 | 원인: 재료, 바탕, 시공, 환경, 거동

| 재료 | 요구성능 및 물성파악
| 시공 |

1. 바탕
   구배: 비노출1/100~1/50, 노출1/50~1/20
   함수율:8~10% 이내
   균열보수 및 누수보수공사

2. 드레인(구배 및 위치, 슬래브보다 30mm낮게)

3. 모서리(모접기 50~70mm)

4. Parapet
   (방수면보다 100mm 높게 이어치기, 물끊기)

5. 방수(부위별, 공법별, 공정별)

6. 누름층
   60mm 이상, 신축줄눈 폭20~25mm, 누름두께의
   30배 이내, 3m간격, 파라펫에서600mm 이내

| 보양/양생/검사 |
   – 자연배수 경로 구배(1/100~1/50)확인
   – 루프드레인지름 100mm 이상, 이물질 유입방지
   – 방수 치켜올림은 성토층보다 100mm 이상 높게

일반사항

① 일반사항

1. 설계 및 공법선정

방수층 형성원리

Key Point

□ Lay Out
– 재료의 요구성능
– 바탕의 요구조건
– 공법 선정 시 고려
– 건조확인 · 누수시험
– 순서별 부위별 유의사항

□ 기본용어
– 지수판
– 방수 시공 후 누수시험
– 요구성능

1-1. 재료 및 공법선정

1) 요구성능

① 수밀성 – 투수저항
② 내열성
③ 내외상성 – 충격
④ 내화학적 열화성
⑤ 내피로성
⑥ 내풍성
⑦ 접착성 – 들뜸
⑧ 거동 추종성
⑨ 시공성
⑩ 경제성
⑪ 공기
⑫ 방수층 안전성
⑬ 내구성
⑭ 품질

2) 설계상 품질관리

① 건물의 거동에 따른 고려
② 구배 및 배수
③ 구조, 성능, 기능을 고려
④ 치켜올림 부
⑤ 외기에 노출된 내구수명
⑥ 유지관리 비용
⑦ 부위별 요구조건
⑧ 바탕의 종류별 요구조건
⑨ 구조물의 환경조건
⑩ 접합부 보강설계
⑪ 시설물의 용도

3) 부위별 요구조건

방수공사의 적정 환경

□ 강우시
– 함수율 8% 이하

□ 고온시
– 바탕이 복사열을 받아 온도가 상승하여 내부의 물이 기화 · 팽창하므로 부풀림 우려

□ 저온시
– 5℃ 이하에서는 시공금지
– 접착제 건조 지연에 따른 접착불량
– 도막의 경화시간 지연에 따른 피막형성 불량

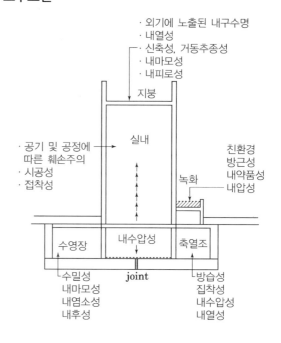

일반사항

건조확인

□ 함수율 측정기
– 함수율 측정기를 이용하여 바탕면의 함수율을 측정

□ 테이프 밀봉
– 흑색 PE필름을 1m×1m정오 전에 검사 부위에 깔아 놓고 그 주변을 테이프로 고정시켜 24시간 후 벗겨내었을 때 결로수 유무 확인

[함수율 측정기]

[담수 Test]

2. 바탕 관리

2-1. 바탕의 요구조건

1) 바탕면의 건조

① 바탕의 건조가 충분하지 못하면 프라이머 침투가 좋지 않아 방수층과 바탕의 접착이 불량하게 된다.

② 바탕에 함유된 수분이 기화하여 팽창 및 온도변화에 따라 방수층 들뜸이 발생한다.

③ 바탕면 수분 함수율 8% 이하일 때 시공

2) 물구배

① 바탕면이 지정 기울기(비노출 방수: 1/100~1/50, 노출방수: 1/50~1/20 범위)로 되어 있는지 확인

② 구배가 우수 드레인 방향으로 되어있는지 확인

3) 표면의 평활도

바탕면의 들뜸 및 균열, 요철이 있으면 방수층이 파손되거나 접착불량이 발생하여 방수성능이 저하되므로 평활도(7mm/3m)를 유지하도록 조정·보수한다.

4) 표면의 강도

바탕면 처리를 하지 않아 표면에 Laitance 등으로 바탕면의 강도가 확보되지 않으면 하중에 의한 박리 및 들뜸 현상이 발생하므로 불량부분을 제거하고 보수용 시멘트 Mortar 등으로 보수를 해서 강도를 확보

2-2. 바탕처리

1) 바탕면의 균열보수

온도영향이 큰 부위와 균열이 예상되는 부분, 거동이 발생되는 부분 등은 방수 시공 전 균열여부를 확인하고 보수

2) 돌출물의 제거

① 콘크리트 타설 시 쇠흙손 마감 및 Finisher 마감을 통하여 예방

② 돌출부위는 파취 후 제거하고 모르타르로 보수

3) Corner 면처리

면따기

모르타르 시공

안쪽 코너

내민 모서리

In Corner: 삼각형 모접기를 둔다.

Out Corner: Round 또는 삼각형 면접기를 둔다.

4) 바탕면 청소

면처리 및 보수가 끝나면 이물질을 제거한다.

공법

방수층 형성원리

Key Point

□ Lay Out
– 재료의 요구성능
– 바탕의 요구조건
– 공법 선정시 고려
– 건조확인 · 누수시험
– 순서별 부위별 유의사항

□ 기본용어
– 지수판
– 방수 시공후 누수시험
– 요구성능

2 공법

1. 공법종류

1-1. 아스팔트 방수

- Asphalt 방수는 액체상의 역청질 Asphalt와 Asphalt Roofing 혹은 Asphalt Felt를 바탕면에 도포하거나 밀착되게 붙여 연속되고 일체화된 상당한 두께의 방수층을 형성하는 공법이다.
- 시공방법에 따라 열공법, 냉공법(상온공법), Sheet 공법으로 나뉘며, 방수층의 요구 성능에 따라 단열공법, 절연공법, Torch(blow torch) 공법 등으로 나뉜다.

1-1-1. 방수층 형성

| Asphalt Primer | · Blown Asphalt + 휘발성 유기용제 → 저점도 용액
· 바탕방수에 도포하여, 기공을 메우고 접착성을 향상 |

Asphalt
· Blown Asphalt + 유지, 지방산 첨가
  침입도, 연화점 등 성능 개선
· 1종: 실내 · 지하구조 부분, 방수층 위에 단열재와
       Concrete 보호층이 있는 지붕에 적용
· 2종: 일반지역의 물매(구배)가 느린 옥내구조부에 적용
· 3종: 일반지역의 노출지붕, 기온이 비교적 높은 지역의
       지붕에 적용
· 4종: 주로 한랭 지역의 지붕에 사용

Asphalt Felt
· 원지(유 · 무기질이나 합성섬유)+Straight Asphalt 침투
  → Sheet 형성
· Roofing 재료에 비해 물성 취약→중간층 재료로 사용

Asphalt Roofing
· Felt의 성능을 개선시킨 것
· 내균열성이 좋아 Asphalt 방수층의 두께를 형성

1-1-2. 공법분류

1) 열공법

고체상태의 Asphalt를 용융가마에서 약 260℃ 정도로 가열 용융시켜 액체상태로 만들어 바르거나 뿌리면서 Asphalt Felt 및 Roofing Sheet를 2~4장 적층하여 연속적인 방수층을 형성하는 공법이다.

2) 냉공법

상온에서 Asphalt를 접착제로 사용하여 방수층을 형성하는 공법이다.

3) Torch공법

개량 Asphalt로 만든 Asphalt Sheet재를 Torch로 가열하여 Sheet 밑 부분을 용융시켜 접착하는 공법이다.

공법

1-1-3. 시공순서

| Primer | → | Asphalt 도포 | → | Roofing류 붙임 |

[방수층의 부풀어 오름 방지]　　[1.0~1.5mm 정도 균일한 두께 유지]

1-1-4. 시공 시 유의사항

1) 기상조건

　기온 2℃ 이하 시공금지(Asphalt가 급랭한다)

2) 바탕처리

　① 바탕면 평활도 유지

　② 바탕면 구배 확인

3) Primer

　① 표면에 Pin hole이 없을 것

　② 건조 후 후속공사 시공

4) Asphalt 도포

　① 시방에 따른 사용량 준수

　② 용융온도는 최고 360℃까지 측정할 수 있는 막대온도계 사용

5) Roofing류 붙임

　① 이음부 처리 철저

　② 특수부위 보강붙임

1-2. Sheet 방수

1-2-1. 재료에 따른 분류

| 합성고분자 시트 | · 합성고무나 합성수지를 주성분으로 합성고분자 Roofing(THK 0.8~2.0mm 정도)을 Primer, 접착제(Adhesives), 고정 철물 등을 사용하여 바탕면에 밀착되게 붙여 방수층을 형성 |
| 개량 아스팔트 시트 | · Torch로 가열하여 용융시킨 후, Primer바탕 위에 밀착되게 붙여 방수층을 형성 |

1-2-2. 부착 방법

접착 붙임	· 바탕면과 Sheet면에 접착제 도포 · 접착력 우수 · 주름 발생 우려
점착 붙임	· Sheet 후면에 자체 접착성(자착형) · 공사기간 단축 · 기온이 낮을 때에는 점착성 저하
용착 붙임	· Torch로 Sheet 가열 후 용착 · 빠른 시공 · 재질변화 우려

□ Asphalt 온도

- 온도 상한 값 : 연화점 온도 (85~105℃) +170℃를 넘지 않도록 유지

- 온도 하한 값 : 200℃ 이상 유지

□ Asphalt 사용량

- 일반적으로 1.5~2.1kg/㎡

□ 검사

- 30분에 1회 정도 측정

[Roller, 3구경 Torch]

공법

□ 바탕 건조도
– 함수율 8% 이하

[보호재 및 스텐인리스 판]

[보호 콘크리트 타설]

1-2-3. 시공 시 유의사항(공통사항)

1) Primer

① 바탕을 충분히 청소한 후, Primer를 솔, 롤러, 뿜칠기구 및 고무주걱 등으로 균일하게 도포한다.

② Primer의 건조시간(아스팔트 계 24시간 이상, 합성수지계 15분 이상)

2) 이음

① 겹침폭은 길이방향으로 100mm, 폭 방향으로 100mm 이상

② 2겹일 경우 하층 이음부위가 상층 중앙에 오도록 부착

3) 시공

① 접합부는 충분히 용융시켜 Asphalt가 밀려 나올 정도로 용융접착

② 오목모서리와 볼록 모서리 부분은 폭 200mm 정도의 덧붙임용 Sheet 를 붙여주거나 보강용 겔(gel)을 이용하여 50×50mm 정도 채워준다.

③ Drain 주변에는 500mm 각 정도의 덧붙임용 Sheet를 붙여주거나 보강용 겔(gel)을 이용하여 보강한다.

④ ALC를 바탕으로 할 경우에는 표면을 미장마감하거나 공정 1의 Primer를 0.6kg/㎡로 한다.

⑤ 방수층의 치켜올림 또는 감아내림의 끝 단부는 누름철물로 고정하고 Sealing재를 사용하여 처리한다.

⑥ PC 또는 ALC 패널의 이음 줄눈부는 덧붙임용 Sheet로 양쪽으로 100mm 정도씩 걸쳐 붙인다.

⑦ 보행용 전면접착 공법에서 치켜올림부의 보호 및 마감을 마감도료 로 하지 않을 경우에는 두께 3mm 이상의 Sheet를 200mm 걸쳐 붙인 다음에 치켜 올림부를 붙인다.

⑧ 건조 후 후속공사 시공

1-3. 도막 방수

합성수지를 주성분으로 하는 액체상태의 방수도료를 바탕면에 여러 번 덧발 라 상당한 두께의 방수층을 형성

1-3-1. 방법에 따른 분류

도포공법	· 방수바탕에 Urethane고무계, Acrylic고무계, 고무Asphalt계 등의 방수재를 주걱, 솔, Roller를 사용하여 도포한 후 규정 두께(보통 건조 후 도막두께 2~3mm)기준으로 방수층 형성
Spray 공법	· 방수바탕에 Urethane고무계, Acrylic 고무계, 초속경 Polyurea 수지계 등의 방수재를 뿜칠기로 분사하여 규정두께(보통 건조 후 두막두께 2~3mm)를 기준으로 방수층을 형성

공법

[도막방수]

1-3-2. 재료

1) 프라이머

① Primer는 솔 또는 뿜칠기구나 고무주걱 등으로 도포하는 데 지장이 없어야 한다.

② 건조시간 5시간 이내, 가열잔분 20% 이상

2) 지붕방수용 도막재

종류	경화도막의 대표 화학식	구 분 정 의
우레탄 고무계	R-NH-COOR′	• 주로 R-NCO(이소시아네이트)를 기(주)재로 하고, 폴리올 및 알코올(R′-OH)과금속화합물(Sn, Cu, Pb, Zn, Co, Ni 등)과 같은 촉매활성 소재가 혼입된 경화재를 혼합하여 고무탄성을 가지도록 하는 2액 경화형 우레탄과, R-NCO(이소시아네이트)와 활성수소화합물과의 중부가 반응에 의해 고무탄성을 가지도록 하는 1액형(수계) 우레탄(강제유화형, 자기유화형, 수용성화형) 등이 여기에 포함 된다.
우레탄 · 우레아 고무계	R-NH-COONHR′	• 우레탄 고무계와 같이 주로 R-NCO(이소시아네이트)를 기(주)재로 하고, 폴리올, 및 알코올(R′-OH), 금속화합물(Sn, Cu, Pb, Zn, Co, Ni 등)과 같은 촉매활성이 있는 소재 외에 아민(NH₂)을 더 첨가하여 빠른 반응성을 유도하여 고무탄성을 가지도록 하는 2액 경화형 우레탄이 여기에 포함된다.
우레아 수지계	R-NH-CONHR′	• 우레탄 고무계와 같이 주로 R-NCO(이소시아네이트)를 기(주)재로 하고, 촉매활성이 뛰어난 아민(NH₂)만으로 빠른 반응성을 유도하여 견고한 수지(요소 또는 우레아) 피막을 만드는 2액 경화형 우레아수지가 여기에 포함된다.

① 우레탄 고무계 · 우레탄-우레아 고무계 및 우레아수지계 방수재

② 아크릴 고무계 방수재

아크릴레이트를 주원료로 한 아크릴 고무 에멀션에 충전제, 안정제, 및 착색제 등을 배합한 1성분형의 제품으로 도막 형성을 위해 혼합되어 있는 수분의 증발이 필요하다.

③ 고무 아스팔트계 방수재

아스팔트와 합성고무를 수중에 유화 분산한 에멀션으로 용제류는 포함하지 않는다. 응고제는 고무아스팔트 성분을 응고시켜 수분을 분리시키는 것으로 보통 3~5% 농도의 염화칼슘 수용액이 쓰인다.

공법

4) 보강포

① 보강포에는 유리섬유 장섬유를 평짜기한 직포와 폴리프로필렌, 나일론, 폴리에스테르 등의 합성섬유를 압착시켜 짠 부직포가 있다.

② 보강포의 삽입효과는 바탕에 균열이 생겼을 경우 방수층의 동시 파단 또는 크리프 파단의 위험을 경감한다.

③ 균일한 도막두께의 확보 및 치켜 올림부, 경사부에서의 방수재의 흘러내림을 방지

1-3-3. 시공 시 유의사항(공통사항)

1) 프라이머

① 프라이머는 솔, 롤러, 고무주걱 또는 뿜칠 기구 등을 사용하여 균일하게 도포하여야 한다.

② 계절 및 종류에 따라 건조시간이 변할 수 있으므로 방수재 제조자의 지정에 따른 건조 상태를 확인

2) 이음

① 접합부를 절연용 테이프로 붙이고, 그 위를 두께 2mm 이상, 폭 100mm 이상으로 방수재를 덧도포한다.

② 접합부를 두께 1mm 이상, 폭 100mm 정도의 가황고무 또는 비가황고무 테이프로 붙인다.

③ 접합부를 폭 100mm 이상의 합성섬유 부직포 등 보강포로 덮고, 그 위를 두께 2mm 이상, 폭 100mm 이상으로 방수재를 덧도포 한다.

④ 접합부를 폭 100mm 이상의 합성섬유 부직포 등 보강포로 덮고, 그 위를 두께 2mm 이상, 폭 100mm 이상으로 방수재를 덧도포한다.

3) 보강포 붙이기

① 보강포 붙이기는 치켜올림 부위, 오목모서리, 볼록 모서리, 드레인 주변 및 돌출부 주위에서부터 시작한다.

② 보강포는 바탕 형상에 맞추어 주름이나 구김살이 생기지 않도록 방수재 또는 접착제로 붙인다.

③ 보강포의 겹침 폭은 50mm 정도로 한다.

4) 방수재의 도포

① 방수재는 핀홀이 생기지 않도록 솔, 고무주걱 및 뿜칠기구 등으로 균일하게 치켜올림 부위와 평면부의 순서로 도포한다.

② 치켜올림 부위를 도포한 다음, 평면 부위의 순서로 도포한다.

③ 보강포 위에 도포하는 경우, 침투하지 않은 부분이 생기지 않도록 주의하면서 도포한다.

④ 방수재의 겹쳐 바르기는 원칙적으로 앞 공정에서의 겹쳐 바르기 위치와 동일한 위치에서 하지 않으며, 도포방향은 앞 공정에서의 도포방향과 직교하여 실시하며, 겹쳐 바르기 또는 이어 바르기의 폭은 100mm 내외로 한다.

공법

두께 측정

- 도막방수층의 설계두께는 건조막 두께를 기준으로 관리

- 건조막 두께는 희석제의 사용량, 바탕 표면의 요철면, 굴곡면, 경사도, 누름 보호층의 유·무, 도포 당시의 기후 조건 등에 따라 다르게 측정될 수 있다.

- 두께 관리가 필요할 때에는 방수재 도포 직후 습윤막 상태의 도막 두께와 방수재가 경화한 건조막 상태의 도막 두께를 측정하는 방법이 사용된다.

[Wet Gage]

[Dial Gage]

⑤ 겹쳐 바르기 또는 이어 바르기의 시간간격은 방수재 제조자의 지정에 따른다. 또한, 겹쳐 바르기 또는 이어 바르기의 시간간격을 초과한 경우, Primer를 도포하고 건조를 기다려 겹쳐 바르기 또는 이어 바르기를 한다.

⑥ 방수재 도포 중, 강우나 강설로 인하여 작업이 중단될 경우에는 비닐 시트나 Polyethylene Film 등을 덮어 두는 등의 적절한 양생을 하고, 강우나 강설 후의 시공은 표면을 완전히 건조시킨 다음 이전 도포한 부분과 폭 100mm 내외로 Primer를 도포하고 건조를 기다려 겹쳐 도포한다.

⑦ 우레탄-우레아고무계 또는 우레아수지계 도막 방수재를 스프레이 시공할 경우, 최초 분사 도막재는 주제와 경화제의 분사비율이 다를 수 있으므로 버린다.

⑧ 우레탄-우레아고무계 또는 우레아수지계 도막 방수재를 스프레이 시공할 경우, 분사각도는 항상 바탕면과 수직이 되도록 하고, 바탕면과 300mm 이상 간격을 유지하도록 한다. 또한 소정 두께를 얻기 위해 두 번으로 나누어 겹쳐 도포할 경우, 두 번째의 Spary 방향은 첫 번째의 도포방향과 직교하여 스프레이 도포한다.

⑨ 우레탄-우레아고무계, 또는 우레아수지계 도막방수재를 스프레이 시공할 경우, 동일한 분사압력, 분사온도를 유지할 수 있도록 장치를 관리하여야 한다.

⑩ 고무 아스팔트계 도막방수재의 외벽에 대한 스프레이 시공은 아래에서부터 위의 순서로 실시한다.

5) 방수층의 두께관리

① 도막두께는 원칙적으로 사용량을 중심으로 관리한다.

② 설계도서에 명시된 도막두께(설계두께)를 확보하기 위해서는 방수재 도포 전에 사용량을 정확히 산출하여 해당량을 전부 도포하여야 한다.

공법

1-4. 시멘트 모르타르계 방수

> 시멘트를 주원료로 규산칼슘, 규산질미분말, 규산소다 등의 무기질계 재료 또는 지방산염, 지방산, Paraffin Emulsion, 수지Emulsion, 수용성 수지 등의 유기질계 재료를 물과 함께 혼합하여 반죽상태로 혼합하여 만든 방수 Mortar의 입자 사이에 유기질 막의 방수층을 형성하는 공법

1-4-1. 방수층의 종류와 적용구분

공정 \ 종류	시멘트 액체방수층		폴리머 시멘트 모르타르방수층		시멘트 혼입 폴리머계 방수층
	바닥용	벽/천장용	1종	2종	
1층	바탕면 정리/물청소	바탕면 정리/물청소	PCM	PCM	프라이머(0.3kg/㎡)
2층	P	바탕 접착재 도포	PCM	PCM	방수재(0.7kg/㎡)
3층	L	P	PCM	–	방수재(1.0kg/㎡)
4층	P	M	–	–	보강포
5층	M	–	–	–	방수재 (1.0kg/㎡)
6층	–	–	–	–	방수재(0.7kg/㎡)
적용부위 실내	○	○	○	○	○
지하수조 내면	△	△	○	△	○
지하수조 외면	×	×	×	×	○
수조 내면	×	×	×	×	×
수조 외면	×	×	×	×	△
옥상	×	×	△	×	△

1-4-2. 재료

1) 모래

모래는 양질의 것으로 유해량의 철분, 염분, 진흙, 먼지 및 유기불순물을 함유하지 않는 것을 사용한다. 다만, 바름 두께에 지장을 주지 않는 범위 내에서 입도가 큰 것을 사용한다.

2) 방수재

종류	주 성 분
무기질계	염화칼슘계, 규산소다계, 규산질분말(실리카)계
유기질계	지방산계, 파라핀계
폴리머계	합성고무 라텍스계, 에틸렌 아세트산 비닐 에멀션계, 아크릴 에멀션계

※ 폴리머 시멘트 모르타르: 폴리머 분산제

공법

1-4-3. 시멘트 액체방수 시공

1) 방수제의 배합 및 비빔

① 방수제는 방수제 제조자가 지정하는 비율로 혼입하고, 모르타르 믹서를 사용하여 충분히 비빈다.

② 방수 시멘트 페이스트의 경우에는 시멘트를 먼저 2분 이상 건비빔한 다음에 소정의 물로 희석시킨 방수제를 혼입하여 균질하게 될 때까지 5분 이상 비빈다.

③ 방수 모르타르의 경우에는 모래, 시멘트의 순으로 믹서에 투입하고 2분 이상 건비빔한 다음에 소정의 물로 희석시킨 방수제를 혼입하여 균질하게 될 때까지 5분 이상 비빈다.

④ 방수시멘트 모르타르의 비빔 후 사용 가능한 시간은 20℃에서 45분 정도가 적정하며, 그 외에는 방수제 제조자의 지정에 따른다.

2) 방수층 바름

① 바탕의 상태는 평탄하고, 휨, 단차, 들뜸, Laitance, 취약부 및 현저한 돌기물 등의 결함이 없는 것을 표준으로 한다.

② 방수층 시공 전에 다음과 같은 부위는 실링재 또는 폴리머 시멘트 모르타르 등으로 바탕처리를 한다.(곰보, 콜드 조인트, 이음 타설부, 균열, 콘크리트를 관통하는 거푸집 고정재에 의한 구멍, 볼트, 철골, 배관 주위, 콘크리트 표면의 취약부)

③ 바탕이 건조할 경우에는 시멘트 액체방수층 내부의 수분이 과도하게 흡수되지 않도록 바탕을 물로 적신다.

④ 방수층은 흙손 및 뿜칠기 등을 사용하여 소정의 두께(부착강도 측정이 가능하도록 최소 4mm 두께 이상을 표준으로 한다)가 될 때까지 균일하게 바른다.

⑤ 치켜올림 부위에는 미리 방수 시멘트 페이스트를 바르고, 그 위를 100mm 이상의 겹침폭을 두고 평면부와 치켜올림부를 바른다.

⑥ 각 공정의 이어 바르기의 겹침폭은 100mm 정도로 하여 소정의 두께로 조정하고, 끝부분은 솔로 바탕과 잘 밀착시킨다.

⑦ 각 공정의 이어 바르기 또는 다음 공정이 미장공사일 경우에는 솔 또는 빗자루로 표면을 거칠게 마감한다.

1-4-4. Polymer 시멘트 모르타르 시공

1) 방수제의 배합 및 비빔

장소	1층(초벌바름)			2층(재벌/정벌바름)			3층(정벌바름)		
	배합		도막두께 (mm)	배합		도막두께 (mm)	배합		도막두께 (mm)
	시멘트	모래		시멘트	모래		시멘트	모래	
수직부위	1	0~1	1~3	1	2~2.5	7~9	–	–	–
	1	0~0.5	1~3	1	2~2.5	7~9	1	2~3	10
수평부위	1	0~1	1~3	1	2~2.5	7~9	–	–	–

공법

① 폴리머 시멘트 모르타르의 폴리머 분산제의 혼입비율 및 물시멘트 비 – 폴리머 시멘트 모르타르의 폴리머 분산제의 혼입비율은 10% 이상으로 정하고, 물시멘트비는 30~60%의 범위 내에서 용도에 따른 작업가능성을 고려하여 최저비의 시험비빔으로 결정한다.

② 폴리머 시멘트 모르타르의 비빔 및 사용 가능 시간
- 폴리머 시멘트 모르타르의 비빔은 배처 믹서에 의한 기계비빔을 원칙으로 한다.
- 비빔 전에 소정량의 폴리머 분산제와 시험비빔에 의하여 결정한 물을 혼합한다.
- 모래, 시멘트, 필요에 따라 혼화재료의 순으로 믹서에 투입하고, 전체가 균질하게 되도록 건비빔한다.
- 건비빔한 혼합체에 소정량의 물로 희석한 폴리머 분산제를 첨가하여 폴리머 시멘트 모르타르의 색상이 균등하게 될 때까지 비빈다.
- 폴리머 시멘트 모르타르는 비빔 후, 20℃의 경우에 45분 이내의 사용을 기준으로 한다.

2) 방수층 바름

시멘트 액체방수와 동일

1-5. 침투방수 – 규산질계 도포방수
1-5-1. 종류
1) 성분

| 무기질계 | · 시멘트와 화학적 수화작용으로 독특한 수화물 형성 |

| 유기질계 | · 아크릴이나 실리콘 수지를 주성분으로 콘크리트 내부에 모세관 조직에 침투하여 Gel층의 방수막 형성 |

| 혼합 | · 직접 도포하여 콘크리트 표면에 발수성을 갖는 방수막 형성 |

2) 방수층의 종류

공정 \ 종별	무기질계 분체+물	무기질계 분체+폴리머분산제+물
1	바탕처리	바탕처리
2	방수재(0.6kg/㎡)	방수재(0.7kg/㎡)
3	방수재(0.8kg/㎡)	방수재(0.8kg/㎡)

공법

1-5-2. 방수층형성 원리

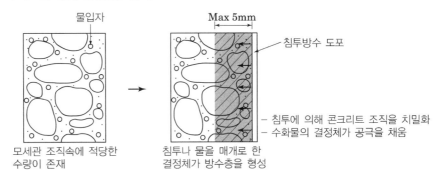

모세관 조직속에 적당한 수량이 존재

침투나 물을 매개로 한 결정체가 방수층을 형성

Max 5mm

침투방수 도포

− 침투에 의해 콘크리트 조직을 치밀화
− 수화물의 결정체가 공극을 채움

물입자

1-5-3. 종류

공정 / 종별	무기질계 분체+물	무기질계 분체+폴리머분산제+물
1	바탕처리	바탕처리
2	방수재(0.6 kg/㎡)	방수재(0.7 kg/㎡)
3	방수재(0.8 kg/㎡)	방수재(0.8 kg/㎡)

1-6. 금속판 방수

공장에서 일정폭의 금속박판을 생산하고 현장에서 필요크기로 가공하여 접어 붙이기, 용접연결, 고정철물 등으로 고정하여 방수층 형성

1-6-1. 방수층의 종류

┌ 구조체 바닥이나 마감 바닥 밑에 시공하는 납판 방수층
├ 구조체 바닥이나 마감 바닥 밑에 시공하는 동판 방수층
└ 지붕 등에 시공하는 스테인리스 스틸 시트 방수층

풍 환 경			일 반		강 풍	
부식조건			약	강	약	강
방수층의 종류	304-CP	D → S	○	−	−	−
		D → N	−	−	○	−
		T → S	○	○	−	−
		T → N	−	−	○	○
	316-CP	D → S	○	−	−	−
		D → N	−	−	−	○

- D: 스테인리스 스틸 시트의 표면 다듬질 정도가 No.2 D임을 나타냄.
- T: 스테인리스 스틸 시트의 표면에 도장한 것임을 나타냄.
- S: 약 1 m 폭의 스테인리스 강판의 1/2폭을 성형하여 사용함.
- N: 약 1 m 폭의 스테인리스 강판의 1/3폭을 성형하여 사용함.
- 강풍이란 태풍의 강습빈도가 높은 지역으로, 풍압력을 산정하여 이 풍압력이 −39.2 MPa미만을 일반지역, −39.2MPa 이상을 강풍지역으로 구분한다.

1-6-2. 시공

1) 고정철물 배치기준

바람에 따른 지역구분	고정철물 간격 (길이방향, mm)	고정철물 간격 (폭방향, mm)	고정철물 tn/㎡
일반지역	450~600	380~460	3.5 이상
강풍지역	300~600	250~290	5.7 이상

2) 납판의 시공

① 이음 부분은 접합 직전에 깎아 내거나 강모솔질을 하여 완전 용접되도록 한다.

② 방수 성능이 중요하지 않거나 얇은 납판을 사용하는 경우에는 접합 부분을 분말수지와 압접 용접판으로 덮은 다음 용접한다.

③ 시공이 끝난 납판 위는 섬유판 단열 재료로 보호

④ 방수층 위를 콘크리트, 모르타르 또는 시멘트 그라우팅을 하는 경우에는 표면에 0.4mm 두께 이상의 아스팔트 코팅을 하고 보양하여야 한다.

3) 동판의 시공

① 이종 금속과의 접촉은 최대한 피한다.

② 납땜을 한 동판의 모서리 부분은 동판공사에서 사용하는 땜납을 사용하여 38mm 너비 이상으로 주석을 입혀야 한다.

③ 용접될 표면이 납도금되어 있는 경우에는 모서리에 주석을 입히지 않고, 납땜하기 전에 쇠 브러시 등으로 납도금된 부분을 벗겨내야 한다.

④ 접합은 최소 25mm 이상 겹침하여 최소 리벳간격 200mm 이하로 하여 리벳을 치고 납땜한다.

⑤ 접합부의 너비는 최소 25mm 이상으로 하고, 갈고리형 플랜지를 한 평거멀접기 이음으로 하고 납땜을 한다.

⑥ 모서리를 접어서 비흘림이나 방수턱을 설치하는 경우에는 동판을 위로 뒤집어서 접어야 한다.

4) 스테인리스 스틸 시트의 시공

① 분할도에 따라 소정의 길이로 스테인리스 스틸 시트를 절단 및 성형한다.

② 서로 만나는 성형재의 꺾어 올림부를 합장 맞춤하여 소정의 위치에 깔고, 고정철물과 꺾어 올림부를 Spot용접기로 가용접한다.

③ 슬라이드 고정철물의 경우, 가동편은 슬라이드 범위의 중간에 오도록 한다.

④ 가용접 후 자주식 심(Seam)용접기로 용접한다. 성형재의 길이방향의 단부를 다른 방향의 성형재와 용접하는 T 조인트는 끝으로부터 약 150mm의 꺾어 올림부를 넘어뜨리고 접속하는 성형재와 평행이 되도록 꺾어 올린 후 심(Seam)용접한다.

공법

⑤ 방수층의 오목모서리 및 볼록 모서리부는 한쪽의 스테인리스 시트를 소정의 형상으로 절단 및 성형하여 다른 쪽의 시트와 심(Seam)용접한다.

⑥ 관통부 주위는 그 크기에 알맞은 부속물을 만들어 일반부의 방수층과 용접하여 일체화시킨다.

⑦ 면재가 붙어 있는 드레인은 방수층과 심(Seam)용접으로 일체화하고, 주위의 꺾어 올림부를 넘어뜨린다.

⑧ 방수층 치켜올림 끝부분의 처리는 물끊기 및 실링재로 주의하여 시공한다.

1-7. 복합 방수

하부에 개량아스팔트 시트를 부착하고 시트 상부에 도막방수를 시공하여 바탕면의 균열 및 수증기압으로부터 방수층을 보호

1-8. Bentonite 방수

- Bentonite 방수재료는 Panel, Sheet, Mat 바탕위에 Bentonite를 부착하여 Bentonite가 물을 흡수하면 팽창하고, 건조하면 수축하는 성질을 이용
- Bentonite는 응회암, 석영암 등의 유리질 부분이 분해되어 생성된 미세 점토질 광물로서 점토로서 소디움 벤토나이트는 물과 반응하면 원래의 체적보다 약 13~16배가 팽창하고 무게의 5배까지 물을 흡수한다.

1-8-1. Bentonite 방수재료의 품질기준

항목	천연 소디움 벤토나이트 함유량	매트두께	매트규격	부피팽창률	투수계수
기준	4.89kg/m (절건상태)	최소 5.0mm (±) 이상	최소 1.2m×5m 이상	300% 이상 (염수용 동일)	1×10^{-8}mm/sec 이하 (염수용 동일)

1-8-2. Panel의 시공

1) 수직면에서의 시공

① Bentonite Panel은 기초 바닥면에서 시작하여 콘크리트 못이나 접착제로 고정시키면서 설치하고, 상하층의 이음매가 서로 겹치지 않도록 한다.

② 인접한 Panel과의 겹침은 50mm 이상으로 하여 못을 박아 고정시키고 끝부분을 Tape로 발라 처리한다.

③ 관통Pipe 부분과 슬래브 모서리 부분은 미리 Bentonite Panel로 덧바름하고, 그 위를 겹쳐 바른 후, Bentonite Sealant로 겹침이음부를 처리한다.

④ 시공이 끝난 Panel의 끝부분은 알루미늄의 고정용 졸대를 대고 폭 200~300mm 간격으로 콘크리트 못으로 바탕에 고정시킨다.

[Bentonite 방수]

공법

□ 벤토나이트 패널

● 5kg/m² 이상의 벤토나이트가 채워져 있고, 무게는 8kg/m³ 이상이어야 한다.

2) 슬래브 하부 수평 표면 위의 시공

① 습기 차단을 위한 폴리에틸렌 필름을 100mm 정도 겹치게 설치하고, 그 위에 Bentonite Panel을 고정시켜 깐다.

② 관통Pipe 부분과 슬래브 모서리 부분은 미리 Bentonite Panel로 덧바름하고, 그 위를 겹쳐 바른 후 이음매 밀봉재로 겹침 이음부를 실링 처리한다.

1-8-3. Sheet의 시공

1) 수직면에서의 시공

① 방수 작업 전에 벽체 및 시트의 규격, 작업 여건을 고려하여 시트의 부착 방향을 결정한다.

② 바닥 슬래브와 벽체의 조인트 부위는 Bentonite 실란트 및 튜브 등으로 충전하여 둔다.

③ 시트는 Bentonite층이 구체에 면하도록 하여 450mm 이내의 간격으로 콘크리트 못으로 고정한다.

④ 시트의 겹침은 최소 70mm 이상이 되도록 하고, 이음부는 접착 Tape로 마감한다.

⑤ 시공이 끝난 시트의 끝부분은 알루미늄 등의 졸대를 대고 폭 200~300 mm 간격으로 콘크리트 못을 사용하여 바탕에 고정시킨다.

2) 수평면에서의 시공

① 시트는 Bentonite를 상면으로 하여 깔고, 이음부는 70mm 정도 겹쳐서 깐다.

② 후속작업을 고려하여 슬래브 단부에서 250mm 이상 더 내밀어 시공하고, 내민 부위는 수분이 침투하지 않도록 폴리에틸렌 필름으로 보양한다.

③ 콘크리트 타설 중 설치된 시트가 이탈하지 않도록 600mm 이내의 간격으로 콘크리트 못 등으로 고정한 후 겹침 부위를 테이프로 밀폐한다.

1-8-4. 매트의 시공

1) 바닥면에서의 시공

① 바닥에 물이 많을 경우에는 배수 작업을 선행하고, 폴리에틸렌 필름을 깔아 조기 수화를 방지한다.

② 매트는 직포 또는 부직포가 구조물을 향하도록 하여 깐다.

③ 매트의 겹침은 100mm 이상으로 하고, 시공이 끝난 매트의 끝부분은 알루미늄 등의 졸대를 대고 폭 200~300mm 간격으로 콘크리트 못을 사용하여 바탕에 고정시킨다.

2) 수직면에서의 시공

① Bentonite 매트는 직포 또는 부직포가 구조물을 향하도록 하여 시공

② 매트의 겹침은 100mm 이상

③ 시공이 끝난 매트의 끝부분은 알루미늄 등의 졸대를 대고 폭 200~300mm 간격으로 콘크리트 못을 사용하여 바탕에 고정시킨다.

1-9. 발수 방수

공법

> 실리콘계 및 비실리콘계의 고분자 유기질 용액타입으로 표면에 도포하면 표층부 공극 내부에서 경화하여, 필름 코팅막을 형성하여 물을 밀어내는 성질을 부여

● 되메우기는 방수작업 완료 후 36시간 이내에 실시하여야 한다.

실리콘 실러	· 콘크리트 벽돌, 석재 등
솔벤트 아크릴 실러	· 제물치장 콘크리트, 벽돌, 석재
수용성 아크릴 실러	· 젖은 광택의 외관이 허용될 때

③ 지하방수

방수층 형성원리

Key Point

□ Lay Out
– 재료의 요구성능
– 바탕의 요구조건
– 공법 선정 시 고려
– 건조 확인·누수시험
– 순서별 부위별 유의사항

□ 기본용어
– 지수판
– 방수 시공 후 누수시험
– 요구성능
– 배수판

결함부 처리 요구조건

□ 결함부 발견 용이성
– 누수 확인 방법

□ 방수층 재형성 보수 특성
– 결함부 처리에 따른 시공 용이성 확보

□ 이질재 부착 특성
– 결함부 처리재와 다른 방수 층간의 재료 일체성 확보

1. 적용조건

- 건축물 지하구조물에 적용되는 외면 방수재료 및 공법은 구조물의 형상 및 기후적 조건, 기타 구조물의 특성에 요구되는 시공성능 및 품질 안정성을 확보하여야 한다.
- 지하구조물에 적용되는 방수공법은 방수재료와 부재를 이용하여 구체를 피복하는 방법으로 도막계, 시트계, 시트 및 도막을 적층하는 복합계의 방수형태로 분류할 수 있다.

시공성
- 시공의 신속성 확보(바탕처리, 건조, 현장기온)
- 공정의 단순성 확보(방수층 구성 수, 양생조건)
- 바탕면 표면조건(습윤면 접착성)

품질
- 구조물 거동 대응성(균열, EJ, 부동침하)
- 구성 소재간의 일체성 및 공간의 수밀성 확보
- 단차 하부 공간의 수밀성 확보
- 코너 부위 등 협소 공간에서의 수밀성 확보
- 방수층의 수질 안전성 확보
- 지하 수위, 수량, 수압, 유속변화에 따른 수밀성

2. 공법 분류

구분	안방수	바깥방수
적용대상	얕은 지하실	깊은 지하실
바탕처리	필요 없음	별도시공
공사시기	마감고려	골조시공 후
시공성	조명시설	외부환경
경제성	저렴	고가
수압처리	힘듬	용이
보호누름	필요	바닥만 시공
하자보수	용이하다	곤란하다

내방수 적용부위
- 일반내벽, 이중벽, 슬러리월 시공부분, 각 층 바닥

외방수 적용부위
- 기초 저반부 미 조인트 부위, 외벽, 상부바닥, 경사 진입로, 공동구

3. 누수 방지 대책

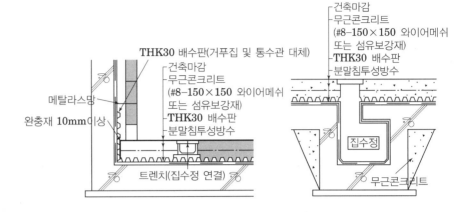

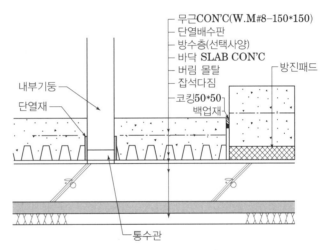

[지하실 내부 벽체 및 바닥]

외부 저면부 접합부 처리

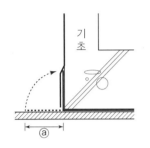

- 선시공 저부 방수층을 들어올려 그 위에 벽면 방수층을 접합
- ⓐ부위(L=500정도)는 양생펠트 등으로 덮어 손상방지

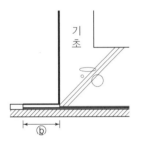

- 500mm 정도 연장하여 벽면 방수층과 덧붙여 연결
- 벽면 방수층 시공까지 ⓑ부위는 오염, 손상에 대해 보양

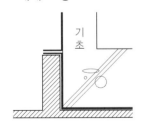

- 버팀 및 보호 콘크리트 타설로 방수층 보호

- **바탕**
  - 콘크리트 타설관리(구조체)
  - Joint 처리(지수판, 지수재)
- **사용 방수 재료별 관리**
  - 시트 방수 공법의 조인트 접합 및 바탕접착 관리
  - 도막방수공사의 두께 확보 및 바탕접착 관리
  - 복합방수의 재료별 접착 관리
  - Joint 처리(지수판, 지수재)
- **작업환경**
  - 외기온도
  - 지하수 관리
- **시공**
  - Sample 시공
- **보양 및 양생**
  - 되메우기 전 누수여부 확인

지붕방수

4 지붕방수

1. 요구성능 및 조건

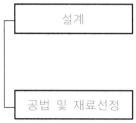

설계
- 지붕의 구조 및 성능, 기능을 고려한 방수성
- 산성비 및 자외선 등을 고려한 내구수명
- LCC를 고려한 재료설계 및 유지관리

공법 및 재료선정
- 바탕재료의 종류 및 형태에 따른 성능 및 시공성
- 지붕의 용도와 방수공법과의 관계
- 주변 환경(해안, 산악, 강수량 등)
- 이질재 접합부의 보강

2. 지붕형태에 따른 방수층 구성

1) 평지붕

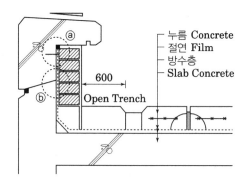

ⓐ부위: Stainless재질의 고정철물로 고정 후 Caulking

ⓑ부위: 벽돌 누름층은 뒷면에 모르타르를 밀실하게 충전

누름 콘크리트는 쇠흙손 제물치장 마감으로 시공

2) 박공지붕

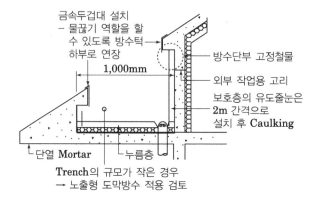

3. Parpet 구조체의 형상

지붕방수

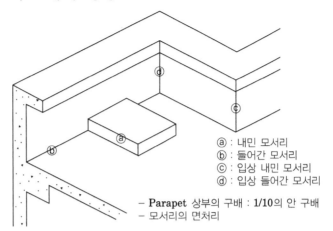

ⓐ : 내민 모서리
ⓑ : 들어간 모서리
ⓒ : 입상 내민 모서리
ⓓ : 입상 들어간 모서리

– **Parapet** 상부의 구배 : **1/10**의 안 구배
– 모서리의 면처리

구분	아스팔트 방수		시트방수, 도막방수	
ⓐ	면처리	30mm	면처리	3mm
ⓑ	삼각형	70mm	삼각	50mm
ⓒ	면처리	30mm	면처리	3mm
ⓓ	삼각형	30mm	삼각	30mm

저면부 접합부 처리

□ ⓑ: 들어간 모서리

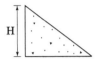

● 높이(H)는 누름 콘크리트 두께의 1/2로 한다.

□ ⓐ와 ⓒ부위

□ ⓑ와 ⓓ부위

너무 높거나 각이 완만하지 않게 시공

균열방지재
┌W-Mesh #8 @150×150
└셀룰로스 섬유 보강재

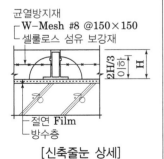

[신축줄눈 상세]

4. 누수 방지 대책

- 바탕
  - 구배: 비노출 1/100~1/50, 노출 1/50~1/20
  - 함수율: 8~10% 이내
  - 균열보수 및 누수 보수공사
- Drain
  - 구배 및 위치: 벽체마감에서 Drain중심부까지 300mm 이상 이격
  - 슬래브보다 30mm 낮게 시공
- 모서리
  -방수층 접착을 위해 L=50~70mm 코너 면잡기
- Parpet
  - 방수면 보다 100mm 높게 이어치기 및 물끊기 시공
- 누름층
  - 신축줄눈의 두께: 60mm 이상
  - 신축줄눈의 폭: 20~50mm
  - 신축줄눈의 간격: 3m 이내
  - 외곽부 줄눈 이격: 파라펫 방수 보호층에서 600mm 이내

지붕방수

5. 옥상녹화 방수

5-1. 요구조건 및 설계 시 고려사항

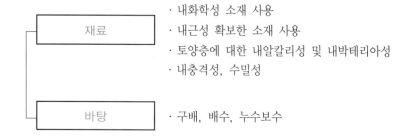

재료
· 내화학성 소재 사용
· 내근성 확보한 소재 사용
· 토양층에 대한 내알칼리성 및 내박테리아성
· 내충격성, 수밀성

바탕
· 구배, 배수, 누수보수

5-2. 구성요소

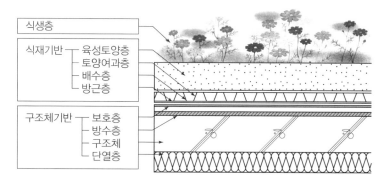

식생층
식재기반 ── 육성토양층
       ── 토양여과층
       ── 배수층
       ── 방근층
구조체기반 ── 보호층
        ── 방수층
        ── 구조체
        ── 단열층

[옥상녹화시스템 구성요소 (기존건축물 적용시)]

5-3. 옥상녹화의 유형

구분	저관리 경량형	고관리 중량형
식재수목	소관목, 지피식물	교목, 관목, 지피식물
토심깊이	20cm 이하	20cm 초과
토양의 하중	경량(인공)	중량
녹화방식	전면녹화	부분녹화
유지관리	관리요구 최소화	관수, 시비관리

5-4. 방수공법 선정

계열	특 성	고려사항
아스팔트계 시트방수재	방근성이 없음	장기간 침수 시 아스팔트의 유화현상 발생, 방근용 보호재 사용필요
도막계 방수재	방근성 보통	장기간 침수 시 분해현상 발생, 방근용 보호재 사용 필요
합성고분자계 시트방수재	수밀성 및 방근성 우수	시트재 겹침부 처리의 개선이 필요
방수, 방근시트	방수와 방근의 복합시트	가장 현실성 있는 공법

지붕방수

5-5. 방수층 구성요소별 기능

구 분	구성요소	기능 및 내용
식재기반	방근층	· 식물의 뿌리로부터 방수층과 건물을 보호 · 시공 시 기계적, 물리적 충격으로부터 방수층보호
	배수층	· 옥상녹화시스템이 침수되어 식물의 뿌리가 익사되는 것을 예방 · 사후 하자발생이 가장 많은 부분으로 신중하게 설계
	토양 여과층	· 빗물에 씻겨 내리는 세립토양이 시스템 하부로 유출되지 않도록 여과하는 기능
	토양층	· 식물이 지속적으로 생장하는 기반 · 옥상녹화시스템 중량의 대부분을 차지하므로 경량화
식생층	식생층	· 보급형 옥상녹화시스템의 최상부 구성요소 · 유지관리와 토양층, 토양 특성 고려 필요

5-6. 시공 시 유의사항

요 인	방 법
녹화 공사 및 조경 수목의 뿌리에 의한 방수층(방근층)의 파손(보호 대책)	① 방수재의 종류 및 재질 선정 　- 아스팔트계 시트재보다는 합성고분자계 시트재 사용 ② 방근층의 설치(방수층 보호) 　- 플라스틱계, FRP계, 금속계의 시트 혹은 필름, 조립패널 성형판 　- 방수·방근 겸용 도막 및 시트 복합, 조립식 성형판 등
배수층 설치를 통한 체류수의 원활한 흐름	방수층 위에 플라스틱계 배수판 설치
체류수에 의한 방수층의 화학적 열화	① 방수재의 종류 및 재질 선정 　- 아스팔트계 시트재보다는 합성고분자계 시트재 사용 ② 방수재 위에 수밀 코팅 처리(비용 증가 및 시공 공정 증가)
바탕체의 거동에 의한 방수층의 파손	① 콘크리트 등 바탕체가 온도 및 진동에 의한 거동 시 방수층 파손이 없을 것 ② 합성고분자계, 금속계 또는 복합계 재료 사용 ③ 거동 흡수 절연층의 구성
유지관리 대책을 고려한 방수시스템 적용	① 만일의 누수 시 보수가 간편한 공법(시스템)의 선정 ② 만일의 누수 시 보수대책(녹화층 철거 유무) 고려

9-5장

설치공사

Lay Out

① 목공사 Lay Out

> 목공사

> 1. 품질관리(인천에서 특수건조)
>   - 인공건조
>   - 천연건조
>   - 특수건조(제습, 진공, 마리크로파)
> 2. 방부처리(가상침 도포)
>   - 가압주입법: 밀폐된 용기에 넣고~
>   - 상압주입: 용액에 목재를 침지
>   - 침지법: 상온에서 Creosote Oil속에 침지
>   - 도포법: 건조 후 방부제칠
>   - 표면탄화법: 태워서 탄화~

Lay Out

② 유리 및 실링공사 Lay Out

유리 · 실링

1. 유리
- 복층유리
- 강화유리
- 열선반사유리
- 열선흡수유리
- 로이유리
- 접합유리
- 망입유리
- 방화유리
- SGS공법
- SSG공법
- DPG공법

2. 실링

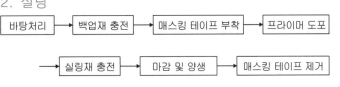

Lay Out

③ 창호공사 Lay Out

창호공사

• 요구성능(풍수기차 단층안내 방화)

Lay Out

④ 수장공사 Lay Out

수장공사

- 경량철골벽벽체, 천장
- 도배, 마루판, Access Floor

목공사

[곧은결]

[무늬결]

① 목공사

1. 목재의 조직과 성질

1-1. 목재의 조직

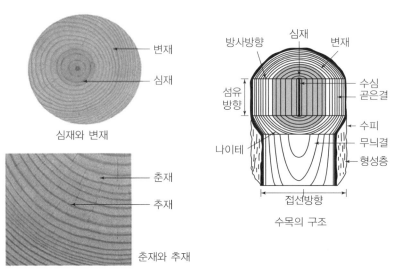

심재와 변재

춘재와 추재

수목의 구조

구 분		내 용
목재의 결	곧은결면	목재 줄기의 수심을 통과해서 켠 종단면
	무늬결면	목재의 줄기를 횡단면으로 자른면
	마구리면	목재 줄기의 수심을 벗어나서 켠 종단면
나이테 (연륜)	춘재	나이테 중에서 색깔이 연하고 조직이 치밀하지 못한 부분이며 봄에서 여름 동안 자란부분
	추재	나이테 중에서 색갈이 짙고 조직이 치밀하고 단단한 부분이며 가을에서 겨울에 자란 부분
	위연륜	연륜이 이상 기후로 1년에 1대 이상 생기거나 일부가 비정상형으로 된 것이다.
목재의 질	변재	목재의 껍질 가까이에 있는 엷은색 부분, 수분을 많이 함유하고 있기 때문에 제재 후 부패가 쉽고 변형이 심해서 이 부분은 사용하지 않는다.
	심재	수심에 가까이 있는 짙은색 부분, 세포가 거의 죽어 있다. 단단하고 수분이 적어 변형이 적기 때문에 이 부분을 사용한다.
	곧은결재	건조 수축률이 작아 변형이 적고 나뭇결이 평행 직선을 되어 있고 수선이 띠모양 혹은 반점모양으로 나타난다.
	무늬결재	건조수축률이 커서 변형이나 균열이 가기 쉽고 제재가 용이하며 곧은 결재에 비해 가격이 저렴, 폭이 넓은 것을 얻기 쉽다. 건조가 빠르고 특수 장식용으로 이용

목공사

mind map

● 구수하게 마감하려면
2015년에 13%

□ 함수율 산정식
$V = \dfrac{W_1 - W_2}{W_2} \times 100(\%)$
- W_1: 건조전의 재료의 중량
- W_2: 환기가 잘되는 곳에서 100~105℃로 건조하여 일정량이 될 때

□ 목재와 수분
- 섬유포화점 이상에서 목재의 강도는 일정하고, 섬유포화점 이하에서는 함수율이 감소함에 따라 목재는 수축하고, 강도는 증가하는 등 물리적 성질과 기계적 성질이 변한다.

1-2. 목재의 성질 – 물리·역학적 특성

1) 목재의 함수율

용도	함수율
구조재	20% 이하
수장재	15% 이하
마감재	13% 이하

2) 섬유포화점(Fiber Saturation Point)

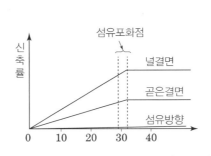 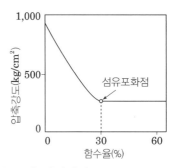

① 섬유포화점 이상에서는 강도·신축률이 일정하다.
② 섬유포화점 이하에서는 강도·신축률의 변화가 급속히 진행된다.
   수목재 세포가 최대 한도의 수분을 흡착한 상태. 함수율이 약 30%의 상태이다.

3) 밀도와 비중

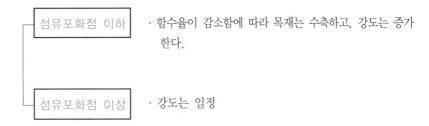

4) 수축과 팽윤

결합수의 증감은 셀룰로오스 결정영역사이의 간격을 변화시키게 되며, 이것에 의해 세포벽의 부피가 커지거나 작아지게 되고 그 결과로 목재 전체의 팽윤과 수축현상 발생

5) 인장 및 압축비중, 함수율, 외력의 방향에 의해 좌우

목재의 비중이 증가함에 따라 내강이 좁은 세포가 차지하는 비율이 높아지면 목재의 강도는 증가하게 되며, 섬유방향의 강도가 가장 크다.

6) 내연성

부피가 작고 두께가 얇으면 화재에 약한 것이 목재이지만 그 반대일 경우 화재 시 불이 붙는 착화온도가 높아지며 탄화막이 형성되어 불에 필요한 산소공급을 차단함으로써 연소속도는 현저하게 줄어들게 된다.

목공사

2. 목재의 품질관리

2-1. 건조

1) 건조의 종류

종류		방법
인공건조		약3%정도의 낮은 함수율까지 건조가 가능하며, 내외부의 손상으로 인한 결함을 최소화
천연건조		생재 및 제재된 목재를 자연의 대기조건에 노출된 상태로 평형함수율에 도달할 때까지 건조
특수건조	제습건조	제습건조 시스템으로 프레온가스를 이용
	진공건조	목재 내외간에 형성되는 절대 압력차에 의해 내부 수분의 유동속도를 증진
	마이크로파 건조	마이크로파 이용

2) 건조과정

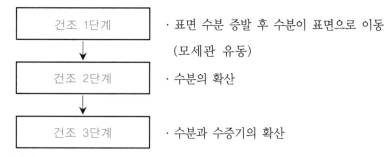

- 건조 1단계 · 표면 수분 증발 후 수분이 표면으로 이동 (모세관 유동)
- 건조 2단계 · 수분의 확산
- 건조 3단계 · 수분과 수증기의 확산

2-2. 방부처리

1) 방부처리 대상

① 목조의 외부 버팀 기둥을 구성하는 부재의 모든면
② 급수 배수 시설에 근접된 목부로서 부식의 우려가 있는 부분
③ 구조 내력상 주요 부분인 토대, 외부기둥, 외부벽 등에 사용하는 목재로서 포수성의 재질에 접하는 부분, 납작 마루틀의 멍에·장선

2) 방부제의 종류

구분	종류	특징	용도
유성	Creosote Oil	갈색/ 가격 저렴	구조재, 철도침목, 전주
수용성	페놀류, 무기 플루오르화계 목재방부제(PF)	도장가능/ 청록색	토대의 부패방지
	펜타클로르 페놀구리의 암모니아액	도장가능/ 무색	방부, 방충처리목재
	크롬, 구리, 비소화합물계 목재 방부제(CCA)	도장가능/ 녹색	발코니 담장, 옥외 조경물
유용성	펜타클로르페놀(PCP)	도장가능/ 무색	방부, 방충처리목재, 산업용

---

mind map

- 인천에 가서 특수하게 건조시키면 습진도 마이크로파로 건조된다.

□ 두께 25mm oak 재목의 천연 건조기간(함수율 20%까지)
– 잔적시기 6월초: 60일
– 잔적시기 11월초: 150일

목공사

3) 방부제 처리법

방 법	내 용
가압 주입법	• 목재를 밀폐된 압력용기에 넣고 감압과 가압을 조합하여 모재의 내부 깊숙이 강제로 주입
상압 주입법	• 방부제 용액에 목재를 침지하는 방법으로 80~100℃ Creosote Oil 속에 3~6시간 침지하여 15mm 정도 침투
침지법	• 상온에서 목재를 Creosote Oil 속에 몇 시간 침지하는 것으로 액을 가열하면 더욱 깊이 침투함. 15mm 정도 침투
도포법	• 목재를 충분히 건조시킨 후 균열이나 이음부 등에 붓이나 솔 등으로 방부제를 도포하는 방법. 5~6mm 침투
표면 탄화법	• 목재의 표면을 약 3 ~ 12mm 정도 태워서 탄화시키는 방법

mind map

• **가상침도 표면**에서 방부처리

2-3. 내화처리

방 법	내 용
표면처리	• 목재 표면에 모르타르·금속판·플라스틱으로 피복한다. • 방화 페인트를 도포한다.(연소 시 산소를 차단하여 방화를 어렵게 한다.)
난연처리	• 인산암모늄 10%액 또는 인산암모늄과 붕산 5%의 혼합액을 주입한다. 화재 시 방화약제가 열분해 되어 불연성 가스를 발생하므로 방화효과를 가진다.
대단면화	• 목재의 대단면은 화재 시 온도상승하기 어렵다. • 착화 시 표면으로부터 1~2cm의 정도 탄화층이 형성되어 차열효과를 낸다.

mind map

• **내화**는 **표난대**

① 100℃ 이상: 분자 수준에서 분해
② 100~200℃ 이상: 이산화 탄소, 일산화 탄소, 수증기 증발
③ 120℃ : 가연성 가스는 휘발되어 이 범위에서 열분해 됨.
④ 200℃ 이상: 빠른 열분해
⑤ 260~350℃ 이상: 열분해 가속화
⑥ 270℃ 이상: 열 발생률이 커지고 불이 잘 꺼지지 않음

[화재 시 온도별 목재의 상태변화]

목공사

3. 가공 및 접합

3-1. 가공순서

1) 먹매김

마름질과 바심질을 할 때에는 먼저 먹매김을 해야 하며 재의 축방향에 심먹을 치고 절단부, 가공부 등은 먹매김 번호를 표시

2) 바심질

치수에 맞게 자름

3) 톱질

나뭇결 방향에 따라 가로톱과 세로톱을 사용

4) 대패질

흠이나지 않은 재면을 잘 선택하여 마무리

5) 모접기 쇠시리

대패질한 재는 모두 모접기를 한다.

3-2. 접합 - 문화재보수 표준시방서

1) 이음

No.	분 류	이음의 종류	No.	분 류	이음의 종류
1	일 반	맞댄이음(평이음)	4	장부이음	맞장부이음
2		심이음	5		메뚜기장이음
3		은장(나비장이음)	6	촉이음	촉이음

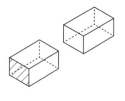  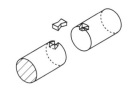

① 맞댄이음(평이음)　② 심이음　③ 은장(나비장)이음

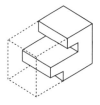 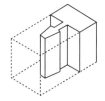 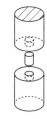

④ 맞장부이음　⑤ 메뚜기장이음　⑥ 촉이음

목공사

2) 맞춤

No.	분 류	이음의 종류	No.	분 류	이음의 종류
1	일반	갈퀴맞춤	19	장부 맞춤	가로장부 맞춤
2		곁쐐기	20		가름장 장부맞춤
3		되맞춤	21		세로장부맞춤
4		쌍갈맞춤(가름장)	22		쌍장부 맞춤
5		왕지 맞춤	23		산지장부 맞춤
6		통맞춤	24		지옥장부 맞춤
7	사개 맞춤	화통 맞춤	25		턱솔장부 맞춤
8		사개 맞춤	26	주먹장 맞춤	내림주먹장 맞춤
9		주먹장 사개맞춤	27		내외주먹장 맞춤
10	안장 맞춤	가름장 맞춤	28		주먹장 맞춤
11		안장 맞춤	29		통넣고 주먹장 맞춤
12		흘림장부 안장맞춤	30	촉 맞춤	메뚜기장 맞춤
13	연귀 맞춤	반연귀 맞춤	31		촉맞춤
14		삼방 연귀맞춤	32	턱 맞춤	6모3분턱
15		연귀 귀불쪽 맞춤	33		반턱 맞춤
16		연귀 귀불쪽 끼움	34		빗턱 맞춤
17		연귀 산지맞춤	35		양걸침턱 맞춤
18		온연귀(맞연귀)맞춤			

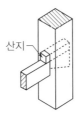

1. 갈퀴맞춤

2. 곁쐐기

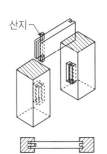

3. 되맞춤

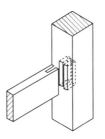

4. 쌍갈맞춤(가름장)

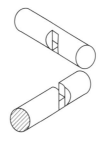

5-1. 왕지맞춤

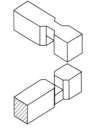

5-2. 왕지맞춤

목공사

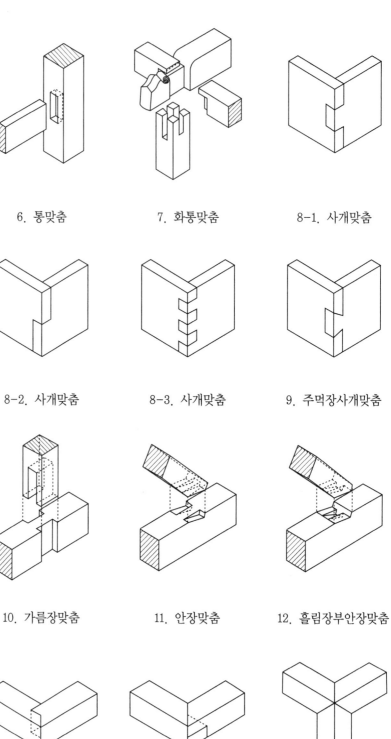

6. 통맞춤   7. 화통맞춤   8-1. 사개맞춤

8-2. 사개맞춤   8-3. 사개맞춤   9. 주먹장사개맞춤

10. 가름장맞춤   11. 안장맞춤   12. 흘림장부안장맞춤

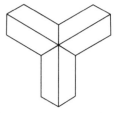

13-1. 반연귀맞춤   13-2. 반연귀맞춤   14. 삼방연귀맞춤

목공사

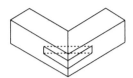

15. 연귀귀불쪽맞춤

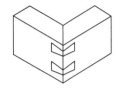

16. 연귀귀불쪽끼움

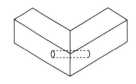

17. 연귀산지맞춤

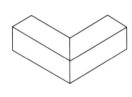

18. 온연귀(맞연귀)맞춤

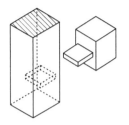

19. 가로장부맞춤

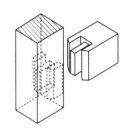

20. 가름장장부맞춤

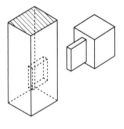

21. 세로장부맞춤

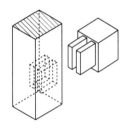

22. 쌍장부맞춤

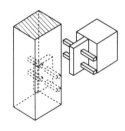

23. 산지장부맞춤

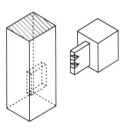

24. 지옥장부맞춤

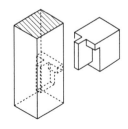

25. 턱솔장부맞춤

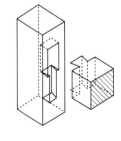

26. 내림주먹장맞춤

목공사

27. 내외주먹장맞춤

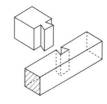

28-1. 주먹장맞춤

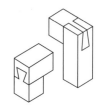

28-2. 주먹장맞춤

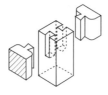

28-3. 주먹장맞춤

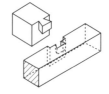

29-1. 통넣고주먹장맞춤

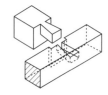

29-2. 통넣고주먹장맞춤

30. 메뚜기장맞춤

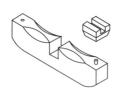

31. 촉맞춤

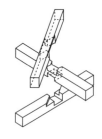

32-1. 6모3분틱

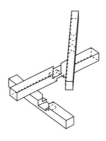

32-2. 6모3분틱

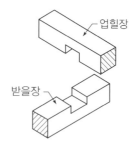

33. 반틱맞춤

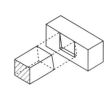

34. 빗틱맞춤

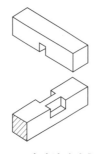

35. 양걸침틱맞춤

유리 · 실링

요구성능

Key Point

□ Lay Out
 – 요구성능
 – 특성·제조방법
 – 유의사항

□ 기본용어
 – Pair Glass (복층유리)
 – 강화유리
 – 열선 반사유리
 – Low-E유리
 – DPG
 – 열파손 현상

에너지 고려 유리선정

□ 단열효과 증진 유리
 – 로이코팅, 단열간봉
  (Warmedge Spacer) 아르곤
  가스 충진 복층 유리 및 삼중
  유리 적용

□ 실내보온 단열이 필요한
개별창호의 경우
 – 로이코팅 #3면 복층 유리
  또는 삼중 유리 적용

□ 태양복사열 차단이 필요한
유리벽의 경우
 – 로이코팅 #2면 복층 유리
  적용

□ 실내보온 단열 및 태양복
사열 차단이 모두 필요한 창
호의 경우
 – 반사코팅과 로이코팅이 함
  께 적용된 복층 유리 또는
  삼중유리 적용

② 유리 및 실링공사

1. 유리공사

1-1. 요구성능

1) 내하중 성능
① 수직에서 15° 미만의 기울기로 시공된 수직 유리는 풍하중에 의한 파손 확률이 1,000장당 8장을 초과하지 않아야 한다.
② 수직에서 15° 이상 기울기로 시공된 경사 유리는 풍하중에 의한 파손 확률이 1,000장당 1장을 초과하지 않아야 한다.

2) 유리설치 부위의 차수성, 배수성
① A종 : 끼우기 홈 내로의 누수를 허용하지 않는 것.
② B종 : 홈 내에서의 물의 체류를 허용하지 않는 것.
③ C종 : 홈 내에서의 물의 체류를 허용하는 것.

3) 내진성
① 끼우기 유리의 내진성은 면내 변형을 받을 때 파괴에 대한 저항성으로 유리 상변과 하변 지지재의 수평방향 변위차 Δ의 값으로 나타낸다.
② 끼우기 유리의 면내 변형에 의한 파괴 특성은 유리 및 끼움재의 파괴 및 유리 파편의 탈락에 대한 것으로 한다.
③ 유리 또는 끼움재의 파괴 방지에 관해서, 특히 성능 확인이 필요한 경우, 허용 수평방향 변위차 Δ_a를 구하기 위한 시험 방법, 계산 방법 또는 단부 클리어런스, 면 클리어런스 등의 내진에 관한 유리의 마감 상세 등은 공사시방서에 따른다.

4) 내충격성
① 인체에 의해 가해지는 충격에 대한 끼우기 유리의 내충격 특성은 KS L 2002에 나타낸 쇼트백 시험에 의한 45 kg 쇼트백의 낙하고 H 값으로 표시한 설계 충돌력 300mm, 750 mm 또는 1,200 mm에 대하여 "유리가 금이 가지 않는 것"과 "유리가 금이 가도 중대한 손상이 생기지 않는 것"으로 구분한다.
② "유리가 금이 가지 않는 것"에 적합한 유리의 종류, 두께 및 치수의 결정은 공사시방서에 따른다.
③ 출입구의 유리문 등에 있어서 "유리가 금이 가도 중대한 손상이 생기지 않는 것"에 적합한 접합 유리 또는 강화 유리를 사용할 때는 접합 유리는 낙하고 H_d=1,200mm, 750 mm, 300 mm에 대하여 각각 KS L 2004의 Ⅱ-1류, Ⅱ-2류, Ⅲ류의 제품을 사용하고 강화 유리는 KS L 2002에 적합한 강화 유리를 사용한다.

5) 열깨짐 방지성
열깨짐 방지성능의 계산은 끼우기 시공법에 따라 정한 유리 단부 온도 계수 f 및 유리 단부의 파괴강도 σ_a의 값은 시방기준 준수

유리 · 실링

6) 단열성

열단판유리는 KS L 2014에 나타낸 계산법을 준용해서 구한 열관류저항 R을 $m^2 K/W$를 단위로 하여 소수 둘째자리까지 구한 값으로 나타낸다.

7) 단열성

끼우기 유리의 태양열 차폐 성능값을 KS L 2514에 준해서, 단판유리는 KS L 2014(열선 반사 유리)에 의해, 복층 유리는 KS L 2003에 나타낸 방법에 의해 태양열 제거율($1-\eta$)을 구해 소수 둘째자리까지 구한 값으로 나타낸다. 여기서, η는 태양열 취득률을 나타낸다.

1-2. 재료별 구분

1-2-1. 판유리(Sheet Glass)

> 가시광선의 투과율이 크고 자외선 영역을 강하게 흡수하는 성질이 있어 채광투시용 창문에 많이 사용된다. 표면의 가공 상태에 따라 제조된 상태 그대로의 투명판유리와 투명판유리의 한 면을 샌드블라스트로 하거나 부식 등의 방법으로 광택을 없앤 흐린판유리로 구분된다. 두께는 보통 2~6mm이며 두께에 따라 박판(2mm, 3mm)과 후판(5mm 이상)으로 나뉘며, 후판의 경우 채광용보다는 차단, 칸막이벽, 특수문 등에 사용한다.

1-2-2. 복층유리(Pair Glass)

> 두장 이상의 판유리를 Spacer로 일정한 간격을 유지시켜주고 그 사이에 건조 공기를 채워 넣은 후 그 주변을 유기질계 재료로 밀봉·접착하여 제작한다. 밀폐된 공기층의 열저항에 의해 단열 효과를 갖게 된다.

1-2-3. 강화유리(Tempered Glass)

> 판유리를 특수 열처리하여 내부 인장응력에 견디는 압축 응력층을 유리 표면에 만들어 파괴강도를 증가시킨 유리

판유리
sheet glass

공기층
air layer

흡수제
absorption

1차접착제
1st adhesive

스페이서
spacer

2차접착제
2st adhesive

[복층유리]

□ 연화점(Softening Point)
- 유리가 유동성을 가질 수 있는 온도를 의미하며, 일반 소다석회 유리의 경우 약 650℃~700℃

□ Heat Shock Test실시
- 강화유리를 Oven에 넣고 280~290℃ 온도로 8시간 가열하여 파손 가능성이 높은 강화유리를 미리 파손시킴

강화유리

배강도 유리

· 표면 압축응력이 69MPa 가장자리 압축응력이 67MPa 이상 견디도록 열처리 가공한 유리
(일반 유리의 3~5배)
· 열처리법: 일반 서랭 유리를 연화점 이상으로 가열한 후 찬공기로 급냉하여 제조

· 표면 압축응력이 24MPa~52MPa 이상 견디도록 열처리 가공한 유리
· 열처리법: 일반 서랭 유리를 연화점 이하로 재가열한 후 찬공기로 강화유리보다 서서히 냉각하여 제조(일반 유리의 2~3배)

유리 · 실링

1-2-4. 열선반사유리(Solar Reflective Glass)

> 판유리의 표면에 금속산화물의 얇은 막을 코팅하여 반사막을 입힌 유리이며, 태양광선을 반사하여 냉방부하를 줄일 수 있다. 밝은 쪽을 어두운 쪽에서 볼 때 거울을 보는 것과 같이 보이는 경면효과가 발생하며 이것을 Half Mirror라고 한다.

1-2-5. 열선흡수유리(Heat Absorbing Glass)

> 판유리에 소량의 산화철, 니켈, 코발트 등을 첨가하면 가시광선은 투과하지만 열선인 적외선이 투과되지 않는 성질을 갖는다. 일사 투과율이 거의 일정하므로 사무소 건축에 유용하지만, 유리에 흡수된 열로 인해 응력집중이 생길 수 있기 때문에 파손될 우려가 있다.

1-2-6. 로이유리(Low Emissivity Glass)

> 판유리를 사용하여 Ion Sputtering Process으로 한쪽 면에 얇은 은막을 코팅하여 에너지를 절약할 수 있도록 개발된 것이다. 가시광선을 76% 넘게 투과시켜 자연채광을 극대화하여 밝은 실내 분위기를 유지할 수 있다. 겨울철에는 건물 내에 발생하는 장파장의 열선을 실내로 재반사 시켜 실내 보온성능이 뛰어나고, 여름철에는 코팅막이 바깥 열기를 차단하여 냉방부하를 저감시킬 수 있다.

로이코팅

로이단판 → 공기층

투명단판

[로이유리]

구 분	Soft Low-E 유리	Hard Low-E 유리
Coating 방법	• 스퍼터링공 법 (Sputtering Process) • 기 재단된 판유리에 금속을 다층 박막으로 Coating	• 파이롤리틱 공법 (Pyrolytic Process) • 유리 제조 공정 시 금속용액 혹은 분말을 유리 표면 위에 분사하여 열적으로 Coating
장 점	• Coating면 전체에 걸쳐 막 두께가 일정하여 색상이 균일하다. • 다중 Coating이 가능하고 색상, 투과율, 반사율 조절이 가능	• Coating면의 내마모성이 우수하여 후 처리가공이 용이 • 단판으로도 사용 가능 • Out-Line System으로 생산
단 점	• 공기 및 유해가스 접촉 시 Coating막의 금속이 산화되어 기능이 상실되므로 반드시 복층유리로만 사용 • 곡 가공이 어려움	• Coating막이 두껍게 형성되므로 반사율이 높음 • 제조공정 특성상 Pin Hole, Scratch 등 제품 결함 우려 • 생산 Lot마다 색상의 재현이 어려움
주의사항	• 현장 반입 유리에 대한 Coating 두께 등 성능의 검측 및 확인	

유리 · 실링

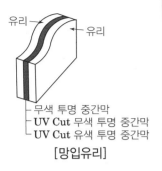

유리 ── ── 유리

─ 무색 투명 중간막
─ UV Cut 무색 투명 중간막
─ UV Cut 유색 투명 중간막

[망입유리]

1-2-7. 접합유리(Laminated Glass)

2장 이상의 판유리 사이에 접합 필름인 합성수지 막을 삽입하여 가열 압착한 안전유리

1-2-8. 망입유리(Wire Glass)

압축 롤에 의한 성형시에 유리내부에 철, 알루미늄 등의 망을 내부에 삽입한 유리

1-2-9. 방화유리

특수 열처리공법을 이용하여 결정화 시킨 무망입의 초내열화 유리로 안전성과 방화성을 가진 유리

1-2-10. 유리블럭(Glass Block)

유리로 제조된 벽돌과 같은 건축 재료로 유리블록의 내부에는 공기를 빼고, 완전 건조 공기를 투입하여 봉합하며, 미적효과와 채광효과가 있다.

유리 · 실링

1-3. 시공
1-3-1. 끼우기 시공법 분류

구 분			내 용
부정형 실링재 고정법	탄성 실링재 (Sealant) 고정법		금속, 플라스틱, 나무 등의 U형홈 또는 누름대 고정용 홈에 Sealant를 사용하는 고정법 Setting Block, Liner로 유리를 고정하여 양측을 Sealing재로 고정
	퍼티 (Putty) 고정법	정 의	홈에 유리를 끼우는 경우 퍼티를 사용하는 고정법
		삼각못 박기 퍼티 고정법	삼각못, U자형못 등의 유리고정용 철물을 박아 유리를 고정하고 퍼티를 실시하는 고정법
		Clip 퍼티 고정법	유리고정철물로 Clip을 사용하고 유리퍼티를 사용하여 유리를 금속제창호에 부착시키는 고정법 Steel Sash에 주로 사용
정형 실링재 고정법	Glazing Gasket		금속 또는 플라스틱의 U형 홈에 U자형 Gasket을 감고 끼우는 방법
	구조Gasket		유리의 양측에서 끈으로 된 J자형 Gasket을 사용해서 유리를 설치하는 방법
구조 Gasket 고정법 (지퍼 가스켓 고정법)	정 의		클로로프렌고무를 소요의 형상으로 빼내어 만든 것으로 고무의 물리적 특성과 내후성을 살려서 유리를 보존하는 방법으로 고정창에 주로 사용
	Y형Gasket 고정법		콘크리트, 돌 등의 U형홈에 Y자형 구조 Gasket을 사용하여 유리를 설치하는 공법
	H형Gasket 고정법		금속프레임 등에 H자형 Gasket을 사용해서 유리를 설치하는 방법
Suspension 공법 (대형유리 현수공법)	정 의		대형의 판유리를 사용하여 유리만으로 벽면을 구성하는 방법으로 유리상단을 특제의 철물로 끼워서 달아매는 방법과 리브가 있는 유리를 달아매는 방법이 있다 유리의 Joint에는 Silicon계 Sealing재 사용

유리 · 실링

1-3-2. SGS 공법(Suspended Glazing System)

> 벽 전체에 유리를 금속 클램프로 매달아 설치하며 두꺼운 대형 유리를 사용한다. 자중에 의해 완전한 평면을 유지하고, 유리 내부에 응력이 발생하지 않아 굴곡이 생기지 않는다.

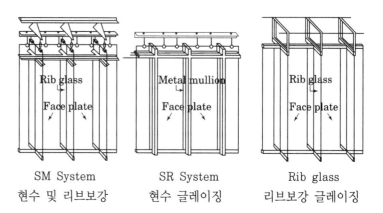

SM System	SR System	Rib glass
현수 및 리브보강	현수 글레이징	리브보강 글레이징

1-3-3. SSG 공법(Structural Sealant Glazing System)

> 유리를 구조용 실런트(Structural Sealant)를 사용해서 실내측 지지틀에 접착시켜 고정하는 방법이다. 2변지지 공법은 판유리의 상하 또는 좌우를 새시로 지지하고, 다른 두 변을 실리콘 실링재를 이용하여 금속 멀리온(Metal Mullion)에 지지한다. 4변지지 공법은 판유리의 4변을 모두 실링재로 금속 멀리온에 지지한다.

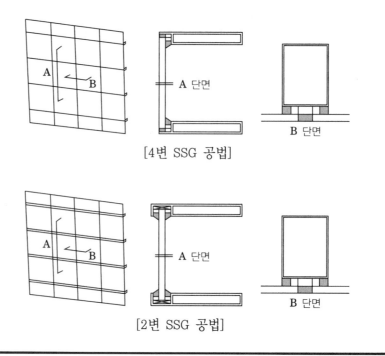

[4변 SSG 공법]

[2변 SSG 공법]

유리 · 실링

1-3-4. DPG 공법(Dot Point Glazing System), SPG

1) 정의

- 특수 가공한 볼트를 접시머리 모양으로 가공된 홀에 결합시킨 판유리를 서로 접합시키는 방법으로 유리 표면이 외관상 평탄하며, 내부에서 유리(Rib Glass), 로드 트러스(Rod Truss), Wire 및 Stainless Pipe 등으로 구조물을 지탱하는 공법.
- Frame이나 구조용 Sealant를 사용하지 않고도 뛰어난 안전성이 확보되며, Design의 제약이 적고, 개방감과 채광성이 우수하다.

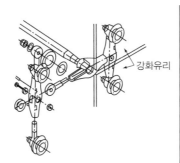

강화유리

- 특수 가공한 볼트를 결합시킨 판유리를 서로 접합시킨 공법으로 유리에 풍압력 발생 시 구멍 주위의 집중응력을 분산시키는 효과
- 유리를 분할하는 다양한 방향으로 의 힘을 회전 힌지를 사용하여 유리두께의 중심에 놓는다.

2) 공법 분류

구 분	개념	특징
Pipe Type		수직, 수평의 각 조인트 지지용 파이프에 브래킷을 용접한 후 앵글 브래킷을 이용하여 볼트를 설치하여 유리를 취부 하는 방법
Rib Glass & Patch Type		15mm 두께 이상의 강화유리를 면유리와 같은 모듈로 절단하여 T형 구조를 이 루는 방법
Wire & Rod Truss Type		와이어의 장력을 이용하는 구조이며, 수평, 수직방향 및 천장구성이 가능하며 개구부의 경우 별도의 설계가 필요함.
Rod & Pipe Type		수직 수평방향의 Truss구조형태로 사용, Pipe는 주로 System 자중을 저항하며 풍하중에 대해서도 Rod와 같은작용

유리 · 실링

1-4. 현상

1-4-1. 자파(自破)현상

강화유리는 급냉과정을 거치기 때문에 황화니켈(Nickel Sulfide) 함유물이 계속 존재하다가 시간경과에 따라 주변의 유리원소를 계속적으로 밀어내어 부피팽창에 따른 국부적 인장응력의 증가로 인해 어느 순간에 Crack이 발생하여 유리파손을 유발한다.

1-4-2. 영상조정

영상공법은 빌딩의 반사영상을 더욱 아름답게 하기 위한 열반사유리 영상조정 공법이다. 영상공법은 특수한 부자재와 조정기구를 사용하여 아름다운 영상을 만드는 공법이다. 영상조정은 조정하려고하는 유리벽면의 전방 30~50m의 중앙을 관측 위치로 하고 관측지시자도 정지한 자세로 영상을 조정한다.

1) 영상공법 요소

① 특수 2중 셋팅 블록 a: 고정 블럭 b: 이동 블럭
② 특수 2중 백업제
③ 조정기구(압축기와 고정조정장치)
④ 위치 가교정 테이프
⑤ 영상조정 작업에 대한 설계업무

2) 표준시공도

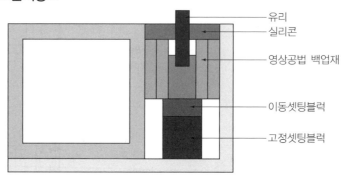

유리
실리콘
영상공법 백업재
이동셋팅블럭
고정셋팅블럭

3) 영상공법 블록 위치와 조정기구 설치 위치

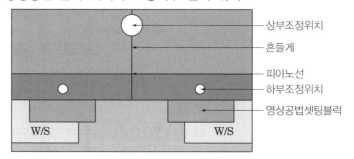

상부조정위치
흔들게
피아노선
하부조정위치
영상공법셋팅블럭

W/S   W/S

※ 영상블럭은 하부 2개소(w/6)에 설치한다. 조정구는 하부2개소(w/6) 상부 중앙 1개소에서 한다. (단, 고정장치는 각 2개 이상에 부착한다.)

유리 · 실링

1-4-3. 열파손

① 유리의 열파손 현상은 열에 의해 유리에 발생되는 인장 및 압축응력에 대한 유리의 내력이 부족한 경우 균열이 발생하며 깨지는 현상이다.

② 대형유리의 유리중앙부는 강한 태양열로 인해 온도상승 · 팽창하며, 유리주변부는 저온상태로 인해 온도유지 · 수축함으로써 열팽창의 차이가 발생한다.

1) 판유리의 응력 분포

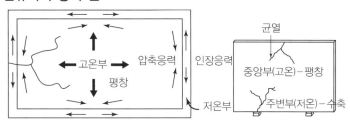

2) 특징

① 열파손은 항상 판유리 가장자리에서 발생한다.

② Crack선은 가장자리로부터 직각을 이룬다.

③ 색유리에 많이 발생(열흡수가 많기 때문)

④ 열응력이 크면 파단면의 파편수가 많으며, 동절기 맑은 날 오전에 많이 발생(프레임과 유리의 온도차가 클 때)

⑤ 열파손은 서서히 진행하며 수개월 이내에 시발점에서 다른 변으로 전파된다.

3) 원인

① 태양의 복사열로 인한 유리의 중앙부와 주변부의 온도차이

② 유리가 두꺼울수록 열축적이 크므로 파손의 우려 증대

③ 유리의 국부적 결함

④ 유리배면의 공기순환 부족

⑤ 유리 자체의 내력 부족

4) 방지대책

① Glass 판 내 온도차를 최대한 적게 한다.

② 양호한 질단과 시공으로 Glass Edge 강도를 저하시키지 않는 것이 중요하다.

③ 유리와 커튼, 블라인드 사이를 간격을 두어 흡수된 열을 방출할 수 있게 한다.

④ 냉난방용의 공기가 직접 유리창에 닿거나 강렬한 빛을 부분적으로 계속 받지 않게 한다.

⑤ 유리면에는 반사막이나, 코팅, 종이를 붙이지 않는다.

⑥ 유리와 프레임은 단열을 확실히 한다.

⑦ 배강도 또는 강화유리를 사용

⑧ 유리의 절단면은 흠이 없도록 깨끗이 절단

유리 · 실링

접착력

Key Point

□ **Lay Out**
- 요구성능
- 특성 · 기준
- 유의사항

□ **기본용어**
- Bond Breaker

□ 작업조건
- 온도: 피착체의 표면온도가 50℃ 이상
- 기온: 5℃ 이하 또는 30℃ 이상
- 습도: 85% 이상
- 풍속: 10m/sec

□ E: 자재의 열 수축팽창 길이(mm)=최대 거동+자재의 열팽창계수×자재길이×예상최대온도변화

□M: 실링재의 거동 허용률(%)

□ T: Joint 허용오차
- 콘크리트: 4mm
- 금속: 3mm

줄눈폭 (W)	일반줄눈	Glazing 줄눈
W≥15	1/2~2/3	1/2~2/3
15>W≥10	2/3~1	2/3~1
10>W≥6	-	3/4~4/3
최소 6mm 이상, 최대 20mm 이내		
일반적으로 1/2≤W≤1의 범위		

[줄눈의 깊이(D)]

2. 실링공사

2-1. 시공

1) Back Up재
① Joint 폭보다 3~4mm 큰 것으로 설치
② 실링재의 두께를 일정하게 유지하도록 일정한 깊이에 설치

2) 마스킹 테이프
① 줄눈면의 선 마무리
② 프라이머 도포 전, 정해진 위치에 곧게 설치

3) 프라이머 도포
① 함수율 7% 이하
② 사용시간: 5~20℃에서 30분, 8시간 내에 작업 완료
　　　　　　20~60℃에서 20분, 5시간 내에 작업완료

4) 실링재의 접착 방법 – 2면접착 시공

- 3면 접착시
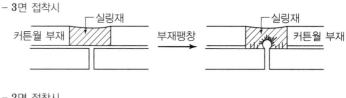

- 2면 접착시
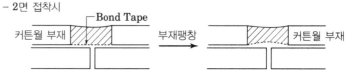

5) 줄눈폭(W)의 산정식

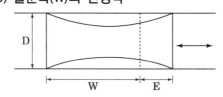

$$W = \frac{E}{M} \times 100 + T$$

(단,　$W > 2 \times E$ 를 만족할 것)

6) 시공순서

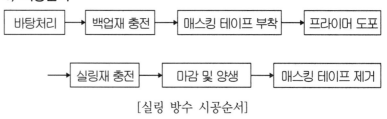

[실링 방수 시공순서]

창호공사

③ 창호 공사

1. 요구성능

- 내풍압
  - 건축물의 높이, 형상, 입지조건
- 수밀성
  - Sash 틈새에서 빗물이 실내측으로 누수되지 않는 최대 압력차
- 기밀성
  - Sash내.외 압력차가 10~100N/㎡(해당풍속 4~13m/s)일 때 공기가 새어나온 양(㎥/h㎡)
- 차음성
  - 기밀이 필요한곳
- 단열성
  - 열관류저항으로 일정기준 이상이어야 한다.
- 방화성
  - 방화, 준방화 지역에서 연소의 우려가 있는 부위의 창

2. 하자 발생유형

① 주변과의 마감불량
② Door Closer 흔들림
③ Door 휨
④ Door Lock 작동불량, Door Stopper 흔들림
⑤ 단열, 누수, 결로
⑥ 흠집 및 오염

3. 방지대책

- 설계 및 계획
  - ① 하드웨어 설치보강
  - ② 표면재질 검토
  - ③ 도어의 크기검토
  - ④ 표면마감 검토
- 재료
  - ① 하드웨어 종류
  - ② 문틀재질
- 시공
  - ① 보강재시공
  - ② 고정방법 및 위치
  - ③ 수직수평

4 수장 공사

Key Point

□ Lay Out
- 요구성능
- 제작·설치기준
- 유의사항

□ 기본용어
- 드라이월 칸막이
- 시스템 천장
- Access Floor

□ Extrusion Lightweight
(압출성형 경량콘크리트패널)
- 시멘트, 규산질 원료, 골재, 광물섬유 등을 사용하여 진공 압출성형한 제품으로, 주로 외벽에 사용되는 베이스 패널
- 흡수율 18% 이하
- 휨강도 14Mpa 이상

1. 경량철골 벽체

1-1. 성능기준

1) 내화구조의 성능기준

건축물의 용도별 높이 층수에 따라 부위별로 화재 시 피난. 방화구조 등의 기준에 적합한 구조성능 발휘

2) 차음구조

구분	경계벽 두께	칸막이벽 두께
RC 또는 SRC	15cm 이상(미장두께 포함)	10cm 이상
무근 콘크리트조, 석조	20cm 이상(미장두께 포함)	10cm 이상(미장두께 포함)
조적조	20cm 이상(미장두께 포함)	19cm 이상
경량벽체	차음성능 인정구조	

1-2. 설치기준

1) Stud 및 Runner 설치기준

① 수평개구부 보강: C-60×30×10×2.3, 폭1,800 초과 시 Double Runner
② 수직개구부 보강: Slab바닥에서 상층 Slab면 또는 보 밑까지 연결
③ 보강 Channel: 높이3m 이상인 경우 @1,200
④ 하부 Runner: @450~600 간격으로 고정

2) 석고보드 및 기타

① 보드의 가장자리 부위에서 안쪽으로 10mm정도 선을 따라 고정
② 보드의 중앙부분 부터 고정시킨 후 점차 가장자리 부위를 고정
③ Control Joint는 9~12m 이내로 설치하고 문 상부는 천장 +100mm 까지 설치
④ Zig-Zag로 설치
⑤ 중량물 부착부위 보강, 기타 기계. 전기부착물 시공부위 및 연결부위 시공

수장공사

2. 경량철골 천장

- M-bar설치
  ① 간격: 300mm 전후
  ② Board의 Joint부에는 Double Bar를 사용
- 보강공사
  Shop Drawing을 그려 보강위치 및 방법을 사전에 검토
- 마감재 붙이기
  ① 석고보드의 긴쪽 가장자리가 M-Bar와 직각이 되도록 부착
  ② 보드와 보드의 이음매는 Double Bar의 가운데 위치하게하며, 주변 보드의 이음매와 엇갈리게 부착
  ③ 나사못 간격은 보드 중앙부는 300mm 간격, 이음매 부위에서는 보드 가장자리 안쪽 10mm 정도 선을 따라 200mm 간격으로 시공

3. 도배공사

- 기본원칙
  ① 이음부는 맞댄이음을 하여 이음선이 나타나지 않게 한다.
  ② 상하 좌우의 무늬 및 색상이 동일하고, 바탕선 처리 필수
- 벽체도배(봉투바름 시공법)
  ① 바탕처리: 정배지의 Texture를 감안해서 결정
  ② 부직포 시공 및 도배지 폭에 맞춰 초배지 봉투바름
  ③ 정배지 시공: 도배지 4면 주위만 풀칠하고 중앙부는 물칠
- 천장도배
  ① 나사못이 돌출되지 않고 석고보드의 단이지지 않도록 시공
  ② 석고보드 이음부 초배지 시공

4. 바닥재 공사

Roll형 PVC바닥, 마루판, Access Floor

9-6장

기타
및
특수재료

Lay Out

① 지붕공사 Lay Out

지붕공사

- **요구성능**: 내화성. 내풍압성, 내수성, 방수성, 내열성, 보수용이성
- **종류**: 절판 잇기, 금속기와, 아스팔트 싱글

Lay Out

② 금속공사 Lay Out

금속공사

- **부식**: 전면부식, 공식, 틈부식, 이종금속 접촉부식
- **방식**: 금속의 재질변화, 부식환경의 변화, 전위의 변화, 금속표면 피복법
- **잡철 · 배수판**: 기초 Concrete 상부와 누름Concrete사이에 배수판으로 공간을 형성하고 그 공간을 통해서 물을 이동시켜 집수정으로 모이게 하는 배수

Lay Out

③ 기타공사 Lay Out

기타공사

- **법면녹화**
- **보강토 블록**
- **층간방화 구획**

기준1 : 층별 구획   기준2 : 바닥면적별 구획

1. 바닥면적 **200m²** 이내마다 구획
   (600m²)
2. 내장재가 불연재일 경우 **500m²** 이내마다 구획
   (1,500m²)

층마다 구획

11층
10층

11층 이상

10층 이하

바닥면적 **1,000m²** 이내마다 구획
(3,000m²)

※ ( ) : 스프링쿨러, 자동식 소화설비
   설치한 경우

- **Clean Room**

미립자의 침입을 방지
(Preventing)

발생된 미립자를 제거
(Purging)

필요한 온도, 습도 및
실내압을 유지
(Providing)

미립자의 발생을 방지
(Prohibiting)

미립자의 누적을 방지
(Protecting)

Lay Out

④ 특수재료 Lay Out

주차장 바닥마감, 기타 마감재

지붕공사

요구성능

Key Point

□ Lay Out
– 요구성능
– 가공 · 이음 · 고정
– 유의사항

□ 기본용어
– 요구성능
– 금속기와

이음방식

□ 각재심기(Batten Seam)
– 내부에 각재를 넣고 Cap이나
  고정 Clip을 이용하여 고정

□ 돌출이음(Standing Seam)
– 동판고정 Clip으로 고정 후
  이음부위를 절곡하여 이음

□ 평이음(Flat Seam)
– 내수합판위에 방습지(아스팔
  트 펠트)를 시공 후 미리 절곡
  된 부위에 평으로 끼워 맞추
  는 이음

1 지붕공사

1. 지붕재의 재료

1-1. 지붕재의 요구성능

- 내화성
- 내풍압성
- 내수성
- 방수성
- 내열성
- 보수의 용이성

우수의 침투를 막고 강풍이나 진동, 충격 등으로 떨어지지 않아야 한다.

2. 종류

2-1. 절판잇기

2-1-1. 준비

1) 절판성형

① 공장성형: 반입계획
② 현장성형: 양중기 위치를 고려한 가설계획

2) 양중

① 절판의 양중이 곤란한 경우에는 가설비계를 설치하여 지붕면에서 가공
② 성형기는 중량물이므로 가설 비계는 구조계산

2-1-2. 시공 –Bolt이음

1) 먹매김

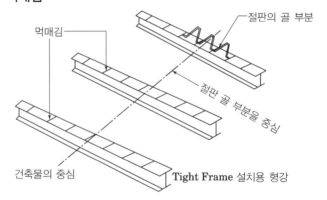

① 건축물의 중심선과 절판의 골 부분을 먹매김
② 절판의 휨, 누수, 온도수축을 감안하여 정확한 먹매김 필요

지붕공사

□ Bolt 이음

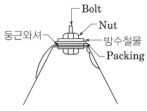

- 고정Bolt의 설치용 구멍
  은 볼트직경 +50mm 이하

□ Boltless 이음

- Clip Bolt를 Tight Frame
  에 맞추어 임팩트 렌치를
  사용하여 조임
- Hand Tool을 이용하여
  1m 이내로 가조임 실시
- 절판과 절판의 이음은
  Seaming Machine을 이
  용하여 2회 조이기 실시

2) Tight Frame 설치

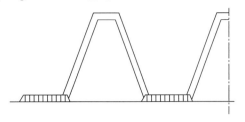

돌림용접으로 고정

3) 절판의 가설치

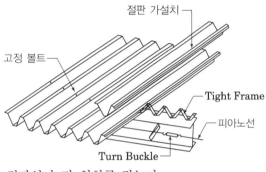

절판잇기 전 위치를 잡는다.

4) 절판잇기

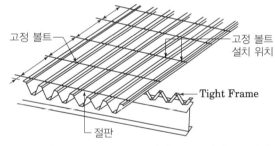

① 고정볼트 @600mm 이하로 고정하고 절판의 처마끝은 150mm 정
   도 구부려 물끊기 시공
② 볼트 이음 부분의 Packing 및 Sealing 작업을 철저히 하여 누수
   방지

지붕공사

2-2. 금속기와

2-2-1. 재료

1) Truss

C-100×50×20×T2.3×2EA 이상, @3000 이하

2) 서까래

5×90@900 이상 각재를 처마끝선에서 용마루선 까지 설치

3) 기와걸이

기와걸이: 45×36@370 이상 각재를 설치

4) Purlin

서까래를 받치는 도리들보로 C-100×50×20×T2.3 이상, @900 이하

5) Flashing

W=200 이상을 처마끝선 및 벽체와 맞닿는 부위에 설치

6) 보강목

금속기와 중간에 하중에 의한 변형방지30×25 @370

7) 고정못

용융도금 처리 후 흑색 코팅된 D=3mm, L=50mm 이상

2-2-2. 시공

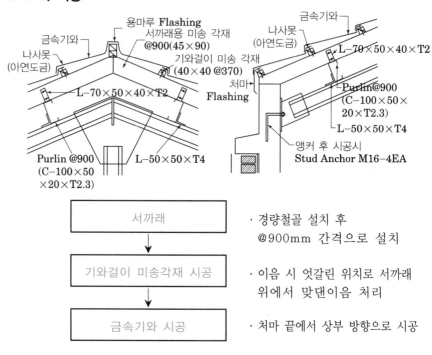

서까래	·경량철골 설치 후 @900mm 간격으로 설치
기와걸이 미송각재 시공	·이음 시 엇갈린 위치로 서까래 위에서 맞댄이음 처리
금속기와 시공	·처마 끝에서 상부 방향으로 시공

금속기와의 고정은 금속기와 고정못으로 정면이 하향으로 꺾인 부분에 못을 수평으로 박아 그 아래에 있는 기와걸이 각재에 못이 박혀 고정

지붕공사

2-3. 아스팔트 싱글

2-3-1. 재료

① 재질: 유기질 또는 Fiber Glass 및 무기질로 만들어진 펠트에 아스팔트를 도포하여, 바닥층에는 세사를 붙이고 노출면은 천연쇄골재를 붙인 제품

② SIZE: 305×915mm정도 크기의 3탭, 두께 2.8mm 이상

③ 고정철물: 콘크리트바탕(길이25mm, 머리지름 6mm 콘크리트못), 목재바탕(32mm, 머리지름 9mm 아연도금 못)

□ 지붕물매
- 4/10 이상

□ 치켜올림면
- 50mm 이상의 삼각면 처리

□ 둥근면
- R=100mm 이상

2-3-2. 시공

1) 아스팔트 싱글 시멘트 및 못의 시공위치

아스팔트 싱글 시멘트 및 못의 시공 위치

2) 아스팔트 싱글 시멘트 도포

아스필트 싱글 시멘트 도포

3) 시공 시 유의사항

① 바탕면 건조 후 시공

② 시공하루 전 프라이머 도포

③ 작업순서는 처마에서 용마루방향으로 시공

④ 찢어진 곳 상부 30mm 위치 못고정

⑤ 첫단 및 동판 Flashing 부위 등의 싱글 끝 부분은 반대방향으로 시공

⑥ 싱글 시공 후 동판, 싱글 접합부위는 실링처리

3. 기타

3-1. 옥상드레인

배수용량을 산정하고 설치전 옥상 바닥면의 구배 상태에 따라 구배계획과 Drain설치 계획 검토

② 금속공사

1. 부식과 방식

1-1. 부식

1-1-1. 개요

> - 부식(Corrosion)이란 금속재료가 접촉환경과 반응하여 변질 및 산화, 파괴되는 현상
> - 부식은 부식환경에 따라서 습식부식(Wet Corrosion)과 건식 부식(Dry Corrosion)으로 대별되며, 다시 전면 부식과 국부 부식으로 분류된다.

1-1-2. 부식의 종류

1) 전면 부식

금속 전체 표면에 거의 균일하게 일어나는 부식으로 금속자체 및 환경이 균일한 조건일 때 발생한다.

2) 공식(孔蝕 ; Pitting)

스테인리스강 및 티타늄과 같이 표면에 생성 부동태막에 의해 내식성이 유지되는 금속 및 합금의 경우 표면의 일부가 파괴되어 새로운 표면이 노출되면 일부가 용해되어 국부적으로 부식이 진행된 형태

3) 틈부식(Crevice Corrosion)

금속표면에 특정물질의 표면이 접촉되어 있거나 부착되어 있는 경우 그 사이에 형성된 틈에서 발생하는 부식

4) 이종 금속 접촉 부식(Galvanic Corrosion)

이종금속을 서로 접촉시켜 부식환경에 두면 전위가 낮은쪽의 금속이 전자를 방출(Anode)하게 되어 비교적 빠르게 부식되는 현상
동종의 금속을 사용하거나 접합 시 절연체를 삽입

1-2. 방식

1-2-1. 방식 방법

1) 금속의 재질변화

열처리 냉간가공 및 스테인리스사용

2) 부식환경의 변화

산소 및 수분제거

3) 전위의 변화

전위차 방지를 위한 비전도체 설치

4) 금속표면 피복법

가장 일반적으로 사용되는 방법으로 금속피복, 비금속 피복 등으로 분류되며 일반적으로 Paint를 바르는 방법이다.

□ 유기질 피복 시 주의사항
- 강재의 표면에 부착된 녹, 스케일, 먼지 등 오염물질을 규사, 쇼트크리트 등 연삭재를 표면에 투사하여 제거하는 방법으로 블러스트 공법이라 함

잡철시공일반

2. 잡철 시공일반

2-1. 계단난간

2-1-1. 규정 및 설치기준

- 공동주택 단지내의 건축물: 바닥 마감면으로 부터 1200mm 이상
  단, 건축물 내부계단, 계단참에 설치하는 난간은 900mm 이상 (살 간격 100mm 이하)

- 일반건축물: 난간높이 850mm 이상, 살 간격 규정없음

□ 기타
- 난간대
- Non Slip
- Joiner
- Wire Mesh
- Insert
- Trench
- Expansion Joint용 마감재

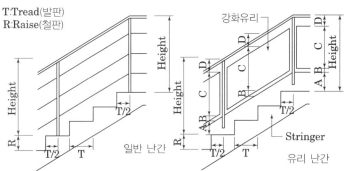

일반 난간   유리 난간

2-2. 배수판

- 배수판공법은 기초 Concrete 상부와 누름 Concrete 사이에 배수판으로 공간을 형성하고 그 공간을 통해서 물을 이동시켜 집수정으로 모이게 하는 바닥 배수판과 벽체의 누수 및 습기를 바닥 트랜치로 유도하는 벽체 배수판으로 구분된다.
- 지하실 마감 바닥 및 벽체의 누수 및 습기를 방지하는 공법이다.

[바닥 배수판]

[벽체 배수판]

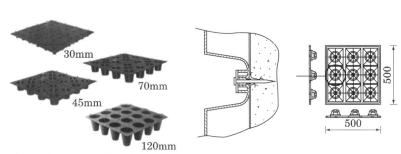

가로×세로:500×500(mm)
사용량 4장/m²

[바닥 배수판]   [벽체 배수판]

③ 기타 공사

1. 부대시설

1-1. 법면녹화

인공적인 구조물위에 인위적인 지형, 지질의 토양층을 새로이 형성하고 식물을 주로 이용한 식재를 하거나 수공간(水空間, Water Space)을 만들어서 녹지공간을 조성하는 것이다.

1-2. 보강토 블록

보강토 공법은 성토 시 흙다짐층에 인장력이 큰 강재 또는 합성섬유재질의 보강재를 흙속에 매설하고 그 위에 블록을 시공하여 자중이나 외력에 의한 토립자 이동을 보강재와 토립자간의 마찰력에 의하여 횡방향 변위를 구속함으로써 점착력을 가진 것과 동일한 효과를 갖게 하여 강화된 흙을 만드는 것이 공법의 원리이다.

[보강토 블록 그리드]

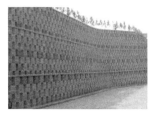

[보강토 블록]

기타공사

□ 방화구획

– 방화구획(fire-fighting partition)은 화염의 확산을 방지하기 위하여 건축물의 특정 부분과 다른 부분을 내화구조로 된 바닥, 벽 또는 갑종 방화문3(자동방화셔터 포함)으로 구획하는 것이다. 주요구조부가 내화구조 또는 불연재료로 된 건축물로서 연면적이 1,000㎡를 넘는 것은 방화구획을 하여야 한다. (「건축법」 제49조 제2항, 동법시행령 제46조 제1항)

[커튼월부위]

□ 방화구획 강화(19.07.30)
◆가연성 외장재 사용금지 확대 : 6층 이상 → 3층 이상, 피난약자 이용 건축물 등
◆ 층간 방화구획 전면 확대 : 3층 이상인 층과 지하층 → 모든 층
◆ 이행강제금 부과기준 상향 조정 : 시가표준액 3/100 → 시가표준액 10/100

2. 특수공사

2-1. 층간방화 구획

2-1-1. 설치부위 및 방법

① 벽, 바닥: 내화구조
② 개구부: 갑종 방화문 또는 자동 방화셔터
③ 급수관, 배전관 사이: 틈을 불연재료로 메울 것
④ 환기, 난방, 냉방덕트 사이: 관통부분에 1.5mm 이상 철판 댐퍼 설치

2-1-2. 설치기준

기준1 : 층별 구획   기준2 : 바닥면적별 구획

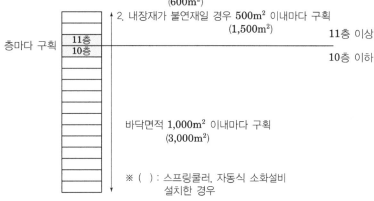

1. 바닥면적 200㎡ 이내마다 구획 (600㎡)
2. 내장재가 불연재일 경우 500㎡ 이내마다 구획 (1,500㎡)

11층 이상
10층 이하

층마다 구획

바닥면적 1,000㎡ 이내마다 구획 (3,000㎡)

※ ( ) : 스프링쿨러, 자동식 소화설비 설치한 경우

2-1-3. 시공

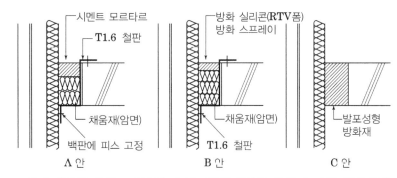

시멘트 모르타르
T1.6 철판
채움재(암면)
백판에 피스 고정
A 안

방화 실리콘(RTV품)
방화 스프레이
채움재(암면)
T1.6 철판
B 안

발포성형 방화재
C 안

바닥마감의 유무, 팬코일 유무, 벽체마감의 유무에 따라 별도적용

2-1-4. Pipe Shaft 등 수직공간

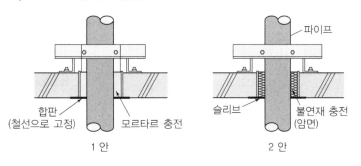

합판 (철선으로 고정)
모르타르 충전
1 안

파이프
슬리브
불연재 충전 (암면)
2 안

기타공사

[청정실]

기본용어

□ 공기청정도
- 입자 크기 0.1μm에서 5μm의 입자가 1 m³ 중에 몇 개 포함되어 있는가에 따라 나타낸 등급

□ 상한농도
- 대상 입자의 최대 허용 농도를 나타냄

□ 스트링거(Stringer)
- 가로 거더 위에 놓인 세로 보

□ 웨더스트립(Weather Strip)
- 틈새 바람이나 빗물의 침입을 방지하기 위한 가늘고 긴 재료

□ 탑코팅(Top Coating)
- 마무리를 목적으로 한 최종 칠

□ 패스박스(Pass Box)
- 클린룸의 벽면에 설치되는 소형 물품의 이송용 장치

2-2. Clean Room공사

2-2-1. 일반사항

> 공기 부유입자의 농도를 명시된 청정도 수준 한계 이내로 제어하여 오염 제어가 행해지는 공간으로 필요에 따라 온도, 습도, 실내압, 조도, 소음 및 진동 등의 환경조성에 대해서도 제어 및 관리가 행해지는 공간이다.

1) 청정실의 등급(청정도)

클린룸 또는 청정 구역에 적용할 수 있는 공기 중 입자의 청정도 등급은 특정 입자 크기에서의 최대 허용 농도(입자수/m³)로 나타내며, 등급 1, 등급 2, 등급 3, 등급 4, 등급 5, 등급 6, 등급 7, 등급 8, 등급 9로 표기한다.

등급분류	0.1 μm	0.2 μm	0.3 μm	0.5 μm	1 μm	5 μm
등급 1	10	2	–	–	–	–
등급 2	100	24	10	4	–	–
등급 3	1,000	237	102	35	8	–
등급 4	10,000	2,370	1,020	352	83	–
등급 5	100,000	23,700	10,200	3,520	832	29
등급 6	1,000,000	237,000	102,000	35,520	8,320	293
등급 7	–	–	–	352,000	83,200	2,930
등급 8	–	–	–	3,520,000	832,000	29,300
등급 9	–	–	–	35,200,000	8,320,000	293,000

[클린룸 및 청정 구역의 부유 입자 청정도 등급(개/m³)]

2-2-2. 기본적 요구사항

1) 청정실의 제작, 시공, 유지관리

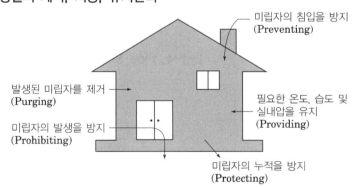

미립자의 침입을 방지 (Preventing)

발생된 미립자를 제거 (Purging)

미립자의 발생을 방지 (Prohibiting)

필요한 온도, 습도 및 실내압을 유지 (Providing)

미립자의 누적을 방지 (Protecting)

기타공사

구 분	내 용
진입방지	• 시공자, 작업자는 분진을 실내에 유입시키지 말 것
발진방지	• 인체, 생산기계, 각종 설비, 비품, 건재 등의 발진을 방지할 것
제거, 배제	• 내부에서 발생된 분진을 신속하게 배출할 것
응집, 퇴적방지	• 분진을 퇴적시키지 않는 구조
신청정 유지	• 청정실 내부에 입실하는 사람, 부품, 기자재는 공기세척(Air Shower), 물세척(Water Shower) 등으로 반드시 청정조건을 유지할 것

2) 일반 요구사항

① 모든 내면은 매끄러우며 흠, 턱, 구멍 등이 없어야 한다. 모서리는 다듬질을 해주고, 모든 연결배관들과 전선 등은 오염 경로나 오염원이 되지 않도록 설치한다.

② 모든 접합부는 평활하게 연결되어야 하며 작업을 수행하는 데 꼭 필요한 것들만 청정실에서 연결하고 그 외의 휴지상자, 스위치판, 분리기, 밸브 등과 같은 다른 접합부는 가능한 청정실 외부에 설치해야 한다.

③ 작업자의 움직임을 최소화하기 위한 통신장비들을 준비해 두어야 한다.

④ 요구청정도, 기류 및 기타 환경조건들을 만족시키기 위한 공기조화기 및 기타 필요설비를 준비한다.

3) 청정실 구성 재료의 요구사항

방 법	요 구 부 위			요 구 내 용
	천장	벽	바닥	
발진성	○	○	○	재료 자체로부터 발진이 적을 것
내마모성		○	○	마모량이 적을 것
내 수 성	○	○	○	물에 의한 변형, 부식이 어렵고, 물청소가 가능할 것
내약품성	○	○	○	청정실 내의 약품에 대한 사전 합의가 있거나 내성이 있을 것
도 전 성	○	○	○	전기 저항치가 작고 대전이 어렵고, 대전 시 신속히 감소할 것
내흡습성	○	○		열화방지, 녹 등의 발생에 대비하여 습기 흡수가 어려울 것
평 활 성	○	○	○	표면이 매끄러워 먼지 등의 부착이 어렵고 청소가 용이할 것

기타공사

4) 청정실 구조의 요구사항

방법	요구부위			요구내용
	천장	벽	바닥	
내하중성			○	중량으로 파손되지 말 것, 대형 차량의 주행으로 들뜨거나 떨어짐이 없을 것
내 진 성	○	○	○	지진 등 진동에 안전구조일 것, 잔금 등이 생기지 않을 것
기 밀 성	○	○	○	내부의 양압에 대해 기밀성 유지, 외부먼지에 효과적 구조일 것
내 압 성	○	○	○	일상적인 양압에 비변형 구조일 것
내충격성			○	낙하 등의 충격으로 분할, 분해, 우그러짐이 없을 것
단 열 성	○	○	○	온도 조건 유지 및 결로의 문제가 없는 단열성 구조일 것
차 음 성	○	○	○	내외에서 발생한 소리가 투과하기 어려운 구조일 것
방 화 성	○	○	○	건축기준법규, 소방법규 등에 맞는 구조일 것
거 주 성	○	○	○	바닥이 미끄럽지 않고 색조, 천장높이 등으로 압박감이 없을 것
흡 음 성	○	○	○	발생한 소리가 반향되기 어려운 구조일 것

2-2-3. 부위별 요구사항

1) 바닥

① 바닥의 재질은 오염물을 생성시키거나 보유하지 않는 재료를 사용한다.

② 바닥은 일상 작업의 마모현상에 충분히 견딜 수 있으며, 하중 등의 특별한 물리적 조건들에 충족되도록 시공되어야 한다.

③ 접합부에는 오염물이 끼는 것을 방지할 수 있게 용접하고 다듬질해서 높이를 균일하게 하거나 이와 유사한 구조로 한다.

2) 벽체와 천장

① 벽체와 천장은 입자의 부착을 방지하는 특성을 가져야 하며, 청소가 용이한 구조로 한다.

② 청정실은 외부에서 오염원이 유입될 수 없는 구조로 설계, 시공한다.

3) 입구(장비, 물품 반입구)

① 평상 시 작업자나 물건의 출입을 위해 공기세척이나 물세척 시설을 갖춘 전실을 갖추어야 한다.

② 문은 자동으로 닫혀야 하며 기기나 장비 등의 특정한 물건이나 사람이 출입할 수 있는 구조이어야 한다.

기타공사

③ 규정에 없는 물건, 장비 등의 반입으로 인한 주변오염의 위험성을 줄이기 위해 필요한 표시를 입구 앞에 설치한다.

④ 출입구 창은 오염물질의 유입을 방지하기 위해 열리지 않는 구조로 하며 밀봉한다.

⑤ 출입구 창의 면적은 열 손실, 분진의 응축 및 소음 등을 줄이기 위해 가능한 최소화한다.

⑥ 열전달을 최소화하고 방음조치를 할 수 있게 이중구조로 한다.

4) 입구(사람)

① 오염원을 제거하기 위하여 전실을 설치하며 필요한 경우 전실 내에 에어샤워(Air Shower) 등을 설치하도록 한다.

② 작은 물품들을 반입, 반출할 경우에는 패스박스(Pass Box) 등을 설치하도록 한다.

2-2-4. 기류방식

1) 수직 층류형 크린룸 [Vertical Laminar Airflow Clean Room]

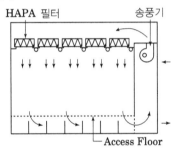

① 천장 전면에 고성능 필터를 붙이고 바닥에는 격자면을 설치하여 전면 흡입함으로써 청정공기를 수직으로 흐르게 하는 방식

② 실내 공간에서 발생한 부유 미립자는 그 위치에서 곧 하류로 흘러 내려가 주위에는 영향을 주지 않기 때문에 초청정공간 Class 1에서 Class 100의 실현이 가능

③ 취출 풍속은 0.23 ~ 0.5m/sec 정도(Class : 1~100)

2) 수평 층류형 크린룸[Horizontal Laminar Airflow Clean Room]

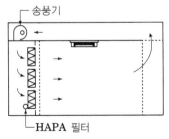

① 한쪽의 내벽 전면에 고성능 필터를 설치하여 반대쪽의 벽체 전면에서 빨아들여 청정공기를 수평으로 흐르게 하는 방식

② 상류측의 작업영향으로 하류측에서는 청정도가 저하되며 취출 풍속은 0.45m/sec 이상(Class : 100~1,000)

기타공사

3) 비 층류형 크린룸[Turbulent Airflow Clean Room]

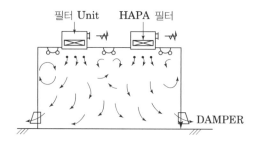

일반 공기조화설비의 취출구에 고성능 필터를 취부한 방식으로 청정을
취출 공기에 의해 실내 오염원을 희석하여 청정도를 상승시키는 희석법
(Class : 1,000~100,000)

④ 특수재료

1. 방화재료

1-1. 정의
방화재료(Fire-Preventive Material)는 통상의 화재시의 가열에 있어서 화재의 확대를 억지하고, 또한 연기 또는 유해 가스의 발생으로 피난을 저해하는 일이 없는 재료이다.

1-2. 종류
① 방화도료(Fireproof Paint, Fire-Retarding Paint)
② 방화셔터(Fire Shutter)는 방화 성능을 갖는 셔터로서 방화문의 일종이다.
③ 방화벽(Fire Wall)은 규모가 큰 목조 건물을 적당한 크기로 구획하고 한 구획 내에서의 출화를 다른 구획으로 확대시키지 않는 것을 목적으로 한 벽이다.

1-3. 시험항목 및 등급

방화재료	난연등급	시험항목 KS F 2271
불연재료	1급	• 기재시험, 표면시험
준불연재료	2급	• 표면시험, 부가시험, 가스유해성시험
난연재료	3급	• 표면시험, 가스 유해성시험

2. 방염처리

2-1. 처리 대상 건축물
① 근린생활시설 중 안마시술소 헬스클럽, 건축물의 옥내에 있는 문화 집회 및 운동시설(수영장 제외), 숙박시설, 종합병원, 통신촬영시설 중 방송국 및 촬영소
② 노유자 시설, 의료시설 중 정신보건시설, 숙박시설이 있는 청소년 시설
③ 다중이용업의 엉업장
④ 아파트를 제외한 11층 이상인 건축물

2-2. 처리 대상 물품

1) 실내 장식물
① 종이류(두께 2mm 이상), 합성수지류, 섬유류를 주원료로 한 물품
② 합판 또는 목재
③ 실 또는 공간을 구획하기 위해 설치하는 칸막이
④ 흡음 또는 방음을 위하여 설치하는 흡음재 또는 방음재

2) 방염대상 물품
제조 또는 가공공정에서 방염처리를 한 물품

9-7장

실내환경

Lay Out

1 열환경 Lay Out

> 단열

1. 구비조건
   - 열전도율, 흡수율, 수증기 투과율이 낮을 것
   - 경량이며, 강도가 우수할 것
   - 내구성, 내열성, 내식성이 우수하고 냄새가 없을 것
   - 경제적이고 시공이 용이할 것
2. 재료
   - 저항형, 반사형, 용량형
3. 공법

   - 이음, 가공, 재료, 관통부 보강, 열교 냉교
   - (바닥, 벽, 지붕, 창호)

> 결로

1. 결로의 종류
   표면결로, 내부결로
2. 결로발생 원인
   ① 실내외 온도차
   ② 생활습관에 의한 환기 부족
   ③ 시공 불량(부실시공, 하자)
   ④ 실내 습기의 과다 발생
   ⑤ 구조재의 열적 특성
3. 방지대책
   - 환기
   - 난방
   - 단열

Lay Out

② 음환경 Lay Out

소음

흡음과 차음

1. 흡음
- 다공성 흡음재(Glass Wool)
- 공명기형 흡음재(공동부분의 진동으로 흡수)
- 판상형 흡음재(석고보드)
2. 차음
- 벽체 및 패널

층간소음

1. 층간소음의 범위
- 직접 충격음
- 공기전달 소음
2. 구조
- 바닥 충격음 차단구조
- 표준바닥 구조
3. 종류
- 경량충격음
- 중량충격음
4. 저감대책
- 뜬바닥 구조
- Slab조건의 변화
- 이중천장
- 층간소음재 밀실시공
- 설비소음 제거

Lay Out

③ 실내공기환경 Lay Out

실내 공기질 • 건강친화형 주택 기준

1. 시공 전
   • 친환경자재 선정
2. 시공단계
   • 사용도료의 최소화
   • 오염원 실내흡창 방지
   • 적정한 작업장내 환기유지
3. 시공 후 단계
   • Bake Out
   • Flush Out
   • 기능성 촉매 마감

열환경

성능

Key Point

□ Lay Out
- 열이동 및 전달 원리
- 단열재의 종류·효과
- 단열공법
- 유의사항

□ 기본용어
- 열전도율
- 열관류율
- 내단열과 외단열
- 결로
- 방습층

□ 열의 대류(Convection)
- 물체중의 물질이 열을 동반하고 이동하는 경우로 기체나 액체에서 발생한다. 즉, 고체의 표면에서 액체나 기체상의 매체에서 또는 유체에서 고체의 표면으로 열이 전달되는 형태

□ 열의 복사(Radiation)
- 고온의 물체표면에서 저온의 물체표면으로 복사에 의해 열이 이동하는 것

□ 열전달률
- 유체와 고체 사이에서의 열 이동을 나타낸 것으로, 공기와 벽체 표면의 온도차가 1℃일 때 면적 1㎡를 통해 1시간 동안 전달되는 열량

---

1 열환경

1. 전열

1-1. 열전도(Heat Conduction)

1) 열전도 현상

> 물질의 이동을 수반하지 않고 고온부에서 이와 접하고 있는 저온부로 열이 전달되어 가는 현상을 열전도(Heat Conduction)라고 한다. 온도가 높은 물체와 낮은 물체가 접촉하면 시간이 지나면서 온도차이가 없어지게 되며, 이러한 현상은 열이 고온에서 저온의 물체로 이동함으로써 일어난다.

2) 열전도열량 λ(kcal/mh℃) – 고체의 열전달

> 두께 1m의 균일재에 대하여 양측의 온도 차가 1℃일 때 1㎡의 표면적을 통하여 흐른 열량이다.

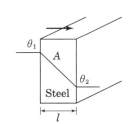

$$q = \lambda \frac{\theta_1 - \theta_2}{l} At$$

q : 고체내부의 열류(kcal)
l : 열류방향의 길이(m)
A : 벽의 면적(m^2)
θ_1 : 고온측 온도
θ_2 : 저온측 온도

1-2. 열전달(Heat Transfer Coefficient)

1) 열전달 현상 – 고체 ⇌유체 열전달

> 전도·대류·복사 등의 열 이동현상을 총칭하여 열전달이라고 한다. 고체 표면과 이에 접하는 유체(경계층)와의 사이의 열교환

2) 전달열량

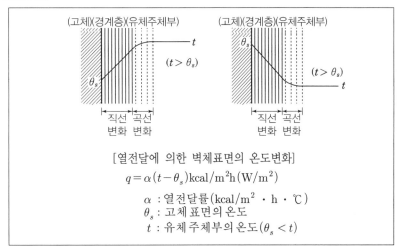

[열전달에 의한 벽체표면의 온도변화]

$$q = \alpha(t - \theta_s) \, kcal/m^2 h \, (W/m^2)$$

α : 열전달률($kcal/m^2 \cdot h \cdot ℃$)
θ_s : 고체표면의 온도
t : 유체주체부의 온도($\theta_s < t$)

열환경

1-3. 열관류율(Heat Transmission)

1) 열관류현상

> 고체를 통하여 유체(공기)에서 유체(공기)로 열이 전해지는 현상을 열관류라고 한다. 즉, 고온측 공기에서 저온측의 벽면으로 열이 전해지고(열전달), 고온측 벽면에서 저온측 벽면으로 향하여 흐른다 (열전도). 저온측 벽면에 도달한 열은 벽면보다 온도가 낮은 공기로 전해지고(열전달), 벽을 관류하는 열류가 생긴다(열관류).

□ 열관류율
- 벽의 양측 공기의 온도차가 1℃일 때 벽의 1㎡당을 1시간에 관류하는 열량

2) 열관류율 K −유체 → 고체 → 유체의 열전달

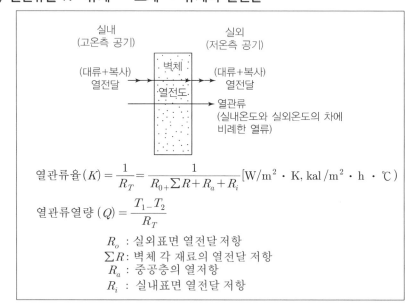

$$열관류율\,(K) = \frac{1}{R_T} = \frac{1}{R_{0+}\Sigma R + R_a + R_i}\,[\text{W/m}^2 \cdot \text{K, kal}/\text{m}^2 \cdot \text{h} \cdot \text{℃}]$$

$$열관류열량\,(Q) = \frac{T_1 - T_2}{R_T}$$

R_o : 실외표면 열전달 저항
ΣR : 벽체 각 재료의 열전달 저항
R_a : 중공층의 열저항
R_i : 실내표면 열전달 저항

1-4. 구조체의 온도구배(Temperature Gradient)

□ 온도구배
- 실내외의 온도차로 인해 구조체는 따뜻한 쪽에서 차가운 쪽으로 점진적인 온도 변화가 생긴다.
- 열전도 저항이 낮은 층은 완만한 온도구배를 가지고 열전도 저항이 높은 층은 가파른 온도구배를 가지고 있다.

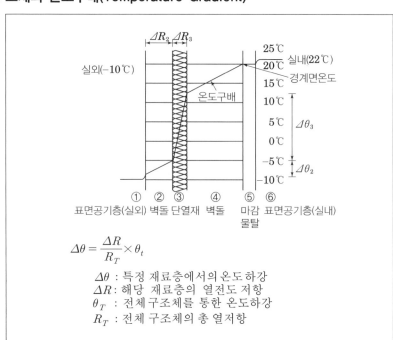

$$\Delta\theta = \frac{\Delta R}{R_T} \times \theta_t$$

$\Delta\theta$: 특정 재료층에서의 온도하강
ΔR : 해당 재료층의 열전도 저항
θ_T : 전체 구조체를 통한 온도하강
R_T : 전체 구조체의 총 열저항

2. 단열(Thermal Insulation)

2-1. 단열재의 요구조건

① 열전도율, 흡수율, 수증기 투과율이 낮을 것
② 경량이며, 강도가 우수할 것
③ 내구성, 내열성, 내식성이 우수하고 냄새가 없을 것
④ 경제적이고 시공이 용이할 것

2-2. 단열재의 종류

2-2-1. 저항형 단열재

1) 단열의 원리

저항형 단열재는 다공질 또는 섬유질의 기포성 재료로서 무수한 기포로 구성되어 있기 때문에 열전도율이 낮다. 대류가 생기지 않는 정지되어 있는 공기가 가장 좋은 단열재인데, 기포형 단열재의 역할이 공기를 정지시키기 위한 것이다.

2) 종류

충전재	· 섬유상: 유리면 · 암면 등
	· 입상: 탄각 · 톱밥 · 왕겨 등
	· 분상: 규조토 · 탄산마그네슘 등

| 판상 · 괴상 | · 연질의 것: 섬유판(텍스) · 층상암면 · 판상암면 · 석면보온판 |
| | · 경질의 것: 기포유리판 · 경질 염화비닐판 |

충전형 단열재는 무기질 재료인 암면, 유리면, 질석, 퍼라이트, 규조 등은 열에 강한 반면 흡수성이 크다. 유기질 재료인 폴리스틸렌, 경질우레탄폼, 발포폴리에틸렌, 우레아폼 등은 흡수성이 적은 것이 장점인 반면 열에 약하다.

2-2-2. 반사형 단열재

복사의 형태로 열이동이 이루어지는 공기층에 유효하다. 반사형은 반사율이 높고 흡수율과 복사율이 낮은 표면에 효과가 있는데, 전형적인 예로 알루미늄 박판(Foil)을 들 수 있다.

2-2-3. 용량형 단열재

주로 중량구조체의 큰 열용량을 이용하는 단열방식으로 건물의 내부온도가 일정하게 유지된다 하더라도 외부 온도는 항상 변화하며, 벽체가 열용량에 의해 열전달이 지연되어 단열효과가 생기게 되는데 이를 용량형 단열재라 한다. (벽돌이나 콘크리트 벽)

열환경

창의 단열성능 영향요소

– 유리 공기층 두께
– 유리간 공기층의 수량
– 로이코팅 유리
– 비활성가스(아르곤) 충전
– 열교차단재(폴리아미드, 아존)
– 창틀의 종류

비드법 보호판

□ Expaned Polystyrene Form(EPS)
– 폴리스티렌수지에 발포제를 넣은 다공질의 기포플라스틱
– 비드법 1종과 2종으로 구분하며 밀도에 따라 1호 30kg/㎥ 이상, 2호 25kg/㎥ 이상, 3호 20kg/㎥ 이상, 4호 15kg/㎥ 이상으로 분류하고 있으며, 밀도가 클수록 단단하며 열전도율이 낮은 특성이 있다.

압출법 보호판

□ Extruded Polystyrene Form(XPS)
– 원료를 가열 · 용융하여 연속적으로 압출 · 발포시켜 성형한 제품

열환경

2-3. 단열공법
2-3-1. 공법종류

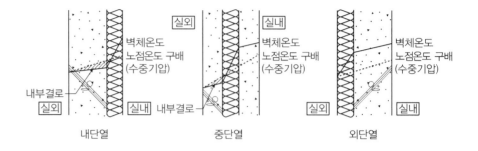

내단열　　　　　　중단열　　　　　　외단열

1) 종류

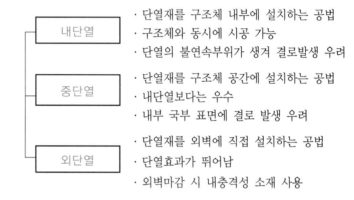

내단열	· 단열재를 구조체 내부에 설치하는 공법 · 구조체와 동시에 시공 가능 · 단열의 불연속부위가 생겨 결로발생 우려
중단열	· 단열재를 구조체 공간에 설치하는 공법 · 내단열보다는 우수 · 내부 국부 표면에 결로 발생 우려
외단열	· 단열재를 외벽에 직접 설치하는 공법 · 단열효과가 뛰어남 · 외벽마감 시 내충격성 소재 사용

2) 공법비교

구 분	내단열	외단열
실온 변경	실온 변동과 난방 정지 시 실온 강하가 외단열에 비해 크다.	건물 구조체가 축열제의 역할을 함으로 실내의 급격한 온도 변화가 거의 없다.
열교 발생	구조체의 접합부에서 단열재가 불연속되어 열교가 발생하기가 쉽다.	열교 발생이 거의 없다.
구체에 대한 영향	지붕이나 구체에 직접 광선을 받으므로 상하온도에 시간적 차이가 발생하는데 낮에는 10℃ 이상 차이가 나므로 큰 열응력을 받아 크랙 등의 원인이 된다.	직사광선에 의한 열을 지붕 슬래브나 구체에 전달하지 않으므로 지붕 슬래브의 상하 온도차는 한여름 낮에도 3℃ 이하이므로 구체가 받는 열응력은 매우 작아 구체를 손상시키지 않는다.
표면 결로	실내 표면의 온도차가 커서 결로 발생 가능성이 크다.	외기 온도의 영향으로부터 급격한 온도 변화가 없어 열적으로 안전하여 결로 발생이 거의 없다.
난방 방식과의 관계	사용 시간이 짧아 단시간 난방이 필요한 건물에 유리하다.	구조체 축열에 시간이 소요되어 단시간 난방이 필요한 건물에는 불리하다.

열환경

□ 습공기 선도
- 습공기의 상태를 결정할 수 있는 표

□ 절대습도
- 공기 중에 포함되어 있는 수증기의 중량으로 습도를 표시하는 것으로 건조공기 1kg을 포함한 습공기 중의 수증기량으로 표시

□ 수증기 분압
- 수증기 분자는 분자끼리 구속이 없으며 밀폐된 형태의 건물내에 존재하면 분자가 주위의 벽에 빠른 속도로 충돌한 뒤 튕겨 나오게 되는데 이러한 현상을 말함

□ 포화수증기압
- 공기 중에 포함되는 수증기의 양은 한도가 있는데 이 것은 습도나 압력에 따라 다르며 이 한도까지 수증기량을 포함한 상태의 공기를 포화 공기 라 하며, 이때의 수증기압을 말함

□ 상대습도
- 습공기의 수증기 분압과 그 온도에 의한 포화공기의 수증기 분압과의 비를 백분율로 나타낸 것

□ 노점온도(이슬점 온도)
- 습공기의 온도를 내리면 어떤 온도에서 포화상태에 달하고, 온도가 더 내려가게 되면 수증기의 일부가 응축하여 물방울이 맺히게 되는 현상

3. 결로(Condensation)

3-1. 결로 발생조건

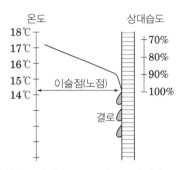

① 결로 발생원인은 실내온도는 낮고 상대습도가 높은 경우 발생하며, 실내·외의 기온차가 클수록 빈번하게 발생하고, 한여름과 한겨울에 특히 심하게 발생한다.

② 결로는 공기가 포화상태가 되어 수증기 전부를 포함할 수 없어 여분의 수증기가 물방울로 되어 벽체표면에 부착되는 일종의 습윤상태이다.

3-2. 결로 발생 Mechanism – 포화 수증기 곡선

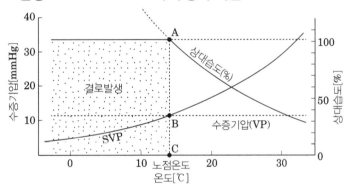

A점과 같이 상대습도가 100%이며, B점과 같이 수증기압과 포화수증기압이 같은 지점에서 결로가 발생한다.

3-3. 결로의 종류

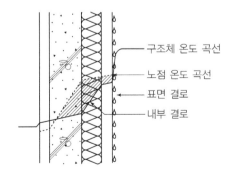

열환경

세부 용어

□ Heat/Thermal Bridge
– 벽, 바닥 slab, 지붕 등의 구조체에 단열재 시공이 연속되지 못하고 끊기는 열적취약부위가 있는 경우 실내의 열기가 직접 구조체를 통해 따뜻한 실내에서 차가운 실외로 이동하는 현상이다.

□ Cold Bridge
– 냉교는 벽, 바닥 slab, 지붕 등의 구조체에 단열재 시공이 연속되지 못하고 끊기는 열적취약부위가 있는 경우 실외의 냉기가 직접 구조체를 통해 차가운 실외에서 따뜻한 실내로 이동하는 현상이다.

□ 방습층(Vapor Barrier)
– 구조체에 발생하는 내부결로의 위험은 습한 공기가 구조체 내로 침투하는 것을 방지함으로써 막을 수 있다.
– 방습층(Vapor Barrier)은 수증기 투과를 방지하는 투습저항이 큰 건축재료의 층이다.

1) 표면결로
  ① 표면결로(Surface Condensation)는 건물의 표면온도가 접촉하고 있는 공기의 포화온도(노점온도)보다 낮을 때에 그 표면에 발생한다.
  ② 맑은 날 밤에 지표면과 식물표면에 생기는 이슬 또는 욕실의 거울 위에 서리는 김, 난방된 실내에서 창문의 찬 표면에 생기는 물기, 무더운 여름에 흙에 접한 지하실 등 벽의 실내측 표면에 결로가 일어나는 경우 등이 있다.

2) 내부결로
  ① 실내가 외부보다 습도가 높고 벽체가 투습력이 있으면 벽체 내에 수증기압 기울기가 생기게 된다. 벽체내의 노점온도 구배가 구조체의 온도구배보다 높게 되면 내부결로가 발생한다.
  ② 겨울철에 창문을 항상 닫고 있고, 외부온도가 실내온도보다 낮으면 벽체 내에 온도기울기가 생긴다.

3-4. 결로 발생원인
  ① 실내외 온도차
  ② 생활습관에 의한 환기 부족
  ③ 시공 불량(부실시공, 하자)
  ④ 실내 습기의 과다 발생
  ⑤ 구조재의 열적 특성

3-5. 결로 방지대책
1) 환기(Ventilation)
  ① 환기는 습한 공기를 제거하여 실내의 결로를 방지한다.
  ② 습기가 발생하는 곳에 환풍기 설치
  ③ 부엌이나 욕실의 환기창에 의한 환기는 습기가 다른 실로 전파되는 것을 막기 위해 자동문을 설치하는 것이 좋다.

2) 난방(Heating)
  ① 난방은 건물 내부의 표면온도를 올리고 실내온도를 노점온도 이상으로 유지시킨다.
  ② 가열된 공기는 더 많은 습기를 함유할 수가 있고 차가운 표면상에 결로로 인하여 발생한 습기를 포함하고 있다가 환기 시 외부로 배출하면서 결로를 제거한다.
  ③ 난방 시 낮은 온도에서 오래하는 것이 높은 온도에서 짧게 하는 것보다 좋다.

3) 단열(Insulation)
  ① 단열은 구조체를 통한 열손실 방지와 보온 역할을 한다.
  ② 조적벽과 같은 중량구조의 내부에 위치한 단열재는 난방 시 실내 표면온도를 신속히 올릴 수 있다.
  ③ 중공벽 내부의 실내측에 단열재를 시공한 벽은 외측부분이 온도가 낮기 때문에 이곳에 생기는 내부결로 방지를 위하여 고온측에 방습층의 설치가 필요하다.

음환경

② 음환경

1. 흡음과 차음

흡음 · 음의 Energy가 구조체나 부재의 재료표면 등에 부딪혀서 침입된 소음을 흡음재나 공명기를 이용하여 에너지가 반사하는 것을 감소시시는 것

차음 · 음의 Energy에 진동하거나 진동을 전하지 않는 차음재를 사용하여 음의 에너지를 한 공간에서 다른 공간으로 투과하는 것을 감소시키는 것

□ 흡음력
– 흡음은 재료표면에 입사하는 음에너지가 마찰저항, 진동 등에 의해 열에너지로 변하는 현상이다.

1-1. 음향재료의 구분

1-1-1. 흡음재의 종류와 특성

- 공기 중 음을 전파하여 입사한 음파가 반사되는 양이 작은 재료로서 주로 천장, 벽 등의 내장재료로 사용
- 실내의 잔향시간을 줄이며, 메아리 등의 음향장애 현상을 없애고 실내의 음압레벨을 줄이기 위해 사용

1) 다공성 흡음재(Porous Type Absorpition)

다공성 흡음재는 Glass Wool, Rock wool, 광물면, 식물 섬유류, 발포 플라스틱과 같이 표면과 내부에 미세한 구멍이 있는 재료로서 음파는 이러한 재료의 좁은 틈 사이의 공기속을 전파할 때 주위 벽과의 마찰이나 점성저항 등에 의해 음에너지의 일부가 열에너지로 변하여 흡수된다.

2) 공명기형 흡음재(Resonator Type Absorpition)

공동(Cavity)에 구멍이 나있는 형의 공명기에 음이 닿으면, 공명주파수 부근에서 구멍부분의 공기가 심하게 진동하면서 그때의 마찰열로 음에너지가 흡수된다.

3) 판상형 흡음재(Membrane Type Absorpition)

합판, 섬유판, 석고보드, 석면슬레이트, 플라스틱판등의 얇은 판에 음이 입사되면 판진동이 일어나서 음에너지의 일부가 그 내부 마찰에 의하여 흡수된다.

□ 판상형

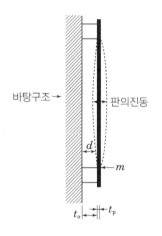

1-1-2. 차음재료

- 공음의 전달경로를 도중에서 벽체 재료로 감쇠시키기 위해 사용
- 콘크리트 블록 건축용재, 건설. 토목용재 등이 소음방지 목적에 사용

음환경

1-2. 흡음 및 차음공사

1-2-1. 흡음공사

1) 흡음재료의 구분

구 분	성분 현상	종 류
다공질 흡음재	섬유상, Chip, Fine상	Glass Wool, Rock Wool, Stainless Wool등 콜크판, 석고보드, 모래, 콘크리트블록
공명형 흡음재	공판, Silt판상	석면, Aluminum판, 합성수지판 등
판진동형 흡음재	판상	베니어 합판, 석면 시멘트판

2) 시공 시 고려사항

① 흡음률은 시공할 때 배후 공기층 상황에 따라 변화됨으로 시공할 경우와 동일 조건의 흡음률을 이용해야함

② 부착 시 한곳에 치중되지 않게 전체 벽면에 분산부착

③ 모서리나 가장자리부분에 흡음재를 부착시키면 효과적

④ 흡음섬유 등은 전면을 접착재로 부착하는 것보다 못으로 시공하는 것이 효과적

⑤ 다공질 재료는 산란되기 쉬우므로 얇은 천으로 피복해야 흡음률이 증대된다.

⑥ 다공질 재료의 표면을 도장하면 고음역 소음은 흡음률이 저하되므로 개공률 20% 이상으로 해야 한다.

⑦ 다공질 재료는 표면에 벽지 등의 종이를 입히는 것을 피한다.

1-2-2. 차음공사

1) 차음재료의 구분

구 분	종 류
단일벽(일체진동벽)	콘크리트벽, 벽돌벽, 블록벽 등
이중벽(다공질 흡음재료충진)	석면, 슬레이트판, 목모 시멘트판, 베니어판
샌드위치패널	Glass Wool, Rock Wool. 스치로폴, 우레탄, 하니컴, 합판
다중벽(3중벽이상)	단일벽을 여러겹으로 설비

2) 차음재료의 용도

① 상호 음향차단: 인접실의 소음이 들리지 않도록 또는 인접실에 음이 전달되지 않게 칸막이벽이나 경계벽, 차음용 바닥천장구조에 사용

② 음원측의 음향출력 저감: 소음원으로 되는 기계류 등의 소음방사를 막기 위한 방음Cover나 기계실 주변벽에 사용

③ 수음측에서의 소음의 저감: 외부로부터 소음이 침입되지 않도록 하기 위한 외벽, 지붕구조 및 창 등의 개구부에 이용

④ 차폐재료: 소음을 경감시키기 위한 방음용 벽의 본체로 사용

세부 용어

□ **바닥 충격음 차단구조**
- 바닥충격음 차단구조의 성능등급을 인정하는 기관의 장이 차단구조의 성능[중량충격음(무겁고 부드러운 충격에 의한 바닥충격음을 말한다) 50데시벨 이하, 경량충격음(비교적 가볍고 딱딱한 충격에 의한 바닥충격음을 말한다) 58 데시벨 이하]을 확인하여 인정한 바닥구조를 말한다.

□ **표준바닥 구조**
- 중량충격음 및 경량충격음을 차단하기 위하여 콘크리트 슬라브, 완충재, 마감 모르타르, 바닥마감재 등으로 구성된 일체형 바닥구조를 말한다.

2. 층간소음

2-1. 층간소음의 범위

> 공동주택 층간소음의 범위는 입주자 또는 사용자의 활동으로 인하여 발생하는 소음으로서 다른 입주자 또는 사용자에게 피해를 주는 다음 각 호의 소음으로 한다. 다만, 욕실, 화장실 및 다용도실 등에서 급수 · 배수로 인하여 발생하는 소음은 제외한다.

| 직접충격 소음 | · 뛰거나 걷는 동작 등으로 인하여 발생하는 소음 |

| 공기전달 소음 | · 텔레비전, 음향기기 등의 사용으로 인하여 발생하는 소음 |

기타: 문, 창문 등을 닫거나 두드리는 소음, 망치질, 톱질 등에서 발생하는 소음, 탁자나 의자 등 가구를 끌면서 나는 소음, 헬스기구, 골프연습기 등의 운동기구를 사용하면서 나는 소음

2-2. 층간소음의 기준

층간소음의 구분		층간소음의 기준 [단위: dB(A)]	
		주간 (06:00 ~ 22:00)	야간 (22:00 ~ 06:00)
직접충격 소음	1분간 등가소음도 (Leq)	39	34
	최고소음도 (Lmax)	57	52
공기전달 소음	5분간 등가소음도 (Leq)	45	40

① 직접충격 소음은 1분간 등가소음도(Leq) 및 최고소음도(Lmax)로 평가하고, 공기전달 소음은 5분간 등가소음도(Leq)로 평가한다.
② 환경부장관이 정하여 고시하는 소음 · 진동 관련 공정시험기준 중 동일 건물 내에서 사업장 소음을 측정하는 방법을 따르되, 1개 지점 이상에서 1시간 이상 측정하여야 한다.
③ 최고소음도(Lmax)는 1시간에 3회 이상 초과할 경우 그 기준을 초과한 것으로 본다.

음환경

2-3. 표준바닥구조

1) 표준바닥 구조-1

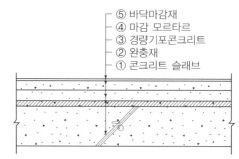

- ⑤ 바닥마감재
- ④ 마감 모르타르
- ③ 경량기포콘크리트
- ② 완충재
- ① 콘크리트 슬래브

구조	콘르리트 슬래브	완충재	경량기포콘크리트	마감모르타르
벽식 및 혼합구조	210mm	20mm 이상	40mm 이상	40mm 이상
라멘구조	150mm			
무량판구조	180mm			

2) 바닥충격음 차단성능의 등급기준

① 경량충격음 (단위: dB)

등급	가중 표준화 바닥충격음 레벨
1급	$L'_{n,AW} \leq 43$
2급	$43 < L'_{n,AW} \leq 48$
3급	$48 < L'_{n,AW} \leq 53$
4급	$53 < L'_{n,AW} \leq 58$

② 중량충격음 (단위: dB)

등급	A-가중 최대 바닥충격음레벨
1급	$L'_{i,Fmax,AW} \leq 40$
2급	$40 < L'_{i,Fmax,AW} \leq 43$
3급	$43 < L'_{i,Fmax,AW} \leq 47$
4급	$47 < L'_{i,Fmax,AW} \leq 50$

음환경

2-4. 측정방법

1) 측정대상

하나의 동인 경우에는 중간층과 최상층의 측벽에 면한 각 1세대 이상과 중간층의 중간에 위치한 1세대 이상으로 한다. 다만, 하나의 동에 서로 다른 평형이 있을 경우에는 평형별로 3개 세대를 선정하여 측정을 실시한다. 2동 이상인 경우에는 평형별 1개동 이상을 대상으로 중간층과 최상층의 측벽에 면한 각 1세대이상과 중간층의 중간에 위치한 1세대 이상

2) 측정대상 공간 선정방법

바닥충격음 차단성능의 확인이 필요한 단위세대 내에서의 측정대상공간은 거실(Living Room)로 한다. 단, 거실(Living Room)과 침실의 구분이 명확하지 않은 소형평형의 공동주택의 경우에는 가장 넓은 공간을 측정대상공간으로 한다.

3) 측정위치

바닥충격음 시험을 위한 음원실의 충격원 충격위치는 다음 그림과 같이 중앙점을 포함한 4개소 이상으로 하고, 수음실의 마이크로폰 설치위치는 4개소 이상으로 하여야 한다. 이 경우 수음실에서의 실내 흡음력 산출시 적용되는 측정대상공간의 용적은 실제측정이 이루어지고 있는 공간으로 하되 개구부(문 또는 창 등)가 있는 경우에는 닫은 상태에서 측정하거나 용적을 산출하여야 한다.

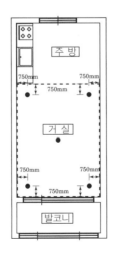
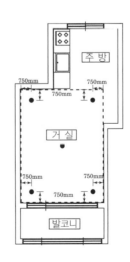
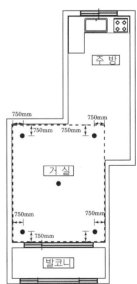

측정 기계

□ Tapping Machine
- 비교적 가볍고 딱딱한 소리, 성인이 구두를 신고 보행할 경우 발생

□ Bang Machine
- 국내표준 중량 충격원
- 무겁고 부드러운 소리
- 충격음의 지속시간이 길고 큰 충격력을 가지는 소음을 모사
- 7.3kg의 타이어를 1m 높이에서 떨어뜨리는 것으로 충격량이 420kg수준

□ Impact ball
- 뱅머신의 단점을 보완하여 개발
- 1m 높이에서 자유낙하 하여 충격음 발생
- 2.5kg 고무공을 1.2m 높이에서 떨어뜨리는 방법으로 충격량이 150~250kg 수준

음환경

2-5. 층간소음 저감대책

1) 뜬바닥구조(Floating Floor)

뜬바닥구조 공법은 바닥 Slab에 충격을 가하였을 때 발생되는 고체 전달음이 구조체를 따라 전달되지 않도록 하기 위해서, 바닥 자체를 구조체의 바닥 Slab와 분리시켜 띄운 바닥구조이다.

2) Slab 조건의 변화

① Slab의 두께를 늘리는 것은 Slab의 면밀도와 강성의 양쪽을 늘리는 것이 되므로 표준중량충격원에 대한 바닥충격음 저감방법으로 그 효과는 크다고 할 수 있다.

② 그러나 이와 같은 충격에 의한 바닥구조의 진동상태 중량 및 강성 이외에도 벽체의 위치, 면적, 지지조건, 충격점의 위치 등에 따라 다양하게 나타나기 때문에 바닥의 구조조건도 종합적으로 고려해야 한다.

③ 표준바닥구조 적용

3) 이중천장의 설치

공기층을 충분히 하고 천장재의 면밀도를 크게 하여 방진지지 하면 바닥충격음레벨을 감소시킬 수 있다.

4) 층간소음재 밀실시공

층간소음재 부착 시 틈이 없이 밀실시공

5) 설비소음

① 덕트내의 흡음재 시공

② 원형덕트 사용으로 감소

③ 송풍기에 흡음장치 및 소음기 설치

④ 파이프 샤프트의 취치 및 설비 코어의 위치, 급수기구와 위생기구의 부착위치 조정

⑤ 급수압 및 배수량 설정

⑥ 저소음 엘보 및 3중 엘보 사용

실내공기 환경

요구성능
Key Point

□ Lay Out
- 요구성능 · 오염물질
- 실내공기질 · 환기
- 저감방안

□ 기본용어
- 실내공기질 관리
- 건물의 환기
- Bake out

법 제명 변경

□ 실내공기질 관리법
- 16년 12월15일 시행
- 다중이용시설 등의 실내공기질관리법'에서 '실내공기질관리법'으로 간결하게 바뀌고, 보건복지부의 '공중위생관리법'에서 관리하던 공중이용시설이 이 법으로 이관되어 통합 관리된다.
- 이관되는 공중이용시설: 실내 체육시설, 실내 공연장, 업무시설(공공: 국가 또는 지자체 청사, 일반: 금융업소, 출판사 등) 등 4개 시설군('14년 기준, 약 17,000개소)

□ 다중이용시설
- 불특정 다수인이 이용하는 시설로 지하역사, 의료기관, 대규모점포, 영화관 등 21개 시설군 관리 중(2015.12월 기준)

□ 공동주택
- 100세대 이상 아파트, 기숙사, 연립주택

③ 실내공기 환경

1. 실내공기질 관리법

1-1. 개정내용

1) 건축자재의 관리체계 개편

건축자재(6종) · 접착제, 페인트, 실란트, 퍼티, 벽지, 바닥재

오염물질(3종) · Formaldehyde, 총휘발성유기화합물(Total Volatile-Organic Compounds, 톨루엔(Toluene)

건축자재를 공급하기 전에 기준에 적합한지 여부를 시험기관으로부터 사전에 확인받도록 하고, 다중이용시설 등 설치자는 기준에 적합한 건축자재만 사용하도록 했다.

2) 라돈 관리계획

① 지금까지는 다중이용시설에 대해 실내공기질 권고기준(148Bq/m^3)을 설정·관리하는 수준이었다.

② 앞으로는 라돈 농도에 대한 실태조사를 토대로 전국 라돈지도를 작성하고, 고농도지역은 시·도지사가 '라돈관리계획'을 수립하여 관리하도록 하였다.

③ '라돈관리계획'에는 다중이용시설, 공동주택 외에 라돈 농도가 상대적으로 높은 일반주택(단독주택 등)도 포함시켜 지원·관리해 나갈 계획이다.

1-2. 오염물질 및 실내공기질

1) 건축자재에서 방출되는 오염물질 – (2014년03월20일)

구분 \ 오염물질 종류	Formaldehyde		톨루엔	총휘발성유기화합물
	2016년 까지	2017년 부터		
접착제				2.0
페인트				2.5
실란트	0.05	0.02	0.08	1.5
퍼티				20.0
일반자재				4.0

※ 오염물질의 종류별 단위는 mg/m^2 · h를 적용한다. 다만, Selant에 대한 오염물질별 단위는 mg/m · h를 적용한다.

실내공기 환경

실내공간 오염물질

- 미세먼지(PM-10)
- 이산화탄소(CO_2;Carbon Dioxide)
- 폼알데하이드(Formaldehyde)
- 총부유세균(TAB;Total Airborne Bacteria)
- 일산화탄소 (CO;Carbon Monoxide)
- 이산화질소(NO_2;Nitrogen dioxide)
- 라돈(Rn;Radon)
- 휘발성유기화합물(VOCs; Volatile Organic Compounds)
- 석면(Asbestos)
- 오존(O_3;Ozone)

□ 신축 공동주택의 실내공기질 권고기준

항목	기준
폼알데하이드	$210\mu g/㎥$ 이하
벤젠	$30\mu g/㎥$ 이하
톨루엔	$1,000\mu g/㎥$ 이하
에틸벤젠	$360\mu g/㎥$ 이하
자일렌	$700\mu g/㎥$ 이하
스티렌	$300\mu g/㎥$ 이하

□ 신축 공동주택의 실내공기질 측정결과 공고 (15년 11월19일 부터 시행)
- 입주 7일전까지 (문과 창문을 모두 닫고 집안온도를 30℃ 이상 높여 5시간 이상 유지한 후 환기를 수회 반복해 오염물질을 제거하는 방법 (Bake Out실시)

2) 실내공기질 유지기준 - 2014년03월20

다중이용시설 \ 오염물질 항목	미세먼지 ($\mu g/㎥$)	이산화탄소 (ppm)	폼알데하이드 ($\mu g/㎥$)	총부유세균 (CFU/㎥)	일산화탄소 (ppm)
지하역사, 지하도상가, 여객자동차터미널의 대합실, 철도역사의 대합실, 공항시설 중 여객터미널, 항만시설 중 대합실, 도서관·박물관 및 미술관, 장례식장, 목욕장, 대규모점포, 영화상영관, 학원, 전시시설, 인터넷컴퓨터게임시설제공업 영업시설	150 이하	1,000 이하	100 이하		10 이하
의료기관, 어린이집, 노인요양시설, 산후조리원	100 이하			800 이하	
실내주차장	200 이하				25 이하

※ 도서관, 영화상영관, 학원, 인터넷컴퓨터게임시설 제공업 영업시설 중 자연환기가 불가능하여 자연환기설비 또는 기계환기설비를 이용하는 경우에는 이산화탄소의 기준을 1,500ppm 이하로 한다.

3) 실내공기질 권고기준 - (2014년03월20)

다중이용시설 \ 오염물질 항목	이산화질소 (ppm)	라돈 (Bq/㎥)	총휘발성유기화합물 ($\mu g/㎥$)	석면 (개/cc)	오존 (ppm)
지하역사, 지하도상가, 여객자동차터미널의 대합실, 철도역사의 대합실, 공항시설 중 여객터미널, 항만시설 중 대합실, 도서관·박물관 및 미술관, 장례식장, 목욕장, 대규모점포, 영화상영관, 학원, 전시시설, 인터넷컴퓨터게임시설 제공업 영업시설	0.05 이하	148 이하	500 이하	0.01 이하	0.06 이하
의료기관, 어린이집, 노인요양시설, 산후조리원					
실내주차장	0.30 이하		1,000 이하		0.08 이하

※ 총휘발성유기화합물의 정의는 「환경분야 시험·검사 등에 관한 법률」 제6조제1항제3호에 따른 환경오염공정시험기준에서 정한다.

실내공기 환경

Flush Out 시행기준

□ 정의
- 대형 팬 또는 기계환기설비
  등을 이용하여 신선한 외부
  공기를 실내로 충분히 유입
  시켜 실내 오염물질을 외부
  로 신속하게 배출시키는 것
  을 의미

□ 시행시기
- 모든 실내 내장마감재 및
  붙박이 가구 등을 설치한
  이후부터 입주자가 입주하
  기 전까지의 기간

□ 외기유입량
- 세대별로 실내 바닥면적 1
  제곱미터당 400세제곱미터
  이상의 신선한 외부공기를
  지속적으로 공급할 것

□ 적용방법
- 강우(강설)시에는 플러쉬 아
  웃을 실시하지 않는 것을
  원칙으로 하고, 실내온도는
  섭씨 16도 이상, 실내 상대
  습도는 60% 이하로 유지하
  여 실시하는 것을 권장

2. 환기

2-1. 환기의 종류

2-1-1. 자연환기(Natural Ventilation)

1) 정의

① 실내의 오염된 공기를 실외로 배출시키고 실외의 청정한 공기를 실내에 공급하여, 실내공기를 희석시켜 오염농도를 경감시키는 과정이다.

② 자연환기는 온도차에 의한 압력과 건물 주위의 바람에 의한 압력으로 발생되며, 재실자가 임의로 조절할 수 있는 특성이 있다.

2) 종류

① 풍력환기(Ventilation Induced by Wind): 풍력을 이용

② 중력환기(Ventilation Induced by Gravity): 실내외의 온도차를 이용

2-1-2. 기계환기(Mechanical Ventilation) - 고성능 외기청정필터 구비

1) 정의

① 송풍기(Fan)나 환풍기(Extractor)를 사용하는 환기이다.

② 자연환기로는 항상 필요한 만큼의 환기를 기대할 수 없으므로 일정한 환기량 또는 많은 양의 환기가 필요한 경우, 기계적 힘을 이용한 강제환기방식을 사용한다.

③ 특히 침기현상(Air Leakage)이 거의 일어나지 않는 기밀화된 건물에 필요하다.

2) 종류

① 배기설비

- 화장실, 부엌의 요리용 레인지, 실험실 내의 배기구 등에 있는 송풍기(fan)의 압력으로 실내공기를 배출하여 오염된 공기가 건물 내에 확산되는 것을 방지하기 위한 장치이다.

- 배기를 위해서는 공간 내에 부압(Negative Pressure, 負壓)이 유지되어야 하며, 급기는 틈새를 통해 이루어진다.

② 급기설비

- 외기를 청정화하여 실내로 도입하는 장치이다.

- 실내의 압력을 높여 틈새나 환기구를 통해 실내공기가 방출되게 한다.

- 만약 방이 밀폐되어 실의 압력이 송풍기의 압력과 같아질 때 공기공급은 중단된다.

③ 급배기설비

- 기계적 수단에 의하여 공기의 공급과 배출을 하는 것으로, 성능은 좋으나 설비비가 비싸다.

- 최근에는 에너지 절약을 위해 공기의 열교환장치가 부착된 기계환기설비가 등장하였는데, 이것은 단순히 환기만 할 경우 손실되는 열량을 재사용할 수 있는 이점이 있다.

실내공기 환경

2-1-3. 하이브리드 환기(Hybrid Ventilation System)

내외온도차 및 풍력 등의 자연력을 기본 구동력으로 하여 환기를 실시하되, 계절별 내외조건에 따른 환기부족 및 환기과다에 대해서는 보조적으로 기계력을 이용하는 개념의 환기방식이다.

3. 실내공기오염 저감 및 개선방안

Bake Out 시행기준

□ 정의
- 베이크 아웃은 실내 공기온도를 높여 건축자재나 마감재료에서 나오는 유해물질의 배출을 일시적으로 증가시킨 후 환기시켜 유해물질을 제거하는 것

□ 사전조치
- 모 외기로 통하는 모든 개구부(문, 창문, 환기구 등)을 닫음
- 수납가구의 문, 서랍 등을 모두 열고, 가구에 포장재(종이나 비닐 등)가 씌워진 경우 이를 제거하여야 함

□ 절차
- 1) 실내온도를 33~38℃로 올리고 8시간 유지
- 2) 문과 창문을 모두 열고 2시간 환기
- 1), 2) 순서로 3회 이상 반복실시

1. 의무기준 - 건강친화형 주택 건설기준
- 친환경 건축자재의 적용(실내공기 오염물질 저방출 자재 적용)
- Flush Out 실시
- 효율적인 환기성능 확보(자연, 기계, 하이브리드 환기)
- 건축자재, 접착제 시공관리기준 준수

  1) 접착제 시공 관리기준
  접착제를 시공할 때에 발생하는 오염물질의 적절한 외부배출 대책을 수립할 것(환기ㆍ공조시스템 가동중지 및 급ㆍ배기구를 밀폐한 후 자연통풍 실시 또는 배풍기 가동)

  2) 도장공사 관리기준
  ① 오염물질의 적절한 외부배출 대책을 수립할 것(환기ㆍ공조시스템 가동중지 및 급ㆍ배기구를 밀폐한 후 자연통풍 실시 또는 배풍기 가동)
  ② 뿜칠 도장공사 시 오일리스 방식 컴프레서, 오일필터 또는 저오염오일 등 오염물질 저방출 장비를 사용할 것

2. 권장기준 - 건강친화형 주택 건설기준
- 흡방습 건축자재는 모든 세대에 친환경에 적합한 건축자재를 거실과 침실 벽체 총면적의 10% 이상을 적용할 것
- 흡착건축자재는 모든 세대에 친환경에 적합한 건축자재를 거실과 침실 벽체 총 면적의 10% 이상을 적용할 것
- 항곰팡이 및 항균 건축자재는 모든 세대에 친환경에 적합한 건축자재를 발코니ㆍ화장실ㆍ부엌 등과 같이 곰팡이 발생이 우려되는 부위에 총 외피면적의 5% 이상을 적용할 것

3. 기타
- 공기청정기(Air Purifier, Cleaner)
- 실내공기 정화식물

CHAPTER

10

건설 사업관리

Lay Out

① 건설산업과 건축생산 Lay Out

건설산업의 이해

| Player | • 발주자, 설계자, 시공자 |
| 대응전략 | • 이슈 · 경쟁력 확보 |

1. 제도
   • 계약: PQ, 종합평가 낙찰제, 종합심사제, Bast Value, IPD(발주통합화)
2. 정책
   • Project Financing, SOC 확대, 교육활성화
3. 기술
   • 설계, 생산, 시공, 공정, 품질, 원가의 IT기술 활용
   • 친환경기술 정착
   • 에너지 절약기술
   • 공산생산 확대(모듈화)
   • 시공의 자동화(3D 프린팅 기술)

건설경영혁신 기법 • JIT · 6-시그마

건축생산체계

생산체계

• Pro 기타는 기본을 상세하게 조달하니 시공 시운전을 인도에서 유지해도 된다.

Software						Hardware		Software		Hardware
Consulting			Engineering			Construction		O&M등		Construction
Project 개발	기획	타당성 평가	기본 설계	상세 설계	자재 조달	시공	시운전	인도	유지 관리	해 체

부실시공 방지

1. 기획단계
   • 타당성 조사(평가기준 정립)
   • 제도정비, 인프라구축
2. 설계단계
   • 공사기준정립(WBS, 시방서)
   • 실적공사비 산정기준, BIM적용, 설계 실명화
   • 입찰 및 계약제도 개선
3. 시공단계(공정 · 품질 · 원가 · 안전 + 공종별)
   • 설계변경 및 계약금액조정
   • 교육 및 능력향상
   • 신기술 신공법 적용
   • IT기술 활용

Lay Out

② 생산의 합리화 Lay Out

| P.M / C.M | • CM For Fee, CM at Risk |

| Risk Management | • 인지→분석→대응 |

| Constructability | • 시공관련성 분석 |

정보관리

1. 정보분류 체계
 • UBC, WBS
2. 정보의 통합화
 • CALS, CITIS, KISCON, CIC
3. 정보관리 System
 • Expert System, GIS, Data Mining, PMIS
4. 정보관리 기술
 • BIM, Simulation, 3D 프린팅 건축, RFID

생산 · 조달관리
 • S.C.M, Just In Time, Lean Construction

건설V · E
 • $Value = \dfrac{Function}{Cost}$

건축물의 L.C.C

지속가능 건설

1. 제도(친환경, 에너지)
 • ISO14000, 환경영향평가, 탄소포인트제,
  녹색인증제(친환경인증제, 주택성능등급),
  장수명공동주택인증제, 에너지 효율등급제,
  건강친화형 주택
2. 에너지 절약설계
 • Zero emission, Life Cycle Assessment
3. 에너지 절약기술
 • Zero Energy Building, BIPV (Building
  Integrated Photovoltaic), 이중외피(Double Skin),
  지능형건축물(Intelligent Building)

유지관리

일반사항
 • 시설물 안전관리, 재개발 · 재건축, BEMS

유지관리기술
 • 리모델링, 보수보강, 해체, 석면해체

Lay Out

③ 건설 공사계약 Lay Out

계약일반

계약방식
- 공사실시방식에 따른 유형(공동도급)
- 공사대금 지급방식
- 공사의 업무범위(SOC 사업)
- 계약기간 및 예산
- 대가보상

계약변경 • 물가변동, 설계변경

입찰 · 낙찰

1. 입찰
   - 경쟁입찰, 특명입찰, 입찰가 산정,
     입찰서 제출, 기타(기술제안, 대안입찰)
2. 낙찰
   - Best Value, 기술 · 가격 분리, 종평제,
     종심제

관련제도
- 하도급: 노무비 지급확인, 하도급
  대금지급보증, NSC(지정하도급)
- 발주: 직할시공, IPD
- 기술: 시공능력평가, 직접시공의무

건설 Claim • 협타결중 결소
- 유형, 추진절차
- 해결방안

Lay Out

④ 건설 공사관리 Lay Out

공사관리 일반

시공계획	• 사전조사, 착공, 현장소장
설계 및 기준	• 설계도서
현장관리	• 동절기
외주관리	• 하도급 관리, 부도
자재 구매관리	• 구매, 반입, 보관

공정관리

- 공정계획: 공사가동률
- 공정관리 기법: 진도관리, LOB, Tact
- 공기조정: MCX, 공기지연
- 통합관리: EVMS

품질관리   • PDCA

원가관리/적산

- 원가구성 및 원가산정: 실행예산
- 적산: 실적공사비
- 관기기법: MBO, VE, LCC
- 원가절감

안전관리

- 안전인증, 안전영향평가

환경관리

- 건설공해
- 폐기물

10-1장

건설산업과
건축생산

건설산업 이해

Key Point

☐ **Lay Out**
- 특수성
- 환경변화
- 이슈와 동향
- 부실시공 · 경쟁력 강화
- 생산체계

☐ **기본용어**
- KISCON
- 건설공사 사후평가제
- 부실과 하자
- 신기술지정 제도

---

1 건설산업의 이해

1. 건설산업의 주체(Player)

1-1. 발주자(Owner), Cilent

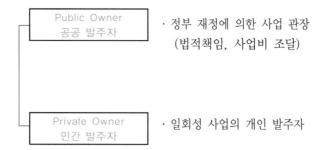

Public Owner 공공 발주자	· 정부 재정에 의한 사업 관장 (법적책임, 사업비 조달)
Private Owner 민간 발주자	· 일회성 사업의 개인 발주자

1-2. 설계자(Architect/Engineer)

- 건축 설계자(Design Professionals)
- 토목 엔지니어(Civil Engineers)
- 구조 엔지니어(Structural Engineers)
- 기계설비 엔지니어(Mechanical Engineers)
- 전기설비 엔지니어(Electrical Engineers)
- 측량 엔지니어(Surveyors)
- 견적 전문가(Cost Engineers)

1-3. 시공자(Contractor, Constructor)

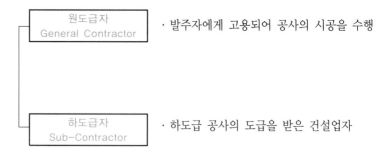

원도급자 General Contractor	· 발주자에게 고용되어 공사의 시공을 수행
하도급자 Sub-Contractor	· 하도급 공사의 도급을 받은 건설업자

1-4. 감리자(Supervisor)

① 검측감리: 설계도서대로 시공여부 확인
② 시공감리: 설계도서대로 시공여부 확인 및 공법변경 등 기술지도
③ 책임감리: 설계도서대로 시공여부 확인 및 공법변경 등 기술지도 및 발주자 공사감독 권한 대행

1-5. 기타그룹

① 건설 사업관리 전문가(Construction Management Professional)
② Financing 관련 전문가

2. 대응전략

2-1. 이슈와 동향

- 친환경을 고려한 지속가능한 개발
- Project Financing이 Project 성공의 중요한 요소
- 자재수급은 전자거래를 통해 구매
- 최고가치를 추구하는 방향으로 입·낙찰제도가 변하고 있음
- SOC사업의 다양화
- 시설물에 대한 Life Cycle을 고려하여 설계, 시공, 성능의 검토
- 공장제작, 기계화, 자동화
- BIM을 활용한 설계 Process 변화
- 3D 프린팅 기술
- Smart Phone을 활용한 IT기술 확대

2-2. 경쟁력 확보방안

1) 제도

① 입찰 및 PQ
② 신기술, 신공법제도 정비
③ 종합조정기구를 통한 건설제도 개편 및 한시적 보완
④ 건설 보증 및 금융여건의 개선

2) 정책

① 신규분양 공급 확대
② SOC사업의 확대
③ 지역 균형개발 및 지역경제 활성화를 위한 투자확대
④ 지속적인 구조조정
⑤ 인력양성과 교육 활성화
⑤ 선진형 건설 Project 수행기법의 도입·정착

3) 기술 및 관리

① 설계, 생산, 시공, 공정, 품질, 원가관리에서의 IT기술 활용
② 기술 및 관리 인력의 전문화
③ 친환경 기술 정착
④ 에너지 절약기술
⑤ 공장생산의 확대
⑥ 시공의 자동화 및 Robot화

3. 주요 경영혁신 기법

경영혁신 기법	내용	Part
전사적 품질경영 Total Quality Management	공급자로부터 고객에 이르기까지의 전체 조직이 품질을 강조	품질관리
적시생산 방식 Just In Time	적시(Right Time), 적소(Right Place)에 적절한 부품(Right Part)을 공급함으로써 생산 활동에서의 모든 낭비적 요소를 제거하도록 추구하는 생산관리 시스템	생산 및 조달
벤치마킹 Bench Marking	자사의 경영성과 향상 및 제품개발 등을 위해 우수한 기업의 경영활동이나 제품 등을 연구하여 활용하는 경영기법	건설경영
비즈니스 리엔지니어링 Business Process Reengineering	기업의 활동과 업무 흐름을 분석화 하고 이를 최적화하는 것으로, 반복적이고 불필요한 과정들을 제거하기 위해 업무상의 여러 단계들을 통합하고 단순화하여 재설계하는 경영혁신 기법	건설경영
6-시그마경영 (Six Sigma Management)	고객의 관점에서 품질에 결정적인 요소를 찾고 과학적인 기법을 적용, 100만개 중 3.4개의 결점수준인 무결점(Zero Defects) 품질을 달성하는 것을 목표로 삼아 제조현장 뿐 아니라 Marketing, Engineering, Service, 계획 책정 등 경영활동 전반에 있어서 업무 Process를 개선하는 체제를 구축하고자 하는 것이다.	품질관리

건축생산체계

② 건축생산체계

1. 건설 생산 방식

1-1. 건설 생산 System

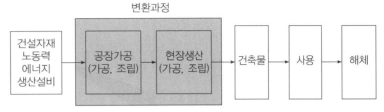

[건축생산 System]

1-2. 건설 생산 체계

Software						Hardware		Software		Hardware
Consulting			Engineering			Construction		O&M등		Construction
Project 개 발	기획	타당성 평 가	기본 설계	상세 설계	자재 조달	시 공	시 운 전	인도	유지 관리	해 체

1-2-1. 기획 및 설계단계

1) 타당성 조사(사업성 분석)

사업의 적정성을 판정하기 위하여 사업의 기술적·경제적·재무적 관련 효과 및 조직의 운영관리 타당성과 사회의 경제 변동 또는 다른 요인에 의한 분석 즉 감도를 분석, 평가(Sensitivity Analysis)하는 과정

2) 설계 및 엔지니어링

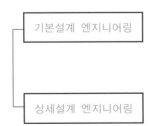

· 건축적 개념, 법규, 일정계획, 관리방식, 등의 기술적인 면에서의 대안에 대한 평가 및 비용분석

· 안전기준과 작업기준을 만족시킬 수 있도록 계층 적인 역할 분할, 분석, 구조설계, 부분설계

1-2-2. 조달단계

시방서, 시공계획 등에 따라 소요자재의 품목, 품질, 규격, 작업장으로의 운반, 전용 등을 상세히 검토한 후 가장 경제적인 계획수립

---

mind map

● Pro 기타는 기본을 상세하게 조달하니 시 공 시운전을 인도에 서 유지 해도 된다.

건축생산체계

1-2-3. 시공단계

1) 공사계획

① 사전조사

② 기본계획 수립

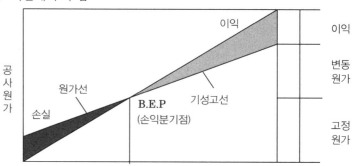

공정, 원가, 품질의 관계를 조정하려면, 안전성, 품질, 공기가 확보될 수 있는 범위 내에서 공사비가 최소가 되도록 최적공기의 범위에서 최대한으로 이에 상응하도록 공사계획을 수립하여야 한다.

③ 상세계획

기본 계획의 흐름에 따라서 공종분류를 행하고, 공종별 공사물량을 파악한다. 공종별, 공사 물량에 기초하여 기계의 선정, 인원배치, 1일 작업량, 각 공종의 작업순서, 가설재 등 상세 시공법의 검토를 행한다. 공사전체의 공종별 상세공정과 공종별 상세계획에 기초하여 노무, 기계, 자재 등의 조달계획을 세운다. 상세공사비를 산정하고 이것을 평가하여 최종안을 결정한다.

2) 공사 및 준공

공종별 공정별 세부적으로 진행

1-2-4. 유지관리 단계

준공 후 일정시기에 적정한 수선을 할 경우 사용연한의 증진을 도모할 수 있다. 즉, 건축물은 적정시기에 수선을 하면 준공시점에서 갖고 있는 기능을 유지

제도와 법규

건축법

(계약, 설계, 건설, 엔지니어링)
● 건축물의 대지·구조, 설비 기준 및 용도 등을 정하여 안전·기능·환경·미관 등을 향상시킬 목적

부실과 하자

□ 부실
설계도·시방서·구조계산서·수량산출서·품질관리계획서인 설계도서에 적합하게 시공하지 않은 공사 부분

□ 하자
제품 인수시점에 부실 공사 부분 즉 시공자의 설계도서와 달리 시공한 부분이 없는 상태에서 매수자가 확인 후 인수받아 하자를 보수하기로 공급자와 수급자가 약정한 기간에 생활하면서 일어나는 제품에 자연적인 결함, 파손, 변형 등 제품의 문제가 일어나는 것

부실벌점제

□ 부가대상자
- 건설업자, 주택건설 등록업자, 설계 등 용역업자, 감리전문회사

□ 부가방법
- 측정기관의 장은 부실사항에 대하여 당해업체 및 건설기술자 등의 확인을 받아 벌점 부과

③ 제도와 법규

1. 건설산업 관련법

1-1. 건설산업 기본법

건설공사의 조사·설계·시공·감리·유지관리·기술관리 등에 관한 기본적인 사항 건설업의 등록, 건설공사의 도급 등에 관하여 필요한 사항을 규정함

1-2. 건설산업 진흥법

건설기술의 연구·개발을 촉진하고, 이를 효율적으로 이용·관리하게 함으로써 건설기술 수준의 향상과 건설공사 시행의 적정을 기하고 건설공사의 품질과 안전을 확보

1-3. 계약관련법

| 국가계약법 | · 국가를 당사자로 하는 계약에 기본 사항을 정함으로써 계약 업무를 원활히 수행하기 위하여 제정한 법이다. |
| 지방계약법 | · 지자체에서는 지역 제한 입찰, 적격심사 기준, 지역의무 공동도급 등 지방재정법에 규정된 사항 이외에는 국가계약법을 준용 |

1-4. 건설공사 사후평가

● 발주청은 총공사비 500억원 이상인 건설공사가 완료된 때에는 공사내용 및 그 효과를 조사·분석하여 사후평가를 실시하도록 규정
● 사후평가서는 유사한 건설공사의 효율적인 수행을 위한 자료로 활용할 수 있도록

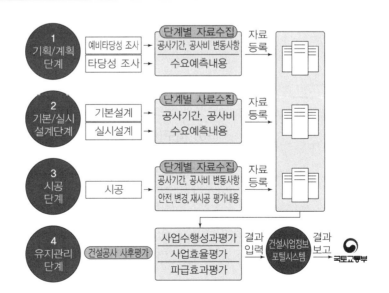

제도와 법규

1-5. 신기술 지정제도

> * 신기술지정제도 민간회사가 신기술·신공법을 개발한 경우, 그 신기술·신공법을 보호하여 기술개발의욕을 고취시키고 국내 건설기술의 발전 및 국가경쟁력을 확보하기 위한 제도이다.
> * 기술개발자의 개발의욕을 고취시킴으로서 국내 건설기술의 발전을 도모하고 국가경쟁력을 제고하기 위한 제도

1-5-1. 신기술 지정 및 보호기간 연장 심사기준

1) 1차 심사위원회

① 신규성: 새롭게 개발되었거나 개량된 기술
② 진보성: 기존의 기술과 비교하여 품질, 공사비, 공사기간 등에서 향상이 이루어진 기술
③ 시장성: 활용가능성, 선호도 등이 우수하여 시장성이 인정되는 기술

2) 2차 심사위원회

① 현장 적용성: 시공성, 안전성, 환경친화성, 유지관리편리성이 우수하여 건설현장에 적용할 가치가 있는 기술
② 구조안전성: 설계, 시공, 유지관리 등에서 구조적 안전성이 인정되는 기술
③ 보급성: 활용성, 편리성 등 기술적 특성이나 공익성 등이 우수하여 기술보급의 필요성이 인정되는 기술
④ 경제성: 설계, 시공, 유지관리 혹은 생애주기 전반에 걸쳐 비용절감효과의 우수함이 인정되는 기술

3) 보호 연장기간

① 품질검증: 신기술이 적용된 주요 현장에 대하여 모니터링한 결과 지정 시 제시된 신기술 성능 및 효과가 검증된 기술
② 기술수준: 국내외 동종 기술의 수준과 비교하여 우수성이 인정되는 기술
③ 활용실적: 지정·고시 후 연장신청 일 전까지 연장신청 기술의 범위에 해당되는 활용실적이 있는 기술

1-6. NEP(New Excellent Product) 인증제도

> * NEP 인증제도는 국내에서 최초로 개발된 신기술 혹은 이에 준하는 기술을 적용하여 개발된 제품의 기술성, 사업성, 성능, 품질 및 제조업체의 품질시스템 등을 산업계, 학계, 연구기관 등의 전문가로 구성된 심사위원회에서 평가하여 우수한 제품에는 신제품인증마크를 부여하고, 인증제품의 판로확대 등을 종합적으로 지원하는 제도이다.

설계 및 기준

④ 설계와 기준

1. 설계 및 기준

1-1. 시방서

설계도서 해석

- 시방서는 시공방법, 재료의 종류와 등급, 자재 브랜드(Brand, Trade Maker, 상표)나 메이커(Maker, 제조회사)의 지정, 공사현장에서의 주의사항 등 설계도에 표시할 수 없는 것을 기술한 문서이다.

설계도서 해석 우선순위
(국토 교통부 고시)

□ 건축물의 설계도서 작성기준
1. 공사시방서
2. 설계도면
3. 전문시방서
4. 표준시방서
5. 산출내역서
6. 승인된 상세시공도면
7. 관계법령의 유권해석
8. 감리자의 지시사항

□ 주택의 설계도서 작성기준
1. 특별시방서
2. 설계도면
3. 일반시방서·표준시방서
4. 수량산출서
5. 승인된 시공도면
6. 관계법령의 유권해석
7. 감리자의 지시사항

건설기술진흥법 시행규칙
□ 설계도서의 작성
- 공사시방서는 표준시방서 및 전문시방서를 기본으로 하여 작성하되, 공사의 특수성, 지역여건, 공시방법 등을 고려하여 기본설계 및 실시설계도면에 구체적으로 표시할 수 없는 내용과 공사수행을 위한 시공방법 자재의 성능규격 및 공법, 품질시험 및 검사 등 품질관리, 안전관리, 환경관리 등에 관한 사항을 기술할 것

구 분	종 류	특 징	비 고
내 용	기술시방서	공사전반에 걸친 기술적인 사항을 규정한 시방서	
	일반시방서	비 기술적인 사항을 규정한 시방서	
사용목적	표준시방서	모든 공사의 공통적인 사항을 규정한 시방서	일종의 가이드
	특기시방서	공사의 특징에 따라 특기사항 등을 규정한 시방서	시방서
	공사시방서	특정 공사를 위해 작성되는 시방서 계약문서	계약문서
	가이드시방서	공사시방서를 작성하는 데 지침이 되는 시방서	SPEC TEXT, MASTER SPECT 2
	개요시방서	설계자가 사업주에게 설명용으로 작성하는 시방서	
	자재생산업자 시방서	시방서 작성 시 또는 자재 구입 시 자재의 사용 및 시공지식에 대한 정보자료로 활용토록 자재생산업자가 작성하는 시방서	
작성방법	서술시방서	자재의 성능이나 설치방법을 규정하는 시방서	
	성능시방서	제품자체보다는 제품의 성능을 설명하는 시방서	
	참조규격	자재 및 시공방법에 대한 표준규격으로서 시방서 작성 시 활용토록 하는 시방서	KS, ASTM, BS, DIN, JIS 등
명세제한	폐쇄형시방서	재료, 공법 또는 공정에 대해 제한된 몇 가지 항목을 기술한 시방서	경쟁제한
	개방형 시방서	일정한 요구기준을 만족하면 허용하는 시방서	경쟁유도

1-2. 도면의 종류

1) 기획도면(Preliminary Drawings)

Schematic Drawings을 보완하여 완성된 도면으로 개략적인 시방(Outline Specifi cations)을 포함한다.

2) 계약도면(Contract Drawings)

건축주가 승인한 건설용 도면(For Construction Drawings) 을 말하며, 혹자는 Construction Drawings을 시공도면으로 표기하기도 하나 관련 법규의 취지에 맞추어 시공도면을 Shop Drawings으로 표기하고자 한다.

3) 시공도면 또는 공작도(Shop Drawings)

공장 또는 현장에서 특수한 지식(토목, 건축 및 구조 또는 전기, 설비도면과의 간섭사항)이 없어도 쉽게 이해하고 구조체, 부재제작 및 현장의 시공이 용이하도록 표기한 도면

4) 준공도면(As-Built Drawings)

착공 후 모든 변경사항이 Contract Drawings에 표기된 것으로 준공후 건물의 유지관리 및 공사비의 정산에 필요한 도면

기둥 수직도 오차범위

- 건축구조물 기둥수직도의 시공오차 허용범위는 설계도 및 구조계산서에서 지정한 값으로 구조적 안전성, 시공성, 내구성 등을 바탕으로 위험을 감내할 수 있는 정도의 범위이다.
- 허용차는 한계허용차와 관리허용차로 구별하여 정한다. 한계허용차는 이것을 초과하는 오차는 원칙적으로 허용되지 않는 최종적인 개개의 제품에 대한 합격판정을 위한 기준값이다.

10-2장

생산의
합리화

P·M / C·M

① P·M / C·M

1. CM의 개념과 특징

1-1. CM의 정의

- CM은 건설(Construction)과 관리자(Management)의 첫 문자를 딴 약어이다.
  전통적인 공사관리에 경영기법을 활용하여 건설 사업관리자가 건설 사업의 전과정(계획, 조사, 설계, 시공, 유지관리 등)을 통하여 공사비, 공사기간, 품질, 안전이 확보 되도록 발주자를 보조하는 선진공사 관리기법으로 발주자를 대신하여 품질확보를 주목적으로 하는 책임감리와 구별된다.

- CM의 정의(건산법 제 2조 제 6호)
  건설공사에 관한 기획, 타당성 조사, 분석, 설계, 조달, 계약, 시공관리, 감리, 평가, 사후관리 등에 관한 관리업무의 전부 또는 일부를 수행하는 것.

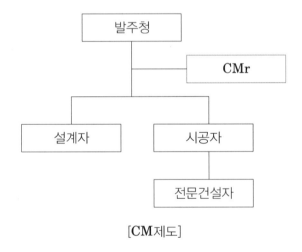

[CM제도]

관리기술

Key Point

□ Lay Out
– 범위설정
– 단계구분
– 전제조건
– 개발방향

□ 기본용어
– P.M(Project Management)
– C.M at Risk
– Risk Management
– Constructability
– WBS
– BIM
– PMIS
– RFID
– Simulation
– SCM
– V.E
– LCC
– 녹색인증제
– BIPV
– 석면지도

용어정의

- "건설사업관리기술자"란 법 제26조에 따른 건설사업관리용역업자에 소속되어 건설사업관리 업무를 수행하는 자를 말한다.
- "책임건설사업관리기술자"란 발주청과 체결된 건설사업관리 용역계약에 의하여 건설사업관리용역업자를 대표하며 해당공사의 현장에 상주하면서 해당공사의 건설사업관리업무를 총괄하는 자를 말한다.

P·M / C·M

2. CM의 구분

2-1. CM 적용의 분류

1) 건설사업관리 제도(CM)

● Project 내부에서 건설 전 단계를 관리하는 것을 의미한다. 보통 건설전 단계(Pre-Construction)에서부터 설계 및 시공, 완료 및 가동(Operation)단계까지를 관리하는 과정을 갖게 된다. 이에 대하여 특정 건설단계별 중점을 두는 방식으로 구분되게 되는 데 설계단계에서 시공단계를 조정, 통제하는 감리형 CM과 시공단계에 중점을 두고 시공을 진행하는 시공형 CM으로 구분

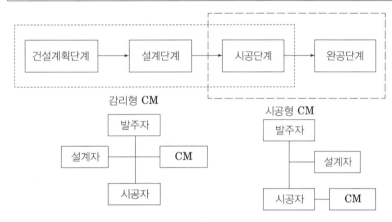

[건설관리제도의 형태]

2) Project Management(PM)

● Project의 일반적인 의미는 모든 사업의 목적달성을 위한 사업구상에서 진행 및 운용에 이르는 총체적인 프로세스를 관리하는 것을 말한다. 그러므로, 제조업을 비롯한 여러 종류의 사업에서 운용되며, 특히 여기서는 건설에 적용된 사업관리(Project Management)를 말한다. 프로젝트관리는 소기의 목적달성을 위하여 사업의 계획 및 제반 단계를 수립하고 Financing 등을 비롯한 사업준비와 설계 및 시공, 또 완공이후 제반 시설물 설치 및 가동과 함께 사업운용 및 평가에 이르는 총체적인 사업의 흐름을 관리하는 것을 말한다.

[Project관리의 형태]

3) 프로그램관리(Program Management)

> Program관리는 독립적이거나 서로 유기적인 다수의 프로젝트를 통합하여 관리하는 것을 의미하는 개념이다. 대규모의 개발사업이나, 종합개발 등의 사업은 서로 성질이 다른 여러 개의 프로젝트를 갖고 있는 경우가 대부분이므로 각각의 프로젝트를 원활히 완수하기 위해서는 각 프로젝트를 통제하는 수단이 필요하게 된다. 이것이 프로그램관리이며, 건설 사업관리의 가장 큰 범주의 개념이라 할 수 있다.

Program Management

[프로그램관리의 형태]

2-2. CM 계약방식의 유형

1) CM For Fee(용역형, 대리인형)의 특성과 계약주체들의 업무

> CM For Fee는 말 그대로 수수료를 받고 CM 서비스를 제공하는 것으로서 사업단계별 치밀한 관리기법으로 발주자의 이익을 극대화시키기 위하여 발주자의 사업관리를 지원
> 이 경우 CM은 이해당사자의 충돌에 개입하지 않는 한도 내에서 아래와 같은 중요사안에 대하여 발주자에게 그들의 지식과 경험을 바탕으로 조언을 함.

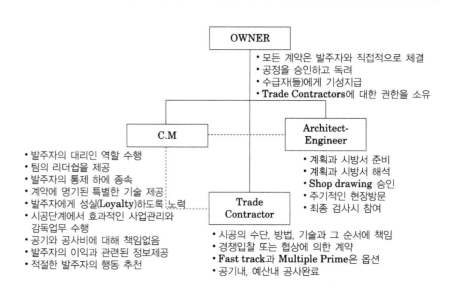

P·M / C·M

2) CM at Risk(위험부담형. 시공자형)의 특성과 계약주체들의 업무

종합공사를 시공하는 업종을 등록한 건설업자가 건설공사에 대하여 시공 이전 단계에서 건설사업관리 업무를 수행하고 아울러 시공 단계에서 발주자와 시공 및 건설사업관리에 대한 별도의 계약을 통하여 종합적인 계획, 관리 및 조정을 하면서 미리 정한 공사 금액과 공사기간 내에 시설물을 시공하는 것을 말한다.

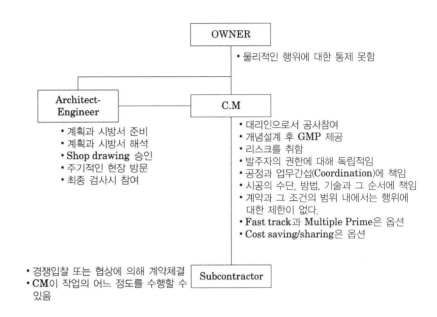

3) 설계자가 CM의 업무수행 (XCM, Extended Services CM)

건설사업관리자가 건축사, 건설 사업관리자 또는 건설 사업관리자/ 도급자의 복수역할(Multi-Role)을 수행하는 것을 허용하는 계약형식이다. 이 계약형식은 건설 사업관리 수행자에 대한 다양한 역할을 정의하고, 최초에 계약된 업무에 추가업무를 포함하도록 계약범위를 확장하는 형태이다.

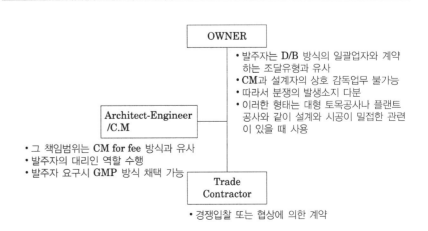

P · M / C · M

2-3. CM의 각 단계별 주요업무

구 분	주요업무
설계 전 단계	• 기술용역업체 선정 • 사업타당성조사 보고서의 적정성 검토 • 기본계획 보고서의 적정성 검토 • 발주방식 결정지원 • 관리기준 공정계획 수립 • 총사업비 집행계획 수립지원
기본설계 단계	• 기본설계 설계자 선정업무 지원 • 기본설계 조정 및 연계성 검토 • 기본설계단계의 예산검증 및 조정업무 • 기본설계 경제성 검토 • 기본설계용역 성과검토 • 기본설계 용역 기성 및 준공검사관리 • 각종 인허가 및 관계기관협의 지원 • 기본설계단계의 기술자문회의 운영 및 관리 지원
실시설계 단계 업무	• 실시설계의 설계자 선정업무 지원 • 실시설계 조정 및 연계성 검토 • 실시설계의 경제성(VE) 검토 • 실시설계용역 성과검토 • 실시설계 용역 기성 및 준공검사관리 • 지급자재 조달 및 관리계획 수립 지원 • 각종 인허가 및 관계기관 협의 지원 • 실시설계 단계의 기술자문회의 운영 및 관리 지원 • 시공자 선정계획수립 지원 • 결과보고서 작성
구매조달 단계 업무	• 입찰업무 지원, 계약업무 지원, 지급자재 조달 지원
시공 단계 업무	• 일반행정 업무 • 보고서 작성, 제출 • 현장대리인 등의 교체 • 공사착수단계 행정업무 • 공사착수단계 설계도서 등 검토업무 • 공사착수단계 현장관리 • 하도급 적정성 검토 • 가설시설물 설치계획서 작성 • 공사착수단계 그 밖의 업무, 시공성과 확인 및 검측 업무 • 사용자재의 적정성 검토, 사용자재의 검수 · 관리 • 품질시험 및 성과검토 • 시공계획검토, 기술검토, 지장물 철거 및 공사중지 명령 • 공정관리, 안전관리, 환경관리, 설계변경 관리 • 설계변경계약 전 기성고 및 지급자재의 지급 • 물가변동으로 인한 계약금액 조정 • 업무조정회의, 기성·준공검사 임명, 검사, 재시공 • 계약자간 시공인터페이스 조정, 시공단계의 예산검증 및 지원
시공 후 단계	• 종합시운전계획의 검토 및 시운전 확인 • 시설물 유지관리지침서 검토, 시설물유지관리 업체 선정 • 시설물의 인수 · 인계 계획 검토 및 관련업무 지원 • 하자보수 지원 • 시설물유지관리 업체 선정

공통업무

- 건설 사업관리 과업착수준비 및 업무수행 계획서 작성 · 운영
- 건설 사업관리 절차서 작성 · 운영
- 작업분류체계 및 사업번호체계 관리, 사업정보 축적 · 관리
- 건설사업 정보관리 시스템 운영
- 사업단계별 총사업비 및 생애주기비용 관리
- 클레임 사전분석
- 건설 사업관리 보고

Rick Management

② **Risk Management**

1. Risk Management

1-1. Risk 관리 System

1) Risk 관리절차

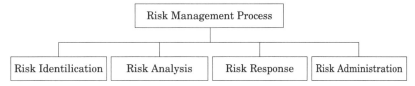

① 리스크 인지, 식별(Risk Identification)
② 리스크 분석 및 평가(Risk Analysis & Evaluation)
③ 리스크 대응(Risk Response)
④ 리스크 관리(Risk Administration)

1-2. Risk 인자의 식별

사업 추진별 Risk

● 기획단계
  투자비 회수
● 계획·설계단계
  기술 및 품질
● 계약단계
  입찰·가격
● 시공단계
  비용·시간·품질
● 사용단계
  유지관리비

· 리스크 인자의 조사 후 체크리
  스트 작성
· 체계적인 분류를 통해 상호 연관
  성을 파악하여 대응전략 수립
· 리스크 인자의 중복배제 후 요약정리

발생빈도와 심각성, 파급효과를 종합적으로 검토 후 우선순위 결정

1-3. Risk 분석기법

1) 감도분석(Sensitivity Analysis)

무엇으로 하면 어떻게 될까?(What if…?)의 질문에 반복적으로 대응하는 과정에서 요구되는 결정론적(Deterministic) 분석기법

2) 결정계도 분석/ 의사결성나무(Decision Tree Analysis)

일련의 과정을 통해 문제를 설명하는 수단으로 결정 순서와 기대결과를 나타내 준다.

3) 베이시안 분석(Bayesian Analysis)

기존의 리스크의 확률분포 평가에 새로운 정보를 부가하여 각 리스크에 대한 확률산정의 정확도를 증가시키는 조정방법

4) 다속성 가치이론(Multi Attribute Value Theory)

목표들의 상호 대립으로 인해 제기되는 문제에 대응하기 위해 고안된 정형적 의사결정기법

5) 확률분포(Probability Distribution)

통계적 의미

6) 확률분석(Probability Analysis)과 시뮬레이션(Simulation)

예측치 산정의 불확실성을 무작위 변수 값을 선정하여 수많은 횟수에
걸쳐 반복적으로 모의 시험분석

7) 기대치법(Expected Value Method)

어느 대안사업에 더 많은 리스크가 따르는가에 대한 리스크의 규모를
판단하여 측정자료로 활용

8) 포트폴리오 분석(Portfolio Analysis)

기대치에 편차의 개념을 추가하여 리스크를 줄이기 위해 분산

1-4. Risk 대응
1-4-1. 리스크 대응전략의 개발 및 할당

1) 리스크 대응의 기본방향

① 대응전략의 수립
② 특정 리스크에 대한 대응전략의 할당

2) 리스크 대응전략

① 리스크 회피(Risk Avoidance)
리스크에 대한 노출 자체를 회피함으로써 발생될 수 있는 잠재적
손실을 면하는 것이다.
② 리스크 감소(Risk Reduction)
가능한 모든 방법을 활용하여 리스크의 발생 가능성을 저감시켜 잠
재적 리스크에 대한 노출정도를 감소시키는 것이다.
③ 리스크 전가(Rick Transfer)
계약(Contract)을 통해 리스크의 잠재적 결과를 다른 조직에 떠넘기
거나 공유(Sharing)하는 방법이다.
④ 리스크 보유(Risk Retention)
회피되거나 전가될 수 없는 리스크를 감수하는 전략이다.

1-4-2. 유형별 리스크 대응전략

Rick Management

리스크 유형	리스크 인자	대응전략	조치사항
재정 및 경제	• 인플레이션 • 의뢰자의 재정능력 • 환율변동 • 하도급자의 의무불이행,	• 리스크 보유 • 리스크 전가 • 리스크 회피	• 에스컬레이션 조항 삽입 • P.F에 의한 자금 조달 • 장비. 자재의 발주자 직접조달 • 사전자격 심사 강화
설계	• 설계범위결정의 불완전 • 설계 결함 및 생략 • 부적합한 시방서 • 현장조건의 상이	• 리스크 전가 • 리스크 회피	• 설계변경 조건 삽입
건설	• 기상으로 인한 공기지연, • 노사분규 및 파업, 노동생산성 • 설계변경 • 장비의 부족 • 시공방법의 타당성	• 리스크 보유 • 리스크 감소 • 리스크 전가	• 예비계획 수립 • 보험 • 공기지연 조항삽입

건물
(시설)
운영
	• 제품 및 서비스에 대한
	  시장여건의 불규칙적 변동,
	  유지관리의 필요성,
	  안전운영, 운영목적에 대한
	  적합성
		• 리스크 전가
		• 리스크 감소
			• 하자보증

정치, 법, 환경	• 법, 규정, 정책의 변경, 전쟁 및 내란의 발생 • 공해 및 안전 문제 • 생태적 손상 • 대중의 이해관계 • 수출(통상)규제 • 토지수용 또는 몰수	• 리스크 전가 • 리스크 감소	• 계약조건 명확화 • 예비계획 수립 • 공기지연 조항삽입
물리적 인자	• 구조물의 손상 • 장비의 손상, 화재, 도난, 산업재해	• 리스크 전가 • 리스크 감소	• 보험 • 현장조사 • 예비계획 수립
천재지변	• 홍수, 지진, 태풍, 산사태, 낙뢰	• 리스크 전가	• 보험 • 현장조사 • 추가 지불 조항 삽입 • 예비계획 수립

3 Constructability

1. Constructability

1-1. 정의

> 시공성은 전체적인 Project 목적물을 완성하기 위해 입찰, 행정 및 해석을 위한 계약문서의 명확성, 일관성 및 완성을 바탕으로 하여 해당 Project가 수행될 수 있는 용이성이다. 시공성 개념은 초기에는 주로 생산성에 초점을 두고 있었으나, 그 이후 계획, 설계, 시공을 비롯한 각 생산단계들의 통합개념으로 발전하였다.

1-2. 목표와 분석과정

1-2-1. 목표와 분석방법

1) 시공요소를 설계에 통합

① 설계의 단순화
② 설계의 표준화

2) Module화

3) 공장생산 및 현장의 조립화

3) 계획단계

① Constructability Program은 Project 집행 계획의 필수 부분이 되어야 한다.
② Project Planning(Owners Project 계획수립)에는 시공지식과 경험이 반드시 수반하여야 한다.
③ 초기의 시공 관련성은 계약할 당해 전략의 개발 안에 고려되어야 한다.
④ Project 일정은 시공 지향적이어야 한다.
⑤ 기본 설계 접근방법은 중요한 시공방법들을 고려하여야 한다.
⑥ Constructability를 책임지는 Project Team 참여자들은 초기에 확인되어야 한다.
⑦ 향상된 정보 기술은 Project를 통하여 적용되어야 한다.

4) 설계 및 조달단계

① 설계와 조달 일정들은 시공 지향적이어야 한다.
② 설계는 능률적인 시공이 가능하도록 구성되어야 한다.
③ 설계의 기본 원리는 표준화에 맞추어야 한다.
④ 시공능률은 시방서 개발 안에 고려되어야 한다.
⑤ 모듈/사전조사 설계는 제작, 운송, 설치를 용이하게 할 수 있도록 구성되어야 한다.
⑥ 인원, 자재, 장비들의 건설 접근성을 촉진시켜야 한다.
⑦ 불리한 날씨 조건하에서도 시공을 할 수 있도록 하여야 한다.

5) 현장운영 단계

Constructability는 혁신적인 시공방법들이 활용 될 때 향상된다.

시공 관련성

- 현장 출입 가능성
- 장기간 사용되는 가시설물
- 접근성
- 현장 외 조립 관련성 및 공장생산 제품 항목
- Crane 활용/ Lifting의 관련성
- 임시 Plant Service
- 기후 대비
- 시공 Package화
- Model 활용: Scale Modeling, Field Sequence Model

정보분류체계

④ 정보관리

1. 정보 분류체계

1-1. UBC(Universal Building Code) - Uniform Building Code

① 미국 통일 건축기준의 약칭. ICBO가 발행하는 통일기준. B5판 코드 북으로 3년마다 간행된다. 현재는 UBC코드 1994년으로 간행, 세계 각국에서 널리 이용되고 있는 건축기준 코드. 인명안전, 구조상의 안전에 관한 건축설계·건조기준을 규정

② 건설업의 설계, 구조안전, 재료, 시공, 설비, 유지관리의 전과정의 경영 및 영업의 각 단계를 연결하는 업무와 정보의 개별 시스템간 통합을 위하여 기술정보를 표준화한 건설 기술정보 분류체계이다.

1-2. WBS: Work Breakdown Structure

- WBS는 Project의 세부요소들을 체계적으로 조직하고 정의하고 표현하기 위하여 최종 목적물(Product-Oriented)이나 작업과정 (Process-Oriented)위주로 표기된 가계도(Family Tree Diagram)이다.
- 공정계획을 효율적으로 작성하고 운영할 수 있도록 공사 및 공정에 관련되는 기초자료의 명백한 범위 및 종류를 정의하고, 공정별 위계구조를 분류한 것이다.
- 최종 목적물과 목적물을 이루는 세부 항목들의 연계를 이루어 각 단계별 비용계산 및 공정계획을 용이하게 하기위한 계층적 구조를 형성한다. 각 단계별 구분이 명확하고, 상하단계의 연계성이 규명되어야 한다.

1-2-1. 구성요소

1) 작업항목(Work Item)
   ① Project분류체계 구성요소중 하나
   ② Project를 구성하는 각 Level의 관리항목
   ③ 가장 낮은 차원의 작업항목은 복합작업이 됨

2) 차원(Level)
   ① Project분류체계 구성요소중 하나
   ② Project를 분명하게 정의된 구성요소로 분할하는 관리범위

3) 복합작업(Work Package)
   ① Project분류체계 구성요소중 하나
   ② 각 조직단위에 의해 수행
   ③ 목적물의 종료를 판단할 수 있는 작업범위
   ④ 프로젝트의 견적, 단기공정, 공사 진척도 측정의 기준 및 관리단위

1-2-2. 업무분류체계의 기능

① 사업계획의 수립
② 사업예산 편성 및 사업비 관리
③ 공정계획 수립의 기초자료

정보분류체계

④ 최종 성과측정 및 분석

⑤ 계약 및 자재관리

1-2-3. 업무분류체계의 구성 및 기준

1) 요약 WBS(Summary WBS: SWBS)

특정 프로젝트를 개발하는 기준으로 Sub System 및 지원요소들의 일반적 계층을 나타내는 것

2) 사업 요약업무 WBS(Project Summary WBS: PSWBS)

특정사업의 요구사항을 적용하여 요약 WBS로 부터 개발된다.

3) 계약 WBS(Contract WBS: CWBS)

계약서에 명시된 요구사항과 일치하도록 작성되며, 계약의 성과물을 보여준다.

4) 사업 WBS(Project Contract WBS: PWBS)

프로젝트 전체를 조정, 통제하기 위한 WBS로서 PSWBS와 CWBS의 조합이다.

1-2-4. 작업분할의 방법

① 단지단위 작업 분할

② 공구단위 작업분할

③ 부위별 작업분할(층단위, 분절단위, 공구단위)사업계획의 수립

④ 사업예산 편성 및 사업비 관리

⑤ 공정계획 수립

1-2-5. 작성 예

작업순서 결정

● 기술적 요인 분석
● 자재의 특성 분석
● 시공성 분석
● 안전관리상 요인 분석
● 장소적인 요인
● 조달요인
● 동절기 관리

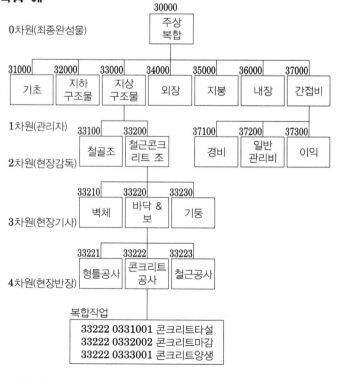

정보의 통합화

2. 정보의 통합화

2-1. CALS(Continuous Acquisition and Life Cycle Support)

> CALS는 건설사업의 설계, 시공, 유지관리 등 전 과정의 생산정보를 발주자, 관련업체 등이 모든 형태의 정보를 CALS 표준에 의해 통합 데이터베이스 형태로 유지되는 환경을 구축하는 전산망을 통하여 교환·공유하기 위한 건설 통합정보 시스템 또는 정보화 전략이다.

2-1-1. System 구성

1) 개념도

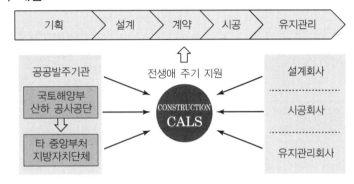

2) 단계별 System 체계

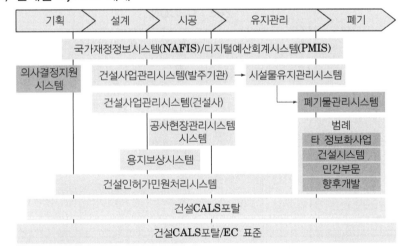

구현을 위한 기술

- CADD(Computer-Aided Design and Drafting)
- Data Base System
- Communication System
- 전문가 시스템(Expert System)
- 시뮬레이션(Simulation)
- 모델링방법론(Modeling Methodology)
- 로봇(Robots)

3) 주요 System

① 건설 사업관리 시스템
② 건설 인허가 시스템
③ 시설물 유지관리 시스템
④ 용지보상 시스템
⑤ 건설 CALS 포탈 시스템
⑥ 건설 CALS 표준

정보의 통합화

2-2. 건설 CITIS(Contractor Integrated Technical Information System)

- 건설 CITIS 시스템은 건설사업 계약자가 발주자와의 계약에 명시된 자료를 인터넷을 통해 교환·공유할 수 있도록 공사수행기간 동안의 건설 사업관리를 지원하는 건설계약자 통합기술정보 서비스 체계이다.
- 건설 CITIS는 건설사업 계약자가 발주자와의 계약에 명시된 설계도서 서류 등의 납품자료를 현행 종이 문서와 수작업 체계를 개선하여 통신망(Internet)을 통한 전자적 방법으로 서로 교환·공유·제공하는 System이다.

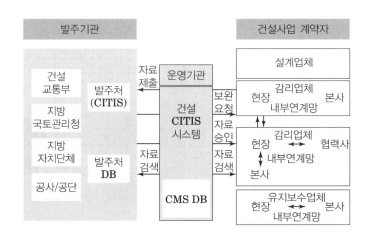

2-3. KISCON

- KISCON은 건설산업 DB구축사업의 추진결과로 구축된 건설산업 정보의 원활한 유통·활용을 위해 개발된 시스템이며 각 세부시스템을 종합적으로 총칭하는 명칭이다.
- 건설산업 증가에 대처하게 위한 시기적절한 정책의 수립 및 이의 근간이 되는 체계적인 건설산업 정보의 관리의 필요성이 대두하게 되었으며, 이에 국가차원에서의 종합적인 System이다.

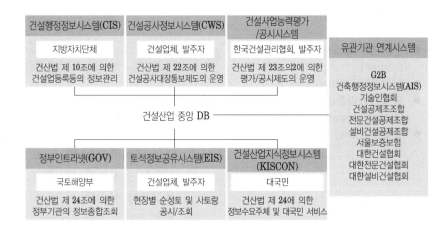

정보의 통합화

2-4. CIC(Computer Integrated Construction)

> - CIC는 건설의 전과정(계획, 설계, 건설, 운영, 유지관리, 재수선, 철거)에 걸쳐 품질개선과 비용의 효과, 공기달성의 자동화와 통합화를 위한 정보기술의 사용이다.
> - 건축공사에서 CIC는 단순한 컴퓨터의 사용에 그치는 것이 아니라 건설의 전과정에 걸쳐 발생하는 각종정보를 유효하게 처리함으로써 생산효율을 증대시키기 위한 기술이다.

① C(Computer)

　방대한 정보를 일시적, 불연속적으로 입력정보나 외부명령에 반응하는 연산처리 기계

② I(Integrated)

　기업체의 전체절차나 Manual 및 공정의 체계화를 위한 개별요소들의 연결 및 결합

③ C(Construction)

　건설사업의 관리(공정관리, 품질관리, 원가관리, 자원관리, 안전관리, 환경관리, 진도관리 등)

2-4-1. 기본구조 및 구현전략

1) 기본구조

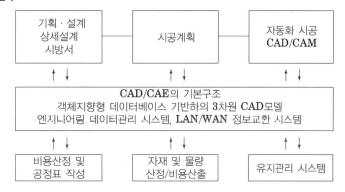

2) 구현순서

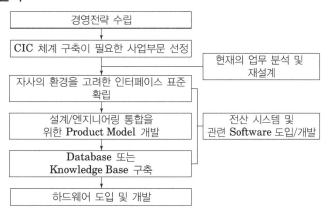

정보관리 System

3. 정보관리 System

3-1. Expert System(지식기반 전문가 시스템)

- 전문가 시스템이란 전문가가 지니고 있는 지식이나 노하우 등을 컴퓨터에 집어넣어 전문가와 같은 판단이나 추론을 컴퓨터가 행하게 하는 것을 말한다.

- 인공지능(AI: Artificial Intelligence)의 한 분야로 '지식기반 시스템'이라고도 한다.

- 예를 들어, 투자예측 · 세금납부 · 기업여신 결정 등 추론기능을 통한 의사결정 능력을 가진다.

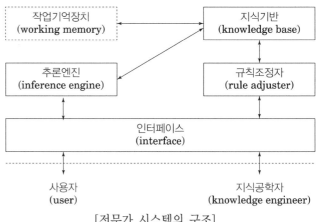

[전문가 시스템의 구조]

3-2. GIS(Geographic Information System)

- GIS는 공간상 위치를 점유하는 지리공간자료(Geospatial Data)와 이에 관련된 속성자료(Descriptive Or Attribute Data: 인구, 건축물의 노후도, 도시의 면적 등)를 통합하여 처리하는 정보시스템이다.

- 다양한 형태의 지리정보를 효율적으로 수집 · 저장 · 갱신 · 처리 · 분석 · 출력하기 위해 이용되는 하드웨어, 소프트웨어, 지리자료, 인적자원의 총체적 조직체이다.

- 지리정보는 지형 · 지물 · 지명 및 경계 등의 위치 및 속성에 관한 정보이다.(by 국가지리정보체계의 구축 및 활용 등에 관한법률)

정보관리 System

3-3. Data Mining

- 방대한 양의 Data속에서 쉽게 드러나지 않는 유용한 정보들을 추출하는 과정으로써 단순업무 처리를 위해 보관되어 있는 Data를 분석목적에 적합한 Data형태로 변환하여 실제경영의 의사결정을 위한 정보로 활용하고자 하는 것.

- 체계적, 효율적인 프로젝트 관리업무 수행을 위하여 프로젝트와 관련된 각종 정보를 효과적으로 수집·처리·저장·전달 및 Feed-Back 하기 위한 종합정보관리시스템이다.

3-3-1. Data Mining Process

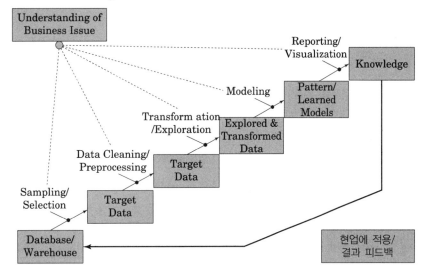

관점

- Computer Science 관점:
Pattern인식기술, 통계적, 수학적 분석방법을 이용하여 저장된 방대한 자료로부터 다양한 정보를 찾아내는 과정으로 정의

- MIS(Management Information System) 관점: 정보를 추출하는 과정뿐만 아니라 사용자가 전문적 지식 없이 사용할 수 있는 의사결정 System의 개발과정을 통틀어 정의

1) Sampling(표본추출)

대용량의 Data의 기반으로부터 모집단을 닮은 작은 양의 Sample을 추출

2) Data Cleaning(데이터 정제)

Data의 정확도를 높이기 위해 일관성이 없고 불완전한 오류 또는 중복 Data를 제거하는 과정

3) Exploration & Transformation(자료탐색 및 변형)

① 기본적인 정보를 검색하고 유용한 정보를 추출하는 기법을 제공
② 탐색단계에서 얻어진 정보를 기반으로 Data의 변수변화, 수량화, 그룹화 같은 방법으로 변형하고 조정한다.

4) Modeling(모형화)

Data mining의 가장 핵심적인 단계며 이전단계에서의 결과를 토대로 분석목적에 따라 적당한 기법을 통해서 예측 모형을 선택

정보관리 System

5) Reporting & Visualization(보고 및 가시화)
Data Mining 수행결과를 사용자들에게 보기 편하고 이해하기 쉬운 형태로 보여주기 위하여 Graph나 각종 Chart 등의 형태로 제공한다.

3-3-2. Data Mining 적용기법

적용 기법	세부 사항
연관규칙(Association Rules)	Recode Set에 대하여 Item의 집합 중 친화도나 Pattern을 찾아내는 규칙
일반화/요약규칙(Generalization & Summerization Rules)	낮은 Level에서 높은 Level로 추상화 시키는 작업
분류규칙(Classification Rules)	공통특성을 뽑아 서로 다른 Class로 분류
Clustering/Segmentation	물리적 혹은 추상적 객체를 비슷한 객체군으로 Grouping 하는 과정
유사성 탐색(Similarity Search)	유사성 Pattern을 탐색
순서패턴(Sequential Patterns)	일정 시간동안의 Recode를 분석하여 순서 Pattern 속출
신경망(Neural Network)	생물학적 Network와 같은 구조
의사결정 나무(Decision Trees)	Data의 Set의 분류를 위한 규칙 생성
규칙 귀납(Rule Induction)	통계적 중요도에 근거해서 유용한 If-Then 규칙 추출
알고리즘(Genetic Algorithms)	유전조합, 변이 등과 같은 Process를 사용
클러스터 분석(Cluster Analysis)	관련된 객체 Subset을 발견하고 Subset의 각각을 기술하는 묘사를 발견해나가는 기법
OLAP(On-Line Analytical Processing)	대규모 Sata에 의한 Dynamic한 합성, 분석, 합병기술

3-3-3. 특징
1) 대용량(Massive)의 관측 가능한 자료(Observational Data)
운영계에 축적된 과거자료로부터 비계획적으로 수집된 대용량의 데이터를 다룸
2) 컴퓨터 중심적 기법(Computer-Intensive Algorithms)
기존의 표본에 의한 통계적 추론에서 정보기술의 발전과 함께 방대한 Data를 처리할 수 있는 Computer의 능력을 활용한다.
3) 다차원적 계보(Multidisciplinary Lineage)
통계학, 데이터베이스, 패턴인식, 기계학습, 인공지능, KDD(Knowledge Discovery In Data Base) 등 다양한 분야 포함
4) 경험적 방법(Adhockery Method)
원리보다는 경험에 기초하였기 때문에 현실을 모두 반영하는 것은 아니다
5) 일반화(Generalization)에 초점
예측모형(Prediction Model)이 새로운 자료에 얼마나 적응 되는가를 파악

빅데이터(Big Data)

● 빅데이터란 디지털 환경에서 생성되는 데이터로 그 규모가 방대하고, 생성주기도 짧고, 형태도 수치 데이터뿐 아니라 문자와 영상 데이터를 포함하는 대규모 데이터를 말한다. 빅데이터 환경은 과거에 비해 데이터의 양이 폭증했다는 점과 함께 데이터의 종류도 다양해져 사람들의 행동은 물론 위치정보와 SNS를 통해 생각과 의견까지 분석하고 예측할 수 있다.

정보관리 System

3-4. PMIS(Project Management Information System)

- PMIS는 건설 Project에 대해 기획단계에서부터 유지관리단계까지 사업 이해당사자들(Project Stake Holders: 발주자, 건설사, 설계 및 감리자) 간의 정보흐름을 첨단 IT System을 통해 관리하고 원활한 의사결정을 도와주는 솔루션(Solution)이다.

- 체계적, 효율적인 프로젝트 관리업무 수행을 위하여 프로젝트와 관련된 각종 정보를 효과적으로 수집·처리·저장·전달 및 Feed-Back 하기 위한 종합정보관리시스템이다.

PMIS 구성

- 일정관리용 하부 시스템
- 품질관리용 하부 시스템
- 생산관리용 하부 시스템
- 안전관리용 하부 시스템
- 원가관리용 하부 시스템
- 기획, 기본설계 시스템

3-4-1. 사업관리 시스템 운영체계

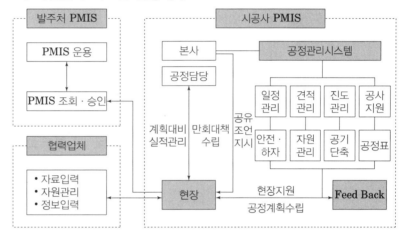

3-4-2. 사전 준비 사항

1) 준비작업
① 업무 흐름 정립 및 Master Plan수립
② 표준 코드(WBS, CBS ,OBS, 자재코드 등) 표준 양식 및 절차서 작성

2) 단위 업무 시스템 개발
① 프로세스 중심의 공사관리 시스템 구축
② 기존 단위 시스템간의 연계(통합메뉴 구성)
③ 분석 시스템 도입으로 설계/시공정보 Feed Back

3) Infra 구축
① 고속 Network구축
② 본사, 현장 간 WAN(Wide Area Network) 구축

정보관리 System

3-5. ERP(Enterprise Resource Planning)전사적 자원관리 시스템

- ERP는 전사적 자원계획으로서 재무관리 · 회계관리 · 생산관리 · 판매관리 · 인사관리 등 전사적으로 Data를 일원화 시켜 관리하는 System이다.

- 경영자원을 계획적이고 효율적으로 운용하며, 생산성을 극대화 하는 정보 System이다.

3-5-1. ERP Pakage(Module) 구성

3-5-2. 구축방법

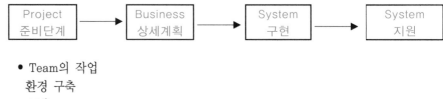

- Team의 작업
  환경 구축
- 교육
- Team별 목표
  수립
- 구체적인 계획
  - System 구축계획
    - System Set Up
      및 개통(최종준비)
      - 사후관리

정보관리 기술

4. 정보관리 기술

4-1. BIM(Building Information Modelling)

> ● BIM은 각각 다른 이해관계자들에 의한 협업에 지원하기 위해 프로세스에 걸쳐서 건물의 물리적, 기능적 특성과 관련된 정보의 삽입, 추출, 업데이트 혹은 수정사항을 각각의 단계마다 수시로 반영하기 위한 파라메트릭 기반 모델 제공이다.(by NIBS: National Institute Of Building Science)
>
> ● BIM은 객체 기반의 지능적인 정보모델을 통해 건물 수명 주기 동안 생성되는 정보를 교환하고, 재사용하고, 관리하는 전 과정이라고 정의한다.(by GSA: General Service Administration)
>
> ● BIM은 건축, 토목, 플랜트를 포함한 건설 전 분야에서 시설물 객체의 물리적 혹은 기능적 특성에 의하여 시설물 수명주기 동안 의사결정을 하는데 신뢰할 수 있는 근거를 제공하는 디지털 모델과 그의 작성을 위한 업무절차를 포함하여 지칭한다.

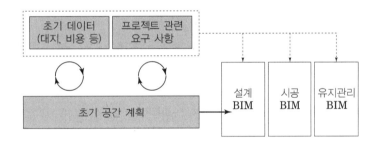

4-1-1. 기획 및 개념

4-1-2. 적용 및 활용

1) 기획단계

물량 및 사업비용의 조기결정, 발주자와 시공자의 신속한 의사결정지원

2) 설계적인 측면

① Design의 시각화
② Data구축을 통한 노하우 축적

3) 시공적인 측면

① 간섭요소 축소: 3D Simulation을 이용하여 설계를 통해 각 공종 간 간섭여부 파악
② Claim요소 축소

BIM 설계: NCS 기준

● BIM 설계란 다차원 정보를 가지는 건축물의 설계정보를 컴퓨터를 이용하여 3차원 데이터 모델(BIM)로 작성하고, 작성된 모델을 각 분야의 용도에 맞게 활용하며, 각 분야 별로 구현된 모델을 관리하는 능력이다.

BIM 기반 기술

● 3차원 객체기반 모델링 기술
● 파라메트릭 모델링: 객체간 다양한 제약조건들을 정의할 수 있게 되어 치수뿐만 아니라 수식 및 형용사형의 단어를 이용한 서로 다른 객체간의 관계정의를 가능하게 하여 특정부분의 설계가 변경되면 다른 부분들도 자동변경 되거나 변경 전후의 불일치 부분을 자동으로 찾아낼 수 있음
● Simulation
● 동시공학(Concurrent Engineering): 변경되는 정보와 버전을 동시에 관리
● Data Mining: 알고리즘이나 수학적 모델을 이용하여 숨겨진 정보의 패턴을 찾아내는 방법
● 표준화

정보관리 기술

4-2. 시뮬레이션(simulation)

- Simulation은 시스템의 형상, 상태의 변화, 현상에 관한 특성 등 시스템의 형태를 규명할 것을 목적으로 실제 시스템에 대한 모의표현(Model)을 이용하여 현상을 묘사하는 모의실험의 총칭이다.

- 실제 시스템을 모듈화 하고 그 모델을 통하여 시스템의 거동을 이해하기 위하여 실험을 하거나 그 시스템의 운영을 개선하기 위한 다양한 전략을 평가하는 과정이다.

4-3. 3D 프린팅 건축

- 3D 모델링으로 디자인을 만들고 3D Printer로 출력하여 건축물의 모형이나 건축물을 짓는 기술

4-4. RFID(무선인식기술, Radio Frequency Identification)

- RFID는 IC(집적회로: Integrated Circuit)칩(Chip)과 무선을 통해 식품, 동물, 사물 등 다양한 개체의 정보를 관리할 수 있는 차세대 인식 기술이다.

- 칩을 내장한 태그, 카드, 라벨 등을 부착하여 여기에 저장된 Data를 무선주파수를 이용하여 근거리에서 비접촉으로 정보를 읽는 시스템

생산 · 조달

5 생산 및 조달관리

생산성(Productivity)관리

- 생산성(Productivity)은 생산의 효율을 나타내는 지표로서 노동 생산성(Labor Productivity), 자본 생산성(Capital Productivity), 원재료 생산성, 부수비용 생산성 등이 있다. 능률성(Efficiency)은 원래 공학에서 처음 정의된 것인데 이것은 투입과 산출의 비를 가리킨다.

린 원리

☐ 가치의 구체화(Specify Value)
- 가치 창출 작업과 비가치 창출작업을 확인하고 비가치 창출 작업을 최소화한다.

☐ 가치의 흐름확인(Identify The Value Stream)
- 각 작업단계에서 구체화된 가치를 도식화 하여 개선사항을 명시한다.

☐ 흐름생산(Flow Production)
- 각각의 작업들을 일련의 연속된 작업, 즉 흐름으로 관리하는 생산방식

☐ 당김생산(Pull-type Production)
- 후속작업의 상황을 고려하여 필요로 하는 양만큼 생산하는 방식이다.

☐ 완벽성 추구(Perfection)
- 지속적인 개선을 통한 고객만족을 위하여 완벽성 추구

1. SCM: Supply Chain Management, 공급망 관리

- SCM은 수주에서 납품까지의 공급사슬 전반에 걸친 다양한 사업활동을 통합하여 상품의 공급 및 물류의 흐름을 보다 효과적으로 관리하는 것이다.
- 불확실성이 높은 시장변화에 고객, 소매상, 도매상, 제조업 그리고 부품, 자재 공급업자 등으로 이루어진 Supply Chain 전체를 기민하게 대응시켜 전체 최적화를 도모하는 것이다.
- SCM은 불확실성이 높은 시장변화에 Supply Chain 전체를 기민하게 대응시켜 Dynamic하게 최적화를 도모하는 것이다.

2. JIT(적시생산방식): Just In Time

- JIT는 1970년대 일본의 도요타 자동차회사(Toyota Motor Company)에서 개발한 도요다 생산방식으로서 소롯트 생산을 중심으로 한 생산관리 시스템이다.
- 적시(Right Time), 적소(Right Place)에 적절한 부품(Right Part)을 공급함으로써 생산 활동에서의 모든 낭비적 요소를 제거하도록 추구하는 생산관리 시스템이다.
- JIT는 반복생산시스템(Repetitive Production System)에 적합한 생산관리방식으로서 건설업에 적용 시에는 그 특징을 충분히 고려하여 적용되어야 한다.

3. Lean Construction(린건설)

- Lean Construction은 린(Lean)과 건설(Construction)의 합성어로서 낭비(Waste)를 최소화하는 가장 효율적이 건설생산시스템이다.
- Lean이란 '기름기 혹은 군살이 없는' 이라는 뜻의 형용사로써 프로세스의 낭비와 재고를 줄여 지속적인 개선을 이루고자 하는 개념으로 린건설의 뿌리는 LPS(Lean Production System)이라 할 수 있다.

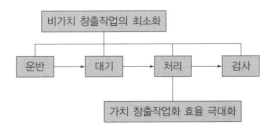

건설 V · E

6 건설 VE

1. 건설 VE(Value Engineering, 가치 공학)

- VE는 어떤 제품이나 서비스의 기능(Function)을 확인하고 평가함으로써 그것의 가치를 개선하고, 최소비용으로 요구 성능(Performance)을 충족시킬 수 있는 필수 기능을 제공하기 위한 인정된 기술의 체계적인 적용이다.

- VE는 생애주기 원가의 최적화, 시간절감, 이익증대, 품질향상, 시장 점유율 증가, 문제해결 또는 보다 효과적인 자원 이용을 위해 사용되는 창조적인 접근 방법이다.

1-1. VE의 원리

〈4가지 유형의 가치향상의 형태〉

가치$(V)=\dfrac{기능(F)}{비용(C)}$

①	②	③	④	⑤
→	↗	↗	↗	↘
↘	→	↘	↗	↘
VE	Value & Design			Spec,Down

*VE 목적은 가치를 향상시키는 것이다.

① 기능을 일정하게 유지하면서 Cost를 낮춘다.
② 기능을 향상시키면서 Cost는 그대로 유지한다.
③ 기능을 향상시키면서 Cost도 낮춘다.
④ Cost는 추가시키지만 그 이상으로 기능을 향상 시킨다.
⑤ 기능과 Cost를 모두 낮춘다(시방규정을 낮출 경우)

1-2. VE의 적용시기

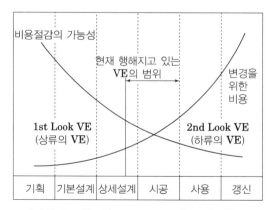

[건설프로젝트의 Life Cycle과 VE효과]

L·C·C

⑦ Life Cycle Cost

1. Life Cycle Cost

1-1. 정의

- LCC는 시설물의 기획, 설계 및 건설공사로 구분되는 초기투자단계를 지나 운용·관리단계 및 폐기·처분단계로 이어지는 일련의 과정 동안 시설물에 투입되는 비용의 합계이다.
- 생애주기비용은 시설물의 내구 년한 동안 소요되는 비용을 말하며, 여기에는 기획, 조사, 설계, 조달, 시공, 운영, 유지관리, 철거 등의 비용 및 잔존가치가 포함된다.

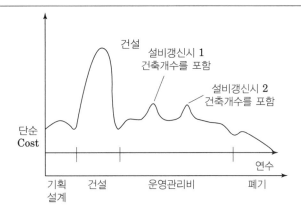

1-2. LCC의 구성비용 항목

구 분	비용항목	내 용
1	건설기획 비용	• 기획용 조사, 규모계획, Management 계획
2	설계비용	• 기본설계, Cost Planning, 실시설계, 적산비용
3	공사비용	• 공사계약 비용(시공업자 선정, 입찰도서 작성, 현장설명)
4	운용관리 비용	• 보존비용, 수선비용, 운용비용, 개선비용, 일반관리비용 (LCC 중 75~85% 차지, 건설비용의 4~5% 정도)
5	폐기처분 비용	• 해체비용과 처분비용

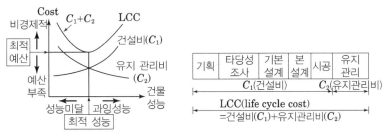

$$[\text{LCC} = 건설비\ C_1 + 유지관리비\ C_2]$$

L · C · C

1-3. LCC분석기법

현재 가치법 (Present Worth Method)	· 시설물의 생애 주기에 발생하는 모든 비용을 일정한 시점으로 환산하는 방법
대등균일 연간비용법 (Equivalent Uniform Annual Cost Method)	· 생애 주기에 발생하는 모든 비용이 매년 균일하게 발생할 경우, 이와 대등한 비용은 얼마인가라는 개념을 이용하여 균일한 연간 비용으로 환산하는 방법

1-4. LCC기법의 산정절차

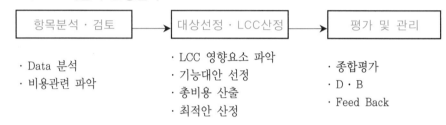

항목분석 · 검토 → 대상선정 · LCC산정 → 평가 및 관리

· Data 분석
· 비용관련 파악

· LCC 영향요소 파악
· 기능대안 선정
· 총비용 산출
· 최적안 산정

· 종합평가
· D · B
· Feed Back

지속가능 건설

8 지속가능 건설

- 자원절감 노력과 자연에너지 활용을 극대화하여 전체 라이프사이클 상에서의 건설행위를 환경친화적으로 수행하고자 하는 노력이라고 할 수 있다.

4대 구성요소

- 사회적 지속가능성
- 경제적 지속가능성
- 생물, 물리적 지속가능성
- 기술적 지속가능성

국제건설협회 7원칙

- 자원절감
- 자원재사용
- 재활용 자재사용
- 자연보호
- 유독물질 제거
- 생애주기 비용 분석
- 품질향상

대분류	중분류	소분류
부지/ 조경	침식 및 호우 대응기술	• 환경 친화적 부지계획 기술
	열섬방지 기술	• 식물을 이용하는 설계
	토지이용률 제고 기술	• 기존 지형 활용설계, 기존생태계 유지설계
에너지	부하저감 기술	• 건축 계획기술, 외피단열 기술, 창호관련 기술, 지하공간 이용 기술
	고효율 설비	• 공조계획 기술, 고효율 HVAC기기, 고효율 열원기기, 축열 시스템, 반송동력 저감 기술, 유지관리 및 보수 기술, 자동제어 기술, 고효율 공조시스템 기술
	자연에너지이용 기술	• 태양열이용 기술, 태양광이용 기술, 지열이용 기술, 풍력이용 기술, 조력이용 기술, 바이오매스이용 기술
	배·폐열회수 기술	• 배열회수 기술, 폐열회수 기술, 소각열회수 기술
	실내쾌적성 확보 기술	• 온습도 제어 기술, 공기질 제어 기술, 조명 제어 기술
대기	청정외기도입 기술	• 도입 외기량 제어 기술, 도입 외기질 제어 기술
	실내공기질 개선	• 자연환기 기술, 오염원의 경감 및 제어 기술
	배기가스 공해저감 기술	• 공해저감처리 기술, 열원설비 효율향상, 자동차 배기가스 극소화
	시공중의 공해저감 기술	• 청정재료, 청정 현장관리 기술
소음	건축계획적 소음방지 기술	• 차음·방음재료, 기기장비의 차음·방음
	시공중의 소음저감 기술	• 소음저감 현장관리 기술, 차음·방음재료
	실내발생소음 최소화 기술	• 건축 계획적 기술, 차음·방음재료, 기기발생 소음차단
수질	수질개선 기술	• 처리기기장비, 청정공급 기술, 지표수의 油水 분리기술, 지표수의 침투성 재료개발
	수공급 저감 기술	• 수자원관리 시스템, 절수형 기기·장치, 우수활용 기술, 누수통제 기술, Xeriscaping (내건성 조경) 기술
	수자원 재활용 기술	• 재처리기기, 재활용 시스템
재료/ 자원 재활용/ 폐기물	환경친화적 재료	• VOC 불포함 재료, 저에너지원단위 재료, 차음·방음·단열재료
	자원재활용 기술	• 재활용 자재, 재활용 가능자재, 재사용가능 자재
	폐기물처리 기술	• 시공중의 폐기물 저감 기술, 폐기물 분리·처리 기술, (재실자에 의한), 건설폐기물관리 기술

기업 경영자가 환경보전 및
관리를 경영의 목표로 채택
하여 기업 내 환경경영체제
를 도입, 철저히 이행하고
기업의 환경경영성과를 정기
적으로 이해관계자 및 제3자
에게 공표하도록 하는 환경
경영체제(EMS: Environmental
Management System)를
평가하여 객관적인 인증을
부여하는 제도이다.

1. 친환경 및 에너지 관련제도

1-1. ISO 14000

> • ISO 14000는 국제표준화기구(ISO: International Organization For Standardization)에서 기업 활동의 전반에 걸친 환경경영체제를 평가하여 객관적인 인증을 부여하는 제도이다.

1) ISO 14000 시리즈의 규격체계

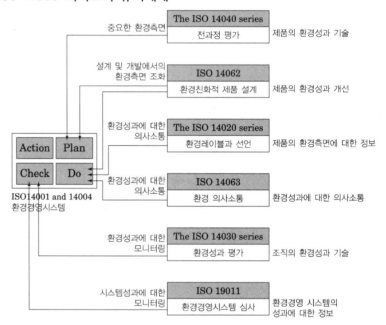

2) ISO 14000 핵심요소

구 분	내 용	규격번호
환경경영시스템(EMS)	• 환경경영시스템 요구사항 규정	ISO 14001/4
환경심사(EA)	• 환경경영시스템 심사원칙, 심사절차와 방법, 심사원 자격을 규정	ISO 14010/11/12
환경성과 평가(EPE) Performance Evaluation)	• 조직 활동의 환경성과에 대한 평가기준 설정	ISO14031, ISO/TR14032
전과정 평가(LCA) 수명주기 평가	• 어떤 제품, 공정, 활동의 전과정의 환경영향을 평가하고 개선하는 방안을 모색하는 영향평가 방법	ISO 14040/41/42/43 ISO/TR 14049
환경 라벨링(EL)	• 제3자 인증을 위한 환경마크 부착 지침 및 절차, 자사 제품의 환경성 자기주장의 일반지침 및 원칙 등을 규정	ISO 14020/21/24 ISO/TR 14025

1-2. 환경영향평가(Environmental Impact Assessment)

친환경 · 에너지 제도

- 환경영향평가란 『환경영향평가법』에서 규정하는 환경영향평가 대상 사업의 사업계획을 수립하려고 할 때에 그 사업의 시행이 환경에 미치는 영향을 미리 조사 · 예측 · 평가하여 해로운 환경영향을 피하거나 줄일 수 있는 방안을 강구하기 위해 수행되는 법률에 의한 평가절차이다.(by 서울시 도시계획용어사전)

- 환경영향평가는 환경영향평가 대상사업의 사업계획을 수립하려고 할 때에 그 사업의 시행이 환경에 미치는 영향(환경영향)을 미리 조사 · 예측 · 평가하여 해로운 환경영향을 피하거나 줄일 수 있는 방안(환경보전방안)을 강구하는 것이다.(by 환경영향평가법)

1-3. 탄소포인트제

- 환경부가 주관하고 209개의 지자체가 함께하고 있는 탄소포인트제는 온실가스 감축 및 저탄소 녹색성장에 대한 시민의식과 참여 확대를 위해 도입한 제도입니다. 가정, 상업 등의 전기, 상수도, 도시가스의 사용량 절감에 따라 포인트를 부여하고 이에 상응하는 인센티브를 제공하는 전국민 온실가스 감축 실천 프로그램

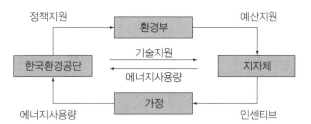

녹색건축 인증기준

1-4. 녹색건축 인증제 - 2013.06.28.개정, 16년 7월 21일 개정고시

- 녹색인증은 세제, 금융지원 등을 통해 녹색산업의 민간산업 참여 확대 및 기술시장 산업의 신속한 성장을 유인할 필요성이 대두하여, 녹색성장 목표달성 기반을 조성하고 민간의 적극 참여를 유도하여 녹색성장정책의 실질적 성과를 창출하기 위하여 도입된 제도이다.

- 정부의 저탄소 녹색성장 정책의 일환으로 녹색투자 지원 대상 및 범위를 명확히 규정 투자를 집중하고자 녹색기술 또는 녹색사업이 유망 녹색 분야인지 여부를 확인하여 인증을 부여하는 제도

- 녹색기술이라 함은 온실가스 감축기술, 에너지 이용 효율화 기술, 청정생산기술, 청정에너지 기술, 자원순환 및 친환경 기술(관련 융합기술을 포함한다) 등 사회 · 경제 활동의 전 과정에 걸쳐 에너지와 자원을 절약하고 효율적으로 사용하여 온실가스 및 오염물질의 배출을 최소화하는 기술을 말한다.

☐ 기존제도 명칭 통합개정
「친환경 건축물 인증제」,
「주택성능등급 인정제」를
「녹색건축 인증제」로 조정

☐ 인증의무 대상
- 신축 · 사용승인 또는 사용검사를 받은 후 3년 이내의 모든 건축물
- 기존 건물(공동주택, 업무용 건축물)이 인증 대상이 되며 공공기관에서 발주하는 연면적 3,000㎡ 이상

☐ 녹색기술 범위
- 신재생에너지, 탄소저감, 첨단수자원, 그린IT, 그린차량, 첨단그린주택도시, 신소재, 청정생산, 친환경 농식품, 환경보호 및 보전

에너지 효율등급 인증

□ 적용대상
- 건축물 에너지효율등급 인
증에 관한 규칙 제2조에 따
른 단독/공동주택/업무시설
/그리고 냉난방 연면적이
500㎡ 이상의 건축물
(2013.05.20 시행)
□ 의무대상
- 공공기관 에너지이용합리화
추진에 관한 규정 제6조에
따른 연면적 3,000㎡ 이상
의 공공기관 건축물(1등급
이상, 공동주택 2등급 이
상)(2013.07.12 시행)

Chamber법

- (2018.01.01 시행)
□ 대형 챔버법(KS I 2007)
- 7일 후 TVOC 방출량
0.25mg/㎥ 이하, 7일 후 HCHO
방출량 0.03mg/㎥ 이하
□ 소형 챔버법(KS M 1998)
- 7일후 TVOC 방출량
0.10mg/㎡·h 이하(단, 실란
트의 경우 0.1mg/m·h 이하),
7일 후 HCHO 방출량
0.015mg/㎡·h 이하(단, 실란
트의 경우 0.01mg/m·h 이하)
□ 적용방법
- 최종마감재, 접착제, 내장재
는 벽체 및 문으로 구획되
는 각각의 실별로 구분 적
용하고, 벽체, 천장, 바닥도
각각 별개로 적용한다. 이
경우 적용하는 부위 별로
10% 미만으로 사용되는 자
재는 제외

1-5. 장수명 주택 인증제(1,000세대 이상 공동주택) 2014.12.24.

• 구조적으로 장수명화가 될 수 있도록 내구성을 높이고 입주자의 필요에 따라 내부구조를 변경할 수 있는 가변성을 향상시키면서 설비나 내장의 노후화, 고장 등에 대비하여 점검·보수·교체 등의 유지관리가 쉽게 이루어질 수 있도록 수리용이성을 갖추어 우수한 주택을 확보하기위한 인증제도

가변성	내력벽 및 기둥의 길이비율, 내부벽량 중 건식벽체의 비율 이중바닥의 적용 등 9개 항목
유지보수 용이성	공용배관·전용공간의 분리, 배관교체가 용이한 설계 수선이 가능한 점검구의 배치 등 12개 항목
내구성	철근의 피복 두께, 콘크리트 품질 등 7개 항목

1-6. 건축물 에너지 효율 등급인증제도(2016.02.19.)부터 시행

• 에너지성능이 높은 건축물의 건축을 확대하고, 건축물 에너지관리를 효율화하고 합리적인 절약을 위해 건물에서 사용되는 에너지에 대한 정보를 제공하여 에너지 절약기술에 대한 투자를 유도하고 가시화 하여 에너지 절약에 인식을 재고함과 동시에 편안하고 쾌적한 실내환경을 제공하기 위한 제도
• 건축물의 에너지효율등급 인증 대상건축물은 건축법에 따른 건축물로서 공동주택 또는 업무용 건축물이 그 대상이다. 인증절차는 신청서류 접수, 평가보고서 작성, 예비인증 및 본 인증 순이며, 인증 또는 예비인증을 받으려는 건축주, 건축물 소유자, 시공자는 에너지관리공단이 운영하는 인증관리시스템에서 인증기관을 선택하여 신청해야 한다.

1-7. 건강친화형 주택 건설기준-청정건강주택에서 2015년12월30일 변경

• 건강친화형 주택이란 오염물질이 적게 방출되는 건축자재를 사용하고 환기 등을 실시하여 새집증후군 문제를 개선함으로써 거주자에게 건강하고 쾌적한 실내환경을 제공할 수 있도록 일정수준 이상의 실내공기질과 환기성능을 확보한 주택으로서 의무기준을 모두 충족하고 권장기준 중 2개 이상의 항목에 적합한 주택을 말한다.

500세대 이상의 주택건설사업을 시행하거나 500세대 이상의 리모델링을 하는 주택에 대하여 적용

1) 의무기준
① 친환경 건축자재의 적용
② 쾌적하고 안전한 실내공기 환경을 확보하기 위하여 각종 공사를 완료한 후 입주자가 입주하기 전에 플러쉬 아웃(Flush-Out) 또는 베이크 아웃(Bake-out)을 실시할 것
③ 효율적인 환기를 위하여 적합한 단위세대의 환기성능을 확보할 것
④ 설치된 환기설비의 정상적인 성능 발휘 및 운영 여부를 확인하기 위하여 성능검증을 시행할 것
⑤ 입주 전에 설치하는 친환경 생활제품의 적용
⑥ 건축자재, 접착제의 시공관리 기준 준수, 유해화학물질 확산방지를 위한 도장공사 시공·관리기준 준수

친환경 · 에너지 제도

Flush Out 시행기준

- 플러쉬아웃(Flush-Out)은 대형 팬 또는 기계환기설비 등을 이용하여 신선한 외부 공기를 실내로 충분히 유입시켜 실내 오염물질을 외부로 신속하게 배출시키는 것을 의미한다.

□ 시행시기
- 모든 실내 내장마감재 및 붙박이 가구 등을 설치한 이후부터 입주자가 입주하기 전까지의 기간

□ 외기유입량
- 세대별로 실내 바닥면적 1㎡ 당 400㎥ 이상의 신선한 외부공기를 지속적으로 공급할 것

□ 적용방법
- 강우(강설)시에는 플러쉬 아웃을 실시하지 않는 것을 원칙으로 하고, 실내온도는 섭씨 16도 이상, 실내 상대습도는 60% 이하로 유지하여 실시하는 것을 권장

지능형 건축물 인증

□ 예비인증
- 건축물의 완공 전에 설계도서 등을 통하여 평가한 결과를 토대로 지능형건축물 등급을 인증하는 것

□ 본인증
- 건축물의 사용 승인 전에 최종 설계도서 및 현장확인을 거쳐 최종적으로 평가된 결과를 토대로 지능형건축물 등급을 인증하는 것

2) 권장기준

① 흡 · 방습 건축자재는 모든 세대에 적합한 건축자재를 거실과 침실 벽체 총면적의 10% 이상을 적용할 것

② 흡착 건축자재는 모든 세대에 적합한 건축자재를 거실과 침실 벽체 총 면적의 10% 이상을 적용할 것

③ 항 곰팡이 건축자재는 모든 세대에 적합한 건축자재를 발코니 · 화장실 · 부엌 등과 같이 곰팡이 발생이 우려되는 부위에 총 외피면적의 5% 이상을 적용할 것

④ 항균 건축자재는 모든 세대에 적합한 건축자재를 발코니 · 화장실 · 부엌 등과 같이 세균 발생이 우려되는 부위에 총 외피면적의 5% 이상을 적용할 것

1-8. 라돈지도

① 라돈지도 색상구분(농도표시)

☐ 자료없음 ☐ 0-74 Bq/㎥ ☐ 74-148 Bq/㎥ ☐ 148-200 Bq/㎥ ☐ 200 이상 Bq/㎥

② 라돈조사 대상

구 분	대상구분
공공건물	• 학교, 면/동사무소
다중이용시설	• 공항여객터미널, 노인전문 요양시설, 대규모 점포, 도서관, 박물관 및 미술관, 보육시설, 산후조리원, 실내 주차장, 의료기관, 자동차 터미널, 장례식장, 지하도상가, 찜질방, 철도역사 대합실, 항만시설 대합실
주택	• 단독주택, 다세대 주택, 연립주택, 아파트

1-9. 지능형 건축물 인증제(IB-Intelligent Building) 2016년 07.01일 시행

- '지능형건축물' 이란 21세기의 지식정보 사회에 대응하기 위해 건물의 용도와 규모, 기능에 적합한 각종 시스템을 도입하여 쾌적하고 안전하며 친환경적으로 지속 가능한 거주공간을 제공하는 건축물
- 건축물의 기능(E/V 등 수직동선), 안전(방재 및 CPTED), 건축환경(HVAC), 에너지관리 등을 위한 각종 설비System을 연계하여 통합하는 개념
- 거주공간 단위에 접목된 것을 Smart Home, 주거 및 비주거시설을 건축물 단위로 접목된 것을 지능형건축물(IB), 도시의 기반시설 중 특히 전력공급과 연계된 것을 Smart Grid라고 부르며, 도시 단위에 접목된 것을 U(Ubiquitous)-City라고 할 수 있다.

※ 지능형건축물의 계획은 의무사항이 아니다. 지능형건축물 인증제는 국가에서 지능형건축물의 건축을 장려하기 위해 시행하는 제도로, 건축주(Owner) 또는 사업주체(Client)가 희망하면 인증을 받을 수 있다.
지능형건축물로 인증을 받은 건축물은 조경설치 의무면적을 85%까지 완화하여 적용할 수 있으며, 용적률 및 건축물의 높이는 각각 115%의 범위에서 완화하여 적용할 수 있다. 인증의 유효기간은 인증일로부터 5년이며, 필요시 건축주 등이 유효기간이 만료되기 90일 전까지 같은 건축물에 대해 재인증을 신청할 수 있다.

절약설계

2. 친환경 및 에너지 관련 절약설계

2-1. 건설산업의 제로에미션(Zero Emission)

- 건설산업의 Zero Emission은 건설산업 활동에 있어서 건설폐기물 발생을 최소화하고, 궁극적으로는 폐기물이 발행하지 않도록 하는 순환형 산업 System이다.

- 건설산업 활동과정에서 발생하는 폐기물을 다른 공정에 재사용하거나, 다른 산업체에 유용한 자원으로 바꾸는 것을 추구한다.

- Zero Emission은 폐기물, 방출물을 뜻하는 'Emission'에서 유래한 것으로 폐기물 배출을 최소화하고 궁극적으로 폐기물을 '0(zero)'로 만드는 프로세스를 의미한다.

- 건축에서의 'Zero Emission'이란 폐기물 및 CO_2 배출 '0(zero)'를 지향하는 새로운 개념의 건축이다. 궁극적으로 'Carbon Zero', 'Carbon Neutral'을 이루며 실질적인 온실가스의 배출량을 '0'으로 만드는 것을 목표로 한다.

2-2. 전과정 평가 - LCA: Life Cycle Assessment

- 건설공사 시 자재 생산단계에서 건설단계, 유지관리단계, 해체, 폐기단계까지의 모든 단계에서 발생하는 환경오염물질(대기오염, 수질오염, 고형폐기물 등)의 배출과 사용되는 자원 및 에너지를 정량화하고 이들의 환경영향을 규명하는 기법이다.

- 건설공사가 환경에 미치는 각종 부하와 자원/에너지 소비량을 수행 프로젝트의 전 과정에서 고려, 가능한 정량적으로 분석/평가하는 방법으로 건설공사 시 환경 부하량 평가 및 환경영향지수를 산출하므로 비교안별 검토 시 설계자에게 과학적이고 객관화한 선정 근거를 제시

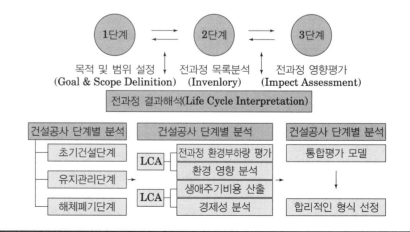

3. 친환경 및 에너지 관련 절약기술

3-1. Zero Energy Building(Green Home)

- 고성능 단열재와 고기밀성 창호 등을 채택, 에너지 손실을 최소화하는 '패시브(Passive)기술' 과 고효율기기와 신재생에너지를 적용한 '액티브(Active)기술' 등으로 건물의 에너지 성능을 높여 사용자가 에너지를 효율적으로 사용할 수 있도록 건축한 빌딩

- 친환경 주택 전기와 가스 등 에너지사용량을 줄인 친환경주택을 말한다. 크게 단열 효과가 높은 창, 단열재 등을 사용해 유출에너지를 줄인 패시브 하우브(Passive House)와 풍력·태양광 등의 외부에너지를 적극적으로 활용하는 액티브 하우스(Active House)로 나뉜다.

제로 에너지빌딩 조건

- 고효율 저에너지 소비의 실현이다. 단열, 자연채광, 바닥난방, 고효율 전자기기 사용 등을 통해 일상생활에 필요한 난방, 조명 등의 에너지 소비를 최소화하는 것이 가장 기본적인 조건이다. 건물에 자체적인 에너지 생산 설비를 갖추어야 한다.

- 태양광, 풍력 등 자체적인 신재생에너지 생산 설비를 갖추고 생활에 필요한 에너지를 자체적으로 생산하는 것이 필요하다.

- 태양광, 풍력 등 신재생에너지는 계절이나 시간, 바람 등 외부 환경에 의해 에너지를 생산할 수 있는 양에 큰 편차가 존재한다. 바람이 잘 불거나 햇빛이 강할 때는 필요 이상의 에너지를 제공히디기 막상 바람이 멈추거나 밤이 되면 에너지를 생산할 수 없게 되므로 기존 전력망과의 연계를 통해 에너지를 주고받는 과정이 필요하다.

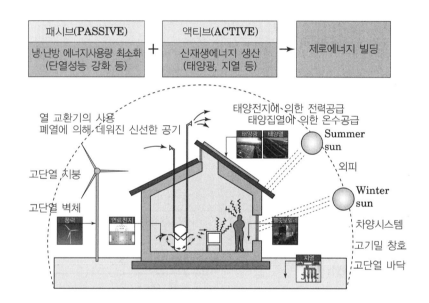

1) 건물 부하 저감 기술(Passive House)

① 수퍼단열
② 수퍼창호
③ 건물의 기밀화
④ 이중외피

2) 신재생에너지 사용(Active House)

① 자연형 태양열 시스템
② 설비형 태양열 시스템
③ 지열 히트펌프시스템
④ 펠릿보일러
⑤ 건물일체형 태양광 발전시스템(BIPV)

절약기술

기능분석

□ 외피
- 외부 기상영향에서 내부보호 및 외부발생소음 일차적 차단기능
- 환기를 위한 개구부를 통한 연돌효과
- 개구부를 통한 자연환기

□ 내피
- 단열성이 높은 복층유리 사용
- 개폐가 가능한 구조로 냉.난방 부하 절감

□ 중공층
- 외기로 부터 Blind 기능
- 차양장치로 외기의 바람과 태양일사로 인한 내부유입 방지
- 내외부 완충공간으로 열손실 방지

열섬현상

□ Heat island
인구의 증가 · 각종 인공 시설물의 증가 · 콘크리트 피복의 증가 · 자동차 통행의 증가 · 인공열의 방출 · 온실 효과 등의 영향으로 도시 중심부의 기온이 주변 지역보다 현저하게 높게 나타나는 현상을 말한다. 도심을 중심으로 동심원 상의 기온 분포를 나타내며, 열섬의 강도는 여름보다는 일교차가 큰 봄과 가을 또는 겨울, 낮보다는 밤에 현저하게 나타난다.

3-2. 이중외피(Double Skin)

- 기존의 외피에 하나의 외피를 추가한 Multi-Layer의 개념을 이용한 시스템으로 유리로 구성된 이중 벽체구조로 실내와 실외 사이의 공간(Cavity)형성을 통한 외부의 소음 및 열손실을 차단하고 단열 및 자연환기가 가능하도록 고안한 에너지 절약형 외피 시스템이다.

- 형태적으로는 외기와 접하는 외측외피와 실내에 접하는 내측외피, 내 · 외피 사이의 전동 수평 Blind가 설치된 중공층으로 구성되어 있다.

1) System의 구성

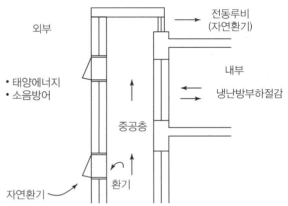

이중벽체에 의해 냉난방 에너지 절감 및 내, 외부 영향인자 조절을 통하여 쾌적한 환경 조성

2) System의 특성

특 성	내 용
에너지	자연환기와 태양에너지를 활용한 냉난방 에너지 절감
환경보호	건물의 CO_2 발생량 감소
단열성	외피전체의 열적인 저항성 증가
차음성	외부발생 소음Level 감소
환기조절	개구부 개폐 및 Louver를 통하여 환기조절
자연환기	고층부에서 외측외피의 개구부를 통한 자연환기 가능
일사량조절	개폐식 Sunblind를 통한 각도조절
방재	개실별 구분 설치된 이중외피시스템
심리적 안정	넓은 유리외피는 폐쇄감에서 오는 심리적 불안감 해소
심미성	건축물의 가치상승, Hi-Tech한 이미지 부여

유지관리

⑨ 유지관리

1. 일반사항

- 예방보전
  (Preventive Maintenance)
- 생산보전
  (Productive maintenance)
- 개량보전
  (Corrective Maintenance)
- 예측보전
  (Predictive maintenance)
- 보전예방
  (Maintenance Prevention)

- 유지관리 계획 및 업무는 콘크리트 구조물에 대하여 유지관리의 수준에 따라 사용기간 동안 구조물이 보유해야 할 요구성능을 허용범위 내에서 유지관리계획을 수립하고, 초기점검, 열화예측, 정기점검, 평가 및 판정, 대책, 기록 등을 계획에 맞도록 수행하는 것이다.
- 유지관리는 완공된 시설물의 기능을 보전하고 시설물이용자의 편의와 안전을 높이기 위하여 시설물을 일상적으로 점검·정비하고 손상된 부분을 원상복구하며 경과시간에 따라 요구되는 시설물의 개량·보수·보강에 필요한 활동을 하는 것이다.(by 시설물의 안전관리에 관한 특별법)

1-1. 시설물 안전관리

1) 정기 안전점검 시행시기 및 횟수

건설공사 종류		점검 차수별 점검시기		
		1차	2차	3차
건축물	건축물	기초공사 시공 시 (콘크리트 타설 전)	구조체 공사 초·중기단계 시공 시	구조체 공사 말기단계 시공 시
	리모델링 또는 해체공사	총 공정 초·중기 단계 시공 시	총 공정의 말기단계 시공 시	–
10m 이상 굴착하는 건설공사		가시설 공사 및 기초공사 시공 시 (콘크리트 타설 전)	되메우기 완료 후	–
폭발물을 사용하는 건실공사		총 공정의 초·중기 단계 시공 시	총 공정의 말기단계 시공 시	–

□ 정밀 안전점검
- 정기 안전점검 결과 시설물의 물리적·기능적 결함을 발견하고 그에 대한 신속하고 적절한 조치를 하기 위하여 구조적 안전성과 결함의 원인 등을 조사·측정·평가하여 보수·보강등의 방법을 제시하는 행위를 말한다.
□ 정기 안전점검
□ 자체 안전점검
□ 초기점검
□ 중단 후 재개 시 안전점검
- 공사 시행 도중 그 공사의 중단으로 1년 이상 방치된 시설물이 있는 경우 그 공사를 재개하기 전에 점검

1-2. 재개발과 재건축

재개발 — · 정비기반시설이 열악하고 노후·불량건축물이 밀집한 지역에서 주거환경을 개선하기 위하여 시행하는 사업(국가 및 지자체 보조)

재건축 — · 정비기반시설은 양호하나 노후·불량건축물이 밀집한 지역에서 주거환경을 개선하기 위하여 시행하는 사업(재건축 조합 자율적 추진)

유지관리

1-3. BEMS: Building Energy Management System

- 컴퓨터를 사용하여 건물 관리자가 합리적인 에너지 이용이 가능하게 하고 쾌적하고 기능적인 업무 환경을 효율적으로 유지·보전하기 위한 제어·관리·경영 시스템

1) 기능 구성도

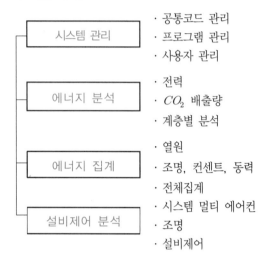

| 시스템 관리 | · 공통코드 관리
· 프로그램 관리
· 사용자 관리 |

에너지 분석 · 전력 · CO_2 배출량 · 계층별 분석

에너지 집계 · 열원 · 조명, 컨센트, 동력 · 전체집계

설비제어 분석 · 시스템 멀티 에어컨 · 조명 · 설비제어

2) 운영 Process

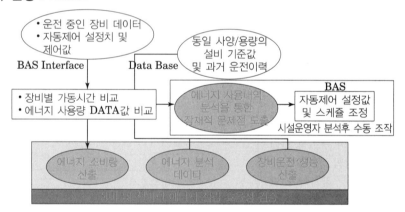

3) 기대효과

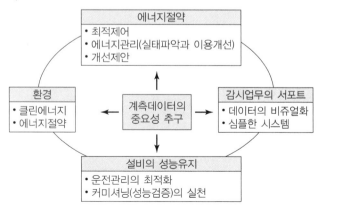

FMS

□ 시설물 통합 관리 시스템 (Facility Management System)
- FMS는 시설물 관리를 위해 시설물이 설치된 환경이나 주변 공간, 설치장비나 설비, 그리고 이를 운영하거나 유지보수하기 위한 인력이 기본적으로 상호 유기적인 조화를 이룰 수 있도록 지원하는 System이다.
- 시설물의 안전과 유지관리에 관련된 정보체계를 구축하기 위하여 안전진단전문기관, 한국시설안전공단과 유지관리업자에 관한 정보를 종합관리 하는 System이다.(by 시설물의 안전관리에 관한 특별법)

유지관리

2. 유지관리 기술

2-1. 리모델링

● Remodeling은 유지관리의 연장선상에서 이루어지는 행위로서 건축물 또는 외부공간의 성능 및 기능의 노화나 진부화에 대응하여 보수, 수선, 개수, 부분증축 및 개축, 제거, 새로운 기능추가 및 용도변경 등을 하는 건축활동이다.

1) 리모델링의 개념

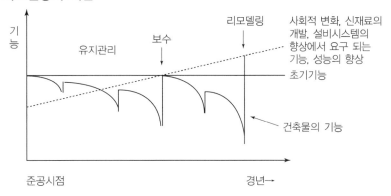

2) 리모델링 Process

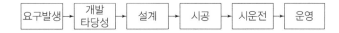

3) 리모델링 유형

건축물 리모델링의 유형	리모델링 수요의 유형
구조적 리모델링	노후화 대응
기능적 리모델링	설비기능 향상 및 정보화 대응
미관적 리모델링	용도변경
환경적 리모델링	역사적 건물의 보존 및 활용
에너지 리모델링	공동주택 리모델링

그린 리모델링

– 에너지성능향상 및 효율개선이 필요한 기존 건축물의 성능을 개선하는 환경 친화적 건축물 리모델링이며, 저비용·고효율 기술을 적용해 건물 냉난방 성능을 20% 이상 향상시켜 에너지 사용량을 줄이는 공사

수직증축 리모델링

– 기존 아파트 꼭대기 층 위로 최대 3개층을 더 올려 기존 가구 수의 15%까지 새집을 더 짓는 것을 말한다. 새로 늘어난 집을 팔아 얻은 수익으로 리모델링 공사비를 줄일 수 있으며, 지은 지 15년이 지난 아파트가 추진 대상이다.
– 15층 이상 3개층, 14층 이하 2개층

유지관리

2-2. 보수 · 보강

보수(Repair)	· 손상된 콘크리트 구조물의 방수성, 내구성, 미관 등 내하력 이외의 기능과 구조적 안전성 등 부재의 기능을 원상회복 이상으로 개량 수선 하는 조치
보강(Rehabilitation)	· 손상에 의해 저하된 콘크리트 구조물의 내력을 회복 또는 강화시키기 위하여 보강재료나 부 재를 사용하여 설계 당시의 내력 이상으로 향 상시키는 조치

1) 보수

보수 보강: NCS기준

□ 보수(Repair)
- 열화된 부재나 구조물의 재 료적 성능과 기능을 원상 혹은 사용상 지장이 없는 상태까지 회복시키는 것으 로 당초의 성능으로 복원 시키는 것

□ 보강(Strengthening)
- 부재나 구조물의 내하력, 강성 등의 역학적 성능저하 를 회복 또는 증진 시키고 자 하는 것

구분	내 용
표면처리법	
	• 폭 0.2mm 이하의 미세한 균열에 적용 • 표면에 도막형성 • 진행 균열의 경우 유연성 도료사용
충전법	
	• 폭 0.5mm 이상의 큰 폭의 균열에 적용 • 폭 10mm 정도 U형, V형으로 따내고 유연성 에폭시, 폴 리머 시멘트 모르타르를 주입
주입공법	
	• 폭 0.2mm 이상의 균열보수에 적용 • 주입성과 접착성 우수, 습기가 있는 곳에서 적용안됨 • 열팽창계수가 Concrete의 2~4배 • 충분한 가사시간과 균열폭에 적합한 점도를 가진 재료를 선정하는 것이 중요

유지관리

2) 보강

구분	사 진
강재보강 공법	**보강보설치** 철골 보강보 상세
강재보강 공법	**강판부착**
단면증대	 • 기존 구조물에 철근 콘크리트를 타설하여 단면증대 • 보강철근 Anchor처리 필수
탄소섬유시트 보강공법	• 재료의 비중은 강재의 1/4~1/5 정도로 경량 • 인장상도는 강재의 10배 정도
복합재료 보강공법	• 보강재(탄소섬유)+결합재(에폭시)

유지관리

2-3. 해체
2-3-1 해체공법의 종류

1) 강구타격 공법

강구(Steel Ball)를 Crane 선단에 매달아 수직 혹은 수평으로 구조물에 충돌시켜 그 충격력(Impulsive Force)으로 구조물을 파괴하고 노출된 철근을 Gas 절단하면서 구조물을 해체하는 공법이다.

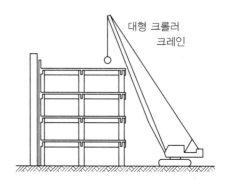

대형 크롤러 크레인

□ 발파[Blasting, 發破]
– 계획된 부수기: 시간차를 두고 순차적으로 진행

□ 폭파
– 계획된 부수기: 한번에 진행

2) Breaker공법

압축공기 혹은 유압장치에 의해 정(Chisel, Braker)을 작동시켜 정의 급속한 반복 충격력에 의해 Concrete를 파괴하는 공법이다.

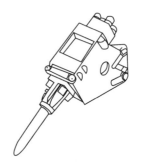

3) 연삭식 공법

고속 회전력에 의해 Cutter나 Diamond Saw를 작동시켜 절삭날의 고속회전에 의해 Concrete를 절단하는 공법이다.

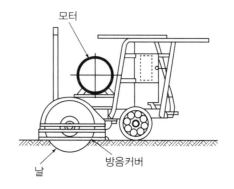

모터

날   방음커버

4) 유압식 공법

Back Hoe나 Jack으로 Concrete 부재를 눌러 깨거나 부재와 부재간을
벌리거나 밀어 올려 구조물을 해체하는 공법이다.

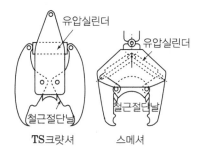

5) 비폭성 파쇄재(고압가스에 의한 해체공법)

고압가스에 의한 해체공법은 비연소성 Gas(탄산가스)의 팽창력을 이용
하여 소음, 진동, 분진, 비산먼지, 비석 없이 암반 혹은 Concrete 등
구조물을 파쇄하는 공법이다.

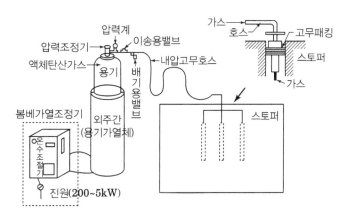

6) 전도해체공법

해체하고자 하는 부재의 일부를 파쇄 혹은 절단한 후 전도 모멘트
(Overturing Moments)를 이용하여 전도시켜 해체하는 공법이다.

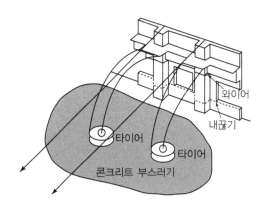

유지관리

2-3-2. 분별해체

① 재활용이 가능한 폐기물 분류
② 폐기물의 성분에 따른 분류
③ 발생형태 및 특성에 따른 분류
④ 구조물의 종류에 따른 해체방법
⑤ 해체공법의 종류에 따른 해체 방법
⑥ 구조체, 마감재별 해체방법

유지관리

2-4. 석면해체

1) 석면해체 제거 작업절차

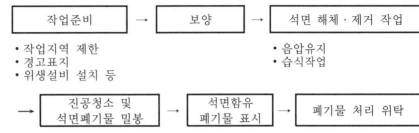

- 작업지역 제한
- 경고표지
- 위생설비 설치 등

- 음압유지
- 습식작업

- 폐기물관리법에 의함

2) 석면해체 제거 작업시의 조치사항

① 당해 장소를 밀폐시킬 것
② 습식(濕式)으로 작업할 것
③ 당해 장소를 음압(陰壓)으로 유지 시킬 것
④ 근로자에게는 전면형 이상의 방진마스크를 지급해 착용하도록 할 것
⑤ 근로자에게는 신체를 감싸는 보호의를 착용하도록 할 것

3) 석면함유 폐기물의 처리

사업주는 석면해체 · 제거작업에서 발생된 석면을 함유한 폐기물은 불침투성 용기 또는 자루 등에 넣어 밀봉한 후 적절히 처리해야 합니다

4) 잔재물의 흩날림 방지

사업주는 석면해체 · 제거작업에서 발생된 석면을 함유한 잔재물은 습식 또는 고성능필터가 장착된 진공청소기로 청소하는 등 석면분진이 흩날리지 않도록 해야 합니다

시료물질	그림	시료물질	그림	시료물질	그림	시료물질	그림
천장재		파이프 보온재		분무재 (뿜칠재)		기타물질	
바닥재		단열재		내화피복제		미결정물질	X
벽재		개스킷	○	지붕재		불검출지역	

[석면지도 표시]

□ 건축
- 일반건축물:
  연면적의 합계가 50㎡ 이상
- 주택 및 그 부속건축물:
  연면적의 합계가 200㎡ 이상

□ 설비
- 단열재, 보온재, 분무재, 내화피복재, 개스킷, 패킹, 실링제, 그 밖의 유사용도의 물질이나 자재면적의 합이 15㎡ 또는 부피의 합이 1㎥ 이상
- 파이프 보온재: 길이의 합이 80m 이상(파이프의 지름과 무관하게 적용)

□ 물리적 평가
- 현재 상태에서 석면의 비산정도를 예상하는 물리적 평가는 3 가지 항목(손상 상태, 비산성, 석면 함유량)으로 세분하여 평가

□ 진동, 기류 및 누수에 의한 잠재적 손상 가능성 평가
- 진동에 의한 손상 가능성
- 기류에 의한 손상 가능
- 누수에 의한 손상 가능성
-
□ 건축물 유지 보수에 따른 손상 가능성 평가
- 유지 보수 형태
- 유지 보수 빈도
-
□ 인체 노출 가능성 평가
- 사용인원 수
- 구역의 사용 빈도
- 구역의 1일 평균 사용 시간

10-3장

건설
공사계약

계약일반

계약조건
Key Point

□ Lay Out
- 계약서류
- 계약방식
- 계약변경
- 입 · 낙찰
- 관련제도

□ 기본용어
- 주계약자형 공동도급
- Turn-key Base
- SOC 사업
- Fast Track Method
- 건설공사비 지수
- 순수내역입찰
- Best Value
- 건설 Claim

청약의 유인

- Invitation Of Offer 상대방에게 청약을 하게끔 하려는 의사의 표시이다. 그러나 상대방이 청약의 유인에 따라 청약의 의사표시를 하여도 그것만으로 청약이 바로 성립하는 것은 아니고, 청약을 유인한 자가 다시 승낙을 함으로써 비로소 계약이 성립된다. 따라서 청약을 유인한자는 상대방의 의사표시에 대하여 낙부(諾否)를 결정할 자유를 가진다.

① 계약일반

1. 계약서류의 구성
1-1. 국내 회계예규 규정의 계약문서의 범위
- 계약서
- 설계서(설계도면, 시방서, 현장설명서 등)
- 공사입찰유의서
- 공사계약일반조건
- 공사계약특수조건
- 산출내역서
- 계약당사자간에 행한 통지문서

1-2. 도급계약서의 기재 내용(건설산업기본법 시행령)
- 공사내용(규모, 도급금액)
- 공사착수시기, 공사완성의 시기
- 도급금액 지불방법 및 지급시기
- 설계변경 · 물가변동에 따른 도급금액 또는 공사금액의 변경사항
- 하도급대금 지급보증서의 교부에 관한 사항
- 표준안전관리비의 지급에 관한 사항
- 인도를 위한 검사 및 그 시기
- 계약이행지체의 경우 위약금, 지연이자 지급 등 손해배상에 관한 사항
- 분쟁 발생 시 분쟁의 해결방법에 관한 사항

1-3. 건설계약의 성립과정 유효요건

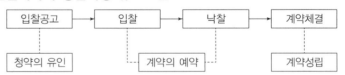

① 동의(Agreement)
   일방의 당사자로부터 신청과 그것에 대한 타방이 수용하는 것
② 계약을 실행하는 당사자
   계약의 이행을 가능하게 당사자가 존재할 것
③ 약인(約認) · 대가(Consideration)
   계약에 있어 각 당사자가 여하한 형태의 이익을 얻는 것이 있을 것
④ 법에 맞는 목적(Lawful Purpose)
   계약의 목적이 위법성이 없을 것
⑤ 바른 계약서식(Form)
   계약내용이 법률에 인정하는 서식에 맞을 것

계약방식	## 2. 계약방식

2-1. 계약방식의 분류

- **공사의 실시방식에 따른 유형**
  1) 직영공사(Direct Management Works)
  2) 도급공사(Contract System)
     ① 일식도급(General Contract)
     ② 분할도급(Partial Contract)
     ③ 공동도급(Joint Venture Contract)
     ④ 조기착공계약(Fast Track Contract)
     ⑤ 개산계약(Force Account Contract)
- **공사대금 지급방식에 따른 유형**
     ① 단가계약(Unit Price Contract)
     ② 정액 또는 총액계약(Lump Sum Contract)
     ③ 실비정산 보수가산 계약(Cost Plus Contract)
- **공사의 업무범위에 따른 유형**
     ① Construction Management Contract
     ② Project Management Contract
     ③ 설계·시공일괄계약(Design-Build Contract)
     ④ 성능발주방식(Performance Appointed Order)
     ⑤ SOC(Social Overhead Capital)사업방식
     ⑥ Partnering방식
- **계약기간 및 예산에 따른 유형**
     ① 단년도 계약(One-Year Contract)
     ② 장기계속계약(Long-Term Continuing Contract)
     ③ 계속비 계약(Continuing Expenditure Contract)
- **대가보상에 따른 유형**
     ① Cost Plus Time 계약(A+B plus I/D 계약)
     ② Lane Rental

2-1-1. 공사의 실시방식에 따른 유형

1) 직영공사(Direct Management Works)
   ① 직영방식은 건축주가 해당 건설 Project의 계획을 수립하고 건설자재 구입, 노무자 고용, 건설기계 수배 및 가설부재 등을 준비하여 해당 건설의 전 과정을 본인책임으로 시행하는 제도이다.
   ② 공사내용 및 공정이 단순하고, 노무자 고용, 건설기계의 수배 및 건설자재 구입이 쉽고 편리하며 준공기한에 구애 받지 않을 때 많이 적용된다.

계약방식

2) 일식도급

① 일식도급은 해당 건설 Project의 공사 전부를 한 도급자에게 맡기는 도급계약방식으로 노무관리, 재료구입, 건설기계 수배, 현장 시공업무 등 해당 건설의 전 과정을 도급자의 책임 하에 시행하는 계약이다.

② 도급업자는 공사를 적절히 분할하여 각 전문 하도급자에 하도급 하여 시공하도록 하고, 도급자는 전체공사를 감독하여 해당 건설 Project의 목적물을 완성한다.

3) 분할도급

① 분할도급계약은 해당 건설 Project의 공사를 몇 가지 유형으로 세분하여 각 유형에 적합한 전문 도급자들을 선정하여 도급계약을 체결하는 도급방식으로 전문 공종별·직종별·공정별·공구별 분할도급 등으로 구분된다.

② 각 공종의 전문 하도급자에 하도급하여 시공하도록 하여 양질의 시공을 기대할 수 있으나, 의사소통의 어려움, 사무업무의 복잡 등의 단점이 있다.

4) 공동도급

- 공동도급방식은 발주처와 2인 이상의 공동수급업체가 잠정적으로 결합·조직·공동출자(법인설립)한 조직체로 연대책임 하에 공사를 공동수급 하여 목적물 완성 후 해산하는 방식이다.

가) 운영방식

운영방식	특 성
주계약자관리방식	공동수급체구성원 중 주계약자가 전체 Project의 수행에 관하여 계획·관리 및 조정하는 이행방식
공동이행방식	2인 이상의 공동수급업체가 잠정적으로 결합·조직·공동출자(법인설립)한 조직체로 연대책임 하에 공사를 공동수급 하여 목적물 완성 후 해산하는 방식
분담이행방식	공동수급체구성원이 Project의 목적물을 공구별·공정별·공종별로 분할하여 Project를 진행하는 방식

나) 주계약자형 공동도급

ex)총 공사금액 200억일 때, A100억+(B50억+C50억)/2=150억 실적인정

① 공사금액이 가장 큰 A업체가 주계약자

② A업체는 B.C업체까지 연대책임진다.

③ A업체는 B.C업체의 공사금액의 1/2을 실적으로 인정받는다.

---

mind map

- 주공에서 분담해라

주계약자형 공동도급

- 발주자는 공동수급업체 중 공사비율이 가장 큰 업체를 주계약자로 선정하고 주계약자(Leading Company)는 자신의 분담공사 이외에, 전체 project의 계획·관리·조정업무를 담당하며, 전체 Project의 계약 이행 책임에 대해서도 연대책임을 지게 되는 이행방식이다.
- 자사(自社)의 분담공사 외에, 다른 공동수급체구성원의 실적시공금액의 50%를 실적 산정에 추가로 인정받는다.

계약방식

다) 공동도급과 Consortium의 비교

운영방식	공동도급(Joint Venture)	컨소시엄(Consortium)
개 념	공동자본을 출자하여 법인을 설립하고 기술 및 자본 제휴를 통하여 공사 수행	각기 독립된 회사가 하나의 연합체를 형성하여 공사를 수행
자본금	투자 비율에 따라 참여사가 공동출자	공동 비용외 모든 비용은 각 참여사 책임
회사성격	유한주식회사의 형태	독립된 회사의 연합
운영	만장일치제 원칙(경우에 따라 지분 비례에 따른 권력 행사)	만장일치제 원칙(의견의 일치가 되지 않을 경우 중재에 회부)
배당금	출자비율에 따라 이익분배	각 회사의 노력에 의해 달라짐
소유권 이전	특별한 경우 이외엔 불가	사전 서면동의에 의해 가능
참여공사	소형 및 대형 Project	Full Turn-Key
P.Q 제출	Joint Venture 명의	각 회사별로 제출
선수금	지분율에 따라 분배	계약금액에 따라 분배
Claim	투자비율에 따라 공동분담	각 당사자가 책임

5) 조기착공계약(Fast Track Contract)

① Fast Track Contract는 발주자는 먼저 설계자와 계약하고 설계자가 설계를 완성히는 공중에 따라 도급자와 차례대로 계약을 체결하는 계약이다.

② 공기단축을 목적으로 설계도서가 완성되지 않은 상태에서 기본설계에 의존하여 부분적인 공사를 실시해나가면서 다음 단계의 설계도서를 작성하고, 작성이 완료된 설계도서에 의해 공사를 지속해나가는 시공방식이다.

6) 개산계약

① 계약을 체결하기 전에 상세가 결정되지 않은 상태에서 미리 예정가격을 정할 수 없을 때 개산 가격으로 계약을 체결하고 계약 금액은 계약 이행 중 또는 계약 이행 후에 확정하는 계약 방법.

② 계약의 성격을 고려하여 실비정산방식을 취하며, 직영형식의 계약 형태를 갖는 경우도 있다.

③ 신기술·신공법·개발 시 제품의 설비를 포함하는 공사 등 사전에 정확한 계약금액을 결정하기 어려운 공사에 적용된다.

계약방식

2-1-2. 공사대금 지급방식에 따른 유형

1) 단가계약

① 단가계약은 발주자가 제시하는 해당 건설 Project의 노무·면적·체적의 단가를 조건으로 공사를 실시하는 계약방식이다.

② 공사 요소작업별로 단위 물량당 단가를 확정하여 계약되므로, 입찰 총액과 물량명세서(B.O.Q; Bill Of Quantities) 혹은 금액명세서(S.O.R; Schedule Of Values Or Price Breakdown)를 제출하는 것이 일반적이다.

2) 정액(총액)계약

① 정액계약은 발주자가 제시하는 해당 건설 Project의 공사비 총액을 조건으로 공사를 실시하는 계약방식이다.

② 공사 목적물을 완성하는 동안 당사자가 전혀 예상하지 못한 경제사정의 급변이 있을 때 사정변경의 원칙을 적용하여 보수증감을 하거나 계약해제를 할 수 있다.

3) 실비정산 보수가산식 계약

> • 실비정산 계약은 시공자가 해당 건설 Project의 계약 이행에 대한 약정된 직접비와 간접비의 상환에 추가하여 시공자의 보수를 지급받는 계약이다.
>
> • 실비정산 계약은 발주자가 도급자에게 정해진 공사의 업무에 대한 실비를 정산하고, 성과에 대한 보상을 미리 정해진 보수인 Fee로 하며, 직영 및 도급계약방식의 장점만을 채택하고 단점을 제거하기 위한 제도이다.

mind map

• 실비를 정산 할 때는 한정식으로 준비해라

가) 실비정산 비율보수가산식 (Cost Plus a Percentage Contract)

• Project의 진행에 따라 실공사비에 대한 비율(%)을 정하고 공사비 증감에 따라 이 비율에 해당하는 금액을 보수로 지급하는 방식

• 총공사비=실비+실비×비율보수

나) 실비한정 비율보수가산식 계약(Cost Plus a Percentage with Guaranteed Limit Contract)

• 미리 실비를 제한하고, 시공자는 한정된 금액 내에서 공사를 완성해야 하는 계약이다.

• 총공사비=한정된 실비+한정된 실비×비율보수

다) 실비정산 정액보수가산식 계약(Cost Plus a Fixed Fee Contract)

• 미리 계약된 일정 금액을 시공자에게 지불하는 계약이다.

• 총공사비=실비+정액보수

라) 실비정산 준동률보수가산식 계약(Cost Plus a Sliding Scale Contract)

• 미리 실비를 여러 단계로 분할하고, 보수는 공사비가 각 단계의 금액의 증감에 따라 비율보수 혹은 정액보수를 지불받는 계약이다.

2-1-3. 공사의 업무범위에 따른 유형

계약방식

1) Turn Key Base(설계 · 시공일괄계약) 방식

① Turn-Key Base 방식은 시공자가 자신의 책임으로 설계와 시공을 일괄로 수행하여 공사 목적물 완성 후 발주자에게 인도하는 계약이다.

② 도급자가 목적물의 기획 · 타당성 조사 · 평가 · 예산편성 · 실시설계 · 구매조달 · 시공 · 시운전 · 조업지도 · 인도 · 유지관리까지 건축의 전 과정에 걸쳐 모든 Service를 제공한 후 완전한 상태의 시설물을 발주자에게 인도하는 도급방식이다.

2) 성능발주 방식

① 성능발주는 발주자가 시설물의 요구성능만을 제시하고, 시공자가 그 요구성능을 실현하는 것을 내용으로 하는 발주방식이다.

② 발주자가 설계도서 없이 설계부터 시공까지 시설물의 요구성능만을 제시하고, 시공자가 재료 및 시공방법을 선택하여 그 요구 성능을 실현하는 발주방식이다.

③ 시공자의 창조적인 활동을 가능하게 하며 신기술 · 신공법을 최대한 활용할 수 있다.

3) 사회간접 자본(Social Overhead Capital, SOC)방식

- 사회기반시설은 각종 생산 활동의 기반이 되는 시설 혹은 당해 시설의 효용을 증진시키거나 이용자의 편의를 도모하는 시설 및 국민생활의 편익을 증진시키는 시설이다.

- 민간투자사업은 전통적으로 정부부문의 역할에 속했던 사회기반시설의 설계, 시공, 운영 및 유지관리를 민간부문이 담당하여 추진하는 사업이다.

Project Financing

- PF는 Project를 수행할 특수목적회사(S.P.C)를 별도로 설립하여 공공기간, 민간기업 등에서 출자를 받아 사업을 시행하는 부동산 개발사업이다.
- 특정한 프로젝트로 부터 미래에 발생하는 현금흐름을 담보로 하여 당해 프로젝트를 수행하는 데 필요한 자금을 조달하는 금융기법을 총칭하는 개념이다.

가) BOO(Build-Own-Operate)

① 사회기반시설을 민간사업자가 주도하여 설계 · 자금조달 · 시공(Build) · 완성 후 사업시행자가 그 시설의 소유권(Own)과 함께 운영권(Operate)을 가지는 방식이다.

② 설계 · 시공(Build) → 소유권 획득(Own) → 운영(Operate)

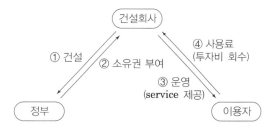

계약방식

BTO-rs

● 위험분담형:
Build·Transfer·
Operate – risk sharing)
– 정부가 사업시행에 따른 위
험을 분담(예: 50%)함으로
써 민간의 사업 위험을 낮추
는 방식 (사업수익률과 이용
요금도 인하)
– BTO-risk sharing: 정부와
민간이 시설투자비와 운영
비용을 분담하여 고수익·
고위험 사업을 중수익·중
위험으로 변경

나) BOT(Build-Operate-Transfer)

① 사회기반시설을 민간사업자가 주도하여 설계·자금조달·시공(Build)·완성 후 사업시행자가 일정기간 동안 그 시설을 운영(Operate)하고 그 기간 만료 시 소유권(Own)을 정부기관에 이전(Transfer)하는 방식이다.

② 설계·시공(Build) → 운영(Operate) → 소유권 이전(Transfer)

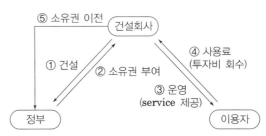

다) BTO(Build-Transfer-Operate)

① 사회기반시설을 민간사업자가 주도하여 설계·자금조달·시공(Build)·완성과 동시에 그 시설의 운영권을 정부기관에 이전(Transfer)하고, 사업시행자가 일정기간 동안 그 시설의 시설관리운영권(Operate)을 가지는 방식이다

② 설계·시공(Build) → 소유권 이전(Transfer) → 운영(Operate)

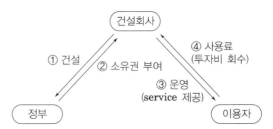

라) BTL(Build-Transfer-Lease)

① BTL은 사회기반시설을 민간 사업자(사업시행자)가 주도하여 설계·시공(Build)·완성 후 그 시설의 소유권을 정부 혹은 지방자치단체(주무관청)에 이전(Transfer)하고, 사업시행자는 정부 혹은 지방자치단체(주무관청)에 시설을 임대(Lease)하는 방식이다.

② 설계·시공(Build) → 소유권 이전(Transfer) → 임대(Lease)

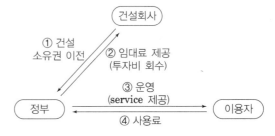

마) BOA, BTO-a(Build Operate Adjust)손익 공유형 민자사업

① 민간사업자가 시설물을 지어 운영하면서 손실이 나면 일정 부분을 정부가 보전해주고, 초과수익이 나면 정부와 나누는 제도

② 정부는 이 수익으로 시설 이용요금을 낮추는 데 사용할 수 있으며 사업자는 손실 우려를 최소화할 수 있고, 정부는 요금 결정에 개입할 수 있다는 장점이 있다.

- 수익발생: 수익률의 5~6% 까지는 정부와 나누고 그 이상은 민간사업자의 수익 실현
- 손실발생: 70~80% 정부지원

4) Partnering계약방식

① Partnering 계약방식은 Project의 설계단계부터 시공단계에 이르기까지 발주자 · 설계자 · 시공자 등 Project 관계자들이 하나의 Team을 조직하여 Project를 완성하는 계약방식이다.

② 공동목표를 위해 상호협력이 필요하고, 생산성 향상 · 공기단축 · Claim 감소 · V.E 증대 등의 효과가 있다.

③ Partnering은 두 사람 이상이 서로 가지고 있는 능력을 최대한으로, 또한 유효하게 활용함으로써, 목적을 달성하기 위해 장기간에 걸쳐 꾸준하게 노력하여 합치하는 것을 약속하는 것이다. 파트너링은 당사자인 파트너가 서로 신뢰로서 만나 상호 무엇을 기대하고 있는지, 어떠한 가치관을 가지고 있는지를 이해하여 공통의 목표를 달성하기 위해 헌신적인 노력을 함으로써 성립하는 것이다.

2-1-4. 계약기간 및 예산에 따른 유형

1) 단년도 계약

해당 건설 Project의 이행기간이 1회계연도인 경우로서 당해 연도 세출예산에 계상된 예산을 재원으로 하여 체결하는 계약체결방법이다.

2) 장기계속 계약

장기계속계약은 임차 · 운송 · 보관 · 전기 · 가스 · 수도의 공급 기타 그 성질 상 수년간 계속하여 존속할 필요가 있거나 이행에 수년을 요하는 계약이다.

3) 계속비 계약

계속비계약은 전체 예산이 확보된 상태에서 수년간 연속적인 공사 혹은 공사기간이 길어 수 년도에 걸쳐 이행되어야 할 공사에서 소요 경비를 일괄하여 그 총액과 연부액을 국회의 의결을 얻어 수 년도에 걸쳐 지출하는 계약체결법이다.

계약방식

연부액(年賦額)

- 당해년도 예산 소화금액을 표기

계약방식	**2-1-5. 대가보상에 따른 유형**

2-1-5. 대가보상에 따른 유형

1) Cost Plus Time(A+B) 방식

Cost Plus Time 계약은 입찰자가 공사금액(Cost, A)과 공사기간(Time, B)을 제안하면, 공사기간을 금액으로 환산한 값에 공사금액을 더하여 그 합계가 최저인 입찰자가 낙찰 받는 계약이다.

2) Lane Rental 방식

① Lane Rental 계약은 도급자에게 고속도로 등의 덧씌우기, 복구 및 보수공사를 위해 차선 및 갓길 점용비용을 부과시키는 혁신적인 계약방식이다.

② 차선폐쇄에 요구되는 전체 기간을 단축하기 위하여 도급자에게 재정적인 Incentive를 주는 방식으로서, 시공자는 공사기간 및 차선폐쇄 등 모든 면에서 통행제약을 최소한으로 할 수 있는 작업계획을 세우게 된다.

3. 계약변경

계약변경

3-1. 계약금액 조정

3-1-1. 물가변동에 의한 계약금액의 조정

1) 적용조건

① 계약체결일로부터 90일 이상 경과

> • 국고의 부담이 되는 계약을 체결한 날로부터 90일 이상 경과하거나 직전조정 기준일로부터 90일 이상 경과하여야 한다. 다만, 천재, 지변 또는 원자재의 가격 급등으로 인하여 당해 조정제한 기간 내에 계약금액을 조정하지 아니하고는 계약이행이 곤란하다고 인정되는 경우에는 계약체결일 또는 직전 조정기준일로부터 90일 이내에 조정할 수 있다.(영 64조 5항)

건설공사비 지수

– 건설공사비 지수는 Project 의 각 시기별 공사비를 일정기준시점의 공사비로 환산하여 공사물량의 확인과 공사관리의 목적상 물가변동에 따른 공사비 변동추이의 확인을 위해 재료비, 노무비, 경비의 가격 변화와 연동하여 산출하는 지수

② 품목조정률, 지수조정률의 증감

입찰일을 기준으로 품목조정률 또는 지수조정률이 3% 이상 증감하여야 한다.

③ 단품물가조정의 예외

공사계약의 경우 각 중앙관서의 장 또는 계약담당공무원은 특정규격의 자재별 가격변동으로 인하여 입찰일을 기준으로 하여 산정한 해당 자재의 가격 증감률이 100분의 15 이상인 때에는 그 자재에 한하여 계약금액을 조정한다.(영 64조 6항)-2008년 5월1일 부터 시행

④ 계약당사자 일방의 계약금액조정 청구가 있어야 하는지 여부

계약감액의 경우 감액요건의 증명 및 조정내역서의 작성 및 신청 책임이 해당 발주기관의 계약담당 공무원에게 있다.

2) 품목조정률에 의한 조정

계약금액을 구성하는 각 품목 또는 비목의 등락율과 등락폭을 토대로 한 품목조정률에 물가변동 적용대가를 곱하여 계약금액을 조정하는 방법이다. 입찰서 제출 마감일 당시와 물가변동 당시 양시점에 있어 동일한 방법과 기준으로 적용할 수 있는 각 품목 또는 비목에 대한 공신력 있는 시세가격이 존재할 경우에 적합한 방법이다.

> ㄴ 등락률=(물가변동 딩시가격-입찰딩시가격/계약체결 당시가걱)
>
> ㅁ 등락폭=계약단가×등락률
>
> ㅁ 품목조정률=각 품목 또는 비목의 수량에 등락폭을 곱하여
> 산출한 금액의 합계액/계약금액

조정금액 산정 시 공제사항

– 선금이 조정기간일 이전에 지급된 경우에 선금이 지급된 비율만큼 공제한다. 선급금(先金給) 공제액=물가변동적용대가×지수조정률×선급금률)

3) 지수조정률에 의한 조정

원가계산에 의하여 작성된 예정가격을 기준으로 작성한 산출 내역서를 첨부하여 체결한 계약의 경우에 있어, 계약금액을 구성하는 비목을 유형별로 정리하여 비목군을 편성하고 각 비목군의 재료비, 노무비 및 경비의 합계액에서 차지하는 비율을 산정한 후 비목군별로 합당한 지수를 적용하여 지수조정률 산출 계약금액을 조정하는 방법이다.

계약변경

특정자재

– 산출내역서상 재료비 항목에 포함되어 있는 규격이 있는 모든 자재를 말한다.

4) 단품(單品)슬라이딩 제도

- 단품슬라이딩제도는 특정자재(단품)를 가지고 공사를 수행하는 하도급자들이 원자재가격 급등으로 기존 계약금액으로 계약이행을 하기가 곤란하여 총액 ES 전에 특정자재에 대해서만 가격상승분을 보정해주는 제도

① 적용기준

구분	단품 ES	총액 ES
기간요건	계약일 이후 90일 경과	계약일 이후 90일 경과
조정률 요건	단품 가격 입찰일 대비 15% 이상 변동 시 조정기준일이 됨	입찰일 기준 3% 이상 변동 시
적용시기	2006년 12월29일 이후 입찰 공고분으로써 2008년 5월1일 이후 계약이행공사에 적용	총액ES 조정 기준일을 기준으로 단품슬라이딩 요건이 충족된다면 단품슬라이딩 적용가능
	계약종결 전 계약상대자의 단품 ES 신청이 있었거나 준공대가를 개산급 처리한 경우에는 단품 ES 적용	

② 총액 ES와 단품슬라이딩이 동시에 충족될 경우: 총액 ES를 우선처리
③ 총액 ES의 물가변동 적용대가에서 단품이 포함되어 있지 않을 경우
  – 총액 ES시 조정률을 감하지 않음
④ 품목조정률에 의한 물가변동의 경우
  – 단품조정 품목은 단품E/S 조정기준일 부터 전체E/S 조정기준일 까지 가격변동을 산정
  – 기타품목은 입찰일부터 전체 E/S 조정기준일 까지 가격 변동을 산정하여 전체E/S 조정률이 3% 이상 등락 시 물가변동 수행
⑤ 지수조정률에 의한 물가변동의 경우
  – 단품조정 단품E/S로 특정자재가격 상승률(15%)을 해당 품목의 지수 상승률에서 공제하여 전체 E/S 조정률을 산출

– 비목군을 d1과 d2로 분리
– (d1 : 특정자재 비목군,
  d2 : 특정자재를 제외한 공산품의 비목군)

$$d \frac{D_1}{D_0} \Rightarrow 변경$$

$$d1\left(\frac{D_1}{D_\frac{1}{2}} - \frac{15}{100}\right) + d2 \frac{D_1}{D_0}$$

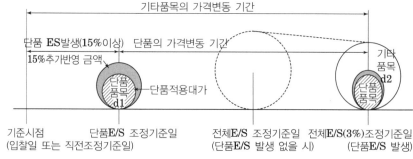

⑥ 품목조정률에 의한 물가변동의 경우
  – 단품조정 품목은 단품 E/S 조정기준일 부터 전체 E/S 조정 기준일 까지 가격변동을 산정

계약변경

3-1-2. 설계변경에 의한 계약금액의 조정

1) 설계변경의 기준

① 일반적으로 설계변경에는 시공방법이나 투입자재의 변경이 수반되고 결과적으로 공사량과 공사비의 증감이 발생할 수 있으며, 발주자가 설계변경을 요구하였거나 시공자에게 귀책사유가 없는 경우라면 당연이 그에 상응하는 계약금액 조정 조치가 취해져야 한다.

② 다만, 계약당사자 간에 협의가 이루어지지 아니하는 경우에는 설계변경 당시를 기준으로 하여 산정한 단가와 동 단가에 낙찰률을 곱한 금액을 합한 금액의 100분의 50으로 한다.

③ 계약상대자의 요청에 의한 새로운 기술, 공법을 적용한 설계변경으로 인한 계약금액의 경우에는 새로운 기술, 공법의 적용으로 인한 절감액의 100분의 30에 해당하는 금액을 감액한다.

3-1-3. 보증금

지체 상금률

(계약금액×지체일수×지체상금률)
- 지체상금률 공사: 1,000분의 1
- 물품제조, 구매: 1,000분의 1.5
- 물품수리, 가공, 대여, 용역: 1,000분의 2.5
- 운송, 보관 및 양곡가공: 1,000분의 5의 율로 지급

- 계약체결을 담보하기 위한 보증금 제도로 낙찰이 되었으나 계약을 포기할 것에 대비해 입찰예정금액의 5% 이상을 입찰직전에 납부하는 금액

- 계약이행을 보증하기 위한 보증금 및 연대보증인 제도로 계약을 이행하지 않을 경우 계약금액의 10% 이상을 납부하고 연대보증인 1인 이상을 세워야 한다.

- 현장에 투입될 자재 또는 인력의 수급을 원활히 할 목적으로 지급하는 금액으로 공사 중 사고로 인한 손해를 보증하기 위한 보증금
- 계약이행 완료 후 하자발생 시 하자보수를 담보하기 위한 보증금 제도로 공종에 따라 1년에서 10년간 하자담보기간 동안 준공금액의 2~5%를 예치

3-1-4. 검사 및 지체상금

1) 기성검사

공사 진척도에 따라 사업시행자가 지급하는 해당 기성부분에 대한 공사비를 의미하며, 대가지급기한은 계약당사자의 청구를 받은 날로부터 14일 이내에 지급한다.

2) 준공검사

계약완료 후 14일 이내에 검사하고 대가는 검사완료 후에 계약상대자의 청구를 받은 날로부터 14일 이내에 지급한다.

3) 하자검사

하자담보책임 기간 중 년2회 이상 정기적으로 하자를 검사한다.

4) 지체상금

시공계약자의 귀책사유에 의해 준공기일까지 공사가 완료되지 않을 경우 지체상금을 물게 되며, 계약금액에 지체상금율과 지체일수를 곱한 금액을 계약상대자로 하여금 현금으로 납부하게 하여야 한다.

② 입찰 · 낙찰

---

1. 입찰

1-1. 입찰일반

1) 입찰서류(Bid Documents)의 구성

① 입찰초청(Invitation To Bid) 혹은 입찰안내서(Instruction to Bidders)

② 입찰양식(Bid Form)

③ 계약서 서식(Form Of Agreement)

④ 계약조건
　–공사계약 일반조건(General Conditions)
　–공사계약 특수조건(Special Conditions)

⑤ 보증서류 서식
　–입찰보증금 서식(Form Of bid Bond, Form Of Bid Guarantee)
　–이행보증금 서식(Form Of Performance Bond)
　–선수금 보증 서식(Form Of Advance Payment Bond)
　–지불보증금 서식(Form Of Payment Bond)
　–유보금 보증 서식(Form Of Payment Money Bond)

⑥ 자격심사관계 서류
　–자격심사질문서(Qualification Questionnaires)

⑦ 설계도면(Drawings), 시방서(Specifications), 부록(Addenda)

⑧ 추가조항(Supplemental Provisions)

⑨ 발주자 제공 품목(Owner-Furnished Items)

⑩ 공정계획(Construction Schedule)

2) 입찰공고

입찰공고는 발주자가 의도한 목적물을 완성시킬 수 있는 자격자의 입찰을 유도하기 위하여 공사명, 설계도서 열람장소, 입찰보증금, 입찰자격, 입찰방법 등을 명시하여 관보, 신문, 게시판 등을 통하여 대외에 알리는 것이다.

3) 입찰관리 절차

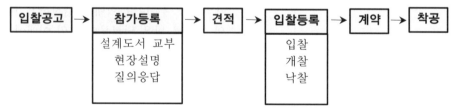

※ 입찰관리라 함은 입찰공고일로부터 계약체결까지의 업무를 수행하는 것을 말한다.

입찰 · 낙찰

PQ: 추정가격100억 이상

– P.Q는 발주자가 입찰 전에 입찰참가자의 계약이행능력(경영상태, 시공경험, 기술능력, 신인도)을 사전에 심사하여 경쟁입찰에 참가할 수 있는 입찰적격자를 선정하기위해 입찰참가자격을 부여하는 제도이다. 적격심사제도는 입찰에 참가한 업체를 대상으로 심사하여 판단하지만, P.Q 제도는 사전에 자격을 심사하여 입찰에 참가시키는 점이 다르다.

4) 입찰 참가자격 심사제도(P.Q; Pre-Qualification) 2016.03.30

평가 부문	심사 항목	내용
경영상태 부문	신용평가등급	G2B시스템을 통해 조회된 최근 평가일의 신용등급 평가
기술적 공사이행능력 부문	시공경험평가	최근 10년간의 실적 평가
	기술능력평가	최근년도 건설부문 매출액에 대한 건설부문 기술개발 투자비율 및 보호기간 내에 있는 신기술 개발·활용실적을 대상으로 평가하며, 활용실적은 보호기간 내에 있는 신기술의 활용된 총 누계금액으로 평가한다.
	시공평가결과	동일 또는 유사 시공실적에 대한 「건설기술진흥법」 제50조에 따른 시공평가 결과를 기준으로 평가
	지역업체 참여도	지역업체의 참여지분률과 해당 지역소재기간 가중치를 곱하여 산정한 비율로 평가한다.
	신인도	평균환산재해율의 가중평균 대비 환산재해율의 가중평균

※ 2016년 3월30일부터 시행

① 대상공사: 추정가격 100억 이상 공사 중 교량, 댐 등 22개 공종
② 적격자 선정방법: 시공경험, 기술능력 및 경영상태별로 각각 배점 한도액의 50% 이상을 득하고, 신인도를 합한 종합 평점이 60점 이상인 자를 모두 입찰적격자로 선정

1-2. 입찰방식

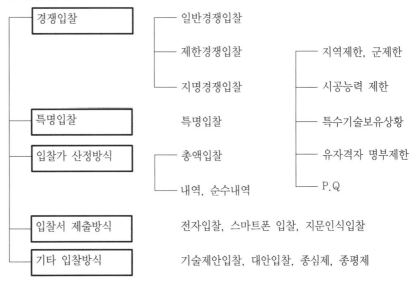

경쟁입찰 ── 일반경쟁입찰
　　　　　── 제한경쟁입찰 ── 지역제한, 군제한
　　　　　── 지명경쟁입찰 ── 시공능력 제한

특명입찰　　　특명입찰 ── 특수기술보유상황

입찰가 산정방식 ── 총액입찰 ── 유자격자 명부제한
　　　　　　　　── 내역, 순수내역 ── P.Q

입찰서 제출방식　전자입찰, 스마트폰 입찰, 지문인식입찰

기타 입찰방식　기술제안입찰, 대안입찰, 종심제, 종평제

입찰 · 낙찰

종 류	특 성
일반 경쟁입찰	입찰에 참가하고자 하는 모든 자격자가 입찰서를 제출하여 시공업자에게 낙찰, 도급시키는 입찰이다.
제한 경쟁입찰	해당 Project 수행에 필요한 자격요건을 제한하여 소수의 입찰자를 대상으로 실시하는 입찰이다
지명 경쟁입찰	도급자의 자산·신용·시공경험·기술능력 등을 조사하여 소수의 입찰자를 지명하여 실시하는 입찰이다
특명입찰	도급자의 능력을 종합적으로 고려(평가)하여, 특정의 단일 도급자를 지명하여 실시하는 입찰이다.
순수내역입찰	발주자가 제시한 설계서 및 입찰자의 기술제안내용(신기술·공법 등)에 따라 입찰자가 직접 산출한 물량과 단가를 기재한 입찰금액 산출 내역서를 제출하는 입찰이다.
물량내역수정입찰	300억원 이상 모든 공사에 대해 발주자가 물량내역서를 교부하되, 입찰자가 소요 물량의 적정성과 장비 조합 등을 검토·수정하여 공사비를 산출하는 입찰이다.
전자입찰 (컴퓨터, 지문인식, 스마트폰)	전자입찰은 입찰에 참여하는 업체가 입찰시행기관에 직접 가지 않고 사무실 등에서 인터넷을 통해 전자로 입찰참여 업무를 수행하는 입찰이다.
기술제안입찰 (실시설계는 완료되었으나 내역서가 작성되지 않은상태)	발주기관이 교부한 실시설계도서와 입찰안내서에 따라 입찰자가 설계도서를 검토한 후 시공계획, 공사비 절감방안 및 공기단축 등을 제안하고 이를 심사하여 낙찰자를 결정하는 입찰이다.
대안입찰(실시설계와 내역서 산출이 완료된 시점에서 입찰을 실시)	발주자가 제시하는 원안과 기본설계를 바탕으로 기본방침의 변경 없이 원안과 동등이상의 기능과 효과를 가진 신공법·신기술의 적용으로 공사비 절감·공기단축 등을 내용으로 하는 대안을 입찰자가 제시하는 입찰이다.

입찰가 또는 입찰서 제출방식	총액입찰	내역입찰
	입찰서를 총액으로 작성	단가를 기재하여 제출한 산출 내역서를 첨부

부대입찰

– 입찰자가 입찰서 제출 시 하도급 공종, 하도급 금액, 하도급 업체의 견적서와 계약서를 입찰서류에 같이 첨부하여 입찰이다.(04년01.01 폐지됨)

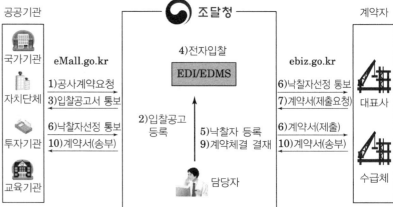

※ 전자입찰 : 모든 조달과정과 정보는 인터넷을 통해 실시간으로 공개

입찰 · 낙찰

2. 낙찰

2-1. 낙찰의 분류

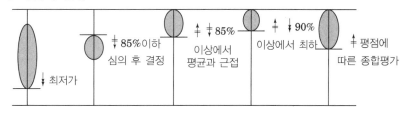

[최저가 낙찰제] [저가 심의제] [부찰제] [제한적 최저가낙찰제] [적격낙찰제]

1) 최저가 낙찰제(Lower Limit)

① 최저가 낙찰제는 예정가격 범위 내에서 최저 가격으로 입찰한 자를
  선정하는 제도이다.

② 공사비 절감 효과와 자유경쟁 원리에 부합되나 직접공사비 수준에
  미달되는 저가입찰(Dumping), 담합 등으로 인해 부실공사의 우려
  가 있다.

2) 저가 심의제

① 저가심의제는 예정가격의 85% 이하 입찰자 중 최소한의 자격요건
  을 충족하는지 심의하여 입찰자를 선정하는 낙찰제도이다.

② 최저가 낙찰제와 부찰제의 장점만을 취한 낙찰제도로서 부적격자를
  사전 배제하여 부실공사방지와 건설회사의 공사 수행능력을 확인하
  기 위한 낙찰제도이다.

3) 부찰제(제한적 평균가 낙찰제)

① 부찰제는 예정가격의 85% 이상 금액의 입찰자들의 평균금액을 산
  출하여, 이 평균금액 밑으로 가장 근접한 입찰자를 낙찰자로 선정
  하는 제도이다.

② Dumping 입찰에 의한 부실시공 근절과 하도급자의 적정이윤을 보
  장하기 위한 입찰제도이다.

4) 제한적 최저가 낙찰제

① 제한적 최저가 낙찰제는 예정가격의 90% 이상 금액의 입찰자 중,
  최저 가격으로 입찰한 자를 낙찰자로 선정하는 제도이다.

② 낙찰자에게 적정이윤을 보장하고, 부실공사를 사전에 방지하기 위
  한 제도이나, 입찰 전 예정가격을 알게 되면 낙찰이 가능하므로 비
  리발생의 우려가 매우 높다.

5) 종합평가 낙찰제(종평제, 적격낙찰 · 심사제도) – 16년06월 09일

- 적격 낙찰 · 심사제도는 최저가입찰자에 대하여 입찰가격과 공사수행능력을
  종합적으로 심사하여 기준평점 이상일 때 낙찰자로 선정하는 제도이다.
- 입찰가격위주로 낙찰자를 결정하던 것을 가격이외에 공사수행능력, 자재
  및 인력조달, 하도급관리계획 등을 종합적으로 심사하여 낙찰자를 결정
  하고 점수가 미달할 경우 차순위 입찰자를 심사하여 낙찰자로 결정

입찰·낙찰

평가부문	심사항목	평가기준	비 고
1.수행능력평가	시공경험	분야별 세부평점을 적용	적격심사 대상공사 및 심사기준은 추정가격과 입찰방식에 따라 적격 통과기준이 수시로 변경됨
	기술능력		
	시공평가결과		
	경영상태(신용평가)		
	신인도		
2.입찰가격평가	입찰가격점수	입찰가격/ 예정가격	
3.자재 및 인력조달 가격의 적정성 평가	평가산식, 노무비, 제경비	등급별, 규모별 세부평가기준	
4.하도급관리계획의 적정성 평가	하도급관리계획서		

※ 종평제는 수요기관이 계약심의위원회에서 입찰참가자격 결정

6) 최고가치 낙찰제(Best Value)

① 최고가치 낙찰제도는 L.C.C(Life Cycle Cost)의 최소화로 투자 효율성(Value For Money)의 극대화를 위해 입찰가격과 기술능력 등을 종합적으로 평가하여 발주자에게 최고가치를 줄 수 있는 입찰자(응찰자)를 낙찰자로 선정하는 제도이다.

② 최고가치 낙찰제도는 '총생애비용의 견지에서 발주자에게 최고의 투자효율성을 가져다주는 입찰자를 선별하는 조달 Process 및 System'으로 정의될 수 있다.

7) 기술·가격분리제도(Two Envelope System ; 선기술 후가격 협상제)

① T.E.S 제도는 기술능력이 우수한 건설회사를 선정하기 위하여 기술제안서(Technical Proposal)와 가격제안서(Cost Proposal)를 제출받아 기술능력이 우수한 업체순으로 가격을 협상하여 낙찰자를 선정하는 제도이다.

② 입찰참가자격을 사전에 심사하고, 심사에 합격한 업체 중에서 기술능력 점수가 우수한 업체에게 우선협상권을 부여하여 예정가격 내에서 입찰가를 협상하여 계약을 체결하는 방법이다.

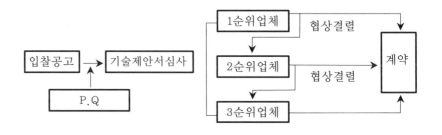

입찰 · 낙찰

- 이번 개정은 시공계획서 내용의 질적 수준을 높이면서 입찰자가 더욱 적극적으로 물량을 수정하도록 유도하기 위해 심사의 변별력을 향상시키기 위한 조치다.
- 입찰자는 해당 공사의 내용을 분석하여 시공계획서를 작성 · 제출하고, 발주기관에서 제공한 물량이 틀린 경우 직접 물량을 수정하여 입찰할 수 있다.
- 공사내용, 현장여건 등 공사의 특성을 분석하고 시공 시 예상되는 문제점 및 대책 등을 검토하여 시공계획서를 구체적으로 작성하도록 했다.
- 수요기관에서 평가가 필요하다고 판단하는 중점사항을 시공계획평가항목에 신설하여 맞춤형 평가요소를 도입했다.
- 입찰자가 올바른 물량수정 시 물량 가점을 용이하게 받을 수 있도록 점수산정 기준을 개선했다.
- 기술력이 뛰어난 업체가 우대받을 수 있는 환경을 조성하도록 이번 심사세부기준 개정에 반영했다.
- 설계서 검토능력이 뛰어나고, 공사현장 여건을 철저히 파악하여 시공계획을 수립하는 업체들이 공사 수주에 유리

8) 종합심사제(종심제) – 2016년 01.01

- 300억원 이상 공공 공사에서 공사수행 능력과 가격, 사회적 책임 등을 따져 낙찰 업체를 선정하는 제도로 2016년부터 시행. 입찰가격이 가장 낮은 업체를 낙찰자로 선정해온 최저가낙찰제의 품질저하와 입찰담합 등의 문제를 해결하기 위한 것이다.

심사분야	배점	세부 평가항목
입찰금액	50~60	가격점수, 가격 적정성(감점)
공사수행능력	40~50	시공실적, 시공평가결과, 배치기술자, 매출액비중, 규모별 시공역량 등
사회적책임	가점(1)	① 고용 ② 건설안전 ③ 공정거래 ④ 지역경제 기여도

가) 가격평가

① 입찰가격 상위 40%(담합 유인 제거), 하위 20%(덤핑 방지)를 제외하고 산정
② 종합점수 만점자 중 공사수행능력 점수가 동일한 자가 복수인 경우 저가 투찰자를 낙찰자로 선정
③ 낙찰가격이 시장에서 결정되도록 하되 가격절감 노력 유도

나) 공사수행 능력

① 시공경험이 많은 업체를 우대 하되(시공실적), 준공 후 시공결과를 평가하여 다음 공공공사 입찰시 반영(시공평가 결과)
② 실적이 부족한 업체는 시공기술자 보유로 보완 가능
③ 공사품질 제고를 위해 숙련된 기술자를 현장에 배치하는 업체(배치기술자)와 해당공사의 전문성이 높은 업체(매출액 비중)를 높이 평가

다) 사회적 책임

고용증가율 · 임금체불 여부(고용), 안전사고 발생비율(안전), 공정거래법 위반여부(공정거래), 공동수급체내 지역업체 참여비율(지역경제 기여도) 평가

※ 심사세부기준 주요 개정내용 2017.12.01.

- **시공계획심사**
1. 시공계획의 구체적 작성기준 및 평가기준 마련
   - 시공계획의 평가항목별로 계획의 구체화(계량화), 적법성, 공사의 특성분석, 예상문제점 및 대책 등 5개항목 작성
2. 평가항목 내 평가점수 간격 확대
   - 현행 10%수준에서 20%로 확대3. 중점 평가항목신설(수요기관 선정)
4. 심사위원간 토론 신설
5. 심사위원과 심사대상 업체와 질의응답 강화

- **물량심사**
1. 물량수정 시 현행보다 높은 가점을 받도록 점수산정계수 조정(B=1.0→1.3)
2. 물량수정 허용공종을 단위 구조물(교량, 터널 등)별로 선정

3 관련제도

1. 하도급 관련

1-1. 건설근로자 노무비 구분관리 및 지급확인제도 −2012.01.01

- 수급인(원도급) 및 하수급인은 매월 직접노무비를 구분하여 청구하고, 발주자는 수급인에게 또는 수급인이 하수급인에게 직접노무비를 매월 지급하고 건설근로자에게 임금이 지급되었는지를 발주자, 수급인이 확인하고 문자로 통보하는 제도

1) 노무비 구분관리 및 지급확인제 업무절차 내용

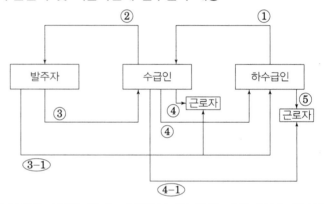

① 하수급인은 당월노무비 기성청구 및 전월 지급내역을 작성하여 원도급사에 제출
   - 당월 노무비 청구보고서 및 상세내역서 작성(직영 근로자)
   - 전월 노무비 지급내역 작성 및 이체 확인증(통장사본)

② 원도급사는 당월 노무비 기성청구 및 전월 지급내역을 하도급사의 내역과 취합하여 발주처에 보고
   - 당월 노무비 청구보고서 취합
   - 전월 노무비 지급내역 취합 및 이체 확인증(통장사본)

③ 발주자는 노무비 기성청구서 접수 후 7일 이내(지방계약법) 또는 5일 이내(국가계약법)에 지급 및 문자통보

③−1 발주처에서는 직접노무비를 지급 후 바로 원도급사 직영근로자와 하도급사에게 문자발송

④ 원수급자는 기성 수령 후 5일 이내(지방계약법) 또는 2일 이내(국가계약법)직영근로자와 하수급인에게 임금을 지급

④−1 하도급사 근로자별로 문자통보

⑤ 하수급인은 기성 수령 후 5일 이내(지방계약법) 또는 2일 이내(국가계약법)에 근로자에게 기성지급

1-2. 하도급 대금 지급보증제도 -2016.08.04

- 하도급 대금지급 보증
  (원칙) 수급인은 하도급 계약을 할 때 하수급인에게 하도급 대금의 지급을 보증하는 보증서를 주어야 한다.

  (예외) 발주자의 하도급대금 직불에 발주자와 수급인 하수급인이 합의한 경우와 1건 하도급 공사의 하도급 금액이 1천만원 이하인 경우

- 수급인은 하도급 계약을 할 때 하수급인에게 적정한 하도급 대금의 지급을 보증하는 보증서를 주어야 하며, 이는 당사자간의 합의로 면제되지 않으며 계열사간의 거래시에도 면제되지 않는다.

- 건설기계대여 지급보증서
  (원칙) 수급인 및 하수급인은 건설기계 대여계약을 체결할 때 건설기계 대여업자에게 그 대금의 지급을 보증하는 보증서를 주어야 한다.

  (예외) 발주자의 건설기계 대여대금 직불에 발주자, 건설업자, 건설기계 대여업자가 합의한 경우, 원도급자가 포괄대금지급보증서를 발급한 경우, 1건 대여계약금액이 200만원 이하인 경우.

수급인은 도급받은 건설공사에 대한 준공금 또는 기성금을 받으면 금액을 받은 날로부터 15일 이내에 하수급인에게 현금으로 지급 하여야 한다.

1-3. NSC(Nominated-Contractor)방식

- 지정 하도급제도
  발주자가 당해 사업을 추진함에 있어 주 시공업사 선정전에 특정업체를 지명하여 입찰서에 명기를 하고 주 시공업자와 함께 공사를 추진하는 방식이다. 이는 검증이 된 전문업체를 선정하여 발주자가 원하는 품질과 원도급 및 하도급까지 관리하기 위함이며, 설계진행시 전문적 기술사항을 사전에 반영하여 설계완성도를 향상 시킬 수 있고 공사내용을 전반적으로 숙지하고 이해할 수 있으므로 면밀한 시공계획을 수립할 수 있는 장점이 있다.

관련제도

2. 발주의 단순화 및 통합화

2-1. 직할시공제

- 직할시공제는 발주자, 원도급, 하도급으로 구성된 종전의 전통적인 3단계 시공 생산구조를 발주자와 시공사의 2단계 구조로 전환하여 발주자가 공종별로 시공사와 직접계약을 맺고 공사를 수행하며, 기존 원도급자가 수행해 왔던 전체적인 공사 관리 역할을 발주자가 수행하는 방식임.

- 설계와 시공에 대해서 발주자가 책임지는 구조이면서, 발주자 조직 내에 설계·시공조직을 보유함으로써, 전통적인 건설 생산 구조에서 설계업체와 종합건설업체의 설계·시공 조직에 대응하는 조직 구도라 할 수 있음.

현행 공공공동주택 사업 추진 방식과의 비교

2-2. IPD(Integrated Project Delivery)

- Project 통합발주는 프로젝트의 수행과 참여자의 구성, 프로젝트 운영을 처음부터 통합하여 관리하는 방식으로 성과의 최적화 및 발주자의 가치를 증대시키고 설계와 시공과정의 효율성 극대화를 기대할 수 있다.

- IPD의 운영 핵심요소는 주요 참여자들의 프로젝트 조기참여, 다중계약을 통한 공동이윤과 초과비용에 대해 발주자가 책임을 지게 됨으로써 위험이 분산되고, 목표 가치를 정하고 목표를 실현하기 위한 설계와 그 설계를 변경 없이 시공할 수 있는 장점이 있다.

- BIM을 활용하여 초기단계부터 업무진행시 소통 및 간섭의 최소화, 정보 교환이 가능하며, 린건설을 통해 낭비적 요소를 최소화 하고 가치를 극대화시킴으로써 프로젝트 진행 전 과정에 요구사항을 반영할 수 있다.

관련제도

3. 기술관련

3-1. 시공능력 평가제도

- 시공능력평가제도는 정부가 건설회사의 건설공사실적, 자본금, 건설 공사의 안전·환경 및 품질관리 수준 등에 따라 시공능력을 평가하여 공시하는 제도이다.

- 발주자가 적정한 건설업자를 선정할 수 있도록 하기 위하여 실시한다.

3-2. 직접시공 의무제도

- 무자격 부실업체들의 난립과 "입찰브로커"화를 방지하기 위하여 직접시공제도를 도입. 도급금액이 30억 미만인 공사를 도급받은 건설업자는 30% 이상에 상당하는 공사를 직접 시공해야 함

- 직접시공 : 해당 공종에 자기 인력, 자재(구매 포함), 장비(임대 포함) 등을 투입하여 공사를 시공하는 것을 말함(직영시공) 다만, 발주자가 공사의 품질 등을 위하여 서면으로 승낙한 경우에는 직접시공하지 아니할 수 있음

- ※ 직접시공계획을 도급계약체결일로부터 30일 이내 발주자에게 제출 (직접 시공할 공사량·공사단가 및 공사금액이 명시된 공사내역서와 예정공정표 제출)

4. 기타

4-1. 준공공(準公共) 임대주택

- 세제 혜택 등을 받는 대신 정부로부터 임대료 규제를 받는 민간 임대주택. 정부에서 주거안정화를 위한 부동산 대책의 하나로 제안한 것으로 2013년 12월 5일부터 시행되고 있다. 민간 임대사업자가 임대료와 임대보증금을 주변 시세보다 낮게 하고 10년간 임대료 인상률을 연 5% 이하로 제한하는 조건을 받아들이면 정부는 세금 감면과 주택자금지원 등 각종 인센티브를 부여한다.

건설 Claim

4 건설 Claim

1. 건설 Claim

- Claim이란 이의신청 또는 이의제기로서 계약하의 양 당사자 중 어느 일방이 일종의 법률상 권리로서 계약하에서 혹은 계약과 관련하여 발생하는 제반 분쟁에 대해서 금전적인 지급을 구하거나, 계약 조항의 조정 및 해석의 요구 또는 그 밖에 다른 구제조치를 요구하는 서면청구, 주장을 말한다.

- Dispute(분쟁)이란 제기된 클레임을 받아들이지 않음으로써 야기되는 것을 말하며, 변경된 사항에 대하여 발주자와 계약상대자 상호 간에 이견이 발생하여 상호 협상에 의해서 해결하지 못하고, 제3자의 조정이나 중재 혹은 소송의 개념으로 진행하는 것이다.

1-1. 클레임의 유형

1) 계약문서로 인한 클레임(Contract Document Claims)

문서간 내용 불일치, 설계도면 및 시방서 등의 기술적 결함, 물량내역서와 실제 공사수량과의 차이, 중요 계약조건의 누락

2) 현장조건의 상이로 인한 클레임(Differing Site Conditions Claims, Subsurface Problems Claims)

① 공사현장의 물리적인 상태가 발주자가 제공한 설계도서 및 기타 관련 자료에 나타난 것과 다르거나 공사 전에 객관적으로 관측 또는 예측했던 상황이 실제와 현저하게 다른 상태

② 상이한 조건을 극복하기 위해 추가적인 공사비 투입이나 공기 연장이 필요함에도 발주자와 이에 대한 협의가 이루어지지 않을 때

3) 변경에 의한 클레임(Change & Change Order Claims)

① 발주자 지시에 의한 변경(Directed Change)

② 의제(擬制) 변경(Constructive Change)

- 시공자의 의견과 대립되는 설계에 대한 해석
- 시방서에 규정된 수준 이상의 품질조건
- 부적절한 Inspection과 부당한 부적합 판정
- 작업방법 또는 순서에 대한 변경 지시
- 불합리하거나 불가능한 작업의 지시

③ 중대(重大) 변경(Cardinal Change)

- 공사의 성격과 범위를 극단적으로 벗어나거나 시공자가 합리적인 수준에서 예측할 수 없을 정도로 과도한 변경이 동시 다발적으로 발생하는 경우의 변경

건설 Claim

4) 공사지연 클레임(Delay Claims)

예기치 못한 변수에 의하여 설계변경이 되거나 공기지연이 발생했을 경우

① 면책·비보상 지연(Excusable/Non-Compensable Delay)

- 발주자나 시공자 모두의 잘못이 아니거나 관리능력 밖의 사유로 인해 공사가 지연되었을 경우

② 면책·보상 지연(Excusable/Compensable Delay)

- 발주자의 귀책사유로 인해 공사가 지연되었을 경우

③ 비면책 지연(Non-Excusable Delay)

- 면책 또는 보상 지연의 사유에 해당하지 않으나 시공자 귀책사유에 의한 공사지연

5) 공사 가속화에 의한 클레임(Acceleration Claims)

발주자의 의도와 지시에 의해 예정보다 공사를 일찍 끝내도록 하는 '지시에 의한 가속화(Directed Acceleration)' 또는 시공자에게 책임이 없는 면책지연(Excusable Dealy)에 해당되나 발주자가 공기연장을 인정하지 않아 결국 시공자가 공사를 가속화하여 공기 내에 공사를 마쳐야 하는 경우

6) 설계 및 엔지니어링 해석에 의한 클레임(Design & Engineering Claims)

내용상의 오류나 누락, 불일치 또는 도면이나 시방서에 대한 발주자 또는 설계자의 해석과 시공자의 해석이 일치하지 않아 클레임이 발생하는 경우

1-2. Claim 해결을 위한 단계별 추진절차

1) 사전평가단계

2) 근거자료 확보단계

- 철저한 자료준비, 근거자료 추적 작업
- 공인회계기관 의견서(Audit Report)
- 전문가 보고서(Specialist Report)
- 감정서류(Survey Report)
- 분쟁처리에 필요한 서류
- 클레임의 원인 및 인과관계 분석과 증빙자료의 준비
- 설계도면(최초 및 변경도면) 및 시공 상세도
- 시방서(최초 및 변경 시방서)
- 설계변경관련 자료(설계변경내역서, 단가산출서, 수량산출서 등)
- 지질조사 보고서 등 각종 현장여건 관련 보고서
- 발주자 지시 및 공문(접수거부 또는 반려공문 포함)과 관련 부속서류
- 시공자 회신 공문(접수거부 또는 반려공문 포함)
- 회의록
- 공정표(최초 및 변경 공정표) 및 공정보고서

건설 Claim

- 각종 작업절차서
- 감리업무일지
- 작업일보
- 검측자료
- 현장사진
- 기성계획 및 실적
- 수량 및 단가 산출 근거서류
- 급여지급 내역
- 각종 경비 자료
- 민원관련 자료

3) 자료분석 단계

4) Claim 문서 작성단계

5) 청구금액 산출단계

6) 문서 제출

7) 클레임의 접수

① 클레임 제기시기의 검토
② 청구내용의 검토
③ 자신의 입장과 해결방안 통보

8) 협 의

① 책임소재 구분단계: 클레임 부정, 시간 인정, 비용 인정, 시간과 비용의 인정
② 정량화 단계: 시간과 비용의 관점에서 양(Amount)을 산정하는 단계

1-3. Claim의 발생원인

구 분	내 용
엔지니어링	부정확한 도면, 불완전한 도면, 지연된 엔지니어링
장 비	장비 고장, 장비 조달 지연, 부적절한 장비, 장비 부족
외부적요인	환경 문제, 계획된 개시일 보다 늦은 개시, 관련 법규 변경, 허가 승인 지연
노 무	노무인력 부족, 노동 생산성, 노무자 파업, 재작업
관 리	공법, 계획보다 많은 작업, 품질 보증/품질 관리, 지나치게 낙관적인 일정, 주공정선의 작업 미수행
자 재	손상된 자재, 부적절한 작업도구, 자재 조달 지연, 자재 품질
발 주 자	계획 변경 명령, 설계 수정, 부정확한 견적, 발주자의 간섭
하도급업자	파산, 하도급업자의 지연, 하도급업자의 간섭
기 상	결빙, 고온/고습, 강우, 강설

건설 Claim

1-4. 분쟁처리절차 및 해결방법

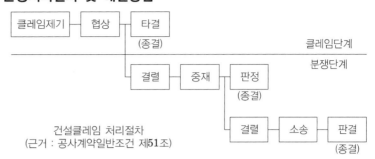

건설클레임 처리절차
(근거 : 공사계약일반조건 제51조)

1-4-1. 당사자간 해결방법

1) 클레임의 포기

클레임을 제기한 자가 청구액이 근소하거나 다른 조건에 만족하는 경우 제기한 클레임을 철회(Withdrawal)하는 것을 말한다.

2) 타협과 화해

① 협의(Negotiation) 또는 협상에 의한 타결은 여타의 방법과는 달리 분쟁 당사자간에 직접적인 협상에 의하여 해결하기 때문에, 최소의 비용으로서 최대로 신속한 해결이 가능하며 상호관계에서도 손상을 끼치지 않는 장점이 있다.

② 통상 건설계약의 실무상 클레임이란 협상의 자료로서 상대방에게 제시되는 문건 또는 그 행위를 말한다.

1-4-2. 제3자를 통한 해결

① 조 정(Mediation)

② 중재(Arbitration)

③ 소송(Litigation)

1-4-3. 대체적 분쟁해결 방안(ADR, Alternative Dispute Resolution)

① 협상(Negotiation), 화해결정(Settlement Judges)

② 조정(Mediation)

③ 중재(Arbitration), 구속력 없는 중재(Non-Biding Arbitration)

④ 조정 · 중재(Mediation-Arbitration)

⑤ 분쟁처리패널(Dispute Panel)

⑥ 간이심리(Mini-Trial), 간이배심판결(Summary Jury Trial)

10-4장

건설
공사관리

1 공사관리 일반

1. 시공계획

1-1. 사전조사

조사 항목		조사 내용
설계도서		설계도면, 시방서, 구조계산서, 내역서 검토
계약조건		공사기간, 기성 청구 방법 및 시기
입지 조건	측량	대지측량, 경계측량, 현황측량, TBM, 기준점(Bench Mark)
	대지	인접대지, 도로 경계선, 대지의 고저(高低)
	매설물	잔존 구조물의 기초 · 지하실의 위치, 매설물의 위치 · 치수
	교통상황	현장 진입로(도로폭), 주변 도로 상황
지반 조사	지반	토질 단면상태
	지하수	지하수위, 지하수량, 피압수의 유무
공해		소음, 진동, 분진 등에 관한 환경기준 및 규제사항, 민원
기상조건		강우량 · 풍속 · 적설량 · 기온 · 습도 · 혹서기, 혹한기
관계법규		소음, 진동, 환경에 관한 법규

1-2. 착공 및 준공업무
1-2-1. 착공 시 검토항목

① 착공 신고서   ② 현장기술자 지정신고서
③ 경력증명서 및 자격증 사본   ④ 건설공사 공정예정표
⑤ 내역서   ⑥ 자재 조달계획서
⑦ 현장요원 신고서   ⑧ 착공전 사진
⑨ 안전관리 기본계획서   ⑩ 하도급 시행계획서
⑪ 경계측량   ⑫ 비산먼지 발생 신고
⑬ 특정공사 사전신고(소음/진동)   ⑭ 폐기물 배출자 신고
⑮ 가설동력 수용신고   ⑯ 유해위험 방지 계획서
⑰ 지하수 개발 이용신고/허가   ⑱ 품질관리 계획서
⑲ 위험물 임시저장 취급승인   ⑳ 도로점용 허가 신청

1-2-2. 준공 시 검토항목

① 준공 정산서   ② 준공부분 총괄내역
③ 하자보증서   ④ 준공사진 및 도면
⑤ 대지조성 사업 사용검사 신청   ⑥ 사용승인 신청
⑦ 폐기물 처리 실적보고   ⑧ 지하수처리시설 폐쇄 신고
⑨ 폐기물 처리 시설 폐쇄 신고   ⑩ 환경영향평가 준공 통보

공사관리 일반

1-3. 현장소장의 업무

① 현장 품질방침 작성　　　② 품질보증계획서 승인

③ 공사현황보고 승인　　　④ 공정관리, 준공정산보고 승인

⑤ 교육훈련 계획 승인　　　⑥ 안전 및 환경관리

⑦ 품질기록관리 결재　　　⑧ 자재, 외주관리

⑨ 현장 인원관리　　　　　⑩ 대관업무

⑪ 현장 제반업무에 관한 사항　⑫ 민원업무

1-4. 시공계획

구 분	내 용
예비조사	• 설계도서 파악 및 기타 계약조건의 검토 • 현장의 물리적 조건 등 실지조사 • 민원요소 파악
시공기술 계획	• 공법선정 • 공사의 순서와 시공법의 기본방침 결정 • 공기와 작업량 및 공사비의 검토 • 공정계획(예정공정표의 작성) • 작업량과 작업조건에 적합한 장비의 선정과 조합의 검토 • 가설 및 양중계획 • 품질관리의 계획
조달 및 외주관리 계획	• 하도급발주계획 • 노무계획(직종, 인원수와 사용기간) • 장비계획(기종, 수량과 사용기간) • 자재계획(종류, 수량과 소요시기) • 수송계획(수송방법과 시기)
공사관리 계획	• 현장관리조직의 편성 • 하도급 관리 • 공정관리: 공기단축 • 원가관리: 실행예산서의 작성, 자금계획 • 안전관리계획 • 환경관리: 폐기물 및 소음, 진동, 공해요소 • 제 계획표의 작성과 보고

① 사전조사를 통해 계약조건이나 현장의 조건을 확인한다.

② 시공의 순서나 시공방법에 대해서 기술적 검토를 하고, 시공방법의 기본방침을 결정한다.

③ 공사관리, 안전관리 조직을 편성하여 해당 관청에 신고를 한다.

④ 기본방침에 따라서 공사용 장비의 선정 · 인원배치 · 일정안배 · 작업 순서 등의 상세한 계획을 세운다.

⑤ 실행예산의 편성

⑥ 협력업체 및 사용자재를 선정한다.

⑦ 실행예산 및 공기에 따른 기성고 검토

공사관리 일반

2. 현장관리

2-1. 동절기 시 현장 공사관리

2-1-1. 공종별 품질관리 계획

1) 토공사

① 터파기 작업 시 물이 고이지 않도록 배수에 유의하고, 마무리 횡단 경사는 4% 이상을 유지

② 성토작업 시 성토 재료는 과다한 함수상태, 결빙으로 인한 덩어리, 빙설이 포함된 재료가 혼입되지 않도록 관리

2) 기초공사

① 지면이 얼지 않도록 사전 보양처리

② 시멘트 페이스트 또는 콘크리트 부어넣을 때의 온도는 10~20℃로 유지하고 부어넣기 후 보온덮개와 열원 설치하여 12℃에서 24시간 이상 가열보온

3) 한중 콘크리트공사

① 재료 : 냉각되지 않도록 보관

② 배관 : AE콘크리트를 사용, 물시멘트비는 60% 이하 결정

③ 운반 : 운반 장비는 사전에 보온하고 타설 온도를 확보할 수 있도록 레미콘 공장 선정

④ 타설 : 철근 및 거푸집에 부착된 빙설을 제거하고 타설시 콘크리트 온도는 10~20℃ 유지

⑤ 양생관리 : 콘크리트 온도는 5℃ 이상, 양생막 내부온도는 10~25℃ 유지하고 가열양생을 할 경우 표면이 건조되지 않도록 하고 국부적인 가열이 되지 않도록 유의

4) 마감공사

① 시공재료는 결빙되지 않도록 보양 또는 급열

② 작업 전 급열장치를 가동하여 시공 바탕면의 온도를 0℃ 이상 확보

③ 콘크리트 바탕면의 온도확보가 어려울 경우 탈락, 균열 등의 하자 우려가 있으므로 바탕면 온도관리에 유의

④ 동절기 공사 전 창호 유리설치 선시행하도록 유도하고 유리설치가 어려운 경우 천막 등으로 개구부 밀폐

2-1-2. 안전관리 계획

① 하중에 취약한 가시설 및 가설구조물 위의 눈은 즉시 제거

② 낙하물방지망과 방호선반 위에 쌓인 눈은 제거하기가 곤란한 경우 하부에 근로자의 통행금지

③ 강설량에 따라 작업 중지

④ 흙막이 주변지반 및 지보공 이음부위 점검

⑤ 화재예방 : 인화성 물질은 통풍이 잘되는 곳에 보관

⑥ 작업장 관리 : 표면수 제거, 눈과 서리는 즉시 처리

공사관리 일반

2-2. 우기 시 현장관리

2-2-1 사전 수방대책 수립

1) 방재체제 정비

① 비상연락망 정비

② 현장직원 및 본사, 유관기관, 현장 기능공 비상연락망 정비

③ 방재대책 업무 숙지

④ 재해방지 대책 자체 교육 실시

2) 작업장 주변 조사 및 특별관리

① 재해위험 장소 조사 지정(수해 예상지점, 지하매설물 파손예상지점)

② 하수 시설물을 점검하여 사전준설 실시(우수처리 시설 등 경미한 시설물은 현장 자체 준설)

③ 유도수로 설치(마대 쌓기)와 양수기 배치

④ 안전점검 및 현장순찰 강화

⑤ 장비 현장 상주(B/H, 크레인)

3) 방재물자 확보

응급 복구장비 및 자재확보

4) 안전시공관리 계획 수립

① 주요공종별 안전시공 계획수립

- 경험이 풍부한 근로자 확보
- 현장 여건에 적절한 재료 확보
- 공종별 공사 착공 전 사전 점검
- 작업장내 정리정돈 실시 및 보호대책 수립

② 공사현장의 안전관리

- 현장 점검 전담반 구성 운영 및 근로자의 안전교육 강화
- 교통정리원의 기능강화

2-2-2. 각 분야별 점검사항

1) 단지조성 공사장

① 침수에 대한 비상대책수립 여부 확인

② 단지 및 주변지역의 수계파악

③ 토실 및 표층의 상태

④ 굴착깊이 및 구배의 적정성 확인

⑤ 배수구, 집수구 등의 우수에 필요한 시설 설치 및 배수능력

⑥ 정전에 대비한 야간작업 대비 기구

2) 단지 및 기타 공사장

① 흙파기한 곳의 법면보양

② 계측관리 확인

③ 장비의 고정상태

④ 가설울타리 및 가설건물의 고정상태

⑤ 부력에 의한 구조물의 부상

⑥ 호우 및 강풍에 대비한 마감자재의 보관 및 외부보양

공사관리 일반

3. 외주관리

3-1. 하도급관리

1) 하도급자 선정 시 고려사항

① 하도급경영자의 인격, 신용, 경영능력
② 실제 현장감독자의 관리능력
③ 노동력의 실태
④ 보유 공사량 등 현황
⑤ 당해 공사에 대한 적합성

2) 관리항목

① 작업원의 동원(투입)실적 파악   ② 공사 진척도(기성고) 파악
③ 생산성의 평가   ④ 기술지도
⑤ 품질관리(Q.C)   ⑥ 안전관리(S.C)

3-2. 부도업체 처리

1) 부도발생 보고절차

부도발생 사실을 즉시 유선으로 보고한 후, 수급인 및 주거래 은행 등에 자세한 사항을 확인하고 근로자 등 현장관련자의 동향 등을 파악하여 서면 보고

2) 부도업체 처리 Process

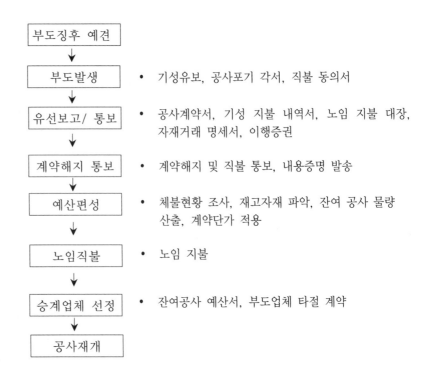

부도징후 예견
↓
부도발생   • 기성유보, 공사포기 각서, 직불 동의서
↓
유선보고/ 통보   • 공사계약서, 기성 지불 내역서, 노임 지불 대장, 자재거래 명세서, 이행증권
↓
계약해지 통보   • 계약해지 및 직불 통보, 내용증명 발송
↓
예산편성   • 체불현황 조사, 재고자재 파악, 잔여 공사 물량 산출, 계약단가 적용
↓
노임직불   • 노임 지불
↓
승계업체 선정   • 잔여공사 예산서, 부도업체 타절 계약
↓
공사재개

공사관리 일반

3-3. 우기 시 현장관리

3-3-1. 사전 수방대책 수립

1) 방재체제 정비

① 비상연락망 정비

② 현장직원 및 본사, 유관기관, 현장 기능공 비상연락망 정비

③ 방재대책 업무 숙지

④ 재해방지 대책 자체 교육 실시

2) 작업장 주변 조사 및 특별관리

① 재해위험 장소 조사 지정(수해 예상지점, 지하매설물 파손예상지점)

② 하수 시설물을 점검하여 사전준설 실시(우수처리 시설 등 경미한 시설물은 현장 자체 준설)

③ 유도수로 설치(마대 쌓기)와 양수기 배치

④ 안전점검 및 현장순찰 강화

⑤ 장비 현장 상주(B/H, 크레인)

3) 방재물자 확보

응급 복구장비 및 자재확보

4) 안전시공관리 계획 수립

① 주요공종별 안전시공 계획수립

   – 경험이 풍부한 근로자 확보

   – 현장 여건에 적절한 재료 확보

   – 공종별 공사 착공 전 사전 점검

   – 작업장내 정리정돈 실시 및 보호대책 수립

② 공사현장의 안전관리

   – 현장 점검 전담반 구성 운영 및 근로자의 안전교육 강화

   – 교통정리원의 기능강화

3-3-2. 각 분야별 점검사항

1) 단지조성 공사장

① 침수에 대한 비상대책수립 여부 확인

② 단지 및 주변지역의 수계파악

③ 토실 및 표층의 상태

④ 굴착깊이 및 구배의 적정성 확인

⑤ 배수구, 집수구 등의 우수에 필요한 시설 설치 및 배수능력

⑥ 정전에 대비한 야간작업 대비 기구

2) 단지 및 기타 공사장

① 흙파기한 곳의 법면보양

② 계측관리 확인

③ 장비의 고정상태

④ 가설울타리 및 가설건물의 고정상태

⑤ 부력에 의한 구조물의 부상

⑥ 호우 및 강풍에 대비한 마감자재의 보관 및 외부보양

조달에 의한 구분

– 사급재: 시공자 구매
– 관급재: 발주자 지급
– 공급재(지급재): 하도급에게
  지급해 주는 자재

4. 자재 구매관리

4-1. 재료

4-1-1. 자재의 구분

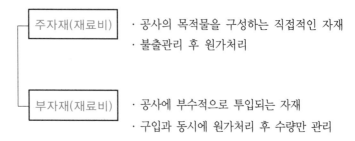

| 주자재(재료비) | · 공사의 목적물을 구성하는 직접적인 자재 |
| | · 불출관리 후 원가처리 |

| 부자재(재료비) | · 공사에 부수적으로 투입되는 자재 |
| | · 구입과 동시에 원가처리 후 수량만 관리 |

※ 경비처리: 공구, 집기비품

4-1-2. 구매관리

1) 원칙

① 품질확보   ② 가격 결정
③ 기준 확립을 통한 조정 및 통제   ④ 표준화
⑤ 단순화   ⑥ 전문화

2) 구매계약

① 구매항목 설정
② 시장조사 후 견적서 접수 및 평가
③ 현장 및 품목별 구매계약 체결

4-1-3. 현장 자재관리

1) 자재소요계획서

① 중점관리 항목 결정
② 공정 진행에 따른 반입시기 및 반입량 파악

2) 자재검0수

① 납품서와 주문서를 상호 대조하고 규격, 재질, 수량 파악
② 시험기관의 검사서 첨부여부 확인
③ 전량검수: 전입고량에 대한 검수가능 자재
④ 샘플검수: 일부품목을 검수하면 전량검수 효과가 있는 품목
⑤ 의뢰검수: 외부시험기관에 의뢰

3) 보관 및 사용

① 사용순서에 따라 정리하여 품목별 구분
② 소운반을 최소화 하고 사용장소를 고려하여 보관
③ 사용시기 및 소요량에 따른 보관

공정관리

2 **공정관리**

1. 공정계획

1-1. 공정관리의 기본 구성

1) 공기와 사업비 곡선 – 최적 시공속도

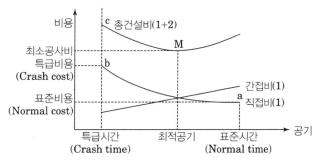

① 표준비용(Normal Cost)

각 작업의 직접비가 각각 최소가 되는 전공사의 총 직접비

② 표준시간(Normal Time)

표준비용이 될 때 필요한 공기

③ 특급시간(Crash Time)

직접비의 증가에도 불구하고 어느 한도 이상으로 단축되지 않는 시간

④ 최적공기

직접비(Direct Cost)와 간접비(Indirect Cost)를 합한 총공사비
(Total Cost)가 최소가 되는 가장 경제적인 공사기간

2) 공정표 작성 순서

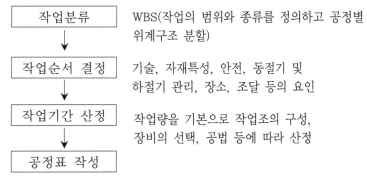

1-2. 공사가동률

1-2-1. 공사가동률 산정방법

① 건축공사의 각 작업활동에 영향을 미치는 정량적인 요인과 정성적인 요인을 조사하여 1년에 실제 작업가능일수를 계산하여 공정계획을 수립할 목적으로 이용된다.(공정계획 및 설계변경 시 자료 활용)

② 공사가동률 $= \dfrac{공사가능일}{365} \times 100\%$

1-2-2. 골조공사 공사 가동률 산정(서울지역 10년간 기상 Data)

구분		월평균 작업 불능일												합계
		1월	2월	3월	4월	5월	6월	7월	8월	9월	10월	11월	12월	
한달일수		31	28	31	30	31	30	31	31	30	31	30	31	365일
월평균작업불능일	평균풍속 5m/s 이상	0.6	0.9	0.6	0.5	0.2	0.0	0.7	0.2	0.1	00	0.2	0.4	4.40
	평균기온 -5℃ 이하	6.5	1.7	0.0	0.0	0.0	0.0	0.0	0.0	0.0	0.0	0.0	3.3	11.50
	강우량 10mm 이상	0.4	0.5	1.4	2.5	2.6	3.7	7.5	7.5	2.7	2.2	1.1	0.2	32.30
	강설 10mm 이상	0.1	0.2	0.0	0.0	0.0	0.0	0.0	0.0	0.0	0.0	0.0	0.0	0.30
	일최고 기온 32℃ 이상	0.0	0.0	0.0	0.0	0.0	1.2	3.1	4.0	0.2	0.0	0.0	0.0	8.45
	매주 일요일	4.5	4.0	4.4	4.3	4.4	4.3	4.4	4.4	4.3	4.5	4.2	4.5	52.50
	명절 공휴일	3.7	1.7	1.0	1.0	2.8	1.0	1.0	1.0	3.6	1.4	0.0	1.0	19.20
	소계	15.8	9.0	7.4	8.3	10.0	10.2	16.7	17.1	10.9	8.1	5.5	9.4	128
	중복 일수	2.10	1.30	0.30	0.50	0.70	1.20	2.70	3.20	1.70	0.80	0.10	0.90	15
	비 작업일	13.7	7.7	7.1	7.8	9.3	9.0	13.95	13.9	9.2	7.3	5.4	8.5	113
작업일		17.3	20.3	23.9	22.2	21.7	21.0	17.05	17.1	20.8	23.7	24.6	22.5	252
평균 가동률		56%	73%	77%	74%	70%	70%	55%	55%	69%	76%	82%	73%	69.16%

① 공종별 불가능 기상조건 및 대상선정 후 가동률 산정
② 지역별 불가능 기상조건 및 대상선정 후 가동률 산정
③ 계절별 불가능 기상조건 및 대상선정 후 가동률 산정
④ 월별 불가능 기상조건 및 대상선정 후 가동률 산정

1-2-3. 공기에 미치는 작업불능일 요인

구 분	조 건	내 용
통제 불가능 요인 (정성적 요인)	기상조건	– 온도/강우/강설/바람 – 일평균기온 – 상대습도
	공휴일	– 일요일, 국경일, 기념일, 기타
통제 가능 요인 (정량적 요인)	현장조건	– 공정의 부조화 – 시공의 난이도 – 현장준비 미비
	발주자 기인 요소	– 설계변경 – 행정의 경직 및 의사결정지연
	시공자 기인 요소	– 인력투입 일관성 결여 – 기능공 수준미달 – 공사관리 능력부족 – 자금운영계획의 불합리 – 부도
	기타	– 교통 혼잡 – 자연적, 인공적 환경보존 문제 – 문화재 – 정치, 경제, 사회적 요인 – 작업의 생산성(연속작업)

1-2-4. 공사 가동률 산정 (S-Curve)예

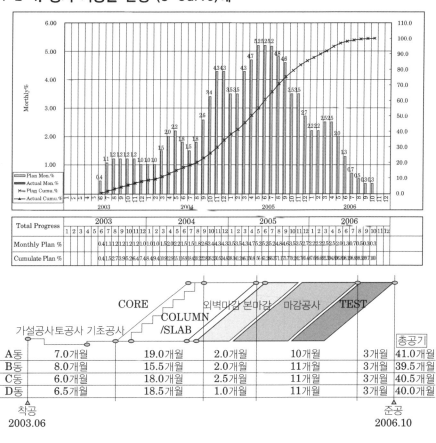

공정관리

2. 공정관리 기법

2-1. 관리기법

2-1-1. Bar Chart

세로축에 작업 항목, 가로축에 시간(혹은 날짜)을 취하여 각 작업의 개시부터 종료까지를 막대 모양으로 표현한 공정표이다.

작업명 \ 일수	5	10	15	20	25	30
준비작업						
지보조립						
철근가공						
거푸집제작						
거푸집조립						
철근조립						
콘크리트 타설						
콘크리트 양생						
거푸집제거						
뒷정리						

▨ 실시　▢ 예정

구 분	바 차트 기법	PERT/CPM 기법
형 태	막대에 의한 진도관리	네트워크에 의한 진도관리
작업의 선·후 관계	선·후 관계의 불명확	선·후 관계의 명확
중점관리	공기에 영향을 주는 작업 발견 힘듦	공기관련 중점작업을 C.P로 발견
탄력성	일정의 변화에 손쉽게 대처하기 곤란	C.P 및 여유공정 파악, 수시로 변경할 수 있으며, 컴퓨터 이용 가능
통제기능	통제기능이 미약	애로공정과 여유 공정에 의한 공사통제 가능
최적안	최적안 선택 가능 전무	비용과 관련된 최적안 선택 가능

2-1-2. 진도관리 곡선(Banana Curve, S-Curve)

공사일정의 예정과 실시상태를 그래프에 대비하여 공정의 진도 파악

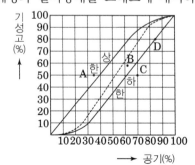

공정관리

2-1-3. Pert(Program Evaluation and Review Technique)

1) 개념

① Pert기법은 작업이 완료되는 시점에 중점을 두는 점에서 Event중심의 공정관리기법이다. 따라서 작업의 완료상황을 노드에 표시한다.

② Pert 도표에서 작업의 착수와 완료시점을 대표하는 연결점들은 번호와 기호로 규정되며, 작업공기는 확률분포를 갖는 것으로 추정한다. 이때 작업공기의 확률분포는 예상 작업시간으로 계산하는데 가장 가능성이 높은 공기(Most Likely, m), 가장 낙관적인 공기(Optimistic, a), 가장 비관적인 공기(Pessimistic, b)이다.

2) Pert 네트워크 표현방식

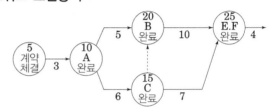

3) Pert와 CPM 비교

구 분	PERT	CPM
개 발	• 미해군 군수국의 특별기획실(SPO)	• 듀폰사의 Walker와 레민턴랜드사와 Kelly에 의해
개발응용	• 폴라리스(Polaris) 함대의 탄도미사일 개발에 응용	• 듀폰사의 플랜트 保全에 응용
주목적	• 공기단축	• 공사비 절감
이용	• 신규사업, 비반복 사업, 미경험사업	• 반복사업, 경험이 있는 사업
시간추정	• 3점시간추 추정(낙관시간, 정상시간, 비관시간)	• 1점시간 추징
소요시간	• 가중평균치 $t_e = \dfrac{t_o + 4t_m + t_p}{6}$	• t_m이곧t_e가 됨
일정계산	• Event 중심의 일정계산 • 최조시간: ET, TE • 최지시간: LT, TL	• 작업중심의 일정계산 • 최조개시시간: EST • 최지개시시간: LST • 최조완료시간: EFT • 최지완료시간: LFT
여유의 발견	• 결합점 중심의 여유(Slack) • 정여유(PS: Positive Slack) • 영여유(ZS: Zero Slack) • 부여유(NS: Negative Slack)	• 작업중심의 여유(Float) • 총여유(TF: Total Float) • 자유여유(FF: Free Float) • 간섭여유(IF 혹은 DF: Interfering Float 혹은 Dependent Float)
일정계획	• $T_L - T_E = 0$(굵은선)	• $TF = FF = 0$(굵은선)
MCX (최소비용)	• 이론이 없다.	• CPM의 핵심이론이다. • 비용구배가 최소인 작업발견

공정관리

2-1-4. CPM(Critical Path Method)

CPM 공정표는 연결점(Node 또는 Event)과 연결선을 이용하여 크게 두 가지 방법으로 표현할 수 있다. 즉 연결선을 화살표형태로 하여 그 위에 작업을 표시하는 방법(Activity On Arrow)과 연결점에 직접작업을 표시하는 방법(Activity On Node 또는 Precedence Diagram)이 있다.

1) 화살표 표기방식(ADM:Arrow Diagram Method, Activity On Arrow)

화살선은 작업(Activity)을 나타내고 작업과 작업이 결합되는 점이나 공사의 개시점 또는 종료점은 ○표로 표기되며 이를 결합점 또는 이벤트(Node, Event) 라 한다.

2) 마디도표 표기방식(PDM: Precedence Diagram Method)

각 작업은 □, ○로 표시하고 작업간의 연결선은 시간적 개념을 갖지 않고 선후관계의 연결만을 의미하며, 작업간의 중복표시가 가능하다.

[타원형 노드]   [네모형 노드]

3) ADM과 PDM 비교

구 분	ADM	PDM
용어설명 표기방식	• Arrow형 표현방법(단계중심)	• Box형 표기방법 • 활동을 마디에 표현(작업중심)

Activity	• 1개의 작업 표현 시 2개의
	  절감번호 사용
	• 선·후행 연계내용 동시 표현
		• 1개의 작업을 표현할 때 1개의
		  작업마디 사용
		• Activity에 작업내용과 선·
		  후행만 표현

주목적	• 공기단축	• 공사비 절감
Dummy	• 필요	• 필요 없음
연결방법	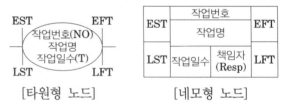	

공정관리

4) ADM기법에서 Over Lapping Relationship(중복관계)

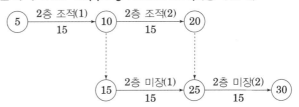

조적작업이 끝나고 미장작업과 15일 중복관계를 표시함을 볼 수 있다.

5) PDM기법에서 Over Lapping Relationship(중복관계)

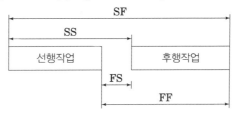

[PDM의 중복표시방법]

① Finsh-to-Start(FS) – FS3의 관계

② Start-to-Start(SS) – SS4의 관계

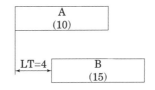

③ Finsh-to-Finsh(FF) – SS4의 관계

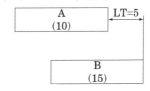

④ Start-to-Finsh(SF) – SF18의 관계

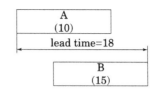

⑤ Compound Relationship

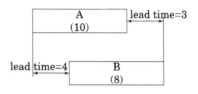

선·후행 작업들의 착수시점 간에는 SS관계로 연계시키고 완료시점 간에는 FF관계로 연계시킨 선·후행 작업 간 두 종류의 중복관계를 함께 표시하는 방법이다.

□ PDM기법의 중복관계 표현의 한계
- 선·후행 작업의 작업기간을 고려하여 작업들을 위치시키고, 그에 따른 Lead-Time을 계산하여 표현하기 쉬운 중복관계를 선택해야 하는 복잡함
- 작업의 착수시점과 완료시점 간의 조합만으로 작업 간의 중복관계를 표현하는 데 한계
- 선·후행 작업의 완료시점들 간에 연속하여 직접적인 연관관계가 발생한다면 둘 이상의 복수의 연계를 표현하는 것은 불가능

2-1-5. LSM(Linear Scheduling Method, 병행시공 방식, 선형공정계획)

1) 정의
공정의 기본이 될 선행 작업이 하층에서 상층으로 진행 시, 후행작업이 작업 가능한 시점에 착수하여 하층에서 상층으로 진행해 나가는 방식

2) 특징
① 투입자원의 비평준화, 최대양중부하 증대
② 작업동선의 혼잡
③ 공사기간의 예측 곤란

3) 공정 진행개념

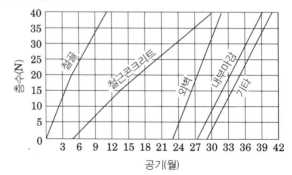
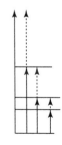

공정관리

4) 문제점
① 작업 위험도 증대
② 양중설비 증대
③ 시공속도 조절 곤란
④ 작업동선 혼란
⑤ 빗물, 작업용수 등이 하층으로 흘러들어 작업방해 및 오염초래

2-1-6. PSM(Phased Scheduling Method, 단별시공방식)

1) 정의
기본선행공사인 철골공사 완료 후, 후속공사를 몇 개의 수직공구로 분할하여 동시에 시공해 나가는 방식

2) 특징
① 투입자원의 증대, 양중부하 증대
② 작업동선의 혼잡
③ 공사기간의 예측이 용이

3) 공정 진행개념

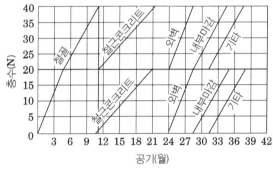
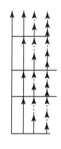

4) 문제점
① 작업관리 복잡
② 양중설비 증대
③ 가설동력 증대
④ 작업자, 관리자 증대
⑤ 상부층의 재하중에 대한 가설보강 필요

2-1-7. LOB(Line Of Balance, 연속반복방식) – Tact개념

1) 정의
① LOB 기법은 반복작업에서 각 작업의 생산성을 유지시키면서 그 생산성을 기울기로 하는 직선으로 각 반복작업의 진행을 직선으로 표시하여 전체공사를 도식화하는 기법이다.
② 기준층의 기본공정을 구성하여 하층에서 상층으로 작업을 진행하면서 작업상호 간 균형을 유지하고 연속적으로 반복작업을 수행하는 방식

공정관리

2) 특징
① 전체 작업의 연속적인 시공 가능
② 합리적인 공정 작업 가능
③ 일정한 시공속도에 따라 일정한 작업인원 확보 가능

3) 공정 진행개념

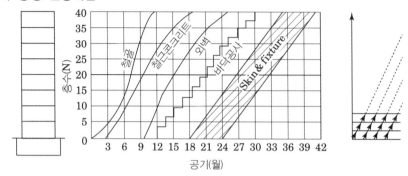

4) 지수층 설치위치에 따른 마감공사 시점변화

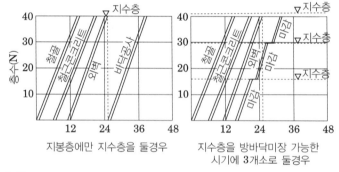

지붕층에만 지수층을 둘경우 / 지수층을 방바닥미장 가능한 시기에 3개소로 둘경우

5) 필요 조건
① 재료의 부품화
② 공법의 단순화
③ 시공의 기계화
④ 양중 및 시공계획의 합리화

6) 구성요소

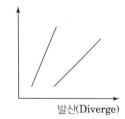

발산(Diverge)

① 선행작업 기울기 > 후행작업 기울기
② 후행작업의 생산성(진도율) 기울기가 선행 작업의 기울기보다 작을 때
③ 전체 공기는 생산성(진도율) 기울기가 작은 작업에 의존한다.

공정관리

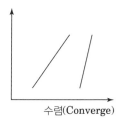

수렴(Converge)

① 선행작업 기울기 < 후행작업 기울기
② 후행작업의 생산성(진도율) 기울기가
   선행작업의 기울기보다 클 때
③ 선행작업과 후행작업의 간섭현상이 발생
   한다.

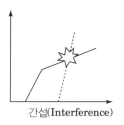

간섭(Interference)

① 선행작업 기울기 > 후행작업 기울기
   → 선행작업 기울기 < 후행작업 기울기
② 시간의 경과에 따라 선행 작업의
   기울기가 후행작업의 기울기보다 작아짐
③ 작업동선의 혼선, 양중작업의 증대, 작업
   능률 및 시공성 저하

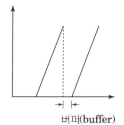

버퍼(buffer)

① 선행작업 완료 → 후행작업 실시
② 간섭을 피하기 위해 연관된 선후행작업간
   의 여유시간 확보
③ 주공정선(C.P)에서 최소한의 버퍼를 두어
   공기연장 방지

2-1-8. Tact 공정(Hi-Tact(Horizontally Integrated Tact)다공구 분할)

작업구역을 일정하게 구획하는 동시에 작업시간을 표준 모듈시간의 배
수로 하여 일정하게 통일시킴으로써 선·후행작업의 흐름을 연속적인
작업으로 만드는 방식

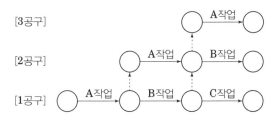

2-2. NetWork 구성

2-2-1. 네트워크 구성요소 및 일정계산

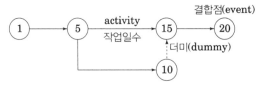

① 단위작업/요소작업(Activity)
② 결합점(Node, Event)
③ 명목상 활동(Dummy)
④ 주공정선(Critical Path)
⑤ 상호관계(Relationship)
  SS(Start to Start)
  SF(Start to Finish)
  FS(Finish to Start)
  FF(Finish to Finish)
⑥ Schedule Finish Date(작업종료일)
⑦ Earliest Start Time(최초개시일, ES, EST): 전진계산 최대 값
⑧ Earliest Finish Time(최초 완료일, EF, EFT): EST+소요일수
⑨ Latest Start Time(최지 개시일, LS, LST): LFT-소요일수
⑩ Latest Finish Time(최지 완료일, LF, LFT): 후진계산 최소 값
⑪ Milestone(중간 관리일)
⑫ 총여유(TF: Total Float): LFT-EFT
⑬ 자유여유(FF: Free Float): 후속작업의 EST-그 작업의 EFT
⑭ 종속여유(DF: Dependent Float), 간섭여유(IF: Interfering Float): TF-FF
⑮ 독립여유(INDF: Independent Float)

1) Mile Stone

공정표 상에 주요 관리점인 Milestone을 명시하여 작성하는 것으로 보통은 Bar Chart 상에 Milestone 기호(○◇▽▼ 등)를 사용하여 시간축에 표시한다. 중점 관리를 필요로 하는 단위 작업을 설정, 집중관리를 실시함으로써 여러 가지 작업가운데 중점관리 대상 작업의 목표 달성 여부에 비중을 두는 기법이며, 프로젝트 진행에서 중요한 의미가 있는 사건 또는 시점을 의미한다. 프로젝트 착수일, 주요 산출물 완료일 등이 마일스톤이 될 수 있다.

[한계착수일]　　[한계완료일]　　[절대완료일]

① 한계착수일: 지정된 날짜보다 일찍 착수할 수 없는 날짜
② 한계완료일: 지정된 날짜보다 늦게 완료되어서는 안 되는 날짜
③ 절대완료일: 지정된 날짜에 무조건 완료되어야 하는 날짜

2-2-2. 기본원칙

1) 공정원칙(Dependent Activities Relationships)

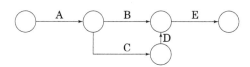

① 모든 작업은 작업의 순서에 따라 배열되도록 작성
② 모든 공정은 반드시 수행완료 되어야 한다.

2) 결합점 원칙(단계원칙: Event Relationships)

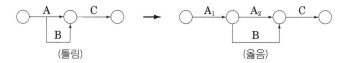

① Activity의 시작과 끝은 반드시 단계(Event)에서 시작하여 단계(Event)로 끝난다.
② 작업이 완료되기 전에는 후속작업이 개시 안 됨

3) 작업원칙(활동원칙: Activities Relationships)

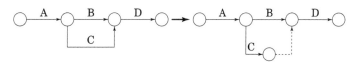

① Event와 Event 사이에 반드시 1개 Activity 존재
② 논리적 관계와 유기적 관계 확보 위해 Numbering Dummy 도입

4) 연결원칙(Link Relationships)

Activity는 시작점에서 종료짐까지 반드시 연결한다.

공정관리

여유시간

□ 총여유
- 프로젝트의 완료를 지연시키지 않고 한 작업을 완료할 때 생기는 여유

□ 자유여유
- 프로젝트의 완료를 지연시키지 않고 총여유를 갖고 시간 간격내 작업을 완료하고 후속작업의 개시도 지연시키지 않은 작업여유

□ 종속여유, 간섭여유
- 어떤 작업의 여유시간 중에서 후속작업의 여유에 영향을 미치는 작업이 갖는 여유 (어떤작업의 여유시간이 후속작업의 여유시간에 직접적으로 영향이 미치는 것
- 선행작업에서 여유시간을 소비하면 후속작업에서도 그만큼의 여유시간이 사라지게 됨
- 총여유(TF)-자유여유(FF)

□ 독립여유
- 선행작업이 가장 늦은 개시시간에 시작하고, 후속작업이 가장 빠른 시작시간에 착수되어도 그 작업을 완료한 후에 발생되는 여유

공정관리

3. 공기조정

3-1. 단축기법

3-1-1. 단축방법

1) 계산공기(지정공기)가 계약공기 보다 긴 경우

① 비용구배(Cost Slope)가 있는 경우

MCX(Minimum Cost Expediting)에 의한 공기단축

② 비용구배(Cost Slope)가 없는 경우: 지정공기에 의한 공기단축

2) 공사진행 중 공기가 지연된 경우

① 진도관리(Follow Up)에 의한 공기단축

② 바 차트(Bar Chart)에 의한 방법

③ 바나나 곡선(Banana/S-Curve)에 의한 방법

④ 네트워크(Network) 기법에 의한 방법

3-1-2. MCX: Minimum Cost Expediting(최소비용 촉진기법)

- MCX는 각 요소작업의 공기 대 비용의 관계를 조사하여 최소의 비용으로 공기를 단축하기 위한 기법

$$Cost\ Slope = \frac{급속비용 - 정상비용}{정상공기 - 급속공기} = \frac{\Delta Cost}{\Delta Time}$$

- 단축가능일수= 표준공기-급속공기
- Extra Cost =각 작업일수 × Cost Slope

공정표작성 → CP를 대상으로 단축 → 작업별 여유시간을 구한 후 비용구배 계산 → Cost Slope 가장 낮은 것부터 공기단축 범위 내 단계별 단축 → Extra Cost(추가공사비) 산출

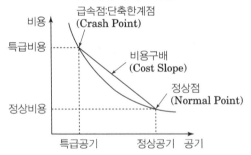

작업명	정상계획		급속계획	
	공기(일)	비용(₩)	공기(일)	비용(₩)
A	6	60,000	4	90,000
B	10	150,000	5	200,000

- A작업 $Cost\ Slope = \frac{90,000원 - 60,000원}{6일 - 4일} = 15,000원/일$

1일 단축 시 15,000원의 비용이 발생

- B작업 $Cost\ Slope = \frac{200,000원 - 150,000원}{10일 - 5일} = 10,000원/일$

1일 단축 시 10,000원의 비용이 발생

공정관리

MCX

□ Cost Slope
- 공기 1일을 단축하는데 추가
  되는 비용으로 단축일수와
  비례하여 비용은 증가하며,
  정상점과 급속점을 연결한
  기울기

□ 특급공기(급속점)
- 특급공사비와 특급공기가 만
  나는 포인트로 더 이상 소요
  공기를 단축할 수 없는 한계
  시간

□ 특급비용
- 공기를 최대한 단축할 때의
  비용

□ 정상공기(정상점)
- 정상적인 소요시간

□ 정상비용
- 정상적인 소요일수에 대한
  비용

3-2. 공기지연
3-2-1. 수용가능 공기지연(Excusable Delay)

수용가능 공기지연은 시공자에 의해 야기되지 않은 모든 지연을 말한다. 시공자가 계약 작업의 완성을 위하여 추가시간을 요구할 수 있는 지연으로 일반적으로 시공자의 통제를 벗어난 원인에 의해 발생한다.

1) 보상가능 공기지연(Compensable Delay)

보상가능 공기지연은 그 원인이 발주자의 통제범위 내에 있든지 혹은 발주자의 잘못, 태만 등에 있을 때 시공자는 이에 대한 배상을 청구할 수 있다.

2) 보상불가능 공기지연(Non Compensable Delay)

보상불가능 공기지연은 발주자, 또는 시공자 중 그 누구에게도 원인이 없이 발생되는 공기지연으로 예측 불가한 사건, 발주자와 시공자의 통제범위 외의 사건, 과실이나 태만이 없는 사건 등으로 인한 것이며, 계약서상에 '불가항력'조항에 규정되어 유일한 해결책은 공기연장이라 할 수 있다.

3-2-2. 수용불가능 공기지연(Non Excusable Delay)

수용불가능 공기지연은 시공자나 하도급업자, 자재수송업자 등에 의하여 발생한다. 시공자는 발주자에게 공기연장이나 보상금을 청구할 수 없고, 오히려 발주자가 시공자에게 지체보상금이나 실제 손실에 대한 보상을 받을 수 있다.

3-2-3. 독립적인 공기지연(Independent Delay)

독립적인 공기지연은 프로젝트 상의 다른 지연과 관련 없이 발생한 지연을 일컫는다.

3-2-4. 동시발생 공기지연(Concurrent Delay)

1) 동시적인 동시발생 공기지연

독립적으로 발생하였더라도 프로젝트의 최종 완공일에 영향을 줄 수 있는 두 가지 이상의 지연들이 동일한 시점 혹은 비슷한 시점에 발생한 상황

2) 연속적인 동시발생 공기지연

같은 시점이 아닌 연대순으로 발생한 지연상황으로 선행지연이 없었을 경우, 분석되어지는 지연이 발생할 수 있었을 것인가에 대한 분석을 요구한다. 만일 선행 지연이 후속지연을 야기하였다면, 이는 연속적인 동시발생 공기지연으로 분류되며, 이에 대한 책임을 할당하기 위해서는 선행지연의 발생원인에 대한 책임을 고려해야만 한다.

공정관리

공기지연 원인

- 지급자재 지급 지연
- 보상지연
- 불가항력 사건
- 설계변경 및 오류
- 현장조건 변경
- 시공사의 귀책사유

3-3. Follow Up(진도관리), Updating(공정갱신)

3-3-1 진도관리 유형

1) 열림형(벌림형)

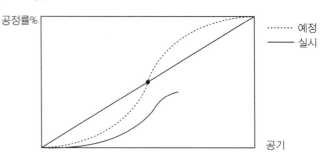

① 공사초기부터 말기에 걸쳐 지연이 점차 확대되는 형태
② 토공사 또는 기초공사에서 문화재, 업체선정 지연, 동절기 등으로 착수가 늦은 상태에서 후반부에 업체의 부도 등으로 인하여 지연

2) 후반 열림(벌림)

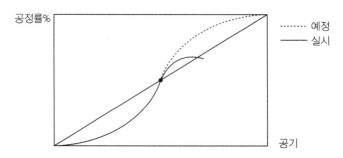

① 공사 후반으로 갈수록 지연되는 형태
② 공종이 많아지는 기간에 준비부족 및 자재조달 미흡으로 지연

3) 평행형

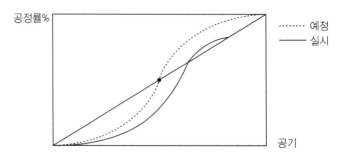

① 공사초기부터 일정하게 지연되는 형태
② 토공사 또는 기초공사에서 문화재, 업체선정 지연, 동절기 등으로 지연

공정관리

4) 후반 닫힘형

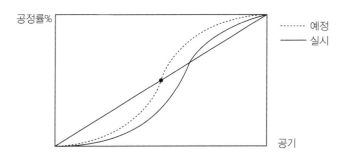

① 공사초반에 발생한 지연을 회복해 가면서 완공기일에 맞게 시행하는 형태
② 초기지연이 골조공사 후반부와 내부 마감에서 만회하는 경우

3-3-2 진도관리 측정방법

1) 진도관리 순서

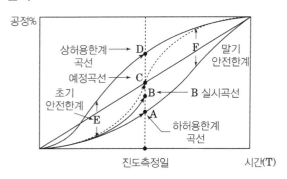

① 진도 측정일을 기준으로 완료작업량과 잔여작업량을 조사
② 예정공정률과 실시공정률을 비교
③ 실시공정률로 수정한 다음 지연되고 있는 경로를 확인
④ 지연된 경로상의 작업에 대하여 LFT를 계산하여 일정 재검토
⑤ 예정공기내에 완료가 힘든 경우 잔여작업에 대해 최소의 비용으로 공기단축

2) 공정갱신(Schedule Updating)

① 여유공정에서 발생된 경우: 여유공정 일정을 수정 및 조치
② 주공정에서 발생된 경우: 추가적인 자원투입이나 여유공정에서 주공정으로 자원을 이동하거나 수정조치
③ 예정공정표에 지연된 작업을 표시하고 작업의 지연으로 인한 전체 공기의 지연기간 산정
④ 작업순서의 조정 및 시간견적내용 검토
⑤ 작업순서 및 작업기간 반영하여 공정갱신

공정관리

공기지연 분석법/ 갱신

□ 계획공정표에 의한
분석방법(As-Planned
Method)
– 계획공정표에 실제 변경된
작업을 표시하여 일정계산
후 공정갱신

□ 완료공정표에 의한
분석방법(As-Built Method)
– 계약자의 계획공정과 실제
완료된 작업일자와 비교하
여 공정갱신

□ 시간경과에 따른
분석방법(Modified
As-Built Method)
– 지연이 발생하였을 경우 실
제 계획공정과 실제 완료일
을 비교 분석하여 지연원인
과 기간을 분석하며 정기적
으로 공정갱신을 수행해야
가능하다.

□ Retained Logic
– 기존작업순서와 공기를 유
지하는 방법이다.
– 임시적으로 하는 공정갱신
방법이며 공정재수립을 자
주 할 경우 주단위 점검목
적으로 사용

□ Progress Override
– 작업순서를 변경하면서 자
료 기준일(Data Date)을 기
준으로 하여 각 작업의 진
행현황에 따라 작업의 순서
를 다시 정리하는 방법이다.
– 잔여작업의 순서변화가 발
생하므로 일정계산을 다시
해서 공정계획 재수립 필요

4. 자원계획과 통합관리

4-1. 자원배당(Resource Allocation), 자원평준화(Resource Levelling)

- 자원배당은 각 작업에 소요되는 투입자원을 그 작업의 여유시간 (Float)내에 균등 분배(Allocation)시켜 전체 자원 투입 규모를 목표에 맞게 평준화(leveling)시키는 것이다.
- 자원 소요량과 투입가능한 자원량을 상호 조정하고 자원의 허비시간(Idle Time)을 제거함으로써 자원의 효율화를 기하고 아울러 비용의 증가를 최소로 하는데 목적이 있다.

4-1-1. 자원배당의 의미

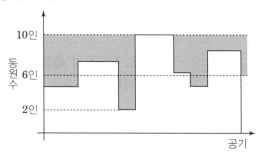

① 공사기간동안 불필요하게 많은 자원이 동원되면 잉여자원으로 인한 공사비의 증가요인이 되므로, 공사개시부터 종료까지 최소한의 자원을 동원해 자원의 투입비용을 최소화하는 것이 자원배당의 목표이다.

② 공정표의 활동 진행 일자별로 소요되는 자원수를 계산해 현장에 동원 가능한 수준을 초과할 때는 활동의 작업일정을 조정해 자원수를 감소시키는 방법을 자원배당(Resource Allocation)이라 한다.

③ 위에 그림에서 보면 현장에 동원 가능한 인원은 6인 이지만, 계획대로 공사를 진행할 때는 최대 10인까지 인원이 소요됨을 나타내고 있으며 종료까지 최대인원 10인을 동원해 공사를 완료한다면 빗금친 부분에서 필요 없는 자원이 소요가 된다는 의미이다.

④ 상기의 경우 인원이 6인 이상 초과되는 일정에 작업을 진행하는 경우 여유기간 내에서 전, 후로 작업시간을 조정해 가능하면 6인 이내로 작업을 진행하도록 조정할 필요가 있다.

4-1-2. 자원배당 및 평준화 순서

① 초기공정표 일정계산

② EST에 의한 부하도 작성: EST로 시작하여 소요일수 만큼 우측으로 작성

③ LST에 의한 부하도 작성: 우측에서부터 EST부하도와 반대로 일수만큼 좌측으로 작성

④ 균배도 작성: 인력부하(Labor Load)가 걸리는 작업들을 공정표상의 여유시간(Flot Time)을 이용하여 인력을 균등배분

4-1-3. 자원배당의 형태

1) 공기 제한형(지정공기 준수 목적)

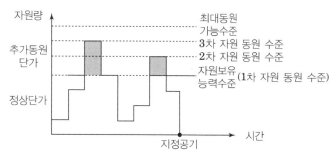

① 동원 가능한 자원수준 이내에서 일정별 자원 변동량 최소화
② 발주자의 공기가 지정되어 있는 경우 실시
③ EST와 LST에 의한 초기 인력자원 배당 실시 후 우선순위 정함
④ TF의 범위 내에서 1일 단위로하여 (TF+1)만큼의 경우수를 이동하면서 작업을 고정

2) 자원 제한형(공기단축목적)

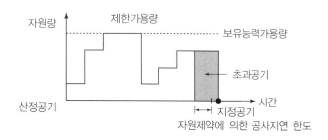

① 자원제약을 주고 여기에 다른 공기를 조정
② 동원가능한 자원수의 제약이 있을 때 실시
③ 한단계의 배당이 끝나면 공정표 조정 후 그 단계에서 계속공사의 자원량을 감안하여 해당 작업의 자원 요구량의 합계가 자원제한 한계에 들도록 배당

4-1-4. 자원배당 계산방법

1) 예제

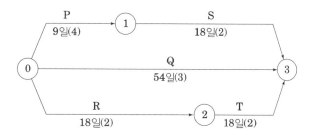

공정관리

□ EST에 의한 자원배당
– 프로젝트 전반부에 많은 자원 투입으로 초기 투자비용이 과다하게 들어갈 수 있지만 여유가 많아 예정공기 준수에 유리

□ LST에 의한 자원배당
– 모든 작업들이 초기에 여유시간을 소비하고 주공정선처럼 작업을 시행하는 방법
– 작업의 하나라도 지연이 생기면 전체작업에 지연초래
– 초기투자비용은 적지만 후기에 자원을 동원하기 때문에 공기지연 위험

□ 조합에 의한 자원배당
– 합리적인 자원배당 가능
– 가능한 범위 내에서 여유시간을 최대한 활용하여 자원을 배당

공정관리

2) 일정계산

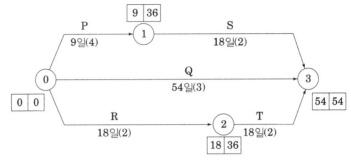

작업	EST	LFT	CP
P	0	36	
S	9	54	
Q	0	54	◉
R	0	36	
T	18	54	

3) 자원배당

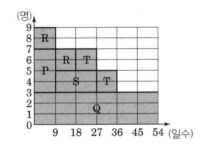

EST에 의한 자원배당

※ 1일 최대 소요인원은
   9일까지 9명

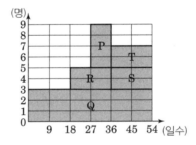

LST에 의한 자원배당

※ 1일 최대 소요인원은
   27일~36일까지 9명

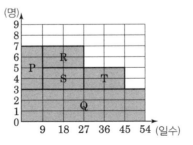

균배도에 의한 자원배당

※ 1일 최대 소요인원은
   0~27일까지 7명

4-2. EVMS: Earned Value Management System, 일정 · 비용통합관리

공정관리

- 사업비용, 일정, 수행 목표의 기준 설정과 이에 대비한 실 진도 측정을 통한 성과 위주의 관리 체계이다.
- 비용과 일정계획 대비 성과를 미리 예측하여 현재공사수행의 문제 분석과 대책을 수립할 수 있는 예측 System이다.

4-2-1. EVMS 관리곡선 - 측정요소분석

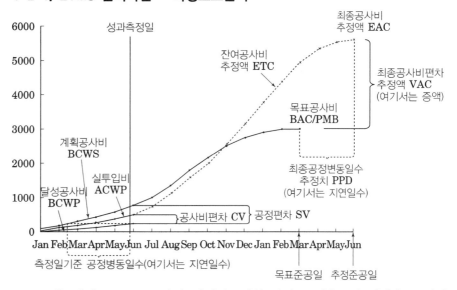

① 상기 도표는 공사의 진행별 1개월 단위로 비용누계 현황을 표현한 것으로 성과측정 시점은 5개월 시점이다.

② 위 3종류의 관리곡선에서 목표준공일 시점과 총공사비가 1년 2개월 시점에 3100 $ 정도로 그려져 있는 곡선이 계획비용(BCWS) · 공정곡선이며, 5개월 시점에 300 $ 정도로 그려져 있는 곡선이 현재시점까지의 실제비용(ACWP) · 공정곡선이고, 1년 4개월 시점에 5500 $ 정도로 그려져 있는 곡선이 현재시점에서 재추정한 비용(EAC) · 공정곡선이다.

③ 5개월이 경과한 현재시점의 실제비용(ACWP) · 공정곡선에서 현재 투입비용인 300 $ 정도는 계획 비용(BCWS) · 공정곡선에 의하면 약 1.5개월 시점에 달성해야 함으로, 약 3.5개월의 공정변동일수가 발생하고 있음을 알 수 있다.

④ BCWP와 ACWP는 모두 공종별 현시점의 실제작업물량에 대한 계획단가와 실제단가의 차이이므로 성과측정일 시점에서 BCWP와 ACWP의 차이는 결국 계획 대비 실제 투입공사비의 차이가 된다. BCWS와 BCWP는 모두 공종별 계획단가에 대한 계획실행물량과 실제실행물량의 차이이므로, 성과측정일 시점에서 BCWS와 BCWP의 차이는 결국 계획 대비 작업물량의 편차 즉, 공정의 차이가 된다.

4-2-2. EVMS 계획요소

1) 작업분류체계 (WBS: Work Breakdown Structure)
작업내용을 계층적으로 분류

2) 관리계정(Control Account)
공정·공사비 통합, 성과측정, 분석의 기본단위

3) 관리기준선(Performance Measurement Baseline)
Project의 성과를 측정하는 기준선

4-2-3. EVMS 측정요소

1) 계획공사비(BCWS: Budgeted Cost for Work Scheduled)
① 실제 시공량과 관계없는 계획 당시의 요소를 측정하기 위한 기준값
② 공사 착수 전에 승인된 공정표에 따라 산출한 특정 시점까지 완료해야 하는 개별 작업항목의 계획단가와 계획물량을 곱한 금액
- PV(Planned Value, 실행예산)
- 실행(계획공사비): 실행물량×실행단가

2) 달성공사비(BCWP: Budgeted Cost for Work Performance)
① 공정표상 현재시점을 기준으로 완료한 작업항목들, 또는 진행 중인 작업항목들에 대한 계획단가와 실적물량을 곱한 금액
② BCWS와의 차이점은 계획물량이 아닌 실제실행물량을 이용
- EV(Earned Value, 기성금액)
- 실행기성(달성공사비): 실제물량(실 투입수량)×실행단가

3) 실투입비(ACWP: Actual Cost for Work Performed)
공정표상 기준시점에서 완료한 작업항목이나 진행 중인 작업항목에 대한 실제투입 실적단가와 공사에 투입한 실적물량을 곱한 금액
- 실투입비(실제공사비) : 실제물량×실제단가

4-2-4. EVMS 분석요소

1) 총계획 기성(BAC: Budget At Completion)
① 공사초기에 작성한 계획기성의 공종별 합계금액
- BAC(총계획기성, Budget At Completion)
- BAC=ΣBCWS

2) 총공사비 추정액(EAC)
① 현재시점에서 프로젝트 착수일 부터 추정 준공일까지 실투입비에 대한 추정치
- EAC: 변경실행금액, Estimate At Completion
- EAC=ACWP+잔여작업 추정공사비(실제실행단가×잔여물량)
  =BAC/원가수행지수(CPI)

3) 최종공사비 편차추정액(VAC: Variance At Completion)
① 당초 계획에 의한 총공사비와 실제투입한 총공사비의 편차를 의미한다.
- VAC(최종공사비편차, Variance At Completion)
- VAC=BAC-EAC

성과측정 지표

- □ BCWS(계획공사비)
  − 계약단가×실행물량

- □ BCWP(달성공사비)
  − 계약단가×기성물량

- □ ACWP(실투입 비용)
  − 실투입단가×기성물량

공정관리

4) CV(원가편차, Cost Variance)

CV=BCWP−ACWP

(−): 원가초과상태

(0): 원가일치

(+): 원가미달

5) SV(공기편차, Schedule Variance)

SV=BCWP−BCWS

(−): 공기지연

(0): 계획일치

(+): 공기초과달성

6) PC(실행기성률, Percent Complete)

$$PC=\frac{BCWP}{BAC}$$

CP<1.0: 현재까지 완료율

CP=1.0: 완료

PC는 총계획기성과 실행기성과의 비율이므로 실행기성율을 의미하며, 계산값은 총계획기성 대비 현재시점의 완성율을 나타낸다.

7) CPI(원가진도지수, Cost Performance Index)

$$CPI=\frac{BCWP}{ACWP}$$

CPI<1.0: 원가초과

CPI=1.0: 계획일치

CPI>1.0: 원가미달

CPI는 현재시점의 완료 공정률에 대한 투입공사비의 효율성을 나타내며, BCWP와 ACWP는 모두 현재시점의 실제작업물량을 기준으로 하는 계획단가와 실행단가의 차이이므로, CPI는 실제작업물량에 대한 실제 투입 공사비 대비 계획공사비의 비율을 의미한다.

8) SPI(공기진도지수, Schedule Performance Index)

$$SPI=\frac{BCWP}{BCWS}$$

SPI<1.0: 공기지연

SPI=1.0: 계획일치

SPI>1.0: 계획초과

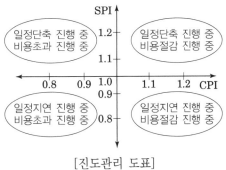

[진도관리 도표]

SPI는 현재시점의 완료공정률에 대한 공정관리의 효율성을 나타내며, BCWP와 BCWS는 모두 공종별 계획단가에 대한 실제실행물량과 계획 실행물량의 차이이므로, SPI는 현재시점의 계획 대비 공정진도율 차이를 의미한다.

4-2-5. Cost Base Line

1) 정의

① EVMS에서의 Cost Base Line은 공정계획에 의해 특정 시점(PMB: 성과측정기준선)까지 완료해야 할 작업에 배분된 계획공사비이다.

② Project의 실행 및 투입비용의 실적분석과 예측을 하기위해서 각 관리계정에 대한 성과측정 기준선

③ 실행(기성)인 BCWS(Budgeted Cost for Work Scheduled, 달성공사비)를 의미하며 실행물량×실행단가에 의해 측정된다.

2) 성과측정 기준 설정

① 관리코드 내 비용배분

• 관리코드에 내역을 할당하고 전체비용을 추출하여 비용배분(BCWS 작성)한다.

② P.M.B 설정

• 각 관리코드 별 비용배분의 결과를 합산하여 현재의 보할 공정표와 동일형태로 작성

③ 관리코드 EV(실행기성) 측정계획

• Performance Measurement Technique or Earned Value Technique 적용

3) 실행기성 측정방법

실행기성 측정방법	내용
Weighted Milestone	마일스톤에 가중치 비용 분할
Fixed Formula By Task	일정비율 분할
Percement Complete & Estimates	월별실적진도에 대한 담당자의 평가를 기준
Percement Complete & Milestone Gates	마일스톤가중치+주관적 실적진도 병행
Unit Complete	개별작업 집합을 단위작업으로 분할
Apportioned Relation Ships To Discrete Work	Earned Value에 직접적인 비율을 곱하여 실적평가

공정관리

③ 품질관리

1. 품질관리 개론

1-1. 품질특성

> • 품질특성은 건축재료 및 제품의 물리적·화학적 특성으로, 제품의 설계·시공·유지관리 등에 중요한 성질이다.
> • 제품의 효용성(Utility)을 결정하는 제품의 구성요소가 품질이며 이 품질을 구성하는 요소를 품질특성(Quality Character Value)라 한다.

EVM 적용 Process

WBS 설정
↓
공사비 배분
↓
일정계획 수립
↓
관리기준선 확정
↓
실적데이터 파악
↓
성과측정
↓
경영분석
↓
변경사항 관리

1-1-1. 품질특성 분류

구분	특성
협의의 품질특성	성능, 순도, 강도, 치수, 공차, 외관, 신뢰성, 수명, 불량률, 수리율, 포장성, 안전성
재료의 성능과 관계있는 특성	• 물리적 성질 • 재료의 화학적 특성 • 재료의 기계적 특성 • 재료의 전기적 특성

1-1-2. 품질수준

설계품질

※ 회사가 목표로 하는 품질

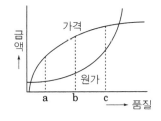

제조품질

※ 원자재 및 제조설비, 기술력에 따른 제조품질

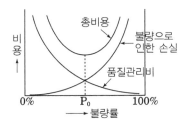

시장품질

※ 사용자의 만족과 판매를 고려한 품질

품질관리

1-2. 관리

1-2-1. PDCA(Deming Wheel)Cycle

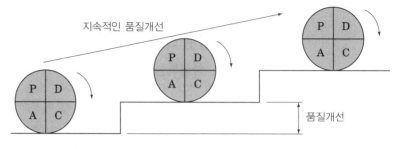

단 계	내 용
Plan(계획) 단계	• 계획은 현재 공정에 대한 연구로 시작된다. 공정을 표준화시키고 문제인식을 위한 자료를 수집한다. 다음으로 자료를 분석하고 개선을 위한 계획을 개발한다. 계획을 평가하기 위한 척도를 상세히 한다.
Do(실시 · 실행) 단계	• 계획을 이행한다. • 가능하면 규모를 적게 하여 실시한다. • 이 단계에서 어떤 변화가 있었는지 문서화한다. 평가를 위해 자료를 체계적으로 수집한다.
Check (검사 · 검토 · 확인) 단계	• 실행단계에서 모아진 자료들을 평가한다. 계획단계에서 설정된 원래 목표와 결과가 얼마나 밀접히 부합되었나를 확인한다.
Action(조치)단계	• 결과가 성공적이었다면 새로운 방법을 표준화하고 공정에 관련된 모든 사람들에게 새로운 방법을 전달한다. 새로운 방법을 위한 훈련을 실시한다. 만일 결과가 성공적이지 않았다면 계획을 수정하고 공정을 되풀이하거나 계획을 중단한다.

1-2-2. 생산활동과 관리

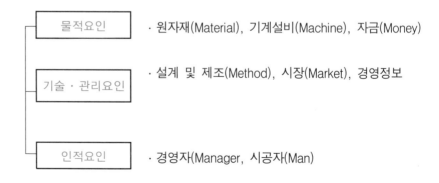

건축설계 · 시공품질

– 시공성을 고려한 설계
– 재료의 내구성과 공급이 원활한 재료설계
– 검증된 신기술 적용
– 사전조사 및 Data축적에 의한 설계변경 축소설계
– 법규에 제약없는 설계
– 누락없는 구조설계
– 정밀한 상세설계

품질관리

2. 품질개선 도구

2-1. Pareto Diagram

- 파레토도는 항목별로 분류해서 크기 순서대로 나열한 것으로 문제나 조건 또는 상대적인 중요성을 파악하기 위함이다.
- 현장에서 문제가 되고 있는 불량품, 결점, 클레임, 사고 등과 같은 현상이나 그러한 현상에 대한 원인별로 데이터를 분류하여 불량개수 및 손실금액 등이 많은 순서로 정리하여 그 크기를 막대그래프(Bar Graph)로 나타낸 것이다.

불량 항목	불량 건수	비율 (%)	누적 수량	누적비율 (%)
치수	148	44	148	44
굽힘	75	22	218	65
마무리	68	20	282	84
형상	25	7	306	92
기포	18	5	334	100
합계	334	100		

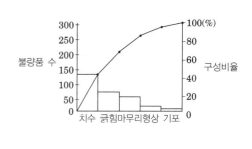

[불량 항목에 대한 파레토도 예시]

2-2. 산포도(산점도, Scatter Diagram)

- 산점도는 상호 관련된 두 변수에 대해서 특성과 요인의 관계를 규명하기 위하여 데이터를 점으로 찍어 표시한 도표이다.
- 두 변수 사이의 관계로 점점 분포로 표시된다.

생산의 4요소

- 사람(Man)
- 기계설비(Machine)
- 재료 (material)
- 공법(Method)

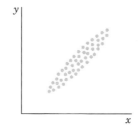

① 강한 정(양)상관
- x가 증가하면 y도 증가하는 경우이며, x를 관리하면 y도 관리 가능

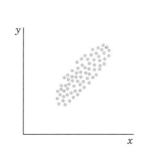

② 약한 정(양)상관
- x가 증가하면 y도 증가하는 정도가 약한 경우이며, 일직선이 아닌 y의 값이 x이외에도 영향을 받고 있다고 볼 수 있으므로 x이외의 요인을 찾아 관리

품질관리

mind map

- 파산하는 회사를 특히 층별로 체크해서 관리해라

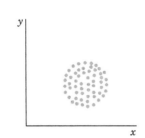

③ 무상관
- x가 증가해도 y에 영향이 없으므로 무상관이다.

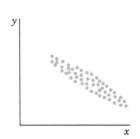

④ 강한 음(부)상관
- x가 감소하면 y가 비례적으로 증가하는 경향으로 뚜렷한 음상관이 있는 경우이다. 이런 경우 x를 관리하면 y도 관리 가능

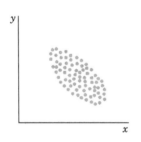

⑤ 약한 음(부)상관
- x가 감소(증가)하면 y는 증가(감소)하는 음상관의 정도가 비교적 약한 경우이며, y의 요인을 찾아 관리 필요

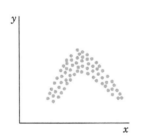

⑥ 직선이 아닌 관계가 있는 경우
- 초기에는 정상관 관계를 유지하다가 일정시간이 지난 후 상관관계가 바뀌는 형태로 직선적인 관계가 아닌 경우

품질관리

2-3. 특성요인도C(cause) and E(effect) Diagram, 생선뼈 도표, Fishbone diagram, 이시키와 도표(Ishikawa)

- 특성 요인도는 효과와 그 효과를 만들어내는 원인을 시스템적으로 분석하는 도해식 분석도구로 원인과 결과의 관계를 알기 쉽게 수형상(樹形狀)으로 도식화한 것을 말하며, Fish Bone Diagram이라고도 한다.
- 특성: 일의 결과 또는 공정에서 생겨나는 결과, 즉 개선 또는 관리하려는 문제
- 요인: 여러 원인 중에서 결과(특성)에 영향을 미치는 것으로 인정되는 것

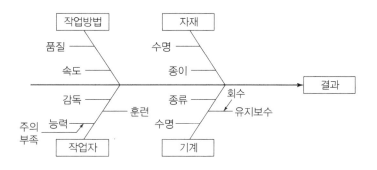

2-4. Histogram

- 계량치의 데이터가 어떠한 분포를 하고 있는가를 나타내는 도표이다.
- 공사 또는 제품의 품질상태가 만족한 상태에 있는가의 여부를 판단하기 위하여 다루고자 하는 데이터의 값을 가로축에 잡고, 데이터가 있는 범위를 몇몇으로 구분하여 각각에 들어갈 데이터의 수를 세로축으로 하여 기둥모양처럼 그려 그래프로 만든다.

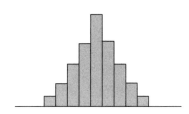

① 좌우대칭형
- 중심부 빈도수가 높고 가장자리로 갈수록 줄어드는 경우로 얼마나 분포 상태의 폭을 줄이느냐가 관심대상

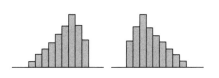

② 좌우 비대칭형
- 평균치가 분포의 중심보다 좌측 또는 우측으로 밀려있는 경우로 일정한 규격제한으로 상·하한이 설정되어 있는 경우 발생한다.

품질관리

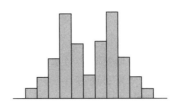

③ 쌍봉우리형
- 분포의 중심부근의 빈도수가 작아 좌우에 산모양이 형성되는 경우로 평균치가 다른 두 가지 분포가 섞여 있는 경우에 발생한다. 2대의 기계 간 원료의 차이가 있는 경우 층별한 히스토그램을 만들어서 비교해 본다.

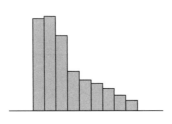

④ 절벽형
- 평균치가 분포의 중심보다 근단으로 왼쪽에 밀려 있으며 빈도수는 왼쪽이 급하게, 오른쪽이 완만하게 경사져 있는 좌우 비대칭이며, 측정방법의 이상유무 조사

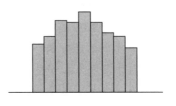

⑤ 고원형
- 각 구간에 포함되어 있는 빈도수가 거의 같은 경우로 평균치가 다소 상이한 몇 개의 분포가 섞여있는 경우이다. 층별한 히스토그램을 만들어서 비교해 본다.

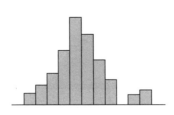

⑥ 낙도형
- 한쪽에 떨어진 작은 섬이 형성되는 모양이며, 상이한 분포에서의 데이터가 섞인 경우이다. 데이터의 혼입 및 측정방법 이상유무 조사

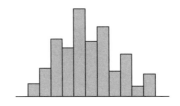

⑦ 이빠진형
- 구간의 폭을 측정단위의 정배수인지 측정자의 눈금판독법에 습관이 있는지 검토 필요

품질관리

2-5. 층별(Statification)

● 층별로 구분하는 것은 모든 현상을 정확하게 파악 하고자 끼리끼리 분류하는 것으로 목적하는 재료별, 기계별, 시간대별, 작업자별로 구분함으로써 불필요한 정보의 혼입을 막고자 하는데 있다. 즉 층별은 QC 7가지 Tool이라고 하기보다 데이터처리의 기본개념으로 이해할 수 있다.

2-6. Check Sheet

● 데이터의 사실을 조사, 확인하는 첫 단계로서 불량수, 결점수 등을 셀 수 있는 데이터(계수치)가 분류항목별로 어디에 있는가를 알아보기 쉽게 나타낸 표이다.

장비	작업자	월	화	수	목	금	토
1호기	A	○	×	○	○	○	△
	B	○	○	×	○	○	△
2호기	C	△	○	○	×	○	○
	D	△	○	○	○	×	○

[장비운용 및 작업기사 근무조건 예시]

2-7. 관리도(Control Chart)

● 관리도는 관리상한선(UCL: Upper Control Limit)과 관리하한선(LCL: Lower Control Limit)을 설정하고, 이를 프로세스(Process) 관리에 이용하기 위한 일종의 꺾은선 그래프이다. 관리도를 사용하면 프로세스가 관리상태에 있는지 아닌지를 신속하게 판정할 수 있다.

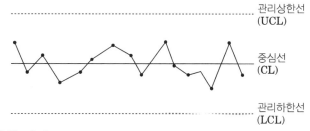

① 계량치 관리도
 ● x(개개의측정치관리도)
 ● $\bar{x}-R$(평균치와 범위) 관리도
 ● $\tilde{x}-R$(중앙치와 범위) 관리도
② 계수치 관리도
 ● P(불량률) 관리도
 ● P_n(불량개수) 관리도
 ● C(결점수) 관리도
 ● U(단위 결점수) 관리도

품질관리

3. 품질경영

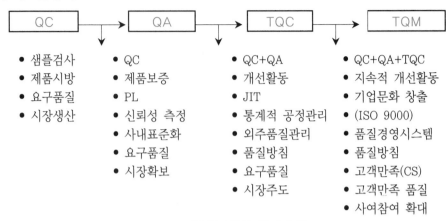

[품질경영의 발전단계]

□ 체크시트 범례

- O: Full Time 근무
- △: Half Time 근무
- ×:   휴무

3-1. 종합적 품질경영(TQM: Total Quality Management)

① TQM은 최고 경영자 중심으로 전 조직원과의 의식개혁을 통하여 품질중심의 기업문화를 창출하고, 고객만족을 지향하는 시스템으로 변화하기 위한 경영활동이다.

② 경영자가 고객에게 중요한 제품과 서비스의 모든 측면에서 뛰어나도록 전사적으로 계속 추진하는 활동이다.

3-2. 종합적 품질관리(TQC: Total Quality Control)

TQC는 품질관리의 효과적인 실시를 위해서 시장조사, 연구개발(R&D), 제품의 기획, 생산준비, 제조, 검사, 판매, A/S, 재무, 인사, 교육 등 기업활동의 전 단계에 걸쳐, 경영에 종사하는 모든 경영자 및 감독자, 작업자 등 기업의 전원참가와 협력에 의한 품질관리이다.

3-3. 검사

3-3-1. 검사의 의의(국토해양부고시 2008-84호, 책임감리업무수행지침서)

구 분	내 용
검토	• 시공자가 수행하는 중요사항과 당해 건설공사와 관련한 발주청의 요구사항에 대해 시공자 제출서류, 현장실정 등 그 내용을 감리원이 숙지하고, 감리원의 경험과 기술을 바탕으로 하여 타당성 여부를 파악하는 것
확인	• 시공자가 공사를 공사계약문서 대로 실시하고 있는지의 여부 또는 지시·조정·승인·검사 이후 실행한 결과에 대하여 발주청 또는 감리원이 원래의 의도와 규정대로 시행되었는지를 확인하는 것
검토 · 확인	• 공사의 품질을 확보하기 위해 기술적인 검토 뿐만 아니라, 그 실행결과를 확인하는 일련의 과정
검사	• 공사계약문서에 나타난 시공 등의 단계 및 재료에 대해서 완성품 및 품질을 확보하기 위해 시공자의 확인검사에 근거하여 검사원이 완성품, 품질, 규격, 수량 등을 확인하는 것

품질관리

□ TQM
− 사회참여 유도

□ TQC
− 기업내 구성원

3-3-2. 검사의 목적

1) 발주자와 계약자간의 검사

① 인수검사(Acceptance Inspection)

② 최종검사(Final Inspection)

③ 제3자 검사(Third Party Inspection)

④ 입회검사(Witness Inspection)

⑤ 자체검사(Spontaneous Inspection)

2) 불량 방지

① 중간검사(In-Process Inspection)

② 순회검사(Patrol Inspection)

3) 품질검사

① 전체검사(Total Inspection)

② 발취검사(Sampling Inspection)

③ 파괴검사(Destructive Inspection)

④ 비파괴검사(Non-Destructive Inspection)

구분	내용
검사 Inspection	• 공사계약 문서에 나타난 시공 등의 단계 및 납품된 공사재료에 대해서 완성품의 품질을 확보하기 위해 계약상대자의 확인검사에 근거하여 검사자가 기성부분 또는 완성품의 품질, 규격, 수량 등을 확인하는 것을 말한다.
확인 Identification	• 공사를 공사계약문서대로 실시하고 있는지의 여부 또는 지시, 조정, 승인, 검사이후 실행한 결과에 대하여, 감독자(또는 감리자)의 원래 의도와 규정대로 시행되었는지를 확인하는 것을 말한다.
시험(試驗, Examination/ Test)	• 재료, 구성품, 지급품, 작업, 플랜트의 성능, 안전성 등이 지정된 요구사항에 적합한지를 조사하여 데이터를 만들어 내는 것을 말하며, 검사의 한 요소이다.
검측(檢測)	• 시공된 공종에 대해 검사하고 측정한 후 미리 정해 둔 판정기준(체크리스트, 품질기준, 시공순서, 공법종류)과 비교하여 합격 혹은 불합격을 판정하는 일이다.
실험(實驗, Experiment)	• 일정한 조건을 인위적으로 설정하여 기대했던 현상이 일어나는지 어떤지, 또는 어떤 현상이 일어나는지를 조사하는 일 • 보통 실험은 현상의 재현 가능성을 전제로 성립된다고 한다. 현재는 사회현상에 대해서도 어떤 조건을 인위적으로 설정하고 그 결과를 살피는 것은 실험으로 보는 생각이 일반화하고 있다.

[유사개념 정리]

품질관리

3-4. 품질감리, 품질보증(Q.A: Quality Assurance)

① 품질보증은 제품이나 서비스가 주어진 품질요건을 만족시킬 것이라는 적절한 신뢰감을 주는데 필요한 모든 계획적이고 체계적인 행위로 프로젝트 관련 정책의 수립, 절차, 표준, 훈련, 지침서, 품질확보를 위한 시스템 등을 포함한 개념이다.

② 정해진 품질을 만족하는 제품을 발주자에게 제공하고 품질에 대하여 책임을 가지고 이바지하는 것이다.

3-4-1. 제조물 책임법, Product Liability Law

- PL법은 제조물의 결함으로 인하여 발생한 손해에 대한 제조업자 등의 손해배상책임을 규정함으로써 피해자의 보호를 도모하고 국민생활의 안전향상과 국민경제의 건전한 발전에 기여함을 목적으로 한다.

- PL법은 제품의 결함으로 인하여 소비자 또는 사용자에게 손해를 입혔을 경우 제조자 또는 판매자가 피해자에게 지는 민법상의 배상책임

1) 3가지 기본법리

구 분	내 용
과실책임 (Negligence)	주의의무 위반과 같이 소비자에 대한 보호 의무를 불이행한 경우 피해자에게 손해배상을 해야 할 의무
보증책임 (Breach Of Warranty)	제조자가 제품의 품질에 대하여 명시적, 묵시적 보증을 한 후에 제품의 내용이 사실과 명백히 다른 경우 소비자에게 책임을 짐
엄격책임 (Strict Liability)	제조자가 자사제품이 더 이상 점검되어지지 않고 사용될 것을 알면서 제품을 시장에 유통시킬 때, 그 제품이 인체에 상해를 줄 수 있는 결함이 있는 것으로 입증되면 제조자는 과실유무에 상관없이 불법행위법상의 엄격책임이 있음

2) 결함의 종류

구 분	내 용
결 함	• 제조·설계 또는 표시상의 결함이나 기타 통상적으로 기대할 수 있는 안전성이 결여되어 있는 것
제조상의 결함	• 제조업자의 제조물에 대한 제조·가공상의 주의의무의 이행여부에 불구하고 제조물이 원래 의도한 설계와 다르게 제조·가공됨으로써 안전하지 못하게 된 경우
설계상의 결함	• 제조업자가 합리적인 대체설계를 채용하였더라면 피해나 위험을 줄이거나 피할 수 있었음에도 대체설계를 채용하지 아니하여 당해 제조물이 안전하지 못하게 된 경우
표시상의 결함	• 제조업자가 합리적인 설명·지시·경고 기타의 표시를 하였더라면 당해 제조물에 의하여 발생될 수 있는 피해나 위험을 줄이거나 피할 수 있었음에도 이를 하지 아니한 경우

Sampling

– Sampling 검사는 롯트(Lot)로부터 시료를 추출하여 검사하고 그 결과를 미리 정해 둔 판정기준과 비교하여 롯트(Lot)의 합격 혹은 불합격을 판정하는 절차이다.

품질관리

3-5. 품질비용

- Quality Cost는 품질을 구현하기 위해 품질을 관리하는데 소요되는 비용과 품질관리 실패로 인해 추가적으로 발생하는 비용의 합계로서 이상적으로 일체의 낭비요소 없이 품질구현에 소요된 비용과 현실비용과의 차이이다.
- 품질비용은 품질 좋은 제품과 서비스를 만드는데 사용된 모든 비용이다.

구 분		내 용	
적 합 품질비용	예방 비용 (Prevention Cost. P-Cost)	정 의	불량 발생을 예방하기 위한 비용
		종 류	• 품질관리 운영을 위한 비용 • 품질관련 교육훈련 비용 • 계측기관리 등의 정도 • 유지를 위한 비용
	평가 비용 (Appraisal Cost. A-Cost)	정 의	시험·검사·평가 등의 품질수준을 유지하기 위해 공정에서의 품질관리 비용
		종 류	• 원재료의 수입검사나 시험에 든 비용 • 기타 품질평가에 든 비용 • 공정에서의 품질관리 비용 • 검사기기의 보수나 교정·검정 비용
비 적 합 품질비용	내 적 실패 비용 (Internal Failure Cost)	정 의	• 제품을 고객에게 배달하기 전에 문제를 발견하여 수정하는 것과 관련된 비용
		종 류	• 폐기, 재생산, 라인 정지시간, 품질미달로 인한 염가판매 등의 비용 • 사내 실패 비용(Internal F-Cost) * 불량품이 스크랩화 되므로 인한 손실 * 불량품의 재작업에 의한 손실
	외 적 실패 비용 (External Failure Cost)	정 의	• 제품이나 서비스가 고객에게 배달된 후 발견된 문제와 관련된 비용
		종 류	• 사외 실패 비용(External F-Cost) 품질보증, 교환비용, 환불, 고객불만 처리비용

3-6. 표준화
3-6-1. 건설분야 표준

품질관리

3-6-2. 건설표준화의 범위

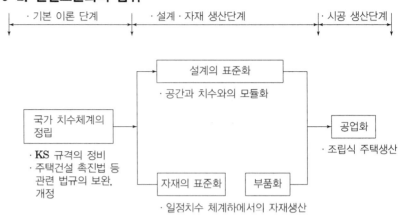

3-6-3. 건설생산과정 표준류

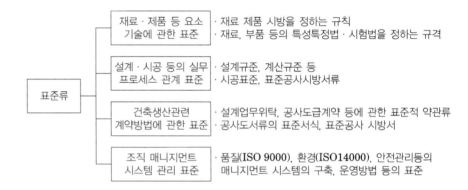

표준화

- 설계의 표준화(모듈화)
- 기술적 표준화(분류체계):
  K.S, 용어, 시방서, 내역서,
  도면, 건축법, 산업표준 등
- 건설자재의 표준화: K.S, SI
  로 치수 통일
- 수행절차 표준화 : 건설사
  업 수행절차 및 최종 성과
  물의 성능에 영향을 미치
  는 내역서, 입찰 · 계약 시
  스템 등의 표준화
- 건설정보 표준화 : 건설사
  업 정보를 효과적으로 관
  리하기 위해 IT기술과 연계
  한 건설정보 분류체계 및
  용어의 표준화

작업표준

- 품질유지, 생산량달성, 안전
  확보를 위해 작업의 적용범
  위, 순서, 방법, 절차의 규정
  을 만들고 표준화한 것
  (재료 및 자재의 표준화는 KS)

3-6-4. MC: Modular Coordination 모듈정합

- M.C은 기준치수(Module)를 사용해서 건축물의 재료 부품에서 설계 시공에 이르기까지 건축생산 전반에 걸쳐 치수상 유기적인 연계성을 만들기 위함이다. 모듈(Module) 기준치수를 말하며 건축의 생산 수단으로서 기준치수의 집성이다.
- 모듈정합은 건축 공간 구성과 건축 구성재의 크기 위치 등을 설정할 때 모듈 치수를 바탕으로 건축공간 건축구성재 상호간의 치수 정합을 이루도록 한다.

3-7. ISO: International Organization For Standardization

- ISO인증제도는 인증자격을 갖춘 인증기관이 ISO규격을 기준으로 인증 신청기업 및 조직을 평가하고 해당 규격에 적합함을 보증해 주는 제도

3-8. Six-Sigma(6-시그마)

- 고객의 관점에서 품질에 결정적인 요소를 찾고 과학적인 기법을 적용, 100만개 중 3.4개의 결점수준인 무결점 (Zero Defects) 품질을 달성하는 것을 목표로 삼아 제조현장 뿐 아니라 Marketing, Engineering, Service, 계획 책정 등 경영활동 전반에 있어서 업무 Process를 개선하는 체제를 구축하고자 하는 것이다.
- 통계학적 용어로 표준편차를 의미하며 상품이나 서비스의 Error나 Miss의 발생확률을 가리키는 통계용어로서 고객에게 고성능, 가치 및 신뢰도를 전달하기 위한 것이다.

1) 개본개념

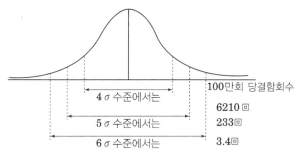

	100만회 당결함회수
4σ 수준에서는	6210 회
5σ 수준에서는	233 회
6σ 수준에서는	3.4 회

2) 추진기법 Process

단 계	추진내용
1단계 : 정의(Define)	• 고객 요구사항 파악 • 개선 프로젝트 선정
2단계 : 측정(Measure)	• 불량정도 파악 • 프로세스 맵핑
3단계 : 분석(Analysis)	• 불량형태와 원인규명 • 불량의 잠재원인들에 대한 자료확보
4단계 : 개선(Improve)	• 프로세스 개선 방법 모색 • 가능한 해결방법의 실험적 실시
5단계 : 통제(Control)	• 새 프로세스에 대한 절차 제도화 • 적절한 프로세스의 측정방법 확인

3) 관리 및 개선 대상

① 품질에 핵심적(Critical To Quality) : 고객에게 가장 중요한 속성
② 결함(Defect) : 고객이 원하는 바를 제공하지 못함.
③ 프로세스 능력(Process Capability) : 귀하의 프로세스가 전달할 수 있는 것.
④ 변동(Variation): 고객이 보고 느끼는 것
⑤ 안정적 운영(Stable Operation) : 일관되고 예측 가능한 프로세스로 고객이 보고 느낀 것을 확실히 개선
⑥ 시그마 설계(Design For Six Sigma) : 고객의 욕구와 프로세스 능력을 충족시키는 설계

- Korean Industrial Standards (한국산업규격)(KS)은 한국의 국가표준.
- '국가표준'은 한 나라가 국가규격기관을 통하여 국내 모든 이해관계자의 합의를 얻어 제정 공표된 산업표준을 말하며, 우리나라의 KS, 일본의 JIS, 독일의 DIN, 미국의 ANSI 등이 그 예이다.
- 한국의 국가표준인 '한국산업규격(KS)'은 산업표준화법에 의거하여 산업표준심의회의 심의를 거쳐 기술표준원장이 고시함으로써 확정된다.

-(Provisional Standard)
-새로 개발된 공법, 재료 등이 설계·시방기준 등에 반영되지 않음에 따른 입찰 등 프로젝트 적용 걸림돌을 완화한 제도다. 위원회 등 심의를 거쳐 잠정기준으로 채택하면 공사나 구매입찰에 적용하고 주기적으로 심사해 정식기준화나 폐기 여부를 결정하는 방식이다
-잠정기준제는 설계기준이나 표준시방서 등 건설기준의 개정주기가 짧게는 3년, 길게는 10년에 이르는 등 최신 흐름을 따라잡지 못하는 데 따른 신기술·신공법의 활용 기피 등 문제를 완충할 대안이다.

품질관리

4. 현장 품질관리

1) 품질관리계획 대상

구분	품질관리계획 대상공사
수립공사	• 총공사비 500억 원 이상 전면책임감리대상 건설공사 • 연면적 3만㎡ 이상 다중이용건축물 • 계약에 명시된 공사
미수립공사	• 원자력 발전공사 • 조경식재공사 • 가설물 설치공사 • 철거공사

2) 품질관리계획의 작성 및 수립기준

① 건설공사 정보 ② 현장 품질방침 및 품질목표
③ 책임 및 권한 ④ 문서관리
⑤ 기록관리 ⑥ 자원관리
⑦ 설계관리 ⑧ 건설공사 수행준비
⑨ 계약변경관리 ⑩ 교육훈련관리
⑪ 의사소통관리 ⑫ 기자재 구매관리
⑬ 지급자재 관리 ⑭ 하도급 관리
⑮ 공사관리 ⑯ 중점 품질관리
⑰ 식별 및 추적관리 ⑱ 기자재 및 공사 목적물의 보존
⑲ 검사, 측정, 시험장비 관리 ⑳ 검사, 시험, 모니터링 관리
기타: 부적합공사 관리, 시정조치 및 예방조치 관리, 자체 품질점검
    관리, 건설공사 운영성과의 검토 관리

3) 현장 품질관리 계획

설계
– 설계도서
– 구조계산서
– 시방서
– 시공상세도

품질관리 계획
– 품질관리 및 시험계획서
– 품질관리자 배치

시공
– 공정관리
– 원가관리
– 품질시험
– 품질관리자 배치
– Sample 시공

6-시그마 성공요소

– 최고경영자의 Leadership
– Data에 의한 관리
– 종업원 교육
– 훈련 System 구축
– 충분한 준비

품질관리

- 법 제55조제1항에 따른 건설공사의 품질관리계획(이하 "품질관리계획"이라 한다) 또는 품질시험계획(이하 "품질시험계획"이라 한다)의 수립 및 시행
- 건설자재·부재 등 주요 사용자재의 적격품 사용 여부 확인
- 공사현장에 설치된 시험실 및 시험·검사 장비의 관리
- 공사현장 근로자에 대한 품질교육
- 공사현장에 대한 자체 품질점검 및 조치
- 부적합한 제품 및 공정에 대한 지도·관리

4) 건설공사 품질관리를 위한 시설 및 건설기술자 배치기준-2020.03.18

대상공사 구 분	공사규모	시험·검사장비	시험실 규 모	건설기술인

특급
품질관리
대상공사
	영 제89조제1항제1호 및 제2호에 따라 품질관리계획을 수립해야 하는 건설공사로서 총공사비가 1,000억원 이상인 건설공사 또는 연면적 5만 m^2 이상인 다중이용 건축물의 건설공사	영 제91조제1항에 따른 품질검사를 실시하는 데에 필요한 시험·검사장비	50m^2
			이상
				• 특급기술인
				  1명 이상
				• 중급기술인
				  2명 이상

고급
품질관리
대상공사
	영 제89조제1항제1호 및 제2호에 따라 품질관리계획을 수립해야 하는 건설공사로서 특급품질관리 대상 공사가 아닌 건설공사	영 제91조제1항에 따른 품질검사를 실시하는 데에 필요한 시험·검사장비	50m^2
			이상
				• 고급기술인
				  1명 이상
				• 중급기술자
				  1명 이상

중급
품질관리
대상공사
	총공사비가 100억원 이상인 건설공사 또는 연면적 5,000m^2 이상인 다중이용건축물의 건설공사로서 특급 및 고급품질관리대상공사가 아닌 건설공사	영 제91조제1항에 따른 품질검사를 실시하는 데에 필요한 시험·검사장비	20m^2
			이상
				• 중급기술인
				  1명 이상
				• 초급기술자
				  1명 이상

초급 품질관리 대상공사	영 제89조제2항에 따라 품질시험계획을 수립해야 하는 건설공사로서 중급품질관리 대상 공사가 아닌 건설공사	영 제91조제1항에 따른 품질검사를 실시하는 데에 필요한 시험·검사장비	20m^2 이상	• 초급기술인 1명 이상

※ 비고

① 건설공사 품질관리를 위해 배치할 수 있는 건설기술인은 법 제21제1항에 따른 신고를 마치고 품질관리 업무를 수행하는 사람으로 한정하며, 해당 건설기술인의 등급은 영 별표 1에 따라 산정된 등급에 따른다.

② 발주청 또는 인·허가기관의 장이 특히 필요하다고 인정하는 경우에는 공사의 종류·규모 및 현지 실정과 법 제60조제1항에 따른 국립·공립 시험기관 또는 건설기술용역사업자의 시험

④ 원가관리

1. 원가구성

1-1. 건설공사 원가의 구성체계

1-2. 총공사비의 구성

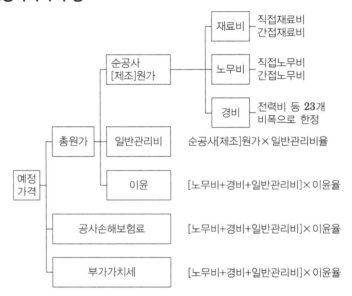

1-3. Cost Planning

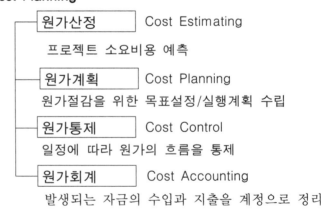

| 원가산정 | Cost Estimating |

프로젝트 소요비용 예측

| 원가계획 | Cost Planning |

원가절감을 위한 목표설정/실행계획 수립

| 원가통제 | Cost Control |

일정에 따라 원가의 흐름을 통제

| 원가회계 | Cost Accounting |

발생되는 자금의 수입과 지출을 계정으로 정리

해당 건설 Project 공사 전에 기획, 타당성 조사, 기본설계 및 실시설계 단계에서 예산범위를 초과하지 않는 최적의 기획, 설계, 시공이 되도록 건설의 전 과정에 걸쳐 원가를 적절히 배분

원가관리

1-4. 원가산정 /실행예산 편성(비용견적)

1) 원가산정 원칙

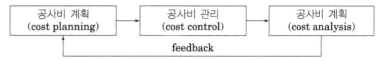

① 실제상황 반영(경험)
② 동일한 상세수준 유지(정보의 정확성)
③ 모든 비용요소 포함
④ 가변성 있는 서류양식 작성(공식적인 서류)
⑤ 직접비용과 간접비용 구분
⑥ 변동비용과 고정비용 구분(설계변경에 대처)
⑦ 변수에 대비한 예비비 포함

2) 실행예산 편성

- 실행예산은 건설회사가 수주한 공사를 수행하기 위하여 선정된 계획 공사비용이다.

- 공사를 진행함에 있어서 직·간접적으로 순수하게 투입되는 비용으로 실행예산의 각 항목은 재료비, 노무비, 외주비, 경비 등으로 구분되는 직접공사비와 현장관리비, 안전관리비, 산재보험료 등 직접공사비 이외의 공사 투입금액을 적용하는 간접공사비로 구성된다.

- 건설 Project 공사현장의 주위여건, 시공상의 조건을 조사하여 종합적으로 검토, 분석한 후 계약내역과는 별도로 작성한 실제 소요공사비이다.

원가관리

2. 적산 및 견적

2-1. 견적절차

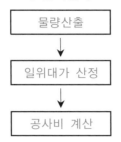

물량산출 → 일위대가 산정 → 공사비 계산

· 각 작업 공종에 대한 재료의 소요량, 노무자의 소요수, 가설재 및 장비의 기간 등 구체적 산출

· 항목별 단가를 산정하는 작업으로 자재와 노무에 대한 단위가격과 품의 수량을 곱하여 산정

· 공사수행에 필요한 모든 금액을 포함하여 산정

표준 시장단가 제도

□ 2015년 03.01 시행
– 건설공사를 구성하는 세부 공종별로 계약단가, 입찰단가, 시공단가 등을 토대로 시장 및 시공 상황을 반영할 수 있도록 중앙관서의 장이 정하는 예정가격 작성기준
– 실적공사비를 대체하는 제도로써 종전 실적공사비 단가(1,968 항목)에서 불합리한 항목(77개 항목)을 우선적으로 현실화
– 2014년 하반기 실적공사비와 비교하여 평균 4.18%(물가상승률 포함 4.71%) 상승하였으며, 거푸집, 흙쌓기, 포장 등의 항목에서 현실화 효과 기대

2-2. 견적의 종류

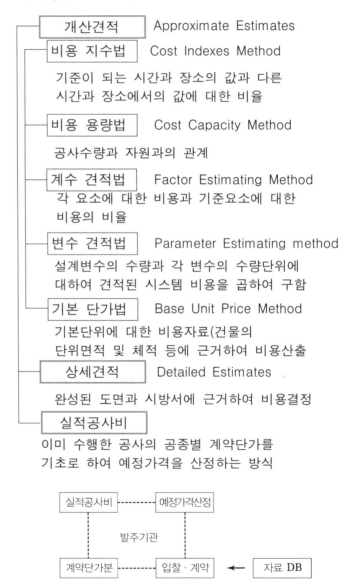

개산견적   Approximate Estimates

비용 지수법   Cost Indexes Method
기준이 되는 시간과 장소의 값과 다른 시간과 장소에서의 값에 대한 비율

비용 용량법   Cost Capacity Method
공사수량과 자원과의 관계

계수 견적법   Factor Estimating Method
각 요소에 대한 비용과 기준요소에 대한 비용의 비율

변수 견적법   Parameter Estimating method
설계변수의 수량과 각 변수의 수량단위에 대하여 견적된 시스템 비용을 곱하여 구함

기본 단가법   Base Unit Price Method
기본단위에 대한 비용자료(건물의 단위면적 및 체적 등에 근거하여 비용산출

상세견적   Detailed Estimates
완성된 도면과 시방서에 근거하여 비용결정

실적공사비
이미 수행한 공사의 공종별 계약단가를 기초로 하여 예정가격을 산정하는 방식

실적공사비 ------- 예정가격산정

발주기관

계약단가분 ------- 입찰·계약 ← 자료 DB

건설업체

시공 → 생산성분석

3. 원가관리 기법

3-1. MBO(Management by Objectives), 목표설정 기법

원가관리

MBO의 전제조건

- 연도별 목표가 구체적이고, 전체목표가 명확할 것
- 업무평가체계 확립
- 종업원의 소질이 일정수준 이상
- 최고경영층의 이해와 의욕

- MBO는 개인의 능력발휘와 책임소재를 명확히 하고, 미래의 전망과 노력에 대한 지침을 제공하여 Teamwork를 조성하게 해서 관리원칙에 따라 관리하고 자기통제(Management And Self control)하는 행위과정을 MBO라 한다.(by 피터 드러커 Peter Ferdinand Drucker)

- MBO는 관리자 자신이 자기개발과 조직에 공헌하기 위해서 설정된 기업의 이익과 목표를 효과적으로 달성시키기 위한 기업의 욕구를 통합·조정하는 동태적 시스템이다.(by 험블 John W. Humble)

- MBO란 개별 조직구성원에게 기대되는 성과를 사전에 구체적으로 표시하고, 아울러 창의성과 적극성에 의한 자기통제를 중심으로 실현을 꾀하며, 한편으로는 실제적인 성과를 측정·평가한 결과를 각 해당 부문에 Feedback 시켜서 기업과 개인의 성장을 통합시키는 종합적 시스템이다.

1) MBO의 원리

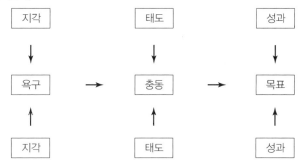

2) 목표관리의 유형

① 양적 목표(Quantitative Objectives)
- 이 목표는 MBO가 이익이나 생산에 있어 그 목표를 설정하고 이행함에 있어서 그 목표를 수량화, 숫자로 나타낼 수 있어야 한다는 것을 의미한다.

② 질적 목표(Qualitative Objectives)
- 질적인 목표는 수량화하기 어렵지만 일부는 검증 가능한 성격을 가지고 있다. 종업원의 성장을 위해 새로이 컴퓨터 프로그램을 배우게 하는 것 등이 질적인 목표에 속한다.

③ 예산 목표(Budgetary Objectives)
- 이 목표는 현재의 수준에서 이루어지는 MBO의 성과를 계속 유지하기 위해서 공식적으로 표현되는 목표를 가지고 있다.

원가관리

3) 목표관리의 기본단계

[Feed Back]

3-2. VE와 LCC

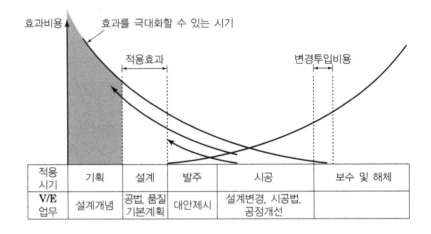

적용 시기	기획	설계	발주	시공	보수 및 해체
V/E 업무	설계개념	공법, 품질 기본계획	대안제시	설계변경, 시공법, 공정개선	

원가관리

4. 원가관리 방법- 측정 및 절감

4-1. 원가관리 및 절감

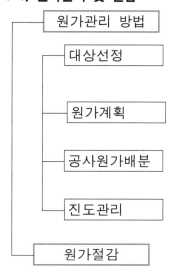

1. 공정관리와 연계
2. 원가관리의 전산화
3. 생산성 향상(신기술, 신공법, 기계화, 린건설)
4. VE적용
5. 계약제도
6. BIM설계
7. 유지관리
8. 경영차원에서의 접근

4-2. 기성관리

4-2-1. 산정방법

1) **추정 진도 측정 방법(Estimated Percent Complete Method)**

   단위 공종이나 Activity별 관리 책임자가 작업진행 상태를 파악한 후 주관적 판단에 따라 진도율 혹은 달성도(%)를 부여하는 방법

2) **실 작업량 측정방법(Physical Progress Measurement Method, PPM Method)**

   단위 공종이나 Activity별 총 예상 작업물량 대비 실제시공이나 설치물량의 비율로써 진척도(%)를 산정하는 방법으로 건설공사에 소요되는 자재 중에서 대량자재로써 수량측정을 위한 단위부여가 가능한 공종에 도입하는 방법이다.

3) **달성진도 인정방법(Earned Value Method)**

   단위 작업 범위를 측정 가능한 규모로 세분화 시켜 작업 진행 단계별로 일정한 달성진도 값(Earned Value)을 부여 또는 인정함으로써 작업진도를 산정하는 방법이다. 추정진도 산정방법의 단순성과 편의성, 실 작업량 측정방법의 객관성을 혼합한 방법이다.

4-2-2. 기성고 산정 방법

1) 확정금 계약 방식(Lump Sum Contract)

① 실적 진도율에 의한 방식(PMPM: Progress Measurement Payment Method)

- 단위 건설공사에 소요되는 총 소요금액을 확정하여 계약하는 방식이다.
- 기성금액=확정금액×누계 진도율(%)-(전회 지급누계)

② 계획 진도율에 의한 방식(SPPM: Scheduled Progress Payment Method)

- 일정한 비율로 일정기간별 지급하는 방식

③ Milestone에 의한 지급방식(Milestone Payment)

- 공사규모가 크고 공기가 촉박할 때 지급 하는 방식으로 건물의 중요한 시점을 지정하여 완료하였을 때 지급하는 방식
- 기성금액=확정금액×누계 진도율(%)-(전회 지급누계)

4-2-3. 단가 계약 방식(Unit Rate Contract)

1) 실적물량에 의한 방식(Installed Quantity)

- 국내에서 가장 흔하게 도입하고 있는 방식으로 계약 시에 첨부된 공사내역서 물량의 항목별로 실제 건설현장에서 설치된 물량의 기준으로 해당 계약 단가를 곱하여 기성고를 산정하는 방식
- 기성금액=실적(시공/설치)물량×계약단가

2) 대표 물량에 의한 방식(Major Commodity Quantity)

- 일반적으로 세부 공종별 실적 물량에 집계에 의한 방식은 공사 규모가 크고 공종의 종류가 다양할수록 집계와 확인에 상당한 인력이 소모됨으로 주공종의 부속이 되는 공종은 별도 집계를 하지 않고 주공종이 설치될 경우 주공종에 이를 포함시켜 기성고를 산정하는 방식이다.
- 기성금액=실적물량(대표물량)×환산단가

안전관리

⑤ 안전관리

1. 산업안전 보건법

1-1. 일반사항

1-1-1 산업안전 관리비

1) 공사종류 및 규모별 안전관리비 계상기준표(2018.10.05.)

(단위: 원)

공사종류 \ 대상액	5억원 미만	5억원 이상 50억원 미만		50억원 이상
		비율	기초액	
일반건설공사(갑)	2.93%	1.86%	5,349,000원	1.97%
일반건설공사(을)	3.09%	1.99%	5,499,000원	2.10%
중 건 설 공 사	3.43%	2.35%	5,400,000원	2.44%
철도·궤도신설공사	2.45%	1.57%	4,411,000원	1.66%
특수및기타건설공사	1.85%	1.20%	3,250,000원	1.27%

2) 공사진척에 따른 안전관리비 사용기준

공정률	50% 이상 70% 미만	70% 이상 90% 미만	90% 이상
사용기준	50% 이상	70% 이상	90% 이상

1-1-2. 안전관리비 사용내역

수급인 또는 자기 공사자는 안전관리비를 다음 각 호의 항목별 사용기준에 따라 건설사업장에서 근무하는 근로자의 산업재해 및 건강장해 예방을 위한 목적으로만 사용하여야 한다.

① 안전관리자 등의 인건비 및 각종 업무 수당 등
② 안전표지 경보 및 유도시설, 감시 시설, 방호장치, 안전·보건시설 및 그 설치비용개인보호구 및 안전장구 구입비 등
③ 사업장의 안전 진단비
④ 안전보건교육비 및 행사비 등
⑤ 근로자의 건강관리비 등
⑥ 기술지도비
⑦ 본사 사용비

안전관리

자체심사 및 확인업체 지정제도

- 대상 : 시공능력 순위 200
  위 이내 건설업체 중 직전
  년도 산업재해발생률이 낮
  은 우수업체 중 상위 20%
  건설업체
- 지정기간 : 매년 08.01 ~
  익년 07.31 (1년)
- 혜택 : 대상 업체는 지정기
  간 동안 착공되는 건설공사
  에 대하여 유해위험방지계
  획서를 작성하여 자체심사
  하고, 자체심사서를 공단에
  제출하면 공사 준공 시 까
  지 공단의 확인 면제(단, 고
  용노동부 조사대상 중대재
  해 발생현장은 발생시점 이
  후부터 공단에서 확인 실시)

MSDS

[Material Safety Data Sheet]

- 화학물질을 안전하게 사용하
  고 관리하기 위하여 필요한
  정보를 기재한 Sheet. 제조자
  명, 제품명, 성분과 성질, 취
  급상의 주의, 적용법규, 사고
  시의 응급처치방법 등이 기입
  되어 있다. 화학물질 등 안전
  Data Sheet라고도 한다.

1-2. 안전점검

1-2-1 안전인증 및 안전검사제도

1) 안전인증 대상

구분	안전인증 대상
기계 · 기구 및 설비 (10종)	• 프레스 • 전단기 및 절곡기 • 크레인 • 리프트 • 압력용기 • 롤러기 • 사출성형기 • 고소작업대 • 곤돌라 • 기계톱(이동식만 해당)
방호장치 (8종)	• 프레스 및 전단기 방호장치 • 양중기용 과부하방지장치 • 보일러 압력방출용 안전밸브 • 압력용기 압력방출용 안전밸브 • 압력용기 압력방출용 파열판 • 절연용 방호구 및 활선작업용 기구 • 방폭구조 전기기계 · 기구 및 부품 • 추락 · 낙하 및 붕괴 등의 위험방지 및 보호에 필요한 가설기자재로서 고용노동부장관이 정하여 고시하는 것
보호구 (12종)	• 추락 및 감전위험방지용 안전모 • 안전화 • 안전장갑 • 방진마스크 • 방독마스크 • 송기마스크 • 전동식 호흡보호구 • 보호복 • 안전대 • 차광 및 비산물 위험방지용 보안경 • 용접용 보안면 • 방음용 귀마개 또는 귀덮개

안전관리

2) 안전인증절차 – 인증심사 공정 및 심사항목(2단계에서 4단계로 확대)

심사공정	개정 전·후 비교		제도변경에 다른 추가 심사항목
	개정 전	개정 후	
1단계	설계검사	서면심사	– 안전인증 기본요건 및 사용설명서 적합성 심사
2단계	–	기술능력 및 생산체계심사	– 기술능력 및 생산체계심사 구비서류 적정성 – 기술능력 및 생산체계 절차의 적정성 – 품질관련 생산시스템 현장 적용 적정성 확인
3단계	완성검사 또는 성능검사	제품심사	– 안전인증기준 충족 및 사용설명서와 일치여부 확인
4단계	–	사후관리	– 생산제품이 안전인증을 받은 제품과 동일성능을 유지하고 있는지를 안전인증 후 매년 확인 · 생산품의 사양, 구조, 성능에 대한 제품 확인 · 기술능력 및 생산체계의 적합성 및 운영상태

안전인증제도

– 검사, 검정제도를 안전
인증제도로 통합
– 2017년 04.17

개별심사	형식심사	비 고
신청서 접수	신청서 접수	
↓		
서면 심사	서면 심사	– 서면심사 : 도면, 사용설명서 등
↓		
제품시험 (성능기준)	제품시험 (성능기준) / 기술능력 및 생산체계 심사	– 제품성능 시험·검사 – 기술능력·생산체계 심사 : 업체방문심사
↓	결과통보	
결과통보		– 사후관리 : 방문
	사후관리(매년)	심사 및 제품시험

1-2-2. 자율안전신고제도

안전인증대상 이외의 기계 · 기구, 방호장치 및 보호구 등으로서 생산기술이 보편화되어 제품의 시험만으로 안전성 확인이 가능한 경우
– 제조자가 제품이 고용노동부장관이 정한 기준에 적합하다는 것을 스스로 확인하여 한국산업안전보건공단에 신고하고 제품 생산

1) 자율안전확인신고 절차 및 대상

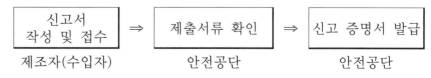

신고서 작성 및 접수	⇒	제출서류 확인	⇒	신고 증명서 발급
제조자(수입자)		안전공단		안전공단

구분		개정 전	개정 후
대상	위험기계	신설	o 자율안전확인신고 : 3종 – 원심기, 공기압축기, 곤돌라
	방호장치 보호구	신설	o 자율안전확인신고 : 11종 – 방호장치(8종), 보호구(3종) : 용접장치용 안전기, 자동전격방지기, 로울러기 급정지장치, 연삭기 덮개, 둥근톱 날접촉예방장치, 동력식 수동대패 칼날접촉방지장치, 로봇안전매트, 건설용 가설기자재, 안전모, 보안경, 보안면

1-2-3. 안전검사

> 유해하거나 위험한 기계·기구·설비를 사용하는 사업주가 유해·위험기계 등의 안전에 관한 성능이 안전검사기준에 적합한지 여부에 대하여 안전검사기관으로부터 안전검사를 받도록 함으로써 사용 중 재해를 예방하기 위한 제도

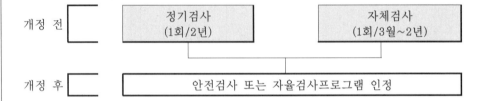

개정 전

정기검사 (1회/2년) 자체검사 (1회/3월~2년)

개정 후

안전검사 또는 자율검사프로그램 인정

1) 안전검사 및 자율검사프로그램인정 대상

구분	개정 전	개정 후
명칭	정기검사 + 자체검사	안전검사 또는 자율검사프로그램인정
대상	크레인, 압력용기, 프레스, 전단기, 리프트, 로울러기, 원심기, 곤돌라, 국소배기장치, 화학설비, 건조설비, 승강기, 보일러, 아세틸렌 용접장치, 가스집합용접장치, 공기압축기 등 16종	크레인, 압력기, 프레스, 전단기, 리프트, 로울러기, 원심기, 곤돌라, 국소배기장치, 화학설비, 건조설비, 사출성형기 등 12종

2) 자율검사 프로그램 인정제도 도입

① 근로자와 사업주가 협력하여 기계기구 및 설비의 위험도를 자율적으로 평가, 관리하는 제도
* 자율검사프로그램을 시행할 경우 안전검사 면제
② 자율검사프로그램을 인정받기 위한 조건
* 검사원(노동부령으로 정하는 자격·교육이수 및 경험을 가진자)을 고용하고 있을 것

환산 재해율

$$\frac{환산재해자수}{상시근로자수} \times 100(\%)$$

– 재해율 산정방법 중 재해자수의 경우 사망자에 대하여 가중치를 부여하여 재해율을 산정하는 방법이다.
– 재해율 조사(Injury ratio assessment)는 1992년도에 30대 건설사를 대상으로 처음 공표된 후, 부분적인 수정·보완을 거듭하여 1994년도에 현재(2009년 기준)의 체계가 확립되었다.

TBM(Tool Box Meeting)

– TBM은 현장에서 작업 시작 전 짧은 시간 동안 동료 근로자들이 공구함 주위에 모여 반장에게서 당일 작업의 범위, 방법 및 안전상의 주의를 주고, 근로자의 요구조건을 들어 작업을 능률적이고 안전하게 추진할 목적으로 시작된 것이다. 실시하는 위험예지활동이다.
– TBM의 사전적 의미는 건설현장에서 작업 전 공구박스(tool box)를 깔고 미팅(meeting)을 한다는 뜻이며, 일반적으로는 작업반 단위로 오전·오후 작업을 시작하기 전에 약 5~10분 정도 체조로 몸을 풀고 안전보호구와 복장을 점검함으로써 안전사고를 사전에 예방하는 무재해 활동을 의미한다.

안전관리

가설구조물 안전성확인 대상

- 1. 높이가 31미터 이상인 비계
- 1의2. 브라켓(bracket) 비계
- 2. 작업발판 일체형 거푸집 또는 높이가 5미터 이상인 거푸집 및 동바리
- 3. 터널의 지보공(支保工) 또는 높이가 2미터 이상인 흙막이 지보공
- 4. 동력을 이용하여 움직이는 가설구조물
- 4의2. 높이 10미터 이상에서 외부작업을 하기 위하여 작업발판 및 안전시설물을 일체화하여 설치하는 가설구조물
- 4의3. 공사현장에서 제작하여 조립·설치하는 복합형 가설구조물
- 5. 그 밖에 발주자 또는 인·허가기관의 장이 필요하다고 인정하는 가설구조물

- 노동부장관이 고시하는 장비를 갖추고 이를 유지·관리할 수 있을 것
- 안전검사주기의 2분의 1에 해당하는 주기마다 검사를 실시할 것(크레인 중 건설현장 외에서 사용하는 크레인의 경우에는 6개월)
- 자율검사프로그램의 검사기준이 안전검사기준을 충족할 것
③ 자율검사프로그램인정 절차
- 사업장에서 노사협의 하에 자율적으로 검사를 하기 위한 검사인력과 장비를 보유하거나 외부 지정검사기관에 의뢰한 후 자율검사프로그램을 작성하여 자율검사프로그램인정 신청서와 함께 한국산업안전보건공단에 제출하면 공단에서는 심사하여, 적합시 자율검사프로그램 인정서를 발급하게 되고 인정서를 받은 사업장이 프로그램과 동일하게 자율검사를 실시하면 외부 안전검사기관의 안전검사를 받지 않아도 된다.

1-3. 사업장의 안전보건

1-3-1 산업재해 발생보고

(기계정지 및 재해자 구출→병원후송→보고 및 현장보존)

1-4. 안전성 평가

1-4-1 위험성 평가

(Plan실행계획→Do실행→Check점검→Action개선)

1-4-2 유해위험 방지계획서

- 유해 위험 방지 계획서는 건설공사 작업을 수행하는 도중 발생할 수 있는 유해물질이나 위험요인을 사전 조사를 통해 예방하고 안전한 작업을 위한 계획을 수립하기 위한 내용으로 작성되는 문서를 말한다. 산업안전보건법 규정에 따라 반드시 제출되어야 하는 문서로 제조업과 건설업에 한해 해당된다.

1) 제출대상 사업장
① 지상높이가 31m 이상인 건축물 또는 공작물
② 연면적 30,000㎡ 이상인 건축물
③ 연면적 5,000㎡ 이상의 문화 및 집회시설(전시장 및 동물원·식물원은 제외한다), 판매시설, 운수시설(고속철도의 역사 및 집배송시설은 제외한다), 종교시설, 의료시설 중 종합병원, 숙박시설 중 관광숙박시설
④ 지하도상가의 건설·개조 또는 해체
⑤ 최대지간길이가 50m 이상인 교량 건설·개조 또는 해체
⑥ 터널건설 등의 공사
⑦ 다목적댐·발전용댐 및 저수용량 20,000,000Ton 이상의 용수전용댐·지방상수도 전용댐 건설 등의 공사
⑧ 깊이 10m 이상인 굴착공사

안전관리

2) 제출서류

① 공사개요

② 안전보건관리계획

③ 추락방지계획

④ 낙하, 비례 예방계획

⑤ 붕괴방지계획

⑥ 차량계 건설기계 및 양중기에 관한 안전작업계획

⑦ 감전재해 예방계획

⑧ 유해, 위험기계기구등에 관한 재해예방계획

⑨ 보건, 위생 시설 및 작업환경 개선계획

⑩ 화재, 폭발에 의한 재해방지 계획

※ 계획서의 항목을 각 현장별로 해당되는 항목에 대하여 제출한다.

3) 심사절차

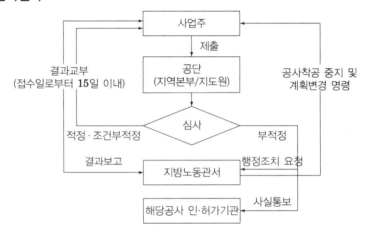

4) 확인절차

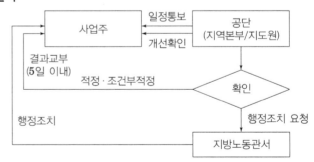

2. 건설기술 진흥법

2-1. 일반사항

2-1-1 안전관리 계획 수립

① 1종 시설물 및 2종 시설물

② 지하 10m 이상 굴착하는 공사

안전관리

밀폐공간보건작업 프로그램

□ 밀폐공간 보건작업
프로그램 수립 · 시행
– 밀폐공간 보건작업 프로
그램 수립 · 시행
– 밀폐공간 관리감독자 지정
– 밀폐공간 안전보건작업
허가서 작성 및 교육
– 밀폐공간 출입금지와 인
원점검
– 감시인 배치 및 연락설
비 가동
– 사고 시의 대피 및 대피
용 기구의 비치

□ 밀폐공간에서의
유해공기 농도 측정
– 유해가스 농도측정지점
의 선정
□ 밀폐공간에서의
□ 환기밀폐공간 보호구 및
구조장비

안전검사 주기

□ T/C, 리프트, 곤돌라
– 최초로 설치한 날부터 6
개월 마다 실시

□ 기타 유해 · 위험기계
– 최초안전검사: 3년 이내
– 정기안전검사: 2년마다

③ 폭발물을 사용(20m안에 시설물이 있거나 100m 안에 사육하는 가축
   이 있을 때) 4) 10층 이상 16층 미만 건축물
④ 10층 이상인 건축물의 리모델링/해체
⑤ 천공기(높이10m이상), 항타 및 항발기, 타워크레인
⑥ 높이가 31m 이상인 비계
⑦ 터널의 지보공 또는 높이가 2m 이상인 흙막이 지보공

2-1-2 지하안전영향평가

① 시추정보
② 지질정보
③ 지하수 정보
④ 지하시설물에 관한 정보
⑤ 지하공간통합지도 정보

2-2. 안전관리

2-2-1 DFS

※ 설계의 안전성 검토[DFS · Design For Safety] – 안전관리 수립 대상공사

설계단계에서 설계자가 시공현장의 지반조건이나 보유인력, 자재, 장비 등을 고
려한 안전성 검토를 하여 발주청에게 제출하는 제도로써 설계 시 부터 사후관리
까지의 전 과정에 대한 안전관리를 실시하기 위한 제도 및 관리를 실시하기 위함

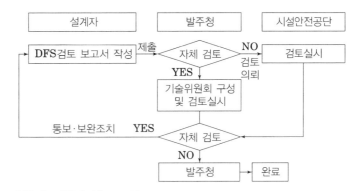

2-2-2 건설사고현장 사고조사

사고발생→초기현장조사→위원회 구성 필요성 검토→우원회 구성 및 사고
조사계획 수립→정밀현장조사→위원회 심의 →결과보고(국토부)

3. 안전사고

3-1. 사고(재해)의 발생원인

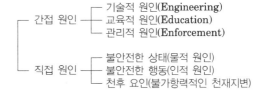

안전관리

3-2. 안전사고의 발생유형

구 분		분류항목	세부항목
인적사고	사람의 동작에 의한 사고	① 추락	• 사람이 건축물, 비계, 기계, 사다리, 계단 경사면 등에서 떨어지는 것
		② 충돌	• 사람이 정지물에 부딪힌 경우
		③ 협착	• 물건에 낀 상태, 말려든 상태
		④ 전도	• 사람이 평면상으로 넘어졌을 때, 과속·미끄러짐
		⑤ 무리한 동작	• 부자연한 자세 혹은 동작의 반동으로 상해를 입는 경우
	물체의 운동에 의한 사고	① 붕괴·도괴	• 토공사시 토사의 붕괴, 적재물·비계·건축물이 무너진 경우 물체가 주체가 되어 사람이 맞는 경우
		② 낙하·비래	
	접촉·흡수에 의한 사고	① 감전	• 전기접촉, 방전에 의해 사람이 충격을 받을 경우
		② 이상온도 접촉	• 고온 및 저온에 접촉한 경우(동상, 화상)
		③ 유해물 접촉	• 유해물 접촉으로 중독, 질식된 경우
물적사고		① 화재	• 발화물로 인한 화재의 경우
		② 폭발	• 압력의 급격한 발생·개방으로 폭음을 수반한 팽창이 일어난 경우
		③ 파열	• 용기 혹은 장치가 물리적인 압력에 의해 파열한 경우

※ 재해예방 대책

① 제1단계(조직): 안전관리 조직
② 제2단계(사실의 발견): 현상파악
③ 제3단계(분석): 원인분석
④ 제4단계(시정책의 선정): 대책수립
⑤ 제5단계(시정책의 적용): 대책실시

4. 보호구 & 위험예지 활동

4-1. 보호구

(안전모, 안전대, 추락 방지대, 구명줄 등)

4-2. 위험예지활동

- TBM(Tool Box Meeting) 현장에서 작업의상황에 맞게 실시(5~7명이 인원이 위험요인을발견/ 해결)
- 지적확인(대상을 지격하면서 구호외침)
- Touch & Call(동료의 손과 어깨를 잡고 Team의 행동목표 도는 구호를 외침)
- 5C운동(Correctness복장단정, Clearance정리정돈, Cleaning청소청결, Checking점검확인, Concentration전심전력)

환경관리

6 환경관리

1. 환경관리 업무

건설공해 종류

- 소음진동 공해
- 일조방해
- 전파장해
- 빌딩풍해
- 조망장해
- 대기환경 공해

- 환경관리 업무는 공사의 착공에서부터 목적물의 완성에 이르기까지 건설공사 전 과정에서 발생되는 자연환경 및 생활환경 보전과 환경오염방지 등 일반적인 사항과 환경에 관한 문제를 관련법규에 의하여 처리하는 것이다.
- 환경관리는 건설공사의 비산먼지 · 악취에 의한 대기오염방지, 수질오염방지, 소음 및 진동방지, 폐기물처리 및 재활용계획, 토양보전, 생태계보전 등의 환경관리를 위한 표준적이고 일반적인 기준에 의거하여 실시한다.

1-1. 건설 환경관리 표준시방서상의 환경관리 항목

구 성	항 목	비 고
제1장 총 칙	1-1 공통사항	–
	1-2 환경관리	업무, 관련법, 총괄
제2장 건설환경 오염방지	2-1 비산먼지 방지시설공사	가시설 공사
	2-2 공사장 폐수처리시설공사	가시설 공사
	2-3 토사유출 저감시설공사	가시설 공사
	2-4 가설사무실 오수처리시설공사	가시설 공사
	2-5 항타, 발파시 소음 · 진동방지시설공사	요령
	2-6 공사장비 소음저감시설공사	가시설 공사
제3장 자연생태계보전 및 복원	3-1 오염토양처리	처리공정
	3-2 표토 모으기 및 활용	조경공사
	3-3 수목이식공사(수목가이식)	조경공사
	3-4 자생식생복원	조경공사
	3-5 비탈면 녹화	조경공사
	3-6 생태통로 설치	시설공사
	3-7 동물 보호시설	시설공사
	3-8 시설물(구조물) 설치 시 경관 보호	요령, 조경공사
	3-9 수자원 보호	요령

특정공사 사전신고대상 장비

1. 항타기 · 항발기 또는 항타항발기(압입식 항타항발기는 제외한다)
2. 천공기
3. 공기압축기(공기토출량이 분당 2.83세제곱미터 이상의 이동식인 것으로 한정한다)
4. 브레이커(휴대용을 포함한다)
5. 굴삭기
6. 발전기
7. 로더
8. 압쇄기
9. 다짐기계
10. 콘트리트 절단기
11. 콘크리트 펌프

1-2. 의무 및 관리내용

① 건설공사의 발주자 · 건설업자 및 주택건설등록업자는 건설공사에 따른 환경피해가 최소화되도록 건설공사의 환경관리에 노력하여야 한다.

② 건설공사의 발주자는 건설공사의 계약을 체결하는 때에는 환경훼손 · 오염의 방지 등 건설공사의 환경관리에 필요한 비용을 국토해양부령이 정하는 바에 따라 공사금액에 계상하여야 한다.

환경관리

[방음판]

2. 건설소음 및 진동공해

2-1. 건설소음 및 진동의 규제기준 - 2016.06.30

1) 생활소음 규제기준

[단위: dB(A)]

대상지역	아침(5~7시) 저녁(18~22시)	주간(07~18시)	야간(22~5시)
주거지역, 녹지지역, 관리지역 중 취락지구 및 관광·휴양개발진흥지구, 자연환경보전지역, 그 밖의 지역에 있는 학교·병원·공공도서관	• 60 이하	• 65 이하	• 50 이하
그 밖의 지역	• 65 이하	• 70 이하	• 50 이하

① 공사장의 소음 규제기준은 주간의 경우 특정공사의 사전신고 대상
② 기계·장비를 사용하는 작업시간이 1일 3시간 이하일 때는 +10dB을, 3시간 초과 6시간 이하일 때는 +5dB을 규제기준치에 보정한다.
③ 발파소음의 경우 주간에만 규제기준치(광산의 경우 사업장 규제기준)에 +10dB을 보정한다.
④ 공사장의 규제기준 중 일부 지역은 공휴일에만 -5dB를 규제기준치에 보정한다.

2) 생활진동 규제기준

[단위: dB(V)]

대상지역	주간(06~22시)	야간(22~6시)
주거지역, 녹지지역, 관리지역 중 취락지구 및 관광·휴양개발진흥지구, 자연환경보전지역, 그 밖의 지역에 있는 학교·병원·공공도서관	• 65 이하	• 60 이하
그 밖의 지역	• 70 이하	• 65 이하

① 공사장의 진동 규제기준은 주간의 경우 특정공사의 사전신고 대상 기계·장비를 사용하는 작업시간이 1일 2시간 이하일 때는 +10dB을, 2시간 초과 4시간 이하일 때는 +5dB을 규제기준치에 보정한다.
② 발파진동의 경우 주간에만 규제기준치에 +10dB을 보정한다.

3) 공사장 방음시설 설치기준

① 방음벽시설 전후의 소음도 차이(삽입손실)는 최소 7dB 이상 되어야 하며, 높이는 3m 이상 되어야 한다.
② 공사장 인접지역에 고층건물 등이 위치하고 있어, 방음벽시설로 인한 음의 반사피해가 우려되는 경우에는 흡음형 방음벽시설을 설치하여야 한다.
③ 방음벽시설에는 방음판의 파손, 도장부의 손상 등이 없어야 한다.

환경관리

④ 방음벽시설의 기초부와 방음판·지주 사이에 틈새가 없도록 하여 음의 누출을 방지하여야 한다.

※ 참고

① 삽입손실 측정을 위한 측정지점(음원 위치, 수음자 위치)은 음원으로부터 5m 이상 떨어진 노면 위 1.2m 지점으로 하고, 방음벽시설로부터 2m 이상 떨어져야 하며, 동일한 음량과 음원을 사용하는 경우에는 기준위치(Reference Position)의 측정은 생략할 수 있다.

② 그 밖의 경우에 있어서의 삽입손실 측정은 "음향-옥외 방음벽의 삽입손실측정방법"(KS A ISO 10847) 중 간접법에 따른다.

2-2. 건설소음 진동 저감대책

1) 소음원 대책

① 진동이나 유동의 발생이 감소되는 기구로 할 것
② 진동의 전반을 차단하도록 하는 기구로 할 것
③ 고유동진동수를 변경하여 공명현상을 제거하거나 개선하도록 할 것
④ 진동에서 소리의 방사효율을 작게 할 것
⑤ 소음 저감장치를 하든가 부분적인 커버나 전체적인 밀폐장치 등을 설치할 것

2) 전파경로 대책

① 전파거리
② 배치계획
③ 방음벽 등의 설치

3) 수음점에서의 대책

① 건물 자체의 차음성능을 높임
② 창호의 기밀성이 높은 것을 사용
③ 최소한의 환기설비
④ 차음성능이 고려된 장치 사용

환경관리

3. 대기환경 관리

3-1. 비산먼지 발생신고 〈개정 2015.7.21.〉

가. 건축물축조공사(건축물의 증·개축 및 재축을 포함하며, 연면적 1,000㎡ 이상인 공사만 해당한다. 다만, 굴정 공사는 총연장 200m 이상 또는 굴착토사량 200㎥ 이상인 공사만 해당한다)

나. 토목공사(구조물의 용적 합계가 1,000㎥ 이상이거나 공사면적이 1,000㎡ 이상 또는 총연장이 200m 이상인 공사만 해당한다)

다. 조경공사(면적의 합계가 5,000㎡ 이상인 공사만 해당한다)

라. 지반조성공사 중 건축물해체공사(연면적이 3,000㎡ 이상인 공사만 해당한다), 토공사 및 정지공사(공사면적의 합계가 1,000㎡ 이상 인 공사만 해당하되, 농지정리를 위한 공사는 제외한다)

마. 그 밖에 공사(가목부터 라목까지의 공사에 준하는 공사로서 해당 가목부터 라목까지의 공사 규모 이상인 공사만 해당한다.

3-2. 비산먼지 발생 억제를 위한 시설의 설치 및 필요한 조치에 관한 기준

1) 야적(분체상 물질을 야적하는 경우에만 해당한다)
① 야적물질을 1일 이상 보관하는 경우 방진덮개로 덮을 것
② 야적물질의 최고 저장높이의 1/3 이상의 방진벽을 설치하고, 최고저장높이의 1.25배 이상의 방진망(막)을 설치할 것
③ 야적물질로 인한 비산먼지 발생억제를 위하여 물을 부리는 시설을 설치할 것
④ 야적설비를 이용하여 작업 시 낙하거리를 최소화 하고, 야적 설비주위에 물을 뿌려 비산먼지가 흩날리지 않도록 할 것

2) 싣기 및 내리기
① 싣거나 내리는 장소 주위에 고정식 또는 이동식 물을 뿌리는 시설(살수반경 5m 이상, 수압 3kg/㎠ 이상)을 설치 및 운영
② 풍속이 평균초속 8m 이상일 경우에는 작업을 중지할 것

3) 수송
적재함 상단으로부터 5cm 이하까지 적재물을 수평으로 적재할 것

4) 이송
① 야외 이송시설은 밀폐화 하여 이송 중 먼지의 흩날림이 없도록 할 것
② 이송시설은 낙하, 출입구 및 국소배기부위에 적합한 집진시설을 설치

환경관리

5) 채광·채취

① 발파 시 발파공에 젖은 가마니 등을 덮거나 적절한 방지시설을 설치한 후 발파할 것
② 발파 전후 발파 지역에 대하여 충분한 살수를 실시
③ 풍속이 평균 초속 8m 이상인 경우에는 발파작업을 중지할 것

6) 야외절단

① 야외 절단 시 비산먼지 저감을 위해 간이 칸막이 등을 설치할 것
② 야외 절단 시 이동식 집진시설을 설치하여 작업할 것
③ 풍속이 평균 초속 8m 이상인 경우에는 작업을 중지할 것

7) 건축물 내 작업

① 바닥청소, 벽체연마작업, 절단작업, 분사방식에 의한 도장작업을 할 때에는 해당 작업 부위 혹은 해당 층에 대하여 방진막 등을 설치할 것
② 철골구조물의 내화피복작업 시에는 먼지발생량이 적은 공법을 사용하고 비산먼지가 외부로 확산되지 아니하도록 방진막을 설치할 것

4. 폐기물 관리

4-1. 폐기물의 분류

1) 폐기물

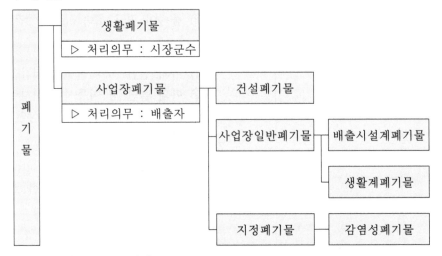

건설폐기물

- 건설공사로 인하여 공사를 착공하는 때부터 완료하는 때까지 건설현장에서 발생되는 5톤 이상의 폐기물로서 대통령령이 정한 폐기물
- 건설폐기물은 건설폐기물재활용촉진에 관한법률을 우선으로 적용

지정폐기물

- 사업장폐기물 중 폐유·폐산 등 주변 환경을 오염시킬 수 있거나 감염성폐기물 등 인체에 위해를 줄 수 있는 유해한 물질

2) 건설 폐기물 분류체계

건설폐기물의 재활용촉진에 관한법률 [개정 2013.12.13.]

가연성	분류번호	종류	
가연성	40-02-06	폐목재(나무의 뿌리·가지 등 임목폐기물이 5톤 이상인 경우는 제외한다)	
	40-02-07	폐합성 수지	
	40-02-08	폐섬유	
불연성	40-02-09	폐벽지	
	40-01-01	건설 폐재류	폐콘크리트
	40-01-02		폐아스팔트콘크리트
	40-01-03		폐벽돌
	40-01-04		폐블록
	40-01-05		폐기와
	40-04-13		건설폐토석
	40-03-10	건설오니	
	40-03-11	폐금속류	
	40-03-12	폐유리	
	40-04-10	폐타일 및 폐도자기	
가연성·불연성 혼합	40-04-11	폐보드류	
	40-04-12	폐판넬	
	40-04-14	혼합건설폐기물	
기타	40-90-90	건설공사로 인하여 발생되는 그 밖의 폐기물 (생활폐기물과 지정폐기물은 제외한다)	

환경관리

폐기물 처리업

□ 수집 · 운반업
– 폐기물을 수집하여 운반 장소로 운반하는 영업

□ 중간처리업
– 건설폐기물을 분리 · 선별 · 파쇄하는 영업

□ 최종처리업
– 매립 등의 방법에 의하여 최종처리 하는 영업

□ 종합처리업
– 중간처리+최종처리 하는 영업

4-2. 폐기물처리

1) 폐기물 처리시설

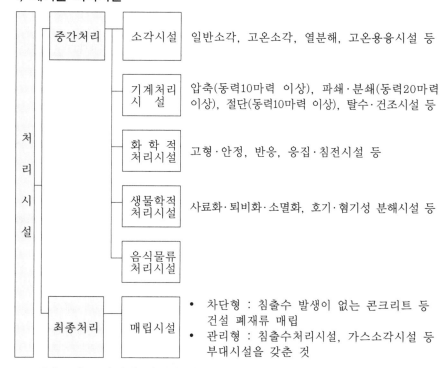

	중간처리	소각시설	일반소각, 고온소각, 열분해, 고온용융시설 등
처리시설		기계처리시설	압축(동력10마력 이상), 파쇄·분쇄(동력20마력 이상), 절단(동력10마력 이상), 탈수·건조시설 등
		화학적 처리시설	고형·안정, 반응, 응집·침전시설 등
		생물학적 처리시설	사료화·퇴비화·소멸화, 호기·혐기성 분해시설 등
		음식물류 처리시설	
	최종처리	매립시설	• 차단형 : 침출수 발생이 없는 콘크리트 등 건설 폐재류 매립 • 관리형 : 침출수처리시설, 가스소각시설 등 부대시설을 갖춘 것

폐기물의 중간처리 시설과 최종처리 시설로써 대통령령이 정하는 시설

2) 폐기물 감량화 시설

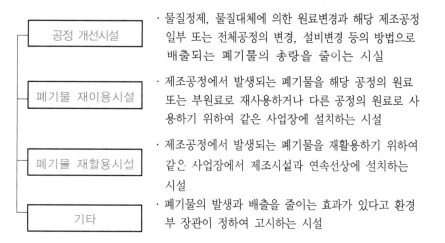

공정 개선시설	· 물질정제, 물질대체에 의한 원료변경과 해당 제조공정 일부 또는 전체공정의 변경, 설비변경 등의 방법으로 배출되는 폐기물의 총량을 줄이는 시설
폐기물 재이용시설	· 제조공정에서 발생되는 폐기물을 해당 공정의 원료 또는 부원료로 재사용하거나 다른 공정의 원료로 사용하기 위하여 같은 사업장에 설치하는 시설
폐기물 재활용시설	· 제조공정에서 발생되는 폐기물을 재활용하기 위하여 같은 사업장에서 제조시설과 연속선상에 설치하는 시설
기타	· 폐기물의 발생과 배출을 줄이는 효과가 있다고 환경부 장관이 정하여 고시하는 시설

환경관리

4-3. 신축현장의 폐기물 관리

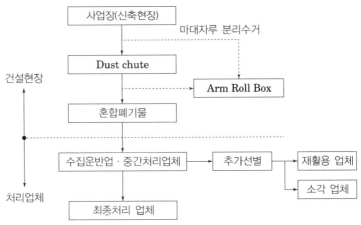

[신축현장의 폐기물처리 Process]

4-3-1. 폐기물 처리 우선순위

① 재활용 가능한 폐기물은 우선적으로 재활용(폐목재, 콘크리트 류)
② 재활용이 불가능한 폐기물 중 소각이 가능한 폐기물을 소각하고 불가능한 폐기물은 매립처리

4-3-2. 업무 Process

분리수거 관리방안

- 폐기물 책임자 지정
- 당일 발생 분리수거
- 발생자 처리 원칙 준수
- 폐기물 수거용기 사용
- 임시 집하장 지정
- 교육 및 안내간판 설치운영

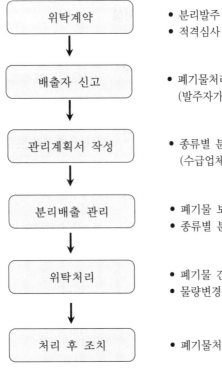

- 분리발주
- 적격심사 및 수탁능력 확인 이행

- 폐기물처리계획서 작성하여 지자체 제출 (발주자가 이행)

- 종류별 분리배출 및 물량관리 방안제출 (수급업체 → 감독원)

- 폐기물 보관 장소 설치
- 종류별 분리배출을 위한 현장관리 이행

- 폐기물 간이인계서 운용, 관리대장 비치
- 물량변경 및 기성처리

- 폐기물처리 및 재활용 실적 지자체 보고

4-4. 재활용 방안

1) 분리배출

건설폐기물을 성상별·종류별로 분리하여 배출하는 행위

2) 재활용 용도

① 도로공사용 순환골재

② 건설공사용 순환골재(콘크리트용, 콘크리트제품제조용, 되메우기 및 뒷채움 용도에 한함)

③ 다음 용도의 순환골재(폐토석 포함)
  - 건설공사의 성토용·복토용
  - 폐기물처리시설 중 매립시설의 복토용

3) 순환골재

건설폐기물을 물리적 또는 화학적 처리과정 등을 거쳐 순환골재의 품질기준에 적합하게 한 것

4-5. 폐기물 저감방안

1) LCA 평가

공사 진행 단계별 폐기물 발생저감을 위한 평가

2) 설계

모듈화 설계를 통해 Loss축소

3) 시공

① 적정공기 준수

② 시공오류 축소

4) 재료

① 재활용 가능한 자재선정

② 내구성 있는 자재 선정

③ 친환경 자재 선정

5) 재활용

재활용 범위 확대

환경관리

Allbaro System

– 폐기물적법처리시스템의 새로운 브랜드로 '폐기물처리의 모든 것(All)'과 '초일류수준 폐기물처리의 기준·척도(Barometer)'의 의미를 갖는다. IT기술을 적용하여 폐기물의 발생에서부터 수집·운반·최종처리까지의 전과정을 인터넷상에서 실시간 확인할 수 있다. 시스템 운영으로 인해 폐기물 처리과정의 투명성이 제고되어 폐기물 불법투기 등을 예방할 수 있으며, 아울러 폐기물 처리와 관련한 재활용·소각·매립 등의 정보를 과학적이고 정확하게 얻을 수 있다.

참고 문헌

---

1. 가설공사 및 건설기계
건축공사 표준시방서, 2015, 가설공사 표준시방서, 2016
건축기술지침, 대우건설, 2017
the # Star City 건설기록지, (주)포스코건설, 2007

2. 토공사
건축공사 표준시방서, 2015
건축기술지침, 대우건설, 2017
건축시공이야기, (주)바로건설기술, 2011

3. 기초공사
건축공사 표준시방서, 2015
건축기술지침, 대우건설, 2012
공사감독핸드북, 한국토지주택공사, 2013

4. 철근콘크리트 공사
건축공사 표준시방서, 2015
건축구조설계기준, 2016
건축기술지침, 대우건설, 2017
콘크리트 표준시방서, 2016
거푸집공사 길라잡이, 대한주택공사, 2008
건축구조, 한솔아카데미, 2017

5. P · C 공사
건축공사 표준시방서, 2015
PC복합화 사례, 한성PC, 2006
공업화주택 기술향상을 위한 심포지엄 논문집, 대한건축학회, 1993
조립식주택공법 조사연구, 대한주택공사, 1986
삼성건설 기술본부 CIC팀, "건설 Engineering Data base System", 대한건축학회 95 건축 CAD Workshop, 1995
Precast Concrete, 한국복합화 건축기술협회, 2007
정상진 외 16인, 건축시공신기술공법, 기문당, 2005

6. 철골 공사
강구조 표준시방서, 2016
건축구조설계기준, 2016
건축공사 표준시방서, 2015
건축기술지침, 대우건설, 2017
핵심구조상식, 삼성건설, 2015

7. 초고층 및 대공간 공사
건축구조계획, 대한건축학회, 2011
건축구조설계기준, 2016
건축공사 표준시방서, 2015
초고층 요소기술, 삼성중공업건설, 2004
건축기술지침, 대우건설, 2017
초고층건물 공사계획, 신현식

핵심구조상식, 삼성건설, 2015

정상진 외 16인, 건축시공신기술공법, 2005

8. Curtain Wall 공사

건축구조계획, 대한건축학회, 2011

건축공사 표준시방서, 2015

초고층 요소기술, 삼성중공업건설, 2004

건축기술지침, 대우건설, 2017

9. 마감 및 기타 공사

건축공사 표준시방서, 2015

건축시공기술, 대한건축학회, 2010

건축기술지침, 대우건설, 2017

건축재료, 대한건축학회, 2010

건축시공, 건축시공기술연구회, 2008

석공사 실무기초, 민병태, 2006

친환경건축, 임만택, 2011

10. 건설사업관리

건축공사 표준시방서, 2015

건축공사관리, 대한건축학회, 2010

김문한 외 17인, 건축경영공학, 2005

건축기술지침, 대우건설, 2017

공정관리 특론, 김선규, 2010

(김경래, 김성식, 김정길, 서상욱, 이상범, 이찬식, 이학기, 임남기, 현창택), 건축공정관리학, 2003

친환경건축의 이해, 대한건축학회, 2009

알기쉬운 건설공사 품질관리, 서울특별시품질시험소, 2016

생산관리론, 나중경, 정봉길, 2004

건설사업의 리스크관리, 김인호, 2004

건설VE특론(중앙대학교 대학원 강의자료), 박찬식, 2007

경제성 평가기법(중앙대학교 대학원 강의자료), 김경주, 2007

※ 참조 사이트

백종엽 건축시공기술사 마법학교(네이버), http://cafe.naver.com/gisulsacafe
국가기술표준원, http://www.ats.go.kr/
대한건축학회, http://www.aik.or.kr/
한국건축시공학회, http://www.kic.or.kr/main/
한국건설관리학회, http://www.kicem.or.kr/
한국콘크리트학회, http://www.kci.or.kr/home/

국토교통부, 기획재정부, 안전보건공단, 한국리모델링협회, 조달청

기본서 PE
건축시공기술사

定價 60,000원

저 자 백 종 엽
발행인 이 종 권

2017年 8月 14日 초 판 발 행
2018年 8月 23日 2차개정발행
2019年 6月 10日 3차개정발행
2020年 12月 22日 4차개정발행
2021年 8月 25日 5차개정발행
2023年 2月 17日 6차개정발행
2024年 3月 20日 7차개정발행

發行處 **(주) 한솔아카데미**

(우)06775 서울시 서초구 마방로10길 25 트윈타워 A동 2002호
TEL : (02)575-6144/5   FAX : (02)529-1130
〈1998. 2. 19 登錄 第16-1608號〉

※ 본 교재의 내용 중에서 오타, 오류 등은 발견되는 대로 한솔아
카데미 인터넷 홈페이지를 통해 공지하여 드리며 보다 완벽한
교재를 위해 끊임없이 최선의 노력을 다하겠습니다.

※ 파본은 구입하신 서점에서 교환해 드립니다.

www.inup.co.kr / www.bestbook.co.kr

ISBN 979-11-6654-507-8 13540